Mikrocomputer-technik mit 8086-Prozessoren

Maschinenorientierte Programmierung
Grundlagen, Schaltungstechnik
und Anwendungen

von
Prof. Dipl.-Ing. Günter Schmitt

3., verbesserte und erweiterte Auflage

Mit 280 Bildern und 52 Tabellen

R. Oldenbourg Verlag München Wien 1994

Die Deutsche Bibliothek – CIP-Einheitsaufnahme

Schmitt, Günter:
Mikrocomputertechnik mit 8086-Prozessoren :
maschinenorientierte Programmierung ; Grundlagen,
Schaltungstechnik und Anwendungen / von Günter Schmitt. –
3., verb. und erw. Aufl. – München ; Wien : Oldenbourg, 1994
    Bis 2. Aufl. u.d.T.: Schmitt, Günter: Mikrocomputertechnik
    mit dem 16-Bit-Prozessor 8086
    ISBN 3-486-22938-9

© 1994 R. Oldenbourg Verlag GmbH, München

Gesamtherstellung: R. Oldenbourg Graphische Betriebe GmbH, München

ISBN 3-486-22938-9

Inhaltsverzeichnis

Vorwort zur dritten Auflage

Was muß ein einführendes Buch über Mikrocomputertechnik heute leisten? Dem in einer Hochsprache programmierenden Anwender muß es eine Einführung in den Aufbau und die Arbeitsweise eines Rechners bieten; dabei ist es weder sinnvoll noch möglich, auf technische Einzelheiten ausgeführter Geräte einzugehen. Dem mit der Digitaltechnik vertrauten Ingenieur muß es den Einstieg sowohl in die Hardware als auch in die Software praxisüblicher Systeme ermöglichen, so daß er im Stande ist, mit der Spezialliteratur und den Datenbüchern der Hersteller umgehen zu können. Dem technisch orientierten PC-Anwender sind Hinweise auf den Umgang mit der Peripherie zu geben.

Welche Eigenschaften sollen die als Beispiele verwendeten Computersysteme und ihre Prozessoren haben? Die Forderungen nach übersichtlicher Struktur bei einfachem Register- und Befehlssatz, Nachbausicherheit bzw. Nachvollziehbarkeit der Schaltung, sowie universellem Einsatz in der Praxis lassen sich mit handelsüblichen Systemen nicht erfüllen. Die Mikrocontroller (z.B. 80xxx-Serie) sind didaktisch schwierig, da ihre Struktur auf ganz spezielle Anwendungen zugeschnitten ist; die Hardware ist durch die integrierten Speicher- und Peripherieschaltungen Messungen nicht mehr zugänglich. Die in Personal Computern (PCs) verwendeten Schaltungen und Prozessoren (z.B. 80486) sind so komplex, daß sie sich nur noch auf einer höheren Systemebene beschreiben lassen.

Daher wurde die vorliegende dritte Auflage mit dem folgenden didaktischen Ziel neu gestaltet: Die Grundlagen werden ausgehend von der digitalen Rechentechnik an einem aus TTL-Bausteinen aufgebauten und auch ausgeführten Prozessor zusammen mit einfachen Speicher- und Peripheriebausteinen gezeigt. Die Arbeitsweise des Rechenwerks und Mikroprogrammsteuerwerks sowie die Befehlsabläufe sind durch eine vollständige Dokumentation (Anhang) auf der Gatter- und Bitebene nachvollziehbar. Durch den Übergang zu einfachen und ausführbaren 8088-Systemen, die die üblichen PC-Peripheriebausteine enthalten, gelangt der Leser in die PC-Welt, die er ohne Eingriff in ein Gerät erforschen kann. Ein besonderer Abschnitt ist der Programmierung der PC-Hardware (Speicher- und Peripherie) in Pascal gewidmet, so daß sich technische Anwendungen auch ohne Assembler und Zusatzkarten über die seriellen und parallelen Schnittstellen des PC verwirklichen lassen.

Groß-Umstadt, im Februar 1994

Günter Schmitt

1 Grundlagen

Dieses Kapitel beschreibt die Grundlagen der Mikrocomputertechnik. Eilige Leser, die bereits mit der Digitaltechnik vertraut sind oder die schon mit anderen Prozessoren gearbeitet haben, können dieses Kapitel überlesen.

1.1 Die Darstellung von Daten

Daten sind Zahlen (z.B. ein Kontostand), Zeichen (z.B. Buchstaben), digitalisierte Meßwerte (z.B. eine Temperatur) oder Signale (z.B. Zustand einer Steuerleitung). Sie werden im Rechner binär gespeichert und verarbeitet. Binär bedeutet zweiwertig, d.h. es gibt nur die beiden logischen Werte 0 und 1; in der Schaltungstechnik die elektrischen Zustände niedriges Potential (z.B. Low kleiner 0.8 Volt) und hohes Potential (z.B. High größer 2.4 Volt).

Ein Bit ist eine Speicherstelle, die einen der beiden binären Zustände 0 oder 1 annimmt. Ein Byte ist die Zusammenfassung von 8 Bits. Ein Wort besteht aus zwei Bytes (16 bit), ein Doppelwort aus vier Bytes (32 bit). Weitere Einheiten sind das Kilobyte (1024 Bytes) und Megabyte (1024 Kilobytes). Die Bezeichnungen bit, byte usw. werden als Einheit für den Informationsgehalt wie z.B. cm für die Länge verwendet und klein geschrieben.

dual	dezimal	Zeichen	Assembler	Pascal	C	ASCII
0000	0	0	0H	$0	0x0	30H
0001	1	1	1H	$1	0x1	31H
0010	2	2	2H	$2	0x2	32H
0011	3	3	3H	$3	0x3	33H
0100	4	4	4H	$4	0x4	34H
0101	5	5	5H	$5	0x5	35H
0110	6	6	6H	$6	0x6	36H
0111	7	7	7H	$7	0x7	37H
1000	8	8	8H	$8	0x8	38H
1001	9	9	9H	$9	0x9	39H
1010	10	A	0AH	$A	0xA	41H
1011	11	B	0BH	$B	0xB	42H
1100	12	C	0CH	$C	0xC	43H
1101	13	D	0DH	$D	0xD	44H
1110	14	E	0EH	$E	0xE	45H
1111	15	F	0FH	$F	0xF	46H

Bild 1-1: Die 16 Hexadezimalziffern von 0 bis F

Die Eingabe und Ausgabe von binären Speicherinhalten erfolgt normalerweise nicht mit den Symbolen 0 und 1, sondern in der kürzeren hexadezimalen Darstellung entsprechend **Bild 1-1**. Das hexadezimale Zahlensystem entsteht durch Zusammenfassen von vier Dualstellen zu einem neuen Zeichen. Die 8086-Assemblersprache kennzeichnet hexadezimale Werte durch ein nachgestelltes H; vor den Ziffern A bis F muß eine führende Null stehen. In Pascal setzt man das Zeichen $ vor die hexadezimale Ziffernfolge; in der Programmiersprache C die Zeichen 0x. Die Assemblersprache kennzeichnet binäre Werte mit einem nachgestellten Zeichen B; zuweilen auch durch ein vorangestelltes Zeichen %. Beispiel:
01010101B = 55H = %01010101 = $55 = 0x55 = ASCII-Zeichen U

1.1.1 Die Darstellung von Zeichen

Für die binäre Speicherung von Zeichen verwendet man fast ausschließlich den ASCII-Code, einen auf 8 bit erweiterten Fernschreibcode. ASCII bedeutet frei übersetzt: Amerikanischer Normcode für den Austausch von Nachrichten. Der Anhang enthält Codetabellen. Man unterscheidet:
Steuerzeichen wie z.B. 0DH = 00001101B für Wagenrücklauf,
Sonderzeichen wie z.B. 2AH = 00101010B für das Zeichen *,
Ziffern wie z.B. 30H = 00110000B für die Ziffer 0,
Buchstaben wie z.B. 41H = 01000001B für den Buchstaben A sowie
Sondersymbole und Graphikzeichen (z.B. 0EAH = 11101010B für Ω).

Im Assembler und in den höheren Programmiersprachen werden Zeichen und aus Zeichen bestehende Texte (Strings) durch Apostrophe begrenzt. Beispiel:
'A' = 41H = 01000001B
'ja' = 6A61H = 0110101001100001B

1.1.2 Die Darstellung von ganzen Zahlen

Ziffer:	0	1	2	3	4	5	6	7	8	9
Code:	0000	0001	0010	0011	0100	0101	0110	0111	1000	1001

Bild 1-2: BCD-Code zur Darstellung von Dezimalzahlen

Die einfachste Zahlendarstellung besteht in einer Codierung der Dezimalziffern durch einen 4-bit-Code entsprechend **Bild 1-2**. Die Umwandlung von der dezimalen Eingabe (ASCII-Code) in die interne binäre BCD-Darstellung ist außerordentlich einfach, da das dezimale Zahlensystem erhalten bleibt. Diese Art der Zahlendarstellung wird jedoch nur selten verwendet, da die Befehle für BCD-Zahlen nur langsam ausgeführt werden und umständlich zu

programmieren sind. Beispiel einer BCD-Darstellung:
13 dezimal = 00010011B = 13H

In den meisten Fällen werden Dezimalzahlen in Dualzahlen umgewandelt und in dieser Form gespeichert und verarbeitet, da duale Rechenwerke schnelle Befehle für alle vier Grundrechnungsarten zur Verfügung stellen. Das duale Zahlensystem verwendet nur die beiden binären Ziffern 0 und 1; die Wertigkeiten der Dualstellen sind Potenzen zur Basis 2.
Beispiel für eine vierstellige Dualzahl:
$$1101 \text{ dual } = 1*2^3 + 1*2^2 + 0*2^1 + 1*2^0 = 1*8 + 1*4 + 0*2 + 1*1$$
$$= 13 \text{ dezimal}$$

Bei der Umrechnung einer Dualzahl in eine Dezimalzahl werden die Dualstellen mit ihrer Stellenwertigkeit multipliziert, und die Teilprodukte werden addiert. Bei einer Dezimal-Dualumwandlung wird die Dezimalzahl in die dualen Stellenwertigkeiten zerlegt. Bei vierstelligen Dualzahlen sind dies wieder die Wertigkeiten 8, 4, 2 und 1. Die Zerlegung geschieht durch ganzzahlige Divisionen. Das folgende Beispiel beginnt mit der höchsten Wertigkeit 8. Der Quotient liefert die höchste Dualstelle; der Rest wird weiter zerlegt:

13 dezimal : 8 = 1 Rest 5   liefert 1*8
 5 dezimal : 4 = 1 Rest 1   liefert 1*4
 1 dezimal : 2 = 0 Rest 1   liefert 0*2
 1 dezimal : 1 = 1 Rest 0   liefert 1*1

13 dezimal = 1*8 + 1*4 + 0*2 + 1*1 = 1101 dual

Divisionsrestverfahren

Die Dezimalzahl wird laufend durch die Basis des neuen Zahlensystems dividiert, bis der Quotient Null ist. Die Reste ergeben die Stellen des neuen Zahlensystems. Bei der ersten Division entsteht die wertniedrigste Stelle, bei der letzten entsteht die werthöchste Stelle.

Beispiele: Dezimalzahl **26**

dezimal nach dual:		dezimal nach hexadezimal:
26 : 2 = 13 Rest 0	oder 26 = 2·13 + 0	26 : 16 = 1 Rest 10
13 : 2 = 6 Rest 1	oder 13 = 2·6 + 1	1 : 16 = 0 Rest 1
6 : 2 = 3 Rest 0	oder 6 = 2·3 + 0	
3 : 2 = 1 Rest 1	oder 3 = 2·1 + 1	Hexadezimalzahl: **1 A**
1 : 2 = 0 Rest 1	oder 1 = 2·0 + 1	
Dualzahl: **11010**		

Bild 1-3: Das Divisionsrestverfahren mit Beispielen

Das in **Bild 1-3** dargestellte Divisionsrestverfahren beginnt mit der wertnie-drigsten Stelle des neuen Zahlensystems. Der bei der ersten Division ent-stehende Rest liefert die letzte Stelle; das Verfahren wird mit dem Quo-tienten fortgesetzt. Beim Hexadezimalsystem verwendet man für die Reste von 0 bis 9 die Symbole "0" bis "9" und für die Reste von 10 bis 15 die Symbole "A" bis "F".

Bei der Darstellung von ganzen Zahlen im Rechner unterscheidet man vor-zeichenlose und vorzeichenbehaftete Zahlen. Vorzeichenlose Zahlen werden als natürliche Dualzahlen abgelegt; die linkeste Stelle hat dabei die höchste Wertigkeit. Bei achtstelligen Dualzahlen ist dies der Wert 128. **Bild 1-4** zeigt die üblichen Bezeichnungen für die wichtigsten Datentypen Byte, Wort und Doppelwort. Vorzeichenlose Dualzahlen werden vorzugsweise für Zähler, Schleifen, Adressen, Zeiger und Indizes von Feldern (ARRAYs) verwendet.

Typ	Länge	Bereich hexa	Bereich dezi	Assembler	Pascal	C-Datentyp
Byte	8 bit	0..0FFH	0..255	DB	BYTE	unsigned char
Wort	16 bit	0..0FFFFH	0..65535	DW	WORD	unsigned int
Doppelw.	32 bit	0..0FFFFFFFFH	0..4294967295	DD		unsigned long

Bild 1-4: Vorzeichenlose ganzzahlige Datentypen

Bei vorzeichenbehafteten Dualzahlen geht eine Binärstelle für das Vorzeichen verloren. Aus rechentechnischen Gründen verwendet man eine Zahlendarstel-lung, bei der negative Zahlen durch das Komplement dargestellt werden. Dabei wird das negative Vorzeichen durch Addition eines Verschiebewertes beseitigt. **Bild 1-5** zeigt die Zweierkomplementdarstellung von negativen Dualzahlen und als Vergleich das entsprechende Neunerkomplement bei Dezimalzahlen.

Zur Beseitigung eines negativen Vorzeichens addiert man zunächst einen Verschiebewert, der nur aus den größten Ziffern des Zahlensystems (z.B. "11111111" bei 8-bit-Werten) besteht. Es entsteht das Einerkomplement, das sich rechentechnisch durch einen einfachen Negierer realisieren läßt. Wegen der besseren Korrigierbarkeit addiert man dazu noch eine 1, so daß mit dem Verschiebewert "100000000" (bei 8 bit) das Zweierkomplement entsteht. Die Addition der 1 geschieht über den Carryeingang des Addierers. Bei negativen Zahlen entsteht in dieser Darstellung immer eine 1 in der linkesten Bitposition. Positive Zahlen werden nicht komplementiert, es bleibt eine führende 0 als positives Vorzeichen erhalten. Die linkeste Bitpo-sition ist nun das Vorzeichenbit und nicht mehr die höchste Wertigkeit. **Bild 1-6** zeigt die wichtigsten vorzeichenbehafteten Datentypen. Sie werden wie die reellen Datentypen vorzugsweise in den höheren Programmiersprachen und nicht bei technischen Anwendungen (Assembler) verwendet.

```
            Komplementierungsregel

Jede Stelle wird von dem höchsten Stellenwert des Zahlensystems
abgezogen; dabei entsteht das (b-1)-Komplement. Addiert man zum
Ergebnis die Zahl 1, so entsteht das b-Komplement (b = Basis).

Bei Dualzahlen (Basis b = 2) ist der höchste Stellenwert 1. Die
duale Subtraktion (1 - 1 = 0 und 1 - 0 = 1) läßt sich auf eine
bitweise Negation zurückführen: aus 1 mach 0 und  aus 0 mach 1.
1er-Komplement: negiere alle Dualziffern
2er-Komplement: addiere zusätzlich eine 1

Bei Dezimalzahlen (Basis b = 10) ist der höchste Stellenwert 9.
 9er-Komplement: bilde die Differenz zur 9
 10er-Komplement: addiere zusätzlich eine 1


                     Beispiele
          dezimal:- 26              dual: - 0 0 0 1 1 0 1 0


    Verschiebewert:  99      Verschiebewert:  1 1 1 1 1 1 1 1
     negative Zahl: - 26      negative Zahl: - 0 0 0 1 1 0 1 0
    9er-Komplement:  73⎤     1er-Komplement:  1 1 1 0 0 1 0 1⎤
              + 1⎦                    +              1⎦
    10er-Komplement: 74      2er-Komplement:  1 1 1 0 0 1 1 0

               Rückkomplementierung
Komplementdarst.:  74⎥ Komplementdarst.:  1 1 1 0 0 1 1 0
   9er-Komplement: 25⎤  1er-Komplement:  0 0 0 1 1 0 0 1⎤
             + 1⎦                 +              1⎦
    negative Zahl: - 26      negative Zahl: - 0 0 0 1 1 0 1 0
```

Bild 1-5: Komplementdarstellung negativer Zahlen

Typ	Länge	Bereich hexa	Bereich dezi	Assemb.	Pascal	C-Typ
Byte	8 bit	80H..7FH	-128..+127	DB	SHORTINT	char
Wort	16 bit	8000H..7FFFH	-32768..+32767	DW	INTEGER	int
Dwort	32 bit	80000000H..7FFFFFFFH	±2147483648	DD	LONGINT	long

Bild 1-6: Vorzeichenbehaftete ganzzahlige Datentypen

1.1.3 Die Darstellung von reellen Zahlen

Reelle Zahlen können Stellen hinter dem Dezimalpunkt (Komma) enthalten. Diese werden nach dem in **Bild 1-7** dargestellten Verfahren in die dualen Stellenwertigkeiten 0.5, 0.25, 0.125, 0.0625 usf. zerlegt. Das Verfahren der laufenden Multiplikation und Abspaltung der vor dem Punkt stehenden 1 kann abgebrochen werden, wenn das Produkt Null wird. Dabei zeigt es sich, daß ein endlicher Dezimalbruch einen unendlichen Dualbruch ergeben kann, so daß die Umwandlung nach Erreichen einer bestimmten Anzahl von Stellen abgebrochen werden muß. Eine Rückrechnung in das Dezimalsystem ergibt dann einen kleineren Wert. Beispiel für acht duale Nachpunktstellen:

0.4 dezimal = 0.01100110 . . . . dual = 0.3984375 dezimal

```
┌─────────────────────────────────────────────────────────────────────┐
│         Umwandlung  von  Nachkommastellen                             │
│                                                                       │
│   Die Dezimalzahl kleiner 1 (nur Nachkommastellen) wird fortlaufend mit│
│   der Basis des neuen Zahlensystems multipliziert. Jedes Produkt wird in│
│   Vorkommastellen und Nachkommastellen zerlegt. Die Vorkommastellen sind│
│   die Stelle des neuen Zahlensystems. Mit den Nachkommastellen wird das│
│   Verfahren fortgesetzt, bis das Ergebnis Null ist. Der 1.Schritt ergibt│
│   die 1.Stelle hinter dem Komma.                                      │
│                                                                       │
│   Beispiele: 0,6875 dezimal nach dual │ 0,4 dezimal nach dual         │
│                                                                       │
│   0,6875·2 = 1,3750 = 0,3750 + 1┐     │ 0,4·2 = 0,8 = 0,8 + 0┐        │
│   0,3750·2 = 0,7500 = 0,7500 + 0│     │ 0,8·2 = 1,6 = 0,6 + 1┤        │
│   0,7500·2 = 1,5000 = 0,5000 + 1│     │ 0,6·2 = 1,2 = 0,2 + 1│        │
│   0,5000·2 = 1,0000 = 0,0000 + 1│     │ 0,2·2 = 0,4 = 0,4 + 0│        │
│   0,0000·2 = 0,0000 = 0,0000 + 0┤     │ 0,4·2 = 0,8 = 0,8 + 0│        │
│   fertig!                       │     │ 0,8·2 = 1,6 = 0,6 + 1│        │
│                genaue Dualzahl: 0,10110│ 0,6·2 = 1,2 = 0,2 + 1│        │
│                                       │ 0,2·2 = 0,4 = 0,4 + 0┘        │
│                                       │ Abbruch!                      │
│                                       │ genäherte Dualzahl: 0,01100110...│
└─────────────────────────────────────────────────────────────────────┘
```

Bild 1-7: Die Umwandlung von Nachkommastellen

Reelle Dezimalzahlen werden zunächst getrennt nach Vorpunkt- und Nachpunktstellen in Dualzahlen umgewandelt. In der üblichen Gleitpunktdarstellung (Floating Point) findet eine Normalisierung auf eine duale Vorpunktstelle statt. Die Länge der dualen Mantisse bestimmt die Genauigkeit; der duale Exponent bestimmt den Zahlenumfang. Die problemorientierten Programmiersprachen stellen Unterprogrammbibliotheken für Zahlenumwandlungen, die vier Grundrechnungsarten und mathematische Funktionen zur Verfügung. Sie arbeiten mit unterschiedlichen reellen Datenformaten. Das in **Bild 1-8** dargestellte Beispiel beschreibt den Aufbau des reellen Datentyps float (32 bit) der Programmiersprache C. Die linkeste Bitposition nimmt das Vorzeichen der Zahl auf, dann folgt im Gegensatz zur ganzzahligen Zahlendarstellung der Absolutwert. Die 8 bit lange Charakteristik setzt sich zusammen aus dem dualen Exponenten und einem Verschiebewert von 127 dezimal (01111111 dual), der das Vorzeichen des Exponenten beseitigt. Von der normalisierten Mantisse werden nur die ersten 23 Nachpunktstellen gespeichert, die führende 1 der Vorpunktstelle wird unterdrückt und muß bei allen Operationen berücksichtigt werden.

```
              G l e i t p u n k t d a r s t e l l u n g  (Floating Point)
                                              ┌─────────┐
                                              │Exponent │
                                              └─────────┘
Normalisierung:        ┌──┐   ┌────────┐
                       │Vz│ s │Mantisse│ * Basis
                       └──┘  • └────────┘
                        eine │    gedachte Stellung
                  Vorpunktstelle│  des Punktes

                   Charakteristik = Exponent + Verschiebung

Speicherung:   ┌──┬──────────────┬──────────────────────┐
               │Vz│ Charakteristik│       Mantisse       │
               └──┴──────────────┴──────────────────────┘
```

Beispiele:
dezimal: 2 6 . 6 8 7 5
normalisiert: 2 . 6 6 8 7 5 * 10^1

dual: 1 1 0 1 0 . 1 0 1 1
normalisiert: 1 . 1 0 1 0 1 0 1 1 0 0 0 0 0 0   * 2^4

Charakteristik: 4 + 127 = 131 = $1\,0\,0\,0\,0\,0\,1\,1_2$

Speicher:
binär: `0 1 0 0 0 0 0 1 1 1 0 1 0 1 0 1 1 0 0 0 0 0 0 0 0 0 0 0 0 0 0 0`

Vz 8 bit Charakt. |———————— 23 bit Mantisse ————————|

hexa: 4 | 1 | D | 5 | 8 | 0 | 0 | 0

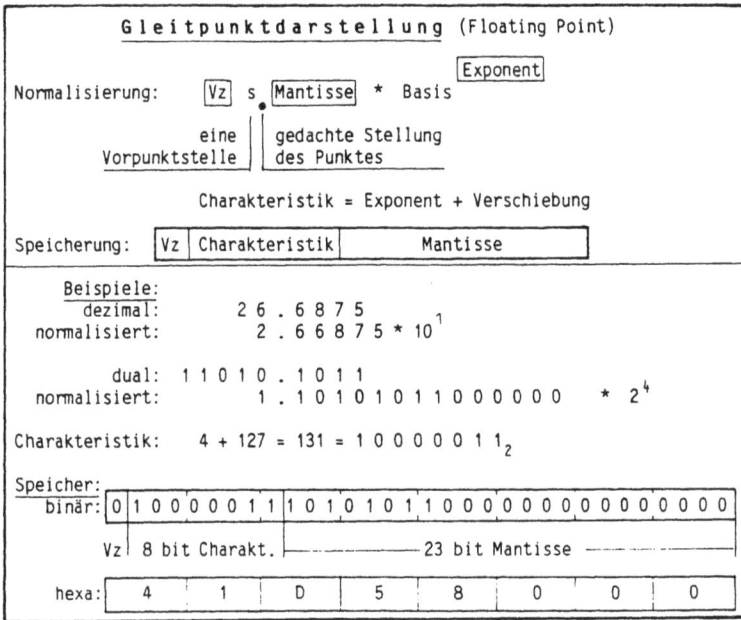

Bild 1-8: Die Darstellung reeller Zahlen (C-Datentyp float)

Vor einer reellen Addition und Subtraktion müssen die Operanden auf einen gemeinsamen Exponenten angeglichen werden. Das bedeutet, daß bei sehr unterschiedlich großen Zahlen Stellen verlorengehen können. Das folgende dezimale Beispiel addiert die beiden Zahlen 1.0000 E4 und 1.2000 E0, die mit einer Vorpunktstelle und vier Nachpunktstellen Genauigkeit (Mantisse) gespeichert und verarbeitet werden sollen. Die Anpassung der kleineren Zahl auf den Exponenten der größeren liefert 1.2000 E0 = 0.00012 E4 und enthält fünf Stellen hinter dem Dezimalpunkt. Da aber nur vier Nachpunktstellen berücksichtigt werden können, ergibt die Summe 1.0000 E4 + 0.0001 E4 = 1.0001 E4 und nicht 1.00012 E4. Im Gegensatz zu den ganzzahligen Datentypen muß in der reellen Zahlendarstellung immer mit Umwandlungs- und Rundungsfehlern gerechnet werden, die sich besonders bei fortlaufenden Summationen bemerkbar machen.

Die arithmetischen Coprozessoren 80x87 benutzen intern ein 80-bit-Format (EXTENDED bzw. long double) mit einer 64-bit-Mantisse (Genauigkeit ca. 19 Dezimalstellen) und einer 15-bit-Charakteristik (Zahlenumfang ca. -1 E-4932 bis +1 E+4932). Die reellen Rechenverfahren werden etwa 10 bis 100 mal schneller als durch Unterprogramme ausgeführt.

1.2 Rechenschaltungen

Dieser Abschnitt zeigt einfache Additions- und Subtraktionsschaltungen für Dualzahlen. Für die Multiplikation und die Division sind besondere Ablauf-steuerungen mit Verschiebungen von Teilergebnissen erforderlich. Die vier Grundrechenarten der reellen Gleitpunktzahlen werden von Systemunterpro-grammen (Software) oder schneller von arithmetischen Coprozessoren (Hardware) ausgeführt.

Die Rechenregeln für die Addition zweier einstelliger Dualzahlen zu einer zweistelligen Summe lauten:
0 + 0 = 0 0 (Null plus Null gibt Übertrag Null Summe Null)
0 + 1 = 0 1 (Null plus Eins gibt Übertrag Null Summe Eins)
1 + 0 = 0 1 (Eins plus Null gibt Übertrag Null Summe Eins)
1 + 1 = 1 0 (Eins plus Eins gibt Übertrag Eins Summe Null)

Die Subtraktion von Dualzahlen kann entsprechend der Formel a − (+b) = a + (−b) auf die Addition des Zweierkomplementes zurückgeführt werden. Die in **Bild 1-9** zusammengestellten logischen Grundfunktionen sollen nun auf ihre Brauchbarkeit für arithmetische Operationen untersucht werden.

Funktion	Nicht Not	Und And	Oder Or	Eoder Xor	Nand	Nor
Formel	$Z = \bar{X}$	$Z = X \cdot Y$	$Z = X + Y$	$Z = X \oplus Y$	$Z = \overline{X \cdot Y}$	$Z = \overline{X + Y}$
Symbol	⎯1⎯	⎯&⎯	⎯≥1⎯	⎯=1⎯	⎯&⎯	⎯≥1⎯
Tabelle	X|Y 0|1 1|0	X|Y|Z 0|0|0 0|1|0 1|0|0 1|1|1	X|Y|Z 0|0|0 0|1|1 1|0|1 1|1|1	X|Y|Z 0|0|0 0|1|1 1|0|1 1|1|0	X|Y|Z 0|0|1 0|1|1 1|0|1 1|1|0	X|Y|Z 0|0|1 0|1|0 1|0|0 1|1|0
Befehl	NOT	AND	OR	XOR		
altes Symbol						
amerik. Symbol						

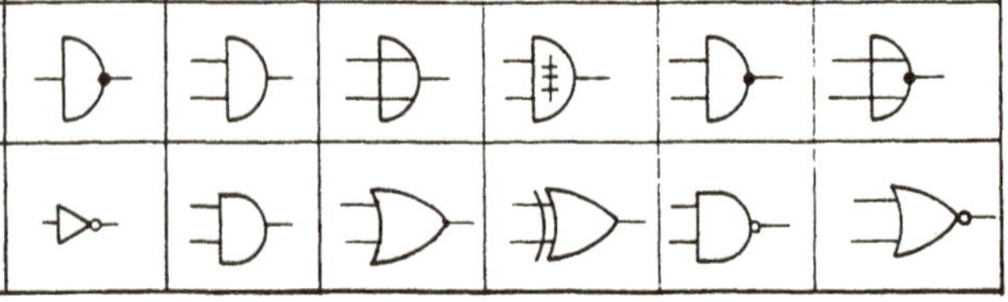

Bild 1-9: Die logischen Grundfunktionen

Die Nicht-Schaltung liefert das für die Subtraktion benötigte Einerkomplement. Die Und-Schaltung ergibt die höhere Dualstelle (Übertrag) der dualen Summe, die Eoder-Schaltung die niedere Stelle der Summe. Die Oder-Schaltung ist nur dann für eine Addition verwendbar, wenn der Fall 1 + 1 = 1 0 ausgeschlossen werden kann, wie beispielsweise bei der Addition der Teilüberträge im Volladdierer. **Bild 1-10** zeigt eine Additionsschaltung, die als Halbaddierer bezeichnet wird.

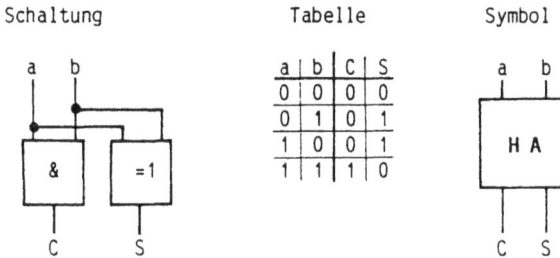

Schaltung   Tabelle   Symbol

a	b	C	S
0	0	0	0
0	1	0	1
1	0	0	1
1	1	1	0

Bild 1-10: Der Halbaddierer für einstellige Dualzahlen

Der Halbaddierer verknüpft zwei einstellige Dualzahlen zu einer zweistelligen Summe. Die höhere Dualstelle wird auch als Übertrag (englisch Carry) bezeichnet, weil sie bei mehrstelligen Dualzahlen mit der folgenden Dualstelle mitaddiert werden muß. Dies übernimmt der in **Bild 1-11** dargestellte Volladdierer.

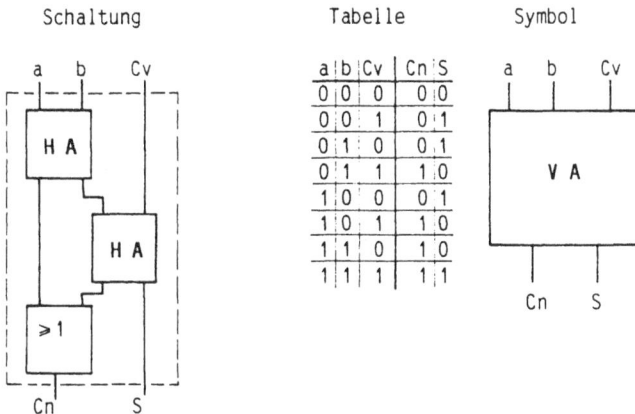

Schaltung   Tabelle   Symbol

a	b	C_v	C_n	S
0	0	0	0	0
0	0	1	0	1
0	1	0	0	1
0	1	1	1	0
1	0	0	0	1
1	0	1	1	0
1	1	0	1	0
1	1	1	1	1

Bild 1-11: Der Volladdierer mit Übertrageingang

Der erste Halbaddierer verknüpft die beiden Dualstellen, der zweite die Summe des ersten Halbaddierers mit dem Übertrag der Vorgängerstelle. Die

Oder-Schaltung addiert die Teilüberträge der beiden Halbaddierer zu einem Gesamtübertrag, der an die nachfolgende Dualstelle weitergereicht wird. Dabei ist sichergestellt, daß die beiden inneren Teilüberträge niemals gleichzeitig 1 sein können, sonst wäre anstelle der einfachen Oder-Schaltung ein weiterer Halbaddierer erforderlich. Führt man die Übertragausgänge der Volladdierer auf die Übertrageingänge der Nachfolger, so entsteht ein Paralleladdierwerk für mehrstellige Dualzahlen (**Bild 1-12**).

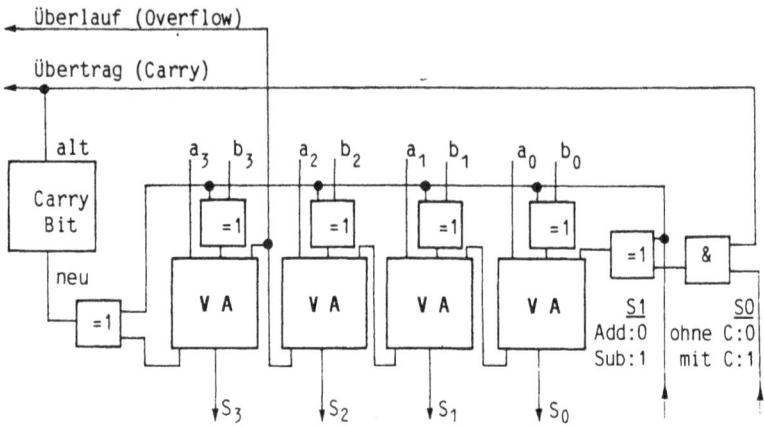

Bild 1-12: Vierstelliges paralleles Addier/Subtrahierwerk

Der Paralleladdierer besteht zunächst aus vier Volladdierern mit Verbindungen zur Weitergabe der Stellenüberträge. Das Carrybit, ein Speicher, übernimmt den Übertrag des werthöchsten Volladdierers. Für die wertniedrigste Stelle wird anstelle eines Halbaddierers ein Volladdierer verwendet. Dadurch kann zu den beiden Operanden A und B noch das Carry (der Übertrag) einer vorangegangenen Operation aus dem Carryspeicher mitberücksichtigt werden. Die Und-Schaltung vor dem Übertrageingang des letzten Volladdierers wirkt als Schalter. Liegt am Steuereingang S0 eine 1, so wird der alte Inhalt des Carryspeichers bei der Operation auf den Übertrageingang geschaltet. Ist er 0, so liegt immer eine 0 am Ausgang der Und-Schaltung, und es wird immer zusätzlich 0 addiert bzw. subtrahiert, also ohne Carry gerechnet.

Die Subtraktion wird auf die Addition des Zweierkomplementes zurückgeführt nach der Formel "A - B = A + (-B)". Dazu können die Stellen des zweiten Operanden B wahlweise negiert werden. Dies geschieht über Eoder-Schaltungen mit der Steuerleitung S1. Sind diese Steuereingänge 0, so wird der zweite Eingang (Operand B) für eine Addition unverändert durchgeschaltet. Sind die Steuereingänge der Eoder-Schaltungen jedoch 1, so wird das Einerkomplement des Operanden B gebildet. Da gleichzeitig auch der Übertrageingang des letzten Volladdierers negiert wird, entsteht durch die zusätzliche

Addition von 1 das Zweierkomplement, und die Schaltung subtrahiert durch Addition des Zweierkomplementes. Durch Negation des Übertragausgangs des letzten Volladdierers wird das neue Carry wieder korrigiert und im Carry-speicher für die nächste Operation bzw. für eine Fehlerkontrolle festgehalten.

Durch den Steuereingang S0 für das alte Carry und den Steuereingang S1 für das Zweierkomplement des Operanden B kann die Schaltung nach **Bild 1-12** folgende arithmetische Operationen ausführen:

S1	S0	Operation
0	0	Addition F = A + B + 0
0	1	Addition F = A + B + Carry
1	0	Subtraktion F = A - B - 0
1	1	Subtraktion F = A - B - Carry

Bei Operationen mit vorzeichenlosen vierstelligen Dualzahlen liegt der zuläs-sige Zahlenbereich zwischen 0 (0 0 0 0) und 15 (1 1 1 1). Tritt bei der Addition im Carrybit eine 1 auf, so liegt ein Zahlenüberlauf vor, da ein fünf-stelliges Ergebnis entstanden ist. Bei einer Subtraktion erscheint bei einem Zahlenunterlauf ebenfalls eine 1 im (korrigierten) Carrybit. Durch eine Ab-frage des Carrybits nach einer Operation mit vorzeichenlosen Zahlen ist es möglich, Überlauf- bzw. Unterlauffehler zu erkennen.
Carry = 0: Ergebnis im zulässigen Bereich
Carry = 1: Überlauf (Addition) bzw. Unterlauf (Subtraktion)

Die gleiche Schaltung addiert und subtrahiert auch vierstellige vorzeichen-behaftete Dualzahlen im Bereich von -8 (1 0 0 0) bis +7 (0 1 1 1). Wegen der Komplementdarstellung ist das Carrybit als Überlauf- bzw. Unterlaufan-zeige nicht brauchbar. Stattdessen verwendet man zur Fehlererkennung ein "Overflow"- oder Überlaufbit, das entweder aus dem Übertrag des vorletzten Volladdierers auf den letzten Volladdierer oder durch einen Vergleich der Vorzeichen der Operanden mit dem Vorzeichen des Ergebnisses gewonnen wird (Bild 1-15).
Overflow = 0: Ergebnis im zulässigen Bereich
Overflow = 1: Überlauf bzw. Unterlauf

Addierer können nicht nur für arithmetische Operationen, sondern auch für logische Verknüpfungen der Operanden verwendet werden. **Bild 1-13** zeigt eine Erweiterung des einfachen Volladdierers (Bild 1-11) zu einer 1-bit-Arithmetisch-Logischen Einheit (ALU).

Die Steuerleitung S4 unterscheidet zwischen logischen und arithmetischen Operationen. Bei allen logischen Operationen ist S4 = 0; die Operanden A und B werden ohne Verbindung mit den Nachbarn Vorgänger und Nachfolger logisch verknüpft, da die Carryleitungen 0 sind. Für S4 = 1 werden die arith-metischen Operationen mit dem Carry des Vorgängers Cv durchgeführt; der Carryausgang Cn wird auf den Nachfolger weitergeschaltet.

S4 x   S3 x   A x   B x   S2 x   S1 x   x S0   Cv x

Logik:
F=0
F=A
F=A XOR B
F=A AND B
F=A OR B

&

Neg   =1

Arithm:
F=A+Cv
F=A+B+Cv
F=A−Cv
F=A−B−Cv

=1   Neg

&   =1

HA1

=1   Neg

&   =1

HA2

&   &   &

≥1   Carry-
Addierer

&   &

Funktions-
Auswahl

≥1

<   Cn x   F x

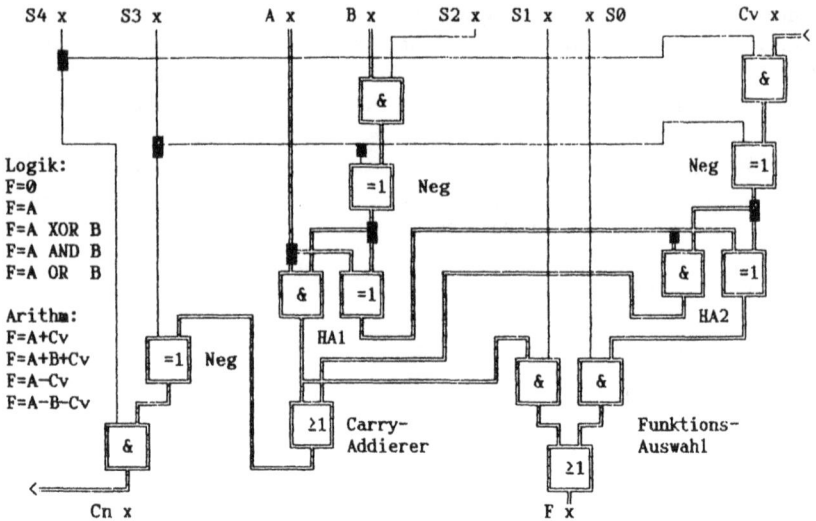

Bild 1-13: 1-bit-ALU für arithmetische und logische Operationen

Die Steuerleitung S3 = 1 negiert den Operanden B für alle Subtraktionen und korrigiert die Carrybits. Für S3 = 1 wird der Operand B nicht verändert. Mit der Steuerleitung S2 kann der Operand B auf 0 gesetzt werden, wenn Operationen nur auf den Operanden A angewendet werden sollen.

Mit den Steuerleitungen S1 und S0 kann entweder die Und-Verknüpfung der beiden Operanden oder die Summe (Eoder) des zweiten Halbaddierers auf den Ergebnisausgang F geschaltet werden. Sind beide Steuersignale 0, so ist das Ergebnis immer 0; sind beide 1, so entsteht als Oder-Verknüpfung der beiden Eingänge die logische Oder-Funktion. **Bild 1-14** zeigt die für Befehle verwendeten Funktionen.

S4	S3	S2	S1	S0	Cn	Funktion	Befehl	Wirkung
0	0	0	0	0	0	F = 0	CLR	lösche
0	0	0	0	1	0	F = A	LDA	lade
0	0	1	0	1	0	F = A XOR B	XOR	logisches Eoder
0	0	1	1	0	0	F = A AND B	AND	logisches Und
0	0	1	1	1	0	F = A OR B	OR	logisches Oder
1	0	0	0	1	Übertrag	F = A + Cv	INR	inkrementiere (+1)
1	0	1	0	1	Übertrag	F = A + B + Cv	ADD	addiere
1	1	0	0	1	Borgen	F = A − Cv	DCR	dekrementiere (−1)
1	1	1	0	1	Borgen	F = A − B − Cv	SUB	subtrahiere

Bild 1-14: ALU-Funktionen und Maschinenbefehle

Bild 1-15 zeigt eine Rechenschaltung mit einer in TTL-Technik ausgeführten 4-bit-ALU 74LS181. Der Baustein verknüpft zwei 4-bit-Operanden A und B zu einem 4-bit-Ergebnis F. Die Auswahl der auszuführenden Funktion erfolgt über Steuereingänge. Für die Behandlung der Überträge sind wie in Bild 1-12 zusätzliche Schaltungen erforderlich. Das C-Bit (Carry = Übertrag) speichert den (korrigierten) Übertrag des letzten Volladdierers. Es dient sowohl zur Fehlerprüfung vorzeichenloser Dualzahlen als auch als Zwischenübertrag bei mehrstelligen Operationen. Das V-Bit (oVerflow = Überlauf) entsteht aus einer Verknüpfung der Vorzeichenbits der Operanden und des Ergebnisses und dient zur Fehlerprüfung bei vorzeichenbehafteten Dualzahlen. Das Z-Bit (Zero = Null) ist dann 1 (Ja), wenn das Ergebnis in allen vier Bitpositionen 0 ist, und dann 0 (Nein), wenn in mindestens einer Bitposition eine 1 enthalten ist. Das S-Bit (Sign = Vorzeichen) speichert das linkeste Bit des Ergebnisses, also das Vorzeichen vorzeichenbehafteter (signed) Dualzahlen. Mit diesen vier Anzeigebits ist es möglich, das Ergebnis auf Null, Vorzeichen und Zahlenüberlauf zu untersuchen.

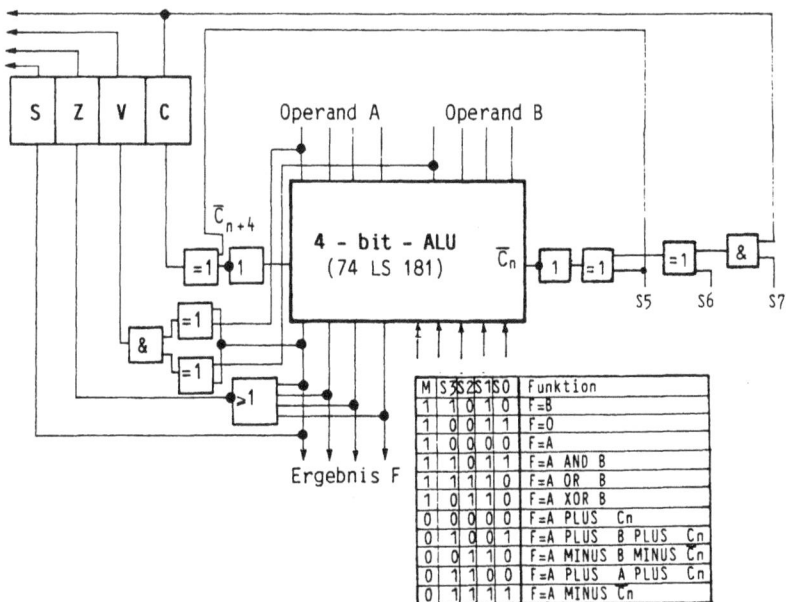

M	S3	S2	S1	S0	Funktion
1	1	0	1	0	F=B
1	0	0	1	1	F=0
1	0	0	0	0	F=A
1	1	0	1	1	F=A AND B
1	1	1	1	0	F=A OR B
1	0	1	1	0	F=A XOR B
0	0	0	0	0	F=A PLUS Cn
0	1	0	0	1	F=A PLUS B PLUS Cn
0	1	1	1	0	F=A MINUS B MINUS C̄n
0	1	1	0	0	F=A PLUS A PLUS Cn
0	1	1	1	1	F=A MINUS C̄n

Bild 1-15: Rechenschaltung mit einem ALU-Baustein

1.3 Speicherschaltungen

Binäre Zustände (0 oder 1) lassen sich in elektronischen Schaltungen über längere Zeiträume speichern und bei Bedarf wieder auslesen. Man unterscheidet Festwertspeicher (ROM und EPROM) sowie Schreib/Lesespeicher (Flipflop, Register und RAM), die beim Einschalten der Versorgungsspannung einen zufälligen Anfangszustand haben und nach dem Abschalten ihren Speicherinhalt wieder verlieren (vergessen).

1.3.1 Flipflop-Schaltungen

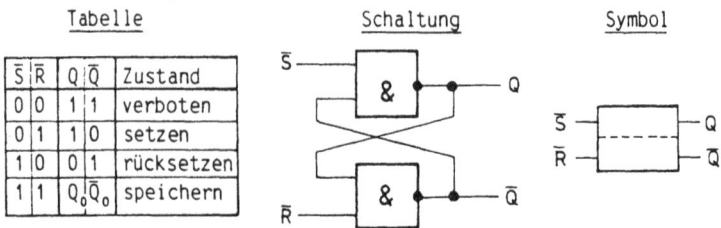

Tabelle   Schaltung   Symbol

$\bar{S}$	$\bar{R}$	Q	$\bar{Q}$	Zustand
0	0	1	1	verboten
0	1	1	0	setzen
1	0	0	1	rücksetzen
1	1	Q_0	$\bar{Q}_0$	speichern

Bild 1-16: Der Aufbau eines NAND-RS-Flipflops

Das in **Bild 1-16** dargestellte Flipflop kann zwei stabile Zustände annehmen, also eine 0 oder eine 1 speichern. Es wird daher auch als bistabiler Multivibrator oder als bistabiles Kippglied bezeichnet. Eine logische 0 am Setzeingang $\bar{S}$ bringt das Flipflop in den Zustand $Q = 1$; eine logische 0 am Rücksetzeingang $\bar{R}$ bringt es in den Zustand $Q = 0$. Sind beide Eingänge 1, so speichert die Schaltung den zuletzt eingeschriebenen logischen Zustand. Der Speicherzustand Q bzw. $\bar{Q}$ kann an den Ausgängen abgegriffen werden, ohne daß sich der Zustand des Flipflops ändert. Beim Auslesen wird also der Inhalt

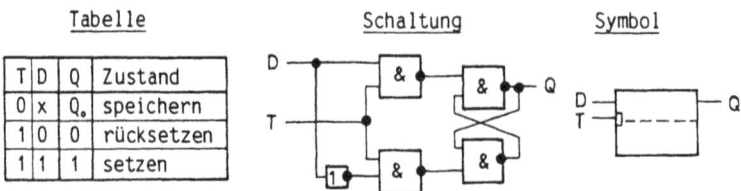

Tabelle   Schaltung   Symbol

T	D	Q	Zustand
0	x	Q_0	speichern
1	0	0	rücksetzen
1	1	1	setzen

Bild 1-17: Das taktzustandsgesteuerte D-Flipflop

nur kopiert, nicht "transportiert". Mit Ausnahme des "verbotenen" Falls ($\overline{R}$ = $\overline{S}$ = 0) ist der Ausgang $\overline{Q}$ immer das Komplement (Negation) des Speicherinhalts Q. Dieser Fall wird bei dem in **Bild 1-17** dargestellten D-Flipflop ausgeschlossen. Der einzige Dateneingang D wird sowohl direkt auf den Setzeingang und als auch negiert auf den Rücksetzeingang gegeben.

D bedeutet Delay (Verzögerung), weil der Zeitraum der Übernahme durch einen Taktzustand T bestimmt wird. Für T = 1 ist die Schaltung transparent (durchlässig); der am D-Eingang anliegende logische Zustand erscheint als Speicherinhalt auch am Ausgang Q. Für T = 0 hält die Schaltung die zuletzt am D-Eingang angelegten Daten; Änderungen am D-Eingang werden während T = 0 nicht wirksam. Ein Flipflop mit einem aktiv-Low-Taktzustand macht dieses für T = 0 durchlässig und bringt es für T = 1 in den Speicherzustand. Das in **Bild 1-18** dargestellte taktflankengesteuerte Flipflop übernimmt nur die Daten, die zu einem bestimmten Zeitpunkt am Eingang D anliegen.

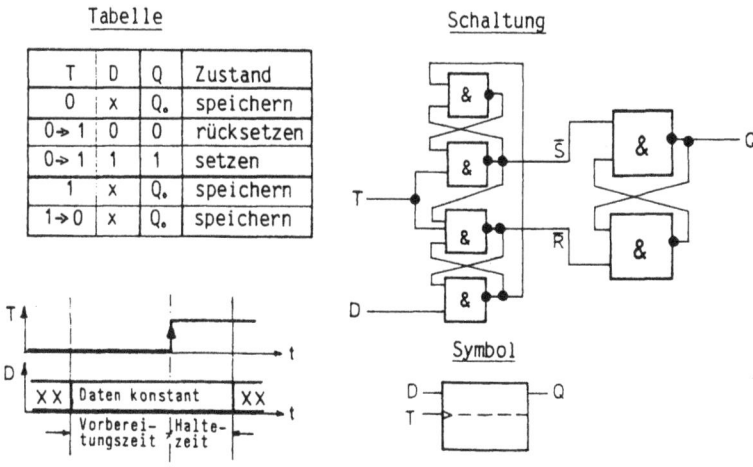

T	D	Q	Zustand
0	x	Q_o	speichern
0→1	0	0	rücksetzen
0→1	1	1	setzen
1	x	Q_o	speichern
1→0	x	Q_o	speichern

Bild 1-18: Das taktflankengesteuerte D-Flipflop

Im Taktzustand T = 0 bereitet der Dateneingang D die beiden Hilfsflipflops vor, das eigentliche Speicherflipflop bleibt durch logisch 1 an seinen Eingängen im Ruhezustand. Mit der steigenden Taktflanke (0 nach 1) wird nun entweder der Setz- oder der Rücksetzeingang des Speicherflipflops auf 0 gelegt. Für den Taktzustand T = 1 bleiben die beiden Hilfsflipflops für Änderungen am Dateneingang D gesperrt. Nach der fallenden Taktflanke (1 nach 0) liegen beide Eingänge des Speicherflipflops auf 1, und die beiden Hilfsflipflops werden wieder durch D vorbereitet. Während einer kurzen Vorbereitungszeit (set up time) vor der steigenden Taktflanke und einer noch kürzeren Haltezeit (hold time) nach der Flanke darf sich der am D-Eingang anliegende Zustand nicht ändern. Durch Negieren des Taktes entsteht ein negativ flankengesteuertes Flipflop, das bei einem High-nach-Low-Übergang mit der fallenden Taktflanke (1 nach 0) übernimmt.

Beim Schalten mechanischer Kontakte können Prellungen auftreten, die sich besonders bei Takt- und Steuersignalen störend bemerkbar machen, da anstelle einer Flanke mehrere entstehen. Die in **Bild 1-19** dargestellten Entprellschaltungen kippen bereits bei der ersten Kontaktberührung (Flanke) um und halten den Zustand bis zur nächsten Tastenbetätigung.

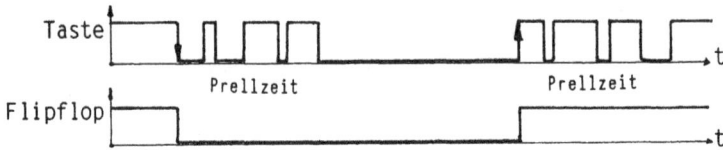

a. Kontakte ohne und mit Entprellschaltung

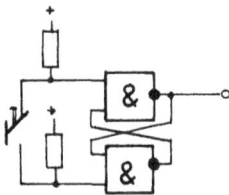

b. Entprell-Flipflop   c. Entprell- und Auto-Reset-Schaltung

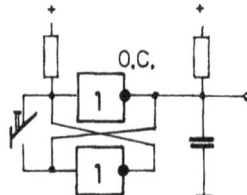

Bild 1-19: Prellungen und Entprellschaltungen

1.3.2 Register und Zähler

In der technischen Ausführung faßt man oft mehrere (z.B. acht) Flipflops mit einem gemeinsamen Takteingang zu einem Baustein (Register) zusammen. Taktzustandsgesteuerte Speicherschaltungen bezeichnet man auch als Latch (Auffangspeicher). Im aktiven Taktzustand (z.B. T = 0) sind die Ausgänge Q gleich den Eingängen D; bei nicht aktivem Takt (z.B. T = 1) speichert die Schaltung. Nur bei einer Taktflankensteuerung spricht man allgemein von einem Register. **Bild 1-20** zeigt den Aufbau eines Rechenwerkes mit einem 4-bit-Register als Akkumulator.

Der Akkumulator (Akku) ist ein taktflankengesteuertes Register. Seine Q-Ausgänge liefern den Operanden A der Arithmetisch-Logischen Einheit (ALU); das Ergebnis F der ALU liegt an den D-Eingängen. Der Akku enthält also einen der beiden Operanden und übernimmt mit der Taktflanke das Ergebnis. Das akkumulative Arbeitsprinzip soll nun am Beispiel der Rechenanweisung "Z = X + Y" erläutert werden.

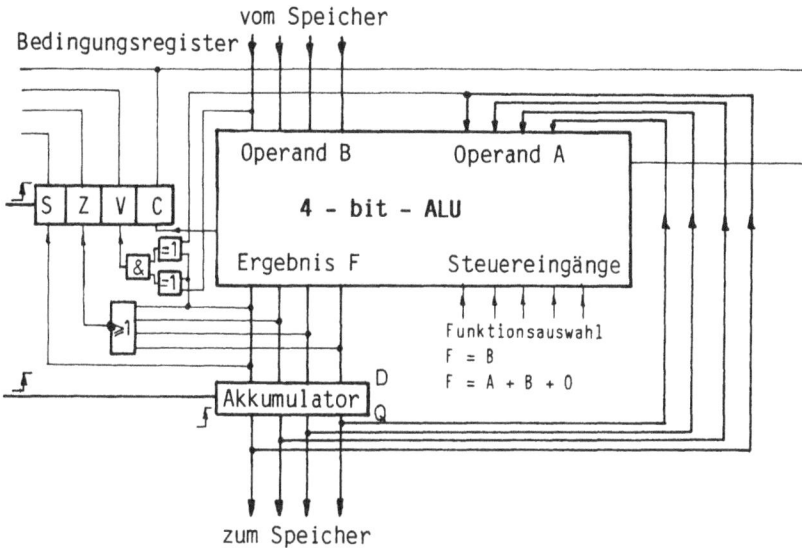

Bild 1-20: 4-bit-Akkumulator mit ALU

1.Schritt:
Der Inhalt der Speicherstelle "X" wird aus dem Arbeitsspeicher ausgelesen und liegt am Operandeneingang B der ALU. Nach Auswahl der ALU-Operation "F = B" wird er unverändert mit der steigenden Taktflanke in den Akkumulator übernommen.

2.Schritt:
Der Inhalt der Speicherstelle "Y" wird aus dem Arbeitsspeicher ausgelesen und liegt am Operandeneingang B der ALU. Am Operandeneingang A liegt gleichzeitig der alte Inhalt des Akkumulators, also der Operand "X". Nach Auswahl der ALU-Operation "F = A + B + 0" liegt die Summe am Ergebnisausgang F und wird mit der steigenden Taktflanke in den Akkumulator übernommen. Mit der gleichen Taktflanke wird das Ergebnis in einem Bedingungsregister "bewertet". Es speichert das Vorzeichen (Sign), die Prüfung auf Null (Zero) und die beiden Überlaufanzeigen (Overflow und Carry).

3.Schritt:
Der Inhalt des Akkumulators mit der Summe der beiden Operanden wird ausgelesen und im Arbeitsspeicher in der Speicherstelle "Z" gespeichert. Dabei bleibt die Summe im Akkumulator erhalten und steht für weitere Berechnungen zur Verfügung.

Der Akkumulator "sammelt" also die Ergebnisse der Arithmetisch-Logischen Einheit. Da die ALU nur ein Schaltnetz ist und keine Speicher enthält, können nur taktflankengesteuerte Flipflops mit einer Haltezeit 0 oder Master-Slave-Flipflops als Akkumulator verwendet werden.

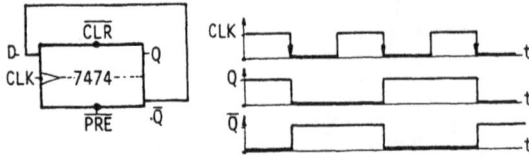

	Eingänge				Ausgänge		Funktion
	$\overline{PRE}$	$\overline{CLR}$	CLK	D	Q	$\overline{Q}$	
Zustand	0	1	x	x	1	0	setzen
	1	0	x	x	0	1	löschen
Flanke	1	1	↓	1	1	0	setzen
	1	1	↓	0	0	1	löschen
keine	1	1	0	x	bleibt		speichern
Flanke	1	1	1	x	bleibt		speichern

Bild 1-21: Flipflop als Frequenzteiler

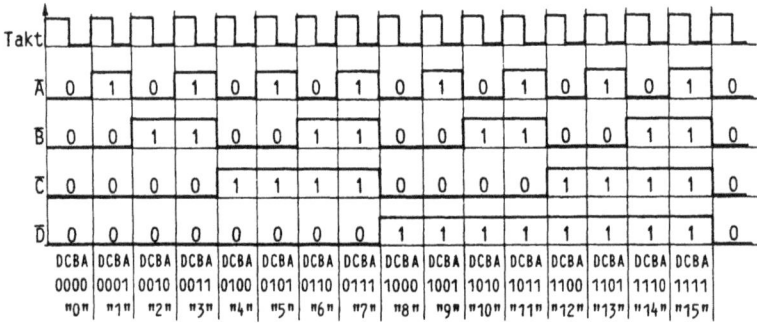

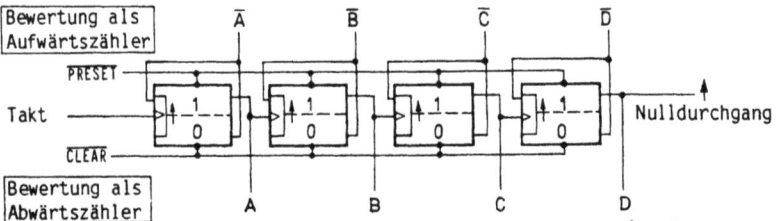

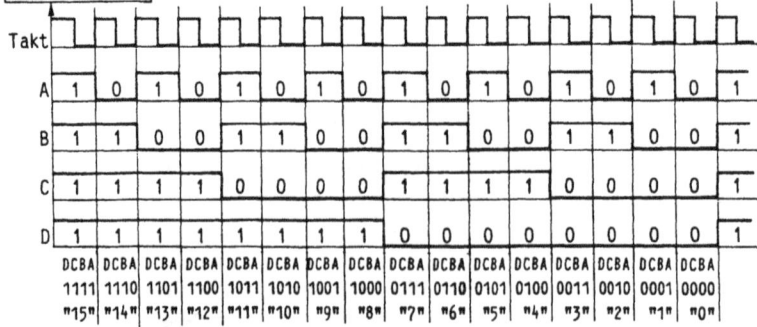

Bild 1-22: 4-bit-Aufwärts/Abwärtszähler

Das in **Bild 1-21** dargestellte Flipflop besitzt sowohl taktunabhängige Setz-
und Rücksetzeingänge ($\overline{\text{PRE}}$ und $\overline{\text{CLR}}$) als auch einen taktflankengesteuerten
Eingang D. Führt man den negierten Ausgang $\overline{\text{Q}}$ des Flipflops auf den Eingang D zurück, so entsteht ein Frequenzteiler, da jede steigende Taktflanke
das Flipflop von 0 nach 1 bzw. von 1 nach 0 umschaltet; an den Ausgängen
erscheint die halbe Taktfrequenz.

Die in **Bild 1-22** dargestellte Teilerkette teilt den Eingangstakt in den
Verhältnissen A = Takt:2, B = Takt:4, C = Takt:8 und D = Takt:16. Bewertet man das an den Ausgängen D, C, B und A anstehende Bitmuster als vorzeichenlose Dualzahl, so erscheint ein Abwärtszähler, der mit jeder steigenden
Taktflanke um 1 vermindert wird. Nach dem Endwert 0 0 0 0 (0) beginnt
der Zähler wieder mit dem Anfangswert 1 1 1 1 (15). An den Komplement-
ausgängen erscheint dagegen ein Aufwärtszähler, der beim Erreichen des End-
wertes 1 1 1 1 (15) wieder mit dem Anfangswert 0 0 0 0 (0) beginnt.
Rechentechnisch gesehen ist es also auch möglich, mit einem Zähler anstelle
eines Addierers Dualzahlen um 1 zu erhöhen bzw. um 1 zu vermindern.

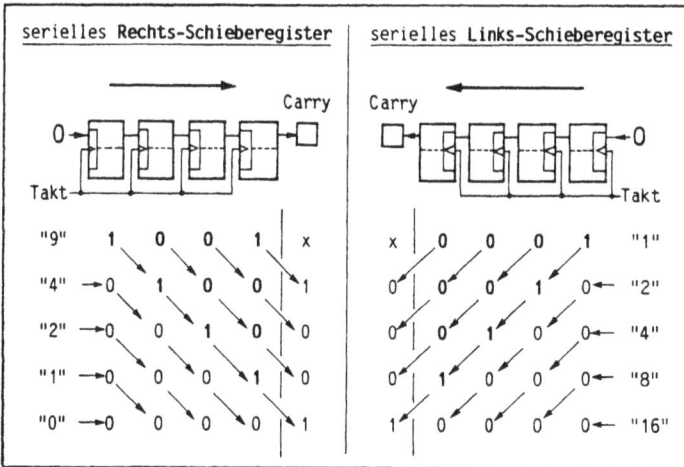

Bild 1-23: 4-bit-Rechts/Links-Schieberegister

Bei einem Schieberegister **Bild 1-23** schaltet der Takt alle Flipflops gleichzeitig; jedes Flipflop reicht seinen alten Inhalt an den Nachfolger weiter
und übernimmt den neuen Inhalt von seinem Vorgänger. Bewertet man den
Inhalt eines Rechtsschieberegisters als vorzeichenlose Dualzahl, so wird von
den höherwertigen zu den niederwertigen Stellen geschoben. Füllt man die
freiwerdende höchstwertige Stelle mit einer Null, so entspricht das Rechtsschieben rechentechnisch einer Division durch 2, der Basis des dualen Zahlensystems. Speichert man die herausgeschobene niederwertigste Stelle z.B.
im Carrybit, so entsteht dort der Divisionsrest. Bei vorzeichenbehafteten

Zahlen muß die herausgeschobene Bitposition als Vorzeichen erhalten bleiben (arithmetisches Rechtsschieben). Eine entsprechende Bewertung des Links- schieberegisters mit nachgeführten Nullen entspricht einer Multiplikation mit 2. Die herausgeschobene höchstwertige Stelle liefert den Übertrag bzw. die Überlaufbedingung.

1.3.3 Festwertspeicher

Festwertspeicher sind nichtflüchtige Speicher, die ihren Inhalt nach dem Ab- schalten der Versorgungsspannung behalten. In der Ausführung ROM (Read Only Memory = Nur-Lese-Speicher) wird der Speicherinhalt bereits beim Herstellprozeß des Bausteins durch Schaltverbindungen festgelegt. Bei einem PROM (Programable ROM) kann der Anwender durch elektrisches Program- mieren von Verbindungen den Speicherinhalt selber bestimmen. In der häu- figsten Bauart EPROM (Erasable PROM) läßt sich der Inhalt durch Bestrahlen mit UV-Licht wieder löschen. Die Auswahl der meist zu einem Byte zusam- mengefaßten Speicherelemente erfolgt nach dem in **Bild 1-24** dargestellten direkten Adressierungsverfahren.

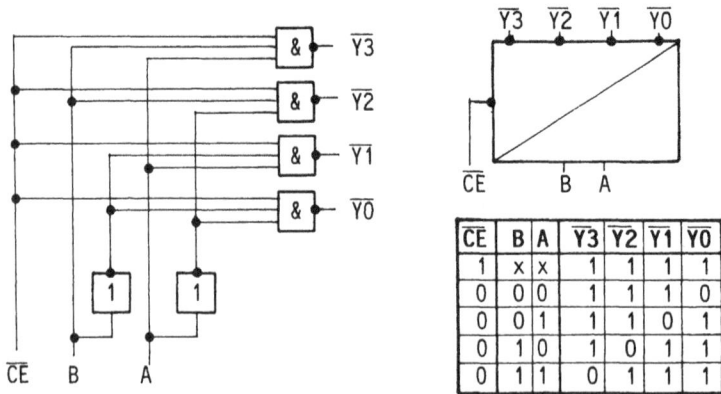

$\overline{CE}$	B	A	$\overline{Y3}$	$\overline{Y2}$	$\overline{Y1}$	$\overline{Y0}$
1	x	x	1	1	1	1
0	0	0	1	1	1	0
0	0	1	1	1	0	1
0	1	0	1	0	1	1
0	1	1	0	1	1	1

Bild 1-24: 1-aus-4-Decoder für direkten Speicherzugriff

An den Eingängen A und B des Decoders liegt eine Dualzahl (0 0 bzw. 0 1 bzw. 1 0 bzw. 1 1) als Adresse eines der vier Ausgänge, die in dem Beispiel in "aktiv-Low-Technik" ausgeführt sind. Eine 0 (Low) bedeutet, daß der Aus- gang ausgewählt (aktiv) ist; eine 1 (High) bedeutet, daß er nicht aktiv ist. Der Eingang $\overline{CE}$ (Chip Enable = Bausteinfreigabe) des Decoders wirkt eben- falls "aktiv-Low". Ein Low (0) bedeutet die Freigabe des durch A und B adressierten Ausgangs, ein High (1) legt alle Ausgänge auf nichtaktives High-Potential. **Bild 1-25** zeigt einen byteorganisierten Festwertspeicher mit Dioden als Speicherelementen.

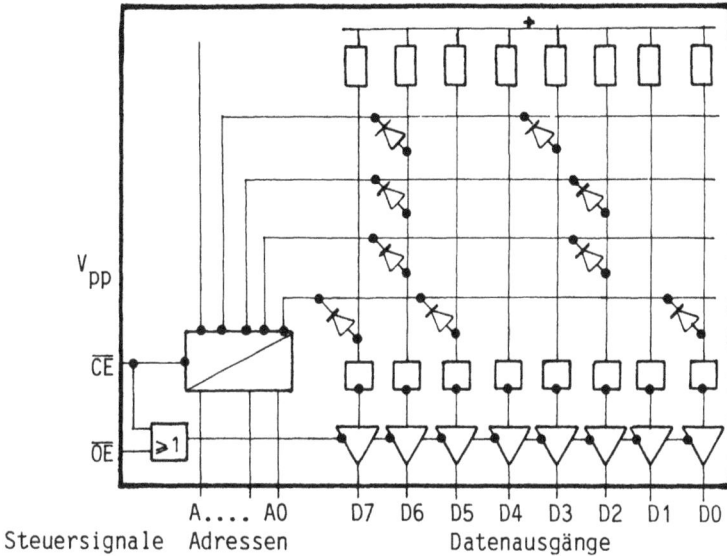

Bild 1-25: Byteorganisierter Festwertspeicher (ROM) aus Dioden

Der Steuereingang $\overline{CE}$ (Chip Enable = Bausteinfreigabe) gibt den Adreßdecoder bei Low (0) frei. Die Adreßeingänge legen dann eine Zeilenleitung auf Low-Potential. Der Speicherinhalt des adressierten Bytes (Zeile) wird durch Verbindungen zu den Spalten bestimmt. Ist die Verbindung offen, so bleibt die Spaltenleitung High. Ist sie durch eine Diode geschlossen, so wird die Spaltenleitung auf Low gelegt. Für eine Zuordnung "Diode = 1" und "keine Diode = 0" müssen die Spaltenausgänge invertiert werden. Das Auslesen des Speicherinhalts erfolgt durch den Steuereingang $\overline{OE}$ (Output Enable = Freigabe der Ausgänge). Ist der Baustein mit $\overline{CE}$ = Low freigegeben und ist gleichzeitig $\overline{OE}$ = Low, so schalten die Ausgangstreiber das ausgewählte Byte auf den Ausgang; anderenfalls sind die Ausgänge hochohmig (tristate). Man beachte, daß die logische Und-Verknüpfung der beiden Steuersignale mit einer Oder-Schaltung ausgeführt wird, die nur dann am Ausgang 0 ist, wenn beide Eingänge 0 sind (aktiv-Low-Technik!).

1.3.4 Schreib/Lesespeicher

Ein Schreib/Lesespeicher kann wie ein Flipflop und Register während des Betriebes der Schaltung beschrieben und gelesen werden. Beim Einschalten der Versorgungsspannung hat der Speicher einen zufälligen (undefinierten) Anfangswert; nach dem Abschalten geht sein Speicherinhalt verloren.

RAM heißt Random Access Memory = Direktzugriffsspeicher. Das bedeutet, daß durch Angabe einer Adresse direkt auf den Inhalt zugegriffen werden

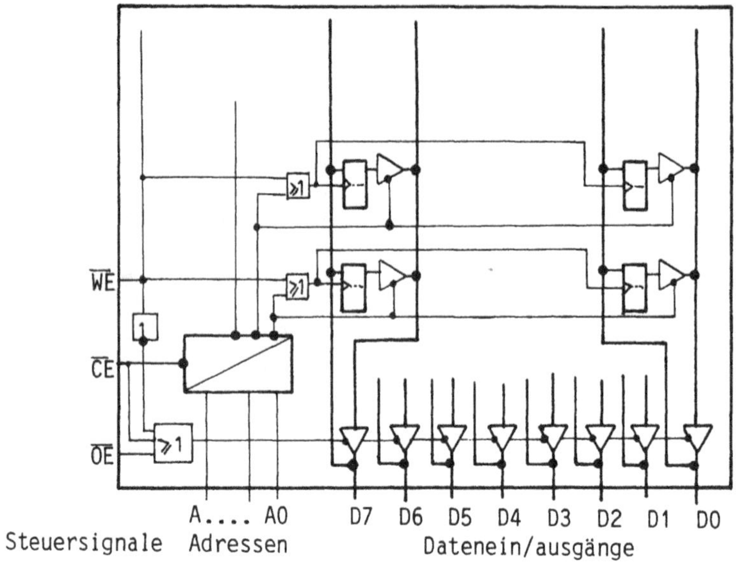

Bild 1-26: Der Aufbau eines byteorganisierten RAMs

kann. In diesem Sinne sind auch die im vorigen Abschnitt behandelten Festwertspeicher ebenfalls Direktzugriffsspeicher. **Bild 1-26** zeigt den Aufbau
eines byteorganisierten RAMs mit Flipflops als Speicherelementen, die wieder zu jeweils einem Byte (Register) unter einer Adresse zusammengefaßt
sind. Das Auslesen geschieht wie bei einem EPROM durch die Signale $\overline{CE}$
(Bausteinfreigabe) und $\overline{OE}$ (Freigabe der Ausgangstreiber). Das Steuersignal
$\overline{WE}$ (Write Enable = Schreibfreigabe) schaltet in Verbindung mit $\overline{CE}$ die
außen anliegenden Daten auf die Eingänge aller Flipflops. Nur das ausgewählte
Byte übernimmt die Daten mit der steigenden Flanke des Taktsignals.

1.4   Mikrocomputerschaltungstechnik

1.4.1 TTL-Schaltungen

Mikroprozessoren und ihre Speicher- und Peripheriebausteine werden in
MOS- und in CMOS-Technik ausgeführt; die Zusatzlogik vorwiegend in TTL-
Technik. Es gelten üblicherweise folgende Logikzuordnungen:

Ausgang: High größer 2.4 Volt   Eingang: High größer 2.0 Volt
         Low kleiner 0.4 Volt   Low kleiner 0.8 Volt

Bei High (logisch 1) liefert ein Ausgang eine Spannung zwischen 2.4 Volt und der Betriebsspannung von 5 Volt; normalerweise ca. 3.5 Volt. Alle Spannungen größer als 2.0 Volt werden von den Eingangsschaltungen als High bewertet. Bei Low (logisch 0) liefert ein Ausgang eine Spannung zwischen 0 Volt (Ground) und 0.4 Volt; normalerweise ca. 0.2 Volt. Alle Spannungen kleiner als 0.8 Volt werden von den Eingängen als Low bewertet. Bei den Strömen ergeben sich Unterschiede zwischen MOS und TTL (**Bild 1-27**).

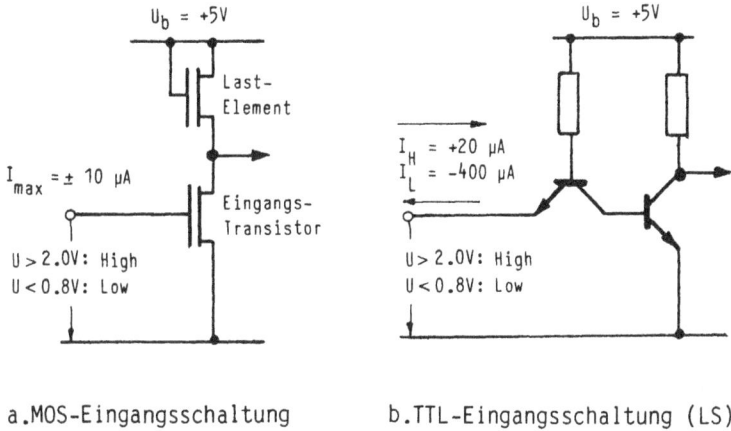

a.MOS-Eingangsschaltung   b.TTL-Eingangsschaltung (LS)

Bild 1-27: MOS- und TTL-Eingänge

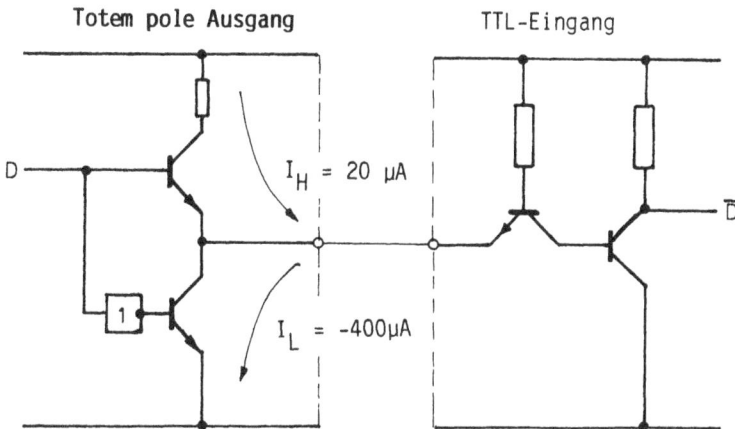

Bild 1-28: Der Gegentaktausgang (totem pole)

Das Gate (Steuerelektrode) des MOS-Eingangstransistors ist hochohmig und nimmt einen Eingangsstrom von maximal 10 uA auf; normalerweise kleiner

1 uA. Die Eingangsströme einer bipolaren TTL-Schaltung sind abhängig von der Logikfamilie (Standard, LS, ALS oder HC). Bei den meist verwendeten LS-Schaltungen (Low Power Schottky) fließen bei Low maximal 400 uA aus dem Eingang heraus und bei High maximal 20 uA hinein; normalerweise etwa die Hälfte. Die folgenden Ausgangsschaltungen werden unabhängig von der Technologie ohne die Emitterpfeile dargestellt.

Der Totem-Pole-Ausgang **Bild 1-28** besteht aus zwei Transistoren. Der eine legt den Ausgang auf High; der herausfließende Strom wird von dem angeschlossenen Eingang aufgenommen. Der andere Transistor schaltet den Ausgang auf Low, und in die Schaltung fließt ein Strom hinein. Die angegebenen Ströme beziehen sich auf eine Standard-Last; tatsächlich fließt nur etwa die Hälfte. An einen LS-Ausgang können standardmäßig etwa 20 LS-Eingänge oder 30 MOS-Eingänge angeschlossen werden; an einen MOS-Ausgang etwa 10 MOS-Eingänge oder 4 LS-Eingänge. Weitere Angaben müssen den Datenblättern der Hersteller entnommen werden.

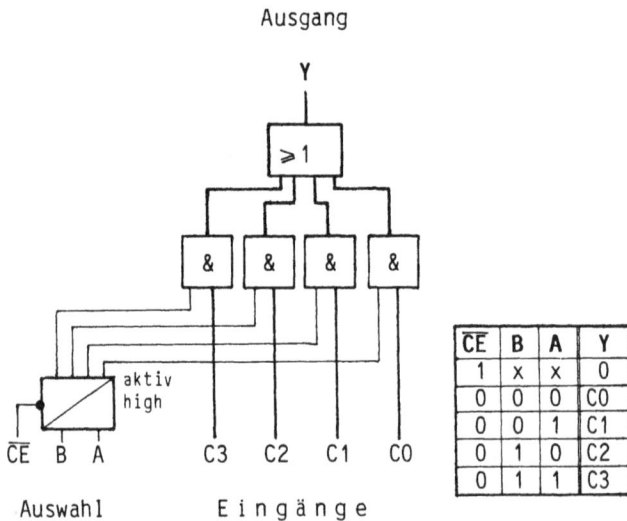

Ausgang

$\overline{CE}$	B	A	Y
1	x	x	0
0	0	0	C0
0	0	1	C1
0	1	0	C2
0	1	1	C3

Auswahl   Eingänge

Bild 1-29: Kanalauswahlschaltung (Multiplexer)

Ein besonderes Problem ist die Parallelschaltung von Ausgängen, wenn beispielsweise mehrere Speicherbausteine an eine gemeinsame Busleitung angeschlossen werden sollen. Totem-Pole-Ausgänge lassen sich nicht einfach parallel schalten, sondern müssen mit einer Oder-Schaltung oder mit einem in Bild **1-29** dargestellten Multiplexer (Mux) verknüpft werden. Ein 1-aus-4-Decoder (Bild 1-24) mit aktiv-High-Ausgängen schaltet einen der vier Kanäle C0 bis C3 auf den Ausgang Y. Bei Bussystemen bevorzugt man den in **Bild 1-30** dargestellten Tristate-Ausgang.

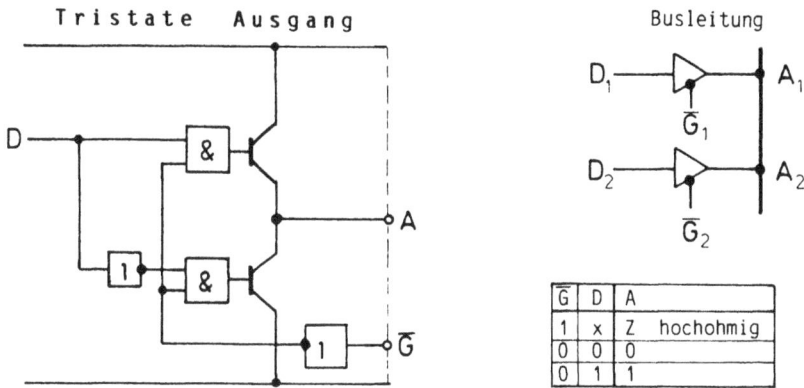

Bild 1-30: Der Tristate-Ausgang

Beide Ausgangstransistoren lassen sich mit einem zusätzlichen Steuereingang $\overline{G}$ (Gate = Tor) abschalten, so daß der Ausgang bis auf geringe Restströme potentialfrei wird. Für $\overline{G}$ = 0 wird entweder Low oder High ausgegeben. Für $\overline{G}$ = 1 ist der Baustein in einem dritten (elektrischen, nicht logischen!) Ausgangszustand hochohmig, also abgeschaltet. Bei einer Parallelschaltung von Tristate-Ausgängen macht üblicherweise eine Auswahlschaltung (Decoder) alle Ausgänge bis auf einen hochohmig. Bei den in **Bild 1-31** dargestellten Ausgängen mit offenem Kollektor wird der gegen High schaltende Ausgangstransistor durch einen externen Arbeitswiderstand ersetzt (Oben-Ohne-Schaltung).

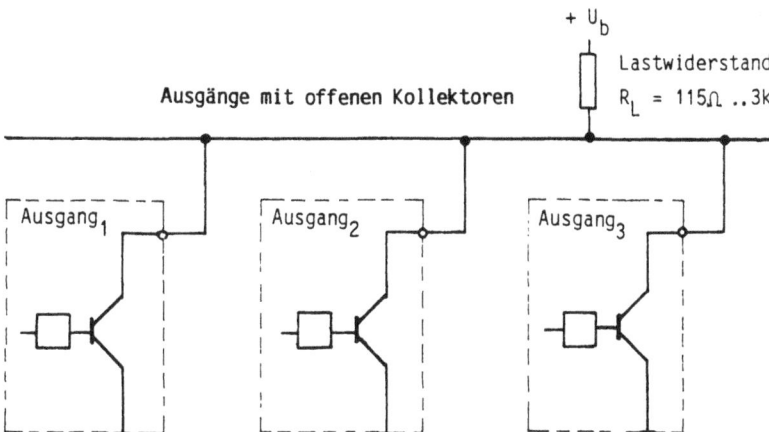

Bild 1-31: Parallelschaltung Offener-Kollektor-Ausgänge

Schaltet man den Ausgangstransistor mit High durch, so liegt der Ausgang auf Low; sperrt man ihn durch Low, so legt der Arbeitswiderstand den Ausgang auf High. Bei einer Parallelschaltung mehrerer Ausgänge müssen alle nicht aktiven Schaltungen ihre Ausgänge auf High legen; nur der eine aktive Ausgang darf die gemeinsame Leitung entweder auf Low herunterziehen oder auf High liegen lassen. Die Verknüpfung von Ausgängen mit offenem Kollektor wird oft für Steuerleitungen von Mikrocomputern verwendet, die von verschiedenen Schaltungen angesteuert werden sollen. Das Signal ist dann aktiv Low.

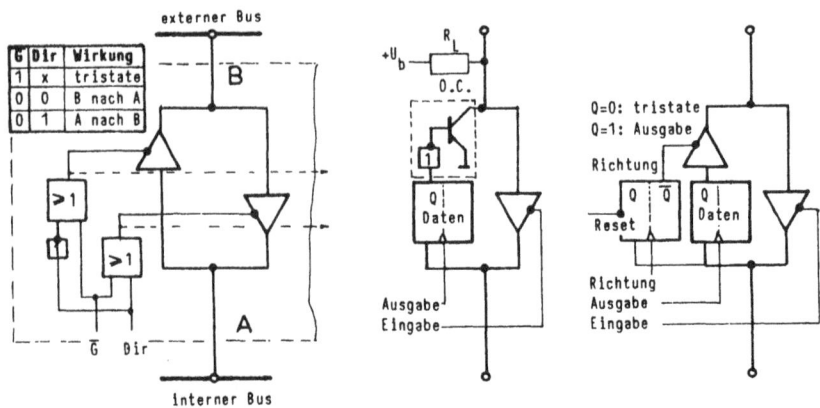

a.Bidirektionaler Bustreiber   b.Offener Kollektor   c.Tristate Ausgang

Bild 1-32: Bidirektionale Schaltungen

Bild 1-32 zeigt häufig verwendete bidirektionale Schaltungen für Leitungen, die in beiden Richtungen Signale übertragen. Ein bidirektionaler Bustreiber (74LS245) trennt für $\overline{G}$ = 1 den internen vom externen Bus; die Ausgangstreiber beider Richtungen sind tristate. Für $\overline{G}$ = 0 bestimmt ein Richtungssignal Dir (Direction), welcher der beiden Treiber durchschaltet und legt damit die Übertragungsrichtung fest. Der Offene-Kollektor-Ausgang wird vorzugsweise für bidirektionale Peripherieschaltungen verwendet. Das Datenflipflop legt den Ausgang entweder auf High oder auf Low. Beim Betrieb als Eingang muß der Anschluß durch Ausgabe einer logischen 1 auf High gelegt werden, damit eine äußere Schaltung (z.B. Kippschalter) die Leitung auf High läßt oder auf Low legen kann. Der Tristate-Ausgang wird meist in programmierbaren Parallelschnittstellen verwendet, bei denen ein Richtungsflipflop den Anschluß zwischen dem Betrieb als Eingang oder als Ausgang umschaltet.

1.4.2 Bussysteme und Bustiming

Ein Bus besteht aus parallelen Leitungen, an die mehrere Ausgänge (Sender, Quellen) und Eingänge (Empfänger, Ziele) angeschlossen sind. Man unterscheidet den Adreßbus für die Übertragung von Adressen, den Datenbus für Daten und Befehle sowie den Steuerbus für Steuersignale. **Bild 1-33** zeigt als Beispiel den internen Datenbus im Rechenwerk eines Mikroprozessors.

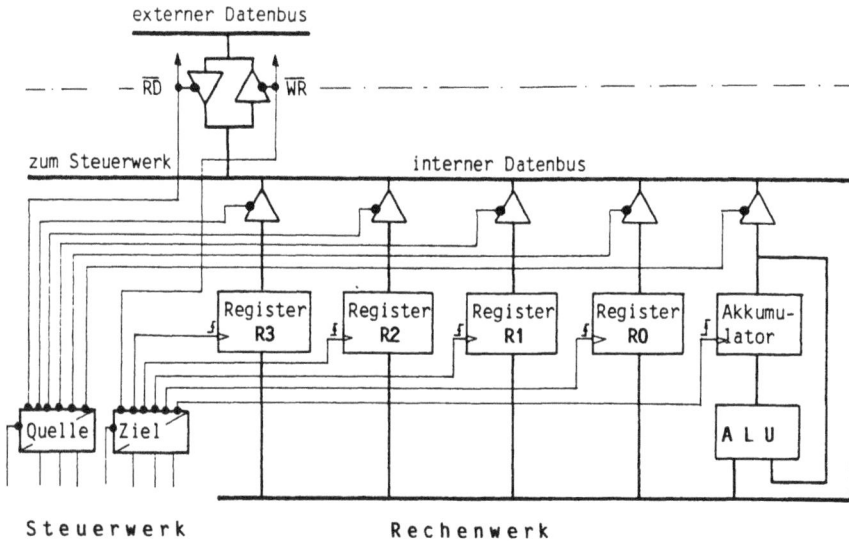

Bild 1-33: Registerauswahl in einem Rechenwerk

Die Rechenschaltung des Bildes 1-20 wird nun erweitert durch die vier Hilfsregister R0 bis R3 und einen bidirektionalen Treiber, der den internen Datenbus des Mikroprozessors mit dem externen Datenbus des Computers verbindet. Die Schaltung enthält sechs Quellen (externer Datenbus, vier R-Register und Akkumulator) sowie sechs Ziele (externer Datenbus, vier R-Register und Akkumulator). Das Steuerwerk schaltet immer einen Baustein mit einem aktiv-Low-Signal als Quelle auf den Bus und liefert für den Zielbaustein die steigende Taktflanke, mit der dieser die Daten übernimmt. Die R-Register können Operanden für die ALU-Operationen enthalten bzw. Zwischenergebnisse aufnehmen. **Bild 1-34** zeigt den Anschluß von Speicher- und Peripheriebausteinen an den (externen) Datenbus des Computers.

Die Schaltung besteht aus einem Festwertspeicher (Bild 1-25), einem Schreib/Lesespeicher (Bild 1-26), einem Ausgaberegister für Peripheriedaten und einem Eingabetristatetreiber. Der Prozessor liefert das Lesesignal $\overline{RD}$

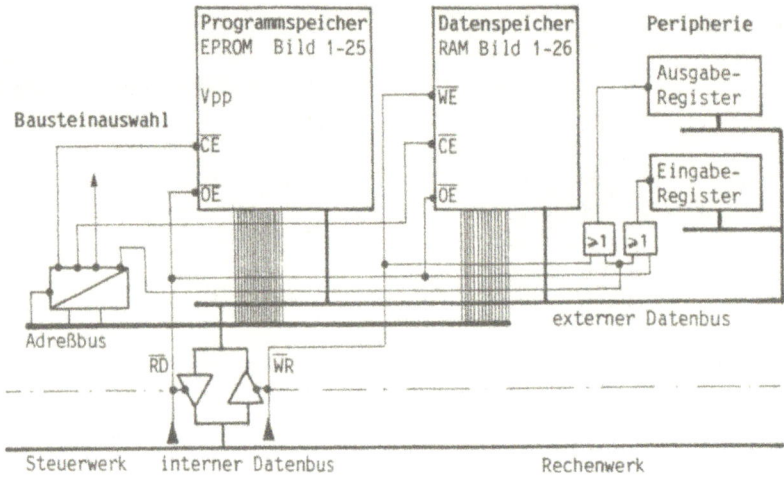

Bild 1-34: Bausteinauswahl in einem Computer

(Read = lesen) zum Auslesen der Bausteine und das Schreibsignal $\overline{WR}$ (Write = schreiben) zum Beschreiben der Bausteine; die Signale bestimmen gleichzeitig auch die Richtung des Prozessorbustreibers. Für die Auswahl der Bausteine ist nun ein Decoder (Bild 1-24) erforderlich. Die Adressen liefert der Prozessor über den Adreßbus. Die höherwertigen Adressen bestimmen den Baustein, die niederwertigen wählen auf dem Speicherbaustein das entsprechende Byte aus. Die Freigabesignale der Peripheriebausteine werden zusätzlich mit $\overline{RD}$ und $\overline{WR}$ verknüpft. **Bild 1-35** zeigt den zeitlichen Ablauf der Lese- und Schreibvorgänge (Timing).

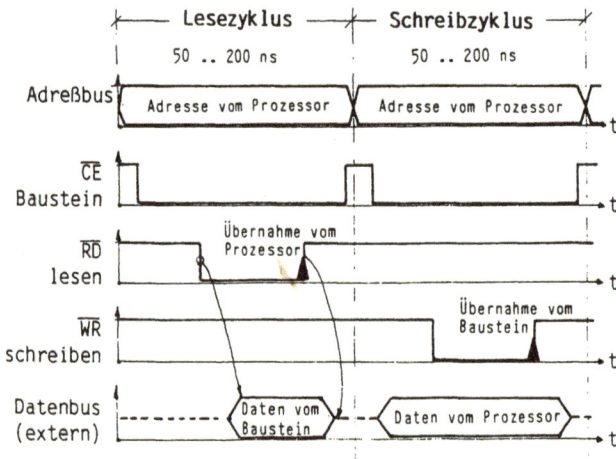

Bild 1-35: Lese- und Schreibzyklen

Busleitungen werden in Zeitdiagrammen nicht einzeln, sondern zusammengefaßt dargestellt. Eine Kreuzung der oberen High- und unteren Low-Linie deutet an, daß zu diesem Zeitpunkt eine Änderung des Buszustandes zu erwarten ist. Ein gestrichelte mittlere Linie beim Datenbus zeigt den Tristatezustand. Bei Bedarf können auch hexadezimale Adressen bzw. Daten eingetragen werden. Von den aktiven Flanken der Steuersignale ausgehende Bezugspfeile zeigen an, wann die Änderungen auf dem Bus wirksam werden.

Am Beginn eines **Lesezyklus** legt der Prozessor die Adresse des zu lesenden Bytes auf den Adreßbus und macht seine Datenbusausgangstreiber tristate. Aus den höheren Adreßbits decodiert der Bausteinauswahldecoder den entsprechenden Baustein und gibt ihn mit $\overline{CE}$ frei. Der interne Decoder des Bausteins benötigt eine längere Schaltzeit zur Auswahl des adressierten Bytes. Der Prozessor schaltet daher etwa später durch das Lesesignal $\overline{RD}$ die Ausgangstreiber ($\overline{OE}$) des adressierten Bausteins auf den externen Datenbus. Über den auf Eingang geschalteten Datenbustreiber des Prozessors gelangen die Daten auf den internen Datenbus des Prozessors und werden dort bei der steigenden Flanke des $\overline{RD}$-Signals in ein Register übernommen. Danach wird der Ausgangstreiber des Bausteins durch $\overline{RD}$ = High tristate gemacht.

In einem **Schreibzyklus** legt der Prozessor die Adresse des zu beschreibenden Bytes auf den Adreßbus und die auszugebenden Daten aus einem Register auf den Datenbus. Der Bausteinauswahldecoder gibt den entsprechenden Baustein mit $\overline{CE}$ frei; dieser wiederum wählt mit seinem internen Decoder das adressierte Byte aus. Das Schreibsignal $\overline{WR}$ liefert den Schreibimpuls $\overline{WE}$; die Datenübernahme muß spätestens mit der steigenden Flanke des $\overline{WR}$-Signals beendet sein, da der Prozessor nun die Daten vom Datenbus entfernt und diesen wieder tristate schaltet.

Die Zeit zwischen dem Aussenden der Adresse und der Übernahme der Daten durch den Prozessor bzw. Baustein bezeichnet man als Zugriffszeit. Sie liegt zwischen 50 und 200 ns.

1.4.3 Verfahren zur Bausteinauswahl

Bei der Programmierung eines Mikrocomputers erscheinen in den Befehlen die Adressen von Speicherstellen und Peripherieregistern. Diese ergeben sich aus dem Adreßplan, der aus dem Schaltplan des Computers abgeleitet wird. Eine Adresse ist eine vorzeichenlose Dualzahl, die der Prozessor mit dem Beginn eines Lese- bzw. Schreibzyklus auf dem Adreßbus ausgibt und die von den Decodierschaltungen zur Auswahl einer Speicherstelle verwendet wird. **Bild 1-36** zeigt ein teildecodiertes Kleinsystem mit einem 8-kbyte-EPROM (2764) und einem 8-kbyte-RAM (6264) bei 16 Adreßleitungen.

Die Adreßleitungen A0 bis A12 des Prozessors sind mit den Adreßeingängen A0 bis A12 der Bausteine verbunden; die folgende Adreßleitung A13 wählt über

Baustein	Adresse	A15	A14	A13	A12	A11	A10	A9	A8	A7	A6	A5	A4	A3	A2	A1	A0
RAM	0000H	x	x		0	0	0	0	0	0	0	0	0	0	0	0	0
6264	.....	=	=	0	.	.	.	.	.	.	.	.	.	.	.	.	.
8 kbyte	1FFFH	0	0		1	1	1	1	1	1	1	1	1	1	1	1	1
EPROM	0E000H	x	x		0	0	0	0	0	0	0	0	0	0	0	0	0
2764	......	=	=	1	.	.	.	.	.	.	.	.	.	.	.	.	.
8 kbyte	0FFFFH	1	1		1	1	1	1	1	1	1	1	1	1	1	1	1

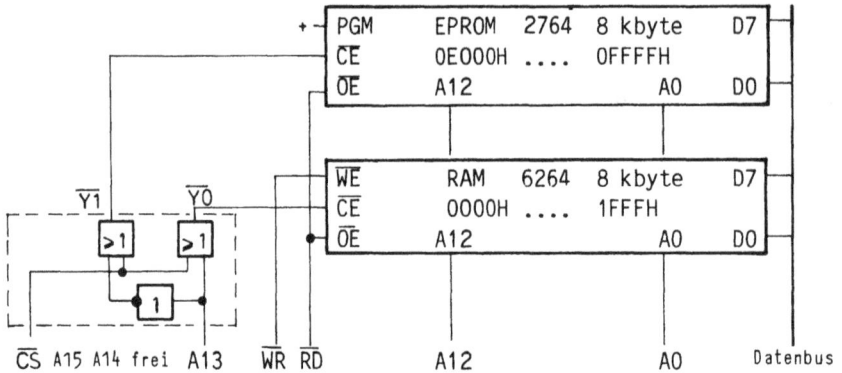

```
+ -- PGM     EPROM   2764   8 kbyte     D7
     CE      0E000H  ....   0FFFFH
     OE      A12                   A0    D0

     WE      RAM     6264   8 kbyte     D7
     CE      0000H   ....   1FFFH
     OE      A12                   A0    D0

   Y1      Y0
   >1      >1
        1
CS  A15 A14 frei  A13   WR RD      A12        A0    Datenbus
```

Bild 1-36: Adreßplan und Schaltung einer Teildecodierung

eine 1-aus-2-Decodierschaltung einen der beiden Bausteine aus. Die restlichen Adreßleitungen A14 und A15 werden nicht verwendet. Die Decoderausgänge $\overline{Y0}$ und $\overline{Y1}$ sowie die Freigabeeingänge $\overline{CE}$ der Bausteine sind aktiv Low. Mit dem Freigabeeingang $\overline{CS}$ des Decoders können alle Speicherbausteine mit einem Speicher/Peripherie- oder einem Datenbusauswahlsignal gesperrt werden. Der Adreßplan zeigt den Zusammenhang zwischen den Adreßleitungen des Systems und den hexadezimalen Adressen der Bausteine. Bei den direkt angeschlossenen Adreßbits A0 bis A12 gibt man nur die untere (0000000000000) und die obere (1111111111111) Grenze des Speicherbereiches an. A13 = 0 gibt den Baustein 6264 (RAM) frei, A13 = 1 den anderen Baustein 2764 (EPROM). Die beiden freien Adreßleitungen A14 und A15 können beliebige Werte annehmen (X). Für den RAM wurde X = 0 gesetzt; er kann in dem Bereich der hexadezimalen Adressen von 0000H bis 1FFFH angesprochen werden. Setzt man beim EPROM für freie Adreßbits X = 1, so liegt dieser im Adreßbereich von 0E000H bis 0FFFFH. Bei den Prozessoren der 80x86-Familie legt man meist in den unteren Adreßbereich (Vektortabelle) einen Schreib/Lesespeicher (RAM) und in den oberen Bereich (Reset-Startadresse) einen Festwertspeicher (EPROM). Wegen der beiden freien Adreßleitungen A15 und A14 kann jeder Baustein in drei weiteren Adreßbereichen angesprochen werden; der RAM also auch ab 4000H (A15 = 0 und A14 = 1), ab 8000H (A15 = 1 und A14 = 0) sowie ab 0C000H (A15 = 1 und A14 = 1).

Baustein	Adresse	A15	A14	A13	A12	A11	A10	A9	A8	A7	A6	A5	A4	A3	A2	A1	A0
RAM	0000H	0	0	0	0	0	0	0	0	0	0	0	0	0	0	0	0
6264	.....				.	.	.	.	.	.	.	.	.	.	.	.	.
8 kbyte	1FFFH				1	1	1	1	1	1	1	1	1	1	1	1	1
Serien-	2000H	0	0	1	x	x	x	x	x	x	x	x	x	0	0	0	
schnitt.	.....				=	=	=	=	=	=	=	=	=	.	.	.	
8250	2007H				0	0	0	0	0	0	0	0	0	1	1	1	
frei		0	1	0													
frei		1	1	0													
EPROM	0E000H	1	1	1	0	0	0	0	0	0	0	0	0	0	0	0	0
2764	......				.	.	.	.	.	.	.	.	.	.	.	.	.
8 kbyte	0FFFFH				1	1	1	1	1	1	1	1	1	1	1	1	1

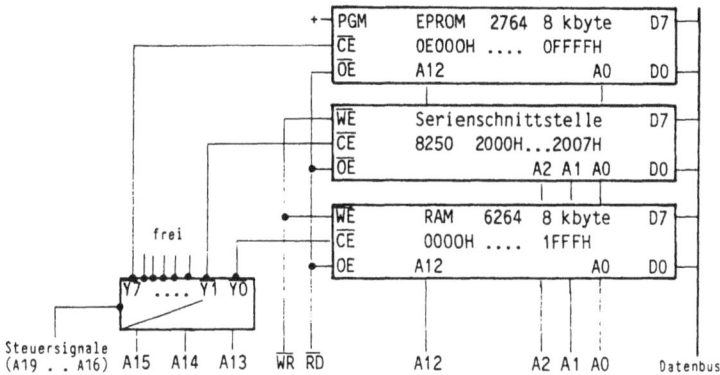

Bild 1-37: Adreßplan und Schaltplan einer Volldecodierung

Bei einer in **Bild 1-37** dargestellten Volldecodierung werden alle Adreßleitungen zur Auswahl verwendet. Die Bausteine 2764 (EPROM) bzw. 6264 (RAM) sind nur noch unter einer einzigen Adresse erreichbar, da sie alle Adreßbits belegen. Die Serienschnittstelle 8250 besitzt nur acht Register, die durch die Adreßleitungen A0, A1 und A2 ausgewählt werden. Der Bereich der 10 Adreßbits von A12 bis A3 wird für die Auswahl dieser Register nicht verwendet; für diesen Baustein bestehen 2 hoch 10 = 1024 Adressen. Um diese Adressierungslücken bei Peripheriebausteinen zu vermeiden, liefern die 80x86 Prozessoren ein Speicher/Peripherieauswahlsignal M/$\overline{\text{IO}}$ bzw. IO/$\overline{\text{M}}$.

Die in **Bild 1-38** dargestellte lineare Auswahlschaltung adressiert die beiden Peripheriebausteine mit dem Steuersignal M/$\overline{\text{IO}}$. Bei Low werden Peripheriebefehle (IO = Input Output) ausgeführt; bei High Speicherzugriffe (M =

Baustein	Adresse	A15	A14	A13	A12	A11	A10	A9	A8	A7	A6	A5	A4	A3	A2	A1	A0
Serien-	0008H	x	x	x	x	x	x	x	x	x	x	x			0	0	0
schnitt.	.....	=	=	=	=	=	=	=	=	=	=	=	0	1	.	.	.
8250	000FH	0	0	0	0	0	0	0	0	0	0	0			1	1	1
Paral-	0010H	x	x	x	x	x	x	x	x	x	x	x			x	0	0
lelsch.	.....	=	=	=	=	=	=	=	=	=	=	=	1	0	=	.	.
8255	0013H	0	0	0	0	0	0	0	0	0	0	0			0	1	1

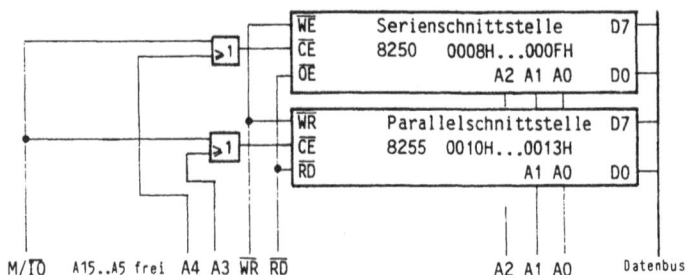

Bild 1-38: Adreßplan und Schaltplan einer linearen Auswahl

Memory). Die Bausteinauswahl erfolgt direkt durch die Adreßleitung A3 = 0 für die Parallelschnittstelle 8255 und durch A4 = 0 für die Serienschnittstelle 8250. Bei dieser linearen Auswahl eines Bausteins durch ein Adreßbit (hier 0) muß sichergestellt sein, daß die anderen Bausteine mit einer entsprechenden 1 gesperrt sind.

Bild 1-39 zeigt die Auswahlschaltung einer Peripheriekarte am PC-Peripheriebus. Die Signale $\overline{\text{IORD}}$ (Input Output Read = Ein/Ausgabe lesen) und $\overline{\text{IOWR}}$ (Input Output Write = Ein/Ausgabe schreiben) werden auf der Prozessorkarte aus dem Lesesignal $\overline{\text{RD}}$, dem Schreibsignal $\overline{\text{WR}}$ und dem Speicher/Peripherieauswahlsignal M/$\overline{\text{IO}}$ abgeleitet. Das Bussteuersignal AEN (Address Enable = Freigabe der Adreßbustreiber) zeigt bei Low an, daß sich gültige Adressen auf dem Bus befinden. Die Peripherieadressierung erfolgt beim PC nur durch die Adreßbits A0 bis A9; die Bits A10 bis A15 der Peripherieadresse werden beim PC nicht verwendet und im Adreßplan X = 0 gesetzt. Eine NAND-Schaltung verknüpft die Adreßleitungen bzw. ihre Negationen und liefert die Bedingung für die Freigabe der Karte. Das Adreßbit A8 läßt sich zwischen aktiv Low und aktiv High mit einer Steckbrücke (Jumper) umschalten; dadurch sind die Adressen der Bausteine einstellbar. Der Datenbustreiber wird nur bei Adressierung der Karte freigegeben; das Adreßbit A7 unterscheidet zwischen der Serienschnittstelle (A7 = 1) und der Parallelschnittstelle (A7 = 0). Für einen Parallelbetrieb mehrerer Peripheriekarten gleichen Aufbaus verwendet man häufig einstellbare Kartenadressen entsprechend **Bild 1-40.**

Baustein	Adresse	A15..A10	A9	A8	A7	A6	A5	A4	A3	A2	A1	A0
Drucker	0278H	x = 0	1	0	0	1	1	1	1	0	0	0
LPT2	027FH									1	1	1
Seriell	02F8H	x = 0	1	0	1	1	1	1	1	0	0	0
COM2	02FFH									1	1	1
Drucker	0378H	x = 0	1	1	0	1	1	1	1	0	0	0
LPT1	037FH									1	1	1
Seriell	03F8H	x = 0	1	1	1	1	1	1	1	0	0	0
COM1	03FFH									1	1	1

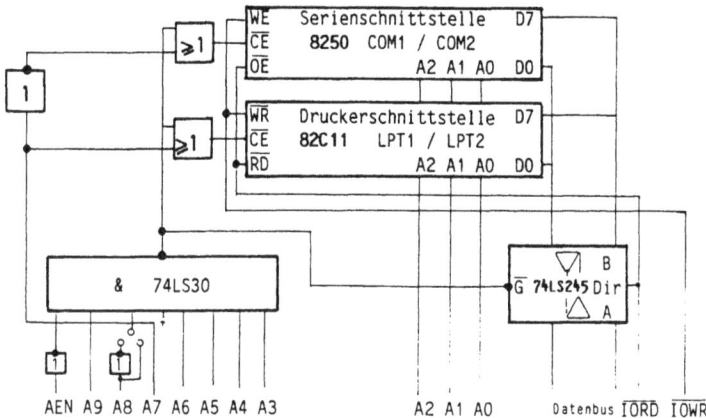

PC - Peripheriebus

Bild 1-39: Die Adressierung von Peripheriekarten

Der 4-bit-Komparator 74LS85 vergleicht eine an vier Brücken (B) eingestellte Kartenadresse mit vier Adreßbits (A) und liefert an seinem Ausgang A=B ein High, wenn beide Bitmuster gleich sind. Durch einen A=B-Eingang lassen sich mehrere Vergleicher hintereinander schalten (kaskadieren). Eine gesteckte Brücke (EIN) legt einen B-Eingang auf Low (0); bei einer offenen Brücke (AUS) liegt die Leitung durch den Widerstand auf High (1). Ist die Karte adressiert, wird der Datenbustreiber durchgeschaltet; die Bausteinauswahl übernimmt ein 1-aus-8-Decoder. Die beiden mit $\overline{Y0}$ freigegebenen Bausteine haben die gleiche Adresse. Beim Schreiben mit $\overline{IOWR}$ gelangen die Daten in das Ausgaberegister; beim Lesen mit $\overline{IORD}$ wird das Potential der Eingabetreiber und nicht der Inhalt des Ausgaberegisters gelesen. Die Karte kann für alle Peripherieadressen eingestellt werden; jedoch ist zu beachten, daß bei einem PC einige Adreßbereiche (z.B. 000H bis 0FFH) durch Systemperipherie bereits fest belegt sind.

Karten-adresse	Brücke B9	Brücke B8	Brücke B7	Brücke B6	Brücke B5	Brücke B4	Brücke B3	Adressen		
								A2	A1	A0
0000H	0 (EIN)	0 (EIN)	0 (EIN)	0 (EIN)	0 (EIN)	0 (EIN)	0 (EIN)	x=0	x=0	x=0
0100H	0 (EIN)	1 (AUS)	0 (EIN)	0 (EIN)	0 (EIN)	0 (EIN)	0 (EIN)	x=0	x=0	x=0
0200H	1 (AUS)	0 (EIN)	0 (EIN)	0 (EIN)	0 (EIN)	0 (EIN)	0 (EIN)	x=0	x=0	x=0
0300H	1 (AUS)	1 (AUS)	0 (AUS)	0 (AUS)	0 (AUS)	0 (AUS)	0 (AUS)	x=0	x=0	x=0
03F8H	1 (AUS)	1 (AUS)	1 (AUS)	1 (AUS)	1 (AUS)	1 (AUS)	1 (AUS)	x=0	x=0	x=0

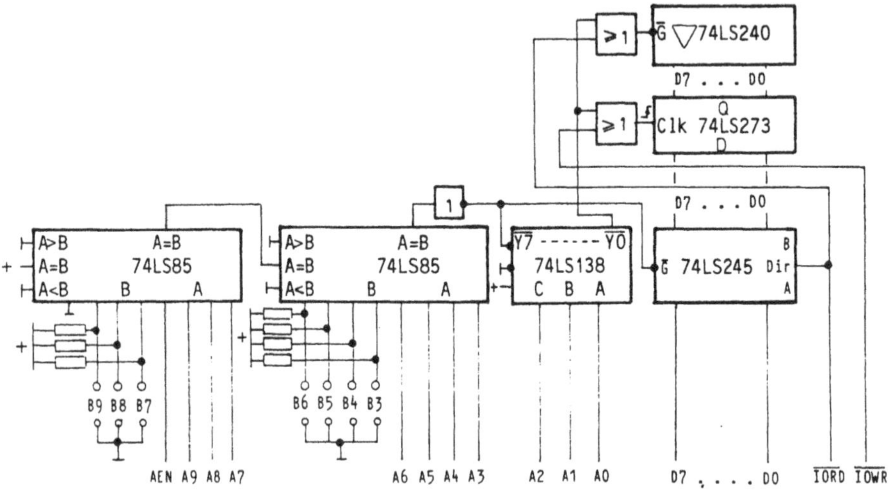

Bild 1-40: Einstellbare Kartenadressen

1.4.4 Eine einfache Speicher- und Peripherieschaltung

Die in **Bild 1-41** dargestellte Schaltung ist für einen Anschluß an den im nächsten Abschnitt beschriebenen TTL-Mikroprozessor bestimmt, der einen 16-bit-Adreßbus, einen 8-bit-Datenbus sowie die Steuerleitungen $\overline{RD}$ und $\overline{WR}$ zur Verfügung stellt. Nur der RAM 6264 ist volldecodiert. Anstelle des durch Lücken teildecodierten EPROMs 2716 könnte auch ein 8-KByte-Baustein 2764 verwendet werden, der dann ebenfalls voll decodiert wäre. Die Serien-schnittstelle 8250 liegt in der angegebenen Schaltung im Bereich der Spei-cherbausteine. Der Ausgang $\overline{Y3}$ des ersten Decoders liefert ein Peripherie-auswahlsignal $\overline{PER}$ für den zweiten Peripheriedecoder, der zwei digitale und zwei analoge Schnittstellen adressiert. Der Festwertspeicher (EPROM) im

Baustein	Adresse	A15	A14	A13	A12	A11	A10	A9	A8	A7	A6	A5	A4	A3	A2	A1	A0
EPROM	0000H	0	0	0	x	x	0	0	0	0	0	0	0	0	0	0	0
2716	07FFH						1	1	1	1	1	1	1	1	1	1	1
RAM	2000H	0	0	1	0	0	0	0	0	0	0	0	0	0	0	0	0
6264	3FFFH				1	1	1	1	1	1	1	1	1	1	1	1	1
Seriensch.	4000H	0	1	0	x	x	x	x	x	x	x	x	x	x	0	0	0
8250	4007H														1	1	1
74LS564 $\overline{WR}$	6000H	0	1	1	x	x	x	x	x	x	x	x	x	x	x	0	0
74LS240 $\overline{RD}$	6000H	0	1	1	x	x	x	x	x	x	x	x	x	x	x	0	0
D/A-Wandl.	6001H	0	1	1	x	x	x	x	x	x	x	x	x	x	x	0	1
A/D-Start	6002H	0	1	1	x	x	x	x	x	x	x	x	x	x	x	1	0
A/D-Lesen	6003H	0	1	1	x	x	x	x	x	x	x	x	x	x	x	1	1

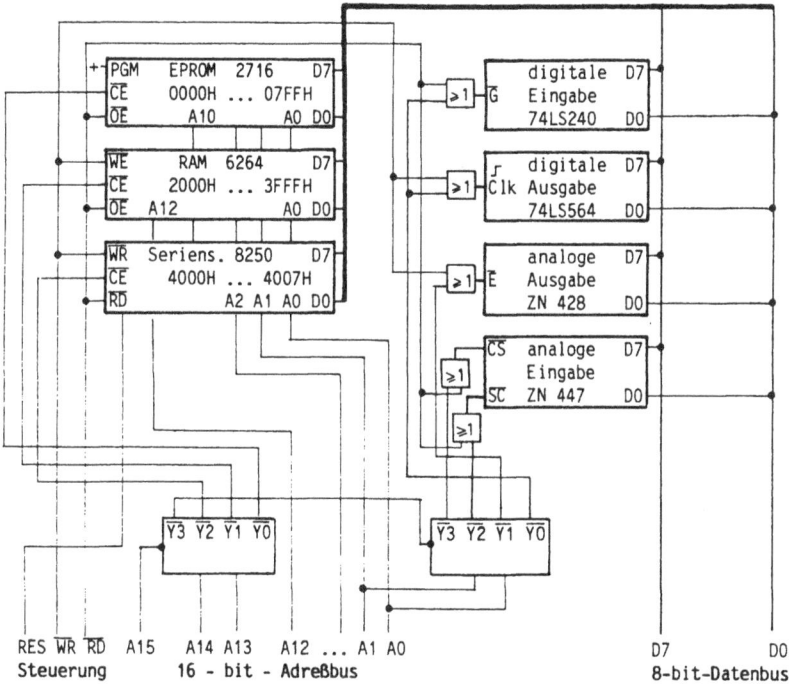

EPROM 2716 0000H ... 07FFH — PGM, CE, OE, A10, A0 D0, D7

RAM 6264 2000H ... 3FFFH — WE, CE, OE, A12, A0 D0, D7

Seriens. 8250 4000H ... 4007H — WR, CE, RD, A2 A1 A0 D0, D7

digitale Eingabe 74LS240 — G, D7, D0

digitale Ausgabe 74LS564 — Clk, D7, D0

analoge Ausgabe ZN 428 — E, D7, D0

analoge Eingabe ZN 447 — CS, SC, D7, D0

Ȳ3 Ȳ2 Ȳ1 Ȳ0   Ȳ3 Ȳ2 Ȳ1 Ȳ0

RES $\overline{WR}$ $\overline{RD}$ A15   A14 A13   A12 ... A1 A0   D7   D0
Steuerung   16 - bit - Adreßbus   8-bit-Datenbus

Bild 1-41: Schaltplan und Adreßplan

unteren Adreßbereich ab Adresse 0000H enthält normalerweise ein Monitorprogramm, das bei einem Zurücksetzen des Prozessors mit Reset gestartet
wird. Über die Serienschnittstelle läßt sich ein PC als Bedienungsterminal anschließen. Nicht eingezeichnet sind Treiberschaltungen, die den Adreß- und
Datenbus sowie die Steuerleitungen $\overline{RD}$ und $\overline{WR}$ mit Leuchtdioden anzeigen.

1.4.5 Ein einfacher TTL-Mikroprozessor

Die in diesem Abschnitt beschriebene Schaltung wurde mit TTL-Bausteinen auf einer Steckplatine in lötfreier Verbindungstechnik aufgebaut und mit der im vorigen Abschnitt beschriebenen Speicher- und Peripherieschaltung (Bild 1-41) betrieben. **Bild 1-42** zeigt eine Übersicht. Die Schaltpläne befinden sich im Anhang.

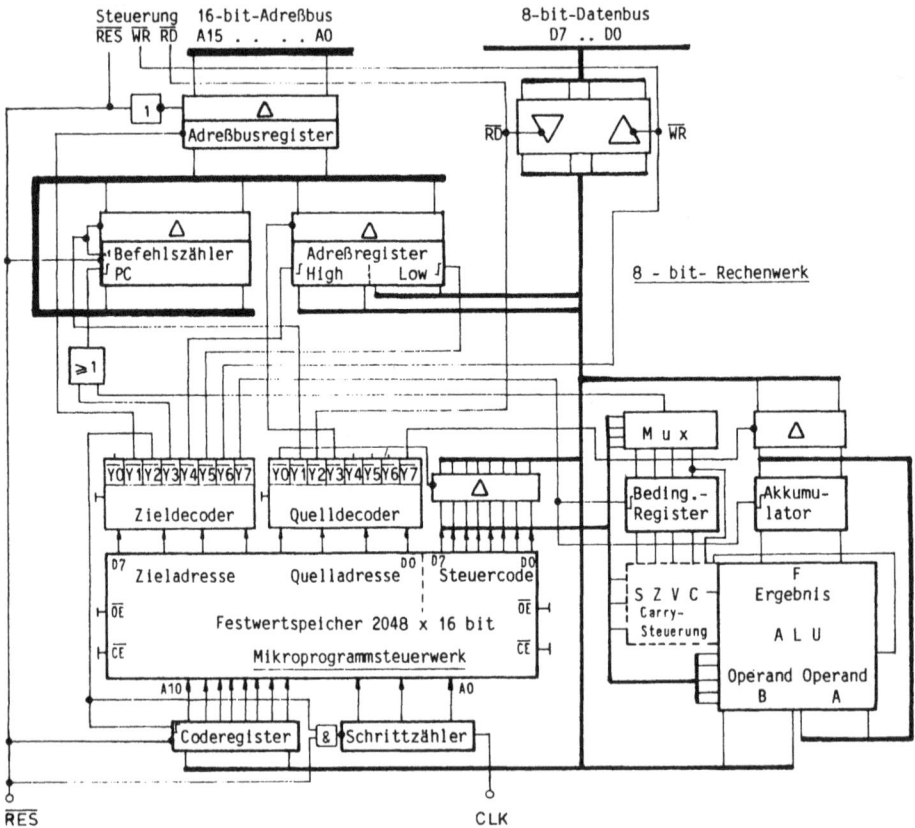

Bild 1-42: Blockschaltplan des TTL-Prozessors

Die Ausgänge des Prozessors bestehen aus einem 16-bit-Adreßbus, einem 8-bit-Datenbus (bidirektional!) und den Steuersignalen $\overline{RD}$ (Lesen) und $\overline{WR}$ (Schreiben). Mit einem Low-Zustand am Reset-Eingang (Reset = zurücksetzen) werden der Befehlszähler, das Coderegister und der Schrittzähler auf 0 zurückgesetzt (gelöscht). Der Eingang Clk (Clock = Takt) liefert den Takt für den Schrittzähler und bestimmt die Arbeitsgeschwindigkeit des Prozessors und damit auch des Computers. Die Register des Prozessors und ihre Ausgangstreiber liegen an zwei internen Bussystemen, einem 8-bit-Datenbus und einem 16-bit-Adreßbus. Das Schaltwerk liefert die Freigabesignale für die Tristate-Ausgänge und taktflankengesteuerten Dateneingänge der Register. Mit einem Low-Zustand wird der Inhalt einer Quelle auf den Bus gelegt; mit der steigenden Low-High-Flanke übernimmt ein Ziel die Daten. Die Bustreiber sind Low-zustandsgesteuert, damit die Adressen und Daten frühzeitig auf dem Bus erscheinen.

Das **Rechenwerk** besteht aus einer 8-bit-ALU (2 x 74LS181 Bild 1-15) mit zusätzlicher Carry-Steuerung, einem 8-bit-Akkumulator und einem 4-bit-Bedingungsregister mit Bewertungsschaltungen (Bild 1-20) für die Sprungbedingungen Vorzeichen (Sign), Null (Zero) und die beiden Überläufe (Overflow bzw. Carry). Die Takteingänge des Akkumulators und des Bedingungsregisters bilden einen gemeinsamen Zielpunkt. Beim Speichern eines Ergebnisses im Akkumulator wird gleichzeitig auch seine Bewertung im Bedingungsregister festgehalten. Das Steuerwerk liefert einen 8-bit-Steuercode für die Auswahl der ALU- und Carry-Funktion sowie für eine Auswahl der Sprungbedingung über einen 8-zu-1-Multiplexer (Mux ähnlich Bild 1-29).

Die **Bussteuerung** besteht aus einem 16-bit-Adreßbusregister und einem bidirektionalen 8-bit-Datenbustreiber sowie aus zwei 16-bit-Registern. Das Adreßregister verbindet den internen 8-bit-Datenbus mit dem internen 16-bit-Adreßbus. Die beiden Hälften High und Low werden getrennt vom 8-bit-Bus geladen (Ziel) und zusammen auf den 16-bit-Bus ausgelesen (Quelle). Das Adreßregister nimmt Datenadressen für Speicherbefehle und Sprungadressen für Sprungbefehle auf. Das Befehlszählregister (Program Counter PC oder Instruction Pointer IP) enthält immer die Adresse des nächsten Befehlsbytes. Es wird beim Auslesen (Quelle) automatisch um 1 erhöht. Bei Sprungbefehlen (Zielpunkt) wird es aus dem Adreßregister mit der Adresse des Sprungziels geladen. Der 8-bit-Datenbustreiber verbindet den internen (inneren) Datenbus des Prozessors mit dem externen (äußeren) Datenbus, an den die Speicher- und Peripheriebausteine (Bild 1-41) angeschlossen sind. Bei prozessorinternen Datenübertragungen sind beide Treiber tristate. Beim Lesen von Daten (Quellpunkt) mit $\overline{RD}$ schaltet der Treiber den äußeren auf den inneren Datenbus. Beim Schreiben von Daten (Zielpunkt) mit $\overline{WR}$ wird der innere Prozessorbus auf den äußeren Datenbus geschaltet.

Das **Schaltwerk** besteht aus einem 8-bit-Coderegister, einem 3-bit-Schrittzähler und einem Festwertspeicher, der den Mikrocode oder das Mikroprogramm enthält. Beim Laden (Ziel) des Coderegisters wird gleichzeitig der

Schrittzähler auf 0 zurückgesetzt. Als Speicherbausteine für den Mikrocode
wurden in der Testphase zwei batteriegepufferte 2-kbyte-RAMs anstelle von
EPROMs verwendet. Die Bausteine sind immer mit $\overline{CE}$ = $\overline{OE}$ = Low freigegeben. Das Coderegister (8 bit) und der Schrittzähler (3 bit) liegen an den
parallelgeschalteten Adreßeingängen A0 bis A10. Die Datenausgänge D7 bis D4
des ersten Mikrocodespeichers (Adressen) wählen über einen 1-aus-16-Deco-
der die Zielpunkte aus; die Datenausgänge D3 bis D0 die Quellpunkte. Das
vorliegende System verwendet nur 7 Ziele und 5 Quellen von 16 möglichen.
Der zweite Mikrocodespeicher enthält den Steuercode für die Auswahl der
ALU- und Carryfunktionen sowie für die Auswahl der Sprungbedingungen des
Bedingungsregisters. Über einen Bustreiber (Quellpunkt) läßt sich der Code
auch auf den internen und damit auch externen Datenbus schalten. Die
Taktfrequenz des vorliegenden Systems ist durch die Zugriffszeit der Mikro-
codespeicher auf ca. 4 MHz begrenzt. Mit einem entprellten Taster als
Taktgeber läßt sich der Prozessor auch im Einzelschritt betreiben, um die
Signale auf den äußeren Bus- und Steuerleitungen mit Leuchtdioden verfolgen
zu können.

Bei einem **Reset** werden der Befehlszähler, das Coderegister und der Schrittzähler gelöscht. An den Adreßeingängen A0 bis A10 der beiden Mikrocodespeicher liegt 00000000000 binär. Dies entspricht dem Schritt Nr. 000 binär (0H)
des Befehlscodes 00000000 binär (00H). Das damit im ersten Mikrocodespeicher (Adressen) ausgewählte Byte schaltet den Befehlszähler (Quelle) auf das
Adreßbusregister (Ziel); der Steuercode des zweiten Mikrocodespeichers wird
in diesem Schritt nicht verwendet. Der ebenfalls durch Reset auf 0000H
gelöschte Befehlszähler erscheint als Adresse des ersten Befehls auf dem
Adreßbus. Beim Auslesen des Befehlszählers wird dieser automatisch um 1
weiter auf die Adresse 0001H gezählt. Der nächste Taktimpuls schaltet den
Schrittzähler auf den Schritt Nr. 001 bei gleichem Befehlscode 00H. Der
damit ausgelesene Mikroschritt legt die Leseleitung $\overline{RD}$ auf aktiv Low und
veranlaßt damit den adressierten externen Speicherbaustein, den Inhalt der
adressierten Speicherstelle auf den externen Datenbus zu legen; der Steuercode des anderen Mikrocodespeichers wird in diesem Schritt nicht verwendet. Der Datenbus-Eingabetreiber als Quellpunkt schaltet den externen Datenbus auf den internen Datenbus des Prozessors. Das als Zielpunkt adressierte Coderegister übernimmt das ausgelesene Byte als neuen Befehlscode
und löscht dabei gleichzeitig den Schrittzähler auf den Schritt Nr. 000. Der
Befehlszähler zeigt auf das folgende Speicherbyte. Für den neuen Befehl stehen nun maximal acht Verarbeitungsschritte zur Verfügung. Schaltet man
mit dem letzten Schritt eines Befehls den Mikrocode 00H (Quelle) auf das
Coderegister (Ziel) und setzt den Schrittzähler auf den Schritt Nr. 000, so
wird nun ein neuer Befehlscode gelesen und in das Coderegister geladen.
Der Befehlszähler wird dabei nicht verändert. Er zeigt immer auf das nächste
Befehlsbyte. **Bild 1-43** zeigt die wichtigsten Befehle des TTL-Mikroprozes-
sors, die sich aus dem Aufbau des Mikrocodes ergeben. Diese Befehlslisten
stellen die Hersteller der Prozessoren dem Anwender zur Verfügung; der
Aufbau des Mikrocodes im Steuerwerk des Prozessors ist Firmengeheimnis.

Befehl	byte	Code	2.Byte	3.Byte	Takte	Wirkung
NOP	1	00H	-	-	2+2	Tu nix
MVI	2	01H	konstante	-	2+3	Lade Akku mit der Konstanten
LDA	3	02H	High-Adr.	Low-Adr.	2+7	Lade Akku mit Speicherbyte
LDAZ	1	03H	-	-	2+7	Lade Akku indirekt (20FFH)
LDAU	1	04H	-	-	2+7	Lade Akku indirekt (27FFH)
STA	3	05H	High-Adr.	Low-Adr.	2+7	Speichere Akku nach Speicher
STAZ	1	06H	-	-	2+7	Speichere Akku indirekt (20FFH)
STAU	1	07H	-	-	2+7	Speichere Akku indirekt (27FFH)
ADI	2	08H	konstante	-	2+3	Akku = Akku + Konstante
SUI	2	09H	konstante	-	2+3	Akku = Akku - Konstante
ANI	2	0AH	konstante	-	2+3	Akku = Akku UND Konstante
ORI	2	0BH	konstante	-	2+3	Akku = Akku ODER Konstante
ADD	3	0CH	High-Adr.	Low-Adr.	2+7	Akku = Akku + Speicherbyte
SUB	3	0DH	High-Adr.	Low-Adr.	2+7	Akku = Akku - Speicherbyte
AND	3	0EH	High-Adr.	Low-Adr.	2+7	Akku = Akku UND Speicherbyte
OR	3	0FH	High-Adr.	Low-Adr.	2+7	Akku = Akku ODER Speicherbyte
INR	1	10H	-	-	2+2	Akku = Akku + 1
DCR	1	11H	-	-	2+2	Akku = Akku - 1
CLR	1	12H	-	-	2+2	Akku löschen (00H)
NOT	1	13H	-	-	2+2	Akku komplementieren (1er)
SHL	1	14H	-	-	2+2	Akku und C 1 bit logisch links
RCL	1	15H	-	-	2+2	Akku und C 1 bit zyklisch links
RCL4	1	16H	-	-	2+5	Akku und C 4 bit zyklisch links
RCL5	1	17H	-	-	2+6	Akku und C 5 bit zyklisch links
JMP	3	18H	High-Adr.	Low-Adr.	2+6	Springe immer zur Zieladresse
JZ	3	19H	High-Adr.	Low-Adr.	2+6	Springe bei Null (Z=1)
JNZ	3	1AH	High-Adr.	Low-Adr.	2+6	Springe bei ungleich Null (Z=0)
JC	3	1BH	High-Adr.	Low-Adr.	2+6	Springe bei C = 1 (Diff < Null)
JNC	3	1CH	High-Adr.	Low-Adr.	2+6	Springe bei C = 0 (Diff > Null)
JP	3	1DH	High-Adr.	Low.Adr.	2+6	Springe bei S = 0 (positiv)
JM	3	1EH	High-Adr.	Low.Adr.	2+6	Springe bei S = 1 (negativ)
JV	3	1FH	High-Adr.	Low-Adr.	2+6	Springe bei V = 1 (Überlauf)

Bild 1-43: Auszug aus der Befehlsliste des TTL-Prozessors

Man unterscheidet 1-byte-Befehle, die nur aus dem Befehlscode bestehen, 2-byte-Befehle, die hinter dem Befehlscode eine Datenkonstante enthalten sowie 3-byte-Befehle, bei denen auf den Code eine aus zwei Bytes bestehende Adresse folgt. Im Gegensatz zu den Prozessoren der 80xxx-Familie liegt bei diesem TTL-Prozessor der High-Teil der Adresse im zweiten und der Low-Teil im dritten Byte. Das Beispiel zeigt nur 16 von 256 möglichen Befehlscodes. Der Code 00H wird auch als NOP-Befehl (No OPeration = tu nix) bezeichnet. Er besteht nur aus den beiden Schritten "Befehlszähler nach Adreßbusregister" und "Datenbus nach Coderegister". Dieser Code 00H wird am Ende jeder Schrittfolge aus dem Mikrocodespeicher in das Coderegister geladen und leitet damit das Lesen eines neuen Befehls ein. Die Codes und symbolischen Bezeichnungen der Befehle stimmen nicht mit denen der 80xxx-Prozessoren überein!

In der Gruppe der Lade- und Speicherbefehle lädt der Befehl MVI (MoVe Immediate = lade unmittelbar) das inmittelbar auf den Code folgende Byte in den Akkumulator. Die Befehle LDA (LoaD Accumulator) und STA (STore Accumulator) enthalten im zweiten und dritten Byte eine Speicheradresse, die bei der Ausführung des Befehls aus dem Adreßregister auf den Adreßbus gegeben wird. Die Zusätze Z (Zero Page = Seite Null) und U (Upper Page = oberste Seite) kennzeichnen eine bei 80xxx-Prozessoren in dieser Form nicht vorhandene speicherindirekte Adressierung.

Bei den arithmetischen und logischen Befehlen wählt der Steuercode des Mikrocodespeichers die Funktion der ALU und der Carrysteuerung aus. Der Zusatz I (Immediate = unmittelbar) bedeutet, daß das zweite Byte des Befehls als Operand mit dem Akkumulator verknüpft wird. Bei den Befehlen ADD, SUB, AND und OR enthalten das zweite und dritte Byte die Adresse des Operanden.

In der folgenden Gruppe der 1-byte-Befehle wird nur der Inhalt des Akkumulators als Operand verwendet; der Steuercode des Mikrocodespeichers wählt die Funktion aus. Die Schiebebefehle werden in der ALU durch die Funktion $F = A + A + Cv$ ausgeführt. Dies bedeutet eine Multiplikation des Akkumulators mit dem Faktor 2 oder ein Schieben um eine Bitposition nach links. Man unterscheidet das logische Linksschieben SHL (SHift Left = schiebe links), bei dem die freiwerdende rechteste Bitposition mit einer 0 aufgefüllt wird, und das zyklische Linksschieben RCL (Rotate with Carry Left = schiebe mit Carry links), bei dem der Akkumulator und das Carrybit zu einem 9-bit-Linksschieberegister verbunden sind. Der Befehl RCL4 verschiebt den Akkumulator um 4 bit nach links. Der um 5 bit nach links schiebende Befehl RCL5 wirkt wie ein Verschieben um 4 bit nach rechts, da durch das Carrybit geschoben wird.

In der Gruppe der **Sprungbefehle** unterscheidet man den unbedingten Sprung JMP (JuMp = springe immer) und die bedingten Sprungbefehle, die zusätzlich die Sprungbedingung enthalten. Bei ihrer Ausführung wird die im Adreßregister gespeicherte Adresse des Sprungziels nur dann in den Befehlszähler geladen, wenn die entsprechende Bedingung erfüllt ist; anderenfalls wird der um 1 erhöhte Befehlszähler als neue Befehlsadresse verwendet. Die Befehle unterscheiden sich nur im Steuercode des Mikrocodespeichers, mit dem ein Bit des Bedingungsregisters bzw. die Negation mit dem Multiplexer (Mux) ausgewählt wird. Ist das Bit 0, so wird gesprungen, da der Ladeimpuls für den Befehlszähler über die Oder-Verknüpfung durchgeschaltet wird. Eine 1 blockiert den Ladeimpuls, und der Befehlszähler bleibt unverändert.

Das in **Bild 1-44** dargestellte Programmbeispiel zeigt einen 8-bit-Aufwärtszähler im Akkumulator, der in einer Schleife laufend auf dem Ausgaberegister 6000H ausgegeben wird. Die Übersetzungsliste enthält rechts das Assemblerprogramm und links den hexadezimalen Code. Die Befehlsbytes sind im Programmspeicher in aufeinanderfolgenden Bytes ab Adresse 2000H angeordnet. Der Blockschaltplan zeigt nur die wichtigsten Bausteine und Register. Der Ablauf des Programms wird in **Bild 1-45** dargestellt.

Adresse	Maschinencode			Assemblerprogramm			
	1.Byte	2.Byte	3.Byte	Name	Befehl	Operand	Bemerkung
					ORG	2000H	; Lade- und Startadresse
2000H	05H	60H	00H	loop:	STA	6000H	; Akku digital ausgeben
2003H	10H				INR		; Akku = Akku + 1
2004H	18H	20H	00H		JMP	loop	; Schleife
					END	loop	; Startadresse

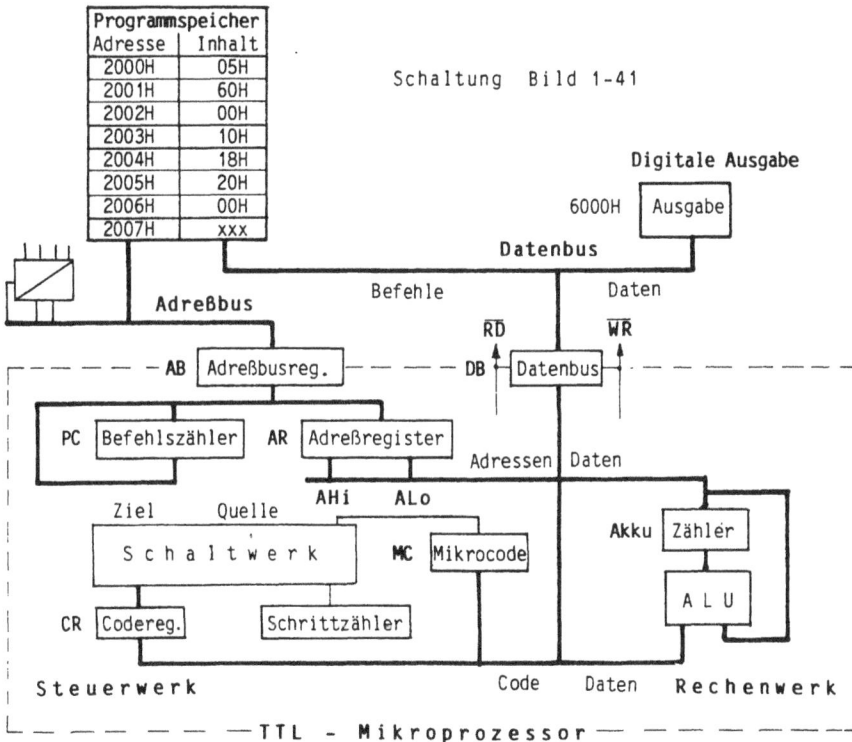

Programmspeicher	
Adresse	Inhalt
2000H	05H
2001H	60H
2002H	00H
2003H	10H
2004H	18H
2005H	20H
2006H	00H
2007H	xxx

Schaltung   Bild 1-41

Bild 1-44: Programmbeispiel: Zählerausgabe

Der Programmablauf zeigt die Zustände des Schaltwerks (Coderegister, Schrittzähler und Auswahl der Ziele und Quellen), die Register der Bussteuerung (Befehlszähler und Adreßregister) sowie die externen Buszustände (Adreßbus, Datenbus und Steuersignale). Diese sind bei handelsüblichen Prozessoren als einziges meßbar, während die inneren Vorgänge im Prozessor von den Herstellern der Bausteine nicht bekanntgegeben werden.

Mikroprogrammsteuerwerk				Adreßsteuerung		Externer Bus		
Codereg.	Schritt	Ziel Quelle	Mikrocode	Befehlz.	Adreßreg.	Adreßbus	Datenbus	E/A
OOH NOP	0	AB◄— PC	xxH	2000H	xxxxH	2000H	xxH	x
	1	CR◄— DB	xxH	2001H	xxxxH	2000H	05H	RD
05H STA	0	AB◄— PC	xxH	2001H	xxxxH	2001H	xxH	x
	1	AHi◄— DB	xxH	2002H	xxxxH	2001H	60H	RD
	2	AB◄— PC	xxH	2002H	60xxH	2002H	xxH	x
	3	ALo◄— DB	xxH	2003H	60xxH	2002H	00H	RD
	4	AB◄— AR	xxH	2003H	6000H	6000H	xxH	x
	5	DB◄— Akku	xxH	2003H	6000H	6000H	Akku	WR
	6	CR◄— MC	OOH NOP	2003H	6000H	6000H	xxH	x
OOH NOP	0	AB◄— PC	xxH	2003H	xxxxH	2003H	xxH	x
	1	CR◄— DB	xxH	2004H	xxxxH	2003H	10H	RD
10H INR	0	Akku◄— Akku	40H (+1)	2004H	xxxxH	2003H	xxH	x
	1	CR◄— MC	OOH NOP	2004H	xxxxH	2003H	xxH	x
OOH NOP	0	AB◄— PC	xxH	2004H	xxxxH	2004H	xxH	x
	1	CR◄— DB	xxH	2005H	xxxxH	2004H	18H	RD
18H JMP	0	AB◄— PC	xxH	2005H	xxxxH	2005H	xxH	x
	1	AHi◄— DB	xxH	2006H	xxxxH	2005H	20H	RD
	2	AB◄— PC	xxH	2006H	20xxH	2006H	xxH	x
	3	ALo◄— DB	xxH	2007H	20xxH	2006H	00H	RD
	4	PC◄— AR	OOH immer	2000H	2000H	2006H	xxH	x
	5	CR◄— MC	OOH NOP	2000H	xxxxH	2006H	xxH	x
OOH NOP	0	AB◄— PC	xxH	2000H	xxxxH	2000H	xxH	x
	1	CR◄— DB	xxH	2001H	xxxxH	2000H	05H	RD
05H STA	0							

Bild 1–45: Der Ablauf des Programmbeispiels

1.4.6 Ein Mikroprozessormodell (8088)

Aus dem im vorigen Abschnitt beschriebenen TTL-Prozessor wurde ein Mikroprozessormodell (**Bild 1–46**) entwickelt, das im wesentlichen dem Aufbau des Prozessors 8088 entspricht. Auch diese Schaltung wäre mit einigem Aufwand in TTL-Technik ausführbar.

Die **Bussteuereinheit** enthält einen Adreßaddierer, der vor jedem Buszugriff zu der internen 16-bit-Speicheradresse den Inhalt eines der vier 16-bit-Segmentregister (CS, DS, ES oder SS) addiert. Da die beiden Operanden dabei um 4 bit versetzt sind, entsteht aus zwei 16-bit-Adressen (Segment + Offset) eine 20-bit-Summe, physikalische Speicheradresse genannt. Bei einem Zugriff auf Befehle wird z.B. immer der Inhalt des Codesegmentregisters (CS) zum Inhalt des Befehlszählregisters IP (Instruction Pointer) addiert. Das interne 16-bit-Bussystem ist mit zwei bidirektionalen Bustreibern an den externen 8-bit-Datenbus angeschlossen.

Die **Ausführungseinheit** (Rechenwerk) besteht aus einer 16-bit-ALU und vier 16-bit-Datenregistern (AX, BX, CX und DX), die sich auch als 8-bit-Register verwenden lassen. Damit sind sowohl Wort- als auch Byteoperationen

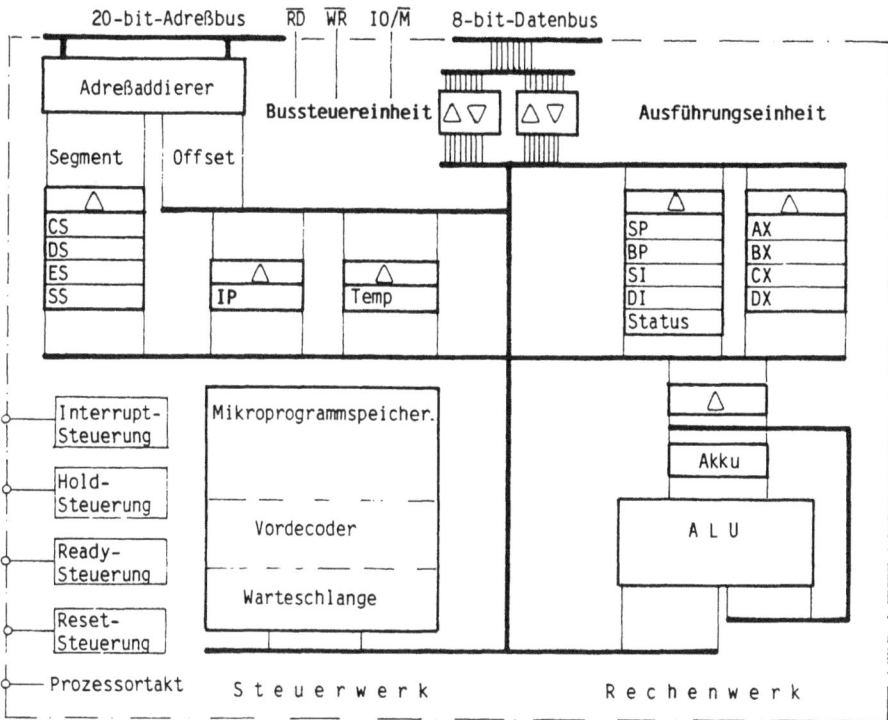

Bild 1-46: Der Blockschaltplan des Prozessormodells (8088)

möglich. Der bisherige Akkumulator wird nur noch als Zwischenspeicher verwendet. Das Bedingungsregister wurde auf 16 bit erweitert und kann wie jedes andere Register auf den Bus geschaltet und auch vom Bus geladen werden. Neben den Datenregistern enthält die Ausführungseinheit vier Adreßregister (SP, BP, SI und DI) für die Berechnung und Speicherung von Adressen.

Das **Steuerwerk** wurde mit einem Codespeicher (Warteschlange) und einem Vordecoder versehen, der den 16-bit-Befehlscode auf einen kleineren Auswahl- und Steuercode reduziert. Die Interruptsteuerung (Interrupt = Unterbrechung) dient dazu, ein laufendes Programm durch ein Steuersignal zu unterbrechen und dafür ein anderes Programm zu starten. Mit der Hold-Steuerung (Hold = anhalten) ist es möglich, außerhalb eines Buszugriffs den Prozessor durch ein Steuersignal in einen Wartezustand zu versetzen, in dem er alle Bus- und Steuerausgänge tristate macht. In diesem Prozessorzustand können dynamische Speicherbausteine wiederaufgefrischt werden oder es kann eine DMA-Steuerung Daten über den Bus übertragen. DMA bedeutet Direct Memory Access = direkter Speicherzugriff. Die Ready-Steuerung (Ready = bereit) verlängert die Buszugriffe des Prozessors durch das Einfügen von Wartetakten. Damit können auch langsame Speicherbausteine mit einem schnellen Prozessor betrieben werden.

2 Bausteine der 80x86-Familie

Als 80x86-Familie bezeichnet man eine Reihe von Prozessoren und Bausteinen des Herstellers Intel und anderer Zweitlieferanten, die besonders in Personal Computern (PCs) eingesetzt werden. Für den Betrieb der Mikroprozessoren sind besondere Steuerbausteine erforderlich, die auf den Prozessor oder auf die Prozessorfamilie abgestimmt sind. Speicherbausteine und TTL-Logikbausteine sind für alle Prozessoren verwendbar.

2.1 Mikroprozessoren

Die Entwicklung der Familie begann mit dem Prozessor 8086, der sowohl intern (Register und Befehlssatz) als auch extern (Datenbus) eine 16-bit-Struktur aufweist. Der 20-bit-Adreßbus kann 1 MByte Speicher adressieren. Ein Teil der Steuer- und Peripheriebausteine wurde von den älteren 8-bit-Prozessoren 8080 und 8085 übernommen. In den ersten PCs wurde daher vorwiegend der Prozessor 8088 eingesetzt, der bei gleichem Register- und Befehlssatz wie der 8086 einen externen 8-bit- Datenbus aufweist. In Personal Computern mit der Bezeichnung AT (Advanced Technology) wurde später der erweiterte 16-bit-Prozessor 80286 mit einem 24-bit-Adreßbus und einem 16-bit-Datenbus verwendet. Die Prozessoren 80386 und 80486 sind 32-bit-Prozessoren mit 32-bit-Registern und 32-bit-Befehlen. Sowohl der Adreßbus als auch der Datenbus sind 32 bit breit. Der 80486 enthält zusätzlich einen integrierten Arithmetikprozessor und einen Schnellzugriffsspeicher (Cache).

Dieser Abschnitt beschreibt schwerpunktmäßig den Prozessor 8088, der sich wegen seines 8-bit-Datenbus besser als die 16- und 32-bit-Prozessoren für den Aufbau von einfachen Mikrocomputern eignet. Kapitel 3 enthält vollständige Mikrocomputerschaltungen.

2.1.1 Der Prozessor 8088

Der Prozessor 8088 hat intern den gleichen Aufbau wie der 16-bit-Prozessor 8086, jedoch wird der interne 16-bit-Bus nur als 8-bit-Datenbus nach außen geschaltet (Bild 1-46). Für die Übertragung von 16-bit-Wörtern sind also immer zwei 8-bit-Buszugriffe erforderlich. Der Prozessor 8088 kann in zwei Betriebsarten eingesetzt werden. Dabei wird ein Teil der Steuersignale umgeschaltet; ein anderer Teil der Signale ist in beiden Betriebsarten gleich. **Bild 2-1** zeigt den Blockschaltplan der betriebsartunabhängigen Signale.

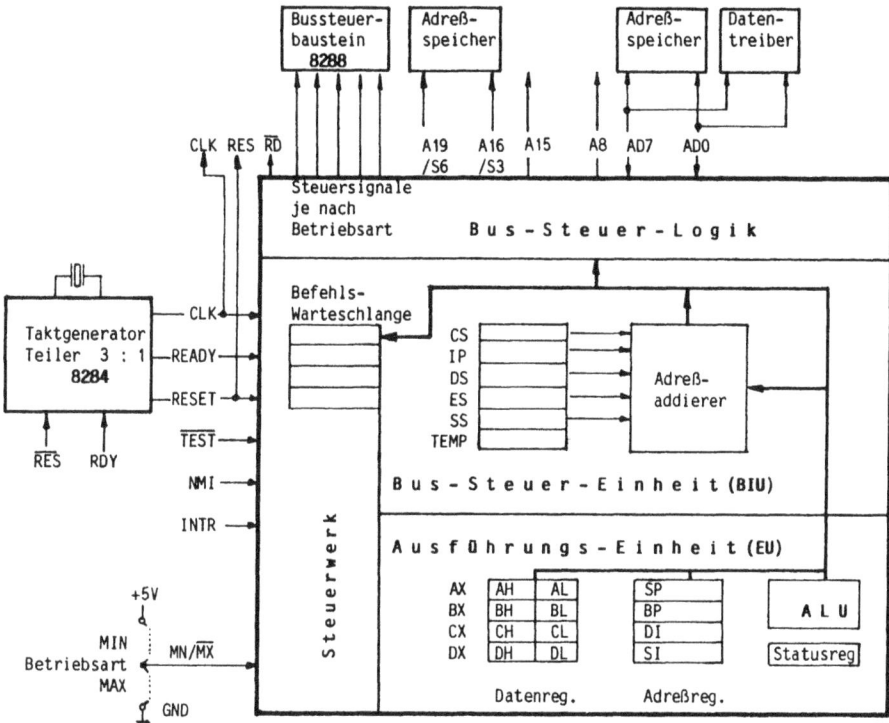

Bild 2-1: Blockschaltplan des Mikroprozessors 8088

Die Anschlüsse AD0 bis AD7 (Adreß Daten Bus) bilden im Takt T1 eines Buszyklus den unteren Adreßbus von A0 bis A7 und in den folgenden Takten T2 bis T4 und in Wartetakten Tw den bidirektionalen Datenbus D0 bis D7. Dieses als Multiplex bezeichnete Verfahren bedeutet, daß die Adressen in einem externen Adreßspeicher festgehalten werden müssen (ALE-Signal). In Interrupt- und Hold-Zyklen sind die Leitungen tristate.

Die Ausgänge A8 bis A15 (Adreß Bus) bilden den mittleren Teil des Adreßbus. Sie führen in allen Takten Adressen und werden in den Interrupt- und Hold-Zyklen tristate.

Die Ausgänge A16/S3 bis A19/S6 (Adressen/Status) bilden bei Speicherzugriffen im Takt T1 eines Buszyklus den oberen Teil des Adreßbus von A16 bis A19; bei einem Peripheriezugriff sind sie Low. In den folgenden Takten T2 bis T4 und in Wartetakten Tw führen die Ausgänge Statussignale des Prozessors. Die Adressen müssen daher in einem externen Adreßspeicher festgehalten werden. Die Ausgänge werden in Hold-Zyklen tristate.

Der Ausgang $\overline{RD}$ (lesen) wird in den Takten T2 und T3 sowie in Wartetakten Tw aktiv Low und zeigt Lesezyklen an. Er dient zur Freigabe der Ausgangstreiber der Speicher- und Peripheriebausteine. In Hold-Zyklen wird der Ausgang tristate.

Das Taktsignal für den Eingang CLK (Takt) wird normalerweise von einem Taktsteuerbaustein 8284 geliefert. Die Taktfrequenz liegt zwischen 8 MHz (8088-2) und 2 MHz.

Der Eingang RESET (zurücksetzen) wird vom Taktsteuerbaustein 8284 synchronisiert. Wird der RESET-Eingang des Prozessors auf High gelegt, so geht der Prozessor in einen Wartezustand, in dem er alle Tristate-Ausgänge in den nichtaktiven Zustand bringt; ALE und HLDA werden Low. Bei der fallenden Flanke (High nach Low) des RESET-Eingangs wird der Prozessor gestartet. Die Segmentregister ES, DS und SS sowie das Statusregister (Flags I=0 und T=0) und der Befehlszähler IP werden gelöscht (0000H). Da das Codesegmentregister CS auf 0FFFFH gesetzt wird, liegt der erste Befehl auf der Startadresse 0FFFF0H.

Der Eingang READY (bereit) wird vom Taktsteuerbaustein 8284 synchronisiert. Ist der Eingang am Ende des Taktes T2 Low, so schiebt der Prozessor zwischen den Takten T3 und T4 Wartetakte Tw ein, bis der Eingang wieder High ist. In diesem Zustand sind alle Bussignale des Prozessors stabil. Der Eingang dient zur Verlängerung der Zugriffszeit. **Bild 2-6** zeigt das Ready-Timing.

Der Eingang $\overline{TEST}$ (prüfen) wird nur durch den Befehl WAIT (warten) untersucht. Ist der Eingang zu diesem Zeitpunkt High, so wartet der Prozessor, bis er auf Low geht. Er dient zur Zusammenarbeit mit dem Arithmetikprozessor 8087.

Der Eingang NMI (Nicht maskierbarer Interrupt) löst mit der steigenden Flanke (Low nach High) eine Unterbrechung des Programms aus. Nach Beendigung des laufenden Befehls werden das Statusregister, das Codesegmentregister CS und der Befehlszähler IP auf den Stapel gerettet. Das Interruptbit (I-Bit) und das Einzelschrittbit (T-Bit) des Statusregisters werden gelöscht (0). Das Codesegmentregister CS und der Befehlszähler IP werden von den Speicherstellen 00008H bis 0000BH neu geladen. Dort befindet sich ein Zeiger (Vektor) auf die Startadresse des nun ablaufenden Interruptprogramms. Der NMI-Interrupt ist prozessorintern nicht sperrbar, wird aber bei PC-Schaltungen durch externe Schaltungen sperrbar gemacht. Er hat gegenüber dem INTR-Interrupt die höhere Priorität (Vorrang).

Der Eingang INTR (Interrupt Anforderung) wird am Ende eines Befehls untersucht. Hat der Eingang den Zustand Low, so wird der nächste Befehl ausgeführt. Ist der Eingang High und ist das I-Bit des Statusregisters I=0 (nach Reset oder Befehl CLI), so wird der nächste Befehl ausgeführt. Ist der

Eingang High und ist die Programmunterbrechung durch I=1 (Befehl STI) freigegeben, so wird das laufende Programm unterbrochen. In einem Interrupt-Bestätigungszyklus (Bild 2-9) liest der Prozessor eine Kennzahl über den Datenbus, die mit 4 multipliziert und zum Lesen eines Interruptvektors (CS und IP) aus der Vektortabelle verwendet wird. Wie bei einem NMI-Interrupt werden Statusregister, Codesegmentregister CS und Befehlszähler IP auf den Stapel gerettet. Das I-Bit und das T-Bit werden gelöscht, um den zustandsgesteuerten INTR-Interrupt zunächst zu sperren. Durch das Laden von Codesegmentregister und Befehlszähler mit dem Interruptvektor wird ein Interruptprogramm gestartet. Steht am Ende dieses Programms der Befehl IRET (Interrupt Rücksprung), so werden der Befehlszähler IP, das Codesegmentregister CS und das alte Statusregister (I=1!) wieder vom Stapel zurückgeladen. Der INTR-Interrupt kann prozessorintern durch das I-Bit des Statusregisters gesperrt werden. Der Eingang INTR wird zusammen mit dem Ausgang $\overline{\text{INTA}}$ (Interrupt Bestätigung) des Prozessors oder des Bussteuerbausteins 8288 an den Interruptsteuerbaustein 8259A angeschlossen.

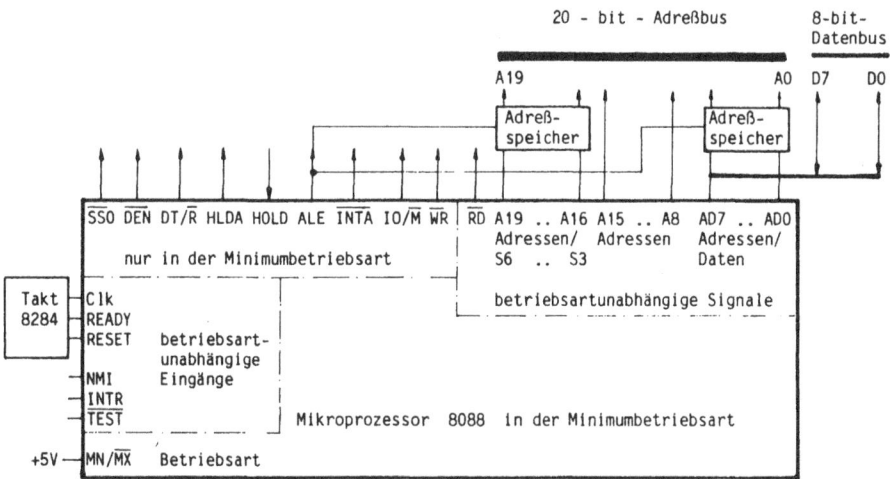

Bild 2-2: Der Prozessor 8088 in der Minimumbetriebsart

Legt man den Steuereingang MN/$\overline{\text{MX}}$ (Minimum/Maximum) auf +5 Volt, so arbeitet der Prozessor entsprechend **Bild 2-2** in der Minimumbetriebsart, die nur in Kleinsystemen und nicht in PCs verwendet wird.

Der Ausgang $\overline{\text{WR}}$ (schreiben) des Minimumbetriebes wird in den Takten T2 und T3 sowie in Wartetakten Tw aktiv Low und zeigt Schreibzyklen an. Er liefert den Schreibimpuls für die Speicher- und Peripheriebausteine. In Hold-Zyklen wird der Ausgang tristate.

Der Ausgang IO/$\overline{\text{M}}$ (Ein/Ausgabe oder Speicher) des Minimumbetriebes ist während des gesamten Buszugriffs stabil und zeigt mit High Peripheriezugriffe durch Peripheriebefehle IN und OUT an; bei Speicherzugriffen ist der Ausgang Low. Er wird in Hold-Zyklen tristate.

Der Ausgang $\overline{\text{INTA}}$ (Interrupt Bestätigung) des Minimumbetriebes dient in Interruptbestätigungszyklen (Timing Bild 2-9) zum Lesen einer Interrupt-Kennzahl, aus der die Startadresse des Interruptprogramms abgeleitet wird.

Der Ausgang ALE (Adreßspeicher freigeben) des Minimumbetriebes ist nur im Takt T1 eines Buszyklus High und zeigt damit an, daß sich auf den gemultiplexten Ausgängen AD0 bis AD7 sowie A16/S3 bis A19/S6 gültige Adressen befinden. Das Signal wird zur Steuerung der Adreßspeicher verwendet und geht nie in den Tristate-Zustand.

Der Ausgang DT/$\overline{\text{R}}$ (Daten senden/empfangen) des Minimumbetriebes ist während des gesamten Buszyklus, auch bei einer Interruptbestätigung, stabil und zeigt mit High Schreibzyklen und mit Low Lesezyklen an. Es wird zur Steuerung der Richtung der Datenbustreiber verwendet. In Hold-Zyklen ist der Ausgang tristate.

Der Ausgang $\overline{\text{DEN}}$ (Daten freigeben) des Minimumbetriebes ist aktiv Low und dient zur Freigabe der Datenbustreiber. In Lese- und Interruptzyklen ist $\overline{\text{DEN}}$ von der Mitte des Taktes T2 bis zur Mitte des Taktes T4 Low, bei Schreibzyklen vom Anfang des Taktes T2 bis zur Mitte des Taktes T4. In Hold-Zyklen ist der Ausgang tristate.

Der Eingang HOLD (anhalten) des Minimumbetriebes wird meist in Verbindung mit einem DMA-Steuerbaustein verwendet und von diesem mit dem Takt synchronisiert. Ist der Eingang High, so sendet der Prozessor auf dem Ausgang HLDA ein Bestätigungssignal (High) aus und legt nach dem Takt T4 Wartetakte Th ein. In diesen Hold-Zyklen sind alle Ausgänge bis auf ALE und HLDA tristate. Wird der Eingang HOLD wieder auf Low gelegt, so wird auch der Ausgang HLDA wieder Low, und der Prozessor setzt seine Arbeit fort. Bild 2-7 zeigt das Hold-Timing.

Der Ausgang HLDA (Anhalten bestätigen) des Minimumbetriebes bestätigt mit High den Hold-Zustand des Prozessors; er wird nach Beendigung der Hold-Zyklen wieder Low. Die Signale HOLD und HLDA dienen zur Busvergabe im DMA-Betrieb. DMA heißt Direct Memory Access (direkter Speicherzugriff) und bedeutet, daß andere Schaltungen auf die angeschlossenen Speicher- und Peripheriebausteine zugreifen können, während der Prozessor sich im inaktiven Tristate-Zustand befindet.

Der Ausgang $\overline{\text{SS0}}$ (Statusleitung 0) zeigt zusammen mit den Ausgängen IO/$\overline{\text{M}}$ und DT/$\overline{\text{R}}$ insgesamt acht mögliche Betriebszustände des Prozessors an. Befindet sich der Prozessor durch einen HLT-Befehl in einem Wartezustand, so sind alle drei Statusausgänge Low. Der Ausgang ist in Hold-Zyklen tristate.

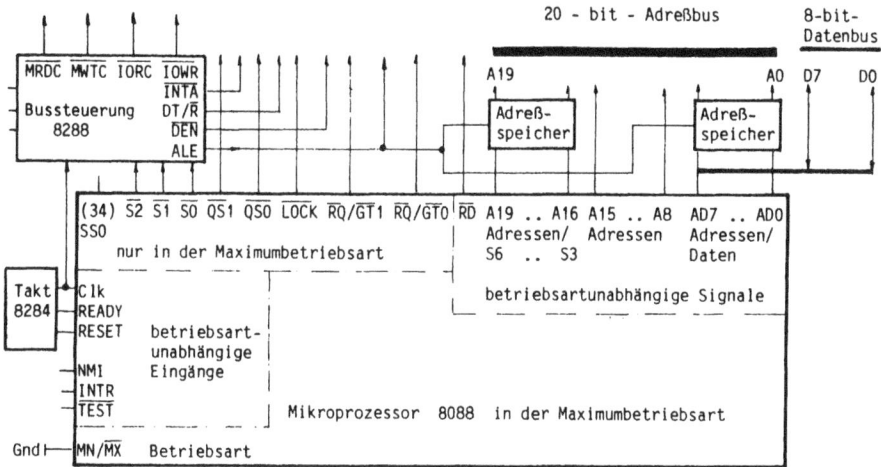

Bild 2-3: Der Prozessor 8088 in der Maximumbetriebsart

Legt man den Steuereingang MN/$\overline{\text{MX}}$ (Minimum/Maximum) auf 0 Volt (Gnd), so arbeitet der Prozessor entsprechend **Bild 2-3** in der Maximumbetriebsart zusammen mit einem Bussteuerbaustein 8288, der die Bussteuersignale liefert. Nur in dieser Maximumbetriebsart kann ein Arithmetikprozessor 8087 angeschlossen werden.

Die Anschlüsse $\overline{\text{RQ}}$/$\overline{\text{GT0}}$ und $\overline{\text{RQ}}$/$\overline{\text{GT1}}$ (anfordern und gewähren) des Maximumbetriebes sind sowohl Eingänge als auch Ausgänge (bidirektional mit internen Arbeitswiderständen nach High). Sie dienen wie die Signale HOLD und HLDA des Minimumbetriebes zur Busvergabe (DMA). Bild 2-8 zeigt das Timing. $\overline{\text{RQ}}$/$\overline{\text{GT0}}$ arbeitet normalerweise mit einem DMA-Steuerbaustein zusammen und hat Vorrang vor $\overline{\text{RQ}}$/$\overline{\text{GT1}}$, das mit dem Arithmetikprozessor verbunden wird.

Der Ausgang $\overline{\text{LOCK}}$ (verriegeln, sperren) des Maximumbetriebes wird bei INTA-Zyklen bzw. durch den Befehlsvorsatz Lock auf aktiv Low gelegt und bleibt während des gesamten Ablaufes des darauffolgenden Befehls auf Low liegen. In Hold-Zyklen wird der Ausgang tristate. Er dient dazu, den Zugriff auf Speicherstellen, die Zeiger (Semaphore) enthalten, für andere Busteilnehmer zu sperren.

Die Ausgänge $\overline{\text{QS0}}$ und $\overline{\text{QS1}}$ (Zustand der Befehlswarteschlange) des Maximumbetriebes werden normalerweise nur von dem Arithmetikprozessor ausgewertet.

Die Ausgänge $\overline{S2}$, $\overline{S1}$ und $\overline{S0}$ (Status) des Maximumbetriebes werden normalerweise von dem Bussteuerbaustein 8288 zur Erzeugung der Schreib-, Lese- und Bussteuersignale verwendet. In Hold-Zyklen sind die Ausgänge tristate. Befindet sich der Prozessor durch einen HLT-Befehl in einem Wartezustand, so wird dies durch $\overline{S2}$ = 0, $\overline{S1}$ = 1 und $\overline{S0}$ = 1 angezeigt.

Der Ausgang Stift 34, der im Minimumbetrieb einen Prozessorstatus ausgibt, ist in der Maximumbetriebsart immer High.

Die folgenden Darstellungen der zeitlichen Abläufe der Signale (Timing) können nur einen Überblick geben, für den Entwurf von Systemen sollten die Unterlagen des Prozessorherstellers zusammen mit den Datenblättern der Bausteinhersteller verwendet werden.

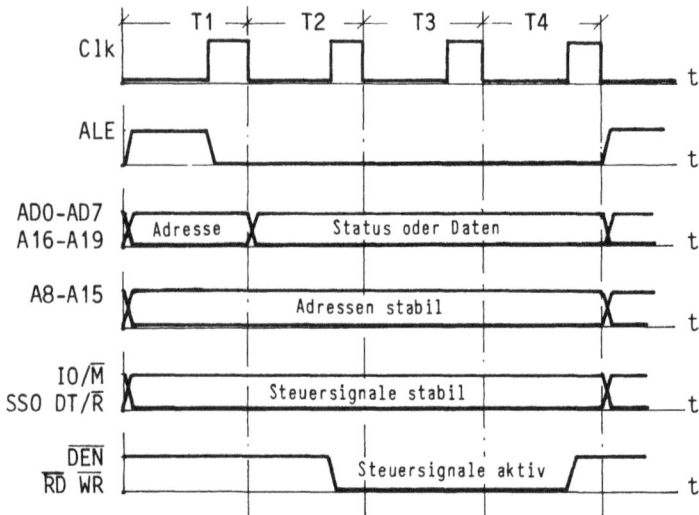

Bild 2-4: Zeitlicher Verlauf von Adressen, Daten und Signalen

Ein Buszyklus (**Bild 2-4**) besteht aus vier CLK-Takten T1 bis T4. In Warte-Zyklen (READY Low) werden zwischen den Takten T3 und T4, wenn alle Bussignale stabil sind, Wartetakte Tw eingeschoben (Bild 2-6). In Hold-Zyklen (HOLD High bzw. RQ/GT-Busvergabe), wenn der Prozessor den Bus freigegeben hat, werden an den Takt T4 Holdtakte Th angehängt (Bilder 2-7 und 2-8). Bild 2-9 zeigt die besonderen Interrupt-Zyklen.

An den gemultiplexten Anschlüssen liegen im Takt T1 Adressen. Diese werden mit ALE (High-Zustand oder fallende Flanke) in externen Adreßspeicherbausteinen gespeichert. In den Takten T2 bis T4 führen die Anschlüsse Statussignale (A19/S6 bis A16/S3) bzw. Daten (AD7 bis AD0).

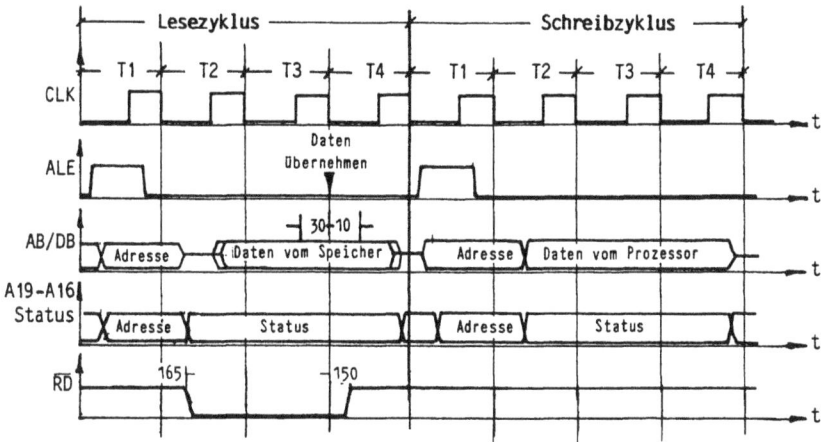

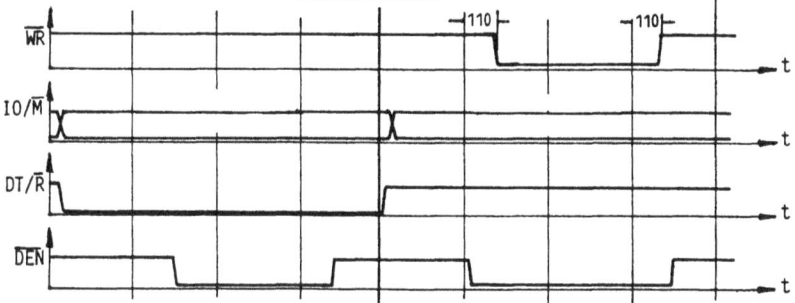

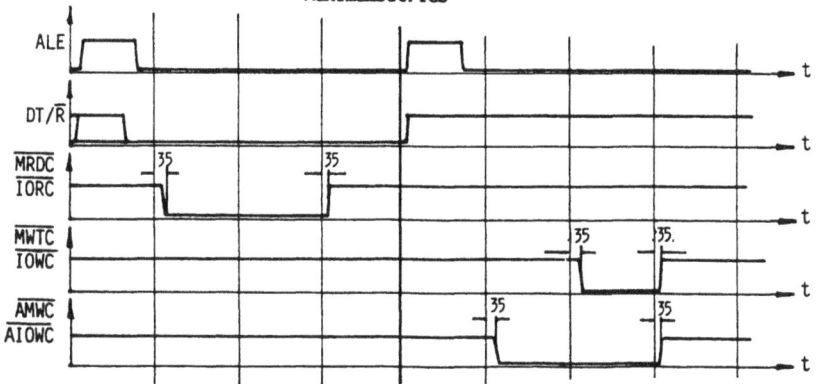

Bild 2-5: Lese- und Schreibzyklen in beiden Betriebsarten

Die Adressen A8 bis A15 sowie die Steuersignale, die Zustände anzeigen
(z.B. IO/$\overline{\text{M}}$, DT/$\overline{\text{R}}$ und $\overline{\text{SS0}}$), sind in allen vier Takten aktiv und stabil.

Die Steuersignale, die Richtung und Zeitpunkt der Datenübertragung steuern
(z.B. $\overline{\text{RD}}$, $\overline{\text{WR}}$, $\overline{\text{DEN}}$, $\overline{\text{INTA}}$ und 8288-Signale) sind in der Regel von der
Mitte des Taktes T2 bis zur Mitte des Taktes T4 aktiv Low, wenn die ge-
multiplexten Leitungen für Daten verwendet werden. **Bild 2-5** zeigt die Bus-
zugriffe auf Speicher- und Peripheriebausteine; die Signale $\overline{\text{MRDC}}$, $\overline{\text{MWTC}}$,
$\overline{\text{IORC}}$ und $\overline{\text{IOWC}}$ der maximalen Betriebsart werden im Abschnitt 2.2.2 zusammen mit dem Bussteuerbaustein 8288 erklärt.

In einem **Schreibzyklus** werden die Adressen zunächst mit ALE in Adreßspeichern festgehalten. Dann legt der Prozessor die auszugebenden Daten auf
die gemultiplexten Datenbusausgänge D0 bis D7. Die Schreibsignale $\overline{\text{WR}}$
(schreiben) bzw. $\overline{\text{MWTC}}$ (Speicherschreibkommando) oder $\overline{\text{IOWC}}$ (Ein/Ausga-
beschreibkommando) werden bis zur Mitte des Taktes T4 aktiv Low. Der
adressierte Speicher- bzw. Peripheriebaustein muß die Daten spätestens mit
der steigenden Flanke des Schreibsignals übernehmen.

In einem **Lesezyklus** werden die Adressen zunächst mit ALE in Adreßspeichern
festgehalten. Dann macht der Prozessor die Datenbusanschlüsse D0 bis D7
tristate. Die Lesesignale $\overline{\text{RD}}$ (lesen) bzw. $\overline{\text{MRDC}}$ (Speicherlesekommando)
oder $\overline{\text{IORC}}$ (Ein/Ausgabelesekommando) werden in der Mitte des Taktes T2
aktiv Low. Der ausgewählte Speicher- oder Peripheriebaustein bringt den
adressierten Speicherinhalt auf den Datenbus. Der Zustand des Datenbus
wird am Ende des Taktes T3 in den Prozessor übernommen. In der Mitte des
Taktes T4 geht das Lesesignal wieder auf High und macht die Ausgänge des
Bausteins tristate.

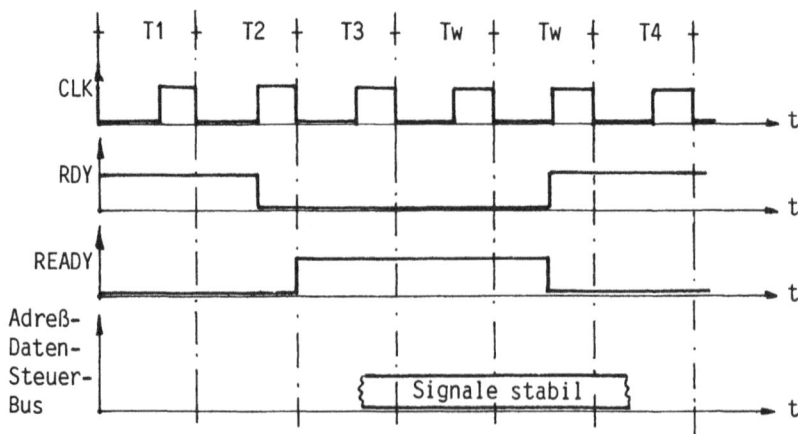

Bild 2-6: Wartetakte mit READY

Für den Anschluß langsamer Speicher- und Peripheriebausteine können entsprechend **Bild 2-6** Wartetakte Tw zwischen T3 und T4 eingeschoben werden, da zu diesem Zeitpunkt alle Adressen, Daten und Steuersignale des Prozessors stabil sind. Der Taktsteuerbaustein 8284 übernimmt die Synchronisation des READY-Signals mit dem Prozessortakt. Der Zustand dieses Eingangs wird vom Prozessor am Ende des Taktes T2 geprüft. Liegt zu diesem Zeitpunkt die Leitung auf Low (Speicher nicht bereit), so schiebt der Prozessor zwischen T3 und T4 so lange Wartetakte Tw ein, bis die Leitung wieder auf High liegt (Speicher bereit).

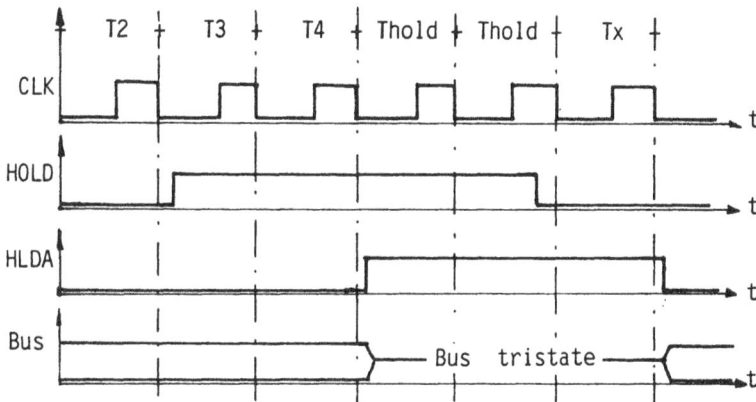

Bild 2-7: Holdzyklen im Minimumbetrieb

Im Hold-Betriebszustand wird der Steuer-, Adreß- und Datenbus vom Mikroprozessor freigegeben, so daß ein anderer Busmaster (Coprozessor oder Steuerbaustein) direkt auf die Speicher bzw. auf die Peripherie zugreifen kann, um Daten zu übertragen (DMA). Erkennt der Prozessor im Takt T2 des Minimumbetriebes (**Bild 2-7**), daß der HOLD-Eingang auf High liegt, so gibt er nach Beendigung des laufenden Buszyklus, also normalerweise nach dem Takt T4, den Bus frei, indem er seine Adreß-, Daten- und einen Teil der Steuerausgänge tristate macht. Der Hold-Zustand wird im Minimumbetrieb durch einen High-Zustand des Ausgangs HLDA bestätigt. Die in der Warteschlange des Prozessors befindlichen Befehle werden solange noch ausgeführt, bis ein Buszugriff erforderlich wird. Geht der HOLD-Eingang wieder auf Low, so setzt der Prozessor seine Buszugriffe fort und legt dabei den Ausgang HLDA zur Bestätigung wieder auf Low.

Im Maximumbetrieb wird wahlweise der Anschluß $\overline{RQ}/\overline{GT0}$ (meist DMA-Steuerbaustein) bzw. der Anschluß $\overline{RQ}/\overline{GT1}$ (meist Arithmetikprozessor) für die Hold-Steuerung verwendet (**Bild 2-8**). Die Anschlüsse (Offener-Kollektor-Ausgang) haben prozessorintern Arbeitswiderstände gegen High und arbeiten sowohl als Eingang (auslösen und freigeben) als auch als Ausgang (bestäti-

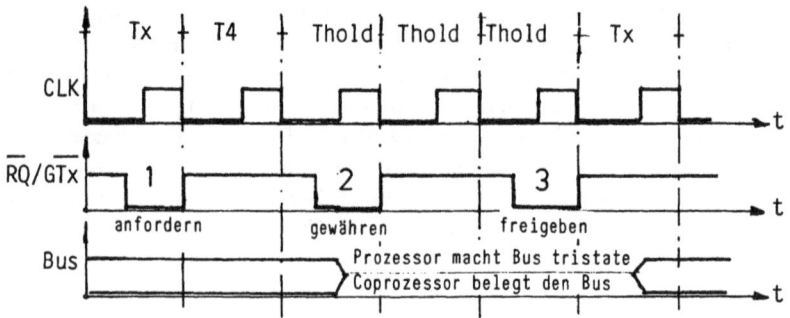

Bild 2-8: Holdzyklen im Maximumbetrieb

gen). Im Gegensatz zu den zustandsgesteuerten HOLD- und HLDA-Signalen des Minimumbetriebes arbeitet die Busvergabe des Maximumbetriebes mit aktiv-Low-Impulsen, die mit dem Takt synchronisiert werden müssen. Wird bei einer steigenden Taktflanke ein Low erkannt (Impuls 1), so geht der Prozessor am Ende des laufenden Buszyklus, normalerweise nach T4, in den Hold-Zustand und bestätigt dies durch die Ausgabe eines Low-Impulses (Impuls 2). Erkennt der Prozessor einen neuen Low-Impuls (3) am Anschluß, so beendet er seinen Hold-Zustand und setzt seine Buszugriffe fort.

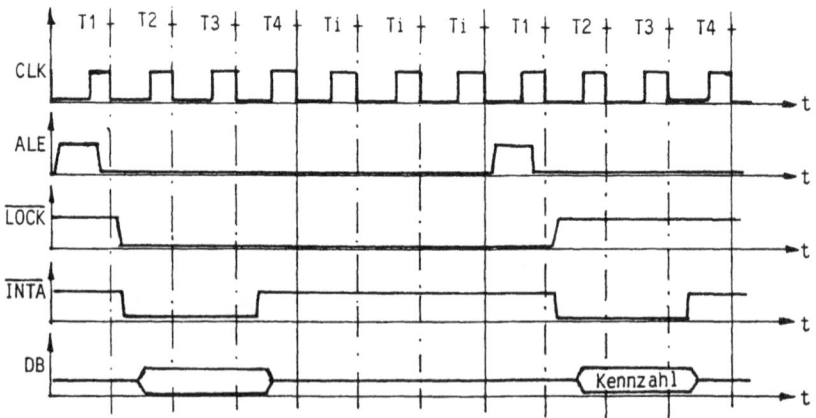

Bild 2-9: Interrupt-Annahme-Zyklus

Bei der Annahme eines INTR-Interrupts holt sich der Prozessor in einem besonderen Interrupt-Annahme-Zyklus (**Bild 2-9**) über den Datenbus eine Kennzahl, die in eine Startadresse für das auszuführende Interruptprogramm umgesetzt wird. Anstelle eines Speicherlesesignals dient das Signal $\overline{\text{INTA}}$ zum Auslesen des Kennzahlbytes aus dem normalerweise angeschlossenen Interruptsteuerbaustein 8259A.

Bei der Ausführung eines HLT-Befehls tritt ein weiterer inaktiver Halt-Buszustand auf, in dem die Adreß- und Datenleitungen jedoch nicht tristate werden, sondern undefinierte Werte annehmen. Da die Steuerleitungen nicht aktiv sind, finden keine Speicher- und Peripheriezugriffe statt. Im Minimumbetrieb wird dies durch $IO/\overline{M}$ = $DT/\overline{R}$ = $\overline{SSO}$ = 1 angezeigt, im Maximumbetrieb durch $\overline{S2}$ = 0 und $\overline{S1}$ = $\overline{SO}$ = 1. Der Halt-Buszustand kann nur durch ein Reset oder einen Interrupt verlassen werden.

Beim Entwurf eines 8088-Systems ist zu beachten, daß bei einem Reset des Prozessors der erste Befehl aus dem oberen Adreßbereich von der physikalischen Speicheradresse 0FFFF0H gelesen wird. Da an dieser Stelle nur noch 16 Bytes bis zum Ende des adressierbaren Speicherbereiches frei sind, steht dort ein unbedingter Sprungbefehl in das Betriebssystem, das sich üblicherweise im oberen Adreßbereich in einem Festwertspeicher (EPROM) befindet. Die Startvektoren der Interruptprogramme liegen dagegen im unteren Adreßbereich von 00000H bis 003FFH, den man meist als Schreib/Lesespeicher (RAM) ausführt, um die Interruptvektoren durch das Programm ändern zu können. Normalerweise werden bei 80x86-Systemen die an den Bus angeschlossenen Bausteine mit dem $IO/\overline{M}$-Signal oder davon abgeleiteten Lese- und Schreibsignalen in einen Speicherbereich (Memory) und einen Peripheriebereich (Input/Output) unterteilt.

2.1.2 Der 16-bit-Prozessor 8086

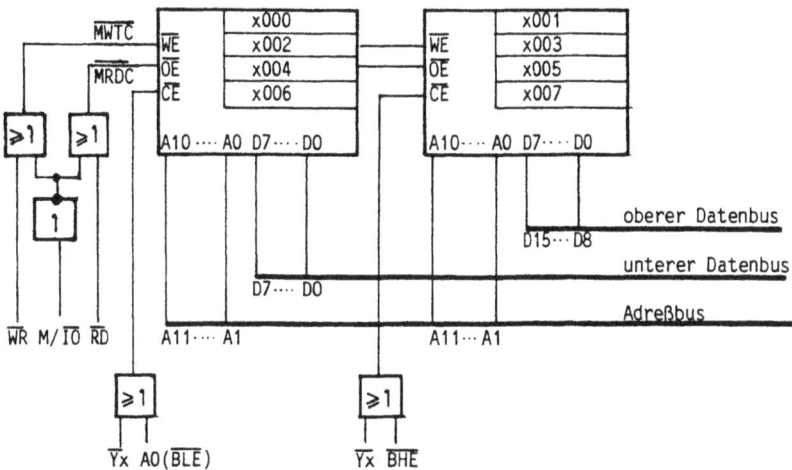

Bild 2-10: Byteorganisierte Speicher am 16-bit-Datenbus

Prozessoren mit einem 8-bit-Datenbus, zu denen auch der 8088 gehört, übertragen die 16-bit-Operanden bei Wortbefehlen in zwei aufeinanderfolgenden Buszyklen. Prozessoren mit einem 16-bit-Datenbus unterscheiden entsprechend **Bild 2-10** zwischen Byte- und Wortzugriffen.

Auch bei 16- und 32-bit-Prozessoren werden alle Speichergrößen in der Einheit byte angegeben, alle Adressen sind Adressen von Bytes. Wörter bestehen aus zwei aufeinanderfolgenden Bytes; Doppelwörter aus vier Bytes. Statische Speicherbausteine (SRAMs) und Festwertspeicher (EPROMs) sind überwiegend byteorganisiert. Ein Baustein liegt am unteren Datenbus D0 bis D7, ein zweiter Baustein wird an den oberen Datenbus D8 bis D15 angeschlossen. Beide liegen parallel am gemeinsamen Adreßbus und an den Lese- und Schreibsignalen. Der Ausgang A0 des Prozessors ist keine Adreßleitung mehr, sondern ein Freigabesignal für die am unteren Datenbus angeschlossenen Bausteine. Das Signal $\overline{BHE}$ (höheren Bus freigeben) des Prozessors gibt die Bausteine am oberen Datenbus frei. A0 könnte auch als $\overline{BLE}$ (niederen Bus freigeben) bezeichnet werden. Der eigentliche Adreßbus beginnt also erst mit dem Ausgang A1 des Prozessors, der an den Eingang A0 der Speicherbausteine angeschlossen wird. Alle folgenden Adreßleitungen werden entsprechend versetzt verbunden. **Bild 2-11** zeigt die beiden Freigabesignale bei Byte- und Wortzugriffen.

$\overline{BHE}$	A0 ($\overline{BLE}$)	Adresse	Datenbreite	Datenbus
LOW (0)	LOW (0)	gerade	Wort	D15 - D0
LOW (0)	HIGH(1)	ungerade	Byte	D15 - D8
HIGH(1)	LOW (0)	gerade	Byte	D7 - D0
HIGH(1)	HIGH(1)	-	-	-

Bild 2-11: Die Datenbusfreigabesignale $\overline{BHE}$ und A0 ($\overline{BLE}$)

Die beiden Datenbusfreigabesignale $\overline{BHE}$ und A0 ($\overline{BLE}$) sind in allen Takten T1 bis T4 stabil bzw. werden in Adreßspeichern festgehalten. Bei einem Wortzugriff auf eine gerade Adresse sind beide Signale gleichzeitig aktiv Low und geben beide Bausteine parallel frei; es werden zwei Bytes, also ein Wort, über beide Bushälften übertragen. Beispiel:
Lade AX mit dem Wort von Adresse 4710H

Bei einem Bytezugriff auf eine gerade Adresse (Adreßbit A0 = 0) ist das Freigabesignal A0 ($\overline{BLE}$) Low, und es wird ein Byte über den unteren Datenbus übertragen. $\overline{BHE}$ = High sperrt dabei den oberen Datenbus. Beispiel:
Lade AL mit dem Byte von Adresse 4710H

Bei einem Bytezugriff auf eine ungerade Adresse (Adreßbit A0 = 1) ist das Freigabesignal A0 ($\overline{BLE}$) High, und der untere Datenbus ist gesperrt. Der

Prozessor überträgt mit dem Signal $\overline{BHE}$ = Low ein Byte über den oberen Datenbus. Beispiel:
Lade AH mit dem Byte von Adresse 4711H

Bei einem Wortzugriff auf ein Wort, das auf einer ungeraden Adresse beginnt, sind zwei Buszyklen erforderlich. Der erste Zyklus ist ein Bytezugriff auf die ungerade Adresse (oberer Datenbus); der zweite Zyklus ein Bytezugriff auf die folgende gerade Adresse (unterer Datenbus). Beispiel:
Lade AX mit dem Wort von Adresse 4711H

Adressiert werden die Bytes auf den Adressen 4711H und 4712H. Stellt man die letzten Hexaziffern binär dar (1H = 0001 und 2H = 0010), so sieht man, daß sich die beiden Adressen im Adreßbit A1 unterscheiden und daher nicht gleichzeitig ausgesendet werden können. Da sich durch den zusätzlichen Buszyklus die Ausführungszeit verlängert, bieten die meisten Assembler die Möglichkeit, Wörter auf geradzahlige Wortadressen auszurichten.

Die Prozessoren 8088 und 8086 sind vom Befehls- und Registersatz her gleich, jedoch werden einige Befehle beim 8086 wegen des 16-bit-Datenbus schneller ausgeführt. Es können die gleichen Steuer- und Peripheriebausteine sowie der gleiche Arithmetikprozessor 8087 verwendet werden. Die Belegung und die Funktion der Anschlüsse haben beim 8086 folgende Abweichungen gegenüber dem 8088:

Die reinen Adreßausgänge A8 bis A15 des 8088 sind beim 8086 die gemultiplexten Adreß/Datenbusanschlüsse AD8 bis AD15 mit dem gleichen Timing wie AD0 bis AD7. Es ist also für den mittleren Teil des Adreßbus ein zusätzlicher Adreßspeicher erforderlich.

Der Ausgang A0 ist kein Adreßbit, sondern das Freigabesignal für den unteren Datenbus $\overline{BLE}$ (unteren Datenbus freigeben). Das Signal wird zusammen mit den Adreßbits A1 bis A7 in einem Adreßspeicher festgehalten. Die Adreßausgänge des 8086 von A1 aufwärts werden mit den Adreßeingängen von A0 aufwärts der Speicherbausteine verbunden.

Der Ausgang $\overline{SSO}$ (Minimumbetrieb) Stift 34 des 8088 ist beim 8086 das betriebsartunabhängige Signal $\overline{BHE}/\overline{S7}$. Im Takt T1 liefert der Anschluß das Freigabesignal $\overline{BHE}$ (höheren Bus freigeben) für den oberen Datenbus D8 bis D15, in den Takten T2 bis T4 das Statussignal $\overline{S7}$, das in den meisten Prozessorversionen mit dem Signal $\overline{BHE}$ übereinstimmt. $\overline{BHE}$ ist aktiv Low und wird in Hold-Zyklen tristate.

Das Speicher/Peripherieauswahlsignal $M/\overline{IO}$ des 8086 ist bei Speicherzugriffen High und bei Peripheriezugriffen Low. Das $IO/\overline{M}$-Signal des 8088 arbeitet umgekehrt. **Bild 2-12** zeigt den Anschluß von Speicher- und Peripheriebausteinen im Minimumbetrieb.

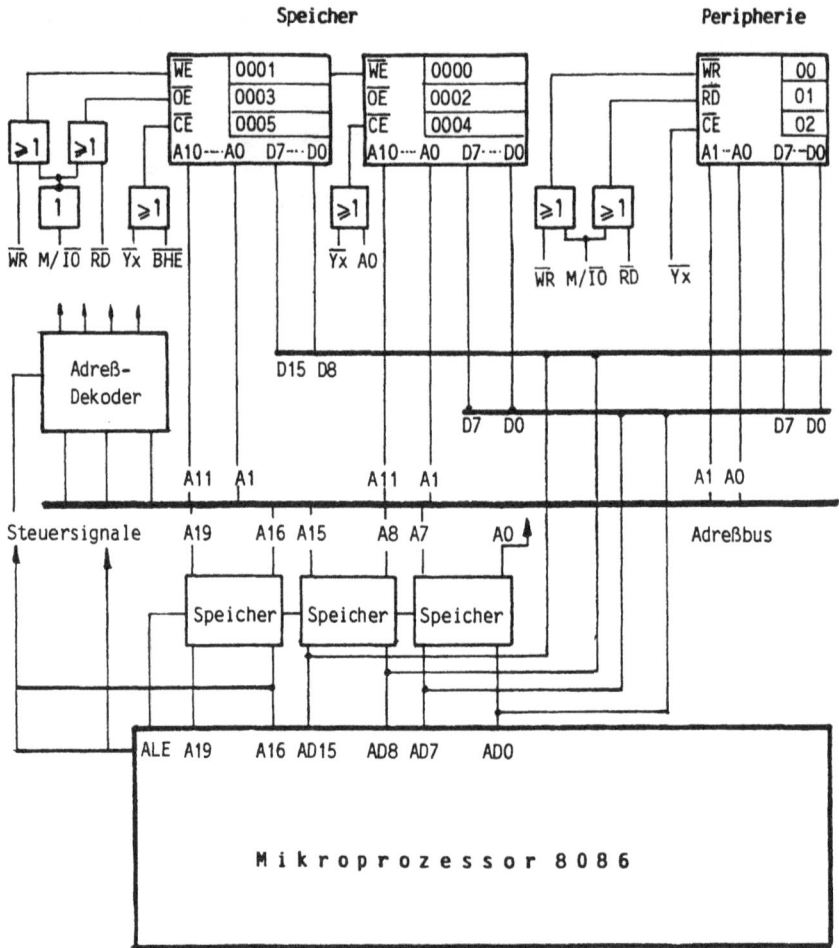

Bild 2-12: Speicher- und Peripherieadressierung

Die Adreßspeicher trennen mit Hilfe des ALE-Signals die Adressen von den Daten und Statussignalen. Die Speicherbausteine liegen paarweise am oberen und am unteren Datenbus und werden mit $\overline{BHE}$ und $\overline{BLE}$ (A0) freigegeben. Der am unteren Datenbus angeschlossene Speicherbaustein enthält alle Bytes, bei denen das Adreßbit A0 = 0 ist. Dies sind die geradzahligen Byteadressen. Der am oberen Datenbus angeschlossene Baustein enthält die Bytes mit ungeradzahligen Adressen (Adreßbit A0 = 1). Bei der byteweisen Programmierung von einzelnen EPROMs ist darauf zu achten, daß die Adressen in den Bausteinen in Zweierschritten angeordnet sind. Der Low-Bus-Baustein enthält die Bytes auf den Adressen 0, 2, 4, 6 usf; der High-Bus-Baustein die Bytes der Adressen 1, 3, 5, 7 usf.

Auf die Peripherie wird in den meisten Anwendungen nur byteweise mit Bytebefehlen zugegriffen. Liegen die Peripheriebausteine nur am unteren Datenbus D0 bis D7, so kann man auf die Auswertung von $\overline{BHE}$ verzichten und A0 wieder als Adreßbit verwenden. A0 des Prozessors wird also mit A0 des Peripheriebausteins verbunden. Dabei ergibt sich ein 8-bit-Peripherie-bereich, bei dem die Adressen der Peripherieregister wie bei einem 8-bit-System in Einerschritten angeordnet sind. Dies ist die normale Betriebsart des PC für den 8-bit-Peripheriebus, selbst wenn ein 16- oder 32-bit-Prozessor verwendet wird. Die 16-bit-Peripherie muß wie die Speicher mit $\overline{BHE}$ bzw. $\overline{BLE}$ (A0) als Auswahlsignal an beide Teile des Datenbus angeschlossen werden und ist dann auch wortadressierbar; die Registeradressen haben dann die Schrittweite 2.

2.1.3 Der 16-bit-Prozessor 80286

Der Mikroprozessor 80286 ist eine Weiterentwicklung des 8086 mit besonderen Eigenschaften für den Einsatz in Personal Computern, also für Anwendungen in der Datenverarbeitung. Der Adreßbus wurde auf 24 bit erweitert und wird getrennt von den Daten- und Steuerleitungen herausgeführt. Dies bedeutet einen Übergang auf neue Gehäusebauformen mit 68 Anschlüssen entweder an allen 4 Kanten oder gitterförmig an der Unterseite. Der Register- und Befehlssatz für Benutzerprogramme entspricht dem des 8086; er wird durch einige zusätzliche Befehle erweitert. Die wichtigsten Unterschiede zu den Vorgängern zeigen sich in der Behandlung der Speicheradressen.

Nach einem Reset befindet sich der Prozessor 80286 in der Betriebsart "Real Address Mode". Real bedeutet echt oder tatsächlich. Hierbei wird wie beim 8086 und 8088 der Inhalt eines 16-bit-Segmentregisters um 4 bit versetzt zu einem 16-bit-Abstand addiert. Mit dieser 20 bit langen physikalischen Speicheradresse lassen sich 1 MByte Speicher adressieren.

Nach der softwaremäßigen Umschaltung in die Betriebsart "Protected Virtual Address Mode" stehen eine Reihe von zusätzlichen Registern und Befehlen für die Behandlung der Adressen zur Verfügung. Protected bedeutet geschützt, da diese Adressierung meist unter der Kontrolle eines Betriebssystems abläuft und für den Benutzer nicht mehr zugänglich ist.

Virtual bedeutet virtuell oder scheinbar. Der Prozessor 80286 kann mit Hilfe von besonderen Registern und Tabellen "scheinbar" einen 1 Gigabyte = 1024 MByte großen Speicherbereich benutzen; über den 24-bit Adreßbus lassen sich aber nur 16 MByte physikalisch adressieren. Stellt die MMU (Memory Management Unit = Speicherverwaltungseinheit) des Prozessors fest, daß sich eine virtuelle Adresse nicht im Arbeitsspeicher befindet, so löst sie einen Interrupt aus. Das Betriebssystem kann nun den benötigten Speicherbereich von Magnetspeichern (Disk) nachladen. Gegebenenfalls müssen dabei selten verwendete Bereiche des Arbeitsspeichers ausgelagert werden.

Der 80286 kann die Programme mehrerer Benutzer bzw. mehrere Programme eines Benutzers gleichzeitig im Arbeitsspeicher verwalten und sehr
schnell zwischen ihnen umschalten, so daß der Eindruck entsteht, sie arbei-
teten gleichzeitig. Dieser als Multitasking bezeichnete Betrieb muß von einem geeigneten Betriebssystem unterstützt werden.

Der Prozessor 80286 wird mit dem Taktgenerator 82284, dem Bussteuerbaustein 82288 sowie den Steuer- und Peripheriebausteinen der 8086/8088-
Prozessoren betrieben. Als Arithmetikprozessor dient der 80287. Bei vielen
PC-Schaltungen finden sich jedoch anstelle der einzelnen Bausteine Chipsätze,
die Taktgenerator, Bussteuerung, Interruptsteuerung und Speichersteuerung
bzw. Timer, Parallelschnittstelle, DMA- und Refreshsteuerung sowie Peri-
pheriesteuerung auf einem hochintegrierten Baustein zusammenfassen. Ähnliche Chipsätze werden auch für PC-Schaltungen mit den Prozessoren 80386 und
80486 eingesetzt.

2.1.4 Die 32-bit-Prozessoren 80386 und 80486

Der 80386 ist ein 32-bit-Prozessor mit 32-bit-Registern und 32-bit-Befeh-
len, einem 32-bit-Datenbus und einem 32-bit Adreßbus, der eine physikalische Adressierung von maximal 4 Gigabyte Speicher ermöglicht. Er ist zu
seinen 16-bit-Vorgängern softwarekompatibel. Das bedeutet, daß z.B. für den
8086 geschriebene Maschinenprogramme auch auf dem 80836 ablaufen. Der
Prozessor 80386 kennt die gleichen Adressierungs-, Schutz- und Taskum-
schaltungsverfahren wie der 80286. In dem zusätzlichen "Virtual-8086-Mode"
unterliegen 8086-Programme ebenfalls dem Speicherschutzverfahren des
"Protected Mode". Durch das neu eingeführte Pagingverfahren (Page = Seite)
können mehrere 8086-Tasks im Multitasking ablaufen.

Der 80486 ist ebenfalls ein 32-bit-Prozessor wie der 80386. Auf einem
Baustein mit nunmehr 168 Anschlüssen sind ein 80386-Prozessor, ein 80387-
Arithmetikprozessor und ein 8-kByte-Schnellzugriffsspeicher (Cache) mit
entsprechender Steuerung integriert.

Ein Cache (versteckter Speicher) ist ein schneller Pufferspeicher, der nicht
über normale Adressen angesprochen werden kann, sondern ausschließlich von
einer entsprechenden Hardwaresteuerung verwaltet wird. Die meisten Programme arbeiten über längere Zeit nur in einem bestimmten Befehlsbereich
(z.B. Schleifen) und bearbeiten bestimmte Datenbereiche (z.B. Tabellen).
Bei jedem Speicherzugriff wird zunächst geprüft, ob sich der Befehl bzw. das
Datum bereits im Cache befindet. Wenn "ja", werden sie dem Cache entnommen bzw. in ihm abgelegt. Bei "nein" werden sie aus dem eigentlichen
Arbeitsspeicher in den Cache nachgeladen bzw. zurückgeschrieben. Hierbei
sind natürlich Buszugriffe erforderlich. Wenn der Prozessor jedoch direkt auf
den Cache zugreifen kann, entfallen die relativ langsamen Buszyklen auf
den Arbeitsspeicher.

2.2 Steuerbausteine

Dieser Abschnitt beschreibt nur die Steuerbausteine der Prozessoren 8086
und 8088, die in den Schaltungen des Kapitels 3 verwendet werden. Für die
anderen 80x86-Prozessoren gibt es ähnliche Bausteine bzw. ihre Funktionen
sind in den Chipsätzen der PCs integriert.

2.2.1 Der Taktgenerator 8284

Der Taktgenerator 8284 liefert das Taktsignal für den Prozessor und den
Peripheriebus des PC. Gleichzeitig werden das Reset- und das Ready-Signal
mit dem Prozessortakt synchronisiert. **Bild 2-13** zeigt einen vereinfachten
Blockschaltplan für die übliche Betriebsart mit einem Quarz, der an die Eingänge X1 und X2 angeschlossen wird. Die Quarzfrequenz muß das dreifache
der gewünschten Prozessorfrequenz betragen.

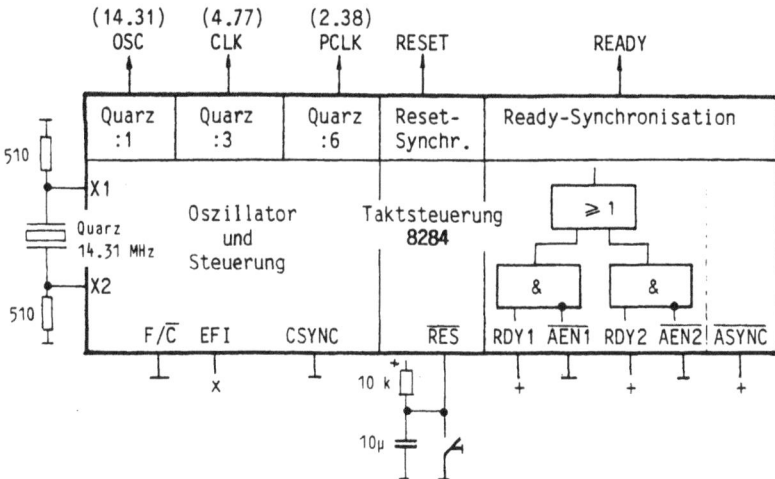

Bild 2-13: Der Taktgenerator 8284

Der Ausgang OSC (Oszillator) liefert die Quarzfrequenz mit TTL-Pegel und
einem Tastverhältnis von 1:1 (1 Zeiteinheit Low und 1 Zeiteinheit High).
Der Ausgang CLK (Takt) liefert die durch 3 geteilte Quarzfrequenz für

MOS-Bausteine (Prozessor und Steuereinheiten) bei einem Tastverhältnis von 2:1 (2 Einheiten Low und 1 Einheit High). Der Ausgang PCLK (Peripherietakt) liefert die durch 6 geteilte Quarzfrequenz mit TTL-Pegel und einem Tastverhältnis von 1:1. Die Eingänge F/$\overline{\text{C}}$ (Frequenz/Quarz), EFI (Externer Frequenz Eingang) und CSYNC (Taktsynchronisation) dienen zum Anschluß eines externen Taktgenerators bzw. zur Synchronisation mehrerer Bausteine.

Der Ausgang RESET wird mit dem RESET-Eingang des Prozessors bzw. der Steuer- und Peripheriebausteine verbunden. Er ist aktiv High, wenn der Prozessor gestartet oder zurückgesetzt werden soll. Der Neustart des Prozessors beginnt mit der fallenden Flanke des Signals; im Betrieb ist der Ausgang Low. Das am $\overline{\text{RES}}$-Eingang (Schmitt-Trigger!) angeschlossene RC-Glied mit Taster sorgt beim Einschalten der Versorgungsspannung für die notwendige Zeitverzögerung des RESET-Impulses.

Der Ausgang READY wird mit dem READY-Eingang des Prozessors bzw. der Steuerbausteine verbunden. Er ist aktiv High, wenn die Speicher- und Peripheriebausteine bereit sind, Daten über den Bus zu übertragen. Langsame Bausteine können über die Eingänge RDY und $\overline{\text{AEN}}$ den Ausgang READY auf Low bringen und damit den Prozessor veranlassen, Wartetakte Tw zwischen T3 und T4 einzuschieben. Arbeitet man mit voller Busgeschwindigkeit, so liegen die RDY-Eingänge (bereit) auf High und die $\overline{\text{AEN}}$-Eingänge (Adreßfreigabe) auf Low. Der Eingang $\overline{\text{ASYNC}}$ stellt die Synchronisation ein und wird normalerweise fest auf High gelegt.

2.2.2 Der Bussteuerbaustein 8288

Der Bussteuerbaustein 8288 erzeugt die Bussteuersignale des Maximumbetriebes und ist notwendig, wenn ein Arithmetikprozessor oder eine DMA-Steuerung eingesetzt werden sollen. PC-Schaltungen arbeiten immer im Maximumbetrieb. **Bild 2-14** zeigt ein vereinfachtes Blockschaltbild mit den wichtigsten Anschlüssen.

Die Eingänge $\overline{\text{S0}}$ bis $\overline{\text{S2}}$ (Status) werden mit den entsprechenden Ausgängen $\overline{\text{S0}}$ bis $\overline{\text{S2}}$ des Prozessors verbunden; aus ihnen werden die Steuersignale an den Ausgängen abgeleitet und mit dem Taktsignal CLK (Takt) des Taktgenerators 8284 synchronisiert. Die folgenden Kommando- und Steuersignale haben die gleiche Bedeutung (Ausnahme DEN) und das gleiche Timing wie die entsprechenden Prozessorsignale des Minimumbetriebes.

Die Kommandoausgänge $\overline{\text{IORC}}$ (Ein/Ausgabe Lesekommando) und $\overline{\text{IOWC}}$ (Ein/-Ausgabe Schreibkommando) sind aktiv Low und dienen zur Freigabe der Peripheriebausteine bei Peripheriebefehlen (IN und OUT). Der Ausgang $\overline{\text{AIOWC}}$ (vorlaufendes Ein/Ausgabe Schreibkommando) liefert ein zeitlich früheres Schreibsignal als $\overline{\text{IOWC}}$. In Hold-Zyklen werden die Ausgänge tristate.

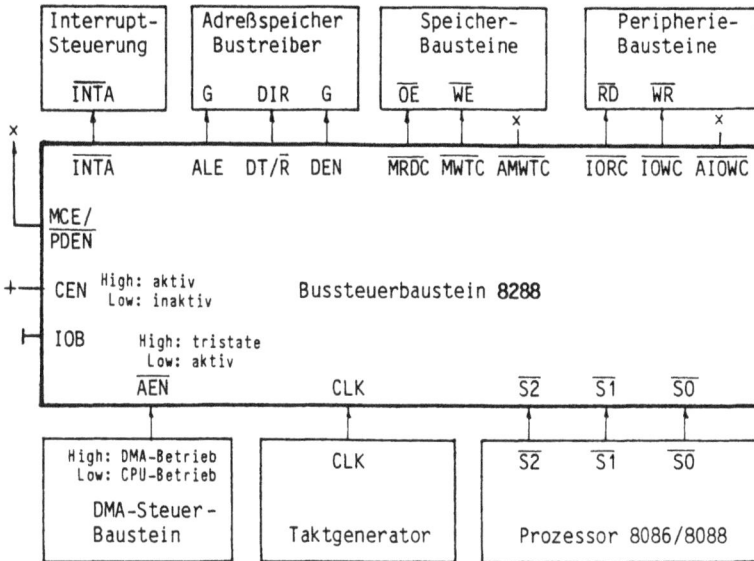

Bild 2-14: Der Bussteuerbaustein 8288

Die Kommandoausgänge $\overline{\text{MRDC}}$ (Speicher Lesekommando) und $\overline{\text{MWTC}}$ (Speicher Schreibkommando) sind aktiv Low und dienen zur Freigabe der Speicherbausteine. Der Ausgang $\overline{\text{AMWC}}$ (vorlaufendes Speicher Schreibkommando) liefert ein zeitlich früheres Schreibsignal als $\overline{\text{MWTC}}$. In Hold-Zyklen werden die Ausgänge tristate.

Der Kommandoausgang $\overline{\text{INTA}}$ (Interrupt Bestätigung) erzeugt in Interrupt-Zyklen aktiv Low Lesesignale, die eine Kennzahl über den Datenbus in den Prozessor laden. Aus diesen Kennzahlen werden die Startadressen der Interruptprogramme abgeleitet.

Der Steuerausgang ALE (Adreßspeicher freigeben) zeigt mit High an, daß gültige Adressen auf den gemultiplexten Leitungen liegen. Das ALE-Signal wird zur Freigabe der Adreßbusspeicher verwendet. Der Ausgang DT/$\overline{\text{R}}$ (Daten senden/empfangen) ist während des gesamten Buszyklus stabil und zeigt mit High Schreibzyklen und mit Low Lese- und Interruptzyklen an. Er wird dazu benutzt, die Richtung der Datenbustreiber zu steuern. Der Ausgang DEN (Daten freigeben) ist im Gegensatz zum $\overline{\text{DEN}}$ (Minimumbetrieb) des Prozessors aktiv High, wenn der Prozessor auf den Datenbus zugreift. Er dient zur Freigabe (Tristate-Steuerung) der Datenbustreiber und der Adreßbustreiber (Adreßspeicher).

Mit den **Eingängen** CEN, IOB und $\overline{\text{AEN}}$ werden die Kommando- und Steuer-ausgänge freigegeben bzw. tristate gesteuert. Legt man CEN (Kommandos freigeben) auf Low, so werden alle Kommandoausgänge sowie DEN und $\overline{\text{PDEN}}$ in den nichtaktiven Zustand versetzt, jedoch nicht tristate. Bei CEN High arbeitet der Baustein normal. Der Eingang IOB (Ein/Ausgabe Bus) dient in Verbindung mit $\overline{\text{AEN}}$ (Adressen freigeben) zur Tristatesteuerung der Kommandoausgänge. Legt man den Eingang IOB fest auf Low, so wirkt $\overline{\text{AEN}}$ sowohl auf die Speicher- als auch auf die Peripheriekommandos. Der Ausgang MCE (Master Cascade freigeben) liefert dann ein Lesesignal bei kaskadierten Interruptsteuerbausteinen. Legt man den Eingang IOB fest auf High, so werden die Peripheriesteuersignale von $\overline{\text{AEN}}$ unabhängig. Der Aus-gang $\overline{\text{PDEN}}$ liefert dann ein Freigabesignal für den Peripheriebus.

Der Eingang $\overline{\text{AEN}}$ (Adressen freigeben) wird in Verbindung mit einer DMA- oder Bussteuerung verwendet. Legt diese Schaltung den Eingang $\overline{\text{AEN}}$ auf Low, so steuern die Kommandoausgänge mit Lese- und Schreibsignalen die Speicher- und Peripheriebausteine; der Prozessor belegt den Bus. Geht $\overline{\text{AEN}}$ jedoch auf High, so werden die Kommandoausgänge tristate, und ein anderer Prozessor oder ein DMA-Steuerbaustein liefert eigene Lese- und Schreibsi-gnale, um auf den Bus zuzugreifen. Legt die Bus- oder DMA-Steuerung $\overline{\text{AEN}}$ wieder auf Low, so arbeitet der Steuerbaustein (Prozessor) weiter.

2.2.3 Der Interruptsteuerbaustein 8259A

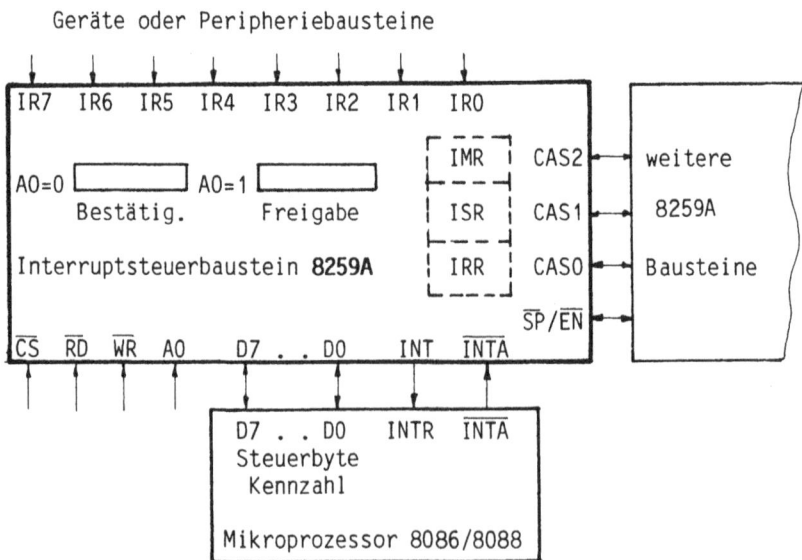

Bild 2-15: Der Interruptsteuerbaustein 8259A PIC

Dieser Abschnitt behandelt nur die Funktion und die Anschlüsse des 8259A (**Bild 2-15**), die Programmierung wird bei den Anwendungen gezeigt.

Der Baustein 8259A PIC (programmierbarer Unterbrechungssteuerbaustein) hat die Aufgabe, Interruptanforderungen von Geräten und Peripheriebausteinen an den Prozessor kontrolliert weiterzuleiten. Er wird beim Start des Systems wie ein Peripheriebaustein durch Steuerbytes auf eine bestimmte Betriebsart eingestellt (initialisiert). Dies geschieht über die Eingänge $\overline{CS}$ (Bausteinauswahl) und $\overline{WR}$ (schreiben). Da über den Eingang A0 nur zwei Adressen ausgewählt werden können, müssen die Register des Bausteins (IRR, ISR und IMR) mit mehreren Initialisierungs- und Kommandowörtern in einer bestimmten Reihenfolge programmiert werden. Der Zustand (Status) läßt sich mit $\overline{RD}$ (lesen) ermitteln. Über die bidirektionalen Datenbusanschlüsse D0 bis D7 werden Steuerbytes und Statusinformationen übertragen. Nach der Initialisierung werden im Betrieb nur noch ein Freigabe- und ein Bestätigungsregister (Bild 2-15) angesprochen.

Die Eingänge IR0 bis IR7 (Interrupt Anforderung) sind je nach Programmierung flankengesteuert (Low nach High) oder zustandsgesteuert (High aktiv). Ist die auslösende Interruptanforderung freigegeben, so legt der Steuerbaustein seinen Ausgang INT (Interrupt) auf High, der an den entsprechenden INTR-Eingang des Prozessors angeschlossen wird. Ist der Interrupt durch das I-Bit des Statusregisters (I=1) freigegeben, so leitet der Prozessor nach Beendigung des laufenden Befehls einen Interrupt-Bestätigungszyklus ein (Bild 2-9) und sendet über seinen $\overline{INTA}$-Ausgang (Interrupt Bestätigung) zwei aktiv Low Impulse an den $\overline{INTA}$-Eingang des 8259A. Mit dem zweiten $\overline{INTA}$-Impuls wird im 8086-Betrieb eine vorprogrammierte Kennzahl über D0 bis D7 an den Prozessor übertragen. Der 8085-Betrieb liefert stattdessen einen drei Byte langen CALL-Befehl (Unterprogrammaufruf).

Die älteren XT-Schaltungen enthalten nur einen PIC-Steuerbaustein mit acht Interruptquellen, bei den neueren AT-Version wird ein zweiter PIC an die Anschlüsse CAS0 bis CAS2 und $\overline{SP/EN}$ angeschlossen (Kaskadierung).

2.2.4 Der DMA-Steuerbaustein 8237A

Dieser Abschnitt zeigt nur die Funktion und die Anschlüsse des Bausteins mit seinen externen Hilfsregistern (**Bild 2-16**), die Programmierung wird bei den Anwendungen mit Beispielen behandelt.

DMA bedeutet Direct Memory Access gleich direkter Zugriff auf die Speicher- und Peripheriebausteine eines Computers durch eine Peripherie- oder Steuereinheit. Ein Beispiel wäre die Aufgabe, einen Block von 512 Bytes von einer Floppysteuerung in den Arbeitsspeicher zu kopieren. Beim Start des Systems wird zunächst der 8237A durch Programmierung seiner Register auf die gewünschte Betriebsart, die Speicheranfangsadresse und die Anzahl der

```
        A19..A16              A15 ... A8  A7..A4 A3..A0
           ┌──┐GR          ┌──┐OE Adreß-
        Seiten-            speicher
        register    ┌──┐G
        D3    D0    │ 1│    D7        D0
                    └──┘                                    Datenbus
 ┌─────────────────────────────────────────────────────────────┐
 │ CS IOR IOW MEMR MEMW  AEN ADSTB  DB7 ... DB0  A7..A4 A3..A0  │
 │              High: DMA                                       │
 │  ┌──────────────────────┐  Kanal0  ┌──────────────────────┐ │
 │  │ Kommando/Statusreg.   │         │ 16-bit-Adreßregister  │ │
 │  │                       │         │ 16-bit-Zählregister   │ │
 │  │ Request(Anforderung)  │         │ Maske  Mode  Request  │ │
 │  │                       │  Kanal1 │ wie Kanal0            │ │
 │  │ Maskenregister        │         │                       │ │
 │  │                       │         │                       │ │
 │  │ Moderegister          │  Kanal2 │ wie Kanal0       (5)─┼─+
 │  │                       │         │                       │ │
 │  │ Umschaltflipflops     │         │                       │ │
 │  │                       │  Kanal3 │ wie Kanal0            │ +
 │  │ temporäre Register    │         │                       │ │
 │  └──────────────────────┘                                   │
 │          DMA-Steuerung 8237A                           EOP  │
 │ RESET READY CLK  HLDA HRQ   DREQ0..DREQ3  DACK0..DACK3      │
 └─────────────────────────────────────────────────────────────┘
   ┌──────────┐  ┌──────────┐  ┌──────────────────────┐
   │ Takt-    │  │ Prozessor│  │ Anforderungs- und    │
   │ steuerung│  │ 8086/8088│  │ Bestätigungsschaltung│
   │ 8284     │  │          │  │                      │
   └──────────┘  └──────────┘  └──────────────────────┘
```

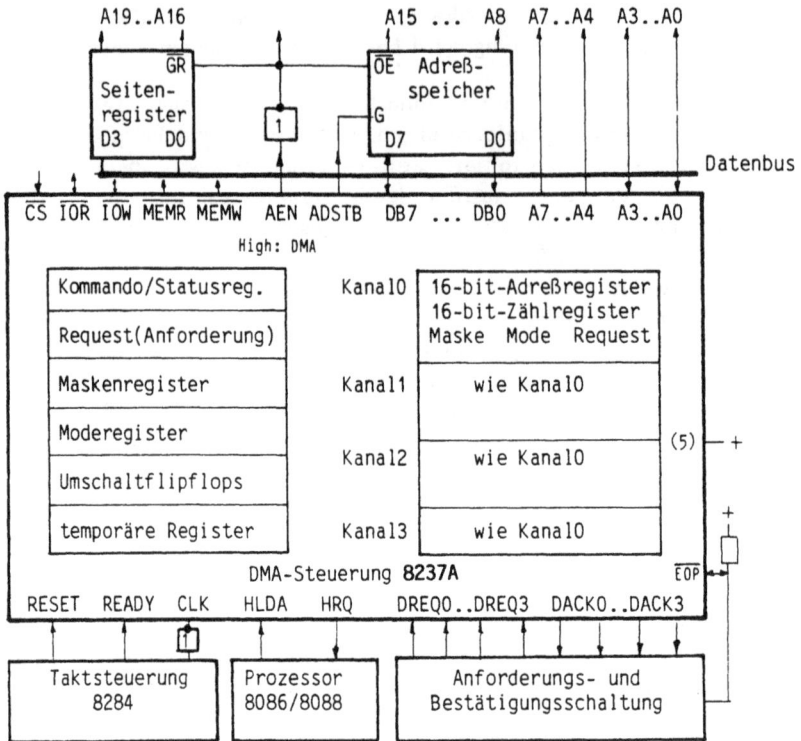

Bild 2-16: Der DMA-Steuerbaustein 8237A

Bytes eingestellt (initialisiert). Soll nun während des Betriebes der Datenblock übertragen werden, so sendet die Floppysteuerung eine Anforderung
über einen DREQ-Eingang an den DMA-Baustein, die dieser an den Prozessor
über seinen HRQ-Ausgang weiterleitet. Der Prozessor führt nun Hold-Zyklen
aus, macht dabei seine Ausgänge tristate und bestätigt diesen Zustand am
HLDA-Eingang. Der DMA-Steuerbaustein übernimmt die Kontrolle über den
Adreß-, Daten- und Steuerbus und liefert der anfordernden Schaltung ein
Bestätigungssignal DACK. Während der Datenübertragung erzeugt der DMA-
Steuerbaustein alle erforderlichen Speicheradressen und Steuersignale. Bei
einem Einzeltransfer wird jeweils nur ein DMA-Zyklus zur Übertragung eines
Bytes in die Buszugriffe des Prozessors eingeschoben. Bei einem Blocktrans-
fer wird der ganze Datenblock hintereinander übertragen; der Prozessor ist
also längere Zeit inaktiv. Neben diesem Peripherie-Speicher-Transfer gibt es
auch Speicher-Speicher-Übertragungen, bei denen der 8237A im ersten Halbzyklus die Daten aus dem Herkunftsspeicher ausliest, zwischenspeichert und
in einem zweiten Halbzyklus in das Ziel schreibt. Der Baustein verwaltet
vier DMA-Kanäle.

Gegenüber einer softwaregesteuerten Datenübertragung mit einzelnen Lade-
und Speicherbefehlen entfällt das Lesen der Befehle und Datenadressen, da
bei einer DMA nur Daten übertragen werden. Die 80x86-Prozessoren haben
jedoch besondere Stringbefehle mit Wiederholungsvorsätzen, die ebenfalls nur
auf Daten zugreifen, da Code und Adressen im Prozessor gespeichert sind.
Bei schnellen Prozessoren können diese Befehle Geschwindigkeitsvorteile gegenüber dem in der Taktfrequenz beschränkten DMA-Steuerbaustein bringen.

Der Baustein 8237A wurde zuerst in 8-bit-Systemen (8080/8085) mit einem
16-bit-Adreßbus eingesetzt. Die Adreßanschlüsse A0 bis A7 liefern die unteren
Adreßbits einer DMA-Adresse, die oberen Adreßbits A8 bis A15 werden in
einem zusätzlichen Adreßspeicher festgehalten. Bei einem 20-bit- bzw. 24-
bit-Adreßbus ist für die Adressen ab A16 ein zusätzliches Seitenregister erforderlich, das nicht mehr vom Steuerbaustein, sondern von der Systemsoft-
ware verwaltet wird. Jeder DMA-Kanal aktiviert eine vorher eingestellte
Speicherseite, die aus den Adreßbits ab A16 gebildet wird. Bei modernen
PC-Systemen werden Chipsätze mit integrierten DMA-Steuerungen verwendet.

Die Eingänge RESET, READY und CLK des 8237A werden wie die entsprechenden Prozessorsignale vom Taktsteuerbaustein 8284 geliefert. Im Minimumbetrieb des Prozessors wird der Ausgang HRQ (Hold Anforderung) mit
dem Eingang HOLD des Prozessors verbunden; der Ausgang HLDA des Prozessors mit dem Eingang HLDA (Hold Bestätigung). Im Maximumbetrieb des
Prozessors müssen HRQ und HLDA mit einer Zusatzlogik an eines der beiden
bidirektionalen Prozessorsignale $\overline{RQ}/\overline{GT0}$ oder $\overline{RQ}/\overline{GT1}$ angepaßt werden (Bild
2-8 und Bild 3-15). Die Eingänge DREQ0 bis DREQ3 (DMA anfordern) sind
nach Reset aktiv High und können durch Software umprogrammiert werden.
Die Ausgänge DACK0 bis DACK3 (DMA bestätigen) sind nach Reset aktiv
Low und lassen sich ebenfalls einstellen. Der Anschluß $\overline{EOP}$ (Ende des Pro-
zesses) ist bidirektional und sollte mit einem Widerstand auf High gelegt
werden. Als Ausgang liefert er ein Signal am Ende einer Übertragung; als
Eingang dient er zum vorzeitigen Abbruch eines DMA-Zugriffs.

Beim Start eines Systems wird der 8237A wie ein Peripheriebaustein durch
Befehle programmiert, er kann während des Betriebes auch gelesen werden.
Dazu dienen die Anschlüsse $\overline{CS}$ (Bausteinfreigabe), $\overline{IOR}$ (Ein/Ausgabe lesen),
$\overline{IOW}$ (Ein/Ausgabe schreiben), A0 bis A3 zur Auswahl von 16 Registern und
die Datenbusanschlüsse DB0 bis DB7. Das Seitenregister für die Adreßbits A16
bis A19 muß getrennt vom 8237A vorbereitet werden.

Bei einem DMA-Zugriff sind die Anschlüsse $\overline{IOR}$ und $\overline{IOW}$ sowie $\overline{MEMR}$
(Speicher lesen), $\overline{MEMW}$ (Speicher schreiben) und A0 bis A7 Ausgänge. Auf
den Anschlüssen DB0 bis DB7 erscheinen die Bits A8 bis A15 der Speicheradresse, die mit ADSTB (Adreßimpuls ähnlich ALE) im Adreßspeicher festgehalten werden. Der Ausgang AEN (Adreßfreigabe) ist in DMA-Zyklen aktiv
High und kann dazu verwendet werden, die Bustreiber und den Bussteuerbaustein 8288 tristate zu machen, um den Prozessor vom Bus zu trennen.

Ist AEN Low, so greift der Prozessor auf den Bus zu. Die Auswahl der aktiven Seite (Adreßbits ab A16) aus dem Seitenregister erfolgt nicht durch den DMA-Steuerbaustein, sondern von der anfordernden Schaltung (DACK).

2.3 Der Arithmetikprozessor 8087

Der Befehlssatz der Prozessoren 8086 und 8088 enthält Befehle der Gleitpunktarithmetik (Abschnitt 1.1.3) und zur Berechnung von mathematischen Funktionen, die jedoch von einem anderen Baustein, dem Arithmetikprozessor 8087, ausgeführt werden müssen. **Bild 2-17** zeigt den Blockschaltplan des 8087, der sowohl mit dem 8086 als auch mit dem 8088 zusammarbeitet.

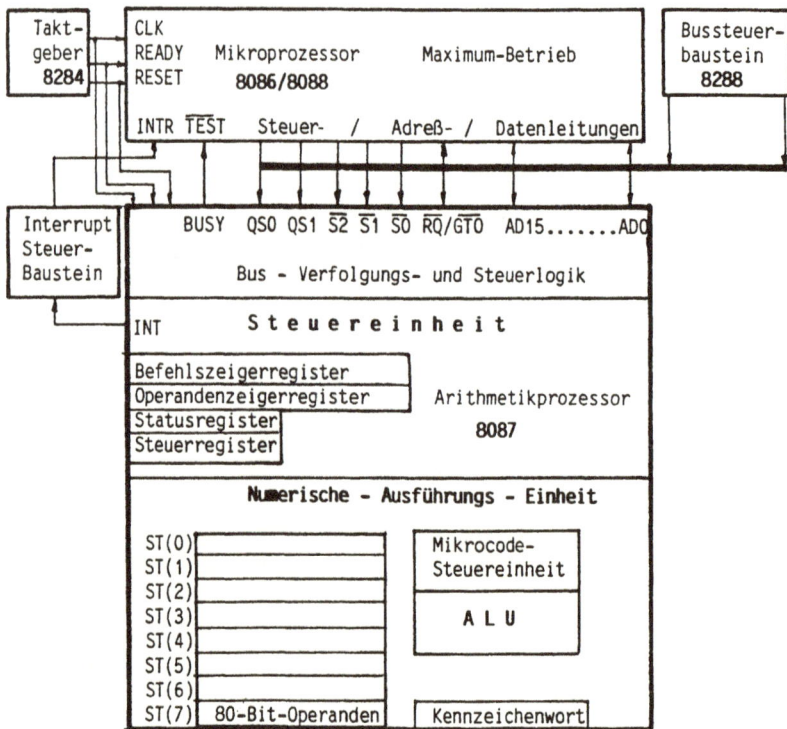

Bild 2-17: Der Arithmetikprozessor 8087

Der Arithmetikprozessor, auch arithmetischer oder numerischer Coprozessor genannt, wird direkt an die Adreß-, Daten- und Steuerleitungen des Mikro-

prozessors 8086/8088 in der Maximumbetriebsart angeschlossen. Die Busver-
folgungs- und Steuerlogik der Steuereinheit erkennt die für den Arithmetikprozessor bestimmten Befehle an der Codekennung "Escape" und übernimmt
die Operanden und Adressen. Die Numerische Ausführungseinheit enthält acht
Arbeitsregister von je 80 bit Länge sowie eine eigene Arithmetisch-Logische
Einheit (ALU) und ein Mikrocodesteuerwerk. Die Gleitpunktbefehle und
mathematischen Funktionen des Arithmetikprozessors arbeiten etwa 10 bis
100 mal schneller als entsprechende Gleitpunktunterprogramme, die mit den
ganzzahligen Befehlen der Mikroprozessoren programmiert werden.

Beide Prozessoren haben eine fast identische Stiftbelegung, so daß sie oft
direkt nebeneinander angeordnet werden. Die Anschlüsse RESET, READY,
CLK, AD0 bis AD15, A16/$\overline{S3}$ bis A19/$\overline{S6}$, $\overline{BHE}/\overline{S7}$, $\overline{S0}$ bis $\overline{S2}$, $\overline{QS0}$ und $\overline{QS1}$
haben bei beiden Prozessoren die gleiche Bedeutung und werden parallel ge-
schaltet. Der BUSY-Ausgang (belegt) des 8087 wird an den $\overline{TEST}$-Eingang
des 8086/8088 angeschlossen, der damit das Ende eines numerischen Befehls
feststellen kann. Die Verbindung $\overline{RQ}/\overline{GT0}$ (anfordern und gewähren) des 8087
mit $\overline{RQ}/\overline{GT1}$ des 8086/8088 dient der Busvergabe. An den Anschluß $\overline{RQ}/\overline{GT0}$
des 8087 kann eine weitere Busvergabesteuerung angeschlossen werden. Der
Ausgang INT (Programmunterbrechung) des 8087 meldet mit einem High, daß
eine Ausnahme wie z.B. ein Zahlenüberlauf aufgetreten ist. Er kann mit NMI
des Prozessors oder mit dem Interruptsteuerbaustein 8259A zum Auslösen
eines INTR-Interrupts verbunden werden.

2.4 Peripheriebausteine

Als Peripherie bezeichnet man Schaltungen, die den Computer mit seiner
Außenwelt verbinden. Es können sowohl TTL-Bausteine und die Peripheriebausteine der 80xxx-Familie als auch Schnittstellen anderer Mikroprozessorher-
steller verwendet werden. Die Programmierung der hier als Beispiel vorgestellten Bausteine wird in den Anwendungen behandelt.

2.4.1 Parallele Schnittstellen

Bild 2-18 zeigt den Aufbau von Ein/Ausgabeschaltungen mit TTL-Bausteinen, die gegenüber den MOS-Peripheriebausteinen höhere Ausgangsströme liefern können, mit denen sich z.B. Leuchtdioden direkt ansteuern lassen. Bei
der **Ausgabe** werden die Daten mit einem Ausgabebefehl in Flipflops oder
Register geschrieben und dort bis zum nächsten Befehl festgehalten. Bei der
Eingabe liest man normalerweise nur den augenblicklichen Leitungszustand
über einen Tristate-Eingabetreiber. Totem-Pole-Ausgänge (Bild 1-28) haben
immer ein festes Potential (High oder Low) und lassen sich nicht gleichzeitig als Eingang verwenden. Bei **bidirektionalen** Anschlüssen kann die Richtung

a. Unidirektionale Eingabe bzw. Ausgabe (totem pole)

b. Bidirektionale E/A (Open Collector)   c. Bidirektionale E/A (tristate)

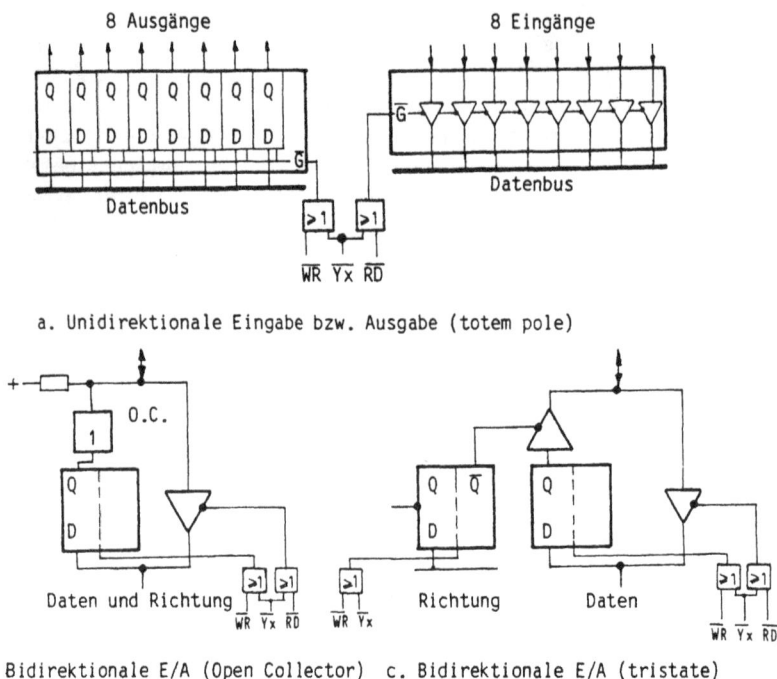

Bild 2-18: Parallele Ein/Ausgabe mit TTL-Bausteinen

(Eingabe oder Ausgabe) durch eine Programmierung festgelegt oder während des Betriebes geändert werden. Legt man einen Offenen-Kollektor-Ausgang (Bild 1-31) auf High, so kann die Leitung von einem äußeren Sender wahlweise auf High gelassen oder auf Low gelegt werden; der Leitungszustand läßt sich durch einen Eingabetreiber lesen. Bei einem Tristate-Ausgang (Bild 1-30) ist ein zusätzliches Richtungsflipflop erforderlich, um zwischen Ausgabe und Eingabe umzuschalten. **Bild 2-19** zeigt eine Parallelschnittstelle, bei der sich die Richtung der Datenkanäle A, B und C programmieren läßt.

Mit dem RESET-Eingang (aktiv High) wird die Schnittstelle in den Grundzustand versetzt, in dem alle Peripherieanschlüsse tristate und damit zunächst als Eingang geschaltet sind. Mit den Adreßeingängen A0 und A1 lassen sich vier Register auswählen, von denen das Steuerregister zur Programmierung der Betriebsart dient. In PC-Schaltungen wird oft ein 8255A zur Systemsteuerung und für den Lautsprecher verwendet.

Peripherieanschlüsse

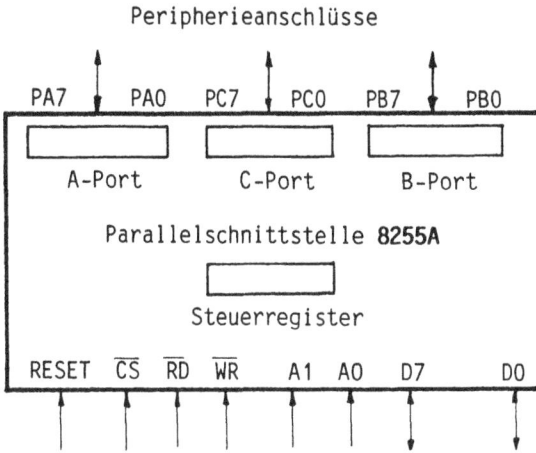

Bild 2-19: Der Parallelschnittstellenbaustein 8255A

Druckeranschlüsse

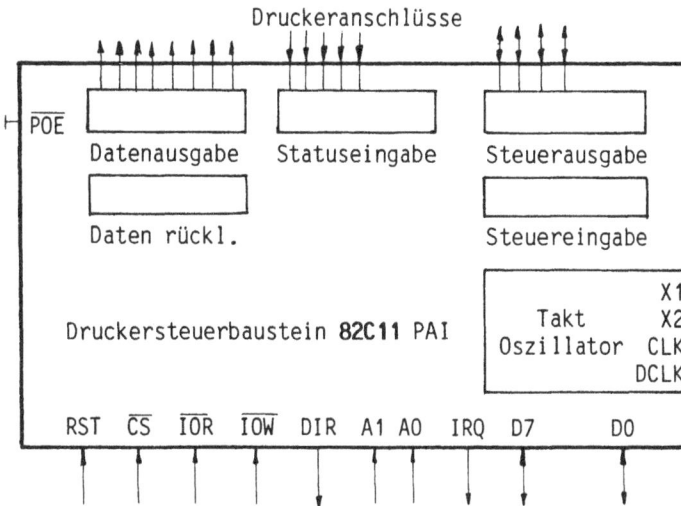

Bild 2-20: Der Druckersteuerbaustein 82C11 PAI

In der "Urversion" des PC bestand die parallele Druckerschnittstelle aus mehreren TTL-Bausteinen, die später durch den in **Bild 2-20** dargestellten integrierten Steuerbaustein 82C11 PAI (Druckeranschlußschaltung) ersetzt wurden. Der Eingang RST (aktiv High) bringt die Steuerausgänge für den Drucker in einen Anfangszustand. Der Ausgang IRQ (Interrupt anfordern) ist aktiv High und kann zur Auslösung eines Interrupts mit dem Druckersignal ACK (Bestätigung) verwendet werden. Der Ausgang DIR (Richtung) zeigt an, ob der Baustein über den Datenbus mit $\overline{IOR}$ gelesen oder mit $\overline{IOW}$ beschrieben wird. Die Adreßbusanschlüsse A0 und A1 wählen vier Register zur Ausgabe von Daten und Steuersignalen an den Drucker oder zum Lesen von Druckerstatussignalen aus. Die Anschlüsse X1, X2, CLK und DCLK können für die Takterzeugung einer seriellen Datenübertragung verwendet werden. Der Baustein läßt sich nicht nur zum Anschluß eines Druckers, sondern auch als parallele Schnittstelle mit acht Ausgängen, fünf Eingängen und vier bidirektionalen Offenen-Kollektor-Ausgängen für digitale Steuerungen verwenden.

2.4.2 Serielle Schnittstellen

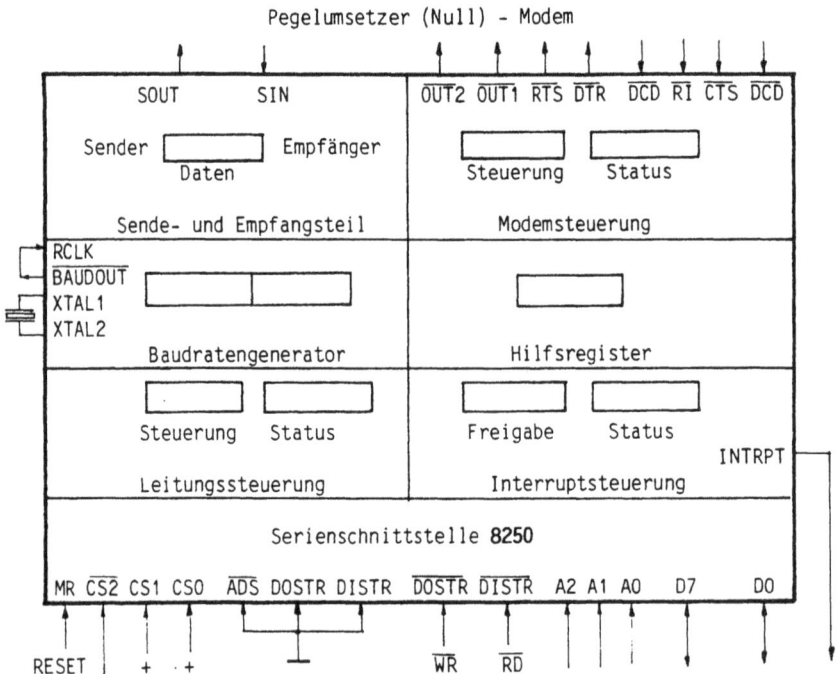

Bild 2-21: Die Serienschnittstelle 8250 ACE

Die serielle Schnittstelle 8250 ACE (asynchrones Datenübertragungselement) dient zur seriellen Datenübertragung nach V.24 (RS 232C). Die Daten werden bitseriell am Ausgang SOUT ausgegeben bzw. am Eingang SIN empfangen. Acht Anschlüsse sind für die Steuerung eines Modems (Modulator/Demodulator) vorgesehen. Mit einem High am Eingang MR (Master Reset) wird der Baustein in einen Anfangszustand versetzt. Die Eingänge CS0 und CS1 legt man normalerweise auf High, die Eingänge $\overline{ADS}$, DISTR und DOSTR auf Low. Der Eingang $\overline{CS2}$ (aktiv Low) dient dann in Verbindung mit $\overline{DISTR}$ ($\overline{RD}$) und $\overline{DOSTR}$ ($\overline{WR}$) zum Lesen und Schreiben von acht Registern, die mit A0 bis A2 ausgewählt werden. Der Ausgang INTRPT (Interrupt) geht auf aktiv High, wenn ein programmierbares Interruptereignis aufgetreten ist. Das Signal wird erst beim Lesen des Interruptstatusregisters oder bei einem Reset wieder zurückgenommen. Der ähnlich aufgebaute serielle Schnittstellenbaustein 8251A der 80xxx-Familie wird in PC-Schaltungen nicht verwendet.

2.4.3 Timer- und Zählerbausteine

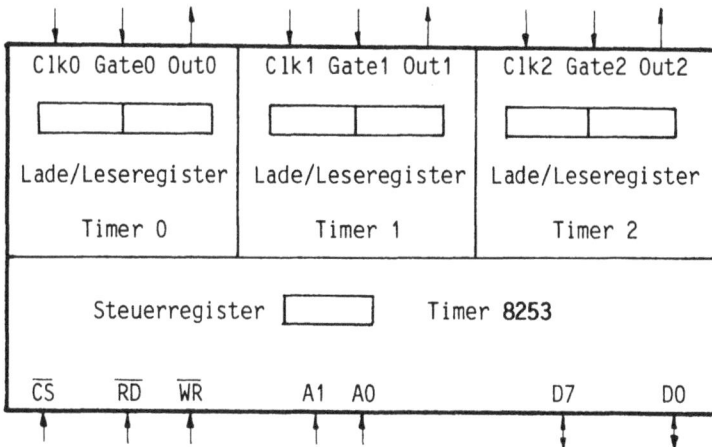

Bild 2-22: Der programmierbare Zeitgeberbaustein 8253 (8254)

Der Baustein 8253 (**Bild 2-22**) enthält drei 16-bit-Aufwärtszähler, die sich als Ereigniszähler für Flanken und als Timer für Zeitverzögerungen sowie für periodische Interrupts (Uhr) verwenden lassen. An die CLK-Anschlüsse wird eine Taktquelle angeschlossen, die sich mit GATE steuern läßt. Die OUT-Ausgänge zeigen Zählernulldurchgänge an. Der Baustein wird mit dem Steuerregister programmiert. Der Eingang $\overline{CS}$ dient in Verbindung mit $\overline{RD}$ und $\overline{WR}$ zum Lesen und Schreiben der vier Register, die mit A0 und A1 ausgewählt werden. Im PC löst der Timer 0 periodisch alle 55 ms einen Uhreninterrupt aus, Timer 1 dient dem Wiederauffrischen dynamischer Speicher über die DMA-Steuerung und Timer 2 steuert den Lautsprecher. Der Baustein 8254 hat bei gleicher Anschlußbelegung erweiterte Funktionen.

2.4.4 Analoge Peripherie

Die Digital/Analogwandler und Analog/Digitalwandler verschiedener Hersteller (Analog Devices, Maxim, Intersil, Ferranti) lassen sich leicht an den
Bus von Mikrocomputern anschließen; die 80xxx-Bausteinfamilie stellt keine
eigenen analogen Peripheriebausteine zur Verfügung. Da die Schwierigkeiten
meist auf der analogen Seite liegen, sollte man für genaue Messungen besser
auf fertige PC-Bus-Karten zurückgreifen und auf die Entwicklung eigener
Schaltungen verzichten.

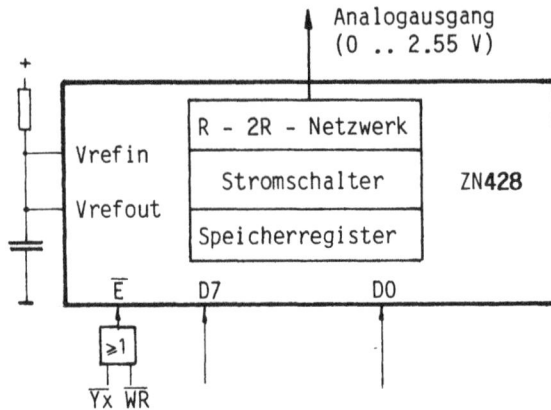

Bild 2-23: 8-bit-Digital/Analogwandler (ZN 428)

Der in **Bild 2-23** dargestellte D/A-Wandler wird wie ein TTL-Ausgaberegi-
ster an den Datenbus angeschlossen. Der Eingang $\overline{E}$ (freigeben) ist aktiv
Low und dient zur Übernahme der Daten in ein Eingangsregister. Der Inhalt
bleibt bis zum nächsten Schreibvorgang erhalten; er wird mit einem Netz-
werk bewertet und analog ausgegeben. Für die Freigabe wird normalerweise
ein Auswahlsignal mit dem Peripherieschreibsignal verknüpft. Die Umsetzzeit
vom Einschreiben eines digitalen Wertes bis zur analogen Ausgabe beträgt
ca. 1 us. Bei Analog/Digitalwandlern hängt die Umsetzzeit im wesentlichen
vom Umwandlungsverfahren ab.

Rampenumsetzer (Dual slope) vergleichen den analogen Eingang mit einer
Sägezahnspannung. Wegen ihrer relativ langen Umsetzzeit im Millisekundenbe-
reich werden sie vorwiegend zur hochgenauen Erfassung langsamer Vorgänge
verwendet.

Umsetzer nach dem Verfahren der **schrittweisen Näherung** (sukzessive Approximation oder Wägeverfahren) vergleichen den analogen Eingang mit dem

Ausgang eines D/A-Wandlers, bei dem beginnend mit dem werthöchsten Bit jeweils eine neue Bitposition bewertet wird. Ist die Vergleichsspannung zu groß, so wird das Bit 0 gesetzt, sonst auf 1 gelegt. Bei einem 8-bit-Wandler sind damit 8 Vergleichsschritte erforderlich. Die Umsetzzeit liegt zwischen 2 und 20 us; nach dem Wägeverfahren arbeitende A/D-Wandler eignen sich daher gut für einen direkten Anschluß an den Peripheriebus.

Parallelumsetzer erzeugen für jede Stufe eine eigene Vergleichsspannung; ein 8-bit-Umsetzer besteht also aus 256 Vergleichern und einer digitalen Bewertungsschaltung. Die Wandlungszeit liegt unter 1 us; die Schaltungen können daher auch im DMA betrieben werden.

Nachlaufumsetzer stellen fest, ob sich die umzusetzende Spannung gegenüber der vorhergehenden Wandlung erhöht oder vermindert hat und liefern die kürzeste Umsetzzeit.

Darf sich das analoge Eingangssignal während der Wandlungszeit nicht ändern, so wird es in einem Abtast-Halteglied (Sample & Hold) festgehalten. Mit einem Analogschalter (Multiplexer) lassen sich mehrere analoge Eingänge auf einen Wandlereingang schalten.

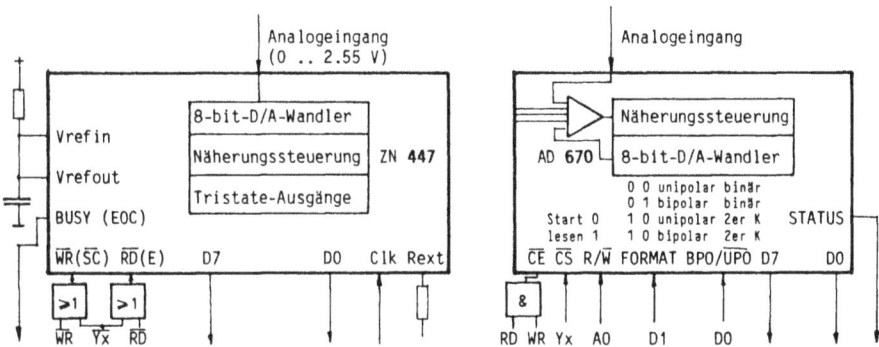

Bild 2-24: 8-bit-Analog/Digitalwandler (ZN 447 und AD 670)

Die in **Bild 2-24** dargestellten A/D-Wandler werden wie ein TTL-Eingaberegister an den Datenbus angeschlossen. Sie arbeiten nach dem Verfahren der schrittweisen Näherung mit einer Umsetzzeit von ca. 10 us. Beim ZN 447 beginnt die Wandlung mit einem Low-Startimpuls am Eingang $\overline{SC}$ ($\overline{WR}$). Auf eine Auswertung des Signals BUSY (EOC), das das Ende der Wandlung angezeigt, wird normalerweise verzichtet, und man liest die gewandelten Daten nach einer kurzen Wartezeit mit $\overline{RD}$ (aktiv Low ZN 447) bzw. E (aktiv High ZN 427). Die Start- und Lesesignale werden aus einem

Freigabesignal und den Peripheriesignalen abgeleitet. Der Wandler AD 670 kann beim Start mit R/$\overline{\text{W}}$ = Low auf verschiedene Betriebsarten eingestellt werden, die von den Datenbits D0 und D1 übernommen werden. Das Auslesen erfolgt mit R/$\overline{\text{W}}$ = High.

2.5 Speicherbausteine

Anstelle von Bausteinen der 80xxx-Familie verwendet man meist die anderer Hersteller. EPROM- und statische RAM-Bausteine (SRAM) sind vorwiegend byteorganisiert. Festwertspeicher für das Basisbetriebssystem (BIOS) werden zuweilen wortorganisiert und ohne Löschfenster ausgeführt.

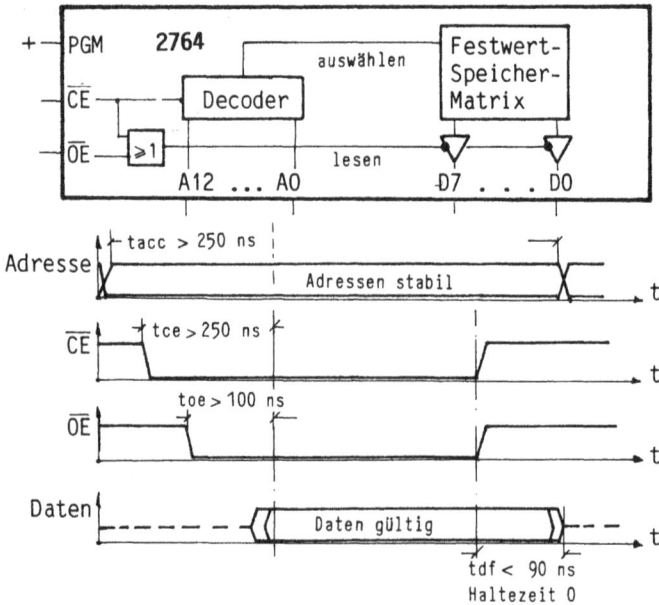

Bild 2-25: Lesezyklus eines EPROMs (250 ns)

Bei dem in **Bild 2-25** dargestellten Lesezyklus eines EPROMs müssen beide Steuereingänge $\overline{\text{CE}}$ (Bausteinfreigabe) und $\overline{\text{OE}}$ (Freigabe der Ausgangstreiber) auf Low liegen. Als Zugriffszeit tce bezeichnet man die Zeit von der fallenden Flanke des Bausteinfreigabesignals $\overline{\text{CE}}$ bis zum Erscheinen gültiger Daten an den Ausgängen. Die Freigabezeit toe der Ausgangstreiber von der fallenden $\overline{\text{OE}}$-Flanke bis zum Erscheinen der Daten ist wesentlich kürzer.

Die Adreßeingänge lösen keine Vorgänge im Baustein aus; sie müssen aber während des gesamten Lesezyklus stabil bleiben. Die erste steigende Flanke von $\overline{CE}$ oder $\overline{OE}$ nimmt die Daten wieder vom Bus weg und macht die Ausgänge spätestens nach tdf wieder tristate. Normalerweise wählt man den Baustein über $\overline{CE}$ mit einem Decoderausgang aus und gibt die Ausgangstreiber mit dem Speicherlesesignal $\overline{MRD}$ frei.

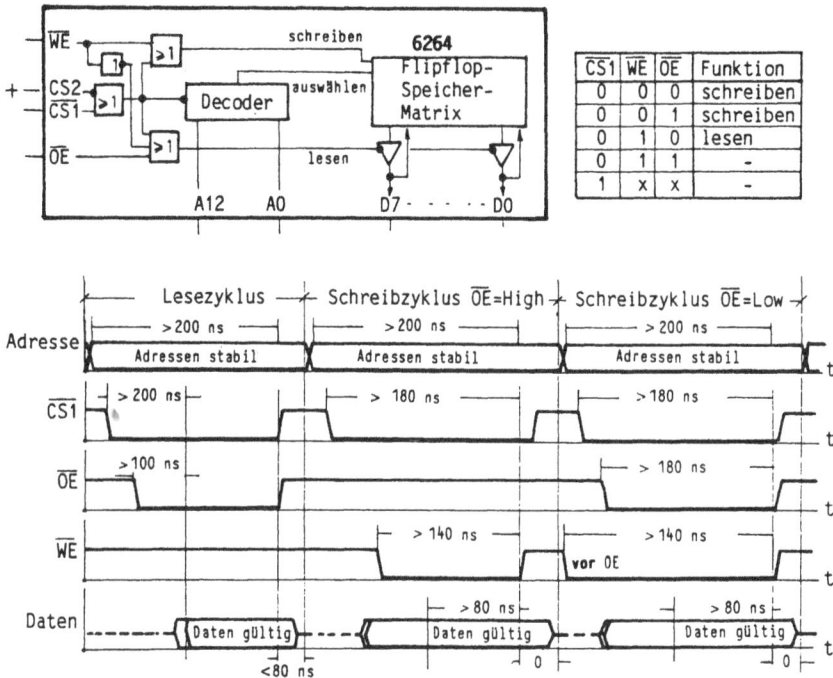

$\overline{CS1}$	$\overline{WE}$	$\overline{OE}$	Funktion
0	0	0	schreiben
0	0	1	schreiben
0	1	0	lesen
0	1	1	-
1	x	x	-

Bild 2-26: Lese- und Schreibzyklen eines SRAMs (200 ns)

Der in **Bild 2-26** dargestellte statische Schreib/Lesespeicher 6264 hat zwei Eingänge zur Bausteinfreigabe. Er wird mit $\overline{CS1}$ Low von einem Decoder ausgewählt; CS2 liegt meist konstant auf High. Ein **Lesezyklus** läuft mit $\overline{CS1}$ aktiv Low und $\overline{OE}$ aktiv Low wie bei einem EPROM ab; das Schreibsignal $\overline{WE}$ muß beim Lesen konstant inaktiv High sein.

Der **Schreibzylus**, in dem $\overline{OE}$ konstant inaktiv High ist, wird vorzugsweise in 80xxx-Systemen verwendet, die getrennte Lese- und Schreibsignale haben. Die Länge des Schreibimpulses beträgt mindestens 140 ns, die Daten müssen mindestens 80 ns vor dem Ende der Schreibzeit stabil sein. Der Schreibzyklus, in dem $\overline{OE}$ gleichzeitig mit $\overline{WE}$ Low ist, wird in Systemen verwendet, die den Bus mit einem Richtungssignal $R/\overline{W}$ (an $\overline{WE}$) und einem Timingsignal STROBE ($\overline{CS1}$ mit $\overline{OE}$ verbunden) steuern.

3 Schaltungen mit 80x86-Prozessoren

Dieses Kapitel zeigt ausgeführte einfache Schaltungen mit den Prozessoren
8086 und 8088 unter Verwendung der im Kapitel 2 beschriebenen Bausteine.
Die Anschlußbelegungen befinden sich im Anhang. Die beiden 8088-Schaltun-
gen wurden auf Steckplatinen in lötfreier Anschlußtechnik aufgebaut, das
8086-System wurde auf einer Doppeleuropakarte gefädelt. Als "Betriebssystem" diente der im Kapitel 5 beschriebene Monitor. Die Bedienung erfolg-
te mit einem PC, der über eine serielle Schnittstelle mit dem System verbunden wurde. Das in Pascal geschriebene Terminalprogramm des PC befindet sich im Anhang.

3.1 Ein einfaches 8088-System

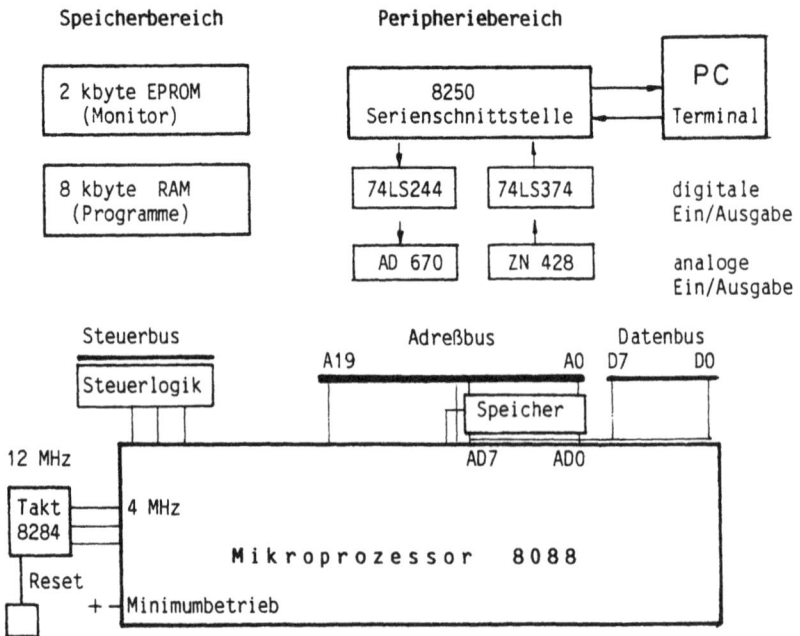

Speicherbereich   Peripheriebereich

| 2 kbyte EPROM (Monitor) |

| 8 kbyte RAM (Programme) |

| 8250 Serienschnittstelle | | PC Terminal |

| 74LS244 | | 74LS374 | digitale Ein/Ausgabe

| AD 670 | | ZN 428 | analoge Ein/Ausgabe

Steuerbus   Adreßbus   Datenbus
                A19   A0 D7   D0
| Steuerlogik |

                              | Speicher |

12 MHz   AD7   AD0

| Takt 8284 | 4 MHz

Reset   Mikroprozessor 8088

        + ─ Minimumbetrieb

Bild 3-1: 8088-Minisystem Blockschaltplan

Das System dient der Untersuchung von parallelen und analogen Schnittstellen, die in dieser Form nicht auf dem PC zu finden sind. Es deckt den Bereich der Mikrocomputertechnik ab, der heute in der Steuerungstechnik von den Mikrocontrollern übernommen wird. Digitale Eingangssignale lassen sich mit Kippschaltern simulieren, digitale Ausgänge werden mit Leuchtdioden angezeigt. Die analogen Schnittstellen sind wegen der Stecktechnik nur bedingt für orientierende Messungen brauchbar. Mit einem Funktionsgenerator als Signalquelle und einem Oszilloskop lassen sich Probleme der Abtastung analoger Signale untersuchen.

Die in **Bild 3-1** dargestellte Schaltung verwendet den 8-bit-Prozessor 8088 in der Minimumbetriebsart. Die Speicher- und Peripheriesteuersignale werden nicht von einem Bussteuerbaustein, sondern von TTL-Logik erzeugt. Der Prozessortakt von 4 MHz gestattet die Verwendung von langsamen und billigen Speicher- und Peripheriebausteinen. Der für den Betrieb erforderliche Monitor befindet sich in einem Festwertspeicher. In der Testphase wurde anstelle des EPROMs ein batteriegepuffertes RAM verwendet. Die serielle Schnittstelle 8250 verbindet die Schaltung mit einem PC als Terminal.

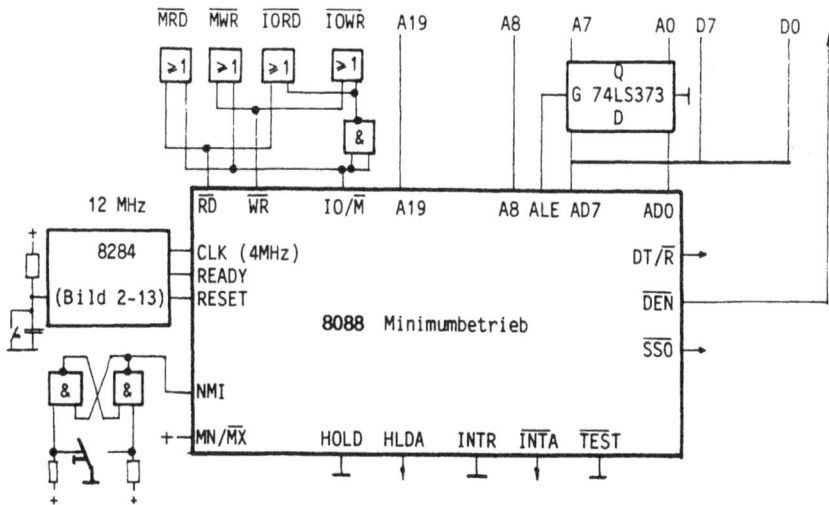

Bild 3-2: 8088-Minisystem Prozessorsteuerung

Durch den Anschluß von MN/$\overline{\text{MX}}$ an +5V arbeitet der Prozessor in der Minimumbetriebsart. Der Taktsteuerbaustein 8284 liefert bei einem Quarz von 12 MHz den Prozessortakt von 4 MHz, der Bustakt (Takte T1 bis T4) beträgt

1 MHz, die Zugriffszeit auf die Bausteine ca. 500 ns. Wartetakte mit READY und Hold-Takte mit HOLD sind nicht vorgesehen, die entsprechenden Steuereingänge liegen auf festem inaktivem Potential. Mit einem entprellten Taster kann ein NMI-Interrupt ausgelöst werden. Der INTR-Eingang liegt fest auf inaktivem Low, da das System keinen Interruptsteuerbaustein enthält. Die Speicher- und Peripheriesteuersignale werden von einer TTL-Logik erzeugt. Ein Adreßspeicher hält, von ALE gesteuert, die Adressen A0 bis A7 während des ganzen Buszyklus stabil. Die Adressen A16 bis A19 werden in dem System zur Speicheradressierung nicht verwendet; ein Adreßspeicher für diese mit Statussignalen gemultiplexten Leitungen entfällt.

Baustein	Adresse	A19	A18	A17	A16	A15	A14	A13	A12	A11	A10	A9	A8	A7	A6	A5	A4	A3	A2	A1	A0
RAM 6264	00000H	x=0	x=0	x=0	x=0	x=0	x=0	x=0	0	0	0	0	0	0	0	0	0	0	0	0	0
8 kbyte	01FFFH								1	1	1	1	1	1	1	1	1	1	1	1	1
EPROM 2716	0FF800H	x=1	x=1	x=1	x=1	x=1	x=1	1	x=1	x=1	1	0	0	0	0	0	0	0	0	0	0
2 kbyte	0FFFFFH										1	1	1	1	1	1	1	1	1	1	1

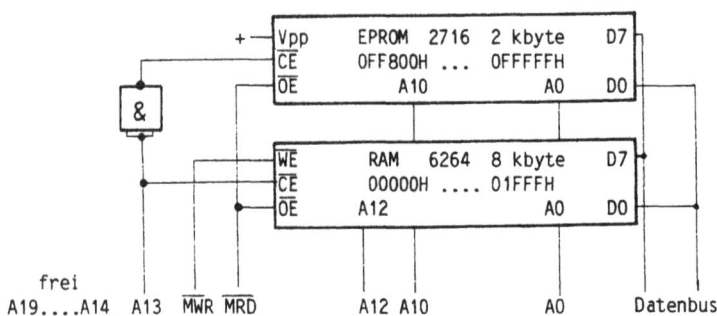

Bild 3-3: 8088-Minisystem Speicherbereich

Der in **Bild 3-3** dargestellte Speicherbereich ist teildecodiert; die Adreßleitungen A14 bis A19 werden nicht zur Bausteinauswahl verwendet und mit X bezeichnet. Die Speicherauswahlschaltung besteht aus einem einfachen Inverter. Mit A13 = 0 wird ein 8-kbyte-RAM ausgewählt. Setzt man die freien Adreßbits X = 0, so liegt der Schreib/Lesespeicher im unteren Adreßbereich von 00000H bis 01FFFH. Die Interruptvektortabelle kann also durch das Betriebssystem bzw. durch Benutzerprogramme geändert werden. Mit A13 = 1 wird ein 2-kbyte-EPROM mit dem Monitorprogramm, einem einfachen Betriebssystem, ausgewählt. Setzt man die freien Adreßbits X = 1, so liegt der Festwertspeicher im oberen Adreßbereich von 0FF800H bis 0FFFFFH. Auf der Reset-Startadresse 0FFFF0H steht ein unbedingter Sprungbefehl in das eigentliche Monitorprogramm, das ab Adresse 0FF800H beginnt.

Ausw.	Baustein	Adresse	A19...A8	A7	A6	A5	A4	A3	A2	A1	A0
Y0	Serienschn.	00H	x = 0	0	0	0	0	x	0	0	0
	8250	07H								1	1	1
Y1	lesen: 244	10H	x = 0	0	0	0	1	x	x	x	x
Y1	schr.: 374	10H	x = 0	0	0	0	1	x	x	x	x
Y2	schr.: 428	20H	x = 0	0	0	1	0	x	x	x	x
Y3	AD670 Start	30H	x = 0	0	0	1	1	x	x	x	x
Y3	AD670 lesen	31H	x = 0	0	0	1	1	x	x	x	1

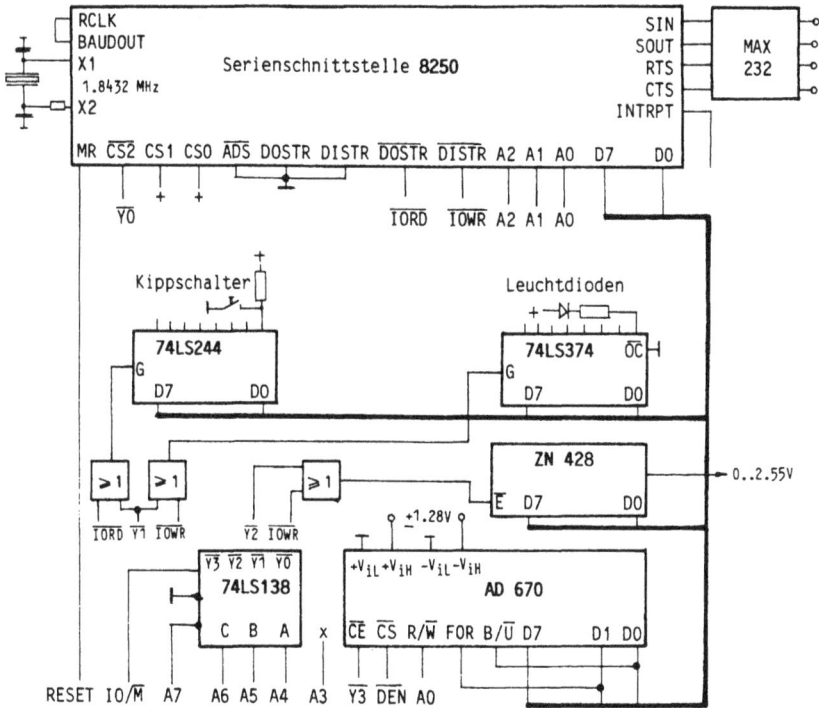

Bild 3-4: 8088-Minisystem Peripheriebereich

Der Peripheriebereich (**Bild 3-4**) enthält einen seriellen Schnittstellenbaustein 8250 für den Betrieb des Monitors mit einem PC als Terminal sowie zwei digitale und zwei analoge Schnittstellen. Ein 1-aus-8-Decoder dient zur Bausteinauswahl. Die Serienschnittstelle 8250 benötigt die Adreßbits A0 bis A2 zur Registerauswahl; Adreßbit A3 bleibt mit Rücksicht auf mögliche Erweiterungen frei. Der Decoder wählt mit A4, A5 und A6 acht Bausteine aus; vier Ausgänge sind noch frei und können zur Erweiterung des Peripheriebereiches verwendet werden. Der Decoder selbst wird mit A7 = 0 und IO/$\overline{\text{M}}$ = 1 (Peripheriezugriffe) freigegeben. Die beiden digitalen Bausteine, ein 8-bit-Ausgaberegister und ein 8-bit-Tristatetreiber, liegen auf der gleichen

Adresse und werden durch die Signale $\overline{\text{IORD}}$ (lesen) bzw. $\overline{\text{IOWR}}$ (schreiben) unterschieden. Ein Ausgabebefehl zur Portadresse 10H schreibt Daten in die Ausgabeflipflops, die mit Leuchtdioden angezeigt werden. Ein Eingabebefehl von der Portadresse 10H liest nicht die eingeschriebenen Daten zurück, sondern liefert das an den Kippschaltern eingestellte Leitungspotential. Diese beiden Bausteine verhalten sich <u>nicht</u> wie ein RAM, bei dem die auf eine Adresse geschriebenen Daten auch wieder zurückgelesen werden! Die beiden analogen Bausteine werden getrennt adressiert. Der D/A-Wandler liegt auf der Adresse 20H, der A/D-Wandler auf den Adressen 30H und 31H. Die Unterscheidung zwischen "Start der Umwandlung" durch einen Schreibzugriff ($\text{R}/\overline{\text{W}}$ = 0) und "Auslesen der gewandelten Werte" mit einem Lesezugriff ($\text{R}/\overline{\text{W}}$ = 1) trifft die Adreßleitung A0. Beim "Start der Umwandlung" können über die Datenleitungen D0 und D1 Einstellparameter übergeben werden.

```
                            ; Bild 3-5: Systemtest nach Reset
0000                            org     0H      ; Anfang des EPROMs
0000  B0 80          start:     mov     al,80h  ; DLAB = 1
0002  E6 03                     out     03h,al  ; Steuerregister
0004  B0 18                     mov     al,18h  ; Teiler 4800 Bd
0006  E6 00                     out     00h,al  ; Teiler High
0008  B0 00                     mov     al,00h  ; Teiler Low
000A  E6 01                     out     01h,al  ;
000C  B0 07                     mov     al,07h  ; DLAB = 0 2 Stop 8 Daten
000E  E6 03                     out     03h,al  ; Steuerregister
0010  E4 00                     in      al,00h  ; Empfänger leeren
0012  B0 3E                     mov     al,3eh  ; Prompt >
0014  8A E0          loop:      mov     ah,al   ; Zeichen retten
0016  E4 05          loop1:     in      al,05h  ; Status lesen
0018  24 20                     and     al,20h  ; 0010 0000 Sender frei?
001A  74 FA                     jz      loop1   ; nein: warten
001C  8A C4                     mov     al,ah   ; Zeichen nach AL
001E  E6 00                     out     00h,al  ; und senden
0020  E4 05          loop2:     in      al,05h  ; Status lesen
0022  24 01                     and     al,01h  ; 0000 0001 Empf. voll ?
0024  74 FA                     jz      loop2   ; nein: warten
0026  E4 00                     in      al,00h  ; ja: Zeichen abholen
0028  EB EA                     jmp     loop    ; Schleife
                            ; Ende des 2-kbyte-EPROMs 2716 (0000 .. 07FFH)
07F0                            ORG     07F0H   ; Reset-Einsprung
07F0  90                        DB      90H     ; NOP-Befehl
07F1  EA                        DB      0EAH    ; Code JMP FAR PTR
07F2  0000                      DW      0000H   ; IP-Register laden
07F4  FF80  tauschen 80 FF      DW      0FF80H  ; CS-Register laden
07F6  38 30 38 38 4D 49         DB      '8088MINIVO' ; Kennung
      4E 49 56 30
```

Bild 3-5: 8088-Minisystem Systemtest mit der Serienschnittstelle

Bei der Inbetriebnahme einer Schaltung ist es zweckmäßig, zunächst ein einfaches und erprobtes Testprogramm aus dem EPROM zu starten. Damit lassen sich Softwarefehler weitgehend ausschalten. Das in **Bild 3-5** dargestellte Testprogramm enthält auf der Reset-Startadresse (0FFFF0H) einen NOP-Befehl und dann einen unbedingten Sprungbefehl JMP, der das Codesegmentregister (CS) und den Befehlszähler (IP) mit Adressen lädt, die an den Anfang des Testprogramms führen. Der JMP-Befehl springt zum Ziel "start" auf der physikalischen Speicheradresse 0FF80H:0000H = 0FF800H. Man beachte, daß bei den als Wortkonstanten abgelegten Adressen 0000H und 0FF80H das High- und das Low-Byte noch vertauscht werden müssen. Im Maschinencode der BIN-Datei erscheint das Wort 0FF80H richtig in der Reihenfolge 80H und 0FFH. Das Testprogramm programmiert die Serienschnittstelle 8250 für 4800 Baud, acht Datenbits und zwei Stopbits ohne Parität. Auf dem angeschlossenen Terminal, das auf die gleichen Übertragungsparameter eingestellt sein muß, erscheint dann als Meldung (Prompt) das Zeichen "`>`". Alle auf dem Terminal eingegebenen Zeichen werden nun wieder im Echo zurückgeschickt. **Bild 3-6** zeigt ein ähnliches Testprogramm für die digitale und analoge Peripherie, das jedoch mit Hilfe des in Kapitel 5 beschriebenen Monitors ab Adresse 0100H geladen und gestartet wurde. Alle an den Kippschaltern eingestellten Bitmuster werden auf den Leuchtdioden angezeigt; das analoge Eingangssignal wird analog ausgegeben.

```
                          ; Bild 3-6: Peripherietest
   = 0010        bein    equ    10h      ; binäre Eingabe
   = 0010        baus    equ    10h      ; binäre Ausgabe
   = 0020        aaus    equ    20h      ; analoge Ausgabe
   = 0030        asta    equ    30h      ; A/D-Wandler starten
   = 0031        ales    equ    31h      ; A/D-Wandler lesen
   0100                  org    100H     ; Lade- und Startadresse
   0100  B0 01   start:  mov    al,01h   ; Format bipolar binär
   0102  E6 30           out    asta,al  ; A/D-Wandler starten
   0104  E4 10           in     al,bein  ; Kippschalter lesen
   0106  F6 D0           not    al       ; komplementieren
   0108  E6 10           out    baus,al  ; Leuchtdioden aus
   010A  E4 31           in     al,ales  ; A/D-Wandler lesen
   010C  E6 20           out    aaus,al  ; D/A-Wandler ausgeben
   010E  EB F0           jmp    start    ; unendliche Schleife
```

Bild 3-6: 8088-Minisystem Peripherietestprogramm

3.2   Ein 8088-System mit PC-Bausteinen

Das vorliegende 8088-System wurde nur für eine Untersuchung von Bausteinen und Betriebsarten des PC entwickelt und stellt keine PC-Schaltung dar. Es enthält jedoch die wichtigsten PC-Peripheriebausteine mit Ausnahme der Floppy-, Tastatur- und Bildschirmsteuerung. Eine serielle Schnittstelle sowie eine parallele Druckerschnittstelle müssen über den Peripheriebusanschluß hinzugefügt werden. Als "Betriebssystem" wurde wieder der in Kapitel 5 beschriebene Monitor verwendet; der Einsatz eines BIOS-EPROMs ist in der Schaltung nicht vorgesehen.

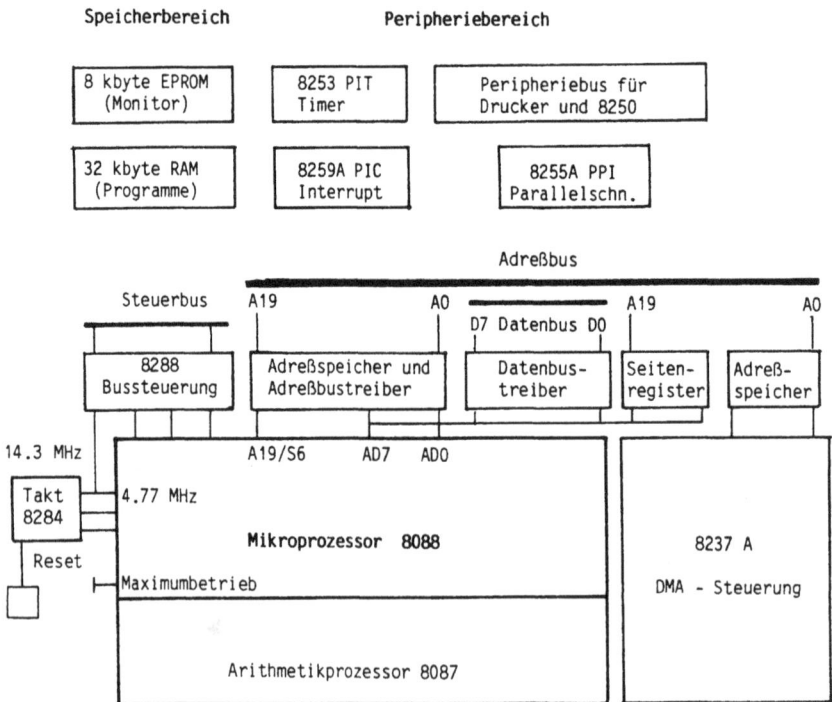

Bild 3-7: 8088-System Blockschaltplan

Der in **Bild 3-7** dargestellte Blockschaltplan zeigt den Prozessor 8088 in der Maximumbetriebsart mit Arithmetikprozessor 8087 und DMA-Steuerbaustein

8237A. Der Bussteuerbaustein 8288 erzeugt die Speicher- und Peripherieüber-
tragungssignale und übernimmt die Steuerung der Adreßbusspeicher und des
Datenbustreibers. Der Speicherbereich besteht nur aus zwei Bausteinen, einem 8-kbyte-EPROM und einem 32-kbyte statischen RAM. Die Peripheriebausteine 8253 (Timer), 8259A (Interruptsteuerung) und 8255A (Parallelschnittstelle) können durch Peripheriekarten ergänzt werden, die sich an einen
Peripheriebus anschließen lassen. **Bild 3-8** zeigt den Prozessor 8088 und seine Verbindung mit dem Arithmetikprozessor 8087 sowie die Bussteuerung.

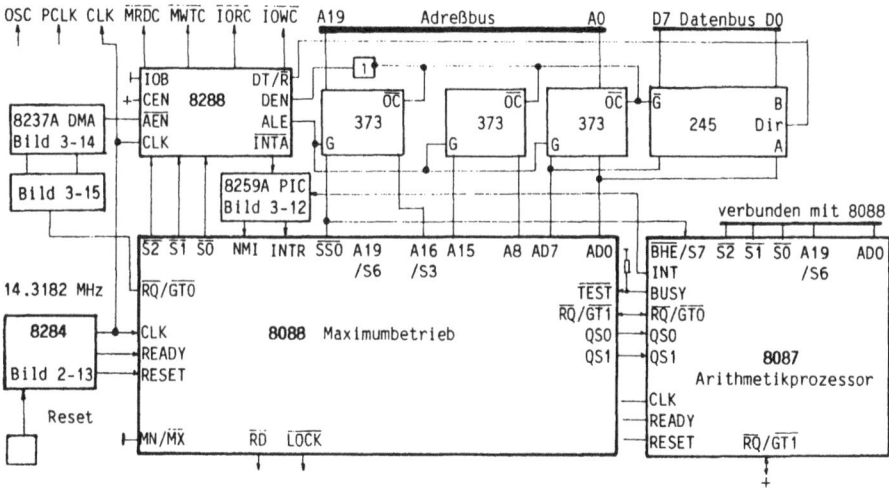

Bild 3-8: 8088-System Prozessorsteuerung

Der Taktbaustein 8284 liefert mit einem 14.31818-MHz-Quarz einen Prozessortakt CLK von 4.7227 MHz und einen Peripherietakt PCLK von 2.28636
MHz. Alle Adressen werden, von ALE gesteuert, in Adreßspeichern festgehalten. Die Beschaltung des Richtungssignals Dir des bidirektionalen Datenbustreibers 74LS245 ist von der Einbaulage des Bausteins abhängig. Liegt die
A-Anschlußseite am Prozessor und die B-Anschlußseite am Bus, so steuert der
8288-Ausgang DT/R mit Low Lese- und Interruptzyklen und mit High
Schreibzyklen des Prozessors. Die DMA-Steuerung (Bild 3-14) liefert im
DMA-Betrieb ein High am AEN-Eingang des Bussteuerbausteins 8288, der
daraufhin den gesamten Adreß-, Daten- und Steuerbus des Prozessors in den
Tristate-Zustand versetzt. Die Interruptsteuerung an den Eingängen NMI und
INTR ist in Bild 3-12 besonders dargestellt. Der Arithmetikprozessor 8087
ist mit Ausnahme der eingezeichneten Verbindungen parallel mit den entsprechenden Prozessoranschlüssen verbunden.

Baustein	Adresse	A19	A18	A17	A16	A15	A14	A13	A12	A11	A10	A9	A8	A7	A6	A5	A4	A3	A2	A1	A0
RAM 62256	00000H	0	0	0	0	0	0	0	0	0	0	0	0	0	0	0	0	0	0	0	0
32 kbyte	07FFFH						1	1	1	1	1	1	1	1	1	1	1	1	1	1	1
EPROM 2764	OFE000H	1	1	1	1	1	1	1	0	0	0	0	0	0	0	0	0	0	0	0	0
8 kbyte	OFFFFFH								1	1	1	1	1	1	1	1	1	1	1	1	1

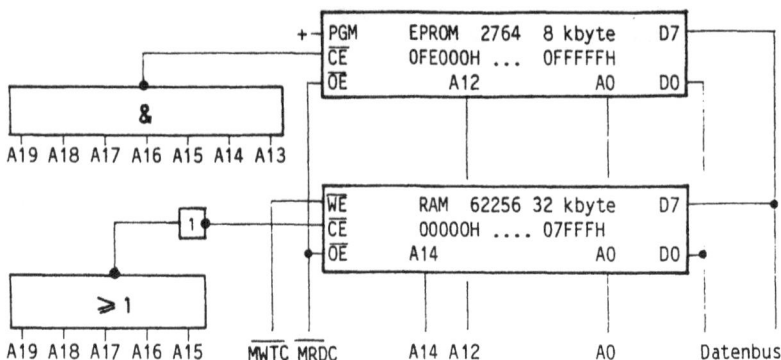

Bild 3-9: 8088-System Speicheradressierung

Mit Rücksicht auf die Versuchs- und Übungsaufgaben des Systems wurde der Speicherbereich (**Bild 3-9**) nur minimal ausgebaut, jedoch volldecodiert, um später über den Busanschluß weitere Speicherbausteine hinzufügen zu können. Da der Schreib/Lesespeicher (Vektortabelle) im unteren und der Festwertspeicher (Monitor-Startadresse) im oberen Adreßbereich liegen müssen, verwendet die Schaltung keinen Decoder, sondern gibt jeden Baustein mit einer logischen Verknüpfung der nicht an den Baustein angeschlossenen Adreßleitungen frei. Das Timing übernehmen die Steuersignale $\overline{MRDC}$ (lesen) und $\overline{MWTC}$ (schreiben), die beim Prozessorzugriff vom Bussteuerbaustein 8288, im DMA-Betrieb vom DMA-Steuerbaustein 8237A geliefert werden.

Die in **Bild 3-10** dargestellten internen Systemperipheriebausteine befinden sich auch beim PC auf der Hauptplatine (Motherboard), ihre Adressen entsprechen den im PC üblichen. Die Bausteinauswahl übernimmt ein 1-aus-8-Decoder. Der Adreßbereich der Peripheriebefehle reicht von A0 bis A15 und wird ohne Segmentierung durchgeführt; A16 bis A19 sind immer 0. Wie auch beim PC üblich, werden sowohl der innere (Bild 3-10) als auch der äußere Peripheriebereich (Bild 3-11) nur teildecodiert. Das Timing der Systembausteine (8237A, 8259A, 8253 und 8255A) übernehmen die Steuersignale $\overline{IORC}$ (lesen) und $\overline{IOWC}$ (schreiben) direkt an den Bausteinen. Für die TTL-Schaltungen 74LS670 (DMA-Seitenregister) und 74LS74 (NMI-Flipflop) ist eine zusätzliche Verknüpfung des Auswahlsignals mit dem Timingsignal $\overline{IOWC}$ erforderlich. Bei einem DMA-Zugriff ist die gesamte innere Peripherie von

Baustein	Adresse	A11	A10	A9	A8	A7	A6	A5	A4	A3	A2	A1	A0
8237A	000H	x	x	0	0	0	0	0	x	0	0	0	0
DMA	00FH									1	1	1	1
8259A	020H	x	x	0	0	0	0	1	x	x	x	x	0
PIC	021H												1
8253	040H	x	x	0	0	0	1	0	x	x	x	0	0
Timer	043H											1	1
8255A	060H	x	x	0	0	0	1	1	x	x	x	0	0
PPI	063H											1	1
74670	080H	x	x	0	0	1	0	0	x	x	x	0	0
Seitenr.	083H											1	1
NMI-FF	0A0H	x	x	0	0	1	0	1	x	x	x	x	x
frei	0C0H	x	x	0	0	1	1	0	x	x	x	x	x
frei	0E0H	x	x	0	0	1	1	1	x	x	x	x	x
intern	100H	x	x	0	1	0	0	0	0	0	0	0	0
frei	1FFH	x	x	0	1	1	1	1	1	1	1	1	1

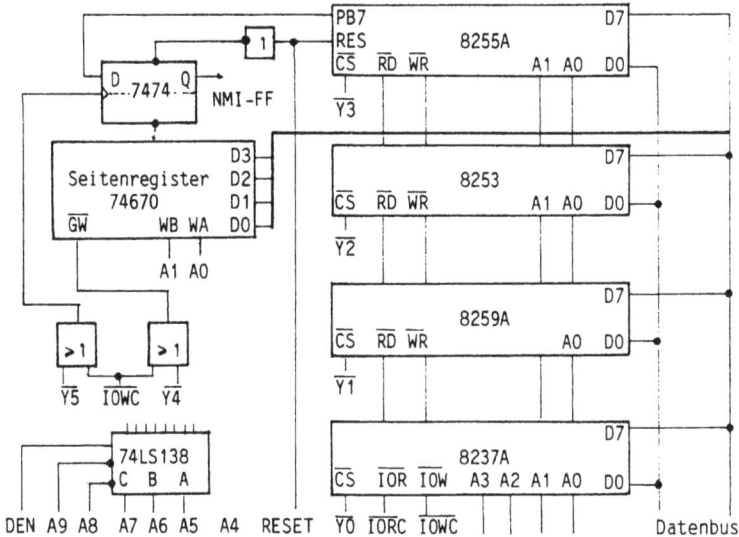

Bild 3-10: 8088-System interne Systemperipherie

000H bis 0FFH durch DEN = Low gesperrt. Der Adreßbereich von 0100H bis 01FFH wird bei einigen Systemen dem inneren, bei anderen dem äußeren Peripheriebereich zugerechnet; er bleibt in der vorliegenden Schaltung frei.

Bild 3-11 zeigt zunächst die bei PC-Systemen üblichen Adressen der äußeren Peripherieschaltungen, die sich auf zusätzlichen Steckkarten befinden und die über Steckleisten (Slots) an den Peripheriebus angeschlossen werden. Bei den meisten Karten lassen sich die Adressen mit Brücken (Jumpern) einstellen. Das vorliegende Versuchssystem ist auf eine serielle Verbindung mit einem PC als Terminal angewiesen. Das Bild 3-11 zeigt ähnlich wie Bild 1-39 eine

Einheit	Adresse	A11	A10	A9	A8	A7	A6	A5	A4	A3	A2	A1	A0
Joystick	200H	x	x	1	0	0	0	0	0	0	0	0	0
Karte	20FH									1	1	1	1
Erweit.-	210H	x	x	1	0	0	0	0	1	0	0	0	0
Karte	217H										1	1	1
Drucker	278H	x	x	1	0	0	1	1	1	1	0	0	0
LPT1	27FH										1	1	1
Ser.8250	2F8H	x	x	1	0	1	1	1	1	1	0	0	0
COM2	2FFH										1	1	1
Prototyp	300H	x	x	1	1	0	0	0	0	0	0	0	0
Karte	31FH									1	1	1	1
Drucker	378H	x	x	1	1	0	1	1	1	1	0	0	0
LPT2	37FH										1	1	1
Adapter	380H	x	x	1	1	1	0	0	0	0	0	0	0
#2	38FH									1	1	1	1
Adapter	3A0H	x	x	1	1	1	0	1	0	0	0	0	0
#1	3AFH									1	1	1	1
Hercules/	3B0H	x	x	1	1	1	0	1	1	0	0	0	0
(Drucker)	3BFH									1	1	1	1
EGA-	3C0H	x	x	1	1	1	1	0	0	0	0	0	0
Karte	3CFH									1	1	1	1
CGA-	3D0H	x	x	1	1	1	1	0	1	0	0	0	0
Karte	3DFH									1	1	1	1
Floppy-	3F0H	x	x	1	1	1	1	1	0	0	0	0	0
Karte	3F7H										1	1	1
Ser.8250	3F8H	x	x	1	1	1	1	1	1	1	0	0	0
COM1	3FFH										1	1	1

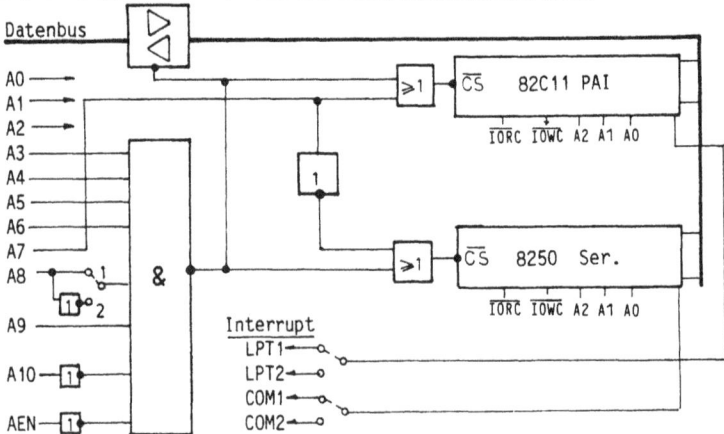

Bild 3-11: 8088-System externe Systemperipherie

Schaltung, die eine Serienschnittstelle 8250 und eine Paralleldruckerschnittstelle 82C11 enthält. Mit einer Brücke wird die Kartenadresse zwischen
COM1/LPT1 und COM2/LPT2 umgeschaltet. Dies gilt auch für die Interruptausgänge, die über den Bus auf den Interruptsteuerbaustein 8259A führen.

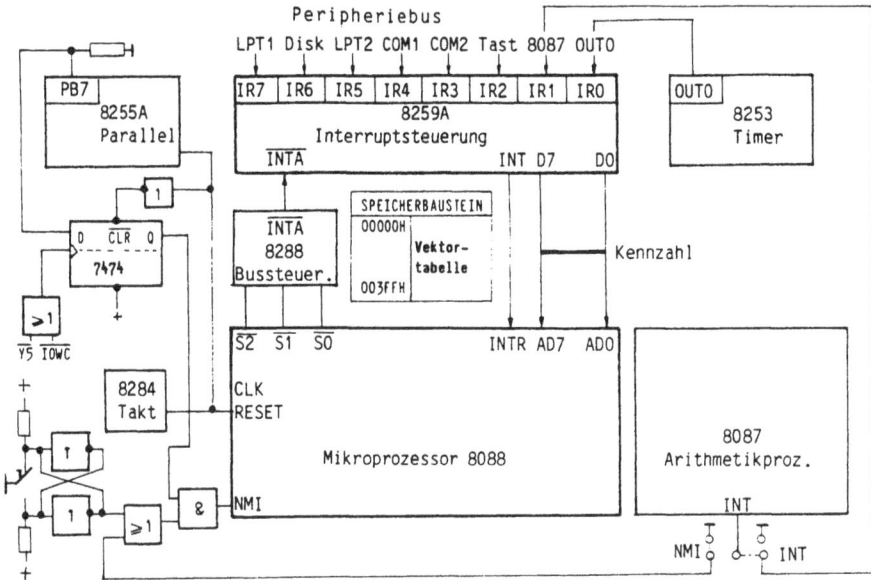

Bild 3-12: 8088-System Interruptsteuerung

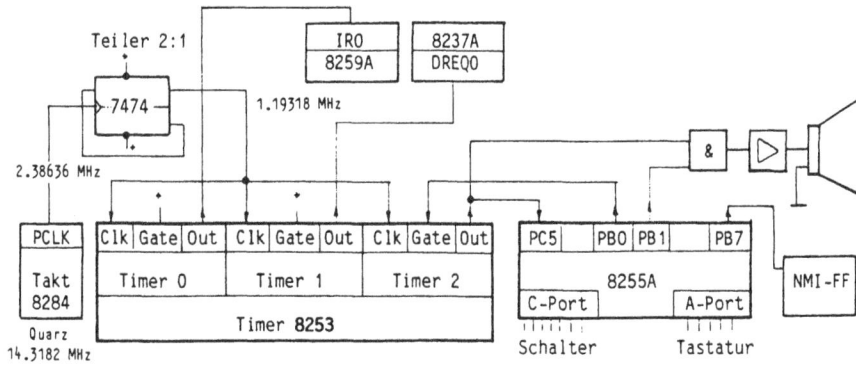

Bild 3-13: 8088-System Timer- und Lautsprechersteuerung

Die in **Bild 3-12** dargestellte Interruptsteuerung besteht aus dem Interruptsteuerbaustein 8259A für den prozessorintern maskierbaren INTR-Eingang und
aus einem Freigabeflipflop für den nicht maskierbaren NMI-Interrupt, der

damit ebenfalls sperrbar gemacht wird. In dem vorliegenden System kann ein NMI-Interrupt entweder durch eine entprellte Taste oder durch den Arithmetikprozessor 8087 bei einer Fehlerbedingung (z.B. Überlauf) ausgelöst werden. Der PC verwendet den NMI-Interrupt bei Systemfehlern wie z.B. Paritätsfehler der Speicherbausteine oder bei einer zeitlichen Blockierung der Steuerung. Der IRQ0-Eingang des 8259A hat die höchste Priorität und wird wie beim PC zur Auslösung eines Timerinterrupts verwendet, der einen internen Uhrenzähler erhöht.

Bild 3-13 zeigt den Timer 8253 zusammen mit der Parallelschnittstelle 8255A. Der Takt für alle drei Timer wird über einen 2:1-Teiler aus dem Bustakt PCLK gewonnen. Timer 0 kann wie beim PC so programmiert werden, daß er periodisch alle 55 ms einen Interrupt auslöst. Timer 1 wird im PC für das Wiederauffrischen der dynamischen Speicher über die DMA-Steuerung verwendet, Timer 2 steuert zusammen mit der Parallelschnittstelle 8255A den Lautsprecher. Die restlichen Anschlüsse der 8255A dienen im PC zur Einstellung von Konfigurationsdaten an Schaltern (Mäuseklavier) und bedienen die Tastatur; sie werden in diesem System nicht verwendet.

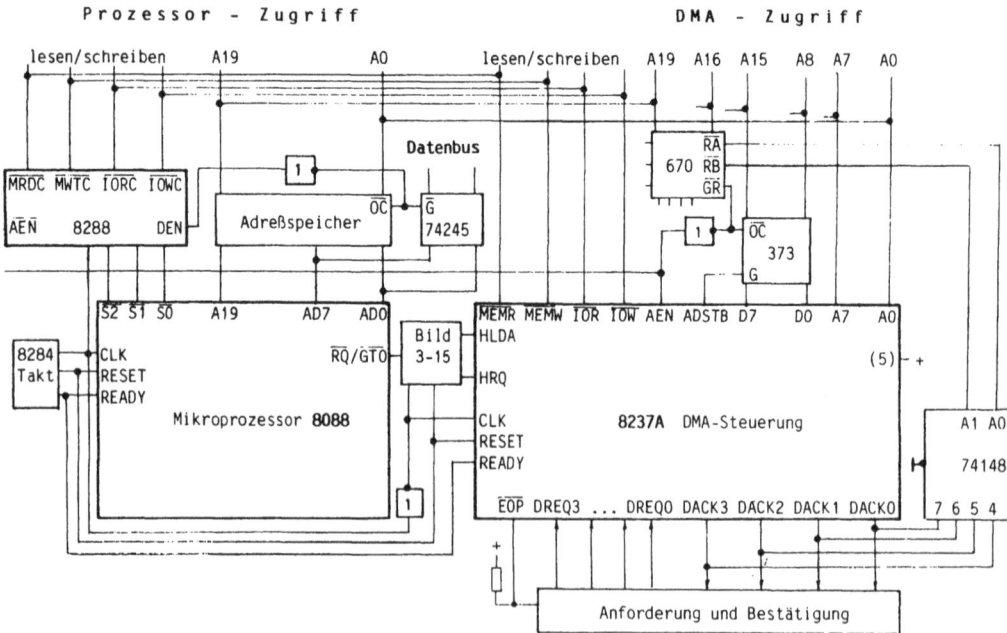

Bild 3-14: 8088-System DMA-Steuerung

Die in **Bild 3-14** dargestellte DMA-Steuerung besteht aus einem DMA-Steuerbaustein 8237A, einem Adreßspeicher und einem zusätzlichen Seitenregister 74ALS670, da der 8237A auf die 8-bit-Mikroprozessoren 8080 und

8085 abgestimmt ist, die nur einen 16-bit-Adreßbus haben. Bei einer DMA-
Anforderung durch eine Schaltung (z.B. Timer 1) über einen DREQ-Eingang
legt der Steuerbaustein den Ausgang AEN auf aktiv High und sperrt damit
über den Bussteuerbaustein 8288 den Adreß-, Daten- und Steuerbus des Prozessors. Dann werden die Adreß- und Steuerausgänge des 8237A aktiv und geben die vorher programmierte Adresse für den direkten Speicherzugriff aus.
Die bei Peripheriezugriffen erforderlichen Peripherieadressen muß die anfor-
dernde Schaltung selber bereitstellen. Ein besonderes Problem ist die Anpassung der Signale HRQ (anfordern) und HLDA (bestätigen) an den Maximumbetrieb des 8088. Sie werden im Minimumbetrieb direkt mit den Anschlüssen HOLD und HLDA des Prozessors verbunden und müssen in der
Maximumbetriebsart auf den $\overline{RQ}/\overline{GTx}$-Ablauf (Bild 2-8) umgesetzt werden.
Bild 3-15 zeigt einen Schaltungsvorschlag; der Hersteller INTEL veröffent-
licht in dem Datenbuch "Microprocessor and Peripheral Handbook Volume I
Microprocessor" eine ähnliche Schaltung.

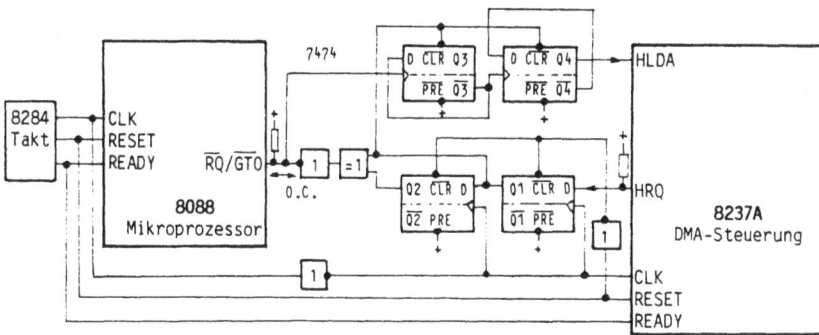

Bild 3-15: 8088-System Anpassung 8237A - 8088 (Maximumbetrieb)

3.3 Der Entwurf eines 8086-Systems

Die in **Bild 3-16** dargestellte Schaltung mit dem 16-bit-Prozessor 8086
zeigt die besonderen Probleme, die bei 16-bit- und auch 32-bit-Systemen
entstehen. Sie wurde in Fädeltechnik auf einer Doppeleuropakarte aufgebaut
und kann wahlweise im Minimum- oder im Maximumbetrieb arbeiten. In der
Grundversion enthält die Schaltung zwei parallele Festwertspeicher 2716 mit
einem Monitor als Betriebssystem und zwei parallele Schreib/Lesespeicher
6116. Man beachte, daß bei einem 16-bit-Datenbus immer zwei 8-bit-Spei-

Speicherbausteine   Peripheriebausteine

ungerade   gerade   gerade
Adressen   Adressen   Adressen

Analogperipherie
12-Bit-D/A-Wandler
12-Bit-A/D-Wandler

| RAM 6264 (6116) | RAM 6264 (6116) | Serien-Schnittstelle 8251A |

| Speicher-Adreß-Dekoder | EPROM 2764 (2716) | EPROM 2764 (2716) | Parallel-Schnittstelle 8255 | Peripherie-Adreß-Dekoder |

D15   D8 D7   D0 D11   D7   D0

Bussteuer-Baustein 8288

Status- und Adreßspeicher

Quarz 12 MHz

Taktgeber 8284 — CLK 4MHz

Mikroprozessor 8086

Arithmetikprozessor 8087

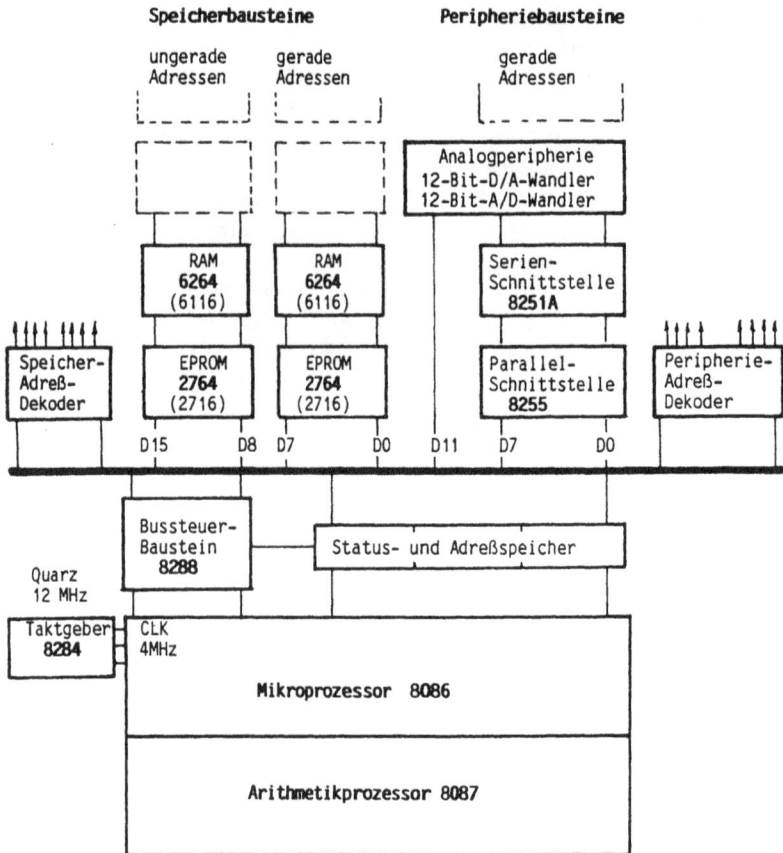

Bild 3-16: 8086-System Blockschaltplan

cherbausteine parallel geschaltet werden müssen, um Wortzugriffe ausführen
zu können. Bei Verwendung von 8-kbyte-Speicherbausteinen und durch vier
freie, aber bereits decodierte Sockel läßt sich das System auf insgesamt 64
kbyte Speicher ausbauen. Eine Serienschnittstelle 8251A dient zum Anschluß
eines PC als Bedienungsterminal. Mit einer Parallelschnittstelle 8255 lassen
sich Daten über die Druckerschnittstelle des PC in das System laden. Dies
könnte auch über die Serienschnittstelle erfolgen. Diese 8-bit-Peripherie wurde später durch zwei 12-bit-Analogperipheriebausteine ergänzt, die wortweise
adressiert werden. **Bild 3-17** zeigt die Speicherauswahlschaltung und den
Speicheradreßplan.

Baust.	Adresse	A19	A18	A17	A16	A15	A14	A13	A12	A11	A10	A9	A8	A7	A6	A5	A4	A3	A2	A1	A0/BHE
6116	0 0000									0	0	0	0	0	0	0	0	0	0	0	0
2x2K		X=0	X=0	X=0	X=0	X=0	X=0	0	0												
RAM	0 0FFF									1	1	1	1	1	1	1	1	1	1	1	1
6116	0 1000									0	0	0	0	0	0	0	0	0	0	0	0
2x2K		X=0	X=0	X=0	X=0	X=0	X=0	0	1												
RAM	0 1FFF									1	1	1	1	1	1	1	1	1	1	1	1
6116	0 2000									0	0	0	0	0	0	0	0	0	0	0	0
2x2K		X=0	X=0	X=0	X=0	X=0	X=0	1	0												
RAM	0 2FFF									1	1	1	1	1	1	1	1	1	1	1	1
2716	F F000									0	0	0	0	0	0	0	0	0	0	0	0
2x2K		X=1	X=1	X=1	X=1	X=1	X=1	1	1												
EPROM	F FFFF									1	1	1	1	1	1	1	1	1	1	1	1
6264	0 0000							0	0	0	0	0	0	0	0	0	0	0	0	0	0
2x8K		X=0	X=0	X=0	X=0	0	0														
RAM	0 3FFF							1	1	1	1	1	1	1	1	1	1	1	1	1	1
6264	0 4000							0	0	0	0	0	0	0	0	0	0	0	0	0	0
2x8K		X=0	X=0	X=0	X=0	0	1														
RAM	0 7FFF							1	1	1	1	1	1	1	1	1	1	1	1	1	1
6264	0 8000							0	0	0	0	0	0	0	0	0	0	0	0	0	0
2x8K		X=0	X=0	X=0	X=0	1	0														
RAM	0 BFFF							1	1	1	1	1	1	1	1	1	1	1	1	1	1
2764	F C000							0	0	0	0	0	0	0	0	0	0	0	0	0	0
2x8K		X=1	X=1	X=1	X=1	1	1														
EPROM	F FFFF							1	1	1	1	1	1	1	1	1	1	1	1	1	1

+ — Vpp $\overline{\text{OE}}$ $\overline{\text{CE}}$ EPROM 2716 A10......A0 D7....D0

+ — Vpp $\overline{\text{OE}}$ $\overline{\text{CE}}$ EPROM 2716 A10......A0 D7....D0

23 — $\overline{\text{WE}}$ $\overline{\text{OE}}$ $\overline{\text{CE}}$ RAM 6116 A10......A0 D7....D0

23 — $\overline{\text{WE}}$ $\overline{\text{OE}}$ $\overline{\text{CE}}$ RAM 6116 A10......A0 D7....D0

D15   D8   D7   D0

A11   A1   A11   A1

+ — $\overline{Y3}$ $\overline{Y2}$ $\overline{Y1}$ $\overline{Y0}$ $\overline{Y3}$ $\overline{Y2}$ $\overline{Y1}$ $\overline{Y0}$ &

74LS155
2 x 1-aus-4-Dekoder
B   A

& &

$\overline{\text{BHE}}$ A11/$\overline{\text{WE}}$ (23)

8 2   8 2
A15 A13   A14 A12

8 2
A0 A12 $\overline{\text{WE}}$

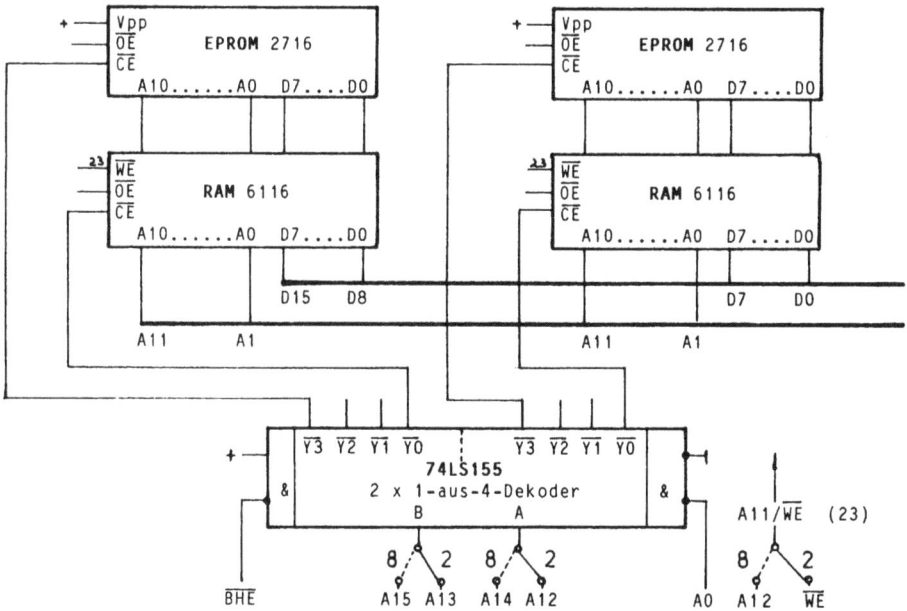

Bild 3-17: 8086-System Speicheradressierung

Die Auswahl der Speicherbausteine übernehmen zwei 1-aus-4-Decoder mit gemeinsamen Auswahleingängen A und B. Der eine wird mit A0 ($\overline{\text{BLE}}$) freigegeben und adressiert die am unteren Datenbus D0 bis D7 liegenden Bausteine. Der andere Decoder wird mit $\overline{\text{BHE}}$ freigegeben und wählt die am oberen Datenbus D8 bis D15 liegenden Speicherbausteine aus. Die Umschaltung zwischen den 2-kbyte- und den 8-kbyte-Bausteinen geschieht über drei Brücken (Jumper). Beide Schaltungsvarianten sind teildecodiert. Man beachte, daß A0 keine Adreßleitung, sondern ein Freigabesignal $\overline{\text{BLE}}$ für den unteren Datenbus ist.

Im oberen Adreßbereich auf den Byteadressen von 0FF000H bis 0FFFFFH liegen die beiden Festwertspeicher (EPROMs 2716) mit dem Monitor für den Betrieb des Systems. Dort ist auch die Reset-Startadresse 0FFFF0H mit dem Code des ersten Befehls. In dem unteren Adreßbereich von 00000H bis 00FFFH liegen die beiden Schreib/Lesespeicher (RAMs 6116) mit der Interruptvektortabelle. Die RAM-Bausteine nehmen auch die Testprogramme des Kapitels 4 "Maschinenorientiere Programmierung" auf, die mit Hilfe des Monitors geladen, gestartet und getestet werden. **Bild 3-18** zeigt die Peripherieadressierung, die jedoch nicht in PC-Schaltungen verwendet wird!

Die vier Analogbausteine sind 12-bit-Wandler und werden an die Datenbusanschlüsse D0 bis D11 angeschlossen; D12 bis D15 bleiben frei und werden beim Lesen nicht ausgewertet. Bei Wortzugriffen auf eine gerade Adresse sind A0 ($\overline{\text{BLE}}$) und $\overline{\text{BHE}}$ beide Low (Tabelle Bild 2-11); dies ist die Auswahlbedingung für die linke Decoderhälfte zur Freigabe der 16-bit-Analogperipherie. Ein Beispiel ist der Befehl IN AX,64H, der das 16-bit-Register AX mit dem gewandelten 12-bit-Wert des A/D-Wandlers 2 lädt.

Die rechte Decoderhälte gibt die digitale Byteperipherie frei, die nur an den unteren Datenbus D0 bis D7 angeschlossen ist. Bei einem Bytezugriff auf eine gerade Byteadesse sind A0 ($\overline{\text{BLE}}$) Low und $\overline{\text{BHE}}$ High; dies ist die Auswahlbedingung für den rechten Decoder zur Freigabe der 8-bit-Digitalperipherie. Ein Beispiel ist der Befehl IN AL,20H, der den A-Port der Parallelschnittstelle in das 8-bit-Register AL lädt.

Durch die Decoderfreigabe mit A0 ($\overline{\text{BHE}}$) sind die Adressen der 8-bit-Register in Zweierschritten angeordnet. In PC-Schaltungen verwendet man jedoch auch bei den 16-bit- und 32-bit-Prozessoren die in den Bilder 3-10 und 3-11 dargestellten Schaltungen, bei denen A0 (und A1) als normale Adreßleitungen direkt an die Bausteine gelegt werden und nicht zur Decoderfreigabe dienen. Bei diesen Schaltungen sind die Adressen der Register in Einerschritten angeordnet.

Die in **Bild 3-19** dargestellte Schaltung ermöglicht eine einfache Umschaltung der Betriebsart (Minimum/Maximum) über Brücken. Im Maximumbetrieb liefert der Bussteuerbaustein 8288 die Lese- und Schreibsignale für Speicher und Peripherie. Im Minimumbetrieb werden die Signale mit Logikbausteinen

Baust.	Adr.	$\overline{BHE}$	A0	A15	A14	A13	A12	A11	A10	A9	A8	A7	A6	A5	A4	A3	A2	A1	A0
8251A	00 — 02	1	0									X=0	0	0	X=0	X=0	X=0	0/1	0
8255	20 — 26	1	0									X=0	0	1	X=0	X=0	0/1	0/1	0
frei													1	0					
frei													1	1					
D/A 1	00	0	0									X=0	0	0	X=0	X=0	X=0	X=0	0
D/A 2	20	0	0									X=0	0	1	X=0	X=0	X=0	X=0	0
Start A/D 1 Lesen	40 — 44	0	0									X=0	1	0	X=0	X=0	0/1	0/0	0
Start A/D 2 Lesen	60 — 64	0	0									X=0	1	1	X=0	X=0	0/1	0/0	0

Wortperipherie
(Analogbausteine)

Byteperipherie
(Digitalbausteine)

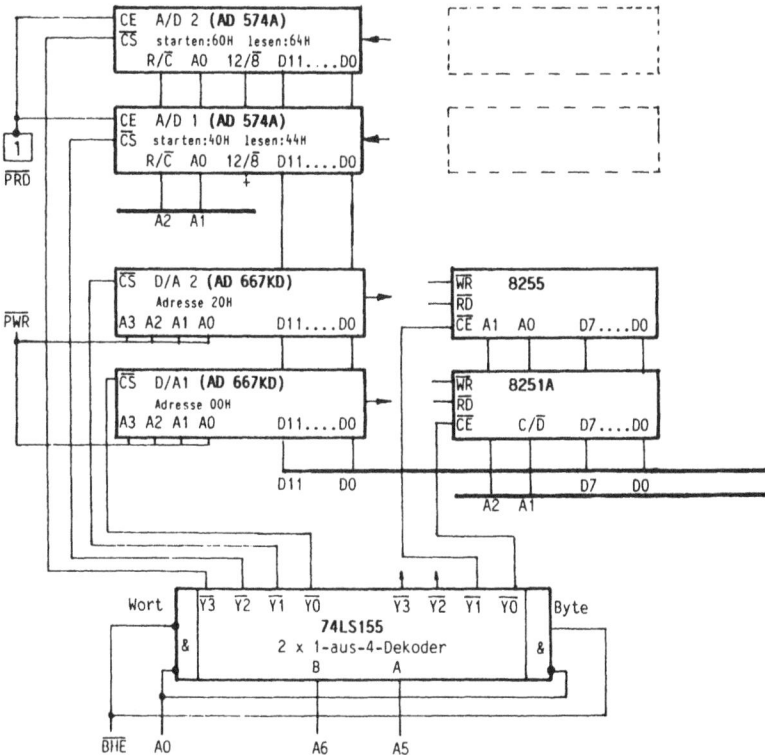

CE A/D 2 **(AD 574A)**
$\overline{CS}$ starten:60H lesen:64H
R/$\overline{C}$ A0 12/$\overline{8}$ D11....D0

CE A/D 1 **(AD 574A)**
$\overline{CS}$ starten:40H lesen:44H
R/$\overline{C}$ A0 12/$\overline{8}$ D11....D0

A2 A1

1
$\overline{PRD}$

$\overline{CS}$ D/A 2 **(AD 667KD)**
Adresse 20H
A3 A2 A1 A0   D11....D0

$\overline{PWR}$

$\overline{CS}$ D/A1 **(AD 667KD)**
Adresse 00H
A3 A2 A1 A0   D11....D0

$\overline{WR}$ 8255
$\overline{RD}$
$\overline{CE}$ A1 A0   D7....D0

$\overline{WR}$ 8251A
$\overline{RD}$
$\overline{CE}$ C/$\overline{D}$ D7....D0

D11   D0   D7   D0
A2 A1

Wort $\overline{Y3}$ $\overline{Y2}$ $\overline{Y1}$ $\overline{Y0}$ $\overline{Y3}$ $\overline{Y2}$ $\overline{Y1}$ $\overline{Y0}$ Byte
74LS155
2 x 1-aus-4-Dekoder
B   A

$\overline{BHE}$ A0   A6 A5

Bild 3-18: 8086-System Peripherieadressierung

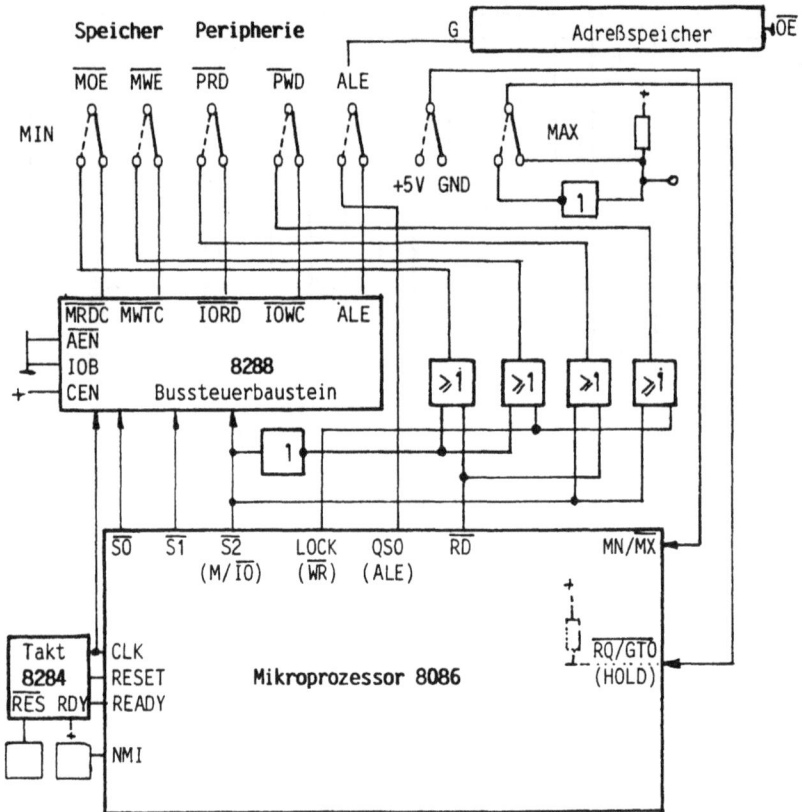

Bild 3-19: 8086-System Umschaltung der Steuersignale

aus den Prozessorsignalen abgeleitet. Der Prozessoranschluß Stift 31 muß bei einem Wechsel der Betriebsart ebenfalls umgeschaltet werden. Im Maximumbetrieb liegt hier das bidirektionale Busvergabesignal $\overline{RQ/GT0}$, das trotz des internen Widerstandes auf inaktives High gelegt wird. Im Minimumbetrieb hat der Anschluß die Funktion eines HOLD-Eingangs und muß auf inaktives Low umgeschaltet werden, da der Prozessor sonst in dem inaktiven Hold-Zustand übergehen würde.

Das in **Bild 3-20** dargestellte Testprogramm wurde mit den hexadezimalen Befehlslisten des Anhangs übersetzt und dient dazu, bei der Inbetriebnahme der Schaltung die Funktion der seriellen Schnittstelle zu überprüfen. Anstelle des Bausteins 8250 des 8088-Systems (Programm Bild 3-5) wird die ähnlich aufgebaute Serienschnittstelle 8251A verwendet. Durch ein Reset des Prozessors wird der Befehlszähler IP mit 0000H und das Codesegmentregister CS mit 0FFFFH geladen. Dies ergibt die physikalische Speicheradresse 0FFFF0H + 0000H = 0FFFF0H, von der sich der Prozessor den Code des ersten Befehls holt. Auf den NOP-Befehl (tu nix) folgt ein unbedingter Intersegmentsprung, der das Codesegmentregister auf 0F000H und den Befehlszähler ebenfalls auf 0F000H setzt. Damit liegt die Startadresse des Schnittstellenprogramms bei 0F0000H + 0F000H = 0FF000H, dem Anfang des EPROM-Bereiches (2x2716). Das Programm stellt die Betriebsart der Serienschnittstelle ein und schickt das Zeichen * an das Bedienungsterminal (PC). Anschließend werden in einer Schleife alle ankommenden Zeichen im Echo wieder zurückgeschickt. Bei der Programmierung der beiden EPROMs ist darauf zu achten, daß der am unteren Datenbus liegende Baustein alle Bytes mit gerader Adresse und der am oberen Datenbus liegende Baustein alle Bytes ungerader Adresse aufnimmt.

Zeile	Adresse	Inhalt			Name	Befehl	Operand	Bemerkung
0						ORG	0F F000H	Betriebsart 8251
1	F F000	B0	CE		START	MOV	AL, 0CEH	1100 1110
2	F F002	E6	02			OUT	02H, AL	
3	F F004	B0	15			MOV	AL, 15H	Kommando 0001 0101
4	F F008	E6	02			OUT	02H, AL	
5	F F00A	B4	2A			MOV	AH, 2AH	*
6	F F00C	E4	02		LOOP	IN	AL, 02H	Status?
7	F F00E	24	01			AND	AL, 01H	0000 0001
8	F F010	74	FA	-6		JZ	LOOP	Sender voll
9	F F012	8A	C4			MOV	AL, AH	Zeichen
0	F F014	E6	00			OUT	00H, AL	senden
1	F F016	E4	02		LOOP1	IN	AL, 02H	Status?
2	F F018	24	02			AND	AL, 02H	0000 0010
3	F F01A	74	FA	-6		JZ	LOOP1	kein Zeichen
4	F.F01C	E4	00			IN	AL, 00H	lesen
5	F F01E	8A	E0			MOV	AH, AL	retten
6	F F020	EB	EA	-22		JMP	LOOP	Schleife
7								
8						ORG	0F EFF0H	
9	F FFF0	90				NOP		
0	F FFF1	EA	00	F0		JMP	F000:F000	Sprung nach
1	F FFF4	00	F0					START
2						END		

Bild 3-20: 8086-System Testprogramm nach Reset

4 Einführung in die maschinenorientierte Programmierung

Dieses Kapitel behandelt die Befehle der Prozessoren 8086/8088, die als Grundbefehlssatz auch bei den Nachfolgern vorhanden sind.

4.1 Hardwarevoraussetzungen

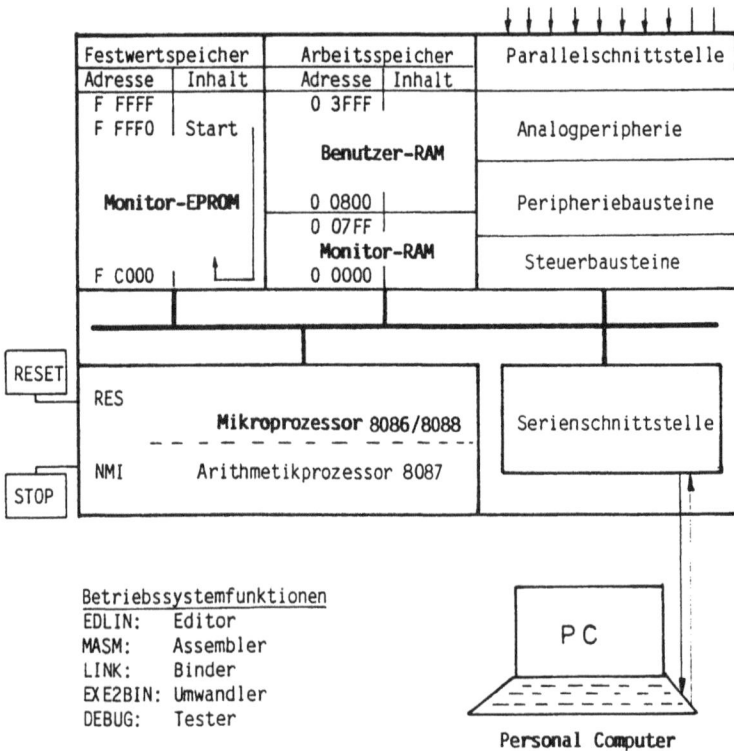

Bild 4-1: Der Aufbau der Hardware

Als Hardware der Test- und Übungsprogramme kann eine der in Kapitel 3 vorgestellten Schaltungen (**Bild 4-1**) dienen. Die Programmbeispiele sind jedoch weitgehend hardwareunabhängig gehalten und sollen nur die wesentlichen Grundzüge der maschinenorientierten Programmierung zeigen, sowie den Register- und Befehlssatz der 80x86-Prozessoren vorstellen.

4.2 Die Entwicklung von Assemblerprogrammen

```
B>EDLIN TEST.ASM
Neue Datei
*I
     1:*            PAGE     255,132
     2:*; EINFUEHRENDES BEISPIEL
     3:*

    26:*
    27:*^Z
*E


B>MASM TEST,,,;
The Microsoft MACRO Assembler
Version 1.07, Copyright (C) Microsoft Inc. 1981,82


Warning Severe
Errors  Errors
0       0

B>LINK TEST,,;

    Microsoft Object Linker V1.10
(C) Copyright 1981 by Microsoft Inc.

Warning: No STACK segment

There was 1 error detected.

B>EXE2BIN TEST

B>DEBUG SEND.BIN
-N TEST.BIN
-L 1000
-G=104


****************************************
Programm normal beendet
-
```

Bild 4-2: Eingeben und Übersetzen mit Hilfe des Betriebssystems

Bild 4-2 zeigt die Arbeit mit dem Betriebssystem MS-DOS (Micro Soft Disk Operating System) an dem als Entwicklungsrechner verwendeten Personal Computer. MS-DOS wird vorzugsweise für Personal Computer mit Prozessoren der 8086-Familie verwendet.

Das Kommando **EDLIN** ruft den Editor zur Eingabe des symbolischen Assemblerprogramms auf. Es wird unter dem Namen TEST.ASM auf einer Diskette des Systems abgelegt. Bild 4-5 zeigt das vollständige Programm.

Das Kommando **MASM** ruft den Assembler zur Übersetzung des symbolischen Programms auf. Es enstehen eine Übersetzungsliste (Bild 4-6) und ein binäres Maschinenprogramm, das jedoch noch nicht ablauffähig ist.

Das Kommando **LINK** ruft ein Bindeprogramm auf, das bei einigen Befehlen eine Umadressierung vornimmt und gegebenenfalls die Verbindung zu externen Unterprogrammen und zum Betriebssystem herstellt.

Das Kommando **EXE2BIN** wandelt das umadressierte Maschinenprogramm zu einem ladbaren binären Programm um.

Das Kommando **DEBUG** lädt ein Testhilfeprogramm und gleichzeitig das Sendeprogramm SEND.BIN, das zur Übertragung des binären Maschinenprogramms an den Übungsrechner dient. Die Unterkommandos –N und –L laden das zu übertragene Programm TEST.BIN ab Adresse 1000H. Das Unterkommando –G startet das Sendeprogramm, das nach der Übertragung eines Bytes jeweils einen Stern zur Kontrolle ausgibt.

```
*>LO

NMI vor Adresse FC00:01FB

*>DU

DUMP:   Anfangsadresse:  ˙Offset>100
        Endadresse:       Offset>12F

            0  1  2  3  4  5  6  7  8  9  A  B  C  D  E  F    0123456789ABCDEF
0080:0100  B0 2A E8 13 00 E8 07 00 3C 2A 75 F6 EB 15 90 E4   .*......<*u.....
0080:0110  02 A8 02 74 FA E4 00 C3 50 E4 02 A8 01 74 FA 58   ...t....P....t.X
0080:0120  E6 00 C3 CD 10 90 90 90 90 90 90 90 90 90 90 90   ................

*>GO
Startadresse:   Offset>100

* DAS IST EIN TEST DES EINFUEHRENDEN BEISPIELS
***Programm in Adresse 0080:0123 normal beendet!***

*>
```

Bild 4-3: Laden und Testen mit Hilfe des Monitors

Bild 4-3 zeigt die Arbeit am Bedienungsterminal des Übungssystems. Das Kommando **LO** startet das Empfangsprogramm, das die empfangenen Bytes ab Adresse 0100H im Arbeitsspeicher ablegt und zur Kontrolle binär auf den Leuchtdioden ausgibt. Das Programm wurde mit der STOP-Taste abgebrochen.

Das Kommando **DU** gibt das empfangene Programm zur Kontrolle auf dem Bildschirm des Bedienungsterminals aus. Auf einer Zeile erscheinen 16 Bytes hexadezimal und dann nochmals als ASCII-Zeichen.

Das Kommando **GO** startet das Testprogramm ab Adresse 0100H. Es liest Zeichen von der Tastatur und gibt sie auf dem Bildschirm aus. Nach Eingabe eines Sterns kehrt das Programm in den Monitor zurück.

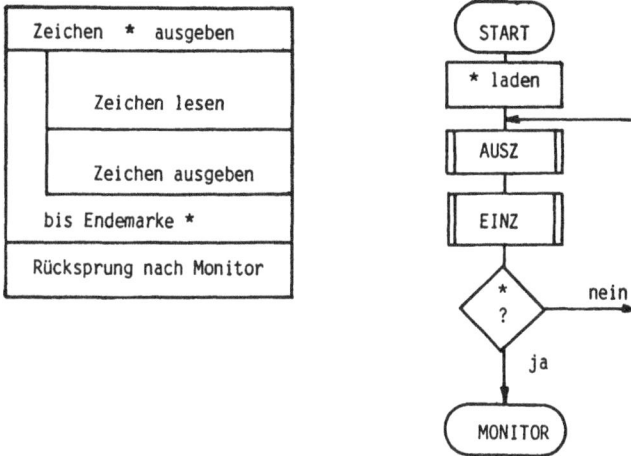

Bild 4-4: Struktur und Ablauf des einführendes Beispiels

```
 1:              PAGE      255,132
 2: ; EINFUEHRENDES BEISPIEL
 3: PROG     SEGMENT               ; PROGRAMMSEGMENT
 4:          ASSUME    CS:PROG,DS:PROG,ES:PROG,SS:PROG
 5:          ORG       100H    ; ADRESSZAEHLER
 6: START:   MOV       AL,'*'  ; EINGABEMARKE
 7: LOOP:    CALL      AUSZ    ; ZEICHEN AUS AL AUSGEBEN
 8:          CALL      EINZ    ; ZEICHEN NACH AL LESEN
 9:          CMP       AL,'*'  ; ENDEZEICHEN ?
10:          JNZ       LOOP    ; NEIN: AUSGEBEN
11:          JMP       MONI    ; JA: RUECKKEHR MONITOR
12: ;
13: ; SYSTEMUNTERPROGRAMME: FEHLEN IN BEISPIELEN
14: EINZ:    IN        AL,02H  ; STATUS SCHNITTSTELLE
15:          TEST      AL,2    ; ZEICHEN EMPFANGEN ?
16:          JZ        EINZ    ; NEIN: WARTEN
17:          IN        AL,00H  ; JA: LESEN
18:          RET               ; RUECKSPRUNG
19: AUSZ:    PUSH      AX      ; AX MIT ZEICHEN RETTEN
20: AUSZ1:   IN        AL,02H  ; STATUS SCHNITTSTELLE
21:          TEST      AL,1    ; SENDER FREI ?
22:          JZ        AUSZ1   ; NEIN: WARTEN
23:          POP       AX      ; JA: ZEICHEN ZURUECK
24:          OUT       00H,AL  ; ZEICHEN SENDEN
25:          RET               ; RUECKSPRUNG
26: MONI:    INT       10H     ; MS-DOS: INT 20H
27: ;
28: ; ABSCHLUSS DES PROGRAMMRAHMENS
29: PROG     ENDS              ; ENDE DES SEGMENTES
30:          END       START   ; ENDE DES PROGRAMMS
```

Bild 4-5: Assemblerprogramm des einführenden Beispiels

Bild 4-4 zeigt die Struktur und den Ablauf des Testprogramms. Es meldet sich mit einem Stern als Eingabemarke und liest dann bis zu einer Endemarke, die ebenfalls als Stern vereinbart wurde, Zeichen von der Tastatur und gibt sie auf dem Bildschirm aus. **Bild 4-5** zeigt das Assemblerprogramm, so wie es mit dem Editor eingegeben wurde.

Die Zeilen 1 bis 5 und 27 bis 30 sind Anweisungen an den Übersetzer (Assembler) und bilden den "Rahmen" des Programms, der im Bild 4-8 noch ausführlich erklärt wird. Alle mit einem Semikolon ";" beginnenden Zeilen sind Kommentarzeilen und werden bei der Übersetzung nicht beachtet.

Die Zeilen 6 bis 11 zeigen die Verarbeitungsschleife. Die Unterprogramme AUSZ und EINZ dienen zur Ausgabe und Eingabe von Zeichen über das Bedienungsterminal. Wird kein Endezeichen "*" eingegeben, so fährt das Programm in der Schleife fort, anderenfalls springt es zurück in den Monitor, mit dem es auch gestartet wurde. Das vorliegende Beispielprogramm kann in jedem Rechner arbeiten, das entsprechende Systemunterprogramme für die Zeichenübertragung zur Verfügung stellt.

Die Zeilen 13 bis 26 zeigen die hardware- und systemabhängigen Unterprogramme für die Zeichenübertragung und den Rücksprung in den Monitor bzw. in das Betriebssystem. Sie werden in allen folgenden Programmbeispielen durch vereinfachte Aufrufe von Systemunterprogrammen ersetzt.

Das Unterprogramm EINZ fragt in einer Schleife das Statusregister der Serienschnittstelle ab, ob ein Zeichen empfangen wurde, liest es vom Datenempfangsregister und übergibt es dem Hauptprogramm im AL-Register des Prozessors. Das Unterprogramm AUSZ übernimmt das auszugebende Zeichen im AL-Register des Prozessors und rettet es zunächst in den Stapel, da das AL-Register für die Kontrolle des Statusregisters der Serienschnittstelle benötigt wird. Ist der Sender bereit, so wird das Zeichen vom Stapel zurückgeholt und in das Sendedatenregister übertragen. Beim Rücksprung bleibt das übertragene Zeichen im AL-Register erhalten. Der Rücksprung in den Monitor erfolgt mit dem Befehl INT 10H, der eine besondere Form eines Unterprogrammaufrufs darstellt.

Die in **Bild 4-6** dargestellte Übersetzungsliste enthält von links nach rechts die vom Editor herrührenden Zeilennummern, eine Durchnumerierung der Bytes durch den Adreßzähler, das hexadezimal dargestellte Maschinenprogramm und das eingegebene symbolische Assemblerprogramm. In den Zeilen 1 bis 5 und 27 bis 30 des "Rahmens" sowie in den Kommentarzeilen 12 und 13 wird kein Maschinencode erzeugt. In den Zeilen 7 und 8 tritt bei den beiden CALL-Befehlen eine wichtige Eigenheit des verwendeten Assemblers zu Tage, die besonders zu beachten ist, wenn man Programme von Übersetzungslisten ablesen und hexadezimal mit Hilfe eines Monitors eingeben will.

Der symbolische Befehl CALL wird in den Funktionscode E8 übersetzt. Die symbolischen Adressen AUSZ und EINZ erscheinen in der Liste als hexadezimale Adressen 0118 bzw. 010F. Der Zusatz "R" für relocatable gleich verschieblich weist darauf hin, daß diese Adressen später vom Linker (Binder) noch verändert werden können. **Bild 4-7** zeigt das umadressierte ausführbare Maschinenprogramm im Arbeitsspeicher.

```
 1                                        PAGE      255,132
 2                                    ; EINFUEHRENDES BEISPIEL
 3         0000                       PROG    SEGMENT        ; PROGRAMMSEGMENT
 4                                            ASSUME  CS:PROG,DS:PROG,ES:PROG,SS:PROG
 5         0100                               ORG     100H   ; ADRESSZAEHLER
 6         0100  B0 2A                 START: MOV     AL,'*' ; EINGABEMARKE
 7         0102  E8 0118 R◄—           LOOP:  CALL    AUSZ   ; ZEICHEN AUS AL AUSGEBEN
 8         0105  E8 010F R◄—                  CALL    EINZ   ; ZEICHEN NACH AL LESEN
 9         0108  3C 2A                        CMP     AL,'*' ; ENDEZEICHEN ?
10         010A  75 F6                        JNZ     LOOP   ; NEIN: AUSGEBEN
11         010C  EB 15 90                     JMP     MONI   ; JA: RUECKKEHR MONITOR
12                                    ;
13                                    ; SYSTEMUNTERPROGRAMME: FEHLEN IN BEISPIELEN
14         010F  E4 02                 EINZ:  IN      AL,02H ; STATUS SCHNITTSTELLE
15         0111  A8 02                        TEST    AL,2   ; ZEICHEN EMPFANGEN ?
16         0113  74 FA                        JZ      EINZ   ; NEIN: WARTEN
17         0115  E4 00                        IN      AL,00H ; JA: LESEN
18         0117  C3                           RET            ; RUECKSPRUNG
19         0118  50                    AUSZ:  PUSH    AX     ; AX MIT ZEICHEN RETTEN
20         0119  E4 02                 AUSZ1: IN      AL,02H ; STATUS SCHNITTSTELLE
21         011B  A8 01                        TEST    AL,1   ; SENDER FREI ?
22         011D  74 FA                        JZ      AUSZ1  ; NEIN: WARTEN
23         011F  58                           POP     AX     ; JA: ZEICHEN ZURUECK
24         0120  E6 00                        OUT     00H,AL ; ZEICHEN SENDEN
25         0122  C3                           RET            ; RUECKSPRUNG
26         0123  CD 10                 MONI:  INT     10H    ; MS-DOS: INT 20H
27                                    ;
28                                    ; ABSCHLUSS DES PROGRAMMRAHMENS
29         0125                        PROG   ENDS           ; ENDE DES SEGMENTES
30                                            END     START  ; ENDE DES PROGRAMMS
```

Bild 4-6: Übersetzungsliste des einführenden Beispiels

```
0B89:0100 B02A            MOV    AL,2A
0B89:0102 E81300 ◄—       CALL   0118
0B89:0105 E80700 ◄—       CALL   010F
0B89:0108 3C2A            CMP    AL,2A
0B89:010A 75F6            JNZ    0102
0B89:010C EB15            JMP    0123
0B89:010E 90              NOP
0B89:010F E402            IN     AL,02
0B89:0111 A802            TEST   AL,02
0B89:0113 74FA            JZ     010F
0B89:0115 E400            IN     AL,00
0B89:0117 C3              RET
0B89:0118 50              PUSH   AX
0B89:0119 E402            IN     AL,02
0B89:011B A801            TEST   AL,01
0B89:011D 74FA            JZ     0119
0B89:011F 58              POP    AX
0B89:0120 E600            OUT    00,AL
0B89:0122 C3              RET
0B89:0123 CD10            INT    10
```

Bild 4-7: Ausführbares Maschinenprogramm im Arbeitsspeicher

Das Bild zeigt links die Speicheradresse in der Anordnung "Segment : Abstand",
das Maschinenprogramm in hexadezimaler Darstellung und eine Rückübersetzung
durch einen Disassembler, in der alle symbolischen Adressen durch Hexadezimalzahlen ersetzt wurden.

Der Linker hat die "absoluten" Adressen 0118 und 010F der CALL-Befehle in
"relative" Adressen 0013 und 0007 umgewandelt und dabei das HIGH-Byte und
das LOW-Byte vertauscht. Diese Adressen stimmen mit denen des Bildes 4-3
überein, das das in das Übungssystem übertragene Maschinenprogramm zeigt.

Bei der Auswertung der in diesem Buch dargestellten Übersetzungslisten ist zu beachten, daß alle durch den Buchstaben "R" gekennzeichneten Adreßangaben noch nicht endgültig sind und normalerweise durch den Linker bzw. den Lader des Betriebssystems umgewandelt werden:

Adressen von Unterprogrammen und "langen" Sprüngen werden in eine relative Adresse zum Sprungziel umgewandelt. Der vorzeichenbehaftete Abstand zum Sprungziel erscheint in der Reihenfolge LOW-Byte - HIGH-Byte.

Durch den Buchstaben "R" gekennzeichnete Datenadressen erscheinen in der Übersetzungsliste in der "natürlichen" Reihenfolge HIGH-Byte - LOW-Byte und sind in ausführbaren Maschinenprogrammen zu vertauschen.

16-Bit-Konstanten erscheinen in der Übersetzungsliste in der "natürlichen" Reihenfolge und sind in ausführbaren Maschinenprogrammen in der Reihenfolge LOW-Byte - HIGH-Byte anzuordnen.

An den durch "---- R" gekennzeichneten Stellen ist noch eine 16 Bit lange Adresse eines Segmentes einzusetzen, die bei der Arbeit unter der Kontrolle des Betriebssystems erst beim Laden des Programms bestimmt wird.

Für alle Programmbeispiele gelten die in **Bild 4-8** dargestellten Eingabevorschriften und Assembleranweisungen. Sie stellen das Minimum an Aufwand dar, um unter dem Betriebssystem MS-DOS einfache Assemblerprogramme erstellen zu können. Für die Arbeit mit Entwicklungssystemen gelten ähnliche Vorschriften.

Name	Befehl	Operand	Bemerkung
name	SEGMENT		; Segmentanfang
	ASSUME	CS:name,	; Assembleranweisung
	ORG	100H	; Adreßzähler
start:			; Startadresse
	Befehle		
	Datenvereinbarungen		
	Assembleranweisungen		
name	ENDS		; Segmentende
	END	start	; Programmende

Bild 4-8: Eingabevorschriften und "Rahmen" eines Assemblerprogramms

Eingabezeilen können aus maximal 132 Zeichen bestehen. Sie umfassen vier Felder (Name, Befehl, Operand und Bemerkung), die durch mindestens ein Leerzeichen zu trennen sind. Für die Eingabe können mit Ausnahme bei Textkonstanten wahlweise kleine oder große Buchstaben verwendet werden.

Namen bezeichnen Segmente, Sprungziele, Unterprogramme und Daten. Sie dürfen nicht mit festgelegten Bezeichnungen wie z.B. Namen von Assembleranweisungen oder von Prozessorregistern übereinstimmen. Sie dürfen aus maximal

31 Buchstaben, Ziffern oder Sonderzeichen (? . @ _ $) bestehen. Alle Sprung-
ziele und Unterprogramme werden durch einen Doppelpunkt ":" am Ende gekennzeichnet, der jedoch nicht Bestandteil des Namens ist und beim Aufruf im
Operandenteil entfällt.

Befehle bestehen aus festgelegten Kennwörtern. Man unterscheidet Assembleranweisungen und symbolische Maschinenbefehle. Assembleranweisungen wie z.B.
SEGMENT, ASSUME, ORG oder END sind Anweisungen an den Assembler
(Übersetzer) und werden nicht in Maschinencode übersetzt. Symbolische Befehle wie z.b. MOV oder CALL oder JMP übersetzt der Assembler in binären Code.

Operanden bezeichnen Register, Datenspeicherstellen, Konstanten oder Sprungziele. Die festgelegten Registerbezeichnungen dürfen nicht als freiwählbare
Namen verwendet werden. Es gibt folgende Arten von Konstanten:

Binäre Konstanten bestehen nur aus den Zeichen "0" und "1" und werden durch
den Buchstaben "B" am Ende gekennzeichnet. Beispiel: 00001111B.

Dezimale Konstanten bestehen aus den Ziffern "0" bis "9" und können wahlweise mit einem "D" am Ende versehen werden. Beispiel: 4711D oder nur 4711.

Hexadezimale Konstanten bestehen aus den Ziffern "0" bis "9" und den Buchstaben "A" bis "F" und müssen durch ein "H" am Ende gekennzeichnet werden.
Das erste Zeichen **muß** eine Ziffer sein. Beginnt eine Hexadezimalzahl mit
einem Buchstaben (A-F), so muß eine führende "0" vorangestellt werden.
Beispiel: 0FFH.

Textkonstanten (Strings) werden zwischen Hochkommas "'" gesetzt. Sie werden
im ASCII-Code gespeichert. Kleine und große Buchstaben haben dabei verschiedene Codierungen. Beispiel:'Eingabe:'.

Bemerkungen beginnen mit einem Semikolon ";". Sie dienen nur zur Erläute-
rung des Programms und sind für seinen Ablauf ohne Bedeutung.

Assembleranweisungen sind nur Hilfen für den Übersetzer. Die Anweisung
SEGMENT kenzeichnet den Anfang eines maximal 64 KByte umfassenden Spei-
chersegmentes, das mit der Anweisung ENDS abgeschlossen wird. Der Segment-
name ist frei wählbar. Die Anweisung ASSUME teilt dem Assembler die Segmentadresse als Bezugsadresse für die Adreßrechnung mit. Bei Assemblerpro-
grammen, die insgesamt nicht mehr als 64 KByte Speicher benötigen, lädt man
alle vier Segmentregister CS, DS, ES und SS mit der gleichen Segmentadresse.
Mit der Anweisung ORG wird der Adreßzähler des Assemblers auf einen Anfangswert gesetzt. Die Startadresse aller Beispielprogramme liegt einheitlich
bei 0100H. Die END-Anweisung schließt die Programmzeilen ab. Im Operandenteil steht die Startadresse des Programms. Diese Festlegungen wurden in Übereinstimmung mit den Forderungen des MS-DOS-Betriebssystems getroffen und
gelten nur für die Beispielprogramme des Übungssystems.

Name	Aufgabe	Monitor	MS-DOS	
EINZ	Zeichen nach AL lesen	INT 11H	AH=8	INT 21H
AUSZ	Zeichen aus AL ausgeben	INT 17H		
	Zeichen aus DL ausgeben		AH=2	INT 21H
MONI	Rückkehr nach Betriebss.	INT 10H		INT 20H

Bild 4-9: Die Verbindung zum Betriebssystem

Für den Test von Programmen ist es erforderlich, Daten einzugeben und Ergebnisse auszugeben. **Bild 4-9** zeigt die in den Beispielen benutzten Monitorfunktionen, die anstelle der in Bild 4-5 vorgestellten Unterprogramme verwendet werden. Sollen die Beispiele auf anderen Rechnern laufen, so sind die nur beiden Unterprogramme EINZ und AUSZ sowie der Einsprungpunkt MONI dem verwendeten Betriebssystem anzupassen. Einige Beispiele verwenden zusätzlich die auf der Portadresse 300H liegenden Kippschalter und Leuchtdioden zur Simulation von Steuersignalen.

4.3   Registersatz und Speicheradressierung

Der in **Bild 4-10** dargestellte Registersatz ist in allen Prozessoren der 8086-Familie enthalten. Die Register, die Arithmetisch-Logische Einheit sowie der Adreßteil der Befehle sind 16 Bit lang. Die vier Datenregister AX, BX, CX und DX können auch als 8-Bit-Register verwendet werden. Die beiden Indexregister SI und DI sowie das Basisregister BP dienen zur Adressierung von Speicherbereichen. Mit dem Stapelzeiger wird der im Arbeitsspeicher befindliche Stapel adressiert. Der Befehlszähler PC (Program Counter) wird auch Instruction Pointer (IP) genannt und enthält die Adresse des nächsten aus dem Speicher zu holenden Befehls, der zunächst in der Befehlswarteschlange zwischengespeichert wird. Im Statusregister befinden sich die Zustandsbits des Prozessors und die Sprungbedingungen für bedingte Sprungbefehle. Ein dem Programmierer nicht zugängliches Register TEMP dient zur Zwischenspeicherung von Adressen und Daten.

Alle in den Befehlen enthaltenen und durch Adreßrechnung gewonnenen Adressen sind 16 Bit lang und werden mit Hilfe der vier Segmentregister CS, SS, ES und DS in eine physikalische Speicheradresse umgesetzt, die als 20-Bit-Dualzahl auf den Adreßbus geschaltet wird. **Bild 4-11** zeigt die Bildung der physikalischen Speicheradresse mit Hilfe eines Segmentregisters.

Die physikalische Speicheradresse, die auf dem Adreßbus erscheint, ist die Summe aus einem 16-Bit-Segmentregister und einer sogenannten logischen 16-Bit-Adresse, die sich aus dem Befehl ergibt. Dabei wird der Inhalt des Seg-

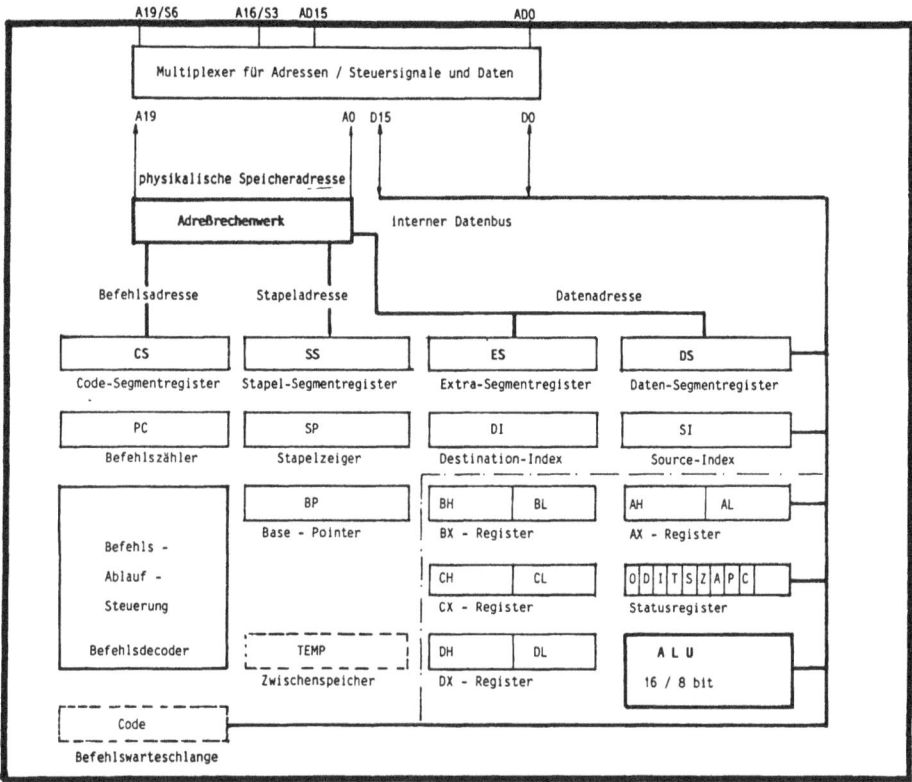

Bild 4-10: Die Register des Prozessors 8086

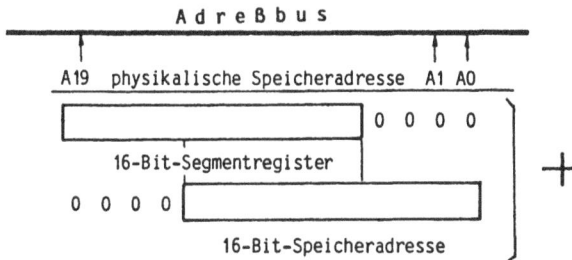

Bild 4-11: Bildung der physikalischen Speicheradresse

mentregisters durch Anhängen von vier Nullen mit 16 multipliziert. Eine bestimmte physikalische Speicheradresse kann durch eine Vielzahl von Kombinationen zwischen dem Inhalt eines Segmentregisters und einer logischen Adresse

gebildet werden. Beispiele für die Bestimmung der willkürlich gewählten physikalischen Speicheradresse 12345H:

Segmentadresse 1000H + Adresse 2345H = phys. Speicheradresse 1 2345H
Segmentadresse 1001H + Adresse 2335H = phys. Speicheradresse 1 2345H
Segmentadresse 1234H + Adresse 0005H = phys. Speicheradresse 1 2345H

Die im Adreßteil der Befehle erscheinenden logischen Adressen werden auch als Offset (Abstand) oder Displacement (Verschiebung) bezeichnet, weil sie keine absoluten Speicheradressen darstellen, sondern noch zu einem Segmentregister addiert werden, das die Anfangsadresse des Speicherbereiches enthält. Durch die Segmentierung werden die im Programm verwendeten Adressen unabhängig von Lage des Programms im Arbeitsspeicher. **Bild 4-12** zeigt, wie man durch entsprechendes Laden des Segmentregisters die Lage eines Programms im Speicher verändern kann.

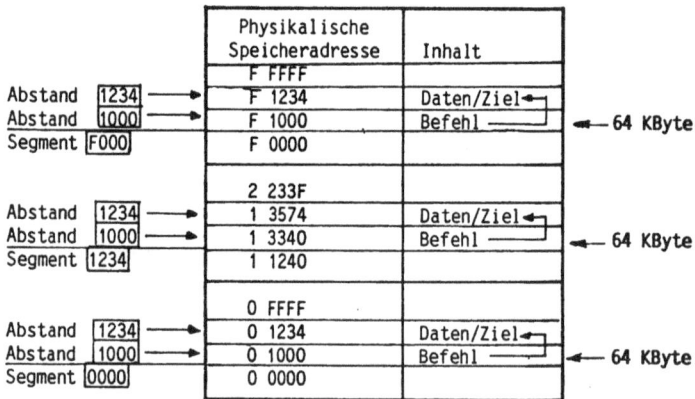

Bild 4-12: Lageunabhängige Programmierung

Betrachten wir als Beispiel ein Programm, das mit der logischen Adresse 0000 beginnt. Auf der logischen Adresse 1000H liege ein Befehl, der in seinem Adreßteil die logische Adresse 1234H enthält. Wird das Programm ab der physikalischen Speicheradresse 0 0000H geladen, so ist das Segmentregister mit der Segmentadresse 0000 zu laden. Der Befehl liegt auf der physikalischen Speicheradresse 0 1000H. Die adressierte Speicherstelle liegt auf der Adresse 0 1234H. Sie ist um 234H Bytes entfernt. Lädt man das Programm z.B. ab der physikalischen Speicheradresse F 0000H und das Segmentregister mit der Segmentadresse F000H, so liegen der Befehl und die durch ihn adressierte Speicherstelle wieder um 234H Bytes voneinander entfernt. Da das Segmentregister bei der Bildung der physikalischen Speicheradresse mit 16 multipliziert wird, können die Programme in Schritten von 16 Bytes verschoben werden. Mit einer 16 Bit langen logischen Speicheradresse kann ohne Änderung des Segmentregisters nur ein Segment von maximal 64 KByte adressiert werden. Die Prozessoren der 8086-Familie haben entsprechend **Bild 4-13** mit vier Segmentregister, die für unterschiedliche Aufgaben verwendet werden.

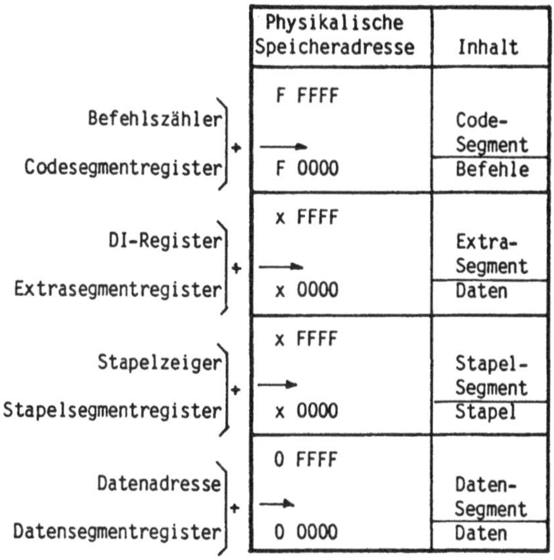

	Physikalische Speicheradresse	Inhalt
Befehlszähler	F FFFF	Code-Segment
Codesegmentregister	F 0000	Befehle
DI-Register	x FFFF	Extra-Segment
Extrasegmentregister	x 0000	Daten
Stapelzeiger	x FFFF	Stapel-Segment
Stapelsegmentregister	x 0000	Stapel
Datenadresse	0 FFFF	Daten-Segment
Datensegmentregister	0 0000	Daten

Bild 4-13: Die vier Segmentregister der 8086-Prozessoren

Befehlsadressen werden ausschließlich aus dem **Codesegmentregister** und dem Befehlszähler gebildet. Die Zuordnung eines anderen Segmentregisters für die Befehlsadressierung ist nicht möglich.

Stapeladressen werden bei allen Befehlen, die automatisch den Stapel verwenden, aus dem **Stapelsegmentregister** und dem Stapelzeiger gebildet. Dazu gehören die Befehle CALL, RET, PUSH und POP sowie alle Software- und Hardware-Interrupts. Die Zuordnung eines anderen Segmentregisters ist in diesen Fällen nicht möglich. Wird bei der indizierten Adressierung der Basepointer als Basisregister verwendet, so ist zunächst das Stapelsegmentregister zugeordnet. Durch einen Befehlsvorsatz (Prefix) ist es jedoch in diesem Fall möglich, eines der drei anderen Segmentregister für die Adressierung zu verwenden.

Bei allen Stringbefehlen, die Zeichenketten oder Speicherbereiche adressieren, wird die Zieladresse aus dem **Extrasegmentregister** und dem DI-Register (Destination Index) gebildet; die Zuordnung eines anderen Segmentregisters ist in diesem Fall nicht möglich.

Alle anderen Datenadressen werden ohne besondere Angaben aus dem **Daten-segmentregister** und dem Adreßteil des Befehls bzw. dem Ergebnis einer Adreß-rechnung gebildet. Durch entsprechende Befehlsvorsätze ist es jedoch möglich, auch eines der drei anderen Segmentregister für die Bildung der physikalischen Speicheradresse zu verwenden.

Allgemein besteht eine Adresse also aus den drei Angaben: Segmentregister, Inhalt des Segmentregisters und Abstand zum Segmentregister. Die bei allen Befehlen festgelegte Zuordnung eines Segmentregisters zur Datenadresse kann in einigen Fällen durch Befehlsvorsätze geändert werden. Die Segmentierung macht die Programme lageunabhängig. Sie hat den Nachteil, daß man ohne Änderung des Segmentregisters nur einen Speicherbereich von 64 KByte fort-laufend adressieren kann. Bei einfachen Programmen, die insgesamt nicht mehr als 64 KByte Speicher benötigen, arbeitet man nur mit einem einzigen Seg-ment und lädt alle vier Segmentregister mit der gleichen Segmentadresse. **Bild 4-14** zeigt die Vorbelegung der Segmentregister, des Befehlszählers und des Statusregisters nach einem Reset des Prozessors.

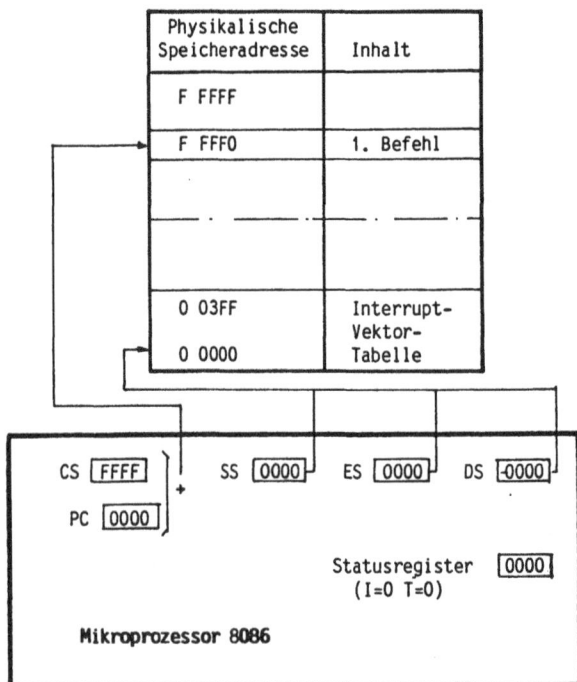

Physikalische Speicheradresse	Inhalt
F FFFF	
F FFF0	1. Befehl
0 03FF	Interrupt-Vektor-Tabelle
0 0000	

CS [FFFF]   SS [0000]   ES [0000]   DS [0000]

PC [0000]

Statusregister [0000]
(I=0 T=0)

Mikroprozessor 8086

Bild 4-14: Prozessorregister nach einem Reset

Nach einem Reset sind das Stapelsegmentregister, das Extrasegmentregister, das Datensegmentregister, das Statusregister und der Befehlszähler gelöscht. Das Codesegmentregister hat den Inhalt FFFFH. Der Inhalt aller anderen Prozessorregister ist unbestimmt. Durch das Codesegmentregister und den Befehlszähler wird das Byte auf der physikalischen Speicheradresse F FFF0H adressiert, das den ersten Befehl des nun zu startenden Programms enthält. Dies ist in der Regel ein Sprungbefehl in das Startprogramm, da bis zum Ende des Speicherbereiches nur noch 16 Bytes zur Verfügung stehen. Dieser Sprungbefehl enthält eine Segmentadresse, die in das Codesegmentregister geladen wird, und einen Abstand, der in den Befehlszähler übernommen wird. Damit kann von dieser vom Hersteller des Prozessors festgelegten Adresse aus jede Stelle des Arbeitsspeichers angesprungen werden. Das Startprogramm liegt normalerweise in Festwertspeichern (EPROMs) im obersten Adreßbereich. Die im untersten Adreßbereich von 0 0000 bis 0 03FF (1 KByte) liegende Vektortabelle enthält die Startadressen der Interruptprogramme. Dieser ebenfalls vom Hersteller des Prozessors festgelegte Speicherbereich kann auch als Schreib/Lesespeicher (RAM) ausgeführt werden.

Bei Anwendungsrechnern, die nicht unter der Kontrolle eines fertigen Betriebssystems laufen, müssen nach einem Reset die anderen Segmentregister und der Stapelzeiger entsprechend den vorhandenen physikalischen Speicherbereichen mit Adressen geladen werden. Für den Fall, daß die Interruptvektoren in einem Schreib/Lesespeicher liegen, muß auch die Vektortabelle geladen werden, damit bei einem Interrrupt die Adressen der zu startenden Programme festliegen. Dann erfolgt die Programmierung der Schnittstellen für die Datenübertragung.

Bei der Arbeit an einem Personal Computer werden die in der Startphase erforderlichen Arbeiten bereits vom Betriebssystem vorgenommen, das auch die Programme und Datenbereiche des Benutzers lädt und die Segmentregister sowie den Stapelzeiger entsprechend vorbesetzt. Das Betriebssystem entscheidet, auf welche physikalische Speicheradressen das Programm geladen wird, der Benutzer hat darauf keinen Einfluß. Dabei kann es bei Systemen, die mehrere Tasks (Benutzer, Prozesse) zu verwalten haben, vorkommen, daß die Ladeadresse bei jedem neuen Programmstart geändert wird oder daß das Programm während seiner Verarbeitung unterbrochen oder verschoben wird. Bei der Arbeit mit einem modernen Betriebssystem ist auch der Assemblerprogrammierer vielen systembedingten Einschränkungen unterworfen. Dies gilt leider auch für die folgenden Beispielprogramme, die mit einem für einen Personal Computer bestimmten Assembler übersetzt wurden, aber auf einem Übungsrechner unter einem einfachen Monitor abliefen. Die bei Hardware-Entwicklungssystemen eingesetzen Assembler arbeiten in großen Teilen ähnlich wie der verwendete MASM-Assembler.

Bei der Arbeit mit einem einfachen Testhilfeprogramm (Monitor) muß der Benutzer das Programm selbst laden oder eingeben. Aber auch hier werden mindestens die Segmentregister, der Befehlszähler, der Stapelzeiger und das Statusregister vom System vorbesetzt. **Bild 4-15** zeigt die Speicheraufteilung und

Physikalische Speicheradresse	Adresse im Benutzerprogramm	Inhalt
0 3FFF	37FF	Stapel
⋮	⋮	↓
		Daten
		↑
0 0900	0100	Befehle
0 08FF	00FF	frei
0 0800	0000	(Daten)
0 07FF		Monitor-
0 0400		Bereich
0 03FF		Vektor-
0 0000		Tabelle

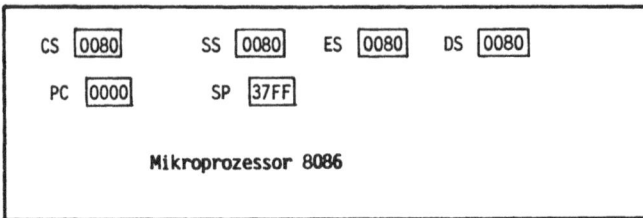

CS 0080   SS 0080   ES 0080   DS 0080

PC 0000   SP 37FF

Mikroprozessor 8086

Bild 4-15: Speicheraufteilung des Übungssystems

```
REGISTER:
AX=0000  CX=0000  SI=0000  CS=0080  DS=0080  SS=0080  BP=0000  ----ODITSZ-A-P-C
BX=0000  DX=0000  DI=0000  IP=0000  ES=0080  SP=37FF  ST=F002  1111000000000010
0080:0000   Befehl: 90 90 90 90
```

Bild 4-16: Inhalt der dem Benutzer übergebenen Register

die beim Start eines Benutzerprogramms vorgegebenen Register des Übungs-systems.

Das Übungssystem enthält im untersten Adreßbereich 16 KByte Schreib/Lese-speicher. Die untersten 2 KByte werden vom Betriebssystem für die Vektor-tabelle und als Arbeitsbereich des Systems belegt. Die restlichen 14 KByte ab der physikalischen Speicheradresse 0 0800H stehen dem Benutzer als Arbeits-speicher für Programme und Daten zur Verfügung. Damit der Benutzer mit der logischen Adresse 0000 beginnen kann, werden alle vier Segmentregister mit der Segmentadresse 0080 vorbesetzt. Der Stapel wird auf die oberste zur Ver-fügung stehende Adresse gelegt. Die Startadresse der Beispielprogramme liegt in Übereinstimmung mit den Vorschriften des MS-DOS-Betriebssystems, mit dem sie übersetzt wurden, bei 0100H. Die Segmentregister werden normaler-weise nicht verändert. **Bild 4-16** zeigt abschließend den Inhalt der dem Benutzer vom Monitor übergebenen Register.

4.4 Die Übertragung von Daten

Übertragen bedeutet im allgemeinen Sprachgebrauch, ein Ding von einem Ort wegzunehmen und an einen anderen Ort zu bringen. In der Datenverarbeitung und Mikrocomputertechnik ist "übertragen" gleich "kopieren". Beim Laden eines Prozessorregisters mit dem Inhalt eines anderen Registers oder einer Datenspeicherstelle bleibt der Inhalt der Quelle (Herkunft oder Source) erhalten. Der alte Inhalt des aufnehmenden Speichers (Ziel oder Destination) wird mit dem neuen Wert überschrieben.

4.4.1 Befehle zur Datenübertragung und Adressierungsarten

Dieser Abschnitt zeigt ausführlich einfache Anwendungen des MOV-Befehls zur Übertragung von Daten. Die hier vorgestellten Adressierungsarten gelten weitgehend auch für die anderen Befehle, die Daten verarbeiten. Der Abschnitt 4.7 zeigt die Möglichkeiten der Berechnung von Datenadressen.

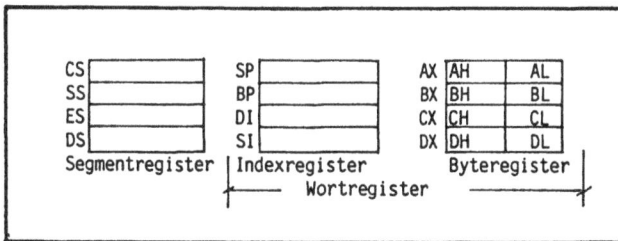

Bild 4-17: Die Bezeichnung der Prozessorregister

Fast alle Datenübertragungen laufen über die in **Bild 4-17** dargestellten Register der Prozessors. Die meisten Befehle können sowohl auf Bytes (8 Bit) als auch auf Wörter (16 Bit) angewendet werden; dies wird durch ein besonderes Wortbit (w) im Funktionscode unterschieden. 3 Bit dienen zur Codierung von acht Registern. Die vier Datenregister A, B, C und D sind byteweise oder wortweise verwendbar.

Die acht **Byteregister** AH, AL, BH, BL, CH, CL, DH und DL dienen zur Übertragung und Speicherung von Datenbytes.

Die acht **Wortregister** AX, BX, CX, DX, SP, BP, DI und SI dienen sowohl zur Übertragung von Datenwörtern als auch zur Behandlung von Adressen. Sie werden im Abschnitt 4.7 Speicheradressierung teilweise auch als Basisregister und Indexregister verwendet.

Befehl	Operand	OSZAPC	Wirkung
MOV	ziel,her		Lade den Ziel-Operanden mit dem Her-Operanden
MOV	register,register		Lade Register mit einem anderen Register
MOV	register,konstan.		Lade Register mit einer Konstanten
MOV	register,speicher		Lade Register mit einer Speicherstelle
MOV	speicher,register		Lade Speicherstelle mit einem Register
MOV	speicher,konstan.		Lade Speicherstelle mit einer Konstanten
MOV	segmentr,wortreg.		Lade Segmentregister mit einem Wortregister
MOV	segmentr,speiwor.		Lade Segmentregister mit einem Speicherwort
MOV	wortreg.,segmentr		Lade Wortregister mit einem Segmentregister
MOV	speiwor.,segmentr		Lade Speicherwort mit einem Segmentregister

Byteregister: AH, AL, BH, BL, CH, CL, DH, DL
Wortregister: AX, BX, CX, DX, SP, BP, SI, DI
Segmentregister: CS, DS, ES, SS

Bild 4-18: MOV-Befehle zur Datenübertragung

Auf die vier **Segmentregister** können nur besondere Lade- und Speicherbefehle angewendet werden.

Die in **Bild 4-18** zusammengestellten MOV-Befehle enthalten im Operandenteil zwei durch ein Komma getrennte Angaben: "Lade das links stehende **Ziel** mit dem rechts stehenden **Herkunftsoperanden** ". Ziel und Herkunft müssen die gleiche Größe haben: Lade Byteregister mit Datenbyte oder Datenwort mit Wortregister. Eine Mischung von Datentypen ist nicht zulässig und wird vom Assembler als Fehler gemeldet. **MOV** bedeutet MOVe oder bewege oder besser lade.

Ist das Ziel ein Register, so sind als Herkunftsoperanden ein anderes Register oder eine Konstante oder eine Datenspeicherstelle zulässig. Beispiele:

```
MOV     AL,AH       Lade das AL-Register mit Inhalt von AH
MOV     AL,12H      Lade das AL-Register mit der Konstanten 12H
MOV     AX,DAT      Lade AX mit dem Inhalt der Datenspeicherstelle DAT
```

Ist das Ziel eine Datenspeicherstelle, so sind als Herkunftsoperanden ein Register oder eine Konstante, aber keine andere Datenspeicherstelle zulässig. Beispiele:

```
MOV     BEL,AH      Lade die Speicherstelle BEL mit dem Inhalt von AH
MOV     VAR,1234H   Lade die Speicherstelle VAR mit der Konstanten 1234H
```

Die auf die Segmentregister anwendbaren MOV-Befehle dürfen nur Wortregister oder Speicherwörter als Operanden enthalten; die Verwendung von Konstanten und Operationen direkt zwischen den Segmentregistern sind nicht im Befehlssatz vorgesehen. In diesen Fällen ist ein Wortregister zu Hilfe zu nehmen. Beispiele:

```
MOV    AX,0080H    Lade das AX-Register mit der Konstanten 0080H
MOV    DS,AX       Lade das Datensegmentregister mit dem Inhalt von AX
MOV    AX,CS       Lade das AX-Register mit dem Inhalt von CS
MOV    ES,AX       Lade das Extrasegmentregister mit dem Inhalt von AX
```

Das Codesegmentregister kann nicht durch einen MOV-Befehl, sondern nur durch einen Sprungbefehl oder Unterprogrammaufruf geladen werden.

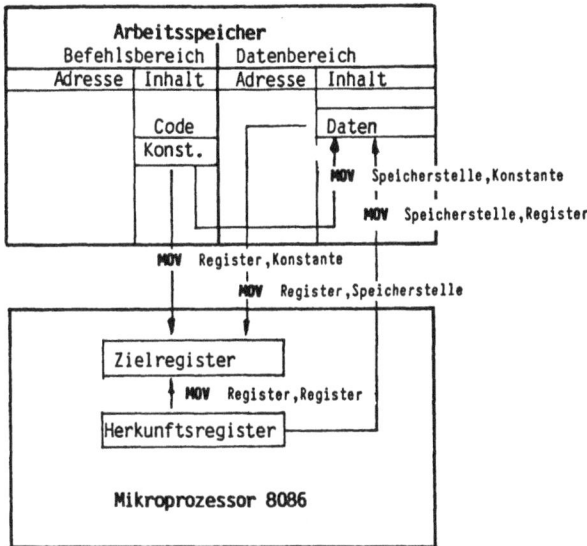

Bild 4-19: Wirkung der MOV-Befehle

Bild 4-19 zeigt die Wirkung der MOV-Befehle. Ein Prozessorregister kann aus einem anderen Register oder aus einer Datenspeicherstelle oder mit einer Konstanten geladen werden. Eine Datenspeicherstelle kann mit dem Inhalt eines Prozessorregisters oder mit einer Konstanten geladen werden. Die Adresse eines Operanden wird durch verschiedene Adressierungsarten bestimmt, die auch für die datenverarbeitenden Befehle gelten. In allen Beispielen ist das AX-Register das Ziel.

Bei der **Registeradressierung** befinden sich die zu übertragenden Daten in einem Register. Die Registeradresse (3 Bit) ist Bestandteil des Funktionscodes. Beispiel:

```
MOV    AX,BX       Der Quelloperand befindet sich im BX-Register
```

Bei der **unmittelbaren** (immediate) Adressierung befindet sich die zu ladende Konstante im Befehl unmittelbar hinter dem Funktionscode. Beispiel:

```
MOV    AX,1234H    Der Quelloperand ist die Konstante 1234H
```

Bei der **direkten** (direct) Adressierung befindet sich die Adresse des Quelloperanden hinter dem Funktionscode im Befehl. Der Quelloperand liegt im Arbeitsspeicher. Beispiel:

```
MOV    AX,DAT      Der Quelloperand hat die symbolische Adresse DAT
```

Bei der **indirekten** (indirect) Adressierung befindet sich die Adresse des Quelloperanden in einem Wortregister des Prozessors und bzw. oder wird durch eine Adreßrechnung bestimmt. Der Quelloperand liegt im Arbeitsspeicher. Beispiel:

```
MOV    AX,[BX]     Die Adresse des Quelloperanden liegt im BX-Register
```

Bei der **code-eigenen** (inherent) Adressierung werden bestimmte Register oder Speicherstellen ohne besondere Angaben zur Adressierung verwendet. Ein Beispiel sind die Stapelbefehle (PUSH und POP), die immer mit dem Stapelzeiger als Adreßregister arbeiten. Beispiel:

```
POP    AX          Lade AX aus dem Stapel, Adresse im Stapelzeiger SP
```

```
          ; BILD 4-20  LADEN VON KONSTANTEN
PROG      SEGMENT                ; PROGRAMMSEGMENT
          ASSUME   CS:PROG,DS:PROG,ES:PROG,SS:PROG
BAS       EQU      0080H         ; SYMBOL BAS = WERT 0080H
          ORG      100H          ; ADRESSZAEHLER
; LADEN DER SEGMENTREGISTER UND DES STAPELZEIGERS
START:    MOV      AX,BAS   ; BASIS = 0080H
          MOV      DS,AX    ; DATENSEGMENTREGISTER
          MOV      ES,AX    ; EXTRASEGMENTREGISTER
          MOV      SS,AX    ; STAPELSEGMENTREGISTER
          MOV      SP,37FFH ; STAPELZEIGER
; LADEN VON KONSTANTEN
          MOV      AL,12H   ; BYTE HEXADEZIMAL
          MOV      BX,1234H ; WORT HEXADEZIMAL
          MOV      CL,100   ; BYTE DEZIMAL
          MOV      DX,1000  ; WORT DEZIMAL
          MOV      AL,'='   ; AUSGABEMARKE =
          CALL     AUSZ     ; ZEICHEN AUSGEBEN
LOOP:     CALL     EINZ     ; ZEICHEN LESEN
          CALL     AUSZ     ; ZEICHEN AUSGEBEN
          JMP      LOOP     ; SCHLEIFE OHNE AUSGANG
; SYSTEMAUFRUFE
EINZ:     INT      11H      ; ZEICHEN NACH AL LESEN
          RET               ; RUECKSPRUNG
AUSZ:     INT      17H      ; ZEICHEN AUS AL AUSGEBEN
          RET               ; RUECKSPRUNG
PROG      ENDS              ; ENDE DES SEGMENTES
          END      START    ; ENDE DES PROGRAMMS
```

Bild 4-20: Programmbeispiel: Laden von Konstanten

Das in **Bild 4-20** dargestellte Programm zeigt Beispiele für das Laden von Registern mit Konstanten. Bei betriebssystemunabhängigen Programmen müssen zunächst die Segmentregister DS, ES und SS sowie der Stapelzeiger SP dem zur Verfügung stehenden Arbeitsspeicher angepaßt werden. Alle drei datenadressierenden Segmentregister werden mit dem Wert 0080H vorbesetzt; dies entspricht der Basisadresse 0800H. Die Wertzuweisung geschieht mit Hilfe des frei gewählten Symbols BAS, dem mit einer EQU-Anweisung der hexadezimale Wert 0080H zugewiesen wurde.

Die Befehle zeigen die Verwendung von hexadezimalen und dezimalen Byte- und Wortkonstanten sowie eines Literals oder Zeichens, das mit Hilfe eines Systemunterprogramms ausgegeben wird. Die Verarbeitungsschleife gibt die über die Konsole eingegebenen Zeichen wieder auf dem Bildschirm aus. Im Gegensatz zum einführenden Beispiel Bild 4-5 und Bild 4-6 werden Systemunterprogramme für die Eingabe und Ausgabe verwendet, die dem verwendeten Betriebsystem angepaßt werden müssen.

Befehl	Operand	OSZAPC	Wirkung
XCHG	operand,operand		Vertausche die beiden Operanden
XCHG	register,register		Vertausche den Inhalt der beiden Register
XCHG	register,speicher		Vertausche Register mit Speicher
XCHG	speicher,register		Vertausche Speicher mit Register
NOP			XCHG AX,AX = No Operation (tu nix)
LES	wortreg.,doppelw.		Lade ES-Register und Wortregister Doppelwort
LDS	wortreg.,doppelw.		Lade DS-Register und Wortregister Doppelwort

Bild 4-21: Weitere Befehle zur Datenübertragung

Die in **Bild 4-21** zusammengestellten Befehle werden für besondere Datenübertragungen verwendet. **XCHG** bedeutet eXCHange oder vertausche die beiden adressierten Operanden. Aufgrund des Register- und Befehlssatzes ergeben sich auch sinnlose Befehle, die z.B. das AX-Register mit sich selbst vertauschen. Dieser Befehl mit dem Funktionscode 90H wird auch als **NOP** für No OPeration oder "Tu Nix" bezeichnet. Er wird zuweilen vom Assembler zum Ausfüllen von Lücken in den Maschinencode eingebaut. Die Befehle **LES** und **LDS** laden eines der beiden Segmentregister ES bzw. DS und ein Wortregister mit einem Doppelwort aus dem Speicher, das sowohl einen Abstand (Offset) als auch eine Segmentadresse enthält. Beide Befehle können zur Vorbereitung von Stringbefehlen dienen. Beispiele:

```
LES    DI,ADDA    Lade das DI- und das ES-Register aus Doppelwort ADDA
LDS    SI,ADDB    Lade das SI- und das DS-Register aus Doppelwort ADDB
```

Die Doppelwörter ADDA und ADDB werden mit der Datenvereinbarung DD angelegt, die die Adresse (Offset) und das Segment des Operanden im Speicher ablegt. ATAB und BTAB sind Anfangsadressen von Speicherbereichen. Adressen bestehen allgemein aus einer Segmentangabe und einem Abstand (Offset) zum Segmentanfang. Beispiele:

```
ADDA    DD    ATAB    Lege Abstand und Segment der Speicherstelle ATAB ab
ADDB    DD    BTAB    Lege Abstand und Segment der Speicherstelle BTAB ab
```

4.4.2 Die Vereinbarung von Konstanten und Variablen im Speicher

Anweisung	Operand	Wirkung
	konstante	Lege eine Konstante im Speicher ab
DB	konstantenliste	Lege mehrere Konstanten im Speicher ab
DW	n DUP (konst.)	Lege n gleiche Konstanten im Speicher ab
DD	?	Reserviere 1 Speicherstelle ohne Vorbesetzung
	n DUP (?)	Reserviere n Speicherstellen ohne Vorbes.
DW	adresse	Lege Adresse (Offset) als Wort im Speicher ab
DD	adresse	Lege Adresse (Offset) und Segment ab
EQU	konstante	Vereinbare einen Namen für eine Konstante

Bild 4-22: Anweisungen für die Vereinbarung von Speicherstellen

Bei der Vereinbarung von Speicherstellen entsprechend **Bild 4-22** können im Namensfeld ab Spalte 1 symbolische Namen vergeben werden, mit denen die Speicherstellen in den Befehlen adressiert werden. Beispiel:

```
OTTO    DB    12H     Die Konstante 12H wird unter dem Namen OTTO abgelegt

        MOV   AL,OTTO Das AL-Register wird mit dem Inhalt von OTTO geladen
```

Eine **Konstante** ist ein Byte (8 Bit) oder Wort (16 Bit) oder Doppelwort (32 Bit), dessen Wert bereits zum Zeitpunkt der Programmerstellung bekannt sein muß. Einzelne Konstanten werden meist in der unmittelbaren Adressierung im Befehl abgelegt. Beispiel:

```
        MOV   AL,12H  Lade das AL-Register mit der Konstanten 12H
```

Größere Bereiche von Konstanten legt man mit Hilfe von Assembleranweisungen im Speicher ab. **DB** bedeutet Define Byte gleich definiere ein Byte. **DW** bedeutet Define Word gleich definiere ein Wort. **DD** bedeutet Define Doubleword gleich definiere ein Doppelwort. Konstanten können einzeln, in einer Liste oder mit einem Wiederholungsfaktor DUP angegeben werden. Der Assembler bereitet die Abspeicherung der Konstanten im Speicher vor. Sie werden wie das Programm vom Betriebssystem oder durch den Benutzer in den Arbeitsspeicher geladen. Beispiele:

```
DB    00010010B    Lege das Bitmuster als Byte 12H im Speicher ab
DB    12H          Lege ein Byte mit dem Inhalt 12H im Speicher ab
DB    100          Lege die Dezimalzahl 100 als Byte im Speicher ab
DB    '*'          Lege das Zeichen "*" im ASCII-Code im Speicher ab
DB    'TEST'       Lege vier Zeichen im ASCII-Code im Speicher ab
DB    1,2,3        Lege 3 verschiedene Bytes im Speicher ab
DB    10 DUP (0)   Lege 10 gleiche Bytes im Speicher ab
```

Eine **Adreßkonstante** ist ein Wort oder Doppelwort, das eine Adresse enthält. Abstände (Offsets) werden vom Assembler angelegt; Segmentadressen werden vom Assembler vorbereitet, aber erst vom Lader bestimmt und eingesetzt. Beispiele:

```
DW    OTTO    Lege die Adresse von OTTO (Offset) im Speicher ab
DD    OTTO    Lege den Offset und die Segmentadresse im Speicher ab
```

Eine **Variable** ist ein Byte, Wort oder Doppelwort, dessen Wert bei der Programmerstellung noch nicht bekannt ist. Sie wird durch ein "?" im Operandenfeld der DB-, DW- bzw. DD-Anweisung gekennzeichnet. Bei der Vereinbarung einer Variablen wird lediglich Speicherplatz reserviert, eine Speicherung von Werten wie bei der Vereinbarung von Konstanten findet nicht statt. Beispiele:

```
DB    ?            Reserviere Speicherplatz fuer 1 Byte
DB    10 DUP (?)   Reserviere Speicherplatz fuer 10 Bytes
```

Die Vereinbarung **EQU** bedeutet EQUal oder gleich und dient dazu, einem im Namensfeld stehenden Symbol einen Wert zuzuweisen. Bei der Übersetzung ersetzt der Assembler das Symbol durch den vereinbarten Zahlenwert. Beispiel:

```
BAS EQU 0080H    Das Symbol BAS erhaelt den Wert 0080H

    MOV AX,BAS   Lade AX mit der Konstanten BAS (= 0080H)
```

Ohne die EQU-Anweisung hätte die Konstante 0080H direkt im Befehl erscheinen müssen.

```
    MOV AX,0080H Lade AX mit der Konstanten 0080H
```

Das in **Bild 4-23** dargestellte Programmbeispiel zeigt die Speicherung von Bytekonstanten, Wortkonstanten und Adreßkonstanten sowie die Reservierung von Bytes, Wörtern und Doppelwörtern für Variablen. Im Operandenteil der Befehle erscheinen die bei den Datenvereinbarungen vergebenen symbolischen Namen. Sie werden vom Assembler durch Zahlenwerte ersetzt. Dabei dienen die ORG-Anweisungen als Ausgangswerte für Adreßrechnungen. Beispiele:

```
     ORG 2000H        Adresszaehler fuer Variablen
BVAR DB  32 DUP (?)   Reserviere 32 Bytes unter dem Namen BVAR

     MOV BVAR,AL      Lade das Byte BVAR mit dem Inhalt von AL
```

```
; BILD 4-23  KONSTANTEN UND VARIABLEN
PROG      SEGMENT       ; PROGRAMMSEGMENT
          ASSUME   CS:PROG,DS:PROG,ES:PROG,SS:PROG
          ORG      1000H  ; KONSTANTENBEREICH
; BYTEKONSTANTEN
BKON1     DB       12H     ; BYTE HEXADEZIMAL
BKON2     DB       100     ; BYTE DEZIMAL
BKON3     DB       '*'     ; BYTE ZEICHEN
BKON4     DB       'BEISPIEL:$' ; ZEICHENKETTE
BKON5     DB       12,100,'#'  ; BYTELISTE
BKON6     DB       16 DUP ('-') ; WIEDERHOLUNGEN
; WORTKONSTANTEN
WKON1     DW       1234H   ; WORT HEXADEZIMAL
WKON2     DW       1000    ; WORT DEZIMAL
WKON3     DW       6 DUP (1234H) ; WIEDERHOLUNGEN
; ADRESSKONSTANTEN
AKON1     DW       BKON1        ; ADRESSE (OFFSET)
          ORG      2000H        ; VARIABLENBEREICH
BVAR      DB       32 DUP (?) ; 32 BYTES
WVAR      DW       16 DUP (?) ; 16 WOERTER - 32 BYTES
          ORG      100H         ; BEFEHLSBEREICH
START:    MOV      AL,BKON1     ; BYTE LADEN
          MOV      BVAR,AL      ; BYTE SPEICHERN
          MOV      AH,BKON2     ; BYTE LADEN
          MOV      BVAR+1,AH    ; BYTE SPEICHERN
          MOV      BX,WKON1     ; WORT LADEN
          MOV      WVAR,BX      ; WORT SPEICHERN
          XCHG     BX,AX        ; AX UND BX VERTAUSCHEN
          NOP                   ; TU NIX
; SEGMENTVORSAETZE
          MOV      DL,BKON1       ; DS AUTOMATISCH ZUGEORDNET
          MOV      DL,CS:BKON1    ; CS NEU ZUGEORDNET
          MOV      DL,ES:BKON1    ; ES NEU ZUGEORDNET
          MOV      DL,SS:BKON1    ; SS NEU ZUGEORDNET
          JMP      EXIT         ;RUECKSPRUNG MONITOR
; SYSTEMAUFRUFE
EXIT:     INT      10H          ; RUECKSPRUNG MONITOR
PROG      ENDS                  ; ENDE DES SEGMENTES
          END      START        ; ENDE DES PROGRAMMS
```

Bild 4-23: Programmbeispiel: Datenvereinbarungen

Durch die ORG-Anweisung hat die symbolische Adresse BVAR den Wert 2000H, der in den Adreßteil des MOV-Befehls eingetragen wird. Der Assembler kann zur Übersetzungszeit zu symbolischen Adressen Konstanten addieren und subtrahieren und die Ergebnisse in den Adreßteil der Befehle einsetzen. Beispiel:

```
MOV  BVAR+1,AH    Lade das auf die Adresse BVAR folgende Byte mit AH
```

Der Assembler setzt nun den Zahlenwert 2000H + 1 = 2001H in den Adreßteil des MOV-Befehls ein. Das Programmbeispiel zeigt weiterhin die Verwendung der Segmentvorsätze, um die vorgegebene Zuordnung der Segmentregister für die Datenadressierung zu ändern. Beispiele:

```
MOV  DL,BKON1     Vorgegebene Datenadressierung mit dem DS-Register
MOV  DL,CS:BKON1  Nimm anstelle von DS das Codesegmentregister CS
```

In der Praxis unterscheidet man oft drei Speicherbereiche: den Programmbereich bestehend aus den Befehlen (Code) und den Konstanten sowie den Variablenbereich mit den veränderlichen Daten, zu denen auch der Stapel zählt. Bei der Arbeit mit einem Personal Computer werden alle drei Bereiche von der Diskette in einen Schreib/Lesespeicher (Arbeitsspeicher) geladen. Bei einem Anwendungsrechner liegt der Programmbereich (Code und Konstanten) normalerweise in einem Festwertspeicher (EPROM), die Variablen und der Stapel müssen in einem Schreib/Lesespeicher (RAM) angeordnet werden. Liegen alle drei Bereiche in einem Segment, so können sie durch ORG-Anweisungen unterteilt werden, die die Lage (Offset) innerhalb des Segmentes festlegen. Sie lassen sich aber auch mit SEGMENT-Anweisungen auf verschiedene Segmente verteilen. Bei den modernen Betriebssystemen für Personal Computer ist es nicht möglich, eine bestimmte Ladeadresse (physikalische Speicheradresse) festzulegen.

Anweisung	Adresse	Inhalt	Bemerkung
	000C	HIGH-Byte	
	000B	LOW-Byte	Segment
	000A	HIGH-Byte	
DD adresse	0009	LOW-Byte	Offset
	0008	HIGH-Byte	
DW adresse	0007	LOW-Byte	Offset
	0006	12	
	0005	34	HIGH-Wort
	0004	56	
DD 12345678H	0003	78	LOW-Wort
	0002	12	HIGH-Byte
DW 1234H	0001	34	LOW-Byte
DB 12H	0000	12	Byte

Bild 4-24: Anordnung der Daten im Arbeitsspeicher

Daten und Adressen werden entsprechend **Bild 4-24** mit dem niederwertigsten Byte zuerst im Arbeitsspeicher abgelegt. Bei einer in einem Doppelwort gespeicherten Adresse wird zuerst der Abstand (Offset) und dann das Segment abgelegt. In den Befehlen und Assembleranweisungen erscheinen Konstanten in der "natürlichen" Reihenfolge so, wie sie später auch in den Registern verarbeitet werden sollen. Bei Wort- und Doppelwortkonstanten vertauscht der Lader später die in der Übersetzungsliste ausgegebene Reihenfolge. Bei der Ausführung der Befehle lädt der Prozessor zuerst den LOW-Teil der Register mit dem adressierten Byte und dann den HIGH-Teil der Register mit dem folgenden Byte.

4.4.3 Das Prozessorstatusregister

Das Prozessorstatusregister besteht entsprechend **Bild 4-25** aus 16 Anzeigebits (Flags), von denen nur neun verwendet werden; nur der Prozessor 80286 benutzt drei weitere Bits. Der niederwertige Teil des Registers enthält wie beim Prozessor 8085 die Sprungbedingungen für bedingte Sprünge:

← Flagregister wie 8085 →

-	-	-	O	D	I	-	T	S	Z	-	A	-	P	-	C

Befehl	Operand	ODITSZAPC	Wirkung
CLC		0	Lösche das Carrybit (kein Übertrag)
CMC		C̄	Komplementiere das Carrybit
STC		1	Setze das Carrybit auf 1 (Übertrag)
CLD		0	Erhöhe DI und SI bei Stringbefehlen
STD		1	Vermindere DI und SI bei Stringbefehlen
CLI		0	Sperre den INT-Interrupt
STI		1	INT-Interrupt freigegeben
LAHF			Lade AH mit den Flags S Z - A - P - C
SAHF		xxxxx	Speichere AH in die Flags S Z - A - P - C
PUSHF			Lege Statusregister (16 Bit) auf den Stapel
POPF		xxxxxxxxx	Lade Statusregister (16 Bit) vom Stapel

Bild 4-25: Aufbau und Befehle des Statusregisters

Das C-Bit (Carry = Übertrag) speichert den Übertrag der vorzeichenlosen Arithmetik. Das P-Bit (Parity = Parität) enthält die Parität (gerade oder ungerade). Das Z-Bit (Zero = Null) zeigt an, ob das Ergebnis Null ist. Das S-Bit (Sign = Vorzeichen) enthält das Vorzeichen des Ergebnisses. Neu gegenüber dem 8085 ist das O-Bit (Overflow = Überlauf), das den Überlauf der vorzeichenbehafteten Arithmetik enthält.

Die folgenden Bitpositionen sind keine Sprungbedingungen, sondern zeigen den Zustand des Prozessors an:

Das A-Bit (Auxiliary Carry = Hilfsübertrag) dient zur Dezimalkorrektur in der BCD-Arithmetik. Mit Hilfe des T-Bit (Trace = Einzelschrittverfolgung) ist es möglich, nach Ausführung eines Benutzerbefehls wieder in das Betriebssystem zurückzukehren. Mit dem I-Bit (Interrupt = Programmunterbrechung) wird der INTR-Interrupt gesperrt und freigegeben. Das D-Bit (Direction = Richtung) legt fest, ob bei den Stringbefehlen aufwärts oder abwärts gezählt wird.

Nach einem Reset sind alle Bitpositionen des Statusregisters gelöscht (0). Bestimmte Bitpositionen des Statusregisters können durch die in Bild 4-25 zusammengestellten Befehle verändert werden. Die als Sprungbedingung dienenden Bitpositionen und das A-Bit werden auch durch das **Ergebnis** einer arithmetischen oder logischen Operation gesetzt (1) oder rückgesetzt (0). Die Befehlslisten enthalten dazu Angaben, ob und wie diese Bitpositionen durch einen Befehl verändert werden. Es gelten folgende Abkürzungen:

X = das Bit wird je nach Ergebnis gesetzt (1) oder rückgesetzt (0)
0 = das Bit wird immer rückgesetzt (0)
1 = das Bit wird immer gesetzt (1)
? = das Bit hat einen willkürlichen Inhalt (0 oder 1)
  = das Bit wird nicht verändert

Beispiele: Nach Ausführung des Befehls CLC wird das Carrybit gelöscht, alle anderen Bitpositionen bleiben unverändert. Nach Ausführung eines SAHF-Befehls werden die Bitpositionen S, Z, A, P und C durch die entsprechenden Bitpositionen des AH-Registers verändert; das O-Bit bleibt erhalten. Die Bit-positionen werden durch die bisher behandelten Befehle zur Datenübertragung **nicht** verändert.

4.4.4 Peripheriebefehle

Als Peripherie bezeichnet man Bausteine zur Übertragung von Daten zwischen dem Mikrocomputer und seiner Umwelt. Dazu gehören Parallel- und Serien-schnittstellen, Analog/Digitalwandler und Digital/Analogwandler sowie Bausteine für die Steuerung von Geräten (CRT-Controller, Floppy-Controller). Für ihre Adressierung in einem 8086-System gibt es zwei Möglichkeiten:

Die Peripheriebausteine werden zusammen mit den Speicherbausteinen mit einer gemeinsamen Auswahllogik freigegeben. In diesem Fall sind alle auf Speicher-stellen anwendbaren Befehle auch für Peripherieregister oder Ports verwendbar. Liegt z.B. ein Ausgabeport auf einer Adresse mit der symbolischen Bezeichnung APORT, so kann der Inhalt des AL-Registers mit folgenden Befehl auf diesem Port ausgegeben werden:

```
MOV     APORT,AL        Lade die Speicherstelle APORT mit dem Inhalt von AL
```

Befehl	Operand	OSZAPC	Wirkung
IN	AL,port		Lade AL mit Byte (Portadresse Bytekonstante)
IN	AX,port		Lade AX mit Wort (Portadresse Bytekonstante)
IN	AL,DX		Lade AL mit Byte (DX = variable Portadresse)
IN	AX,DX		Lade AX mit Wort (DX = variable Portadresse)
OUT	port,AL		Lade Byte mit AL (Portadresse Bytekonstante)
OUT	port,AX		Lade Wort mit AX (Portadresse Bytekonstante)
OUT	DX,AL		Lade Byte mit AL (DX = variable Portadresse)
OUT	DX,AX		Lade Wort mit AX (DX = variable Portadresse)

Bild 4-26: Die Peripheriebefehle

Werden die Peripheriebausteine mit einer besonderen Auswahllogik freigegeben, so können **nur** die in **Bild 4-26** zusammengestellten speziellen Peripheriebefehle verwendet werden. Beispiel:

```
OUT     20H,AL          Lade den Ausgabeport 20H mit dem Inhalt von AL
```

Bei einer Trennung des Adreßbereiches in einen Speicher- und einen Peripherie-bereich wird der Speicherbereich mit der Auswahlleitung M/$\overline{\text{IO}}$ = HIGH und der Peripheriebereich mit M/$\overline{\text{IO}}$ = LOW freigegeben. Nur die Peripheriebefehle legen in ihrem Ausführungszyklus die Leitung M/$\overline{\text{IO}}$ auf LOW und wählen damit die Peripheriebausteine für die Datenübertragung aus. Alle anderen Buszyklen der Peripheriebefehle, die den Code und die Adresse lesen, und alle anderen Befehle adressieren dann mit M/$\overline{\text{IO}}$ = HIGH den Speicherbereich. **Bild 4-27** zeigt die Wirkung der Peripheriebefehle.

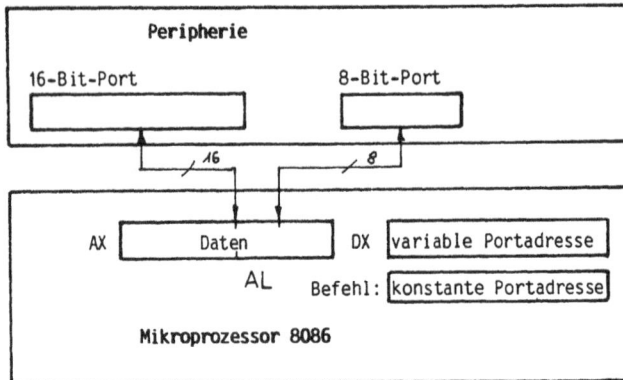

Bild 4-27: Wirkung und Adressen der Peripheriebefehle

Bei der **Datenübertragung** unterscheidet man Byte- und Wortoperationen. Die Peripheriebausteine sind vorwiegend byteorganisiert und werden meist an den unteren Datenbus (D0 bis D7) angeschlossen. Byteoperationen können **nur** mit dem AL-Register durchgeführt werden. Wortoperationen, die **nur** mit dem AX-Register möglich sind, arbeiten z.B. mit 12-Bit-Analogbausteinen oder mit zwei parallel geschalteten 8-Bit-Peripheriebausteinen zusammen, wobei der eine Baustein an den unteren Datenbus (D0 bis D7) und der andere an den oberen Datenbus (D8 bis D15) angeschlossen ist.

Bei der **Adressierung** der Peripheriebausteine mit Peripheriebefehlen wird die Portadresse unverändert **ohne** Addition eines Segmentregisters auf den Adreßbus gelegt. Die Portadresse ist entweder eine 8-Bit-Konstante im Adreßteil des Befehls oder eine 16-Bit-Variable, die im DX-Register enthalten sein muß. In beiden Fällen werden die höheren Adreßbits Null gesetzt. **Bild 4-28** zeigt ein Beispiel für die Anwendung von Peripheriebefehlen.

Das Beispiel liest in einer unendlichen Schleife über die Serienschnittstelle Zeichen von der Tastatur und gibt den Zeichencode binär auf acht Leuchtdioden aus. Das Statusregister der Schnittstelle hat die Adresse 02H, das Datenempfangsregister hat die Adresse 00H. Beide Portadressen werden als Bytekonstanten im Adreßteil des IN-Befehls abgelegt. Die Adresse 0300H des Ausgabeports muß vorher in das DX-Register geladen werden. Dies hätte auch vor der Schleife geschehen können, da in dem Beispiel das DX-Register nicht für andere Zwecke verwendet wird.

```
; BILD 4-28  PERIPHERIEBEFEHLE
PROG    SEGMENT              ; PROGRAMMSEGMENT
        ASSUME  CS:PROG,DS:PROG,ES:PROG,SS:PROG
        ORG     100H     ; BEFEHLSBEREICH
START:  IN      AL,02H   ; STATUSREGISTER LESEN
        TEST    AL,00000010B  ; BINAERE MASKE
        JZ      START    ; B1=0: WARTESCHLEIFE
        IN      AL,00H   ; DATENPORT LESEN
        MOV     DX,300H  ; ADRESSE AUSGABEPORT
        OUT     DX,AL    ; DATENBYTE BINAER AUSGEBEN
        JMP     START    ; ENDLOSSCHLEIFE
PROG    ENDS             ; ENDE DES SEGMENTES
        END,    START    ; ENDE DES PROGRAMMS
```

Bild 4-28: Programmbeispiel: Anwendung von Peripheriebefehlen

4.4.5 Übungen zum Abschnitt Datenübertragung

1.Aufgabe:
Man lade die beiden Segmentregister DS und SS mit der Segmentadresse 0080H und den Stapelzeiger mit der Adresse 2000H. Das Extrasegmentregister ES ist mit dem Inhalt des Codesegmentregisters CS zu laden. In einer unendlichen Schleife sind laufend Dollarzeichen "$" auf dem Bildschirm auszugeben. Dieses Zeichen ist vorher mit der DB-Anweisung als Konstante zu vereinbaren.

2.Aufgabe:
Man lege den Text "ESEL" als Zeichenkette im Speicher ab und gebe ihn mit dem Systemunterprogramm AUSZ auf dem Bildschirm des Bedienungsterminals aus. Anschließend kehre das Programm zurück in das Betriebssystem.

3.Aufgabe:
Man reserviere vier Bytes im Arbeitsspeicher, lese mit dem Systemunterprogramm EINZ nacheinander vier Zeichen von der Eingabetastatur und speichere sie dort ab. Anschließend kehre das Programm zurück in das Betriebssystem.

4.5   Sprungbefehle und Unterprogramme

Bei einem linearen Befehlsablauf wird der Befehlszähler laufend um 1 erhöht,
so daß die Befehle in der Reihenfolge ausgeführt werden, in der sie im Programmspeicher liegen. Dieser Ablauf kann durch Sprungbefehle unterbrochen
werden; dadurch wird das Programm an einer anderen Stelle fortgesetzt. Man
unterscheidet unbedingte Sprünge (springe immer) und bedingte Sprünge (springe
nur dann, wenn . . .).

4.5.1 Die Adressierungsarten der Sprungbefehle

Die physikalische Speicheradresse von Befehlen wird gebildet aus der Summe
von Befehlszähler IP (Instruction Pointer) und Codesegmentregister CS. Man unterscheidet Sprünge innerhalb des Segmentes (Intrasegment) und Sprünge in ein
neues Segment (Intersegment). **Bild 4-29** zeigt die verschiedenen Adressierungsarten.

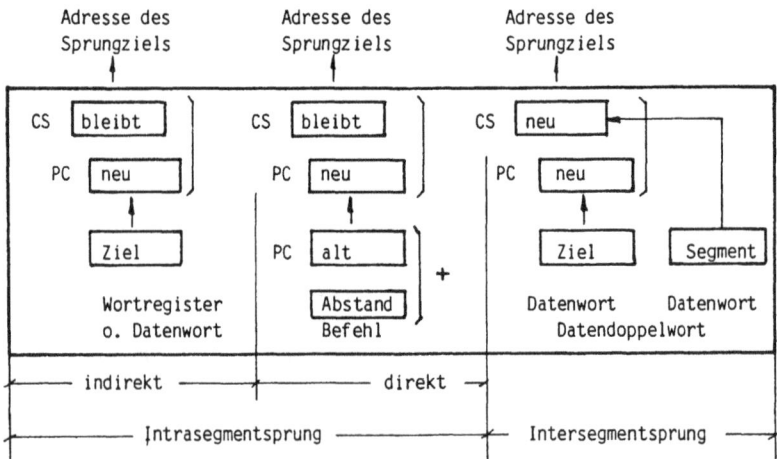

Bild 4-29: Die Adressierungsarten der Sprungbefehle

Bei einem **Intrasegmentsprung** bleibt der Inhalt des Codesegmentregisters erhalten, nur der Befehlszähler erhält einen neuen Wert. Bei der **indirekten**
Adressierung wird der Befehlszähler aus einem Wortregister oder aus einem
Speicherwort neu geladen. Bei der **direkten** Adressierung wird zum alten Befehlszähler ein Abstand (Displacement) addiert, der sich im Adreßteil des Befehls befindet. Es ist die Aufgabe des Assemblers, den Abstand zum Sprungziel
zu berechnen und in den Sprungbefehl einzusetzen. Der Abstand ist eine vor-

zeichenbehaftete Dualzahl. Bei Vorwärtssprüngen ergeben sich positive Abstände, bei Rückwärtssprüngen negative Abstände. Ein 8-Bit-Abstand wird als kurzer (Short) Sprung bezeichnet, weil er sich nur über einen Bereich von -128 rückwärts bzw. +127 Bytes vorwärts erstreckt. Mit einem 16-Bit-Abstand ist es möglich, über +32 KBytes vorwärts oder -32 KBytes rückwärts zu springen. Damit läßt sich jedes Sprungziel innerhalb eines 64 KByte großen Segmentes erreichen.

Bei einem **Intersegmentsprung** werden sowohl der Befehlszähler als auch das Codesegmentregister mit neuen Werten geladen, die sich in einem Doppelwort befinden. Bei der **direkten** Adressierung befindet sich das Doppelwort mit dem neuen Abstand (Offset) und Segment hinter dem Funktionscode im Befehl. Bei der **indirekten** Adressierung befinden sich der neue Abstand (Offset) und die neue Segmentadresse in einem Doppelwort des Arbeitsspeichers.

Zur Unterscheidung der verschiedenen Adressierungsarten sind eine ganze Reihe von Eingaberegeln zu beachten, die den Beschreibungen des Assemblers entnommen werden sollten.

4.5.2 Der unbedingte Sprung

Befehl	Operand	OSZAPC	Wirkung
JMP	ziel		Springe immer zur Zieladresse
JMP	SHORT ziel		Springe relativ kurz
JMP	NEAR PTR ziel		Springe relativ innerhalb des Segmentes
JMP	wortregister		Sprungadresse in Wortregister (im Segment)
JMP	WORD PTR wort		Sprungadresse in Speicherwort (im Segment)
JMP	WORD PTR [areg]		Adresse der Sprungadresse in Adreßregister
JMP	FAR PTR ziel		Springe in ein anderes Segment
JMP	DWORD PTR dwort		Springe (Offset und Segment in Doppelwort)
JMP	DWORD PTR [areg]		Adresse des Doppelwortes in Adreßregister

Bild 4-30: Die unbedingten Sprungbefehle

Alle in **Bild 4-30** zusammengestellten Sprungbefehle haben die Bezeichnung JMP für JuMP gleich springe. Mit Hilfe einer Reihe von Hilfsbezeichnungen (SHORT, NEAR, FAR, WORD PTR und DWORD PTR) im Operandenteil des JMP-Befehls wird dem Assembler die gewünschte Adressierungsart mitgeteilt. Sprungziele innerhalb des Segmentes werden durch einen frei wählbaren symbolischen Namen gekennzeichnet, der mit einem Doppelpunkt ":" am Ende zu versehen ist.

Bei Intrasegmentsprüngen mit direkter Adressierung enthält der Adreßteil des Sprungbefehls den Abstand zum Sprungziel (Displacement) als vorzeichenbehaftete Dualzahl. Bei Rückwärtssprüngen kann der Assembler je nach Entfernung zum Sprungziel bereits im ersten Durchlauf entscheiden, ob ein 8-Bit-Abstand oder ein 16-Bit-Abstand erforderlich ist. Bei Vorwärtssprüngen dagegen wird im ersten Durchlauf zunächst Platz für einen 16-Bit-Abstand frei gehalten. Genügt jedoch ein 8-Bit-Abstand, so wird das überflüssige Byte mit einem NOP-Befehl ausgefüllt. Mit dem Operanden SHORT läßt sich ein kurzer Vorwärtssprung erzwingen. Beispiele:

```
LOOP:                   Sprungziel

        JMP    LOOP     Springe rueckwaerts zur Adresse LOOP
        JMP    MARK     Springe vorwaerts zur Adresse MARK
        JMP SHORT LAB   Springe vorwaerts kurz zur Adresse LAB

LAB:                    Sprungziel
MARK:                   Sprungziel
```

Der Operator PTR (Pointer oder Zeiger) dient zusammen mit den Bezeichnungen NEAR (nahe), FAR (entfernt), WORD (Wort) und DWORD (Doppelwort) zur Unterscheidung zwischen einem Intrasegmentsprung und einem Intersegmentsprung. Beispiele:

```
JMP NEAR PTR    LAB    Springe intrasegment mit Abstand zum Sprungziel
JMP FAR PTR     TAG    Springe intersegment: Offset und Segment im Befehl
```

Sprungadressen (Offset) und Segmentadressen können auch im Arbeitsspeicher liegen. Die Assembleranweisung DW legt eine Sprungadresse (Offset) in einem Speicherwort ab. Die Assembleranweisung DD legt eine Sprungadresse (Offset) und die zugehörige Segmentadresse in zwei Speicherwörtern ab. Beispiele:

```
ADD     DW     LAB    Lege unter der Adresse ADD den Offset des
                      Sprungziels LAB in einem Speicherwort ab
DAD     DD     TAG    Lege unter der Adresse DAD den Offset und das
                      Segment des Sprungziels TAG in 2 Woertern ab

JMP WORD PTR    ADD   Springe intrasegment: Offset in Speicherwort ADD
JMP DWORD PTR   DAD   Springe intersegment: Offset und Segment in DAD
JMP WORD PTR    [BX]  Springe intrasegment: BX enthaelt die Adresse des
                      Speicherwortes, in dem der Offset steht
JMP DWORD PTR   [BX]  Springe intersegment: BX enthaelt die Adresse des
                      Doppelwortes, in dem Offset und Segment stehen
```

In den beiden letzten Beispielen enthält das BX-Register die Adresse der Speicherstelle, in der sich die Sprungadresse befindet. Der Abschnitt 4.7 zeigt weitere Möglichkeiten der indizierten Adressierung, die auch für JMP- und CALL-Befehle angewendet werden können. Die Sprungadresse (Offset) kann sich bei einem Intrasegmentsprung auch in einem Wortregister befinden und ist damit für Adreßrechnungen verfügbar. Beispiel:

```
MOV     AX,MARK    Lade die Sprungadresse (Offset) in das AX-Register
ADD     AX,2       Addiere dazu die Konstante 2
JMP     AX         Springe zu der im AX-Register befindlichen Adresse
```

4.5.3 Der bedingte Sprung

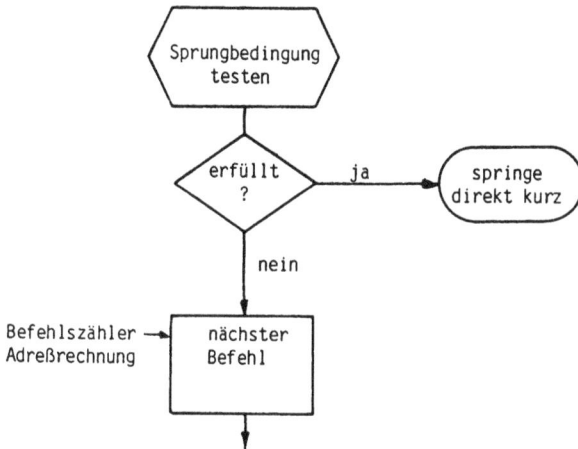

Bild 4-31: Ausführung des bedingten Sprunges

Vor einem bedingten Sprung entsprechend **Bild 4-31** muß zunächst die Sprungbedingung untersucht werden. Dies geschieht in der Regel durch einen Test-,
Vergleichs- oder Zählbefehl, der mit seinem Ergebnis die Bedingungsbits des
Statusregisters verändert. Diese werden dann durch die bedingten Sprungbefehle ausgewertet. Ist die Sprungbedingung erfüllt, so wird der Sprung ausgeführt;
ist sie nicht erfüllt, so wird das Programm mit dem nächsten Befehl fortgesetzt. Beispiel:

```
LOOP:   CALL    EINZ    Lies ein Zeichen von der Eingabekonsole nach AL
        CMP     AL,'*'  Vergleiche das Zeichen mit einem *
        JZ      EXIT    Bei gleich springe zum Sprungziel EXIT
        CALL    AUSZ    Bei ungleich gib das Zeichen aus AL aus
        JMP     LOOP    Leseschleife
EXIT:   INT     10H     Ruecksprung in den Monitor
```

Alle bedingten Sprungbefehle springen intrasegment und enthalten einen 8-Bit-
Abstand (displacement) zum Sprungziel. Damit sind nur Sprungziele erreichbar,
die sich in einem Bereich von 128 Bytes vor oder 127 Bytes hinter dem Sprungbefehl befinden. Bei weiter entfernten Sprungzielen muß der unbedingte Sprung
zu Hilfe genommen werden. **Bild 4-32** zeigt die Sprungbefehle, die einzelne
Bitpositionen des Statusregisters auswerten.

Befehl	Operand	OSZAPC	Wirkung
JZ	ziel		Springe bei Ergebnis Null (Z-Bit = 1)
JNZ	ziel		Springe bei Ergebnis ungleich Null (Z-Bit=0)
JS	ziel		Springe bei S-Bit = 1
JNS	ziel		Springe bei S-Bit = 0
JC	ziel		Springe bei C-Bit = 1
JNC	ziel		Springe bei C-Bit = 0
JO	ziel		Springe bei O-Bit = 1
JNO	ziel		Springe bei O-Bit = 0
JP	ziel		Springe bei P-Bit = 1
JNP	ziel		Springe bei P-Bit = 0

Bild 4-32: Bedingte Sprungbefehle für Einzelbits

Für jede als Sprungbedingung verwendbare Bitposition gibt es zwei Sprungbefehle: "Springe, wenn das Bit gesetzt (1) ist" und "Springe, wenn das Bit gelöscht
(0) ist". Im Zusammenhang mit dem Vergleich von Bitmustern und Zahlen werden die in **Bild 4-33** zusammengestellten bedingten Sprungbefehle verwendet,
bei denen auch Kombinationen von Bedingungsbits wie z.B. Null **und** Vorzeichen
ausgewertet werden. Von Schnittstellen eingelesene Bitmuster wie z.B. Status-
bytes oder Zeichen werden als vorzeichenlose Dualzahlen behandelt. Der Abschnitt 4.6 zeigt die Anwendung der bedingten Sprünge in Programmverzweigungen und Programmschleifen.

Befehl	Operand	OSZAPC	Wirkung	
JE	ziel		Springe bei gleich	
JNE	ziel		Springe bei ungleich	
JA	ziel		Springe bei größer	(Dual ohne Vorz.)
JAE	ziel		Springe bei größer/gleich	(Dual ohne Vorz.)
JBE	ziel		Springe bei kleiner/gleich	(Dual ohne Vorz.)
JB	ziel		Springe bei kleiner	(Dual ohne Vorz.)
JG	ziel		Springe bei größer	(Dual mit Vorz.)
JGE	ziel		Springe bei größer/gleich	(Dual mit Vorz.)
JLE	ziel		Springe bei kleiner/gleich	(Dual mit Vorz.)
JL	ziel		Springe bei kleiner	(Dual mit Vorz.)

Bild 4-33: Bedingte Sprungbefehle für Zahlen

4.5.4 Der Aufruf von Unterprogrammen

Unterprogramme sind Programmteile, die von einem Hauptprogramm aufgerufen werden und die nach Beendigung ihrer Arbeit an die Stelle des Aufrufs zurückkehren. Beispiele sind die in den Bildern 4-6 und 4-7 dargestellten Unterprogramme EINZ und AUSZ zur Eingabe und Ausgabe von Zeichen. Sie bieten
folgende Vorteile:

- Durch Unterprogramme wird eine Aufgabe in Teilprobleme zerlegt, die sich getrennt programmieren und testen lassen.

- Da sich Unterprogramme von mehreren Stellen aus aufrufen lassen, liegt ihr Code nur einmal im Speicher, selbst wenn er an verschiedenen Stellen benötigt wird.

- Bei der Arbeit unter einem Betriebssystem bzw. Monitor kann der Benutzer Systemunterprogramme benutzen und wird dadurch von der schwierigen Programmierung der Schnittstellenbausteine entlastet.

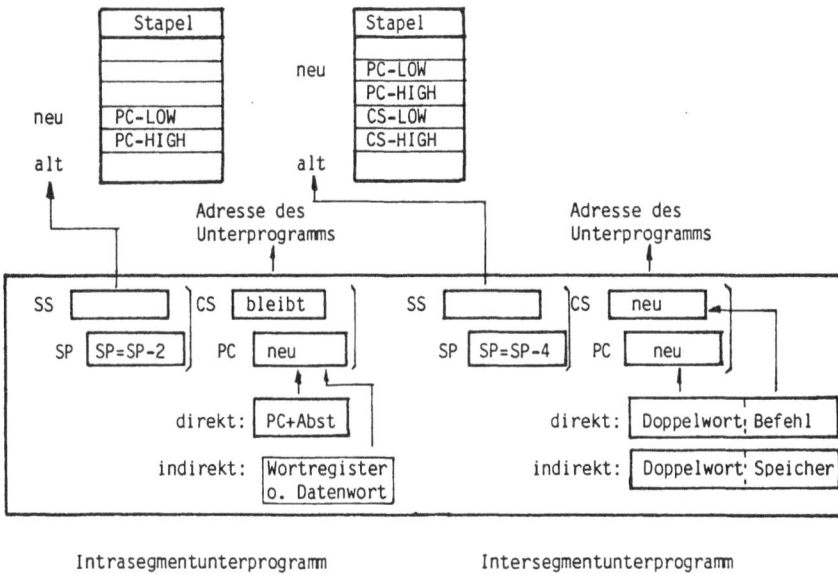

Bild 4-34: Wirkung der Unterprogrammbefehle

Beim Aufruf eines Unterprogramms entsprechend **Bild 4-34** wird zunächst die Rücksprungadresse, das ist die Adresse des folgenden Befehls, in den Stapel gerettet. Der Stapel wird durch den Stapelzeiger SP und das Stapelsegmentregister SS adressiert.

Beim Aufruf eines innerhalb des Segmentes liegenden Unterprogramms (Intrasegment) bleibt das Codesegmentregister unverändert; es wird nur der Befehlszähler in den Stapel gerettet und anschließend mit der Adresse (Offset) des ersten Befehls des Unterprogramms geladen. Dabei wird der Stapelzeiger um 2 vermindert. Bei einem Rücksprung aus einem Intrasegment-Unterprogramm wird der gerettete Befehlszähler wieder aus dem Stapel zurückgeladen. Dabei wird der Stapelzeiger um 2 erhöht.

Liegt das Unterprogramm in einem anderen Segment, so sind beim Aufruf das

Codesegmentregister und der Befehlszähler in den Stapel zu retten und mit der Adresse (Segment und Offset) des Unterprogramms zu laden. Dabei wird der Stapelzeiger um 4 vermindert. Beim Rücksprung aus einem Intersegment-Unterprogramm werden wieder das Codesegmentregister und der Befehlszähler aus dem Stapel zurückgeladen und dabei der Stapelzeiger um 4 erhöht.

Durch das Retten der Rücksprungadresse in den gleitend adressierten Stapel können Unterprogramme weitere Unterprogramme und sogar sich selbst aufrufen; die Rücksprungadressen liegen übereinander im Stapel. Das zuletzt aufgerufene Unterprogramm kehrt mit einem Rücksprungbefehl zuerst wieder zurück.
Bild 4-35 zeigt den CALL-Befehl zum Aufruf von Unterprogrammen, der im Gegensatz zu einem JMP-Befehl automatisch die Rücksprungadresse rettet.

Befehl	Operand	OSZAPC	Wirkung
CALL	name		Rufe ein Unterprogramm auf
CALL	NEAR PTR name		Rufe Unterprogramm im gleichen Segment
CALL	WORD PTR wort		Unterprogrammadresse im Speicherwort
CALL	WORD PTR [wreg]		Adresse der Unterprogrammadresse im Wortreg.
CALL	FAR PTR name		Rufe Unterprogramm im anderen Segment
CALL	DWORD PTR dwort		Offset und Segment im Doppelwort
CALL	DWORD PTR [wreg]		Adresse von Offset und Segment im Wortreg.
RET			Rücksprung aus einem Unterprogramm
RET	zahl		Rücksprung und Stapelzeiger um zahl erhöhen

Bild 4-35: Unterprogrammbefehle

Für die CALL-Befehle (CALL gleich rufe) gelten die gleichen Adressierungsarten wie für JMP-Befehle, jedoch fehlt die kurze direkte Adressierung mit einem 8-Bit-Abstand (displacement). Ein besonderes Problem ist der Rücksprungbefehl RET (RETurn gleich kehre zurück), mit dem das Unterprogramm an die Stelle des Aufrufs zurückkehrt. Die Assemblersprache kennt nur einen symbolischen Befehl RET, obwohl es zwei verschiedene Codes für Rücksprünge gibt. Bei einem Rücksprung aus einem intrasegment aufgerufenen Unterprogramm ist nur ein Wort mit dem Offset aus dem Stapel zurückzuholen (RET-Code C3H). Bei einem Rücksprung aus einem intersegment aufgerufenen Unterprogramm sind zwei Wörter mit dem Offset und der Segmentadresse zurückzuholen (RET-Code CBH). Die Assemblersprache stellt zur Unterscheidung dieser beiden Fälle die Hilfsanweisung PROC zur Verfügung, mit der der Typ des Unterprogramms festgelegt wird. Beispiele:

name   PROC   NEAR   kennzeichnet ein Intrasegment-Unterprogramm

name   PROC   FAR   kennzeichnet ein Intersegment-Unterprogramm

Ohne eine PROC-Anweisung können Unterprogramme wie Sprungziele einfach durch einen Doppelpunkt ":" hinter dem Namen gekennzeichnet werden. In diesem Fall wird immer ein Intrasegment-Rücksprung verwendet. Beispiel:

name: 1. Befehl   Intrasegment-Unterprogramm

      RET   Ruecksprung aus einem Intrasegment-Unterprogramm

Für die Übergabe von Daten (Parametern) zwischen dem Haupt- und dem Unterprogramm verwendet man meist Prozessorregister wie z.B. das AL-Register in den bereits erwähnten Ein/Ausgabeunterprogrammen. Erfolgt die Übergabe von Parametern über den Stapel, so muß nach dem Rücksprung der Stapelzeiger wieder um die Länge der Parameterliste erhöht werden. Daher kann der RET-Befehl im Operandenteil eine Zahl enthalten, um die der Stapelzeiger nach dem Rücksprung zusätzlich erhöht wird. Beispiel:

      RET 4   Erhoehe den Stapelzeiger nach dem Ruecksprung um 4

Neben den bisher behandelten internen Unterprogrammen, die zusammen mit dem Hauptprogramm in einem Assembleraufruf übersetzt werden, gibt es auch externe Unterprogramme, für deren Übersetzung ein getrennter Assemblerlauf erforderlich ist. Die Verbindung eines Hauptprogramms mit externen Unterprogrammen übernimmt der Linker (Binder) des Betriebssystems.

Der folgende Abschnitt zeigt Beispiele und Anwendungen der Sprungbefehle und Unterprogramme.

4.6   Verzweigungen und Schleifen

Für eine Programmverzweigung sind zwei Schritte erforderlich:

1. Sprungbedingung untersuchen:
Zuerst wird die Sprungbedingung z.B. durch einen Test- oder Vergleichsbefehl untersucht. Die Befehlslisten enthalten Angaben, welche Bitpositionen des Prozessorstatusregisters dabei entsprechend dem Ergebnis gesetzt bzw. rückgesetzt werden oder unverändert bleiben.

2. Sprungbedingung auswerten:
Dann werden die Bedingungsbits durch einen bedingten Sprungbefehl ausgewertet. Dabei ist genau zu prüfen, ob und welche Bedingungsbits im ersten Schritt verändert wurden. Man beachte, daß z.B. die bisher behandelten Befehle zur Datenübertragung (MOV, XCHG und IN) die Bedingungsbits **nicht** verändern. Zwischen einem Lade- und einem bedingten Sprungbefehl **muß** also noch ein Test- oder Vergleichsbefehl liegen.

Bei Schleifen unterscheidet man bedingte Schleifen und Schleifen ohne Abbruchbedingung, die durch ein Reset oder einen Interrupt beendet werden müssen. Zur Untersuchung der Abbruchbedingung sind ebenfalls zwei Schritte erforderlich:

1. Abbruchbedingung z.B. durch einen Zählbefehl untersuchen.
2. Abbruchbedingung durch einen bedingten Sprung auswerten.

4.6.1 Die Vergleichs-, Test- und Schiebebefehle

Befehl	Operand	OSZAPC	Wirkung
CMP	oper1,oper2	xxxxxx	Bilde die Differenz oper1 - oper2
TEST	oper1,oper2	0xx?x0	Bilde das logische Produkt oper1 UND oper2
RCL	oper,1	x x	Schiebe oper und C-Bit 1 Bit zyklisch links
RCR	oper,1	x x	Schiebe oper und C-Bit 1 bit zyklisch rechts

Bild 4-36: Befehle für Programmverzweigungen

Für die Vorbereitung einer Programmverzweigung können alle datenverarbeitenden Befehle dienen, die Bedingungsbits verändern. **Bild 4-36** zeigt die Befehle, die besonders auf die Untersuchung von Registern und Speicherstellen zugeschnitten sind.

Der **Vergleichsbefehl** CMP (CoMPare gleich Vergleiche) führt eine Testsubtraktion durch und subtrahiert vom ersten Operanden den zweiten Operanden. Beide Operanden bleiben **unverändert** erhalten, die Differenz verändert alle Bedingungsbits, so daß nach einem Vergleichsbefehl alle bedingten Sprungbefehle verwendet werden können. Beispiel.

```
MOV    AL,2AH       Lade das AL-Register mit der Konstanten 2AH
CMP    AL,'*'       Bilde die Differenz AL - Konstante (ASCII-Code 2AH)
JZ     EXIT         Bei Differenz Null springe nach EXIT
```

Bei der Ausführung des Vergleichsbefehls hat das AL-Register den hexadezimalen Inhalt 2AH. Die Codierung des ASCII-Zeichens "*" ist ebenfalls 2AH. Die Differenz hinterläßt folgende Bedingungsbits:

O-Bit = 0: kein Überlauf
S-Bit = 0: Differenz positiv
Z-Bit = 1: da die Differenz Null ist
C-Bit = 0: kein Übertrag

Da die Differenz Null ist, wird der bedingte Sprung ausgeführt. Das AL-Register hat unverändert den hexadezimalen Inhalt 2AH.

Der **Testbefehl** TEST bildet bitweise das logische UND zwischen den beiden Operanden; beide Operanden bleiben jedoch unverändert erhalten. Der Befehl dient zur Untersuchung bestimmter Bitpositionen eines Bitmusters. Das Ergebnis einer logischen UND-Operation wird auch als logisches Produkt bezeichnet.

In den Bitpositionen, in denen die Maske ein Einerbit enthält, werden die Bit-positionen des Musters in das logische Produkt übernommen; in den Bitpositio-nen, in denen die Maske ein Nullbit enthält, werden die Bitpositionen des logischen Produktes gelöscht. Das folgende Beispiel testet die wertniedrigste Bitposition B0 des AL-Registers:

```
MOV    AL,70H      Lade AL mit dem Bitmuster  0111 0000
TEST   AL,01H      Teste AL mit der UND-Maske 0000 0001
JZ     LOOP        Springe nach LOOP, wenn das Ergebnis Null ist
```

Das logische Produkt des zu untersuchenden Bitmusters und der Maske ist das Muster 0000 0000, das in allen Bitpositionen Null ist. Die Bedingungsbits haben folgenden Zustand:

O-Bit = 0: konstant bei allen logischen Befehlen
S-Bit = 0: da das Vorzeichenbit B7 = 0 ist
Z-Bit = 1: da das logische Produkt 0 ist
P-Bit = 1: da die Summe aller Einerbits 0 (gerade) ist
C-Bit = 0: konstant bei allen logischen Befehlen

Durch die Maske 0000 0001 wurde nur die wertniedrigste Bitposition B0 des AL-Registers untersucht. Da sie 0 ist, wird der Sprung ausgeführt. Der Inhalt des AL-Registers bleibt unverändert erhalten.

Die beiden **Schiebebefehle** RCL (Rotate through Carry Left gleich schiebe zyklisch links durch das Carrybit) und RCR (Rotate through Carry Right gleich schiebe zyklisch rechts durch das Carrybit) dienen ebenfalls zur Untersuchung einzelner Bits. Dabei wird die zu untersuchende Bitposition in das Carrybit geschoben und mit den bedingten Sprüngen JC (springe bei Carry = 1) bzw. JNC (springe bei Carry = 0) ausgewertet. Im Gegensatz zu den Vergleichs- und Testbefehlen wird der Inhalt des verschobenen Registers oder der verschobenen Speicherstelle verändert. Das folgende Beispiel untersucht die wertniedrigste Bitposition B0 des AL-Registers:

```
CLC                Loesche das Carrybit C = 0
MOV    AL,70H      Lade AL mit dem Bitmuster 0111 0000
RCR    AL,1        Schiebe AL um 1 Bit zyklisch rechts
JNC    NULL        Springe nach NULL, wenn das Carrybit 0 ist
```

Die Verschiebung ergibt das Bitmuster 0011 1000 mit Carry = 0. Der Sprung wird ausgeführt, da das Carrybit 0 ist. Der neue Inhalt des AL-Registers ist 38H.

```
            Senderstatus
                     |
    Statusregister   |              ↓  ↓  ↓
  ┌──┬──┬──┬──┬──┬──┬──┬──┐      ┌──┬──┬──┬──┬──┬──┬──┬──┐  Eingabeport
  │B7│B6│B5│B4│B3│B2│B1│B0│      │B7│B6│B5│B4│B3│B2│B1│B0│
  └──┴──┴──┴──┴──┴──┴──┴──┘      └──┴──┴──┴──┴──┴──┴──┴──┘
  Adresse 02H          B0=0: belegt   Adresse 300H
                       B0=1: frei      B7=1: * ausgeben
                                       B6=1: ? ausgeben
                                       B5=1: : ausgeben
```

```
┌──────────────────────────────────────────────────┐
│  ┌──────────────────────────────────────────────┐ │
│  │  bis Senderstatus = 0                         │ │
│  │  ┌────────────────────────────────────────┐  │ │
│  │  │  Statusregister lesen                  │  │ │
│  │  └────────────────────────────────────────┘  │ │
│  │                                               │ │
│  │     Eingabeport lesen                         │ │
│  │  ┌──────────────────────────────────────────┐│ │
│  │  │ B7=1                                      ││ │
│  │  │      B6=1                                 ││ │
│  │  │           B5=1      sonst.                ││ │
│  │  │    *      ?      :                        ││ │
│  │  │                        ─────────>         ││ │
│  │  │  ausg.  ausg.  ausg.   weiter             ││ │
│  │  └──────────────────────────────────────────┘│ │
│  └──────────────────────────────────────────────┘ │
└────────────────────────────────────────────────────┘
```

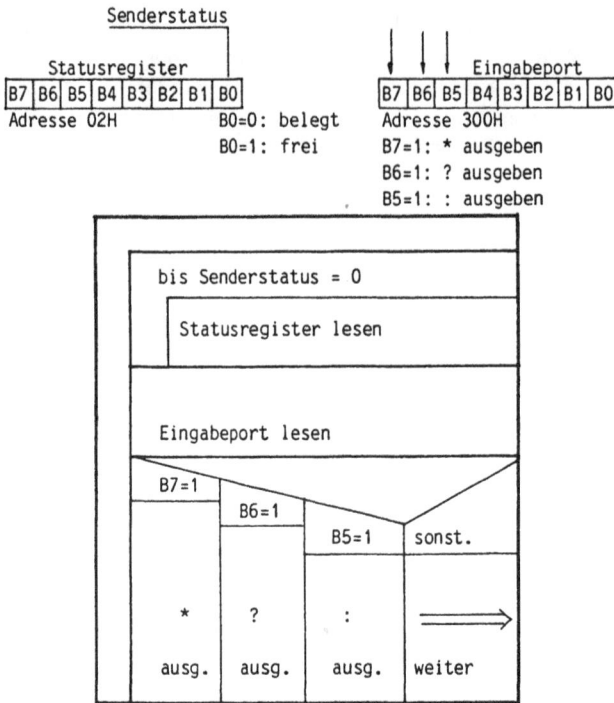

Bild 4-37: Auswertung einzelner Bitpositionen

```
        ; BILD 4-38  AUSWERTUNG VOM BITPOSITIONEN
        PROG    SEGMENT             ; PROGRAMMSEGMENT
                ASSUME  CS:PROG,DS:PROG,ES:PROG,SS:PROG
                ORG     100H        ; PROGRAMMBEREICH
        START:  IN      AL,02H      ; STATUS LESEN
                TEST    AL,01H      ; MASKE 0000 0001
                JZ      START       ; B0 = 0: WARTEN
        ; EINGABESIGNALE SCHALTER AUSWERTEN
                MOV     DX,300H     ; 16-BIT-PORTADRESSE LADEN
                IN      AL,DX       ; EINGABESIGNALE LESEN
                RCL     AL,1        ; B7 NACH CARRYBIT
                JNC     MARK1       ; CARRY = 0: WEITER
                MOV     AL,'*'      ; CARRY = 1: * LADEN
                OUT     00,AL       ; * AUSGEBEN
                JMP     START       ; SCHLEIFE
        MARK1:  RCL     AL,1        ; B6 NACH CARRYBIT
                JNC     MARK2       ; CARRY = 0: WEITER
                MOV     AL,'?'      ; CARRY = 1: ? LADEN
                OUT     00,AL       ; ? AUSGEBEN
                JMP     START       ; SCHLEIFE
        MARK2:  RCL     AL,1        ; B5 NACH CARRYBIT
                JNC     MARK3       ; CARRY = 0: WEITER
                MOV     AL,':'      ; CARRY = 1: : LADEN
                OUT     00,AL       ; : AUSGEBEN
                JMP     START       ; SCHLEIFE
        MARK3:  JMP     START       ; KEINE AUSGABE
        PROG    ENDS                ; ENDE DES SEGMENTES
                END     START       ; ENDE DES PROGRAMMS
```

Bild 4-38: Programmbeispiel: Auswertung von Bitpositionen

Das in **Bild 4-37** dargestellte Beispiel zeigt eine Aufgabe, bei der einzelne Bitpositionen ausgewertet werden müssen. Die wertniedrigste Bitposition B0 des Statusregisters der Serienschnittstelle (Portadresse 02H) gibt an, ob der Sender belegt ist (B0 = 0) oder frei zur Übertragung ist (B0 = 1). Ist er frei, so sind die Bitpositionen B7, B6 und B5 eines binären Eingabeports (Portadresse 300H) zu untersuchen. Je nach Eingabe ist entweder ein "*" oder ein "?" oder ein ":" auszugeben. Sind mehrere Eingabesignale 1, so haben die werthöheren Signale Vorrang. Liegt keines der drei Signale auf 1, so werde auch kein Zeichen ausgegeben. Die fünf wertniederen Eingänge haben keine Bedeutung. **Bild 4-38** zeigt das Assemblerprogramm.

Das Senderbit des Statusregisters wird in einer Warteschleife mit einem Testbefehl und der Maske 0000 0001 untersucht. Für die auf der Portadresse 300H liegenden binären Eingabesignale werden drei Schiebebefehle RCL verwendet, die die drei zu untersuchenden Bitpositionen nacheinander in das Carrybit schieben. Entsprechend der Aufgabenstellung wird das werthöchste Bit B7 zuerst untersucht. Die Schleife hat kein Ende und muß mit einem Reset oder Interrupt abgebrochen werden.

Code	30H	31H	32H	33H	34H	35H	36H	37H	38H	39H
Ziffer	0	1	2	3	4	5	6	7	8	9

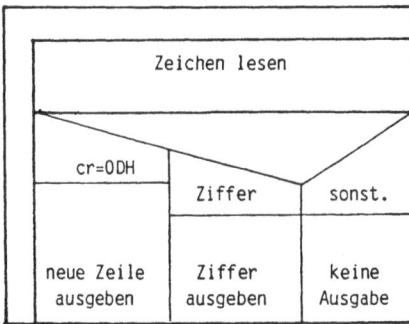

Bild 4-39: Untersuchung von ASCII-Zeichen

Bei der Übertragung von Texten (Buchstaben, Ziffern und Sonderzeichen) zwischen einem Bedienungsterminal und einem Computer wird der ASCII-Code verwendet. ASCII ist eine Abkürzung für American Standard Code for Information Interchange und bedeutet etwa "Amerikanischer Standardcode für Informationsübertragung". **Bild 4-39** zeigt die Kodierung der Ziffern von 0 bis 9. Alle Codes unter 20H, dem Leerzeichen, sind Steuerzeichen. Dazu gehören der Wagenrücklauf (cr für Carriage Return) mit dem Code 0DH und der Zeilenvorschub (lf für Line Feed) mit dem Code 0AH. Bei der Eingabe kann das Terminal entwe-

der die von der Tastatur eingegebenen Zeichen automatisch auch auf dem Bildschirm anzeigen (Local Echo) oder der Rechner muß die empfangenen Zeichen
wieder zurücksenden (Host Echo). Das Beispielprogramm soll im Echobetrieb
nur die Ziffern von 0 bis 9 zurücksenden, alle anderen Zeichen sollen unterdrückt werden. Bei einem Wagenrücklauf ist noch zusätzlich ein Zeilenvorschub auszugeben.

```
; BILD 4-40  ZEICHENVERGLEICH
PROG    SEGMENT        ; PROGRAMMSEGMENT
        ASSUME  CS:PROG,DS:PROG,ES:PROG,SS:PROG
        ORG     100H   ; BEFEHLSBEREICH
START:  CALL    EINZ   ; ZEICHEN NACH AL LESEN
        CMP     AL,0DH ; CR - WAGENRUECKLAUF ?
        JNZ     NEXT   ; NEIN: WEITER
        CALL    AUSZ   ; JA: AUSGEBEN
        MOV     AL,0AH ; LF - ZEILENVORSCHUB
        CALL    AUSZ   ; DAZU AUSGEBEN
        JMP     START  ; SCHLEIFE
NEXT:   CMP     AL,'0' ; ZIFFER 0 ?
        JB      START  ; KLEINER: KEINE AUSGABE
        CMP     AL,'9' ; ZIFFER 9 ?
        JA      START  ; GROESSER: KEINE AUSGABE
        CALL    AUSZ   ; WAR ZIFFER: AUSGEBEN
        JMP     START  ; NEUER SCHLEIFENDURCHLAUF
; SYSTEMPROGRAMME
EINZ:   INT     11H    ; EINGABE NACH AL
        RET            ; RUECKSPRUNG
AUSZ:   INT     17H    ; AUSGABE AUS AL
        RET            ; RUECKSPRUNG
PROG    ENDS           ; EDNE DES SEGMENTES
        END     START  ; ENDE DES PROGRAMMS
```

Bild 4-40: Programmbeispiel: Zeichenvergleich

Bei der Abfrage auf ein bestimmtes Zeichen wie z.B. den Wagenrücklauf mit
dem Code 0DH wird der Vergleichsbefehl CMP zusammen mit einem der bedingten Sprungbefehle verwendet, die das Z-Bit (Nullbit) auswerten. Bei der Abfrage auf einen Bereich wie z.B. den der Ziffern von 30H bis 39H werden die
bedingten Sprungbefehle JB (springe bei kleiner) und JA (springe bei größer)
verwendet. Sie beziehen sich auf die Differenz bzw. auf die Frage: "Ist der
erste Operand kleiner bzw. größer als der zweite Operand ?". Dabei ist zu beachten, daß Bitmuster wie ASCII-Zeichen als vorzeichenlose Dualzahlen anzusehen sind.

Die Test- und Vergleichsbefehle lassen sich auf alle bei den MOV-Befehlen
erklärten Adressierungsarten anwenden. Für die Schiebebefehle zeigt der Abschnitt 4.8 Datenverarbeitung die Möglichkeit, die Zahl der Schiebeoperationen
durch den Inhalt des CX-Registers zu bestimmen.

4.6.2 Die Zähl- und Schleifenbefehle

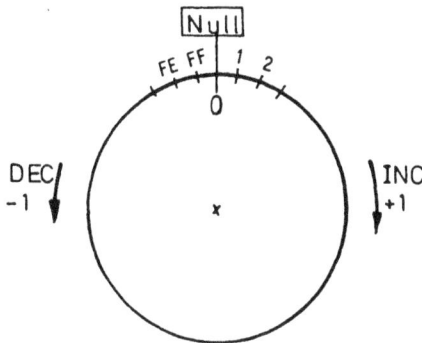

Befehl	Operand	OSZAPC	Wirkung
INC	register	xxxxx	Erhöhe Byteregister oder Wortregister um 1
INC	speicher	xxxxx	Erhöhe Speicherbyte oder Speicherwort um 1
DEC	register	xxxxx	Vermindere Byte- oder Wortregister um 1
DEC	speicher	xxxxx	Vermindere Speicherbyte oder -wort um 1

Bild 4-41: Zahlenkreis und Zählbefehle

Zählen bedeutet, eine Zahl durch Inkrementieren um 1 zu erhöhen oder durch Dekrementieren um 1 zu vermindern. Alle in diesem Abschnitt behandelten Zähler werden entsprechend **Bild 4-41** als vorzeichenlose Dualzahlen angesehen. Der größte Wert eines 8-Bit-Zählers ist hexadezimal 0FFH oder 255 dezimal. Der größte Wert eines 16-Bit-Zählers ist hexadezimal 0FFFFH oder 65 535 dezimal.

Beim Aufwärtszählen folgt auf den größten Wert (z.B. 0FFH oder 255 dezimal) wieder der kleinste Wert 0. Entsprechend folgt beim Abwärtszählen auf den kleinsten Wert 0 nicht die -1, sondern der größte Wert (z.B. 0FFH oder 255). Die Zählbefehle lassen sich sowohl auf Bytes (8 Bit) als auch auf Wörter (16 Bit) anwenden. Bei in Registern laufenden Zählern und direkt adressierten Speicherstellen wird die Größe des Zählers durch den Operanden bestimmt. Beispiele:

```
        MOV    AH,255        Lade AH mit der Dezimalzahl 255
MARK:   DEC    AH            Vermindere AH (8-Bit-Zaehler) um 1
        JNZ    MARK          Springe bei AH ungleich Null nach MARK

COUN    DW     ?             Reserviere ein Speicherwort COUN

        MOV    COUN,65535    Lade das Speicherwort COUN mit 65535 dezimal
LOOP:   DEC    COUN          Vermindere den 16-Bit-Zaehler COUN um 1
        JNZ    LOOP          Springe bei COUN ungleich Null nach LOOP
```

Für die Kontrolle einer bestimmten Anzahl von Schleifendurchläufen benutzt man vorzugsweise Abwärtszähler, die beim Endwert Null abgebrochen werden. Da die Zählbefehle alle Bedingungsbits verändern, kann auf einen DEC-Befehl sofort die Abfrage auf Null erfolgen. Als Beispiel sollen 80 Fragezeichen ausgegeben werden:

```
        MOV     CX,80     Lade CX mit der Zahl der Schleifendurchlaeufe
        MOV     AL,'?'    Lade AL mit dem Ausgabezeichen
LOOP:   CALL    AUSZ      Unterprogramm Zeichen aus AL ausgeben
        DEC     CX        Zaehler um 1 vermindern
        JNZ     LOOP      Mache weiter bis Zaehler Null
```

Soll ein Zähler bei einem bestimmten Endwert ungleich Null abgebrochen werden, so verwendet man vorzugsweise einen Vergleichsbefehl für die Kontrolle der Zählschleife. Als Beispiel soll ein Aufwärtszähler von 1000H bis 17FFH laufen:

```
        MOV     BX,1000H  Anfangswert 1000H nach Zaehlregister
LOOP:   CMP     BX,17FFH  Mit Endwert vergleichen
        JAE     EXIT      Verlasse die Schleife bei groesser oder gleich
        NOP               Platzhalter fuer Verarbeitungsbefehl
        INC     BX        Zaehler um 1 erhoehen
        JMP     LOOP      Schleife
EXIT:
```

Das Beispiel zeigt eine abweisende (bedingte) Schleife vom Typ DO . . . WHILE. Ist die Laufbedingung nicht erfüllt, so wird die Schleife nicht begonnen. **Bild 4-42** zeigt ein Beispiel für zwei ineinander geschachtelte Zählschleifen. Die äußere Schleife erzeugt 25 Zeilen. Die innere Schleife gibt auf jeder Zeile die Ziffern von 0 bis 9 im ASCII-Code aus.

Beide Schleifen werden als Zählschleifen vom Anfangswert bis zum Endwert dargestellt, ohne auf die Konstruktion der Schleife näher einzugehen. **Bild 4-43** zeigt ihre Ausführung.

Die äußere Zeilenschleife läuft im AH-Register abwärts von 25 bis Null. Sie wird am Ende eines Durchlaufs durch die Befehle DEC AH und JNZ LOOP1 kontrolliert und ist daher eine Wiederholungsschleife vom Typ REPEAT . . . UNTIL mit mindestens einem Durchlauf. Das gleiche gilt für die innere Schleife, die als Aufwärtszähler von 30H bis 39H läuft und dabei die Ziffern von 0 bis 9 ausgibt.

```
1.Zeile:  0123456789
2.Zeile:  0123456789
3.Zeile:  0123456789
4.Zeile:       ⋮
     ⋮         ⋮
25.Zeile: 01234567890
```

```
von 1 bis 25

    neue Zeile (cr und lf)

    von 30H bis 39H

        Zeichen  ausgeben
```

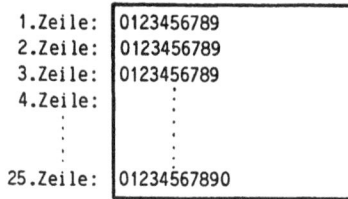

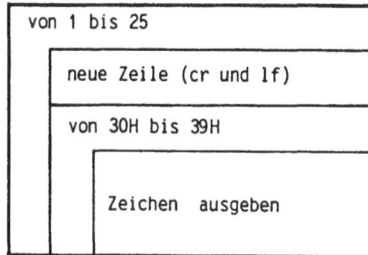

Bild 4-42: Geschachtelte Zählschleifen

```
; BILD 4-43  ZAEHLSCHLEIFEN
PROG      SEGMENT          ; PROGRAMMSEGMENT
          ASSUME  CS:PROG,DS:PROG,ES:PROG,SS:PROG
          ORG     100H     ; BEFEHLSBEREICH
START:    MOV     AH,25    ; ZEILENZAEHLER
LOOP1:    MOV     AL,0DH   ; NEUE ZEILE CR
          CALL    AUSZ     ;
          MOV     AL,0AH   ; NEUE ZEILE LF
          CALL    AUSZ     ;
          MOV     AL,30H   ; 1. ZEICHEN ZIFFER 0
LOOP2:    CALL    AUSZ     ; ZIFFER AUSGEBEN
          INC     AL       ; NAECHSTE ZIFFER
          CMP     AL,39H   ; LETZTE ZIFFER 9 ?
          JBE     LOOP2    ; KLEINER/GLEICH: WEITER
          DEC     AH       ; ZEILENZAEHLER - 1
          JNZ     LOOP1    ; BIS ZUR LETZTEN ZEILE
          JMP     EXIT     ; LETZTE ZEILE AUSGEGEBEN
; SYTEMPROGRAMME
AUSZ:     INT     17H      ; ZEICHEN AUS AL AUSGEBEN
          RET              ; RUECKSPRUNG
EXIT:     INT     10H      ; RUECKKEHR MONITOR
PROG      ENDS             ; ENDE DES SEGMENTES
          END     START    ; ENDE DES PROGRAMMS
```

Bild 4-43: Programmbeispiel: Zählschleifen

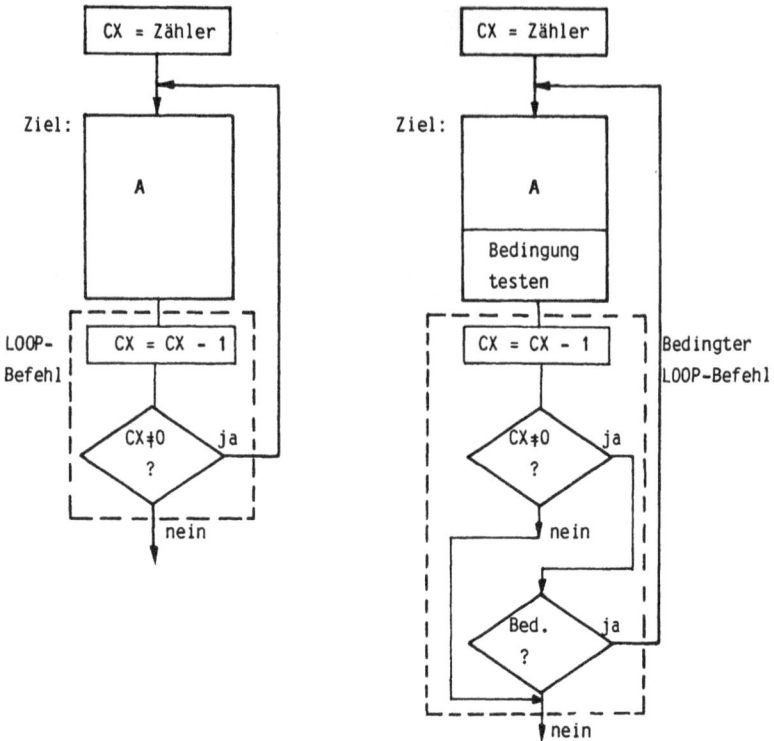

Befehl	Operand	OSZAPC	Wirkung
JCXZ	ziel		Springe wenn CX-Register gleich Null
LOOP	ziel		CX = CX - 1 und springe wenn CX ungleich Null
LOOPZ	ziel		CX = CX - 1 springe wenn CX≠0 **UND** Ergebnis=0
LOOPE	ziel		wie LOOPZ
LOOPNZ	ziel		CX = CX - 1 springe wenn CX≠0 **UND** Ergebnis=0
LOOPNE	ziel		wie LOOPNZ

Bild 4-44: Die Schleifenbefehle

Für die Kontrolle einer Zählschleife, die von einem Anfangswert bis zum Endwert Null läuft, sind zwei Befehle erforderlich: ein Dekrementierbefehl DEC
und ein bedingter Sprung JNZ. Die in **Bild 4-44** zusammengefaßten Schleifenbefehle LOOP lassen sich nur auf das CX-Register als Durchlaufzähler anwenden und enthalten die beiden Operationen "Dekrementiere" und "Springe bedingt". Dabei bleiben im Gegensatz zum DEC-Befehl die Bedingungsbits unverändert; der Inhalt des CX-Registers wird durch einen besonderen Vergleicher
auf Null geprüft. Dies trifft auch auf den Befehl JCXZ zu, der nur dann zum
Sprungziel verzweigt, wenn der Inhalt des CX-Registers unabhängig von den Bedingungsbits Null ist. Man beachte, daß der Befehl JCXZ und alle LOOP-Befeh-

le wie die bedingten Sprungbefehle nur mit einem 8-Bit-Abstand (Displacement) im Adreßteil arbeiten und daher nur +127 Bytes vorwärts bzw. -128 Bytes rückwärts springen können.

Die LOOP-Befehle ergeben Wiederholungsschleifen vom Typ REPEAT . . . UNTIL mit mindestens einem Durchlauf. Beginnt man eine solche Schleife mit dem Anfangswert Null im CX-Register, so wird die Schleife nicht Null mal, sondern 65 536 mal durchlaufen, weil der Dekrementierbefehl vor dem bedingten Sprung liegt. Bei einer variablen Zahl von Durchläufen sollte man diesen Fall vor dem Eintritt in die Schleife mit dem Befehl JCXZ abfangen. Die bedingten LOOP-Befehle enthalten zusätzlich zum Durchlaufzähler im CX-Register eine zweite Laufbedingung, die das Z-Bit des Bedingungsregisters auswertet. Mit Hilfe des JCXZ-Befehls ist es möglich, am Ende der Schleife zwischen den beiden Abbruchbedingungen zu unterscheiden. Das folgende Beispiel liest eine variable Zahl von Zeichen. Die Schleife wird durch Eingabe eines Zeichen "$" vorzeitig beendet.

```
        MOV    CX,VAR     Lade das Zaehlregister CX mit einer Variablen
        JCXZ   NULL       Ueberspringe die Schleife fuer Zaehler Null
MARK:   CALL   EINZ       Zeichen nach AL lesen
        CALL   AUSZ       Zeichen aus AL im Echo ausgeben
        CMP    AL,'$'     Vergleiche das gelesene Zeichen mit einem "$"
        LOOPNE MARK       Schleife fuer CX ungleich 0 UND kein "$"
        JCXZ   NULL       Springe wenn Zaehler Null ist
DOLL:                     Abbruch der Schleife mit Zeichen "$"

NULL:                     Abbruch der Schleife bei Zaehler Null
```

```
; BILD 4-45  SCHLEIFENBEFEHLE
PROG     SEGMENT         ; PROGRAMMSEGMENT
         ASSUME  CS:PROG,DS:PROG,ES:PROG,SS:PROG
         ORG     100H    ; BEFEHLSBEREICH
START:   MOV     CX,25   ; ZEILENZAEHLER
MARK:    CALL    ZEILE   ; ZEILE MIT CR LF UND ZIFFERN 0 - 9
         LOOP    MARK    ; BIS CX = 0
         JMP     EXIT    ; RUECKSPRUNG MONITOR
; UNTERPROGRAMM
ZEILE:   MOV     AL,0DH  ; CR WAGENRUECKLAUF
         CALL    AUSZ    ; AUSGEBEN
         MOV     AL,0AH  ; LF ZEILENVORSCHUB
         CALL    AUSZ    ; AUSGEBEN
         MOV     AH,10   ; ZEICHENZAEHLER
         MOV     AL,'0'  ; 1. ZEICHEN ZIFFER 0
ZEILE1:  CALL    AUSZ    ; ZEICHEN AUSGEBEN
         INC     AL      ; NAECHSTES ZEICHEN BERECHNEN
         DEC     AH      ; ZEICHENZAEHLER - 1
         JNZ     ZEILE1  ; BIS ZEICHENZAEHLER NULL
         RET             ; RUECKSPRUNG HAUPTPROGRAMM
; SYTEMPROGRAMME
AUSZ:    INT     17H     ; ZEICHEN AUS AL AUSGEBEN
         RET             ; RUECKSPRUNG
EXIT:    INT     10H     ; RUECKKEHR MONITOR
PROG     ENDS            ; ENDE DES SEGMENTES
         END     START   ; ENDE DES PROGRAMMS
```

Bild 4-45: Programmbeispiel: Schleifenbefehl und Unterprogramm

Bild 4-45 zeigt die in Bild 4-42 dargestellte Aufgabe mit dem LOOP-Befehl und einem Unterprogramm ZEILE, das jeweils eine Zeile auf dem Bildschirm ausgibt. In beiden Schleifen ist die Zahl der Schleifendurchläufe fest vorgegeben, so daß auf eine besondere Kontrolle der Laufbedingung vor dem Eintritt in die Schleife verzichtet werden kann. Durch den Schleifenbefehl LOOP und das Unterprogramm ZEILE wird das Programm übersichtlicher. Da der Befehlssatz der 8086-Prozessoren nur einen LOOP-Befehl für das CX-Register kennt, mußte die innere Zählschleife mit dem AH-Register aufgebaut werden.

4.6.3 Übungen zum Abschnitt Verzweigungen und Schleifen

1.Aufgabe:
Man entwickle ein Programm, das Zeichen von der Eingabetastatur liest und zur Ausgabe auf dem Bildschirm wieder zurücksendet. Nach der Eingabe von jeweils fünf Zeichen sind zusätzlich die Zeichen für Wagenrücklauf (Code 0DH) und Zeilenvorschub (Code 0AH) auszugeben. Steuerzeichen mit einem Code kleiner 20H werden nicht wieder zurückgesendet und sind daher unwirksam. Das Zeichen "$" beende das Programm und kehre in den Monitor zurück. Die Eingabe und Ausgabe erfolge mit eigenen Unterprogrammen, die direkt mit der Serienschnittstelle 8251A arbeiten. Das Statusregister hat die Portadresse 02H, das Datenregister hat die Portadresse 00H. Ist das wertniedrigste Bit B0 des Statusregisters 0, so ist der Sender nicht bereit. Ist die Bitposition B1 des Statusregisters 0, so ist noch kein Zeichen empfangen worden.

2.Aufgabe:
Man entwickle ein Programm, das alle eingegebenen Kleinbuchstaben von "a" bis "z" in Großbuchstaben "A" bis "Z" verwandelt. Die Umwandlung geschieht durch die Maske 1101 1111 und den Befehl AND AL,0DFH, der die Bitposition B5 immer 0 setzt. Erscheint ein Wagenrücklauf (Code 0DH), so ist zusätzlich ein Zeilenvorschub (Code 0AH) auszugeben. Die Schleife soll mit dem Zeichen "$" abgebrochen werden.

3.Aufgabe:
Man gebe 25 Zeilen auf dem Bildschirm aus. Jede Zeile beginne mit einem Wagenrücklauf und einem Zeilenvorschub und enthalte 80 Zeichen "*".

4.7   Die Adressierung von Speicherbereichen

Bei der bisher behandelten direkten Adressierung wurde die Adresse als Abstand zum Segmentregister (Offset) hinter dem Funktionscode des Befehls abgelegt. Sie mußte bereits zur Programmierzeit bekannt sein und konnte während des Programmlaufes nicht mehr verändert werden. Bei der in diesem Abschnitt behandelten indirekten Adressierung besteht der Befehl nur aus dem Funktionscode. Die Adresse der Speicherstelle steht in einem Adreßregister des Prozessors. Sie kann damit z.B. durch Zählbefehle in einer Schleife laufend verändert werden.

Die Berechnung von Adressen zur Laufzeit des Programms wird bei anderen Herstellern nicht als indirekte Adressierung, sondern als indizierte Adressierung bezeichnet. Indirekte Adressierung bedeutet dann bei diesen Herstellern, daß sich die Datenadresse in einer Speicherstelle befindet. Die durch den Befehl adressierte Speicherstelle enthält also nicht die Daten, sondern die Adresse der Daten. Diese Adressierungsart ist bei den Prozessoren der 8086-Familie nicht vorgesehen.

4.7.1   Die Adreßregister der 8086-Prozessoren

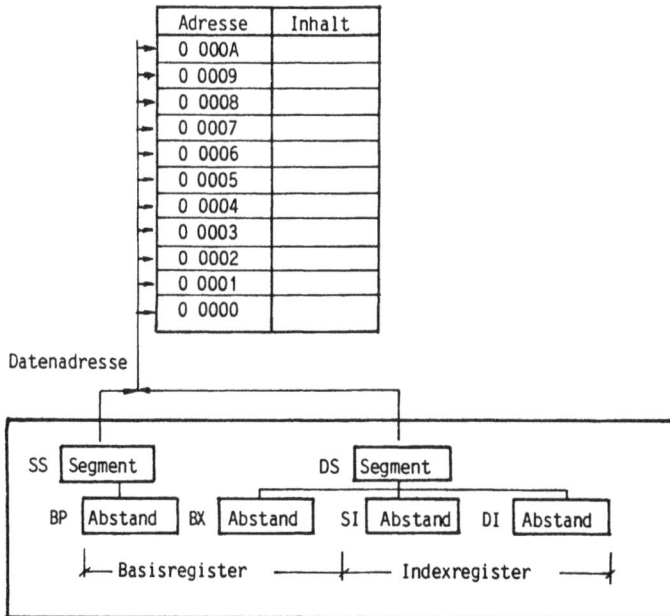

Bild 4-46: Die Adreßregister der 8086-Prozessoren

Die in **Bild 4-46** dargestellten Adreßregister unterteilt man in Basisregister (BX und BP) und Indexregister (SI und DI). Der Basiszeiger (Basepointer) BP wird vorzugsweise zur Adressierung von Speicherstellen verwendet, die sich im Stapel befinden, und bildet daher die physikalische Speicheradresse zusammen mit dem Stapelsegmentregister SS. Die drei anderen Adreßregister BX, SI und DI adressieren im Datensegment liegende Speicherstellen und arbeiten daher mit dem Datensegmentregister DS zusammen. Bei den Stringbefehlen (Abschnitt 4.7.3) gibt es eine Ausnahme. **Nur** bei den Stringbefehlen arbeitet das DI-Register mit dem Extrasegmentregister ES zusammen. Außer bei den Stringbefehlen läßt sich diese automatische Zuordnung eines Segmentregisters durch einen Segmentvorsatz ändern.

Bei den bisherigen Beispielen enthielt der Operandenteil der Befehle entweder eine Konstante oder eine Adresse. Beispiele:

```
TEST   DW    1234H      Speicherwort TEST enthaelt den Wert 1234H

       MOV   AX,1234H   Lade das AX-Register mit der Konstanten 1234H
       MOV   AX,TEST    Lade das AX-Register dem Inhalt von TEST
```

Bild 4-47 zeigt zwei Möglichkeiten, nicht den Inhalt einer Speicherstelle, sondern ihre Adresse (Offset) in ein Wortregister zu laden.

Befehl	Operand	OSZAPC	Wirkung
MOV	wreg,OFFSET adr.		Lade Wortregister mit Adresse (Offset)
LEA	wreg,adresse		Lade Wortregister mit der effektiven Adresse

Bild 4-47: Befehle zum Laden von Adressen

Der Operator OFFSET lädt nicht den Inhalt, sondern den Abstand (Offset) einer Speicherstelle. Das folgende Beispiel lädt das BX-Register mit der Adresse des Speicherwortes TEST und benutzt anschließend das BX-Register zur indirekten Adressierung:

```
MOV   BX,OFFSET TEST   Lade BX mit der Adresse (Offset) von TEST
MOV   AX,[BX]          Lade AX mit dem durch BX adressierten Wort
```

Der Befehl LEA bedeutet Load Effective Address gleich "Lade die effektive Adresse". Als effektive Adresse bezeichnet man allgemein das Ergebnis einer Adreßrechnung aus Offset, Basisregister und Indexregister **vor** der Addition der Segmentadresse aus einem Segmentregister. Diese effektive 16-Bit-Adresse wird durch den LEA-Befehl als Zahlenwert in ein Wortregister geladen und nicht zur Adressierung benutzt. Beispiel:

```
LEA    BX,TEST        Lade BX mit der Adresse (Offset) von TEST
MOV    AX,[BX]        Lade AX mit dem durch BX adressierten Wort

LEA    AX,[BX+SI]     Lade AX mit der Summe der Register BX und SI
```

Befindet sich die Adresse einer Speicherstelle in einem Adreßregister, so kann der Assembler nur dann entscheiden, ob ein Speicherbyte oder ein Speicherwort adressiert wird, wenn der zweite Operand ein Register ist. Beispiel:

```
MOV    AL,[BX]        Lade AL mit dem durch BX adressierten Byte
```

Durch die Verwendung des AL-Registers (Byteregister) liegt auch die Länge der durch BX adressierten Speicherstelle als Byte fest. Fehlt dagegen ein zweiter Operand oder wird eine Konstante verwendet, so liefert der Assembler eine Fehlermeldung, wenn der Typ des indirekt adressierten Operanden nicht definiert ist. Beispiele:

```
INC    [BX]           Fehlermeldung, Typ der Speicherstelle unbekannt
MOV    [BX],12H       Fehlermeldung, Typ der Speicherstelle unbekannt
```

Ist der Typ der indirekt adressierten Speicherstelle nicht im Befehl eindeutig festgelegt, so müssen die Operatoren **BYTE PTR** und **WORD PTR** verwendet werden. PTR bedeutet Pointer oder Zeiger. Beispiele:

```
INC WORD PTR [BX]     Erhoehe das durch BX adressierte Speicherwort
MOV BYTE PTR [BX],12H Lade das durch BX adressierte Byte mit 12H
```

4.7.2 Die indirekte Adressierung

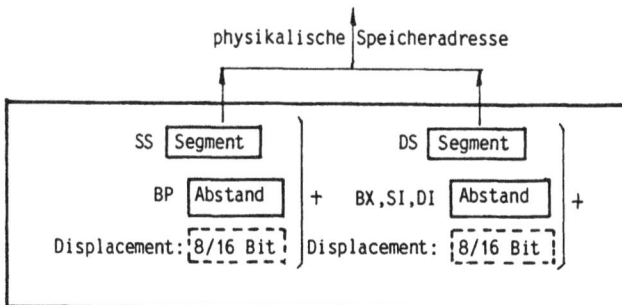

Bild 4-48: Die einfache indirekte Adressierung

Bei der einfachen indirekten Adressierung entsprechend **Bild 4-48** wird die effektive Adresse gebildet aus dem Inhalt eines Adreßregisters (BP, BX, SI oder DI) oder aus dem Inhalt eines Adreßregisters und einer Konstanten (Displacement), die sich im Adreßteil des Befehls befindet. Die folgenden Beispiele adressieren einen Speicherbereich TAB, der mit der Adresse 1000H beginnt.

```
        ORG  1000H        Anfangsadresse des Bereiches
TAB     DB   100 DUP (?)  Reserviere 100 Bytes unter der Adresse TAB
```

Das folgende Beispiel löscht alle 100 Bytes des Bereiches TAB. Die Adresse wird im BX-Register fortlaufend um 1 erhöht. Das CX-Register kontrolliert die Durchläufe des LOOP-Befehls.

```
        LEA  BX,TAB       Lade BX mit der Adresse (Offset) von TAB
        MOV  CX,100       Lade den Durchlaufzaehler
        MOV  AL,00H       Lade AL mit dem Datenbyte 00H
MARK:   MOV  [BX],AL      Lade das durch BX adressierte Byte mit AL
        INC  BX           Erhoehe die Adresse im BX-Register um 1
        LOOP MARK         Schleife bis CX = 0
```

In dem folgenden Beispiel wird die Adresse (Offset) des Bereiches als 16-Bit-Konstante (Displacement) im Adreßteil des Befehls abgelegt. Bei der indirekten Adressierung wird dazu ein Zähler addiert, der im BX-Register laufend erhöht wird.

```
        MOV  BX,0000H     Lade das BX-Register mit der Konstanten 0000H
        MOV  CX,100       Lade den Durchlaufzaehler
        MOV  AL,00H       Lade AL mit dem Datenbyte
MARK:   MOV  TAB[BX],AL   Lade das durch TAB und BX adressierte Datenbyte
        INC  BX           Erhoehe den Zaehler im BX-Register um 1
        LOOP MARK         Schleife bis CX = 0
```

Das folgende Beispiel adressiert mit einer 8-Bit-Konstanten das dritte Byte des Bereiches TAB

```
        LEA  BX,TAB       Lade BX mit der Adresse von TAB (1000H)
        MOV  AL,00H       Lade AL mit dem Datenbyte
        MOV  [BX+2],AL    Lade das durch BX + 2 = 1002 adressierte Byte
```

Die im Adreßteil des Befehls enthaltenen Konstanten (Displacement) sind vorzeichenbehaftete Dualzahlen; 8-Bit-Konstanten werden vorzeichengerecht auf 16 Bit erweitert. **Bild 4-49** zeigt ein Beispiel für die Ausgabe eines Textes, der mit der Anweisung DB im Speicher angelegt wurde und der als frei gewählte Endemarke das Zeichen "$" enthält.

Das Unterprogramm AUSTN gibt einen beliebigen Text auf einer neuen Zeile auf der Konsole aus. Vor seinem Aufruf muß die Anfangsadresse des auszuge-

```
; BILD 4-49  BEISPIEL INDIREKTE ADRESSIERUNG
PROG     SEGMENT          ; PROGRAMMSEGMENT
         ASSUME  CS:PROG,DS:PROG,ES:PROG,SS:PROG
         ORG     200H     ; KONSTANTENBEREICH
TEXT     DB      'GUTEN MORGEN !$'   ; AUSGABETEXT
         ORG     100H     ; BEFEHLSBEREICH
START:   LEA     BX,TEXT  ; LADE ANFANGSADRESSE
         CALL    AUSTN    ; UNTERPROGRAMM TEXTAUSGABE
         JMP     EXIT     ; RUECKKEHR BETRIEBSSYSTEM
; UNTERPROGRAMM TEXTAUSGABE BX=TEXTADRESSE $=ENDEMARKE
AUSTN:   PUSH    AX       ; AX RETTEN
         MOV     AL,0DH   ; WAGENRUECKLAUF
         CALL    AUSZ     ; AUSGEBEN
         MOV     AL,0AH   ; ZEILENVORSCHUB
         CALL    AUSZ     ; AUSGEBEN
AUSTN1:  MOV     AL,[BX]  ; ZEICHEN INDIREKT LADEN
         CMP     AL,'$'   ; ENDEMARKE ?
         JE      AUSTN2   ; JA: FERTIG
         CALL    AUSZ     ; NEIN: AUSGEBEN
         INC     BX       ; ADRESSE + 1
         JMP     AUSTN1   ; AUSGABESCHLEIFE
AUSTN2:  POP     AX       ; SCHLEIFE FERTIG AX ZURUECK
         RET              ; RUECKSPRUNG
; SYSTEMPROGRAMME
AUSZ:    INT     17H      ; ZEICHEN AUS AL AUSGEBEN
         RET              ; RUECKSPRUNG
EXIT:    INT     10H      ; RUECKKEHR MONITOR
PROG     ENDS             ; ENDE DES SEGMENTES
         END     START    ; ENDE DES PROGRAMMS
```

Bild 4-49: Programmbeispiel: Textausgabe

benden Textes in das BX-Register geladen werden. Der Text muß als Endemarke das Zeichen "$" enthalten, das jedoch nicht ausgegeben wird. Das bei
der Ausgabe zerstörte AX-Register wird in den Stapel gerettet. Nach dem
Rücksprung zeigt das BX-Register auf die Endemarke "$". Dieses Unterprogramm
kann z.B. von einem Betriebssystem oder Monitor zur Ausgabe von Fehlermeldungen verwendet werden, die mit der DB-Anweisung im Konstantenspeicher
abgelegt werden. Als Endemarke könnte jedes andere Zeichen definiert werden.

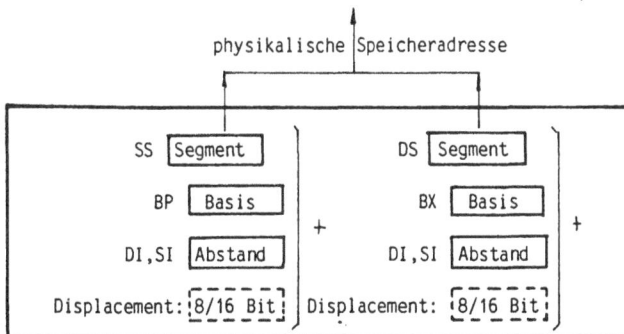

Bild 4-50: Die doppelt-indirekte (indizierte) Adressierung

Bei der in **Bild 4-50** dargestellten Adressierung wird die effektive Operandenadresse gebildet aus einem Basisregister (BX oder BP) und einem Indexregister
(SI oder DI) und wahlweise einer Konstanten (Diplacement) aus dem Adreßteil
des Befehls. Beispiele:

```
MOV    AL,[BX+SI]        Lade AL mit Byte adressiert durch BX + SI
MOV    AL,[BX+SI+2] .    Lade AL mit Byte adressiert durch BX + SI + 2
MOV    AL,TAB[BX+SI]     Lade AL mit Byte adr. durch Offset von TAB + BX + SI
```

4.7.3 Die Arbeit mit Stringbefehlen und Tabellen

Ein String ist wörtlich übersetzt eine Kette oder Folge von Zeichen wie z.B.
der Text des Programmbeispiels Bild 4-49. Die in diesem Abschnitt behandelten Stringbefehle lassen sich nicht nur auf Texte, sondern ganz allgemein auf
beliebige Speicherbereiche anwenden, von denen die Anfangsadresse und die
Zahl der Elemente (Bytes oder Wörter) gegeben sind. **Bild 4-51** zeigt die bei
den Stringbefehlen fest zugeordneten Register.

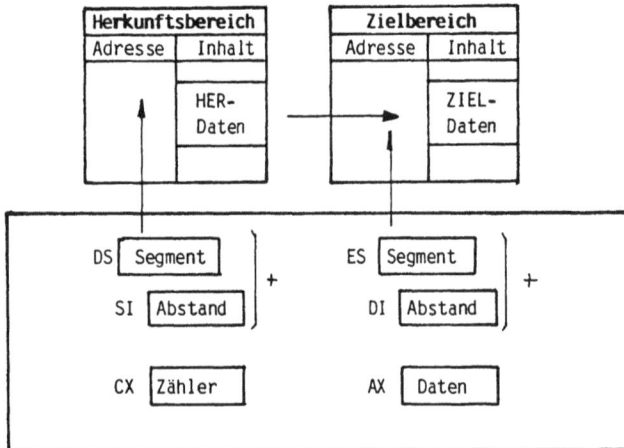

Bild 4-51: Die Register der Stringbefehle

Bei allen Operationen, die Daten aus einem Herkunftsbereich lesen, steht die
Herkunftsadresse (Offset) im SI-Register (Source Index oder Quellindex) und
wird mit dem Datensegmentregister DS zur physikalischen Speicheradresse addiert.

Bei allen Operationen, die Daten in einen Zielbereich schreiben, steht die
Zieladresse (Offset) im DI-Register (Destination Index oder Zielindex) und
wird mit dem **Extrasegmentregister** ES zur physikalischen Speicheradresse addiert. Diese Zuordnung kann **nicht** durch einen Segmentvorsatz geändert werden.

Bei allen Stringbefehlen wird der Inhalt der verwendeten Indexregister SI bzw. DI **automatisch** um 1 (Bytezugriff) oder 2 (Wortzugriff) weitergezählt. Das D-Bit des Statusregisters bestimmt die Zählrichtung. Für D = 0 wird aufwärts, für D = 1 wird abwärts gezählt. Der Befehl CLD löscht das D-Bit für eine Erhöhung der Indexregister; der Befehl STD setzt das D-Bit für eine Verminderung.

Bei allen Stringbefehlen (außer MOVS und CMPS) wird das AX-Register für Wortoperationen bzw. das AL-Register für Byteoperationen verwendet. Auf andere Datenregister lassen sich die Stringbefehle nicht anwenden.

Steht vor einem Stringbefehl ein Wiederholungsvorsatz REP, so wird das CX-Register wie bei einem LOOP-Befehl als Durchlaufzähler verwendet und automatisch bis auf Null heruntergezählt. Das CX-Register bestimmt also die Zahl der auszuführenden Stringoperationen. Die REP-Vorsätze lassen sich nur auf die Stringbefehle anwenden.

Durch die automatische Zuordnung von Index-, Daten- und Zählregistern besteht ein Stringbefehl mit Wiederholungsvorsatz nur aus zwei Bytes, die zu ihrer Ausführung nur einmal aus dem Befehlsspeicher in den Mikroprozessor geladen werden. Da während der Ausführung eines Stringbefehls der Bus ausschließlich für die Übertragung der Daten zur Verfügung steht, sind diese Befehle wesentlich schneller als Schleifen mit indirekter Adressierung und Zählern, bei denen bei jeder Operation Daten **und** Befehle über den Bus übertragen werden müssen. **Bild 4-52** zeigt die Stringbefehle und die wahlweise zu verwendenden Wiederholungsvorsätze.

Befehl	Operand	OSZAPC	Wirkung
LODS	(adresse)		Lade AL bzw. AX , (Heradresse in DS:SI)
STOS	(adresse)		Speichere AL bzw. AX, (Zieladresse in ES:DI)
MOVS	(adressen)		Lade (Zieladr. ES:DI) **mit** (Heradr. DS:SI)
SCAS	(adresse)	xxxxxx	Vergleiche AL bzw. AX mit (Zieladr. ES:DI)
CMPS	(adressen)	xxxxxx	vergleiche (DS:SI) - (ES:DI)
REP	STOS oder MOVS		CX = CX - 1 wiederhole solange CX ≠ Null
REPE	SCAS oder CMPS		CX = CX - 1 wiederh. sol. CX ≠ 0 **und** Diff = 0
REPZ	SCAS oder CMPS		wie REPE
REPNE	SCAS oder CMPS		CX = CX - 1 wiederh. sol. CX ≠ 0 **und** Diff ≠ 0
REPNZ	SCAS oder CMPS		wie REPNE

Bild 4-52: Stringbefehle und Wiederholungsvorsätze

Die Stringbefehle lassen sich sowohl auf Speicherbytes als auch auf Speicherwörter anwenden. Zu ihrer Unterscheidung können im Operandenteil symbolische Adressen verwendet werden, aus denen der Assembler den Datentyp ermittelt. Fehlen die Operanden, so können die Stringbefehle mit dem Zusatz "B" für Byteoperation oder "W" für Wortoperation gekennzeichnet werden. Für alle folgenden Beispiele werden zwei Speicherbereiche HIN und HER zu je 100 Bytes verwendet.

```
HER    DB    100 DUP (2AH) Herkunftsbereich mit 100 konstanten Bytes
HIN    DB    100 DUP (?)   Zielbereich mit 100 variablen Bytes

       STOS    HIN         Byteoperation durch den Typ von HIN
       STOSB               Byteoperation durch den Kennbuchstaben "B"
```

LODS bedeutet LOaD Stringelement gleich lade AL bzw. AX mit dem durch SI
adressierten Speicherbyte bzw. Speicherwort. Das folgende Beispiel gibt die
100 Bytes des Bereiches HER auf dem Bildschirm aus.

```
       CLD               D = 0: Indexregister erhoehen
       MOV    CX,100      Durchlaufzaehler fuer LOOP-Befehl
       LEA    SI,HER      Lade SI mit Anfangsadresse des Bereiches
MARK:  LODSB              Lade AL mit Byte indiziert mit SI, SI = SI + 1
       CALL   AUSZ        Unterprogramm Zeichen ausgeben
       LOOP   MARK        CX = CX - 1 bis CX = 0
```

STOS bedeutet STOre Stringelement gleich speichere den Inhalt von AL bzw.
AX in das durch DI und ES adressierte Speicherbyte bzw. Speicherwort. Das
folgende Beispiel löscht alle Bytes des Zielbereiches HIN. Der REP-Vorsatz
dekrementiert das CX-Register bei jedem Durchlauf des Stringbefehls um 1 bis
CX gleich Null ist.

```
       CLD               D = 0: Indexregister erhoehen
       MOV    CX,100      Durchlaufzaehler fuer REP-Vorsatz
       LEA    DI,HIN      Lade DI mit Anfangsadresse des Bereiches
       MOV    AL,00H      Loesche das AL-Register
REP    STOSB             Speichere AL indiziert mit DI bis CX = 0
```

MOVS bedeutet MOVe String gleich übertrage einen durch das SI-Register und
DS adressierten Bereich in einen durch das DI-Register und ES adressierten
Bereich. Das folgende Beispiel überträgt die 100 Bytes des Bereiches HER in
die 100 Bytes des Bereiches HIN. Auch hier kontrolliert der REP-Vorsatz mit
dem CX-Register die Zahl der Übertragungsoperationen.

```
       CLD               D = 0: Indexregister erhoehen
       MOV    CX,100      Durchlaufzaehler fuer REP-Vorsatz
       LEA    SI,HER      Lade SI mit Anfangsadresse Herbereich
       LEA    DI,HIN      Lade DI mit Anfangsadresse Zielbereich
REP    MOVSB             Uebertrage Bytes bis CX = 0
```

Die beiden Wiederholungsvorsätze REPE (REPeat while Equal) und REPZ
(REPeat while Zero) wiederholen den Stringbefehl, solange das Zählregister
ungleich Null ist **und** ein vergleichender Stringbefehl (SCAS bzw. CMPS) eine
Gleichheit ergibt. Der Stringbefehl wird beendet, wenn entweder der Zähler
Null ist **oder** der Vergleich eine Ungleichheit feststellt. Die beiden Wieder-
holungsvorsätze REPNE (REPeat while Not Equal) und REPNZ (REPeat while
Not Zero) wiederholen den Stringbefehl, solange das Zählregister ungleich Null
ist **und** ein vergleichender Stringbefehl (SCAS bzw. CMPS) eine Ungleichheit

feststellt. Der Stringbefehl wird beendet, wenn entweder der Zähler Null ist **oder** der Vergleich eine Gleichheit feststellt. Nach Ablauf eines vergleichenden Stringbefehls mit bedingtem Wiederholungsvorsatz muß also zwischen den beiden Abbruchbedingungen unterschieden werden. Dies kann durch einen bedingten Sprung oder durch den Befehl JCXZ geschehen.

SCAS bedeutet SCAn String gleich durchsuche einen durch DI und ES adressierten Speicherbereich nach einem Byte bzw. Wort, das sich im AL- bzw. im AX-Register befindet. Durch eine Testsubtraktion **AL - Byte** bzw. **AX - Wort** werden die Bedingungsbits beeinflußt und können durch einen bedingten REP-Vorsatz gleichzeitig auch ausgewertet werden. Die verglichenen Operanden bleiben erhalten; die Differenz verändert nur die Bedingungsbits. Das folgende Beispiel durchsucht den Bereich HIN nach einem Zeichen, das sich im AL-Register befindet.

```
        CLD                 D = 0: Indexregister erhoehen
        MOV     CX,100      Durchlaufzaehler fuer REP-Vorsatz
        LEA     DI,HIN      Lade DI mit der Anfangsadresse des Bereiches
        MOV     AL,'*'      Lade AL mit dem gesuchten Zeichen
REPNE   SCASB               Vergleiche AL mit Byte solange ungleich
        JE      GEFU        Springe bei gefunden    o d e r
        JCXZ    NGEF        Springe bei nicht gefunden
```

CMPS bedeutet CoMPare Strings gleich vergleiche Bereiche. Von dem durch SI und DS adressierten Byte bzw. Wort wird das durch DI und ES adressierte Byte bzw. Wort in einer Testsubtraktion abgezogen: **DS:SI - ES:DI** . Die verglichenen Operanden bleiben erhalten; die Differenz verändert nur die Bedingungsbits. Das folgende Beispiel vergleicht die beiden Bereiche HER und HIN und beendet die Schleife beim ersten ungleichen Byte.

```
        CLD                 D = 0: Indexregister erhoehen
        MOV     CX,100      Durchlaufzaehler fuer REP-Vorsatz
        LEA     DI,HIN      Lade DI mit Anfangsadresse
        LEA     SI,HER      Lade SI mit Anfangsadresse
REPE    CMPSB               Vergleiche Bytes solange gleich
        JNE     UNGL        Springe bei ungleich    o d e r
        JCXZ    GLEI        Springe bei gleich
```

Das in **Bild 4-53** dargestellte Programmbeispiel füllt einen Bereich von 1024 (1 K) Bytes mit Leerzeichen (Code 20H). Der NOP-Befehl dient als Platzhalter für einen Befehl, der eventuell das ES-Register mit der Segmentadresse des Zielbereiches lädt. Die Wirkung des Programms kann nur mit Hilfe des Monitors oder der Testhilfe des Betriebssystem untersucht werden.

Bei der Arbeit mit Tabellen kann ein Speicherbereich mit Stringbefehlen nach einem bestimmten Bitmuster durchsucht werden. Bei einfachen Umcodierungen besteht jedoch oft ein direkter Zusammenhang zwischen dem vorgegebenen Eingabewert und der Adresse des zu suchenden Ausgabewertes. So kann z.B. aus dem Zeilen- und Spaltenindex einer Tastaturmatrix die Adresse des ASCII-Codes

```
; BILD 4-53  BEISPIEL FUER STRINGBEFEHLE
PROG     SEGMENT            ; PROGRAMMSEGMENT
         ASSUME  CS:PROG,DS:PROG,ES:PROG,SS:PROG
         ORG     200H       ; VARIABLENBEREICH
FELD     DB      1024 DUP (?) ; 1 KBYTES RESERVIERT
         ORG     100H       ; BEFEHLSBEREICH
START:   CLD                ; D=0: DI-REGISTER ERHOEHEN
         MOV     CX,1024    ; DURCHLAUFZAEHLER
         LEA     DI,FELD    ; ANFANGSADRESSE DES BEREICHES
         NOP                ; PLATZ FUER LADEN VON ES
         MOV     AL,20H     ; ASCII-CODE FUER LEERZEICHEN
REP      STOSB              ; SPEICHERE AL NACH ES:DI BIS CX=0
         JMP     EXIT       ; RUECKKEHR NACH MONITOR
; SYSTEMPROGRAMME
EXIT:    INT     10H        ; RUECKKEHR MONITOR
PROG     ENDS               ; ENDE DES SEGMENTES
         END     START      ; ENDE DES PROGRAMMS
```

Bild 4-53: Programmbeispiel: Stringbefehl

in einer Codetabelle bestimmt werden. In dem folgenden Beispiel sei TAB die Anfangsadresse der Codetabelle. Addiert man dazu den von einer Schnittstelle einzulesenden Zeilen- und Spaltenindex, so erhält man die Adresse des ASCII-Codes der Taste.

```
LOOP: LEA    BX,TAB    Lade BX mit Anfangsadresse der Codetabelle
      MOV    AH,00H    Loesche den HIGH-Teil des Index
      IN     AL,PORT   Lade AL mit dem Zeilen- und Spaltenindex
      ADD    BX,AX     Berechne die Adresse des ASCII-Codes
      MOV    AL,[BX]   Lade AL mit ASCII-Code aus Tabelle
      CALL   AUSZ      Gib den Tabellenwert aus
      JMP    LOOP      Schleife
```

Der direkte Tabellenzugriff arbeitet schneller als das Suchen in einer Tabelle. Die Zugriffszeit ist unabhängig von der Lage des gesuchten Elementes. Der in **Bild 4-54** dargestellte Übersetzungsbefehl XLAT dient zum direkten Zugriff auf eine 256 Bytes umfassende Tabelle.

XLAT bedeutet Table Look-up Translation gleich Übersetzung durch direkten Tabellenzugriff. Der Befehl setzt voraus, daß sich im BX-Register die Anfangsadresse der Tabelle befindet, zu der der Inhalt des AL-Registers mit der Nummer des Tabellenplatzes addiert wird. Das AL-Register wird dem Byte geladen, das durch die Summe von BX und altem AL adressiert wird. Das BX-Register bleibt erhalten, das AL-Register wird mit dem Tabellenwert überschrieben. Das folgende Beispiel liest in einer Schleife einen Tabellenindex und gibt den umcodierten Wert aus.

```
      LEA    BX,TAB    Lade BX mit der Anfangsadresse der Codetabelle
LOOP: IN     AL,PORT   Lade AL mit dem Zeilen- und Spaltenindex
      XLAT             Umcodierung in AL mit direktem Tabellenzugriff
      CALL   AUSZ      Gib den Tabellenwert aus
      JMP    LOOP      Schleife
```

Adresse	Inhalt
TAB + 0	Wert
TAB + 1	Wert
TAB + 2	Wert
TAB + 3	Wert
TAB + 4	Wert
.	.
.	.
.	.
TAB+255	Wert

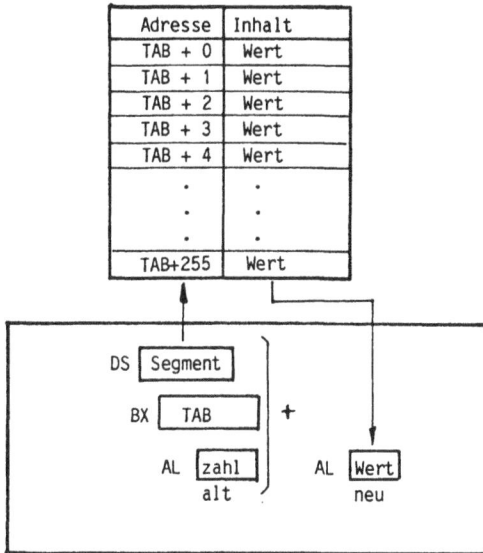

Befehl	Operand	OSZAPC	Wirkung
XLAT			Lade AL mit Speicherbyte Adresse ist BX + AL

Bild 4-54: Direkter Tabellenzugriff mit dem XLAT-Befehl

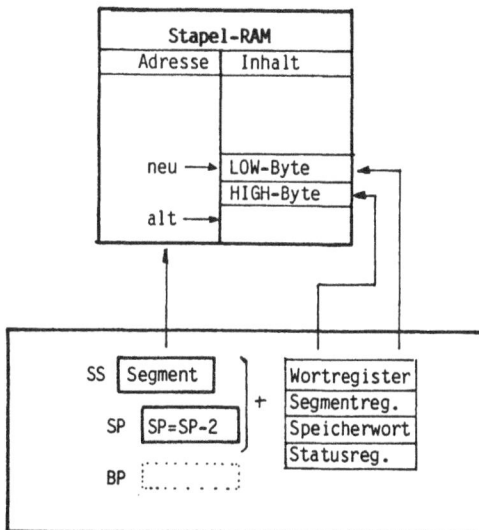

Bild 4-55: Stapel und Stapelzeiger

4.7.4 Die Stapelbefehle und Parameterübergabe

Der Stapel ist wie in **Bild 4-55** gezeigt ein besonderer Bereich des Arbeitsspeichers, der durch den Stapelzeiger SP und das Stapelsegmentregister SS adressiert wird. Das Basisregister BP dient als Hilfsstapelzeiger für die Adressierung von im Stapel liegenden Daten und arbeitet ebenfalls mit dem Stapelsegmentregister SS zusammen. Legt man Wörter auf den Stapel, so wird der Stapelzeiger **automatisch** um 2 vermindert. Holt man Wörter vom Stapel herunter, so wird der Stapelzeiger **automatisch** um 2 erhöht. Der Zugriff auf den Stapel geschieht immer wortweise. Dabei liegt das HIGH-Byte auf der höheren und das LOW-Byte auf der niederen Adresse. Der Stapelzeiger zeigt immer auf das zuletzt auf den Stapel gelegte LOW-Byte. Bei jedem Unterprogrammaufruf mit dem CALL-Befehl wird die Rücksprungadresse auf den Stapel gelegt und bei jedem Rücksprung mit RET wieder zurückgeladen. Bei jedem Hardware-Interrupt und Software-Interruptbefehl werden das Statusregister, das Codesegmentregister und der Befehlszähler auf den Stapel gerettet und können mit dem Befehl IRET wieder zurückgeholt werden. **Bild 4-56** zeigt die Stapelbefehle, die in einem Unterprogramm oft zum Retten der Register verwendet werden.

Befehl	Operand	ODITSZPAC	Wirkung	
PUSH	wort	‖‖‖‖‖‖	Lege ein Wort auf den Stapel	SP = SP - 2
PUSH	wortregister	‖‖‖‖‖‖	Lege Wortregister auf Stapel	SP = SP - 2
PUSH	segmentreg.	‖‖‖‖‖‖	Lege Segmentregister auf Stapel	SP = SP - 2
PUSH	speicherwort	‖‖‖‖‖‖	Lege Speicherwort auf Stapel	SP = SP - 2
PUSHF		‖‖‖‖‖‖	Lege Statusregister auf Stapel	SP = SP - 2
POP	wort	‖‖‖‖‖‖	Ziehe ein Wort aus dem Stapel	SP = SP + 2
POP	wortregister	‖‖‖‖‖‖	Ziehe Wortregister aus dem Stapel	SP = SP + 2
POP	segmentreg.	‖‖‖‖‖‖	Ziehe Segmentregister aus Stapel	SP = SP + 2
POP	speicherwort	‖‖‖‖‖‖	Ziehe Speicherwort aus dem Stapel	SP = SP + 2
POPF		xxxxxxxxx	Ziehe Statusregister aus Stapel	SP = SP + 2

Bild 4-56: Die Stapelbefehle

Die PUSH-Befehle legen ein Wortregister oder den Inhalt eines Speicherwortes auf den Stapel und vermindern dabei den Stapelzeiger um 2. Die POP-Befehle holen ein Wort aus dem Stapel zurück und erhöhen dabei den Stapelzeiger wieder um 2. Die beiden Befehle PUSHF und POPF verbinden das Prozessorstatusregister mit dem Stapel und können zur direkten Beeinflussung der Statusbits dienen. Der Befehl POPF lädt das Statusregister mit dem obersten Wort aus dem Stapel und ist neben dem IRET-Befehl die einzige Möglichkeit, das der Einzelschrittverfolgung dienende T-Bit auf 1 zu setzen. **Bild 4-57** zeigt die Anwendung der Stapelregister bei der Übergabe von Parametern (Daten) zwischen einem Haupt- und einem Unterprogramm.

Befehlsbereich	
Adresse	Inhalt
	CALL
PC	JMP ziel
	Liste
ziel	

Stapelbereich	
Adresse	Inhalt
neu →	PC
	Liste
alt →	

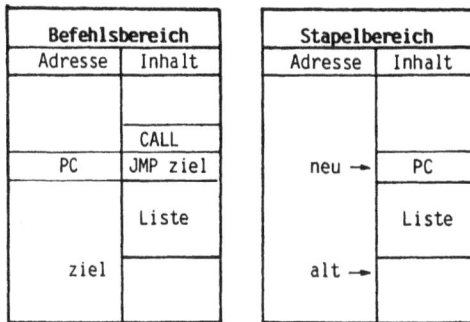

a. Parameter im Code   b. Parameter im Stapel

Bild 4-57: Übergabe von Parametern zwischen Haupt- und Unterprogramm

```
; BILD 4-58  PARAMETERUEBERGABE BEI UNTERPROGRAMMEN
PROG      SEGMENT         ; PROGRAMMSEGMENT
          ASSUME  CS:PROG,DS:PROG,ES:PROG,SS:PROG
          ORG     100H    ; BEFEHLSBEREICH
START:    CALL    TEST1   ; RUFE UNTERPROGRAMM TEST1
          JMP     NEXT    ; UEBERSPRINGE PARAMETERLISTE
          DB      '1'     ; 1. PARAMETER
          DB      '2'     ; 2. PARAMETER
NEXT:     MOV     AX,'34' ; PARAMETERWERTE
          XCHG    AL,AH   ; VERTAUSCHEN WEGEN SPEICHER
          PUSH    AX      ; PARAMETER NACH STAPEL
          CALL    TEST2   ; RUFE UNTERPROGRAMM TEST2
          JMP     START   ; ENDLOSSCHLEIFE
; UNTERPROGRAMM TEST1 HOLT PARAMETER AUS PROGRAMMLISTE
TEST1:    MOV     BX,SP    ; LADE STAPELZEIGER
          MOV     BX,[BX]  ; LADE BEFEHLSZAEHLER FUER LISTE
          MOV     AL,[BX+3] ; LADE 1. PARAMETER
          CALL    AUSZ     ; AUSGEBEN
          MOV     AL,[BX+4] ; LADE 2. PARAMETER
          CALL    AUSZ     ; AUSGEBEN
          RET              ; RUECKSPRUNG
; UNTERPROGRAMM TEST2 HOLT PARAMETER AUS STAPEL
TEST2:    MOV     BP,SP    ; LADE STAPELZEIGER
          INC     BP       ; BASISREGISTER AUS lISTE EINSTELLEN
          INC     BP       ;
          MOV     AL,[BP]  ; LADE 1. PARAMETER AUS STAPEL
          CALL    AUSZ     ; AUSGEBEN
          INC     BP       ; NEUE STAPELADRESSE
          MOV     AL,[BP]  ; LADE 2. PARAMETER AUS STAPEL
          CALL    AUSZ     ; AUSGEBEN
          RET     2        ; RUECKSPRUNG MIT KORREKTUR SP=SP+2
; SYSTEMPROGRAMME
AUSZ:     INT     17H      ; ZEICHEN AUS AL AUSGEBEN
          RET              ; RUECKSPRUNG
EXIT:     INT     10H      ; RUECKKEHR MONITOR
PROG      ENDS             ; ENDE DES SEGMENTES
          END     START    ; ENDE DES PROGRAMMS
```

Bild 4-58: Programmbeispiel: Parameterübergabe

Die zwischen einem Haupt- und einem Unterprogramm zu übergebenden Daten bzw. ihre Adressen werden oft in Registern des Prozessors übergeben. Reichen die Register nicht aus, so kann man sie entweder in einer Liste hinter dem CALL-Befehl oder im Stapel ablegen. Man beachte, daß nach einem CALL-Befehl die Rücksprungadresse oben auf dem Stapel liegt und durch den Stapelzeiger adressiert wird. Da für den Zugriff auf die Parameter der Stapelzeiger nicht verändert werden darf, muß die Adressierung über eines der beiden Basisregister BX oder BP erfolgen. **Bild 4-58** zeigt dazu zwei Beispiele.

In beiden Beispielen übergibt das Hauptprogramm zwei Zeichen an das Unterprogramm, das sie auf dem Bildschirm ausgibt. Das Programm läuft in einer unendlichen Schleife, bei der sich Fehler in der Behandlung des Stapelzeigers sofort bemerkbar machen würden.

Der Aufruf des ersten Unterprogramms TEST1 legt die beiden Parameter in einer Liste hinter dem aus drei Bytes bestehenden JMP-Befehl im Programm ab. Der oben auf dem Stapel befindliche Befehlszähler zeigt nicht auf die Parameterliste, sondern auf den JMP-Befehl. Das erste Unterprogramm TEST1 lädt den Befehlszähler mit Hilfe des Stapelzeigers in das Basisregister BX, das auf den JMP-Befehl zeigt. Mit dem Abstand 3 und 4 dazu werden die beiden Parameter aus der Liste geholt und durch das Unterprogramm AUSZ ausgegeben.

Vor dem Aufruf des Unterprogramms TEST2 werden die beiden Parameter auf den Stapel gelegt. Darüber liegt durch den CALL-Befehl die Rücksprungadresse, auf die der Stapelzeiger eingestellt ist. Das Unterprogramm TEST2 lädt das Basisregister BP mit dem Stapelzeiger und inkrementiert es um 2, damit es auf den Anfang der Parameterliste zeigt. Die beiden Parameter werden wieder mit Hilfe der indirekten Adressierung geladen und mit dem Unterprogramm AUSZ ausgegeben.

Da in beiden Unterprogrammen der Stapelzeiger unverändert bleibt, kann während der indirekten Adressierung der Parameter das Unterprogramm AUSZ aufgerufen werden. Die beiden Basisregister BX und BP dienen als Hilfsregister. Dabei ist zu beachten, daß das BP-Basisregister mit dem Stapelsegmentregister SS zusammen die physikalische Speicheradresse bildet und daher ohne Segmentvorsatz für die Adressierung im Stapel liegender Parameter geeignet ist. Bei einer Trennung von Befehls- und Datenbereich durch unterschiedliche Segmente in den Segmentregistern CS und DS müßten beim Zugriff auf die im Befehlsbereich liegende Parameterliste die das BX-Register benutzenden Befehle den Segmentvorsatz "CS:" erhalten.

4.7.5 Übungen zum Abschnitt Bereichsadressierung

1. Aufgabe:
Man gebe von der Konsole einzulesende Zeichen im Echo auf dem Bildschirm
wieder aus und lege sie zusätzlich in einem fortlaufenden Speicherbereich ab.
Erscheint ein Wagenrücklauf (Code 0DH), so ist zusätzlich ein Zeilenvorschub
(Code 0AH) einzufügen. Das Zeichen "$" beende die Eingabe und veranlasse,
daß der gespeicherte Text wieder auf dem Bildschirm ausgegeben wird.

2. Aufgabe:
Man teste einen Speicherbereich durch Einschreiben des Bitmusters 0101 0101
und Vergleichen. Wird der eingeschriebene Wert nicht wieder zurückgelesen,
so werde die Adresse der fehlerhaften Speicherstelle im Speicher abgelegt, und
es erscheine eine Fehlermeldung. Dann ist das Programm abzubrechen. Nach
dem erfolgreichen Überprüfen des letzten Bytes des Bereiches beginnt der
Test wieder von vorn. Die Anfangsadresse und die Endadresse des zu überprüfen-
den Bereiches sind mit Hilfe des Testhilfemonitors ab Adresse 200H im Speicher abzulegen. Im Fehlerfall soll das Testprogramm die Adresse des fehlerhaften Bytes ab Adresse 204H ablegen.

3. Aufgabe:
Man fülle eine Tabelle von 256 Bytes nacheinander mit den Werten von 0FFH
bis 00H abwärts. In einer Testschleife sind 8-Bit-Eingabewerte vom Eingabeport
300H zu lesen, mit Hilfe des direkten Tabellenzugriffs (XLAT) in der Tabelle
umzukodieren und umcodiert auf dem Ausgabeport 300H wieder auszugeben.

4.8 Datenverarbeitung

Daten sind Zahlen, Zeichen, digitalisierte Analogwerte oder binäre Steuersignale. Für rein arithmetische Aufgaben wie z.B. technische Berechnungen sind die
höheren problemorientierten Programmiersprachen besser geeignet als die Assemblersprache. Der Schwerpunkt dieses Abschnitts liegt auf der Behandlung von
Bitmustern und der Dekodierung und Kodierung von ASCII-Zeichen bei der Eingabe und Ausgabe von Zahlen. Auf alle Befehle lassen sich die Adressierungsarten anwenden, die bereits bei der Datenübertragung besprochen wurden:

```
ADD   AX,1        Addiere zum AX-Register die Konstante 1
ADD   AX,BX       Addiere zum AX-Register den Inhalt von BX
ADD   AX,DAT      Addiere zum AX-Register den Inhalt von DAT
ADD   AX,[BX]     Addiere zum AX-Register den Inhalt des durch
                  BX adressierten Speicherwortes
ADD   DAT,1       Addiere zum Speicherwort DAT die Konstante 1
ADD   DAT,AX      Addiere zum Speicherwort DAT den Inhalt von AX
ADD   [BX],AX     Addiere zum Inhalt des durch BX adressierten
                  Speicherwortes den Inhalt von AX
```

Bei Befehlen, die nur auf einen Operanden angewendet werden, muß gegebenenfalls der Typ (Byte oder Wort) des Operanden besonders gekennzeichnet werden. Beispiele für die Komplementierung eines Wortes:

```
NOT   AX         Der Typ Wort liegt durch das Wortregister AX fest
NOT WORD PTR [BX] Der Typ Wort muss besonders angegeben werden
```

Bei Befehlen, die zwei Operanden miteinander verknüpfen, wird das Ergebnis im ersten Operanden abgelegt. Dadurch wird der alte erste Operand zerstört.

```
ADD   AX,BX      Der neue Inhalt von AX ist die Summe aus altem AX und BX
```

Die in diesem Abschnitt behandelten Befehle werden in der ALU (Arithmetisch-Logische Einheit) auf Bitmuster angewendet, die man sowohl als Steuersignale als auch als Zahlen in verschiedenen Darstellungen ansehen kann. Das als Beispiel gewählte Bitmuster 10001000 könnte z.B. folgende Bedeutungen haben:

als vorzeichenlose Dualzahl 136 dezimal,
als vorzeichenbehaftete Dualzahl -120 dezimal,
als BCD-kodierte Dezimalzahl 88 dezimal,
als Steuerbyte einer Schnittstelle A=Aus, B=AUS, CH=EIN, CL=AUS,
als Datenbyte einer Schnittstelle Motor rechts oder
als digitalisierter Analogwert 27,2 V Spannung.

4.8.1 Bitoperationen durch logische Befehle und Schiebebefehle

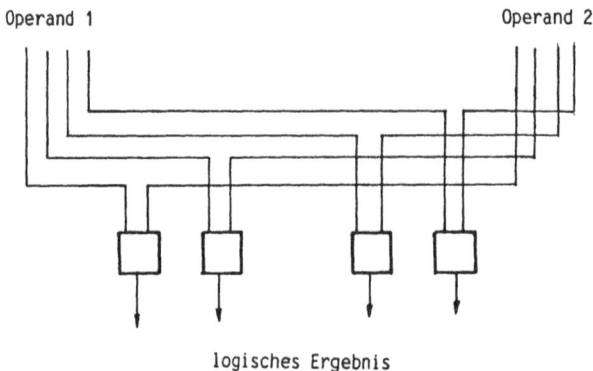

Bild 4-59: Bitoperationen durch logische Befehle

Entsprechend **Bild 4-59** werden die logischen Funktionen in der ALU parallel mit allen Bitpositionen von Bytes oder Wörtern durchgeführt. Für die Bearbeitung bestimmter Bitpositionen sind Masken zu verwenden. **Bild 4-60** zeigt die logischen Befehle.

Befehl	Operand	OSZAPC	Wirkung
NOT	operand		Komplementiere Operanden (Einerkomplement)
AND	oper1,oper2	0xx?x0	Lade oper1 mit oper1 UND oper2
OR	oper1,oper2	0xx?x0	Lade oper1 mit oper1 ODER oper2
XOR	oper1,oper2	0xx?x0	Lade oper1 mit oper1 EODER oper2
TEST	oper1,oper2	0xx?x0	Bilde das logische Produkt oper1 UND oper2

Bild 4-60: Die logischen Befehle

Der Befehl NOT (NICHT-Funktion) komplementiert den Operanden nach der Regel "Aus 0 mach 1 und aus 1 mach 0" und bildet das Einerkomplement. Zwei aufeinanderfolgende NOT-Befehle ergeben wieder den ursprünglichen Operanden. Soll der Operand nur in bestimmten Bitpositionen komplementiert und an allen anderen Stellen unverändert bleiben, so ist der Befehl XOR (EODER-Operation) mit einer konstanten Maske zu verwenden. An den Stellen, an denen die Maske 1 ist, wird der erste Operand komplementiert; an den Stellen, an denen die Maske 0 ist, bleibt der erste Operand unverändert. Beispiel:

```
MOV   AL,DAT      Lade AL mit dem Inhalt von DAT (z.B. 01010101)
XOR   AL,0FH      Komplementiere das rechte Halbbyte durch 0000 1111
```

```
Alter Inhalt von AL: 01010101
XOR-Maske im Befehl: 00001111
Neuer Inhalt von AL: 01011010
```

Der Befehl AND (UND-Operation) bildet das logische UND der beiden Operanden und legt das logische Produkt im ersten Operanden ab. Der Befehl wird vorzugsweise dazu verwendet, den ersten Operanden an bestimmten Bitpositionen zu löschen. Dazu besteht der zweite Operand aus einer konstanten Maske, die an den zu löschenden Stellen eine .0 und an den zu übernehmenden Stellen eine 1 enthält. Der bereits behandelte TEST-Befehl bildet ebenfalls das logische UND; im Gegensatz zum AND-Befehl bleibt erste Operand **unverändert** erhalten. Der TEST-Befehl verändert nur die Bedingungsbits, nicht aber die Operanden.

```
MOV   AL,DAT      Lade AL mit dem Inhalt von DAT (z.B. 01010101)
AND   AL,0FH      Loesche das linke Halbbyte durch 0000 1111
```

```
Alter Inhalt von AL: 01010101
AND-Maske im Befehl: 00001111
Neuer Inhalt von AL: 00000101
```

```
MOV   AL,DAT      Lade AL mit dem Inhalt von DAT (z.B. 01010101)
TEST  AL,01H      Teste das wertniedrigste Bit B0 mit 0000 0001
JZ    NULL        Springe fuer B0 = 0 zum Sprungziel NULL
```

```
Alter Inhalt von AL: 01010101
AND-Maske im Befehl: 00000001 logisches Produkt = 00000001 kein Sprung!
Neuer Inhalt von AL: 01010101   AL bleibt erhalten!
```

Der Befehl OR (ODER-Operation) bildet das logische ODER der beiden Operanden und legt die logische Summe im ersten Operanden ab. Der Befehl wird vorzugsweise dazu verwendet, in den ersten Operanden an bestimmten Bitpositionen eine 1 einzubauen. Dazu besteht der zweite Operand aus einer Konstanten, die an den unverändert zu übernehmenden Bitpositionen eine 0 und an den 1 zu setzenden Stellen eine 1 enthält. Eine weitere Anwendung ist das Zusammensetzen einzelner Stellen zu einer Zahl. Beispiele:

```
MOV    AL,DAT      Lade AL mit dem Inhalt von DAT (z.B. 01010101)
OR     AL,80H      Setze die werthoechste Bitposition B7 = 1

Alter Inhalt von AL: 01010101
OR-Maske  im Befehl: 10000000
Neuer Inhalt von AL: 11010101

MOV    AL,ZEHN     Lade AL mit dem Inhalt von ZEHN (z.B. 00001000)
SHL    AL,4        Schiebe Stelle ins linke Halbbyte
OR     AL,EINS     Fuege dazu den Inhalt von EINS z.B. (00001001)

Alter Inhalt von AL: 00001000 (Speicherbyte ZEHN)
AL nach Verschieben: 10000000
Neuer Inhalt von AL: 10001001 (Nach ODER mit EINS)
```

Befehl	Operand	OSZAPC	Wirkung
RCL	operand,1	x x	Schiebe zyklisch links mit Cy
RCL	operand,CL	? x	
RCR	operand,1	x x	Schiebe zyklisch rechts mit Cy
RCR	operand,CL	? x	
ROL	operand,1	x x	Schiebe zyklisch links
ROL	operand,CL	? x	
ROR.	operand,1	x x	Schiebe zyklisch rechts
ROR	operand,CL	? x	
SAL	operand,1	xxx?xx	Schiebe arithmetisch links
SAL	operand,CL	?xx?xx	
SAR	operand,1	xxx?xx	Schiebe arithmetisch rechts
SAR	operand,CL	?xx?xx	
SHL	operand,1	xxx?xx	Schiebe logisch links
SHL	operand,CL	?xx?xx	
SHR	operand,1	xxx?xx	Schiebe logisch rechts
SHR	operand,CL	?xx?xx	

Bild 4-61: Die Schiebebefehle

Mit den in **Bild 4-61** zusammengestellten Schiebebefehlen lassen sich aus Bytes oder Wörtern bestehende Bitmuster nach rechts oder nach links schieben. Der dritte Buchstabe der Befehle gibt die Schieberichtung an. R steht für Rechts, und L steht für Links. Man unterscheidet das zyklische Schieben oder Rotieren, das arithmetische Schieben und das logische Schieben. Schiebebefehle verschieben Bitmuster ohne Rücksicht auf deren Bedeutung. Sie lassen sich auch zum Multiplizieren und Dividieren mit der 2, der Basis des dualen Zahlensystems, verwenden.

Die Befehle RCL (Rotate through Carry Left gleich schiebe zyklisch links durch das Carrybit) und RCR (Rotate through Carry Right gleich schiebe zyklisch rechts durch das Carrybit) verschieben den Operanden als 9-Bit- oder als 17-Bit-Schieberegister zusammen mit dem Carrybit. Die Befehle ROL (ROtate Left gleich schiebe zyklisch links) und ROR (ROtate Right gleiche schiebe zyklisch rechts) verschieben nur den Operanden als 8-Bit- oder 16-Bit-Schieberegister. Die herausgeschobene Bitposition wird zusätzlich in das Carrybit kopiert und kann dort mit einem bedingten Sprungbefehl (JC oder JNC) untersucht werden. Beispiel:

```
MOV   AL,DAT    Lade AL mit dem Inhalt von DAT (z.B. 01010101)
ROL   AL,1      Verschiebe AL zyklisch links um 1 Bit
JC    MARK      Springe bei Carry = 1 nach MARK
```

Alter Inhalt von AL: 01010101
Neuer Inhalt von AL: 10101010
Nach Schieben Carry = 0: also kein Sprung!

Der Befehl SAL (Shift Arithmetic Left) kann auch zum Multiplizieren vorzeichenbehafteter Dualzahlen mit dem Faktor 2 verwendet werden. Dabei wird die rechts frei werdende Bitposition mit einer 0 besetzt. Der Befehl SAR (Shift Arithmetic Right) kann auch zum Dividieren vorzeichenbehafteter Dualzahlen durch 2 verwendet werden. Die linkeste Bitposition wird nach rechts kopiert und bleibt dabei erhalten; das Vorzeichen ändert sich nicht. Beispiele:

```
MOV   AL,DAT    Lade AL mit dem Inhalt von DAT (z.B. 11111100)
SAL   AL,1      Multipliziere die Zahl mit 2 durch Linksschieben
```

Alter Inhalt von AL: 11111100 = - 4 als vorzeichenbehaftete Dualzahl
Neuer Inhalt von AL: 11111000 = - 8 als vorzeichenbehaftete Dualzahl

```
MOV   AL,DAT    Lade AL mit dem Inhalt von DAT (z.B. 11111100)
SAR   AL,1      Dividiere die Zahl durch 2 durch Rechtsschieben
```

Alter Inhalt von AL: 11111100 = - 4 als vorzeichenbehaftete Dualzahl
Neuer Inhalt von AL: 11111110 = - 2 als vorzeichenbehaftete Dualzahl

Der Befehl SHL (SHift logical left gleich schiebe logisch links) besetzt wie der Befehl SAL die rechts frei werdende Bitposition mit einer 0. Damit wird eine vorzeichenlose Dualzahl mit dem Faktor 2 multipliziert. Der Befehl SHR (SHift logical Right gleich schiebe logisch rechts) besetzt die links frei werdende Bitposition mit einer 0 und kann daher auch zum Dividieren vorzeichenloser Dualzahlen durch 2 verwendet werden. Beispiele:

```
MOV   AL,DAT    Lade AL mit dem Inhalt von DAT (z.B. 00000100)
SHL   AL,1      Multipliziere die Zahl mit 2 durch Linksschieben
```

Alter Inhalt von AL: 00000100 = 4 als vorzeichenlose Dualzahl
Neuer Inhalt von AL: 00001000 = 8 als vorzeichenlose Dualzahl

```
MOV    AL,DAT        Lade AL mit dem Inhalt von DAT (z.B. 00000100)
SHR    AL,1          Dividiere die Zahl durch 2 durch Rechtsschieben
```

```
Alter Inhalt von AL: 00000100 = 4 als vorzeichenlose Dualzahl
Neuer Inhalt von AL: 00000010 = 2 als vorzeichenlose Dualzahl
```

Die Zahl der Schiebeoperationen steht entweder als Konstante im Operandenteil des Befehls oder als Variable im CL-Register. Der Schiebezähler im CL-Register wird durch die Schiebeoperationen nicht verändert. Bei den Prozessoren 8086 und 8088 ist nur die Konstante 1 zulässig; bei den Prozessoren 80186 und 80286 sind beliebige Bytekonstanten möglich. Beispiele

```
SHR    AX,1          Schiebe AX um 1 Bit logisch nach rechts
MOV    CL,4          Lade CL mit dem Schiebezaehler 4
SHL    AX,CL         Verschiebe AX logisch links; CL = Schiebezaehler
SHL    AX,4          Nur bei den Prozessoren 80186 und 80286
```

Das in **Bild 4–62** gezeigte Programmbeispiel liest ein Bitmuster vom Eingabeport 300H ein und maskiert und verschiebt die Bitgruppe B6 bis B4. Alle anderen Bitpositionen haben keine Bedeutung. Die werthöchste Bitposition wird bei der Ausgabe konstant 1 gesetzt.

```
; BILD 4-62  VERSCHIEBEN UND MASKIEREN EINER BITGRUPPE
PROG    SEGMENT         ; PROGRAMMSEGMENT
        ASSUME  CS:PROG,DS:PROG,ES:PROG,SS:PROG
        ORG     100H    ; PROGRAMMBEREICH
START:  MOV     DX,300H ; PORTADRESSE
        MOV     CL,4    ; VERSCHIEBEZAEHLER
LOOP:   IN      AL,DX   ; BITMUSTER LESEN
        ROR     AL,CL   ; UM 4 BIT RECHTS ROTIEREN
        AND     AL,8FH  ; MASKE 1000 1111
        OR      AL,80H  ; DAZU 1000 0000
        OUT     DX,AL   ; AUSGEBEN
        JMP     LOOP    ; SCHLEIFE
PROG    ENDS            ; ENDE DES SEGMENTES
        END     START   ; ENDE DES PROGRAMMS
```

Bild 4–62: Programmbeispiel: Bitoperationen

4.8.2 Die Arbeit mit vorzeichenlosen Dualzahlen

Befehl	Sprungbedingung
JZ	Springe bei Null (Z-Bit=1)
JNZ	Springe bei nicht Null (Z-Bit=0)
JC	Springe bei Übertrag (C-Bit=1)
JNC	Springe bei nicht Übertrag (C-Bit=0)
JA	Springe bei größer
JAE	Springe bei größer/gleich
JE	Springe bei gleich
JNE	Springe bei ungleich
JBE	Springe bei kleiner/gleich
JB	Springe bei kleiner

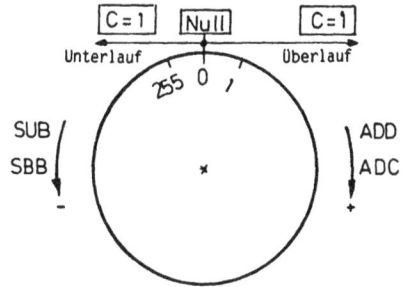

Bild 4-63: Zahlenkreis und bedingte Sprünge vorzeichenloser Dualzahlen

Vorzeichenlose Dualzahlen sind die "natürliche" Art der Zahlendarstellung in einem Rechner. Dazu gehören besonders Adressen und Schleifenzähler. Bedingt durch den Aufbau des Addierwerkes können bei Byteoperationen nur 8 Bit und bei Wortoperationen nur 16 Bit lange Ergebnisse verwertet werden. Der Zahlenbereich erstreckt sich bei Bytes von 0 bis 255 dezimal und bei Wörtern von 0 bis 65 535 dezimal. Die 9. bzw. 17. Stelle des Ergebnisses wird im Carrybit gespeichert. Ist das Carrybit C = 0, ist liegt das Ergebnis im zulässigen Zahlenbereich; ist das Carrybit C = 1, so ist bei einer Addition ein Überlauf und bei einer Subtraktion eine negative Differenz (Unterlauf) aufgetreten. **Bild 4-64** zeigt die arithmetischen Befehle für vorzeichenlose Dualzahlen.

Befehl	Operand	OSZAPC	Wirkung
ADD	oper1,oper2	xxxxxx	oper1 = oper1 + oper2
ADC	oper1,oper2	xxxxxx	oper1 = oper1 + oper2 + Carrybit
SUB	oper1,oper2	xxxxxx	oper1 = oper1 - oper2
SBB	oper1,oper2	xxxxxx	oper1 = oper1 - oper2 - Carrybit
CMP	oper1,oper2	xxxxxx	Bilde die Differenz oper1 - oper2
MUL	byte	x????x	AX = AL * Byteregister oder Speicherbyte
MUL	wort	x????x	(DX+AX) = AX * Wortregister oder Speicherwort
DIV	byte	??????	AL = AX / Bytereg. o. Speicherbyte AH = Rest
DIV	wort	??????	AX = (DX+AX) / Wortreg. o. Sp.-wort DX = Rest

Bild 4-64: Arithmetische Befehle für vorzeichenlose Dualzahlen

Der Befehl ADD (ADDiere) addiert die beiden Operanden und speichert die Summe im ersten Operanden. Der Befehl ADC (ADd mit Carry) addiert zusätzlich den alten Inhalt des Carrybits. Der Befehl SUB (SUBtrahiere) subtrahiert den zweiten Operanden vom ersten Operanden und speichert die Differenz im ersten Operanden. Der Befehl SBB (SuBtrahiere mit Borgen) subtrahiert zusätzlich den alten Inhalt des Carrybits. Der bereits behandelte Vergleichsbefehl CMP bildet die Differenz "1. Operand - 2. Operand" ohne jedoch die Operanden zu verändern. Die Differenz beeinflußt lediglich die Bedingungsbits des Statusregisters. Das Carrybit kann auf mehrere Arten ausgewertet werden.

Bei der Addition und Subtraktion von vorzeichenlosen Dualzahlen der Länge Byte bzw. Wort dient das Carrybit als Fehlermeldung. C = 0 bedeutet, daß das Ergebnis im zulässigen Zahlenbereich liegt; C = 1 meldet einen Zahlenüberlauf bzw. einen Zahlenunterlauf. Beispiel:

```
MOV    AX,SUM1     Lade AX mit dem ersten Summanden
ADD    AX,SUM2     Addiere zu AX den zweiten Summanden
JC     ERROR       Springe bei einem Ueberlauf nach ERROR
MOV    SUMM,AX     Speichere die Summe aus AX nach SUMM
```

Mit Hilfe des Carrybits kann der Zahlenbereich über '16 Bit hinaus erweitert werden, indem die Dualzahl in mehreren aufeinanderfolgenden Bytes oder Wörtern abgelegt wird. Die Addition bzw. Subtraktion muß mit dem wertniedrigsten Byte oder Wort beginnen. Die Befehle ADC bzw. SBB addieren zusätzlich den Gruppenübertrag bzw. subtrahieren zusätzlich das Gruppenborgen. Nach der Addition bzw. Subtraktion der werthöchsten Gruppe zeigt das Carrybit wieder an, ob der zulässige Zahlenbereich eingehalten wurde. Als Beispiel sollen zwei 32stellige Dualzahlen addiert werden, die in je zwei Speicherwörtern angeordnet sind:

```
MOV    AX,SUML1    Lade AX mit dem LOW-Wort des 1. Operanden
ADD    AX,SUML2    Addiere zu AX das LOW-Wort des 2. Operanden
MOV    SUMML,AX    Speichere die LOW-Summe aus AX nach SUMML
MOV    AX,SUMH1    Lade AX mit dem HIGH-Wort des 1. Operanden
ADC    AX,SUMH2    Addiere das HIGH-Wort des 2. Oper. und Uebertrag
JC     ERROR       Springe bei einem Ueberlauf nach ERROR
MOV    SUMMH,AX    Speichere die HIGH-Summe aus AX nach SUMMH
```

Bei einem Subtraktions- bzw. Vergleichsbefehl kann mit Hilfe des Carrybits festgestellt werden, ob der erste Operand größer oder kleiner ist als der zweite Operand. Bei C = 1 ist die Differenz negativ; der erste Operand ist kleiner als der zweite. Bei C = 0 ist die Differenz positiv; zur Unterscheidung von der Null muß noch das Z-Bit ausgewertet werden. Bild 4-63 zeigt zusätzlich die bei einem Vergleich zu verwendenden bedingten Sprünge. Beispiel:

```
MOV    AL,ZEI      Lade AL mit dem Inhalt des Bytes ZEI
CMP    AL,'Ø'      Vergleiche AL mit dem ASCII-Code der Ziffer "Ø"
JB     ERROR       Ist das Zeichen kleiner als "Ø" springe nach ERROR
CMP    AL,'9'      Vergleiche AL mit dem ASCII-Code der Ziffer "9"
JA     ERROR       Ist das Zeichen groesser als "9" springe nach ERROR
```

Die Additions-, Subtraktions- und Vergleichsbefehle lassen sich auf alle Byte-
und Wortregister anwenden. Die Multiplikations- und Divisionsbefehle gelten
nur für den Akkumulator und das DX-Register als Hilfsregister. Bei einer Byte-
multiplikation (8 Bit x 8 Bit = 16 Bit) muß sich ein Faktor im AL-Register
und der andere in einem Byteregister oder Speicherbyte befinden. Das Produkt
erscheint im AX-Register. Bei einer Wortmultiplikation (16 Bit x 16 Bit = 32
Bit) befindet sich ein Faktor im AX-Register und der andere in einem Wortregister oder Speicherwort. Der HIGH-Teil des Produktes erscheint im DX-Register, der LOW-Teil im AX-Register. Bei einer Bytedivision steht der 16-Bit-
Dividend im AX-Register und der 8-Bit-Divisor in einem Byteregister oder
Speicherbyte. Die Quotient erscheint im AL-Register, der Rest im AH-Register.
Bei einer Wortdivision bilden das DX-Register (HIGH-Teil) und das AX-Regi-
ster (LOW-Teil) einen 32-Bit-Dividenden, der durch einen 16-Bit-Divisor in
einem Wortregister oder Speicherwort dividiert wird. Der Quotient erscheint im
AX-Register; der Rest im DX-Register. Bei einem Überlauf des Quotienten z.B.
bei einer Division durch Null wird ein Interrupt TYP0 ausgelöst. Dabei werden
Statusregister, Codesegmentregister und Befehlszähler auf den Stapel gerettet.
Dann wird ein Programm gestartet, dessen Startadresse (Befehlszähler und Segmentadresse) ab Adresse 0 0000 im Speicher angeordnet sein muß.

Für die Multiplikation und Division mit Potenzen zur Basis 2 können auch die
Schiebebefehle SHL und SLR verwendet werden. Sie arbeiten schneller als die
Befehle MUL und DIV.

Bei der Division eines Bytes (Dividend) durch ein anderes Byte (Divisor) muß
der 8-Bit-Dividend in einen 16-Bit-Dividenden im AX-Register umgeformt werden. Dazu ist das AH-Register zu löschen. Beispiel:

```
MOV   AL,BDIV    Lade AL mit dem 8-Bit-Dividenden BDIV
MOV   AH,0       Loesche AH, dehne den Dividenden auf 16 Bit aus
DIV   BSOR       Dividiere AX durch das Speicherbyte BSOR
```

Bei der Division eines Wortes (Dividend) durch ein anderes Wort (Divisor) muß
der 16-Bit-Dividend in einen 32-Bit-Dividenden umgeformt werden. Dazu ist
das DX-Register zu löschen. Beispiel:

```
MOV   AX,WDIV    Lade AX mit dem 16-Bit-Dividenden WDIV
MOV   DX,0       Loesche DX, dehne den Dividenden auf 32 Bit aus
DIV   WSOR       Dividiere (DX+AX) durch das Speicherwort WSOR
```

4.8.3 Die Arbeit mit vorzeichenbehafteten Dualzahlen

Befehl	Sprungbedingung
JZ	Springe bei Null (Z-Bit=1)
JNZ	Springe bei nicht Null (Z-Bit=0)
JO	Springe bei Overflow (O-Bit=1)
JNO	Springe bei nicht Overflow (O-Bit=0)
JS	Springe bei S-Bit=1 (Vorzeichen Minus)
JNS	Springe bei S-Bit=0 (Vorzeichen Plus)
JG	Springe bei größer
JGE	Springe bei größer/gleich
JE	Springe bei gleich
JNE	Springe bei ungleich
JLE	Springe bei kleiner/gleich
JL	Springe bei kleiner
INTO	Interrupt bei Overflow (Vektor 0 0010H)

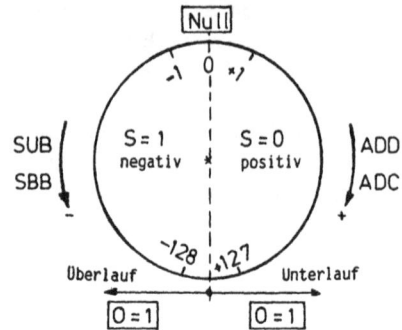

Bild 4-65: Zahlenkreis und bedingte Sprünge für Dualzahlen mit Vorzeichen

Vorzeichenbehaftete Dualzahlen werden vorzugsweise in der Festpunkt- oder INTEGER-Zahlendarstellung der höheren Programmiersprachen verwendet. An die Stelle der werthöchsten Bitposition tritt das Vorzeichenbit (Signbit). Positive Dualzahlen sind Dualzahlen mit einer 0 im Vorzeichenbit. Negative Dualzahlen entstehen durch Komplementbildung aus der entsprechenden positiven Zahl. Aus dem Einerkomplement (Aus 0 mach 1 und aus 1 mach 0) entsteht durch Addition einer 1 das Zweierkomplement. Negative Dualzahlen haben eine 1 als Vorzeichen. Beispiel:

```
+ 13 dezimal = 00001101 dual
1erkomplement  11110010
         +1  00000001
2erkomplement = 11110011 dual = - 13 dezimal
```

Befehl	Operand	OSZAPC	Wirkung
ADD	oper1,oper2	xxxxxx	oper1 = oper1 + oper2
ADC	oper1,oper2	xxxxxx	oper1 = oper1 + oper2 + Carrybit
SUB	oper1,oper2	xxxxxx	oper1 = oper1 - oper2
SBB	oper1,oper2	xxxxxx	oper1 = oper1 - oper2 - Carrybit
CMP	oper1,oper2	xxxxxx	Bilde die Differenz oper1 - oper2
NEG	operand	xxxxxx	Negiere den Operanden (Zweierkomplement)
CBW			Lade AH mit dem Vorzeichenbit von AL
CWD			Lade DX mit dem Vorzeichenbit von AX
IMUL	byte	x????x	AX = AL * Byteregister oder Speicherbyte
IMUL	wort	x????x	(DX+AX) = AX * Wortregister oder Speicherwort
IDIV	byte	??????	AL = AX / Bytereg. o. Speicherbyte AH = Rest
IDIV	wort	??????	AX = (DX+AX) / Wortreg. o. Sp.-wort DX = Rest

Bild 4-66: Arithmetische Befehle für Dualzahlen mit Vorzeichen

Für die Addition und Subtraktion gelten die gleichen Befehle wie für vorzeichenlose Dualzahlen. Hinzu kommt der Befehl NEG (Negiere), der das Zweierkomplement bildet. Der in einem Byte speicherbare Zahlenbereich liegt zwischen -128 und +127 dezimal. In einem Wort läßt sich der Zahlenbereich von -32 768 bis +32 767 dezimal ablegen. Der zulässige Zahlenbereich wird durch das O-Bit (Overflow) des Statusregisters angezeigt, das Carrybit hat bei vorzeichenbehafteten Zahlen keine Bedeutung. Bei O = 1 ist ein Zahlenüberlauf oder Zahlenunterlauf aufgetreten; bei O = 0 liegt das Ergebnis im zulässigen Bereich.

Die mit I für INTEGER gekennzeichneten Multiplikations - und Divisionsbefehle für Dualzahlen mit Vorzeichen berücksichtigen die Vorzeichen der Operanden. Bei der Ausdehnung von Byteoperanden zu Wortoperanden muß das AH-Register durch den Befehl CBW (Convert Byte to Word) mit dem Vorzeichenbit des AL-Registers geladen werden. Der Befehl CWD (Convert Word to Doubleword) lädt das DX-Register mit dem Vorzeichenbit des AX-Registers.

4.8.4 Die Arbeit mit BCD-kodierten Dezimalzahlen

Der Mikrocomputer arbeitet durch den Aufbau der ALU intern im dualen Zahlensystem, der Benutzer verlangt jedoch eine dezimale Eingabe und Ausgabe der Zahlen auf der Konsole bzw. Drucker. Die Zeichendekodierung und Zahlenumwandlung werden durch Unterprogramme vorgenommen. Eine wesentliche Vereinfachung ergibt sich, wenn man das dezimale Zahlensystem beibehält und jede Dezimalziffer in 4 Bit kodiert. Wählt man dazu den BCD-Kode (Binär Codierte Dezimalziffer), bei dem bekanntlich jede Dezimalziffer durch die entsprechende vierstellige Dualzahl dargestellt wird, so kann man mit einem dualen Rechenwerk auch dezimal rechnen; jedoch sind zusätzliche Korrekturbefehle erforderlich. **Bild 4-67** zeigt die beiden Möglichkeiten, BCD-Zahlen in einem Byte zu speichern und zu verarbeiten.

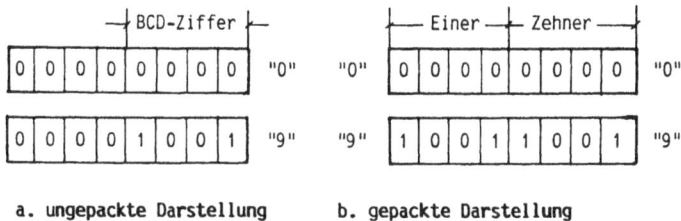

a. ungepackte Darstellung   b. gepackte Darstellung

Bild 4-67: Darstellung von BCD-Zahlen in einem Byte

Die ungepackte Darstellung speichert eine Dezimalziffer in einem Byte. Bei der üblichen Eingabe von Zahlen im ASCII-Code ergibt sich die BCD-Ziffer durch Subtraktion von 30H aus dem ASCII-Zeichen. Soll umgekehrt eine BCD-Ziffer als ASCII-Zeichen ausgegeben werden, so ist einfach 30H zu addieren.

In der gepackten Darstellung befinden sich immer zwei Dezimalziffern in einem Byte. Bei der Eingabe müssen zwei ASCII-Zeichen dekodiert und zusammengeschoben werden. Für die Ausgabe sind die beiden Ziffern zu trennen und wieder als ASCII-Zeichen zu kodieren. **Bild 4-68** zeigt die arithmetischen Befehle und die Korrekturbefehle für BCD-kodierte Dezimalzahlen.

Befehl	Operand	OSZAPC	Wirkung
ADD	AL,byte	xxxxxx	AL = AL + byte (Register,Konstante,Speicher)
ADC	AL,byte	xxxxxx	AL = AL + byte + Carrybit
DAA		?xxxxx	Dezimalkorrektur in AL gepackte Darstellung
AAA		???x?x	Dezimalkorrektur in AL ungepackte Darstellung
SUB	AL,byte	xxxxxx	AL = AL - byte (Register,Konstante,Speicher)
SBB	AL,byte	xxxxxx	AL = Al - byte - Carrybit
DAS		?xxxxx	Dezimalkorrektur in AL gepackte Darstellung
AAS		???x?x	Dezimalkorrektur in AL ungepackte Darstellung
MUL	byte	x????x	AX = AL * Byte
AAM		?xx?x?	Dezimalkorrektur in AL ungepackte Darstellung
AAD		?xx?x?	Dezimalkorrektur in AL ungepackte Darstellung
DIV	byte	??????	AL = AX / byte **nach** Befehl AAD ungepackte D.

Bild 4-68: Arithmetische Befehle und Korrekturbefehle für BCD-Zahlen

Der Befehl DAA (Decimal Adjust for Addition) korrigiert zwei gepackte Dezimalziffern im AL-Register nach einer dualen Addition (ADD oder ADC). Ist die Summe größer als 99, so wird das Carrybit C = 1 gesetzt. Beispiel:

```
MOV   AL,12H      Lade AL mit der gepackten Dezimalzahl 12
ADD   AL,19H      Addiere zu AL die gepackte Dezimalzahl 19
DAA               Korrigiere die duale Summe zur dezimalen Summe 31
```

Der Befehl AAA (ASCII Adjust for Addition) korrigiert das AL-Register nach einer dualen Addition (ADD oder ADC) ungepackter Dezimalstellen, so daß eine ungepackte Dezimalziffer entsteht. Da das höherwertige Halbbyte von AL immer gelöscht wird, können die Operanden auch als ASCII-Zeichen vorliegen. Bei einem Übertrag (Ergebnis größer 9) wird das AH-Register um 1 erhöht, aber nicht korrigiert. Beispiel:

```
MOV   AX,0039H    Lade AL mit der Ziffer 9 im ASCII-Kode
ADD   AL,39H      Addiere zu AL die Ziffer 9 im ASCII-Kode
AAA               Korrigiere AL zur dezimalen Summe AH = 01   AL = 08
```

Der Befehl DAS (Decimal Adjust for Subtraction) korrigiert zwei gepackte Dezimalziffern im AL-Register nach einer dualen Subtraktion (SUB oder SBB). Ist die Differenz kleiner Null, so wird das Carrybit C = 1 gesetzt. Beispiel:

```
MOV    AL,31H      Lade AL mit der gepackten Dezimalzahl 31
SUB    AL,19H      Subtrahiere von AL die gepackte Dezimalzahl 19
DAS                Korrigiere die duale zur dezimalen Differenz 12
```

Der Befehl AAS (ASCII Adjust for Subtraction) korrigiert das AL-Register nach einer dualen Subtraktion (SUB oder SBB) ungepackter Dezimalstellen, so daß eine ungepackte Dezimalziffer entsteht. Da das höherwertige Halbbyte von AL immer gelöscht wird, können die Operanden auch als ASCII-Zeichen vorliegen. Bei einer negativen Differenz wird das AH-Register um 1 vermindert, aber nicht korrigiert. Beispiel:

```
MOV    AX,0039H    Lade AL mit der Ziffer 9 im ASCII-Kode
SUB    AL,34H      Subtrahiere von AL die Ziffer 4 im ASCII-Kode
AAS                Korrigiere AL zur dezimalen Differenz AH = 00  AL = 05
```

Für die Multiplikation und Division von BCD-kodierten Dezimalzahlen dürfen die Operanden nur in der ungepackten und bereits dekodierten (Nicht ASCII) Darstellung vorliegen.

Der Befehl AAM (ASCII Adjust for Multiply) korrigiert das AX-Register nach einer dualen Byte-Multiplikation (MUL), so daß eine zweistellige ungepackte Dezimalzahl im AX-Register entsteht. Dabei wird das Ergebnis der dualen Multiplikation durch 10 dezimal dividiert. Die Zehnerstelle (Quotient) erscheint im AH-Register; die Einerstelle (Rest) erscheint im AL-Register. Beide Stellen sind wieder ungepackte Dezimalziffern. Beispiel:

```
MOV    AL,09H      Faktor 9 als ungepackte Dezimalstelle
MOV    BL,08H      Faktor 8 als ungepackte Dezimalstelle
MUL    BL          Duale Multiplikation mit Ergebnis in AX
AAM                Korrigiere AX dezimal; AH = 07  AL = 02
```

Der Befehl AAD (ASCII Adjust for Division) dient zur **Vorbereitung** einer dezimalen Byte-Division. Er wird **vor** dem Befehl DIV angewendet, der das AX-Register durch ein Byte dividiert. Der Befehl AAD multipliziert den Inhalt des AH-Registers mit 10 dezimal, addiert dazu den Inhalt des AL-Registers, bringt die Summe in das AL-Register und löscht das AH-Register. Der **folgende** Divisionsbefehl DIV dividiert dual das AX-Register durch ein Byte. Der Quotient erscheint im AL-Register. Der Rest wird im AH-Register gespeichert. Beides sind ungepackte Dezimalziffern. Beispiel:

```
MOV    AX,0304H    Dividend 34 in zwei ungepackten Dezimalstellen
MOV    BL,05H      Divisor ist die ungepackte Dezimalstelle 5
AAD                Im AX erscheint 3 x 10 + 4 = 34 als Dualzahl
DIV    BL          Quotient im AL = 06  Rest im AH = 04 ungepackt dezimal
```

Die Korrekturbefehle lassen sich nur auf ungepackte Dezimalstellen oder in der gepackten Darstellung auf zweistellige Dezimalzahlen von 0 bis 99 im AL-Register anwenden. Mehrstellige BCD-kodierte Dezimalzahlen werden durch Schleifen beginnend mit der wertniedrigsten Stelle verarbeitet. Mit Hilfe des Carrybits werden Übertrag und Borgen zwischen den Stellen übertragen.

4.8.5 Dekodierung und Kodierung von ASCII-Ziffern

Zeichen	hexa	Bitmuster	dual	Zeichen	hexa	Bitmuster	dual
0	30	0011 0000	0000	A	41	0100 0001	1010
1	31	0011 0001	0001	B	42	0100 0010	1011
2	32	0011 0010	0010	C	43	0100 0011	1100
3	33	0011 0011	0011	D	44	0100 0100	1101
4	34	0011 0100	0100	E	45	0100 0101	1110
5	35	0011 0101	0101	F	46	0100 0110	1111
6	36	0011 0110	0110	a	61	0110 0001	1010
7	37	0011 0111	0111	b	62	0110 0010	1011
8	38	0011 1000	1000	c	63	0110 0011	1100
9	39	0011 1001	1001	d	64	0110 0100	1101
				e	65	0110 0101	1110
				f	66	0110 0110	1111

Bild 4-69: ASCII-Code der Dezimal- und Hexadezimalziffern

Die Übertragung von Zeichen zwischen dem Mikrocomputer und dem Bedienungsterminal geschieht fast ausschließlich im ASCII-Code. **Bild 4-69** zeigt die Kodierungen der Dezimalziffern und der zusätzlich bei Hexadezimalzahlen verwendeten Buchstaben A bis F; anstelle der Großbuchstaben werden oft auch die Kleinbuchstaben von a bis f zugelassen. Dieser Abschnitt zeigt die Ausgabe und Eingabe von Hexadezimalzahlen, wie sie bei Monitorprogrammen verwendet werden, bei denen oft mit Speicheradressen und Speicherinhalten gearbeitet werden muß. Eine binäre Ein/Ausgabe wäre zu lang und zu unübersichtlich. Daher faßt man jeweils vier Binärstellen zu einer Hexadezimalziffer zusammen. Der dezimale Zahlenwert ist dabei in den meisten Fällen ohne Bedeutung. **Bild 4-70** zeigt ein System von Unterprogrammen zur hexadezimalen Ausgabe von Halbbytes (4 Bit), Bytes (8 Bit) und Wörtern (16 Bit) als ASCII-Zeichen auf der Konsole. Werden nur die Kodierungen der Dezimalziffern von 0000 bis 1001 verwendet, so können die Programme auch zur Ausgabe von Dezimalziffern dienen.

```
; BILD 4-70  AUSGABE-UNTERPROGRAMME MIT ZEICHENKODIERUNG
PROG    SEGMENT        ; PROGRAMMSEGMENT
        ASSUME  CS:PROG,DS:PROG,ES:PROG,SS:PROG
        ORG     100H   ; TEST-HAUPTPROGRAMM
START:  XOR     AX,AX  ; AX LOESCHEN
LOOP:   CALL    AUSNZ  ; NEUE ZEILE CR UND LF
        CALL    AUSWD  ; AX HEXADEZIMAL AUSGEBEN
        ADD     AX,1   ; ADDIERE 1
        JNC     LOOP   ; SCHLEIFE SOLANGE KEIN UEBERTRAG
        JMP     EXIT   ; BEI UEBERTRAG ENDE DES PROGRAMMS
        ORG     200H   ; UNTERPROGRAMME
; AUSNR - RECHTES HALBBYTE VON AL UMWANDELN UND AUSGEBEN
AUSNR:  PUSH    AX     ; AX RETTEN
        AND     AL,0FH ; MASKE 0000 1111 LINKES HALBBYTE 0
        ADD     AL,30H ; NACH ASCII CODIEREN
        CMP     AL,'9' ; ZIFFERNBEREICH VON 0 BIS 9 ?
        JBE     AUSN1  ; JA: FERTIG
        ADD     AL,07H ; NEIN: BUCHSTABENBEREICH
AUSN1:  CALL    AUSZ   ; ZEICHEN AUSGEBEN
        POP     AX     ; AX ZURUECK
        RET            ; RUECKSPRUNG
; AUSNL - LINKES HALBBYTE VON AL UMWANDELN UND AUSGEBEN
AUSNL:  PUSH    AX     ; AX RETTEN
        SHR     AL,1   ; LINKES HALBBYTE NACH RECHTEM HALBBYTE
        SHR     AL,1   ;
        SHR     AL,1   ;
        SHR     AL,1   ;
        CALL    AUSNR  ; RECHTES HALBBYTE AUSGEBEN
        POP     AX     ; AX ZURUECK
        RET            ; RUECKSPRUNG
; AUSBY - BYTE AUS AL UMWANDELN UND MIT 2 ZEICHEN AUSGEBEN
AUSBY:  CALL    AUSNL  ; LINKES HALBBYTE UMWANDELN UND AUSGEBEN
        CALL    AUSNR  ; RECHTES HALBBYTE UMWANDELN UND AUSGEBEN
        RET            ; RUECKSPRUNG
; AUSWD - WORT AUS AX UMWANDELN UND MIT 4 ZEICHEN AUSGEBEN
AUSWD:  XCHG    AH,AL  ; HIGH-BYTE UND LOW-BYTE VERTAUSCHEN
        CALL    AUSBY  ; HIGH-BYTE AUS AL AUSGEBEN
        XCHG    AH,AL  ; LOW-BYTE UND HIGH-BYTE VERTAUSCHEN
        CALL    AUSBY  ; LOW-BYTE AUS AL AUSGEBEN
        RET            ; RUECKSPRUNG
; AUSNZ - NEUE ZEILE MIT WAGENRUECKLAUF UND ZEILENVORSCHUB
AUSNZ:  PUSH    AX     ; AX RETTEN
        MOV     AL,0DH ; WAGENRUECKLAUF
        CALL    AUSZ   ; AUSGEBEN
        MOV     AL,0AH ; ZEILENVORSCHUB
        CALL    AUSZ   ; AUSGEBEN
        POP     AX     ; AX ZURUECK
        RET            ; RUECKSPRUNG
; SYSTEMPROGRAMME
AUSZ:   INT     17H    ; ZEICHEN AUS AL AUSGEBEN
        RET            ; RUECKSPRUNG
EXIT:   INT     10H    ; RUECKKEHR MONITOR
PROG    ENDS           ; ENDE DES SEGMENTES
        END     START  ; ENDE DES PROGRAMMS
```

Bild 4-70: Unterprogramme zur Ausgabe von Hexadezimalziffern

Das Test-Hauptprogramm gibt in einer Schleife die Hexadezimalzahlen von
0000 bis FFFF aus. Der Kern der Ausgabeprogramme ist das Unterprogramm
AUSNR, das das rechte Halbbyte von AL in ein ASCII-Zeichen umwandelt und
mit Hilfe des Systemprogramms AUSZ auf der Konsole ausgibt. Das Unterprogramm AUSNL gibt das linke Halbbyte von AL aus, das dazu um vier Bit nach

rechts geschoben und dann durch den Aufruf von AUSNR ausgegeben wird. Für die Ausgabe eines Bytes aus AL werden nun die beiden Unterprogramm AUSNL (Linkes Halbbyte) und AUSNR (Rechtes Halbbyte) verwendet. Das Unterprogramm AUSWD zur Ausgabe eines Wortes aus dem AX-Register ruft zweimal das Unterprogramm zur Ausgabe eines Bytes aus AL auf. Dazu kommt das Unterprogramm AUSNZ, das einen Wagenrücklauf und einen Zeilenvorschub ausgibt. **Bild 4-71** zeigt die Struktur der Ausgabeunterprogramme.

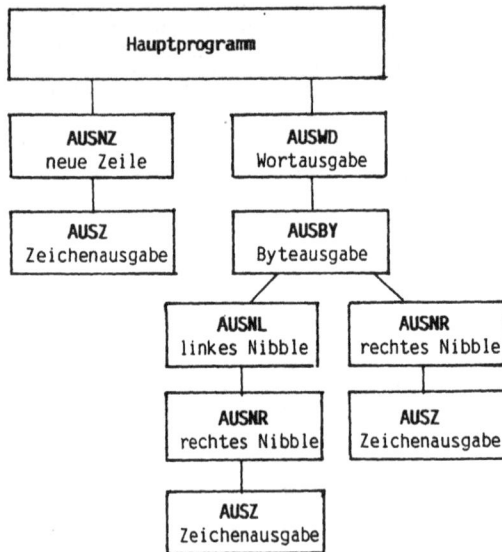

Bild 4-71: Die Struktur der Ausgabeunterprogramme

```
; BILD 4-72  EINGABE-UNTERPROGRAMME MIT ZEICHENDEKODIERUNG
PROG    SEGMENT            ; PROGRAMMSEGMENT
        ASSUME   CS:PROG,DS:PROG,ES:PROG,SS:PROG
        ORG      300H      ; SPEICHER FUER TESTDATEN
TAB     DW 128 DUP (?)     ; 128 WOERTER RESERVIERT
        ORG      100H      ; TEST-HAUPTPROGRAMM
START:  LEA      BX,TAB    ; ANFANGSADRESSE TESTSPEICHER
LOOP:   CALL     AUSNZ     ; NEUE ZEILE
        MOV      AL,'*'    ; EINGABEMARKE *
        CALL     AUSZ      ; AUSGEBEN
        CALL     EINWD     ; WORT LESEN UND DEKODIEREN NACH AX
        JC       ERROR     ; FEHLER: KEINE HEXAEINGABE
        MOV      [BX],AX   ; WORT NACH TESTSPEICHER
        ADD      BX,2      ; NAECHSTE WORTADRESSE
        JMP      LOOP      ; EINGABESCHLEIFE
ERROR:  CMP      AL,'*'    ; ENDEMARKE * ?
        JNE      NEXT      ; NEIN: WEITER
        JMP      EXIT      ; JA: FERTIG
NEXT:   MOV      AL,07H    ; ASCII-CODE FUER HUPE
        CALL     AUSZ      ; AUSGEBEN
        JMP      LOOP      ; EINGABESCHLEIFE
```

```
            ORG     200H    ; EINGABE-UNTERPROGRAMME
; EINZI_ = ZIFFER LESEN UND NACH AL UMWANDELN C=1:FEHLER
; EINZIH = EINSPRUNG HEXADEZIMALE EINGABE
EINZIH: CALL    EINZ    ; ZEICHEN NACH AL LESEN
        CALL    AUSZ    ; IM ECHO AUSGEBEN
        CMP     AL,'A'  ; BUCHSTABENBEREICH PRUEFEN
        JB      EINZID  ; KLEINER: ZIFFERNBEREICH PRUEFEN
        CMP     AL,'F'  ; GROSSBUCHSTABE ?
        JA      EINZI1  ; NEIN: KLEINBUCHSTABE PRUEFEN
        SUB     AL,37H  ; GROSSBUCHSTABE DEKODIEREN
        JMP     EINZI2  ; FERTIG
EINZI1: CMP     AL,'a'  ; KLEINBUCHSTABE ?
        JB      EINZIF  ; NEIN: EINGABEFEHLER
        CMP     AL,'f'  ; KLEINBUCHSTABE ?
        JA      EINZIF  ; NEIN: EINGABEFEHLER
        SUB     AL,57H  ; JA: KLEINBUCHSTABE DEKODIEREN
        JMP     EINZI2  ; FERTIG
; EINZID = EINSPRUNG DEZIMALE EINGABE
EINZID: CMP     AL,'0'  ; ZIFFERNBEREICH ?
        JB      EINZIF  ; NEIN: EINGABEFEHLER
        CMP     AL,'9'  ; ZIFFERNBEREICH ?
        JA      EINZIF  ; NEIN: EINGABEFEHLER
        SUB     AL,30H  ; JA: ZIFFER DEKODIEREN
; AUSGANG MIT GUELTIGEM WERT IN AL   CARRY = 0
EINZI2: CLC             ; CARRY = 0
        RET             ; RUECKSPRUNG
; FEHLERAUSGANG AL = ZEICHEN  CARRY = 1
EINZIF: STC             ; CARRY = 1
        RET             ; RUECKSPRUNG
; EINBY = 2 HEXAZIFFERN LESEN UND NACH AL DEKODIEREN
EINBY:  CALL    EINZIH  ; HIGH-TEIL LESEN
        JC      EINBY2  ; EINGABEFEHLER
        PUSH    CX      ; CX RETTEN
        MOV     CH,AL   ; HIGH-TEIL RETTEN
        CALL    EINZIH  ; LOW-TEIL LESEN
        JC      EINBY1  ; EINGABEFEHLER
        MOV     CL,4    ; VERSCHIEBEZAEHLER
        SHL     CH,CL   ; HIGH-BYTE NACH LINKS SCHIEBEN
        OR      AL,CH   ; BEIDE TEILE MISCHEN
EINBY1: POP     CX      ; CX ZURUECK LADEN
EINBY2: RET             ; RUECKSPRUNG
; EINWD = 4 ZIFFERN LESEN UND NACH AX DEKODIEREN
EINWD:  CALL    EINBY   ; HIGH-BYTE NACH AL LESEN
        JC      EINWD1  ; EINGABEFEHLER
        MOV     AH,AL   ; HIGH-BYTE NACH AH
        CALL    EINBY   ; LOW-BYTE NACH AL LESEN
EINWD1: RET             ; RUECKSPRUNG
; AUSNZ = NEUE ZEILE MIT WAGENRUECKLAUF UND ZEILENVORSCHUB
AUSNZ:  PUSH    AX      ; AX RETTEN
        MOV     AL,ODH  ; WAGENRUECKLAUF
        CALL    AUSZ    ; AUSGEBEN
        MOV     AL,OAH  ; ZEILENVORSCHUB
        CALL    AUSZ    ; AUSGEBEN
        POP     AX      ; AX ZURUECK
        RET             ; RUECKSPRUNG
; SYSTEMPROGRAMME
EINZ:   INT     11H     ; ZEICHEN NACH AL LESEN
        RET             ; RUECKSPRUNG
AUSZ:   INT     17H     ; ZEICHEN AUS AL AUSGEBEN
        RET             ; RUECKSPRUNG
EXIT:   INT     10H     ; RUECKKEHR MONITOR
PROG    ENDS            ; ENDE DES SEGMENTES
        END     START   ; ENDE DES PROGRAMMS
```

Bild 4-72: Unterprogramme zur Eingabe von Hexadezimalzahlen

Bei der Eingabe von Hexadezimalzahlen muß damit gerechnet werden, daß der Benutzer einen Eingabefehler macht, d.h. ein Zeichen eingibt, das keine Hexadezimalziffer darstellt. Das in **Bild 4-72** dargestellte System von Eingabe-Unterprogrammen benutzt des Carrybit als Fehlermarke. Ist beim Rücksprung C = 0, so war die Eingabe gültig, und es wird der dekodierte Zahlenwert in dem vereinbarten Register übergeben. Ist jedoch C = 1, so wurde eine Nicht-Hexadezimalziffer erkannt. Sie wird im AL-Register zur weiteren Auswertung übergeben. Das Test-Hauptprogramm läßt in diesem Fall die Hupe ertönen.

4.8.6 Übungen zum Abschnitt Datenverarbeitung

1. Aufgabe:
Bei der Zusammenarbeit mit einem Terminal ist es wichtig, die Kodierungen der Tasten zu kennen. Man entwickle ein Programm, das auf einer neuen Zeile das auf der Tastatur angeschlagene Zeichen im Echo und dazu den hexdezimalen und binären Tastencode ausgibt. Bei allen Steuerzeichen kleiner 20H soll das Echo unterdrückt werden.

2. Aufgabe:
Man gebe auf jeweils einer neuen Zeile nacheinander die Dezimalzahlen von 1 bis 24 auf der Konsole aus.

3. Aufgabe:
Man lese Dezimalzahlen von 1 bis 9 ein und gebe entsprechend viele Sterne auf einer neuen Zeile aus. Man beachte, daß bei der Eingabe der Zahl 0 keine Sterne auszugeben sind.

4.9   Interrupt und Interruptbefehle

Dieser Abschnitt kann nur einen Überblick über die Möglichkeiten der Interruptsteuerung geben. Einzelheiten müssen den Datenblättern der Prozessoren entnommen werden, da die Prozessoren der 8086-Familie sich gerade in diesem Betriebszustand z.T. unterschiedlich verhalten können.

Ein Interrupt bedeutet eine Unterbrechung des laufenden Programms durch ein Steuersignal oder durch einen Interruptbefehl mit der Möglichkeit, das Programm später fortzusetzen. Eine Sonderstellung nimmt das in **Bild 4-73** dargestellte Reset-Signal ein.

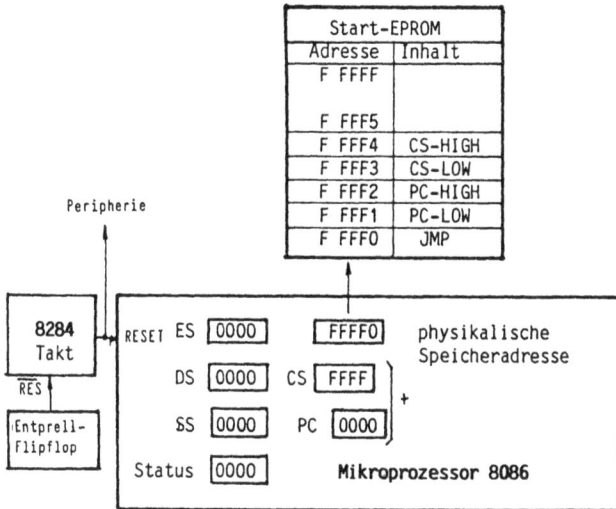

Bild 4-73: Neustart des Prozessors durch ein Reset-Signal

Reset bedeutet zurücksetzen in einen Grundzustand. Bei einem Reset wird das gerade laufende Programm sofort abgebrochen, ohne daß die Möglichkeit einer Fortsetzung besteht. Das Datensegmentregister DS, das Extrasegmentregister ES, das Stapelsegmentregister SS und das Statusregister werden gelöscht. Ihr Inhalt ist 0000H. Dabei werden durch Löschen des Interruptbits (I = 0) der INTR-Interrupt und durch Löschen des Einzelschrittbits (T = 0) die Einzelschrittsteuerung gesperrt. Das Codesegmentregister CS wird mit Einerbits gefüllt (FFFFH), der Befehlszähler wird gelöscht (0000H). Die sich daraus ergebende physikalische Speicheradresse F FFF0H wird auf den Adreßbus gelegt und adressiert den ersten auszuführenden Befehl. Dies ist in der Regel ein unbedingter Intersegmentsprungbefehl, der zur eigentlichen Startadresse des Programms führt. Da beim Einschalten der Versorgungsspannung der erste Befehl von der Adresse F FFF0H geholt wird, muß an dieser Stelle ein Festwertspeicherbaustein (EPROM) vorgesehen werden. Der Inhalt der anderen Register des Prozessors ist nicht bestimmt.

Am Eingang des Taktgeberbausteins liegt meist ein Entprellflipflop bzw. eine Autoresetschaltung, die den $\overline{\text{RES}}$-Eingang beim Einschalten der Versorgungsspannung für einige Zeit auf LOW hält. Das $\overline{\text{RES}}$-Signal wird mit dem Takt synchronisiert und erscheint invertiert als RESET-Signal am Eingang des Prozessors. Wird $\overline{\text{RES}}$ = LOW (RESET = HIGH), so geht der Prozessor in einen inaktiven Zustand, in dem die Busleitungen tristate und die Steuerleitungen inaktiv geschaltet werden. Der Start des Programms ab Adresse F FFF0H beginnt mit der steigenden Flanke von $\overline{\text{RES}}$, also der fallenden Flanke von RESET. Die beiden in **Bild 4-74** dargestellten Interrupteingänge NMI und INTR dienen zur Unterbrechung des laufenden Programms durch Steuersignale. Der NMI-Interrupt ist positiv flankengesteuert und muß mindestens zwei Takte lang auf HIGH-Potential gehalten werden. Der INTR-Interrupt ist positiv zustandsgesteuert und muß bis zu seiner Ausführung auf HIGH gehalten werden.

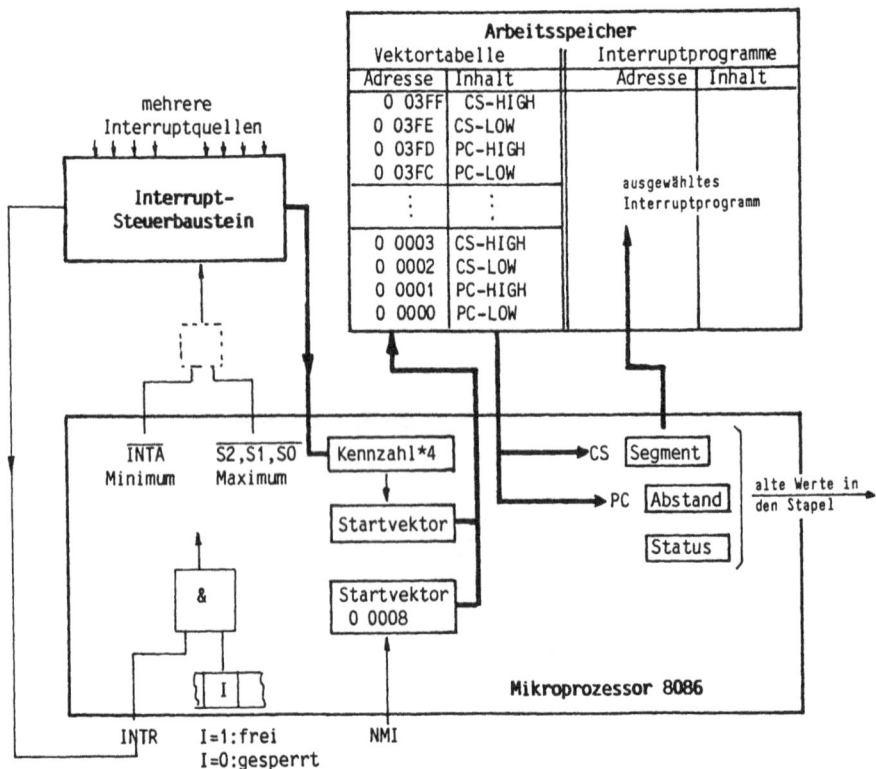

Bild 4-74: Hardware-Interrupt durch NMI und INTR

Der nicht maskierbare Interrupt NMI ist nicht sperrbar und hat gegenüber dem durch das I-Bit des Statusregisters sperrbaren Interrupt INTR die höhere Priorität. In beiden Fällen werden nach Beendigung des laufenden Befehls Interruptprogramme gestartet, deren Startadressen in einer Vektortabelle abzulegen sind. Diese liegt im unteren Adreßbereich von 0 0000H bis 0 03FFH, der bei Personal Computern und Entwicklungssystemen meist als Schreib/Lesespeicher ausgeführt wird, um die Startadressen der Interruptprogramme für Änderungen zugänglich zu machen. Es sei nochmals besonders hervorgehoben, daß in dieser Vektortabelle nur die **Startadressen** bestehend aus Segmentadresse (CS) und Offset (PC) angeordnet sind. Sie stellen Zeiger (Vektoren) auf die eigentlichen Interruptprogramme dar, die sich auf beliebigen Adressen des gesamten Speicherbereiches befinden können.

Die Startadresse des durch den nicht sperrbaren Interrupt NMI zu startenden Programms liegt in der Vektortabelle auf den Adressen 0 0008H bis 0 000BH. Die Startadressen der INTR-Interruptprogramme werden durch eine Kennzahl bestimmt, die über den unteren Datenbus (D0 bis D7) eingelesen wird. Sie wird bei vielen Anwendungen geliefert von einem Interrupt-Steuerbaustein, an den mehrere Interruptquellen angeschlossen sind. Der Steuerbaustein liefert zunächst das INTR-Signal an den Prozessor. Nach Beendigung des laufenden Befehls wird das I-Bit des Statusregisters untersucht. Ist der Interrupt durch I = 0 gesperrt, so wird der nächste Befehl ausgeführt. Ist der Interrupt durch I = 1 freigegeben, so werden folgende Schritte durchgeführt:

1. Schritt:
Im Minimumbetrieb wird die Steuerleitung $\overline{\text{INTA}}$ aktiv und fordert von einer besonderen Schaltung (Steuerbaustein) eine 8-Bit-Kennzahl über den unteren Datenbus an. Im Maximumbetrieb liefern die Statusleitungen S0, S1 und S2 einen entsprechenden $\overline{\text{INTA}}$-Code. Die durch Anhängen von zwei Nullen mit 4 multiplizierte Kennzahl ist gleich der Adresse in der Vektortabelle, auf der sich die Startadresse des Interruptprogramms befindet. Dieser erste Schritt entfällt bei allen Interruptvorgängen (NMI, Interruptbefehle, Fehlerzustände), bei denen die Vektoradresse bereits festliegt.

2. Schritt:
In zwei Lesezyklen werden der Offset (PC) und das Segment (CS) aus der Vektortabelle geholt und im Prozessor zwischengespeichert.

3. Schritt:
Das Statusregister wird auf den Stapel gerettet (kopiert). Dann werden das Interruptbit (I-Bit) und das Einzelschrittbit (T-Bit) gelöscht. Damit ist der Prozessor für weitere INTR-Interrupts und für den Einzelschrittbetrieb zunächst gesperrt.

4. Schritt:
In zwei Schreibzyklen werden das alte Codesegmentregister (CS) und der alte Befehlszähler (PC) auf den Stapel gerettet.

5. Schritt:

Das Codesegmentregister und der Befehlszähler werden mit den aus der Vektortabelle geholten Adressen geladen, und die Arbeit wird mit dem dadurch adressierten Befehl fortgesetzt. Alle anderen Register des Prozessor - bis auf das I- Bit und das T-Bit - bleiben unverändert erhalten und müssen vom Interruptprogramm in den Stapel gerettet werden, wenn das unterbrochene Programm später ungestört fortgesetzt werden soll.

Die Zeit zwischen dem Auftreten des Interruptsignals bis zum Start des Interruptprogramms hängt im wesentlichen von dem Befehl ab, der zu diesem Zeitpunkt gerade abläuft. Dabei können sich bei den Befehlsvorsätzen SEG, REP und LOCK Schwierigkeiten ergeben. Nach Beendigung des laufenden Befehls vergehen noch etwa 60 Taktzyklen bis zum Start des Interruptprogramms. Durch eine 8-Bit-Kennzahl ergeben sich 256 Vektoradressen und damit 256 verschiedene INTR-Interruptprogramme. Die gleiche Vektortabelle wird entsprechend **Bild 4-75** für den Start von Interruptprogrammen verwendet, die durch einen Interruptbefehl bzw. durch besondere Prozessorzustände ausgelöst werden. In diesen Fällen liegt die Vektoradresse bereits fest und wird nicht mehr als Kennzahl über den Datenbus eingelesen; der 1. Schritt der Interruptfolge entfällt.

Ein Interrupt TYP0 wird ausgelöst durch einen Überlauf bei einem Divisionsbefehl. Dies können sein eine Division durch Null oder bei einem DIV-Befehl ein Quotient größer 0FFH (0FFFFH) oder bei einem IDIV-Befehl ein Quotient grösser 7FH (7FFFH).

Ein Interrupt TYP1 wird ausgelöst, wenn das T-Bit des Statusregisters 1 ist. Nach Ablauf des folgenden Befehls führt der TYP1-Interrupt meist zurück in den Monitor. Mit dieser Einrichtung kann ein Programm im Einzelschritt getestet werden. Einzelheiten dieser Einzelschrittsteuerung müssen den Datenblättern entnommen werden.

Der Interrupt TYP2 ist identisch mit dem NMI-Interrupt.

Ein Interrupt TYP3 wird ausgelöst durch den Befehl INT 3 mit dem Kode 0CCH. Dieser 1-Byte-Befehl wird meist vom Monitor als Haltepunkt in Benutzerprogramme eingebaut und bricht das Programm an dieser Stelle ab und führt in den Monitor zurück.

Ein Interrupt TYP4 wird ausgelöst durch den Befehl INTO, wenn gleichzeitig das Überlaufbit (Overflow) des Statusregisters einen Überlauf in der vorzeichenbehafteten Arithmetik anzeigt. Ist das O-Bit gelöscht, so wird das laufende Programm ungestört fortgesetzt.

Nach einer Empfehlung des Herstellers sollen die Interrupts TYP5 bis TYP31 bei den Prozessoren 8086 und 8088 nicht verwendet werden, da sie für spätere Erweiterungen reserviert sind. Die in diesem Bereich liegenden Interruptvekto-

Arbeitsspeicher				
Vektortabelle			Interruptprogramme	
Adresse	ausgelöst mit		Adresse	Inhalt
0 03FC	Befehl INT 255			
0 0014	Befehl INT 5			
0 0010	INTO-Befehl		ausgewähltes	
0 000C	INT - Befehl		Interruptprogramm	
0 0008	Hardware NMI			
0 0004	Trace T = 1			
0 0000	Divisionsfehler			

Kennzahl*4

Startvektor

CS Segment

PC Abstand   alte Werte in den Stapel

Status

Interruptbefehle
INT
INTO
INT   Kennzahl

Divisions-Fehler

T = 1

Mikroprozessor 8086

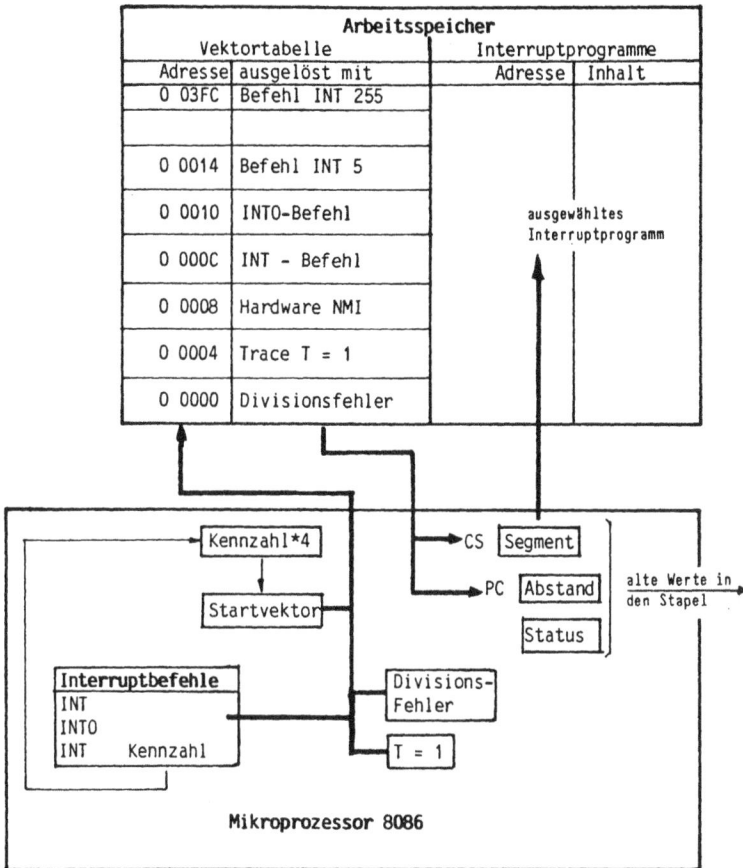

Bild 4-75: Vektortabelle für Software-Interrupts

ren der Prozessoren 80186 und 80286 (z.B. ungültiger Funktionskode, Speicherschutzverletzung) können den Datenblättern der Prozessoren entnommen werden.

Die Interrupts TYP32 bis TYP255 werden normalerweise durch den INT-Befehl ausgelöst, der mit anderen Sonderbefehlen in **Bild 4-76** zusammengestellt ist.

Der Befehl INT (INTerrupt) enthält im Operandenteil eine Bytekonstante, die als Kennzahl mit 4 multipliziert die Adresse des Startvektors ergibt, aus dem die Startadresse des Interruptprogramms zu holen ist. Dabei werden wie bei einem Hardware-Interrupt das Statusregister, das Codesegmentregister und der Befehlszähler auf den Stapel gerettet. Der Interruptbefehl ist also als erweiterter CALL-Befehl für den Aufruf eines Intersegment-Unterprogramms anzusehen mit dem Unterschied, daß der Operandenteil nicht die Sprungadresse, sondern eine Kennzahl enthält, mit der der Vektor bestimmt wird, der die

Befehl	Operand	OSZAPC	Wirkung
INTO			Interrupt wenn O-Bit = 1: Vektor in 0 0010H
INT	3		Interrupt 0CCH Haltepunkt: Vektor in 0 000CH
INT	zahl		Software-Interrupt: Vektor in 4 * zahl
IRET			Rücksprung vom Interrupt: POP PC ,CS, Status
STI			I = 1: INTR-Interrupt freigegeben
CLI			I = 0: INTR-Interrupt gesperrt
WAIT			Warten bis TEST-Eingang Low (vom 8087)
HLT			Warten bis RESET oder NMI oder INTR
ESC	code		Escape-Befehlsvorsatz für 8087-Befehle
LOCK			Befehlsvorsatz für LOCK-Ausgang

Bild 4-76: Interruptbefehle und Sonderbefehle

Sprungadresse enthält. Die Interruptbefehle werden oft zur Verbindung von Benutzerprogrammen mit dem Betriebssystem (z.B. MS-DOS) verwendet.

Der Befehl IRET (Interrupt RETurn) steht am Ende eines Interruptprogramms und lädt den Befehlszähler, das Codesegmentregister und das Statusregister aus dem Stapel zurück und setzt damit das unterbrochene bzw. aufrufende Programm fort.

Der Befehl WAIT (Warte) untersucht den TEST-Eingang des Prozessors, der mit dem arithmetischen Coprozessor 8087 verbunden werden kann. Ist der TEST-Eingang HIGH, so wartet der Prozessor, bis der Eingang auf LOW geht.

Der Befehl HLT (HaLT) bringt den Prozessor in einen Wartezustand, der nur durch ein Reset, einen NMI- oder einen freigegebenen INTR-Interrupt wieder verlassen werden kann.

Der Befehl ESC (ESCape gleich umschalten) dient zur Zusammenarbeit mit Coprozessoren wie z.B. dem arithmetischen Coprozessor 8087. Der Befehl enthält einen Code und eine Speicheradresse, die nur von den Coprozessoren ausgewertet werden. Einzelheiten siehe Abschnitt 5.6.

Der Vorsatz LOCK (Sperren) kann vor jeden Befehl gesetzt werden und bewirkt, daß der Ausgang LOCK des Prozessors während des folgenden Befehls auf LOW-Potential gelegt wird. Damit ist es z.B. möglich, den Zugriff auf Speicherstellen, die bestimmte Zeiger (Semaphore) enthalten, für andere Zugriffe zu sperren.

4.10   Die zusätzlichen Befehle der Prozessoren 80186 und 80286

Die in **Bild 4-77** zusammengestellten Befehle gelten für beide Prozessoren. Die beiden Stringbefehle INS und OUTS ermöglichen die Eingabe und Ausgabe von

Strings (Zeichenketten) über einen Peripherieport, dessen Adresse im DX-Register abzulegen ist. Bei Verwendung der REP-Vorsätze sind die Übertragungsgeschwindigkeiten der Schnittstellen zu berücksichtigen. Mit den PUSH-Befehlen lassen sich auch Konstanten auf den Stapel legen. Der Befehl PUSHA rettet alle Register in den Stapel und kann am Anfang eines Unterprogramms oder Interruptprogramm stehen. Mit dem Befehl POPA werden alle Register bis auf den Stapelzeiger wieder zurückgeladen. Der Befehl IMUL kann zusätzliche Faktoren im Operandenteil enthalten. Bei allen Schiebebefehlen kann die Zahl der Verschiebungen als Bytekonstante im Operandenteil des Befehls angegeben werden. Der Befehl BOUND prüft, ob der Inhalt eines Wortregisters innerhalb eines definierten Bereiches liegt. Die Befehle ENTER und LEAVE legen Speicherbereiche im Stapel an bzw. geben sie wieder frei, die für die Übergabe von Parametern und für lokalen Arbeitsspeicher von Unterprogrammen verwendet werden. Weitere Einzelheiten dieser zusätzlichen Befehle sind den Unterlagen des Herstellers zu entnehmen.

Der Prozessor 80286 kennt die beiden Betriebszustände "Real Address Mode" und "Protected Mode". Im "Real Address Mode" verhält sich der Prozessor wie die anderen Prozessoren der 8086-Familie. Durch softwaremäßiges Umschalten eines zusätzlichen Bits im Statusregister gelangt man in den "Protected Virtual Address Mode" mit folgenden zusätzlichen Eigenschaften, die für das Betriebssystem vorgesehen und dem Benutzer normalerweise nicht zugänglich sind.

- erweiterter Adreßbereich,
- Verwaltung eines virtuellen Speicherbereiches,
- Schutz von Speicherbereichen gegen unberechtigten Zugriff,
- Verwaltung mehrerer Prozesse (Tasks),
- zusätzliche geschützte Kontrollregister und
- zusätzliche geschützte Befehle für Kontrollaufgaben.

Befehl	Operand	OSZAPC	Wirkung
INS	(adresse,DX)		Lade (ES:DI) mit Bytes oder Wörtern Port (DX)
OUTS	(DX,adresse)		Speichere Bytes/Wörter (DS:SI) nach Port (DX)
PUSH	konstante		Lege Konstante (Byte/Wort) auf Stapel SP=SP-2
PUSHA			Lege alle 8 Register auf Stapel SP=SP-16
POPA			Hole alle 8 Register vom Stapel SP=SP+16
IMUL	wortreg,byte	x????x	Wortregister = Wortregister * Bytekonstante
IMUL	wreg,wort,kon	x????x	Wortregister = Speicherwort * Konstante
schieben	oper,konstante		Bytekonstante ist Schiebezähler: alle Befehle
BOUND	operand		Vergleiche Wortregister mit Speicheradressen
ENTER	operand		Lege Speicherbereich im Stapel an
LEAVE			Gib Speicherbereich im Stapel frei

Bild 4-77: Zusätzliche Befehle der Prozessoren 80186 und 80286

5 Anwendungsbeispiele

Dieses Kapitel zeigt einige Schaltungen und Programme mit Prozessoren der 8086-Familie. Dabei wurde mehr Wert auf eine ausführliche Beschreibung als auf eine möglicht große Anzahl von Beispielen gelegt. Das Kapitel "Ergänzende und weiterführende Literatur" enthält weitere Anregungen.

5.1 Parallele und serielle Datenübertragung

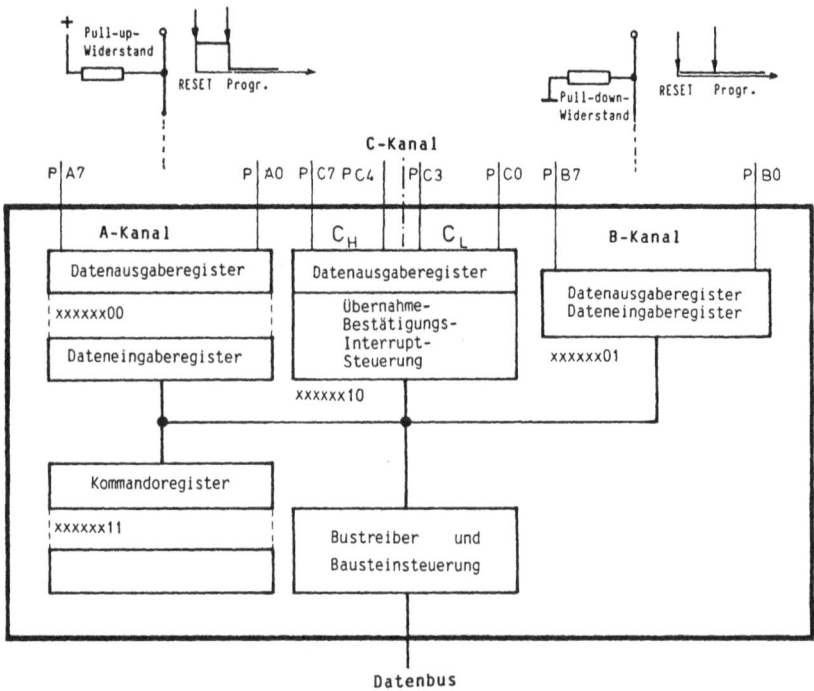

Bild 5.1-1: Programmiermodell der Parallelschnittstelle 8255

Bei der Übertragung von Daten zwischen einem Mikrorechner und einem Gerät ist dieses in vielen Fällen ebenfalls mit einem Mikrocomputer ausgerüstet. Für die dabei auftretenden Probleme der Zeit- und Formatanpassung werden oft programmierbare Schnittstellenbausteine verwendet. Dieser Abschnitt zeigt die Arbeit mit der Parallelschnittstelle 8255 und der Serienschnittstelle 8251A, die beide zur Bausteinfamilie der 8086-Prozessoren gehören und ursprünglich für die 8-Bit-Prozessoren 8080 und 8085 entwickelt wurden. Normalerweise werden die Peripheriebausteine mit dem Auswahlsignal M/$\overline{\text{IO}}$ = LOW freigegeben und können dann nur durch die Peripheriebefehle IN und OUT angesprochen werden. Liegen sie jedoch im Adreßbereich der Speicherbausteine, so sind alle für Speicherstellen verfügbaren Befehle auch auf Peripheriebausteine anwendbar.

Die **Parallelschnittstelle** 8255 enthält entsprechend **Bild 5.1-1** insgesamt 24 Peripherieleitungen, die auf drei Kanäle - auch Ports oder Seiten genannt - verteilt sind. Die Register der Schnittstelle sowie die zum Datenbus führenden Datenleitungen sind 8 Bit lang. Der Baustein kann bei 16-Bit-Systemen wahlweise an die oberen oder an die unteren Datenbus angeschlossen werden. Mit je einem Baustein am unteren **und** am oberen Datenbus ist die Übertragung von 16-Bit-Wörtern von und zur Peripherie möglich. Die Schnittstelle 8255 enthält vier 8-Bit-Register, die durch zwei Adreßleitungen ausgewählt werden. Die restlichen oberen Adreßleitungen bestimmen entsprechend der Adreßdekodierung die Adresse des Bausteins. **Bild 5.1.-2** zeigt die Adressen der Register.

Adresse	Register
xxxxxx00	Datenregister A-Port
xxxxxx01	Datenregister B-Port
xxxxxx10	Datenregister C-Port
xxxxxx11	
xxxxxx11	schreiben: Kommandoregister

Bild 5.1-2: Die Registeradressen der Parallelschnittstelle 8255

Bei einem 8-Bit-System (8085, 8088) werden die Anschlüsse A0 und A1 der Schnittstelle an die Adreßleitungen A0 und A1 angeschlossen. Die Register befinden sich auf fortlaufenden Adreßplätzen, also z.B. 40H, 41H, 42H und 43H. Bei 16-Bit-Systemen (8086) werden die Anschlüsse A0 und A1 der Schnittstelle an die Adreßleitungen A1 und A2 des Prozessors angeschlossen, da A0 für die Freigabe des unteren Datenbus verwendet wird. Liegt dann die Schnittstelle am unteren Datenbus (D0 bis D7), so haben die Register der Schnittstelle nur geradzahlige Adressen, also z.B. 40H, 42H, 44H und 46H.

Nach dem Einschalten der Versorgungsspannung bzw. nach einem Reset sind alle drei Datenkanäle als Eingang geschaltet und befinden sich im Tristatezustand. Wird ein Kanal später als Ausgang programmiert, so nimmt er LOW-Potential an, da bei jeder Programmierung der Schnittstelle über das Kommandoregister die Datenausgaberegister gelöscht werden. Legt man das Potential einer Ausgangsleitung durch einen Widerstand auf HIGH-Potential (Pull-up), so geht ihr Potential nach einen Reset zunächst auf HIGH und nach der Programmierung als Ausgang auf LOW. Ist dieser Potentialwechsel unerwünscht, so sollte ein Widerstand gegen LOW-Potential (Pull-down) verwendet werden, der den Ausgang nach einem Reset und nach einer Programmierung als Ausgang

auf LOW hält. Man beachte, daß bei **jeder** Neuprogrammierung der Betriebsart
alle Ausgabedatenregister gelöscht werden, selbst wenn die Richtung eines der
Kanäle erhalten bleibt.

Die Betriebsart und die Richtung der Datenübertragung werden durch Einschreiben eines Steuerbytes in das Kommandoregister (Steuerregister) festgelegt. In der Betriebsart 0 werden alle drei Datenkanäle A, B und C wahlweise
als Eingang oder Ausgang verwendet. **Bild 5.1-3** zeigt die Steuerbytes des Betriebsart 0.

A-Kanal	B-Kanal	C-HIGH	C-LOW	Steuerbyte
AUS	AUS	AUS	AUS	80
AUS	AUS	AUS	EIN	81
AUS	AUS	EIN	AUS	88
AUS	AUS	EIN	EIN	89
AUS	EIN	AUS	AUS	82
AUS	EIN	AUS	EIN	83
AUS	EIN	EIN	AUS	8A
AUS	EIN	EIN	EIN	8B
EIN	AUS	AUS	AUS	90
EIN	AUS	AUS	EIN	91
EIN	AUS	EIN	AUS	98
EIN	AUS	EIN	EIN	99
EIN	EIN	AUS	AUS	92
EIN	EIN	AUS	EIN	93
EIN	EIN	EIN	AUS	9A
EIN	EIN	EIN	EIN	9B

Bild 5.1-3: Die Steuerbytes der Betriebsart 0

In der Betriebsart 0 können die Kanäle A und B nur mit allen 8 Anschlüssen
gleichzeitig als Eingang oder Ausgang programmiert werden; die Programmierung einzelner Leitungen wie bei anderen Schnittstellen ist nicht möglich. Der
C-Kanal wird in der Betriebsart 0 in zwei unabhängigen 4-Bit-Gruppen ebenfalls zur Datenübertragung verwendet. Als Beispiel sollen der A-Kanal, der B-
Kanal und der untere C-Kanal als Eingang und der obere C-Kanal als Ausgang
programmiert werden. Das Steuerbyte lautet 93H. Das Kommandoregister liege
auf der Adresse 46H.

```
MOV    AL,93H      Steuerbyte Betriebsart 0: A=EIN B=EIN CH=AUS CL=EIN
OUT    46H,AL      Lade das Kommandoregister 46H mit dem Steuerbyte
```

In den Betriebsarten 1 und 2 wird die Datenübertragung der Kanäle A und B
durch Leitungen des Kanals C gesteuert. Dabei zeigt das Statusregister oder
Zustandsregister, das auf der gleichen Adresse wie das Kommandoregister liegt,
Zustandsinformationen der Ein/Ausgabe an. Das folgende Anwendungsbeispiel
Bild 5.1-4 arbeitet in der Betriebsart 0 und kontrolliert die Datenübertragung mit den Leitungen PC1 und PC6 des C-Kanals softwaremäßig, also ohne
von den Möglichkeiten der Betriebsarten 1 und 2 Gebrauch zu machen.

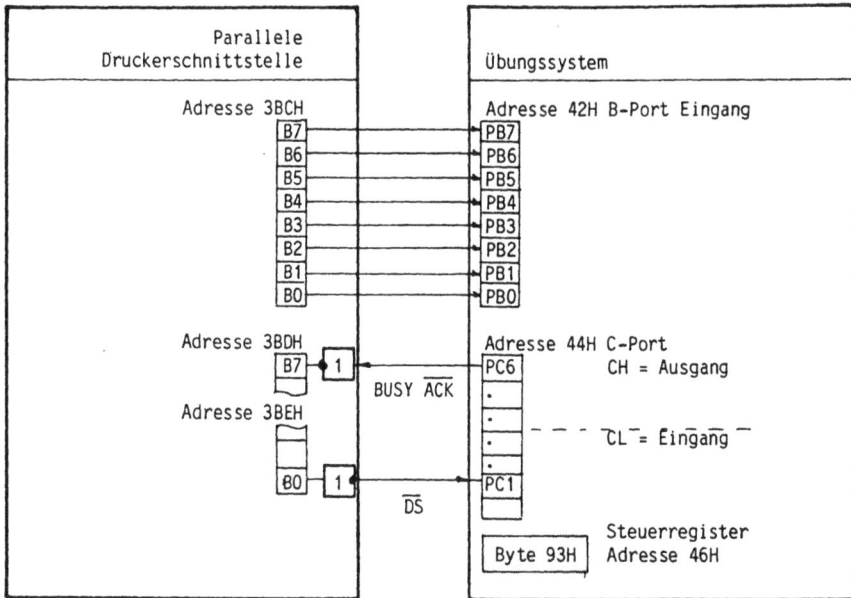

Bild 5.1-4: Parallele Datenübertragung mit Steuersignalen

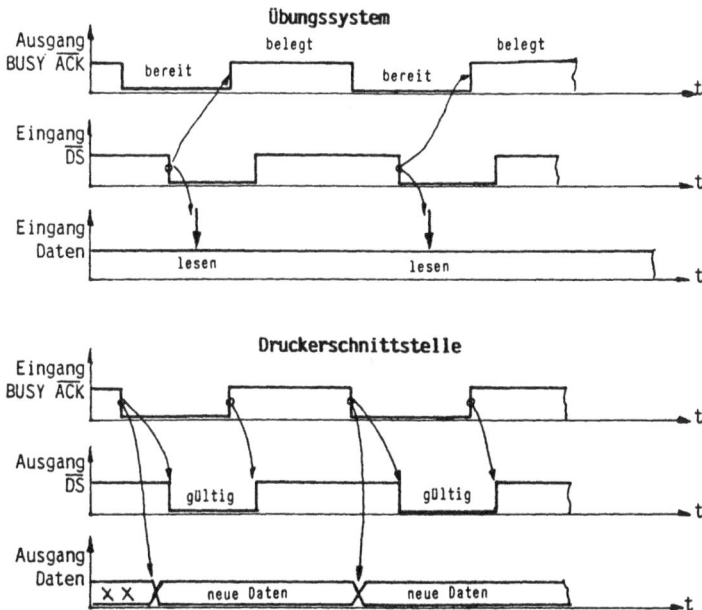

Bild 5.1-5: Zeitlicher Verlauf der Datenübertragung

Die Programmbeispiele dieses Buches wurden auf einem Personal Computer unter dem Betriebssystem MS-DOS übersetzt, als Maschinenprogramme in den Arbeitsspeicher des PC geladen und über die parallele Druckerschnittstelle in das 8086-Übungssystem übertragen, das im Abschnitt 3 beschrieben wurde. Dort wurden sie mit Hilfe des in Abschnitt 5.3 beschriebenen Monitors getestet. Die Druckerschnittstelle des PC ist aus TTL-Bausteinen aufgebaut und wird auch noch für andere Zwecke verwendet. Man beachte, daß die beiden Steuerleitungen zusätzlich invertiert werden. Auf dem 8086-Übungssystem stand eine Parallelschnittstelle 8255 auf den Adressen 40H bis 46H zur Verfügung. Die Daten werden 8 Bit parallel über den B-Port empfangen. Über den Eingang PC1 meldet der PC (Sender), daß gültige Daten anliegen. Dieses Signal heißt $\overline{DS}$ (Data Strobe). Über den Ausgang PC6 meldet das 8086-System (Empfänger), wenn es nicht zur Datenübernahme bereit ist (BUSY = beschäftigt) und daß es die Daten übernommen hat ($\overline{ACK}$ = ACKnowledge = Bestätigung). **Bild 5.1-5** zeigt den zeitlichen Verlauf der Datenübertragung.

Erkennt der **Sender** (Personal Computer) an einer fallenden Flanke des BUSY-Signals, daß der Empfänger zu Datenübernahme bereit ist, so legt er zuerst die Daten auf den Parallelausgang und anschließend das $\overline{DS}$-Signal auf LOW, das anzeigt, daß gültige Daten bereit liegen. Bestätigt der Empfänger mit einer stei-

```
; BILD 5.1-6  SENDEPROGRAMM PC
; CX = ZAHL DER BYTES AB ADRESSE 1000H
PROG      SEGMENT         ; PROGRAMMSEGMENT
          ASSUME    CS:PROG,DS:PROG,ES:PROG,SS:PROG
          ORG       100H  ; STARTADRESSE
START:    MOV       AH,1  ; PROGRAMMIERUNG PARALLELE AUSG.
          INT       17H   ; BIOS-AUFRUF
          MOV       BX,1000H  ; ADRESSE AUSGABEBEREICH
MARK:     MOV       DX,3BEH ; ADRESSE STEUERPORT
          MOV       AL,0CH ; 0000 1100  B0-LOW
          OUT       DX,AL ; KEINE DATEN
          MOV       DX,3BDH ; ADRESSE STATUSPORT
LOOP1:    IN        AL,DX ; STATUSLEITUNG LESEN
          TEST      AL,80H ; MASKE 1000 0000
          JZ        LOOP1 ; EMPFAENGER BELEGT
          MOV       AL,[BX] ; DATENBYTE LADEN
          INC       BX    ; NAECHSTE DATENADRESSE
          MOV       DX,3BCH ; ADRESSE DATENPORT
          OUT       DX,AL ; DATENBYTE AUSGEBEN
          MOV       DX,3BEH ; ADRESSE STEUERPORT
          MOV       AL,0DH ; 0000 1101  B0 = HIGH
          OUT       DX,AL ; DATEN GUELTIG
          MOV       DX,3BDH ; ADRESSE STATUSPORT
LOOP2:    IN        AL,DX ; STATUSLEITUNG LESEN
          TEST      AL,80H ; MASKE 1000 0000
          JNZ       LOOP2 ; NOCH KEINE BESTAETIGUNG
          MOV       DL,'*' ; AUSGABEMARKE
          MOV       AH,2  ; FUNKTION AUSGABE
          INT       21H   ; MS-DOS AUFRUF
          LOOP      MARK  ; CX=CX-1 BIS CX=0
          MOV       DX,3BEH ; ADRESSE STEUERPORT
          MOV       AL,0CH ; 0000 1100  B0 = LOW
          OUT       DX,AL ; KEINE DATEN MEHR
          INT       20H   ; FERTIG: MS-DOS RUECKSPRUNG
PROG      ENDS            ; ENDE DES SEGMENTES
          END       START ; ENDE DES PROGRAMMS
```

Bild 5.1-6: Sendeprogramm des Personal Computers

genden Flanke des $\overline{ACK}$-Signals die Übernahme, so wird $\overline{DS}$ wieder auf HIGH gelegt, die Daten liegen aber noch weiter an. Der Datenwechsel erfolgt erst bei der nächsten fallenden Flanke des BUSY-Signals. **Bild 5.1-6** zeigt das Sendeprogramm. Die zu sendenden Daten liegen ab Adresse 1000H. Das CX-Register enthält die Anzahl der zu sendenden Bytes. Für jedes gesendete Byte wird ein Zeichen "*" auf der Konsole des Personal Computers ausgegeben.

Der **Empfänger** (Übungssystem) meldet sich mit BUSY = LOW, daß er bereit ist und übernimmt mit der fallenden Flanke des $\overline{DS}$-Signals die Daten. Als Bestätigung wird $\overline{ACK}$ auf HIGH gelegt. Dies bedeutet gleichzeitig, daß der Empfänger noch beschäftigt ist. Erst nach der steigenden Flanke des $\overline{DS}$-Signals meldet sich der Empfänger wieder bereit. **Bild 5.1-7** zeigt das Empfangsprogramm, das vor dem Sendeprogramm gestartet wird. Das Programm liegt ab Adresse 0000H. Die Daten werden ab Adresse 0100H im Speicher abgelegt und auf dem Ausgabeport 300H zusätzlich angezeigt. Um eine Zerstörung des Empfangsprogramms zu vermeiden, was bei der Entwicklung der Programme anfangs vorkam, wird die Segmentgrenze im Indexregister BX kontrolliert.

Bei der Entwicklung der Programme ergaben sich anfangs Schwierigkeiten mit dem Personal Computer, weil das Sendeprogramm asynchron zum Programmablauf mit Interruptsignalen unterbrochen wird. Dies geschieht, um die dynamischen Speicher wiederaufzufrischen (Refresh). Das Übungssystem dagegen arbeitet mit statischen Schreib/Lesespeichern. Dies garantiert einen unterbrechungsfreien und zeitlich definierten Ablauf des Empfangsprogramms.

```
; BILD 5.1-7 EMPFANGSPROGRAMM 8086-SYSTEM
; SPEICHERUNG AB ADRESSE 0100H
PROG    SEGMENT        ; PROGRAMMSEGMENT
        ASSUME  CS:PROG,DS:PROG,ES:PROG,SS:PROG
        ORG     100H   ; NUR FUER UEBERSETZUNG
START:  MOV     AL,93H ; A=EIN B=EIN CH=AUS CL=EIN
        OUT     46H,AL ; 8255 STEUERREGISTER
        MOV     BX,100H; ADRESSE EINGABEBEREICH
LOOP:   MOV     AL,00H ; 0000 0000  BUSY=LOW
        OUT     44H,AL ; EMPFAENGER BEREIT
LOOP1:  IN      AL,44H ; DS TESTEN
        TEST    AL,02H ; MASKE 0000 0010
        JNZ     LOOP1  ; KEINE DATEN
        IN      AL,42H ; DATEN LESEN
        MOV     AH,AL  ; DATEN RETTEN
        MOV     AL,0FFH; 1111 1111 ACK=BUSY=HIGH
        OUT     44H,AL ; DATEN UEBERNOMMEN
        MOV     AL,AH  ; GELESENE DATEN
        MOV     [BX],AL; DATEN SPEICHERN
        INC     BX     ; NAECHSTE DATENADRESSE
        MOV     DX,300H; ADRESSE AUSGABEPORT
        OUT     DX,AL  ; KONTROLLAUSGABE
LOOP2:  IN      AL,44H ; DS TESTEN
        TEST    AL,02H ; MASKE 0000 0010
        JZ      LOOP2  ; ALTE DATEN STEHEN NOCH AN
        CMP     BX,0FFFFH ; ENDE DES SEGMENTES?
        JNE     LOOP   ; NEIN: WEITER LESEN
        INT     10H    ; JA: RUECKKEHR MONITOR
PROG    ENDS           ; ENDE DES SEGMENTES
        END     START  ; ENDE DES PROGRAMMS
```

Bild 5.1-7: Empfangsprogramm des 8086-Systems

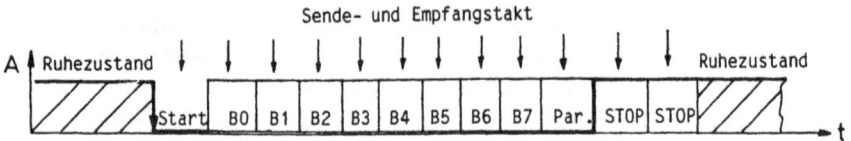

Bild 5.1-8: Serielle asynchrone Datenübertragung

Die **serielle** Datenübertragung entsprechend **Bild 5.1-8** überträgt die Bits eines Zeichens seriell (nacheinander) auf einer Leitung. Bei der vorwiegend verwendeten asynchronen Übertragung zwischen einen Mikrocomputer und einem Terminal werden mindestens drei Leitungen benötigt: eine Datenleitung vom Terminal zum Rechner, eine Datenleitung vom Rechner zum Terminal und die Erdleitung (Ground). Sender und Empfänger müssen mit der gleichen Sende- bzw. Empfangstaktfrequenz arbeiten, die jedoch getrennt erzeugt werden. Daher ist eine Synchronisation von Sender und Empfänger erforderlich. Sie wird bei der Übertragung jedes Zeichens durch die fallende Flanke des Startbits vorgenommen, das immer LOW ist. Dann folgen je nach verwendetem Kode fünf bis acht Datenbits, die entweder LOW oder HIGH sind. Zur Datensicherung kann ein Paritätsbit zugefügt werden. Die Übertragung eines Zeichens wird beendet durch ein oder zwei Stopbits, die immer HIGH sind.

Die Datenbits und der sie umgebende Rahmen aus Startbit sowie Paritätsbit und Stopbits können softwaremäßig durch Programme erzeugt bzw. abgetastet werden. Dann ist es möglich, die Daten über zwei Portleitungen einer Parallelschnittstelle zu senden bzw. zu empfangen. In der Praxis verwendet man jedoch Serienschnittstellen wie z.B. den in **Bild 5.1-9** dargestellten Baustein 8251A, der zur Familie der 8085/8086-Mikroprozessoren gehört.

Der Baustein kann gleichzeitig als Sender und als Empfänger betrieben werden. Der Prozessor schreibt die zu sendenden Daten als Byte, also parallel, in das Sendedatenregister. Die Schnittstellensteuerung bringt die Datenbits in das Sendeschieberegister, fügt die Rahmenbits hinzu und schiebt sie mit dem Sendetakt auf der Sendedatenleitung zur Gegenstation. Das zu empfangene Zeichen erscheint seriell am Eingang der Schnittstelle und wird von der Schnittstellensteuerung mit dem Empfangstakt abgetastet, von den Rahmenbits befreit und in das Empfangsdatenregister gebracht, aus dem es durch einen Lesebefehl vom Prozessor parallel übernommen wird. Vor der Übertragung von Zeichen werden mit dem Betriebsartregister und dem Kommandoregister die Funktionen der Schnittstelle programmiert. Das Statusregister zeigt an, ob ein neues Zeichen gesendet oder abgeholt werden kann.

Der Schnittstellenbaustein 8251A arbeitet mit TTL-Pegel, der jedoch für eine Übertragung über mehr als 1 m nicht geeignet ist. Für Übertragungswege bis zu einigen 100 m arbeitet man nach dem V.24-Verfahren, das etwa dem Ver-

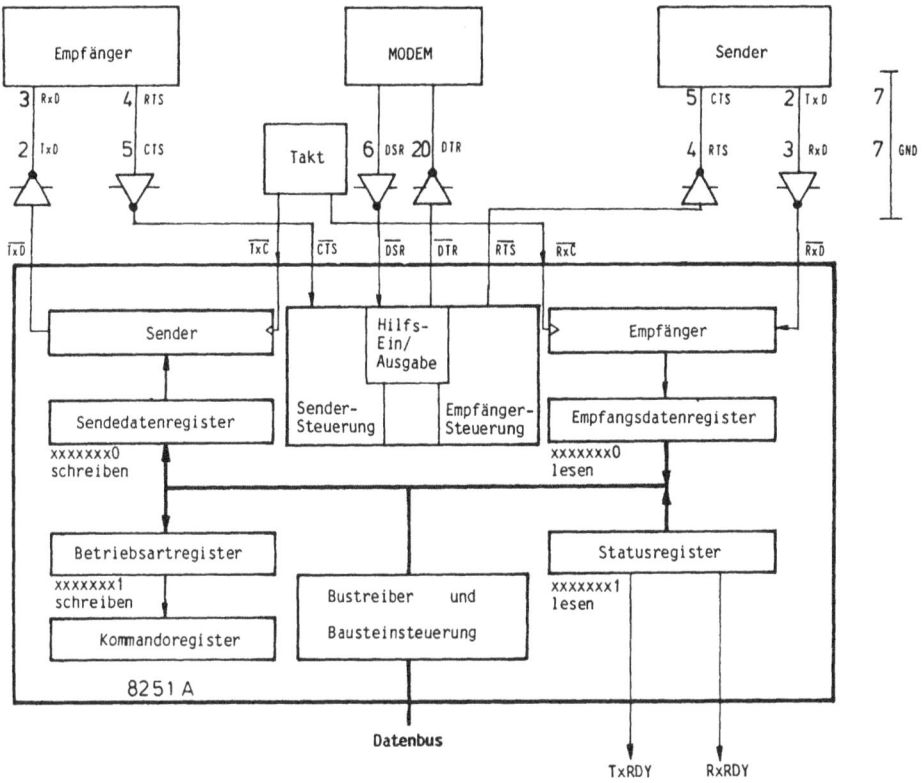

Bild 5.1-9: Programmiermodell der Serienschnittstelle 8251A

fahren RS-232-C entspricht. Dabei wird eine Eins (Mark) als Spannung zwischen -3V und negativer Betriebsspannung (z.B. -12V) übertragen. Eine Null (Space) ist eine Spannung zwischen +3V und positiver Betriebsspannung (z.B. +12V). Die selten verwendete Stromschnittstelle arbeitet mit einem Steuerstrom von 20 mA für eine Eins (Mark) und einem unterbrochenen Strom für die Null (Space). Bei größeren Entfernungen wird ein Modem (Modulator/Demodulator) zwischen Sender und Empfänger geschaltet; Null und Eins werden dabei als zwei verschiedene Tonfrequenzen darstellt. Das Bild 5.1-9 zeigt V.24-Pegelumsetzer sowie die Anschlußbezeichnungen der Daten-, Takt- und Steuerleitungen für ein Modem. Dabei ist besonders zu beachten, daß der Sender nur dann arbeitet, wenn er mit dem Signal $\overline{\text{CTS}}$ (Clear To Send) eingeschaltet ist. Alle anderen Steuersignale werden softwaremäßig erzeugt und ausgewertet. **Bild 5.1-10** zeigt die Registeradressen.

Adresse	$\overline{RD}/\overline{WR}$	Register
xxxxxxx0	lesen	Empfangsdaten
xxxxxxx0	schreiben	Sendedaten
xxxxxxx1	lesen	Status
xxxxxxx1	schreiben	nach RESET: Betriebsart
xxxxxxx1	schreiben	nach Betriebsart: Kommando

Bild 5.1-10: Die Registeradressen der Serienschnittstelle 8251A

Für die Auswahl von insgesamt fünf Registern steht nur ein Adreßanschluß A0 zur Verfügung. Bei einem 8-Bit-System wird er mit der Adreßleitung A0 des Prozessors verbunden. Die Adressen der Register sind dann fortlaufend angeordnet, also z.B. 00H für die beiden Datenregister und 01H für die drei Steuerregister. Wird der Anschluß A0 in einem 16-Bit-System mit der Adreßleitung A1 des Prozessors verbunden und liegen die Datenanschlüsse am unteren Datenbus D0 bis D7, so liegen die Register auf geraden Adressen, also z.B. 00H (Daten) und 02H (Steuerung). Das Sendedatenregister kann nur beschrieben werden; das auf der gleichen Adresse liegende Empfangsdatenregister kann nur gelesen werden. Ein Rücklesen der eingeschriebenen Daten ist nicht möglich. Das Statusregister kann nur gelesen werden. Die beiden anderen Steuerregister (Betriebsart und Kommando) liegen auf einer einzigen Adresse und müssen in einer bestimmten Reihenfolge beschrieben werden. Nach einem Reset ist zunächst das Betriebsartregister eingeschaltet. Der erste Schreibbefehl programmiert die Betriebsart. Dabei wird auf das Kommandoregister umgeschaltet, so daß der folgende Schreibbefehl ein Kommando in das Kommandoregister bringt. Das Kommandoregister enthält in der Bitposition B6 ein Umschaltbit, das festlegt, ob der nächste Schreibbefehl wieder das Kommandoregister oder das Betriebsartregister adressiert. **Bild 5.1-11** zeigt die Programmierung der Betriebsart für den Asynchronbetrieb.

Die Bitpositionen B0 und B1 legen einen Teilungsfaktor fest, mit dem der Übertragungstakt an den Anschlüssen TxC und RxC heruntergeteilt wird. Die meisten Taktgeneratoren liefern einen 16fachen Takt, der von der Schnittstelle durch den Faktor 16 heruntergeteilt werden muß.

Die Bitpositionen B2 und B3 legen die Zahl der Datenbits fest. Der ASCII-Kode arbeitet standardmäßig mit 7 Bit; bei einer 8-Bit-Übertragung wird das achte Bit meist gelöscht.

Mit den Bitpositionen B4 und B5 wird die Parität festgelegt, die zur Sicherung der Datenübertragung verwendet wird. Gerade Parität bedeutet, daß die Anzahl der Einerbits geradzahlig ist (0, 2, 4, 6 oder 8).

B7	B6	B5	B4	B3	B2	B1	B0
Stopbits		Parität	Parität	Zeichenlänge		Betriebsart	
0 1: 1 Bit 1 0: 1 1/2 1 1: 2 Bit		0: ung. 1: ger.	0:ohne 1:mit	0 0: 5 Bit 0 1: 6 Bit 1 0: 7 Bit 1 1: 8 Bit		0 1: Clock * 1 1 0: Clock * 16 1 1: Clock * 64	

```
Beispiel:
Clock * 16 :
Länge: 8 Bit:
Ohne Parität:
2 Stopbit:

Steuerbyte      1 1 0 0 1 1 1 0  = CEH
```

Bild 5.1-11: Die Programmierung des Betriebsartregisters

B7	B6	B5	B4	B3	B2	B1	B0
	es folgt neues	Ausgang RTS	Fehler- Bits löschen	BREAK Aus- gabe	Empfän- ger	Ausgang DTR	Sender
	0: Komm. 1: Betr.	0:HIGH 1:LOW	0:nein 1:ja	0:nein 1:ja	0:gesp. 1:frei	0:HIGH 1:LOW	0:gesp. 1:frei

```
Beispiel:
Sender frei:
DTR = HIGH:
Empfänger frei:
kein BREAK:
Fehlerbits löschen:
RTS = HIGH:
es folgt Kommando:
ohne Bedeutung:

Steuerbyte      0 0 0 1 0 1 0 1  = 15H
```

Bild 5.1-12: Die Programmierung des Kommandoregisters

Die Bitpositionen B6 und B7 legen die Anzahl der Stopbits fest, die das Ende der Übertragung bilden. Da es keine "halben" Bits gibt, bedeutet die Angabe "1 1/2 Bits", daß der abschließende HIGH-Zustand 1.5 Bitzeiten andauert.

Die in **Bild 5.1-12** gezeigte Programmierung des Kommandoregisters gilt nur für den Asynchronbetrieb, der vorher mit dem Betriebsartregister festgelegt wird. Mit den Bitpositionen B0 und B2 werden der Sender bzw. der Empfänger ein- und ausgeschaltet. Man beachte, daß der Sender nur arbeitet, wenn er

hardwaremäßig durch das Signal CTS (Clear To Send = Senderfreigabe) eingeschaltet wurde.

Mit den Bitpositionen B1 und B5 werden die Steuerausgänge DTR (Data Terminal Ready) und RTS (Request To Send) auf HIGH oder LOW gelegt. Durch die
Bitposition B3 kann der Datenausgang TxD dauernd auf LOW gelegt werden;
dieser Zustand heißt BREAK (Unterbrechung). Der Ruhezustand der Leitung,
wenn keine Daten übertragen werden, ist dagegen HIGH.

Mit der Bitposition B4 ist es möglich, die zur Fehleranzeige dienenden Bitpositionen des Statusregisters wieder zurückzusetzen. Die Bitposition B6 legt fest,
ob der **folgende** Schreibbefehl das Betriebsartregister oder das Kommandoregister adressiert, wenn die Schnittstelle während des Betriebes neu programmiert
werden soll. **Bild 5.1-13** zeigt den Aufbau des Statusregisters, das nur gelesen
werden kann und das den Zustand der Serienschnittstelle anzeigt.

B7	B6	B5	B4	B3	B2	B1	B0
Eingang DSR	BREAK Empf.	Fehler STOP-Bits	Fehler Empf. Überl.	Fehler Parit. Bit	Sende-daten Sender	Empfangs daten	Sende-daten
0:HIGH 1:LOW	0:nein 1:ja	0:nein 1:ja	0:nein 1:ja	0:nein 1:ja	0:voll 1:leer	0:leer 1:voll	0:voll 1:leer

Bild 5.1-13: Der Aufbau des Statusregisters

Die Bitpositionen B0, B1 und B2 des Statusregisters zeigen an, ob neue Daten
gesendet werden können bzw. ob ein empfangenes Zeichen zur Abholung bereit
liegt. Eine 0 bedeutet in beiden Fällen, daß der Prozessor keine neuen Daten
übertragen kann; eine 1 bedeutet, daß der Prozessor ein neues Zeichen in die
Schnittstelle schreiben bzw. aus der Schnittstelle lesen kann.

Die Bitpositionen B3, B4 und B5 enthalten Fehlermeldungen für den Fall eines
Paritätsfehlers oder eines Überlaufs des Empfangsregisters oder eines Stopbit-
fehlers.

Die Bitposition B6 zeigt den Ruhezustand des Dateneingangs RxD. BREAK
(Unterbrechung) bedeutet, daß der Eingang dauernd auf LOW liegt und daß die
Verbindung unterbrochen ist. Mit der Bitposition B7 wird der Zustand der
Steuerleitung DSR (Data Set Ready) angezeigt.

Die Zusammenarbeit zwischen dem Prozessor und der Serienschnittstelle voll-
zieht sich entweder im Interruptbetrieb oder im Abfragebetrieb (Polling). Im
Interruptbetrieb verbindet man die Ausgänge TxRDY und RxRDY der Schnitt-

stelle (Bild 5.1-9) direkt oder über einen Interruptsteuerbaustein mit den Interrupteingängen des Prozessors. Die Schnittstelle löst dann einen Interrupt aus, wenn ein Zeichen empfangen wurde oder wenn der Sender frei ist für die Übertragung eines neuen Zeichens. Der Prozessor muß, angestoßen von der Serienschnittstelle, lediglich Daten von und zur Schnittstelle übertragen und kann während übrigen Zeit andere Programme bearbeiten.

Im Abfragebetrieb muß der Prozessor in einer Schleife die Bitpositionen B0 (Sendedatenregister) und B1 (Empfangsdatenregister) des Statusregisters kontrollieren. **Bild 5.1-14** zeigt ein einfaches Testprogramm für die Schnittstelle, das fortlaufend Sterne auf dem angeschlossenen Terminal ausgibt.

```
; BILD 5.1-14  TESTPROGRAMM STERNE AUSGEBEN
PROG    SEGMENT          ; PROGRAMMSEGMENT
        ASSUME   CS:PROG,DS:PROG,ES:PROG,SS:PROG
STEU    EQU      02H     ; STEUERREGISTER
DAT     EQU      00H     ; DATENREGISTER
; START DES PROGRAMMS NUR NACH  RESET !!!!!!!!!!
        ORG      100H    ; BEFEHLSBEREICH
START:  MOV      AL,0CEH ; STEUERBYTE BETRIEBSART
        OUT      STEU,AL ; NACH BETRIEBSARTREGISTER
        MOV      AL,15H  ; STEUERBYTE KOMMANDO
        OUT      STEU,AL ; NACH KOMMANDOREGISTER
; PROGRAMM HIER STARTEN, WENN SCHNITTSTELLE PROGRAMMIERT
LOOP:   IN       AL,STEU ; STATUSREGISTER LESEN
        TEST     AL,01H  ; MASKE 0000 0001 SENDER FREI ?
        JZ       LOOP    ; NEIN: WEITER TESTEN
        MOV      AL,'*'  ; JA: STERN LADEN
        OUT      DAT,AL  ; UND ZUM SENDER AUSGEBEN
        JMP      LOOP    ; SCHLEIFE OHNE ENDE
PROG    ENDS             ; ENDE DES SEGMENTES
        END      START   ; ENDE DES PROGRAMMS
```

Bild 5.1-14: Testprogramm Sterne ausgeben

Für den Test des Programms muß man zwischen dem Start nach einem Reset und einem Start bei bereits programmierter Schnittstelle unterscheiden. Nach einem Reset muß die Schnittstelle durch Beschreiben des Betriebsartregisters und des Kommandoregisters erst programmiert werden. Ist die Schnittstelle bereits, z.B. durch den Monitor des Rechners, programmiert, so kann man sofort mit der Ausgabeschleife beginnen. Sie liefert leicht zu verfolgende Signale auf den Busleitungen des Rechners und eignet sich besonders für die Inbetriebnahme einer neu entwickelten Schaltung. Das in **Bild 5.1-15** dargestellte Testprogramm prüft die Datenübertragung zwischen dem Rechner und einem Bedienungsterminal in beiden Richtungen. Nach der Ausgabe einer Marke "*" werden die auf dem Terminal eingegebenen Zeichen wieder zurückgesendet (Echo). Beide Programme arbeiten im Abfragebetrieb und werten die Statusbits B0 und B1 des Statusregisters in Warteschleifen aus.

```
; BILD 5.1-15  TESTPROGRAMM ZEICHEN EIN/AUSGABE
PROG    SEGMENT       ; PROGRAMMSEGMENT
        ASSUME   CS:PROG,DS:PROG,ES:PROG,SS:PROG
STEU    EQU      02H   ; STEUERREGISTER
DAT     EQU      00H   ; DATENREGISTER
; START DES PROGRAMMS NUR NACH   RESET !!!!!!!!!!!
        ORG      100H  ; BEFEHLSBEREICH
START:  MOV      AL,0CEH ; STEUERBYTE BETRIEBSART
        OUT      STEU,AL ; NACH BETRIEBSARTREGISTER
        MOV      AL,15H  ; STEUERBYTE KOMMANDO
        OUT      STEU,AL ; NACH KOMMANDOREGISTER
; PROGRAMM HIER STARTEN, WENN SCHNITTSTELLE PROGRAMMIERT
        MOV      AH,'*' ; AUSGABEMARKE *
LOOP:   IN       AL,STEU ; STATUSREGISTER LESEN
        TEST     AL,01H  ; MASKE 0000 0001 SENDER FREI ?
        JZ       LOOP    ; NEIN: WEITER TESTEN
        MOV      AL,AH   ; JA: ZEICHEN LADEN
        OUT      DAT,AL  ; UND ZUM SENDER AUSGEBEN
LOOP1:  IN       AL,STEU ; STATUSREGISTER LESEN
        TEST     AL,02H  ; MASKE 0000 0010 ZEICHEN DA ?
        JZ       LOOP1   ; NEIN: WEITER TESTEN
        IN       AL,DAT  ; JA: ZEICHEN ABHOLEN
        MOV      AH,AL   ; NACH AH RETTEN
        JMP      LOOP    ; SCHLEIFE OHNE ENDE
PROG    ENDS           ; ENDE DES SEGMENTES
        END      START  ; ENDE DES PROGRAMMS
```

Bild 5.1-15: Testprogramm für Zeicheneingabe mit Echo

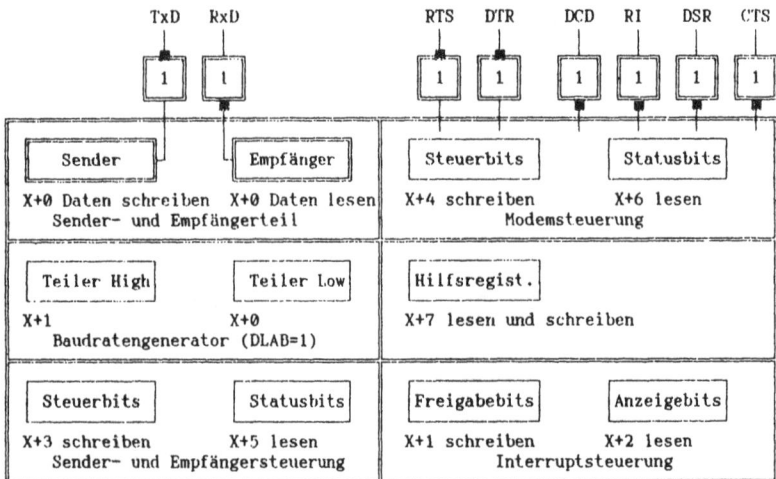

Bild 5.1-16: Der Aufbau der seriellen Schnittstelle 8250

Personal Computer (PCs) verwenden anstelle des Bausteins 8251A meist den seriellen Schnittstellenbaustein 8250 ACE (Bild 2-21). Dieser Baustein wird auch in den Schaltungen Abschnitt 1.4.4 Computer zum TTL-Prozessor, Abschnitt 3.1 8088-Minisystem und Abschnitt 3.2 8088-System als Verbindung zum Bedienungsterminal eingesetzt. **Bild 5.1-16** gibt einen Überblick über die Register und ihre Adressen. X ist die Basisadresse des Bausteins, die sich aus dem Adreßplan bzw. aus der Einstellung von Brücken auf der Peripheriekarte ergibt. Die folgenden Beispiele verwenden entsprechend der Schaltung des 8088-Minisystems Bild 3-4 die Basisadresse X = 00H; die Register der Schnittstelle haben die Portadressen von 00H bis 07H.

Das Datenregister des Senders und das Datenregister des Empfängers liegen beide auf der Adresse X+0 = 00H. Bei der Eingabe mit einem IN-Befehl werden die empfangenen Daten gelesen, bei der Ausgabe mit einem OUT-Befehl werden Daten in den Sender geschrieben. Auf der Adresse 00H liegt ein weiteres Register, das niederwertige Byte des Teilers für den Baudratengenerator. Ein Umschaltbit DLAB (Bitposition B7 des Steuerregisters) unterscheidet zwischen den Daten und dem Teiler. Bei der Einstellung der Übertragungsparameter (Initialisierung) setzt man zunächst DLAB = 1 und legt den Teilerfaktor fest. Bei der Programmierung des Steuerregisters wird DLAB = 0 gesetzt, so daß alle folgenden Zugriffe auf die Portadresse 00H die Datenregister ansprechen. Gleiches gilt für die Portadresse X+1 = 01H. DLAB = 1 adressiert das höhere Byte des Teilers bei der Initialisierung der Schnittstelle; für DLAB = 0 wird im Betrieb das Interruptfreigaberegister beschrieben. Das Register auf der Portadresse X+7 = 07H hat keine Steuer- oder Anzeigefunktionen und kann wie ein Speicherbyte als Hilfsspeicherstelle beschrieben und gelesen werden.

Die in **Bild 5.1-17** dargestellte Sender- und Empfängersteuerung besteht neben den Datenregistern aus einem Baudratengenerator und einer Leitungssteuerung. Vor der seriellen Datenübertragung, gleich ob im Abfrage- oder im Interruptbetrieb, muß die Schnittstelle initialisiert werden. Die Übertragungsparameter (Baudrate, Datenbits, Stopbits und Parität) sind mit der Gegenstation zu vereinbaren. Ein programmierbarer Teiler liefert aus dem Eingangstakt (Quarz oder Taktgenerator) den 16fachen Übertragungstakt, aus dem durch einen festen Teiler (durch 16) der Schiebetakt des Senders gewonnen wird. Verbindet man den Ausgang $\overline{\text{BAUDOUT}}$ mit dem Eingang RCLK (Empfängertakt), so arbeiten Sende- und Empfangsteil mit der gleichen Baudrate. Der Schiebetakt des Empfängers wird wieder aus einem festen Teiler (durch 16) gewonnen; die Abtastungen der Eingangsleitung erfolgen mit dem 16fachen Schiebetakt. Das Leitungssteuerregister auf der Adresse X+3 = 03H dient zur Festlegung der Übertragungskennwerte, die für den Sende- und den Empfangsteil gleich sind. Das Leitungsstatusregister auf der Adresse X+5 = 05H wird im Abfragebetrieb dazu verwendet, den Zustand des Senders und des Empfängers zu kontrollieren. Dabei ist zwischen den Schieberegistern und den Datenregistern zu unterscheiden. Ist ein Zeichen im Schieberegister des Empfängers vollständig angekommen, so wird es

TxD   RxD   RCLK   BAUDOUT

Schieberegister   Schieberegister   :16

x x x x x x x x   x x x x x x x x   Abtastungen: Schiebetakt*16

Sendedaten   Empfangsdaten
x+0 schreiben   x+0 lesen
DLAB=0   DLAB=0

1.8432 MHz

:16 — Teiler für Baudratengenerator (Takt*16)

x x x x x x x x   x x x x x x x x

Teiler High   Teiler Low
x+1   x+0 $Teiler = \dfrac{1.8432 \cdot 10^6}{Baudrate \cdot 16}$
DLAB=1   DLAB=1

Baudrate	110	150	300	600	1200	2400	4800	9600	19200
Teiler Takt*16	1047	768	384	192	96	48	24	12	6

Leitungssteuerregister   Leitungsstatusregister
x+3   x+5

| B7 | B6 | B5 | B4 | B3 | B2 | B1 | B0 | | B7 | B6 | B5 | B4 | B3 | B2 | B1 | B0 |

0 0: 5 bit   0: leer
0 1: 6 bit   1: voll
1 0: 7 bit   Empfangsdatenr.
1 1: 8 bit   0: kein Überlauf
Datenbits   1: Empfängerüberl.
0: 1 Stopbit   0: kein Paritätsf.
1: 2 Stopbits   1: Paritätsfehler
1: 1 1/2 (5 bit)   0: kein Stopbitfehler
0: kein Paritätsbit   1: Stopbitfehler
1: mit Paritätsbit   0: kein Empfängerbreak
0: ungerade Parität   1: Empfängereingang Low
1: gerade Parität   0: Sendedatenregister voll
0: ohne Ausgleichsparität   1: Sendedatenregister leer
1: mit Ausgleichsparität   0: Sendeschieberegister voll
0: Senderfreigabe   1: Sendeschieberegister leer
1: TxD = 0 (Break)   0: B7 ist immer 0
0: (DLAB) Sendedatenregister
   Interruptfreigaberegister
1: (DLAB) Teilerregister

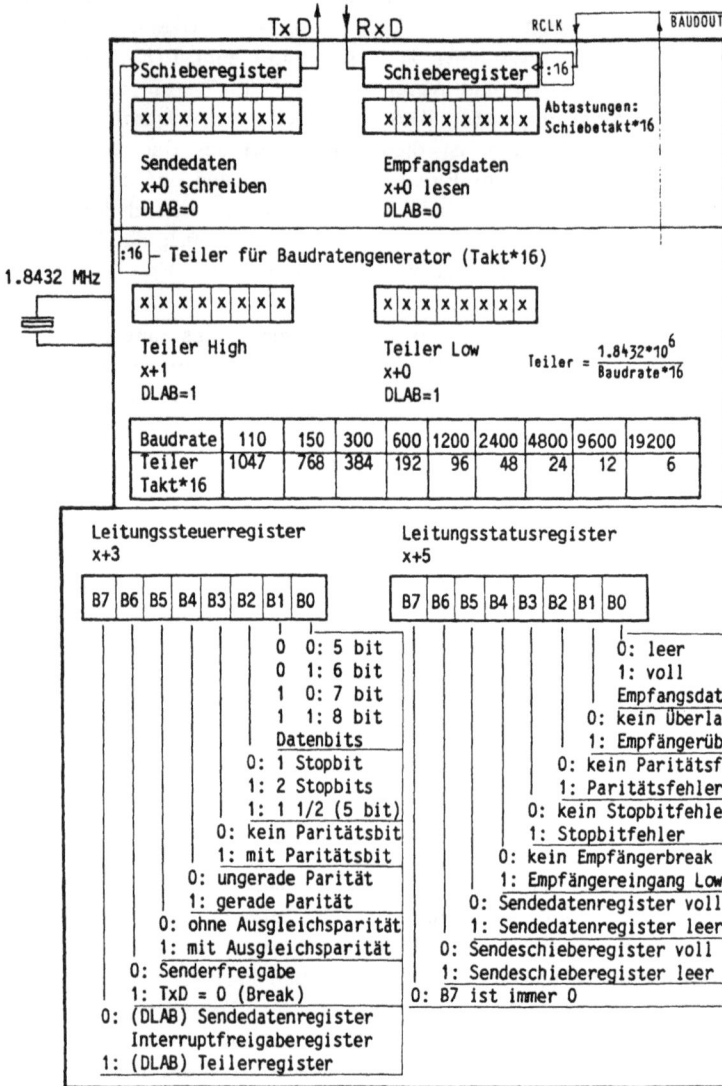

Bild 5.1-17: 8250 Sender- und Empfängersteuerung

in das Datenregister übernommen, und der Empfang des nächsten Zeichens beginnt. Das Programm hat also während der Laufzeit eines Zeichens auf der Leitung genügend Zeit, das Datenregister zu leeren. Bei 4800 Baud und 10 Bits/Zeichen (1 Start, 8 Daten und 1 Stop) beträgt die Laufzeit ca. 2 ms. Entsprechend kann während des Sendens eines Zeichens aus dem Sende-schieberegister bereits das nächste Zeichen in das Datenregister des Senders geschrieben werden. Das auf der Adresse X+5 = 05H liegende Leitungssta-tusregister wird im Abfragebetrieb laufend auf den Zustand des Senders bzw. Empfängers kontrolliert. **Bild 5.1-18** zeigt ein Programm, daß alle am Empfänger ankommenden Zeichen im Echo wieder zurücksendet.

```
; BILD 5.1-18: 8250 initialisieren und Abfragebetrieb
PROG    SEGMENT             ; Programmsegment
        ASSUME      CS:PROG,DS:PROG,ES:PROG,SS:PROG
DAT     EQU     00H         ; Datenregister
TEIL    EQU     00H         ; Teilerregister
STEU    EQU     03H         ; Steuerregister
STAT    EQU     05H         ; Statusregister
        ORG     100H        ; Lade- und Startadresse
START:  CALL    INIT        ; initialisieren
        MOV     AL,'*'      ; Ausgabezeichen
LOOP:   CALL    AUS         ; Zeichen aus AL ausgeben
        CALL    EIN         ; Zeichen nach AL lesen
        JMP     LOOP        ; Testschleife: Echoausgabe
; Unterprogramm INIT Parameter: 4800 Baud 8 Daten 2 Stop
INIT:   MOV     AL,80H      ; DLAB = 1: Teiler
        MOV     AX,24       ; 4800 Baud: Teiler = 24 dezimal
        OUT     TEIL,AX     ; AL nach TEIL; AH nach TEIL+1
        MOV     AL,07H      ; DLAB = 0: Daten, Sender frei
        OUT     STEU,AL     ; 8 Daten, 2 Stop, ohne Parität
        IN      AL,DAT      ; Empfänger vorsorglich leeren
        RET                 ; Rücksprung
; Unterprogramm AUS Zeichen aus AL seriell ausgeben
AUS:    PUSH    AX          ; Zeichen retten
AUS1:   IN      AL,STAT     ; Status lesen
        TEST    AL,20H      ; Maske 0010 0000 Sendedaten leer ?
        JZ      AUS1        ; nein: warten
        POP     AX          ; ja: Zeichen zurück
        OUT     DAT,AL      ; und senden
        RET                 ; Rücksprung
; Unterprogramm EIN Zeichen nach AL seriell lesen
EIN:    IN      AL,STAT     ; Status lesen
        TEST    AL,01H      ; Maske 0000 0001 Empfangsdaten voll?
        JZ      EIN         ; nein: warten
        IN      AL,DAT      ; ja: Zeichen abholen
        RET                 ; Rücksprung
PROG    ENDS                ; Ende des Segmentes
        END     START       ; Ende des Programms
```

Bild 5.1-18: 8250 Senden und Empfangen im Abfragebetrieb

Das Beispiel besteht aus einer als Hauptprogramm ausgeführten Testschleife mit Unterprogrammen zum Initialisieren der Übertragungsparameter sowie

einem Sende- und einem Empfangsunterprogramm, die durch Abfragen des
Statusregisters das Sende- und das Empfangsdatenregister kontrollieren. Auf
eine Auswertung der Fehleranzeigen wird verzichtet. Das Programm arbeitet
mit einer Drei-Draht-Verbindung, die aus einer Sendeleitung, einer Emp-
fangsleitung und der Groundleitung zur Gegenstation besteht. Dabei muß sichergestellt sein, daß beide Stationen genügend Zeit haben, die an dem Empfänger ankommenden Daten rechtzeitig abzuholen. Kann dies nicht gewährlei-
stet werden, so ist ein Anforderungs- und Bestätigungsbetrieb (Handshake)
erforderlich:
- Der Empfänger fordert vom Sender ein Zeichen an.
- Der Sender sendet das Zeichen.
- Der Empfänger bestätigt die Übernahme des Zeichens.

Dazu sind jedoch zusätzliche Steuerleitungen zwischen Sender und Empfänger
erforderlich, die mit den in **Bild 5.1-19** dargestellten Modemregistern erzeugt und kontrolliert werden können.

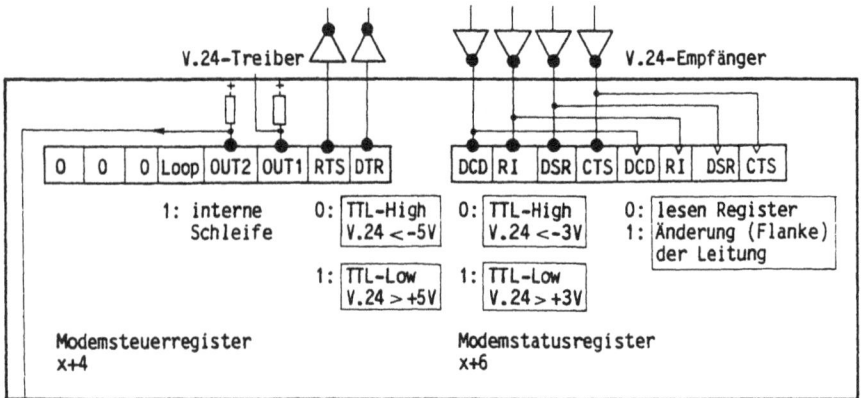

Bild 5.1-19: 8250 Modemsteuerung

Ein Modem (Modulator/Demodulator) ist ein Zusatzgerät zum Anschluß der
Schnittstelle an das Telefonnetz. Verbindet man zwei Stationen direkt mit-
einander, so spricht man von einer Null-Modem-Schaltung, die aus einem
Verbindungskabel mit gekreuzten Leitungen besteht. Das einfachste RTS-

CTS-Handshakeverfahren verbindet den Ausgang RTS der empfangenden Schnittstelle mit dem Eingang CTS der sendenden Schnittstelle. Ist der Empfänger zur Aufnahme von Zeichen bereit, so legt er seinen Ausgang RTS (anfordern) auf aktives Potential. Der Sender kontrolliert seinen Eingang CTS (Sender freigeben) und sendet nur dann ein Zeichen, wenn dort ein aktives Potential anliegt. Für eine Bestätigung der Übernahme wäre eine weitere Leitung erforderlich, auf die in vielen Anwendungen verzichtet wird. Die Modemsteuerung stellt vier Ausgänge und vier Eingänge zur Verfügung, die nicht nur für eine Kontrolle der seriellen Übertragung, sondern auch als digitale Signalleitungen verwendet werden können.

```
; Bild 5.1-20: 8258 Modemsignale lesen und ausgeben
PROG    SEGMENT             ; Programmsegment
        ASSUME      CS:PROG,DS:PROG,ES:PROG,SS:PROG
MSTEU   EQU         04H     ; Modemsteuerregister
MSTAT   EQU         06H     ; Modemstatusregister
        ORG         100H    ; Lade- und Startadresse
START:  IN          AL,MSTAT ; Modemstatus lesen
        SHR         AL,1    ; 1 bit logisch rechts
        SHR         AL,1    ; 1 bit logisch rechts
        SHR         AL,1    ; 1 bit logisch rechts
        SHR         AL,1    ; 1 bit logisch rechts
        OUT         MSTEU,AL ; Modemsteuersignale ausgeben
        JMP         START   ; Testschleife
PROG    ENDS                ; Ende des Segmentes
        END         START   ; Ende des Programms
```

Bild 5.1-20: 8280 Testprogramm der Modemsteuerung

Das in **Bild 5.1-20** dargestellte Testprogramm zeigt kein Handshakeverfahren, sondern ist lediglich ein Beispiel für die Adressierung der Modemregister auf den Adressen X+4 = 04H (Ausgänge) und X+6 = 06H (Eingänge). Die vier linken Bitpositionen des Modemstatusregisters zeigen dabei die Zustände der Leitungen an; sie werden um vier Bitpositionen nach rechts verschoben an den vier Ausgängen wieder ausgegeben. Die Ausgänge OUT1 und OUT2 sind keine Modemsignale; bei den COM-Schnittstellen der PCs wird OUT2 zur Interruptsteuerung verwendet! Die vier rechten Bitpositionen des Modemstatusregisters werden bei Änderungen (Flanken) der Modemsignale auf 1 gesetzt und beim Lesen des Modemstatusregisters wieder gelöscht. Sie können zur Auslösung eines Interrupts verwendet werden.

Für die besonders beim seriellen Empfang entstehenden Zeitprobleme wird häufig ein Empfängerinterrupt verwendet; jedes ankommende Zeichen löst einen Interrupt aus und startet ein Interruptprogramm, mit dem es abgeholt wird. **Bild 5.1-21** zeigt die Interruptsteuerung der Schnittstelle in Verbindung mit einem Interruptsteuerbaustein 8259A PIC, wie er in den üblichen PC-Schaltungen, auch in der 8088-Schaltung Abschnitt 3.2, verwendet wird.

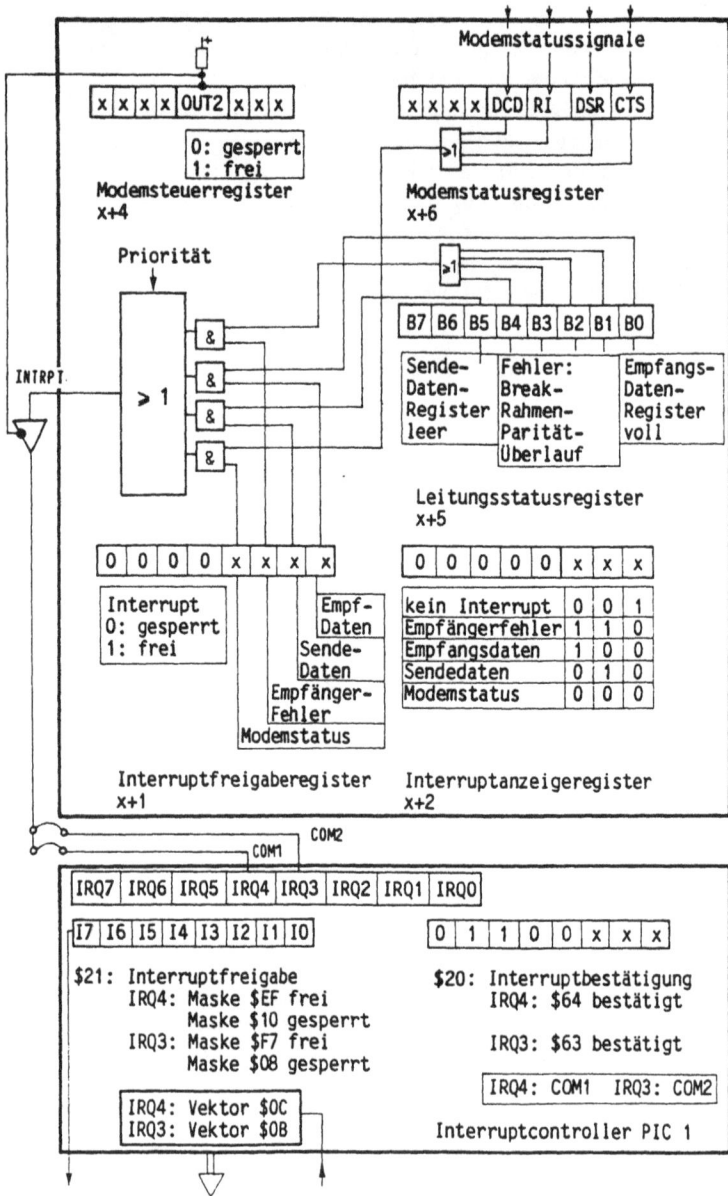

Bild 5.1-21: 8250 Interruptsteuerung mit 8259A

Ein Interrupt der Schnittstelle 8250 kann durch verschiedene Ereignisse mit folgenden Prioritäten ausgelöst werden:

- Übertragungsfehler (Leitungsstatus),
- neues Zeichen im Empfangsdatenregister,
- Zeichen aus Sendedatenregister übertragen,
- Änderung eines der vier Modemstatuseingänge.

Das auf der Adresse X+1 = 01H liegende Interruptfreigaberegister dient zur Freigabe der vier Interruptquellen, die auf dem Ausgang INTRPT zu einem Signal zusammengefaßt werden. Sind mehrere Interruptquellen freigegeben, so muß das Interruptprogramm das auf der Adresse X+2 = 02H liegende Interruptanzeigeregister untersuchen, welcher Interrupt aufgetreten ist. Im Falle eines Empfangsfehlers muß das Leitungsstatusregister, im Falle eines Modeminterrupts muß das Modemstatusregister weiter getestet werden.

```
; BILD 5.1-22: 8250 Empfängerinterrupt (NMI)
PROG    SEGMENT         ; Programmsegment
        ASSUME      CS:PROG,DS:PROG,ES:PROG,SS:PROG
DAT     EQU     00H     ; Datenregister
TEIL    EQU     00H     ; Teilerregister
STEU    EQU     03H     ; Steuerregister
STAT    EQU     05H     ; Statusregister
MSTEU   EQU     04H     ; Modemsteuerregister
IFREI   EQU     01H     ; Interruptfreigaberegister
ISTAT   EQU     02H     ; Interruptstatusregister
DAUS    EQU     10H     ; digitales Ausgaberegister
NMIVE   EQU     008H    ; Adresse NMI-Vektor in Tabelle
        ORG     100H    ; Lade- und Startadresse
START:  CALL    PARA    ; Übertragungsparameter initialisieren
        CALL    IVOR    ; Empfänger-Interrupt und NMI vorbereiten
        MOV     AL,'*'  ; Ausgabezeichen auf dem Terminal
        CALL    AUS     ; Zeichen aus AL ausgeben
        MOV     AL,00H  ; AL löschen für Modemsignalausgabe
LOOP:   OUT     MSTEU,AL ; Modemsteuersignale ausgeben
        XOR     AL,0FH  ; 0000 1111: Signale komplementieren
        JMP     LOOP    ; Testschleife Rechteckausgabe
; Unterprogramm PARA: Parameter 4800 Baud 8 Daten 2 Stop
PARA:   MOV     AL,80H  ; DLAB = 1: Teiler
        MOV     AX,24   ; 4800 Baud: Teiler = 24 dezimal
        OUT     TEIL,AX ; AL nach TEIL; AH nach TEIL+1
        MOV     AL,07H  ; DLAB = 0: Daten, Sender frei
        OUT     STEU,AL ; 8 Daten, 2 Stop, ohne Parität
        IN      AL,DAT  ; Empfänger vorsorglich leeren
        RET             ; Rücksprung
; Unterprogramm IVOR: 8250- und NMI-Interrupt vorbereiten
IVOR:   MOV     AL,01H  ; 0000 0001 Empfängerinterrupt frei
        OUT     IFREI,AL ; nach Interruptfreigaberegister
        IN      AL,ISTAT ; Interruptstatus löschen
        MOV     AX,DS   ; altes Datensegmentregister
        PUSH    AX      ; nach Stapel retten
        MOV     AX,0000H ; Vektortabelle in Segment 0000H
        MOV     DS,AX   ; nach Datensegmentregister
        MOV     BX,NMIVE ; NMI-Vektoradresse in Tabelle
        MOV     AX,CS       ; EIN - Segment-Adresse
        MOV     [BX+2],AX   ; nach Vektortabelle
        MOV     AX,OFFSET EIN ; EIN - Offset-Adresse
        MOV     [BX],AX     ; nach Vektortabelle
        POP     AX      ; altes Datensegmentregister
        MOV     DS,AX   ; wieder zurückladen
        RET             ; Rücksprung
```

```
            ; Unterprogramm AUS Zeichen aus AL seriell ausgeben
      AUS:    PUSH    AX        ; Zeichen retten
      AUS1:   IN      AL,STAT   ; Status lesen
              TEST    AL,20H    ; Maske 0010 0000 Sendedaten leer ?
              JZ      AUS1      ; nein: warten
              POP     AX        ; ja: Zeichen zurück
              OUT     DAT,AL    ; und senden
              RET               ; Rücksprung
            ; NMI-Interruptprogramm: Zeichen nach AL seriell lesen
      EIN:    PUSH    AX        ; AX retten, weil zerstört
              IN      AL,ISTAT  ; Interruptstatus nicht ausgewertet
              IN      AL,STAT   ; Leitungsstatus nicht ausgewertet
              IN      AL,DAT    ; Zeichen abholen und
              CALL    AUS       ; im Echo ausgeben
              NOT     AL        ; Zeichen komplementieren und
              OUT     DAUS,AL   ; digital auf LED ausgeben
              POP     AX        ; AX zurückladen vom Stapel
              IRET              ; Rücksprung vom Interrupt
      PROG    ENDS              ; Ende des Segmentes
              END     START     ; Ende des Programms
```

Bild 5.1-22: 8250 Empfängerinterrupt (NMI)

Das in **Bild 5.1-22** dargestellte Programm wurde mit dem 8088-Minisystem (Abschnitt 3.1) getestet. Der INTRPT-Ausgang der Schnittstelle 8250 wurde mit dem NMI-Eingang des Prozessors 8088 verbunden, die Entprellschaltung wurde wegen der Totem-pole-Ausgänge entfernt. Das Unterprogramm PARA (Übertragungsparameter) entspricht INIT des Bildes 5.1-18, das Unterprogramm AUS (serielle Ausgabe) wurde übernommen. Das Unterprogramm IVOR übernimmt die Vorbereitung des Empfängerinterrupts im Interruptfreigaberegister und trägt die Adresse des Interruptprogramms EIN in die Vektortabelle ein. Im Hauptprogramm wird nun auf den Modemsteuerausgängen für Testzwecke ein Rechtecksignal ausgegeben; gemessen wurde eine Frequenz von 50 kHz. Diese Schleife wird durch die Eingabe eines Zeichens vom Bedienungsterminal kurzzeitig unterbrochen. Das Interruptprogramm liest das Zeichen aus dem Datenregister und sendet es im Echo wieder zurück. Auf den Leuchtdioden des Ports 10H erfolgt eine Kontrollausgabe des empfangenen Zeichens.

5.2 PC-Hardware in Turbo Pascal

Die höhere Programmiersprache Turbo Pascal gestattet mit besonderen Sprachelementen den Zugriff auf die Speicher- und Peripheriebausteine des PC sowie den Einbau von Programmteilen, die im Maschinencode oder im Assembler geschrieben sind. Dieser Abschnitt setzt Pascalkenntnisse voraus; die Beispiele wurden mit der Turbo Pascal Version 7.0 getestet.

Pascal kennzeichnet ganze Hexadezimalzahlen sowohl als Zahlenkonstanten im Programm als auch bei der Tastatureingabe durch ein vorangestelltes **$** anstelle des nachgestellten **H** der Assemblerschreibweise. Beispiel:
CONST com1 = $03F8; (* entspricht 03F8H *)

In Pascal wird der Datenbereich ausschließlich mit symbolischen Bezeichnern adressiert, nur in besonderen Fällen ist es erforderlich, absolute Speicheradressen in der Form

> **segment : offset**

zu verwenden. Beide Angaben sind Ausdrücke vom Datentyp **WORD**. Der Zugriff (Lesen und Schreiben) erfolgt über die Pseudofelder

> **Mem [segment : offset]** für Bytes (8 bit)
> **MemW [segment : offset]** für Wörter (16 bit)
> **MemL [segment : offset]** für Langwörter (32 bit)

Erscheint hinter einer Variablendeklaration des Kennwort **ABSOLUTE** mit der Angabe einer absoluten Speicheradresse in der Form **segment:offset**, so legt der Compiler die Variable auf dieser festen Adresse und nicht im normalen Datensegment an.

Das in **Bild 5.2-1** dargestellte Programmbeispiel liest die Portadressen der seriellen und parallelen Schnittstellen, die sich in acht Speicherwörtern ab Adresse $0040:$0000 befinden. Die Marke $0000 bedeutet, daß das Betriebssystem auf dem vorgesehenen Adreßplatz keine Schnittstelle erkannt hat. Die Adressen der Serienschnittstellen COM werden in dem Beispiel mit dem Pseudofeld **MemW** gelesen; für die Adressen der Druckerschnittstellen LPT wird ein Feld aus vier Wörtern auf der absoluten Adresse $0040:$0008 angelegt. Die benutzerdefinierte Prozedur **ausbhex** sorgt für die Ausgabe in der

```
PROGRAM B5p2_1;   (* Bild 5.2-1: Pascal-Speicheradressierung *)
VAR    adr, a : WORD;
       lpt : ARRAY[0..3] OF WORD ABSOLUTE $0040:$0008;
PROCEDURE ausbhex(x : BYTE);    (* Byte hexadezimal ausgeben *)
CONST zif : ARRAY[0..15] OF CHAR =
       ('0','1','2','3','4','5','6','7','8','9','A','B','C','D','E','F');
BEGIN
  Write(zif[(x SHR 4) AND $0F],zif[x AND $0F])
END;
BEGIN
  Write('Installierte Serienschnittstellen: ');
  FOR a := 0 TO 3 DO
  BEGIN
    adr := MemW[$0040 : a*2];
    IF adr <> 0 THEN
    BEGIN
      Write('   COM',a+1,': $'); ausbhex(Hi(adr)); ausbhex(Lo(adr))
    END;
  END;
  Write(#10,#13,'Installierte Druckerschnittstellen:');
  FOR a := 0 TO 3 DO
  BEGIN
    adr := lpt[a];
    IF adr <> 0 THEN
    BEGIN
      Write('   LPT',a+1,': $'); ausbhex(Hi(adr)); ausbhex(Lo(adr))
    END
  END;
  Write(#10,#10,#13,'Weiter mit cr -> '); ReadLn
END.
```

```
Installierte Serienschnittstellen:    COM1: $03F8    COM2: $02F8
Installierte Druckerschnittstellen:   LPT1: $0378    LPT2: $0278

Weiter mit cr ->
```

Bild 5.2-1: Die Adressierung des Arbeitsspeichers

gewohnten hexadezimalen Form, für die es in Pascal keine vordefinierte Ausgabemöglichkeit gibt.

Die Adressierung des Peripheriebereiches erfolgt in Pascal über die Pseudo-felder

$$\text{Port} \ [\text{portadresse}] \quad \text{für Bytes}$$
$$\text{PortW} \ [\text{portadresse}] \quad \text{für Wörter}$$

Portadressen sind vom Datentyp **WORD** ohne Angabe eines Segmentes. Das in **Bild 5.2-2** dargestellte Programmbeispiel untersucht das Modemstatusregister der seriellen Schnittstelle COM1.

```
PROGRAM b5p2_2;  (* Bild 5.2-2: Pascal-Peripherieadressierung    *)
USES    Crt;            (* Für ClrScr und KeyPressed              *)
CONST   com1 = $03F8;  (* Basisadresse Serienschnittstelle COM1 *)
VAR     status : BYTE;
PROCEDURE baus(x : BYTE);          (* Binäre Ausgabe eines Bytes *)
VAR     m, i : BYTE;
BEGIN
  m := $80;                  (* Maske 1000 0000  B7 testen *)
  FOR i := 1 TO 8 DO         (* Für alle 8 Bitpositionen   *)
  BEGIN
    IF (x AND m) = 0 THEN Write('0') ELSE Write('1');
    m := m SHR 1             (* Maskenbit rechts schieben  *)
  END
END;
BEGIN
  ClrScr; WriteLn(#10,#13,' Modemstatus    Abbruch mit Taste!');
  REPEAT
    status := Port[com1+6];     (* Modemstatusregister lesen *)
    Write(#13,'Σ'); baus(status) (* und binär ausgeben        *)
  UNTIL KeyPressed;             (* Abbruch mit belieb. Taste *)
END.
```

Bild 5.2-2: Ausgabe des Modemstatusregisters

Das Programm verwendet die serielle Schnittstelle COM1 auf der Anfangsadresse $03F8. Das Modemstatusregister hat den Abstand 6 von der Basis-
adresse. Es wird in einer Schleife gelesen und mit Hilfe einer benutzerdefi-
nierten Prozedur binär ausgegeben. Die vordefinierte Funktion **KeyPressed**
liefert beim Betätigen einer beliebigen Taste den Wert TRUE als Abbruchbedingung der Schleife.

```
PROGRAM b5p2_3;  (* Bild 5.2-3: Interrupt durch DRUCK-Taste *)
USES    Dos, Crt;  (* für SetIntVec und ClrScr              *)
VAR     ende : BOOLEAN;
PROCEDURE abbruch; INTERRUPT;  (* aufgerufen bei Interrupt   *)
BEGIN
  ende := TRUE              (* Abbruchmarke wahr machen   *)
END;
BEGIN               (* H a u p t p r o g r a m m *)
ClrScr;
ende := FALSE;
SetIntVec($05,Addr(abbruch));     (* Interrupt 5 umlenken *)
REPEAT
  Write(#13,MemL[$0040:$006C])    (* Timer-Zählervariable *)
UNTIL ende;
Write(#10,#13,'Abbruch: Weiter mit cr -> '); ReadLn
END.
```

Bild 5.2-3: Interrupt durch DRUCK-Taste

Pascalprozeduren, die durch einen Interrupt aufgerufen werden sollen, müssen durch das Kennwort **INTERRUPT** besonders gekennzeichnet werden; ein normaler Aufruf aus dem Hauptprogramm ist nicht möglich. Parameter (Daten) können mit einer Registerliste oder besser über globale Variablen übergeben werden. Die vordefinierte Prozedur **SetIntVec** der Unit **Dos** trägt die Adresse der Interruptprozedur in die Vektortabelle ein; bei Beendigung des Pascalprogramms wird der alte Vektor durch das Pascalsystem wiederhergestellt. In dem Beispiel **Bild 5.2-3** wird mit dem Aufruf der Prozedur **SetIntVec($05, Addr(abbruch))** der Interrupt der DRUCK-Taste (Hardcopy), der auf den Vektor Nr. 5 führt, auf die Interruptprozedur **abbruch** umgelenkt. Diese setzt dann bei Betätigung der DRUCK-Taste die globale Abbruchmarke **ende** auf TRUE. Das Hauptprogramm gibt bis zu seinem Abbruch durch **ende** = TRUE laufend den Inhalt eines DOS-Zählers aus, der durch einen Timerinterrupt alle 55 ms um 1 erhöht wird.

Ein häufige Anwendung findet die Interrupttechnik bei der seriellen Schnittstelle. Bei 4800 Baud und 10 Bits/Zeichen kann im ungünstigsten Fall alle 2 ms ein neues Zeichen am Empfänger erscheinen. Diese Zeit reicht normalerweise für eine Speicherung und Auswertung völlig aus; bei der Ausgabe auf dem Bildschirm kann es jedoch vorkommen, daß der Bildumlaufspeicher beim "Rollen" des Bildschirms neu aufgebaut werden muß. Während dieser Zeit (ca. 10 bis 15 ms) können Zeichen am Empfänger verloren gehen. Das in **Bild 5.2-4** dargestellte Terminalprogramm verwendet daher eine interruptgesteuerte Empfangsprozedur, die das empfangene Zeichen in einen 1 kbyte großen Pufferspeicher (ARRAY) bringt. Die Bildschirmausgabe der Zeichen übernimmt die Schleife des Hauptprogramms. Das Programm wurde für den Betrieb der im Abschnitt 1.4.4 und im Kapitel 3 beschriebenen Computerschaltungen verwendet.

```
PROGRAM b5p2_4;        (* Bild 5.2-4  PC als Terminal *)
USES  Crt, Dos;
CONST t = 24;          (* 4800 Baud                    *)
      p = $07;         (* Ohne Par. 8 Daten 2 Stop     *)
      x = $03F8;       (* Schnittstelle COM1           *)
      irqena = $EF;    (* Maske PIC IRQ4 freigeben     *)
      irqdis = $10;    (* Maske PIC IRQ4 sperren       *)
      irqack = $64;    (* PIC IRQ4 bestätigen          *)
      irqvec = $0C;    (* Vektor für IRQ4              *)
      np = 1024;       (* Pufferlänge 1 kbyte          *)
VAR   zpuf : ARRAY[1..np] OF BYTE; (* Empfangspuffer   *)
      ezeig, azeig : WORD;         (* Pufferzeiger     *)
      ende : BOOLEAN;              (* Abbruchmarke      *)
PROCEDURE init;        (* Schnittstelle initialisieren *)
BEGIN
   Port[x+3] := $80;             (* 1000 0000 DLAB := 1 *)
   Port[x+1] := Hi(t); Port[x+0] := Lo(t);(* Baudrate  *)
   Port[x+3] := p;               (* 0xxx xxxx DLAB := 0 *)
   zpuf[1] := Port[x+0];         (* Empfangsdaten leeren *)
   Port[x+1] := $01;             (* 0000 0001 Empf.-Int. *)
   Port[x+4] := $08;             (* 0000 1000 OUT2 Int. frei *)
   zpuf[1] := Port[x+2];         (* Interruptanzeige löschen *)
   Port[$21] := Port[$21] AND irqena; (* PIC IRQ frei  *)
END;
```

```
PROCEDURE send(z : BYTE);   (* Byte senden Statustest *)
BEGIN
  IF z = $1B THEN ende := TRUE ELSE
  BEGIN
    WHILE Port[x+5] AND $60 = $00 DO;  (* 0110 0000    *)
    Port[x+0] := z;  (* Zeichen n. Sendedatenregister *)
  END;
END;
PROCEDURE empf; INTERRUPT;   (* Byte empfangen Interr. *)
BEGIN
  zpuf[ezeig] := Port[x+0];
  IF ezeig = np THEN ezeig := 1 ELSE Inc(ezeig);
  Port[$20] := irqack;    (* PIC Interrupt bestätigen *)
END;
PROCEDURE bild;                   (* Bildschirmausgabe *)
VAR    y,z : BYTE;
BEGIN
  z := zpuf[azeig];
  IF azeig = np THEN azeig := 1 ELSE Inc(azeig);
  CASE z OF                     (* Steuerzeichen   *)
  $08 : GotoXY(WhereX-1,WhereY);  (* Cursor links   *)
  $0C : GotoXY(WhereX+1,WhereY);  (* Cursor rechts  *)
  $0D : GotoXY(1,WhereY);         (* CR Wagenrückl. *)
  $00 : ;                         (* Füllzeichen    *)
  ELSE
  Write(CHAR(z));                 (* Bildschirmausg.*)
  END;
END;
BEGIN        (* H a u p t p r o g r a m m *)
init; ende := FALSE;      (* Initialisieren kein Ende *)
ClrScr; GotoXY(20,25); Write('Abbruch mit Esc-Taste');
Window(1,1,80,23);
ezeig := 1; azeig := 1;        (* Index Pufferspeicher*)
SetIntVec(irqvec,Addr(empf)); (* Interruptvektor uml.*)
REPEAT
  IF KeyPressed THEN send(BYTE(UpCase(ReadKey)));
  IF (ezeig <> azeig) THEN bild;  (* Puffer ausgeben *)
UNTIL ende;                       (* Esc-Taste: Ende *)
Port[$21] := Port[$21] OR irqdis; (* PIC Int. sperren*)
END.
```

Bild 5.2-4: Terminalprogramm mit Empfängerinterrupt

Der Ausgang INTRPT der Serienschnittstelle ist entsprechend Bild 5.1-21 an den Eingang IRQ4 des Interruptsteuerbausteins 8259A angeschlossen. Die Betriebsart der Interruptsteuerung wird beim Systemstart bzw. bei jedem Reset vom Betriebssystem (DOS) eingestellt und sollte vom Benutzer nicht verändert werden. Die Prozedur **init** des Terminalprogramms gibt lediglich den IRQ4 durch eine Maskierung des entsprechenden Bits im Freigaberegister (Port $21) frei, ohne die anderen Bitpositionen zu verändern (AND-Operation). Die Interruptprozedur **empf** bestätigt die Annahme eines Interrupts im Bestätigungsregister (Port $20). Am Ende des Terminalprogramms wird der Interrupt wieder im Freigaberegister (Port $21) gesperrt.

Bild 5.2-5 zeigt die externe Beschaltung des Druckerports mit Kippschaltern und Leuchtdioden sowie ein Programm, das die Potentiale der Kippschalter am Status- und am Steuereingang liest, zusammensetzt und über

Externe Beschaltung des Druckerports   Ack   Taster

8x LED-Anzeigen   8x Kippschalter   frei

4x
Pull
Up
Wid.

O.C.

Ack   Interrupt

1

X+0 Daten   X+1 Status lesen   0 0 0 1 0 1 0 0   IRQ5
ausgeben   X+2 Steuersignale   LPT2
                                 schreiben
                                 I=0:Interrupt gesp.
                                 I=1:Interrupt frei

x x x x x

X+0 Daten   X+2 Steuersignale zurücklesen
rücklesen   1 0 0 0 0 0 1 1 = $83 XOR-Maske Teilkomplement

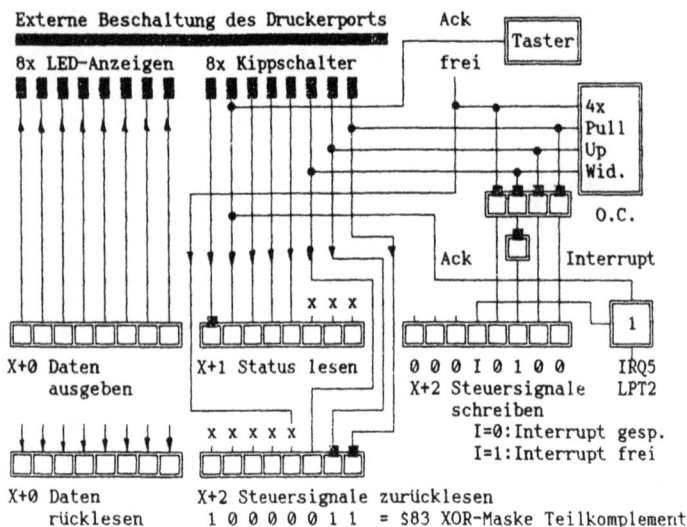

```
PROGRAM b5p2_5;  (* Bild 5.2-5: digitale Ein/Ausgabe am Druckerport *)
USES    Crt;
CONST   lpt1 = $0378;    (* Druckerschnittstelle LPT1 *)
        lpt2 = $0278;    (* Druckerschnittstelle LPT2 *)
VAR     x : WORD;        (* Adresse Druckerport        *)
        b1, b2, b : BYTE;
        ant : CHAR;
PROCEDURE baus(x : BYTE);  (* Byte binär ausgeben        *)
VAR     m, i : BYTE;
BEGIN
  m := $80;
  FOR i := 1 TO 8 DO
  BEGIN
    IF (x AND m) = 0 THEN Write('0') ELSE Write('1');
    m := m SHR 1
  END
END;
BEGIN                        (* H a u p t p r o g r a m m *)
  ClrScr;
  REPEAT
    Write(#10,#13, 'LPT1 oder LPT2? 1 oder 2 -> '); ReadLn(ant);
    IF ant='1' THEN x:=lpt1 ELSE IF ant='2' THEN x:=lpt2 ELSE Write(#7)
  UNTIL (ant = '1') OR (ant = '2');      (* Kontrolle der Antwort *)
  WriteLn('Abbruch mit beliebiger Taste');
  Port[x+2] := $04;          (* 0000 0100 = O.C. - Ausgänge High legen *)
  REPEAT                     (* Kippschalter ein und nach LED ausgeben *)
    b1 := Port[x+2] AND $07; (* 0000 0111 = Kipp Steuerleitungen lesen *)
    b2 := Port[x+1] AND $F8; (* 1111 1000 = Kipp Statuseingänge lesen *)
    b := (b1 OR b2) XOR $83; (* montieren und Teilkomplementieren      *)
    Port[x+0] := b;          (* Druckerportausgabe auf Leuchtdioden    *)
    Write(#13,'%'); baus(b)  (* binäre Bildschirmausgabe               *)
  UNTIL KeyPressed;
END.
```

Bild 5.2-5: Digitale Ein/Ausgabe am Druckerport

den Datenausgang auf den Leuchtdioden wieder ausgibt. Mit der Drucker-schnittstelle, die praktisch an jedem PC zur Verfügung steht, läßt sich bei einer Beschaltung mit Analog/Digital- und Digital/Analogwandlern auch eine analoge Signalverarbeitung durchführen. Die Druckerschnittstelle kann über den Statuseingang ACK (bestätigen) einen Interrupt auslösen; standardmäßig ist für den Drucker LPT2 der Interrupt IRQ5 vorgesehen. **Bild 5.2-6** zeigt ein Testprogramm, das in einer unendlichen Schleife einen Dualzähler auf dem Druckerport ausgibt. Im Gegensatz zum Interruptbeispiel der seriellen Schnittstelle wird der alte Interruptvektor mit der vordefinierten Prozedur **GetIntVec** gerettet und vor dem Abbruch (**halt**-Prozedur) wieder zurückge-schrieben. Zur Interruptauslösung wurde ein entprellter Taster verwendet.

```
PROGRAM b5p2_6;         (* Bild 5.2-6: Rechtecksignal Pascal   *)
USES    Dos, Crt;       (* Abbruch durch Druckerinterrupt ACK  *)
CONST   lpt = $0278;
        ifrei = $21;
        ibest = $20;
VAR     retter : POINTER;            (* für alten Vektor *)
        x : BYTE;                    (* Ausgabezähler    *)
PROCEDURE stopp; INTERRUPT;
BEGIN
  Port[lpt+2] := 0;                  (* ACK gesperrt     *)
  Port[ifrei] := Port[ifrei] OR $20; (* IRQ5 gesperrt    *)
  SetIntVec($0D,retter);             (* alten Vektor     *)
  Port[ibest] := $65;                (* IRQ5 bestätigt   *)
  halt;                              (* Programmende     *)
END;
BEGIN
WriteLn(#10,#13,'Abbruch mit ACK-Taster am Eingabeport B6!!!');
GetIntVec($0D,retter);            (* alten Vetor retten   *)
SetIntVec($0D,addr(stopp));       (* Vektor IRQ5 auf stopp *)
Port[ifrei] := Port[ifrei] AND $DF;       (* IRQ5 frei   *)
Port[lpt+2] := $14;                       (* ACK frei    *)
x := 0;
REPEAT                            (* gemessen T0=6us f=167kHz*)
  Port[lpt] := x;                 (* Zähler ausgeben      *)
  Inc(x);                         (* Zähler erhöhen       *)
UNTIL FALSE                       (* Abbruch mit Interrupt *)
END.
```

```
C:\TP\DAV>debug b5p2_6.exe
-u d9 e4
2487:00D9 A05600        MOV     AL,[0056]
2487:00DC BA7802        MOV     DX,0278
2487:00DF EE            OUT     DX,AL
2487:00E0 FE065600      INC     BYTE PTR [0056]
2487:00E4 EBF3          JMP     00D9
-
```

Bild 5.2-6: Rechteckausgabe mit ACK-Interrupt

Das Programm gibt auf dem Druckerausgang einen Dualzähler mit möglichst hoher Geschwindigkeit aus. Bei der Messung der auf der wertniedrigsten Leitung ausgegebenen Rechteckfrequenz (T0) zeigten sich Unregelmäßigkeiten,

die auf das Wiederauffrischen der dynamischen Speicherbausteine (ca. alle
10 us ein Refreshzyklus von ca. 0.5 us) und auf den Timerinterrupt (ca.
alle 55 ms eine Pause von ca. 100 us) zurückzuführen sind. Das ausführbare
Maschinenprogramm vom Typ .EXE wurde mit der Testhilfe **debug** des Betriebssystems untersucht. Eine Analyse der rückübersetzten Maschinenbefehle
der Ausgabeschleife zeigt, daß der Pascalcompiler an dieser Stelle keinen
optimalen Code erzeugt, da z.B. das DX-Register mit der Portadresse immer wieder in der Schleife neu geladen wird, obwohl es sich nicht ändert.
Bild 5.2-7 zeigt eine schnellere Ausgabeschleife; der Maschinencode wurde
mit Hilfe der Tabellen des Anhangs übersetzt und mit **INLINE** in das Pascalprogramm eingebaut.

```
PROGRAM b5p2_7;        (* Bild 5.2-7: Rechtecksignal mit INLINE *)
CONST lpt = $0278;
BEGIN
   INLINE (            (* Abbruch nur mit Strg + Break   *)
           $BA/lpt/    (* mov  dx,lpt   *)
           $B0/$00/    (* mov  AL,0      *)
           $EE/        (* out  DX,AL     *)
           $FE/$C0/    (* inc  AL        *)
           $EB/$FB/    (* jmp  -5        *)
           )           (* gemessen T0 = 4 us F = 250 kHz *)
END.
```

Bild 5.2-7:   Einbau von Maschinencode mit INLINE

Ab Version 6.0 des Turbo Pascal ist es möglich, zwischen den Kennwörtern
ASM und **END** auch Assemblerbefehle in einem Pascalprogramm zu verwenden. **Bild 5.2-8** zeigt das gleiche optimierte Zählerprogramm in der Assemblerschreibweise. In Pascal ist es auch möglich, mit den vordefinierten Proze-
duren **Intr** und **MsDos**, die dem Maschinenbefehl INT (Software-Interrupt)
entsprechen, auf BIOS- und DOS-Interrupts zuzugreifen. Einzelheiten sollten
der einschlägigen Literatur entnommen werden.

```
PROGRAM b5p2_8;        (* Bild 5.2-8: Rechtecksignal mit ASM *)
CONST  lpt = $0278;
BEGIN
WriteLn(#10,#13,'Abbruch mit STRG + BREAK ');
ASM
           mov   dx,lpt   (* lade dx mit Portadresse    *)
           mov   al,0     (* lösche Ausgabezähler       *)
   @loop:  out   dx,al    (* Zähler ausgeben            *)
           inc   al       (* Zähler erhöhen             *)
           jmp   @loop    (* Schleife bis STRG + BREAK  *)
       END             (* gemessen T0=4 us  F=250 kHz *)
END.
```

Bild 5.2-8: Einbau von Assemblerbefehlen

5.3 Ein einfaches Monitorprogramm

Ein Monitor ist ein Überwachungsprogramm für die Bedienung eines Rechners. Es ermöglicht dem Benutzer, Programme zu laden und zu starten. Bei einem einfachen Monitor auf hexadezimaler Ebene sind alle Eingaben und Ausgaben Hexadezimalzahlen. Betriebssysteme (MS-DOS) enthalten meist einen auf hexadezimaler Ebene arbeitenden Monitor als Testhilfe (DEBUG). Dieser Abschnitt zeigt einen einfachen hexadezimalen Monitor, der z.B. für die in Kapitel 3 vorgestellten Schaltungen zur Eingabe von Testprogrammen verwendet werden kann. Die Entwicklung des Programms beginnt mit der in **Bild 5.3-1** dargestellten Bedienungsanleitung.

```
Kommandozeile:
 *> Buchstabe = Segment:Abstand  cr
 *> Buchstabe = Abstand  cr
```

Kommando		Unterkommando	Wirkung
S = byteadresse	alt -	neu (2 Hexaz.)	Byte ändern, Adresse + 1
	-	leerzeichen	Byte anzeigen, Adresse + 1
	-	+	Byte anzeigen, Adresse + 1
	-	-	Byte anzeigen, Adresse - 1
	-	cr	Ende des Kommandos
A = startadresse		kein	Start ohne Registerverwaltung
P = portadresse	alt -	neu (2 Hexaz.)	Port ändern, Adresse bleibt
	-	leerzeichen	Port anzeigen, Adresse bleibt
	-	+	Port anzeigen, Adresse + 1
	-	-	Port anzeigen, Adresse - 1
	-	cr	Ende des Kommandos
D = byteadresse	*-	leerzeichen	16 x 16 = 256 Bytes anzeigen
	*-	+	nächsten Block ausgeben
	*-	-	vorhergehenden Block ausgeben
	*-	cr	Ende des Kommandos
R		kein	Benutzerregister anzeigen
H = haltadresse		kein	Haltepunkt setzen
T = startadresse		kein	ein Einzelschritt
G = startadresse		kein	Programmstart mit Registeranzeige
E = ladeadresse B-Port>		portadresse	Speicher laden von Port

Programmabbruch		Unterkommando	Wirkung
Einzelschritt	*TR-	T	neuer Einzelschritt
Haltepunkt	*HP-	G	Programm fortsetzen
NMI-STOP	*ST-	cr	Ende des Benutzerprogramms
Divisionsfehler	*DO-		
Overflow	*OV-		

Bild 5.3-1: Bedienungsanleitung des Monitors

Auf einer Kommandozeile erscheinen am linken Rand die Zeichen "*> " als Meldung des Monitors (Prompt). Dahinter ruft der Benutzer mit einem Kennbuchstaben ein Kommando auf. Als Bestätigung erscheint das Zeichen "=", das den Benutzer zur Eingabe von Steuergrößen, meist einer Adresse, auffordert.

Diese werden als Hexadezimalzahlen **ohne** den in der Assemblerschreibweise üblichen Kennbuchstaben "H" eingegeben. Adressen bestehen in der Langform aus einem Segment und einem Abstand (Offset), die durch das Zeichen ":" zu trennen sind. Fehlt der Doppelpunkt, so wird nur der Abstand eingegeben, das Segment wird von der vorhergehenden Eingabe übernommen. Führende Nullen können entfallen, es werden nur die letzten vier Hexadezimalziffern berücksichtigt. Ein Wagenrücklauf (cr) schließt die Eingabe ab. Bei der Ausgabe von Adressen erscheinen immer das Segment und durch einen Doppelpunkt getrennt der Abstand (Offset). Die einzelnen Kommandos können hinter dem Zeichen "-" weitere Eingaben (Unterkommandos) anfordern.

Das S-Kommando (S = Substitute = ersetzen oder ändern) dient zum Anzeigen und Ändern von Bytes. Es erscheinen die Adresse (Segment:Offset) und der Inhalt des gewünschten Bytes, das nun durch Eingabe eines neuen Wertes überschrieben werden kann. Ist keine Änderung möglich, wenn z.B. ein EPROM-Bereich vorliegt, so erscheinen zwei Punkte als Fehlermeldung. Die laufende Adresse kann erhöht und vermindert werden.

Mit dem D-Kommando (D = Dump = Speicherauszug) wird ein Bereich von 256 Bytes hexadezimal und als ASCII-Text ausgegeben. Mit dem P-Kommando (P = Peripherie) können Peripherieregister gelesen und beschrieben werden. Mit dem E-Kommando (E = Eingabe) kann ein Programm über eine Parallelschnittstelle 8255 wie in Abschnitt 5.1 gezeigt geladen werden.

Das A-Kommando (A = Ausführen) startet ein Programm ohne die Testhilfen der T- und G-Kommandos. Diese laden beim Start des Benutzerprogramms die Register mit Werten aus einem vom Monitor verwalteten RAM-Bereich. Dieser Bereich kann auch mit dem R-Kommando (R = Register) angezeigt werden. Das G-Kommando (G = Go = gehe) setzt einen Haltepunkt, wenn dieser mit dem H-Kommando (H = Haltepunkt) auf eine bestimmte Adresse gesetzt wurde. Das T-Kommando (T = Trace = Programmverfolgung) führt nur einen Befehl aus und zeigt dann die in den RAM-Bereich geretteten Register an.

Bei einem Programmabbruch durch die Einzelschrittsteuerung, beim Erreichen eines Haltepunktes, bei einem NMI-Interrupt (STOP-Taste), einem Divisionsfehler oder einem Zahlenüberlauf (Overflow bei INTO-Befehl) werden die Registerinhalte des Benutzers vom Monitor in einen RAM-Bereich gerettet und dann auf dem Bildschirm angezeigt.

Nach der Festlegung der Monitorfunktionen wurde das in **Bild 5.3-2** dargestellte Struktogramm des Monitorprogramms entworfen. Die Einsprungpunkte für einen Reset, einen Neustart und einen Interrupt sind besonders gekennzeichnet. In der Hauptschleife des Programms werden die Kommandos anhand der Kennbuchstaben unterschieden. Bei Eingabe unzulässiger Zeichen oder bei fehlerhaften Adressen ertönt die Hupe, und es wird ein Fragezeichen ausgegeben. Bei den Interrupteinsprüngen sind Programmunterbrechungen mit der Möglichkeit einer Fortsetzung, Programmabbrüche mit einer Rückkehr in den Monitor und der

RESET — Serienschnittstelle programmieren

Neustart — Monitorregister und Datenbereich laden
Vektortabelle mit Monitoradressen anlegen

M o n i t o r - Hauptschleife

Monitorregister vorbesetzen
Meldung **MONITOR 1.0**
Grundstellung ***>**

Kommandobuchstaben lesen

S									
	A								
		P							
			D						
				R					
					H				
						T			
							G		
								E	Eingabefehler

?

Hupe

Bytes anzeigen und ändern | Programm starten ohne Hilfen | Peripherie anzeigen und ändern | Speicherblock anzeigen | Register ausgeben | Haltepunkt setzen | Einzelschritt (T=1) | Programm starten (T=0) | Speicher laden

---

00H										
01H										
02H										
03H										
11H										
17H										
21H										
AH=1										
AH=2										
AH=6										
AH=8										

Interrupt

10H 20H

Divisionsfehler | Einzelschritt | STOP-Taste NMI | Overflow (Überlauf) | Zeichen lesen | Zeichen ausgeben | lesen | ausgeben | testen | lesen | Benutzerprogramm abbrechen Neustart des Monitors

Meldung

weiter
?
nein   ja

Monitor | Benutzer

Rückkehr nach
Benutzerprogramm

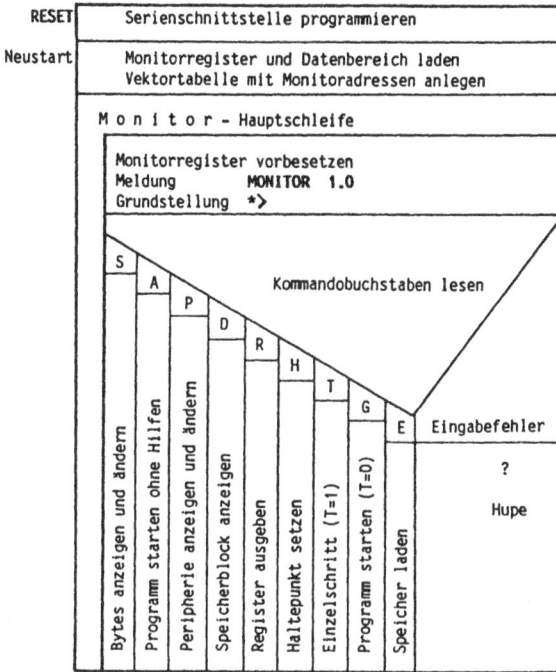

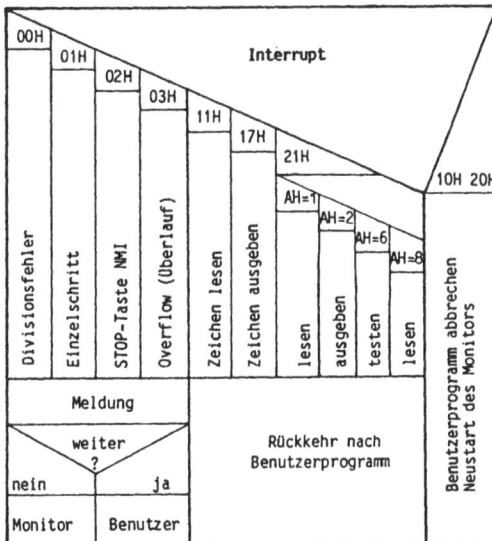

Bild 5.3-2: Die Struktur des Monitorprogramms

physikalische
Speicheradresse

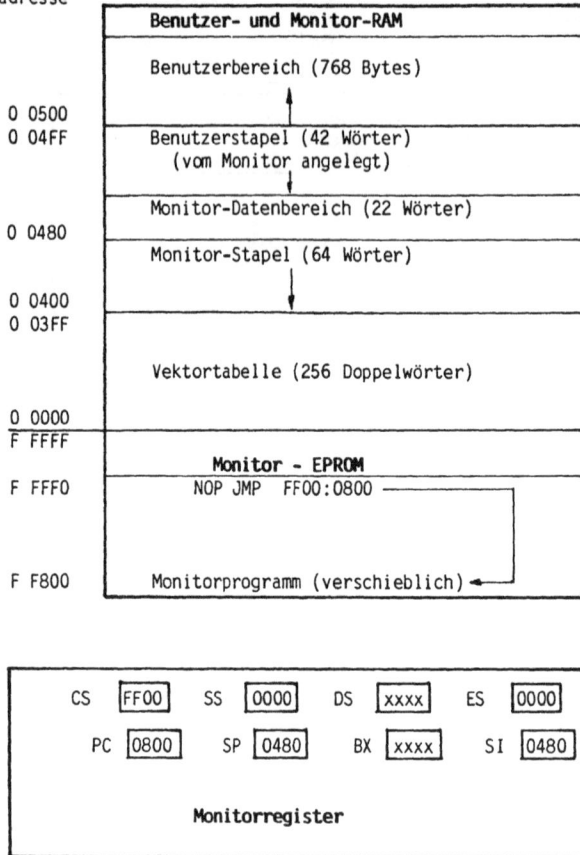

	Benutzer- und Monitor-RAM
	Benutzerbereich (768 Bytes)
0 0500	↑
0 04FF	Benutzerstapel (42 Wörter) (vom Monitor angelegt)
	↑
	Monitor-Datenbereich (22 Wörter)
0 0480	
	Monitor-Stapel (64 Wörter)
0 0400	
0 03FF	↓
	Vektortabelle (256 Doppelwörter)
0 0000	
F FFFF	
	Monitor - EPROM
F FFF0	NOP JMP FF00:0800 ───
F F800	Monitorprogramm (verschieblich) ◄──

```
CS  FF00    SS  0000    DS  xxxx    ES  0000
PC  0800    SP  0480    BX  xxxx    SI  0480

          Monitorregister
```

Bild 5.3-3: Segmentregister und Speicheraufteilung des Monitors

Aufruf von Monitorunterprogrammen zu unterscheiden, die auf jeden Fall wieder in das Benutzerprogramm zurückkehren. **Bild 5.3-3** zeigt die vom Monitor verwendeten Segmentregister sowie die Aufteilung des Speicherbereiches für den Monitor und den Benutzer.

Das Monitorprogramm wurde so einfach gehalten, daß es in einen 2-KByte-EPROM geladen werden kann; dabei sind noch ca. 544 Bytes frei für Erweiterungen. Der auf der Adresse F FFF0 (Reset-Startadresse) liegende Intersegmentsprung bestimmt die Lage des Programms. Das Programm selbst ist verschieblich (relocatable) und kann auf beliebigen Adressen ablaufen. Dies wurde durch folgende Programmierverfahren erreicht:

– Alle Sprungbefehle und Unterprogrammaufrufe arbeiten mit relativer Adressierung. Daher mußten für die Auswertung der Kennbuchstaben Vergleichsbefehle mit bedingten Sprüngen verwendet werden.

- Für die Eintragung der Startadressen (Segment und Offset) in die Vektortabelle wurde eine besondere befehlszählerrelative Adressierung verwendet, die eigentlich nicht im Befehlssatz des Prozessors vorgesehen ist. Dabei wird durch einen Unterprogrammaufruf der augenblickliche Stand des Befehlszählers ermittelt und unter Berücksichtigung von Befehlslängen in die Vektortabelle als Abstand (Offset) eingetragen.

- Für die Ausgabe von Meldungen werden die auszugebenden Texte nicht in einem Konstantenbereich, sondern im Programm hinter dem Aufruf des Ausgabeunterprogramms angeordnet. Dies bestimmt aus dem im Stapel befindlichen Befehlszähler die Adresse der auszugebenden Zeichen. Damit entfällt die Übergabe des Abstandes (Offset) für den Text.

Codesegmentregister und Befehlszähler werden durch den Intersegmentsprung mit der Adresse F FFF0 geladen. Die drei anderen Segmentregister adressieren den RAM-Bereich, für den ebenfalls ein 2-KByte-Baustein genügt. Auf die 1-KByte-Vektortabelle folgt der aus 64 Wörtern (128 Bytes) bestehende Monitorstapel. Der aus 22 Wörtern bestehende RAM-Bereich mit dem Haltepunkt und dem Inhalt der Benutzerregister wird durch des Extrasegmentregister ES und das Sourceindexregister SI adressiert. Das Datensegmentregister DS (Segment) und das BX-Register (Offset) enthalten die laufende Benutzeradresse z.B. für die Eingabe und Ausgabe von Speicherstellen oder für die Startadresse des Benutzerprogramms. Bei der Ausgabe der Register zeigt das am linken Rand ausgegebene CS-Register des Benutzers immer auf das gerade adressierte Segment, so daß der Benutzer bei der Eingabe von Adressen in den meisten Fällen nur noch den Abstand einzugeben braucht; das Segment wird unverändert übernommen. Über diesem Datenbereich wird der Stapel des Benutzers (42 Wörter oder 84 Bytes) angelegt, der für den Start der Benutzerprogramme mit dem Befehl IRET unbedingt erforderlich ist. Für die Programme und Daten des Benutzers sind dann noch mindestens 768 Bytes frei.

Es folgt nun das Monitorprogramm in der Assemblerschreibweise. Auf eine Darstellung der Übersetzungsliste mit dem hexadezimalen Code wurde verzichtet, da die Übersetzungsliste des verwendeten Assemblers an vielen Stellen (Reihenfolge der Bytes bei Wörtern, Adressen von Unterprogrammen) Abweichungen von dem tatsächlich geladenen Maschinencode zeigt. **Bild 5.3-4** zeigt das Startprogramm des Monitors mit dem Laden der Register, dem Erstellen der Vektortabelle und dem Vorbesetzen der Benutzerregister.

Das Monitor-Startprogramm programmiert die Serienschnittstelle 8251A, besetzt die vom Monitor benutzten Register und die Vektortabelle sowie den RAM-Bereich, in dem die Register des Benutzers verwaltet werden. Dabei werden alle Register des Benutzers bereits vorbesetzt und mit diesen Werten beim Start mit den Kommandos Go und Trace geladen. Über die Interrupt-Vektortabelle

```
; BILD 5.3-4    MONITOR-STARTPROGRAMM
PROG    SEGMENT        ; PROGRAMMSEGMENT
        ASSUME  CS:PROG,DS:PROG,ES:PROG,SS:PROG
STEU    EQU     02H    ; STEUERREGISTER 8251A
DATR    EQU     00H    ; DATENREGISTER  8251A
STOP    EQU     0480H  ; MONITOR-STAPEL - BASIS BENUTZER-DATEN
        ORG     100H   ; BEFEHLSBEREICH MONITOR
START:  MOV     AL,0CEH; BETRIEBSART 8251A
        OUT     STEU,AL; PROGRAMMIEREN NACH RESET
        MOV     AL,15H ; KOMMANDOBYTE 8251A
        OUT     STEU,AL; PROGRAMMIEREN
; REGISTER DES MONITORS VORBESETZEN EINSPRUNG OHNE RESET
BEGIN:  XOR     AX,AX  ; SEGMENTADRESSE IST 0000H
        MOV     DS,AX  ; DATENSEGMENTREGISTER
        MOV     ES,AX  ; EXTRADATENSEGMENTREGISTER
        MOV     SS,AX  ; STAPELSEGMENTREGISTER
        MOV     SP,STOP; MONITOR-STAPELZEIGER
        MOV     SI,SP  ; BASISADRESSE BENUTZER-REGISTER
;   INTERRUPT-VEKTORTABELLE VORBESETZEN
        CALL    VEKSET ; VEKTOREN SETZEN
        JMP     BEGIN1 ; BENUTZER-REGISTER VORBESETZEN
VXXH:   JMP     BEGIN  ; ALLE VEKTOREN AUSSER 11H,17H,21H
V11H:   CALL    EINZ   ; BEFEHL INT 11H GIBT SPRUNG NACH 44H
        IRET           ; RUECKSPRUNG NACH BENUTZERPROGRAMM
V17H:   CALL    AUSZ   ; BEFEHL INT 17H GIBT SPRUNG NACH 5CH
        IRET           ; RUECKSPRUNG NACH BENUTZERPROGRAMM
V21H:   CALL    MSDOS  ; BEFEHL INT 21H GIBT SPRUNG NACH 84H
        IRET           ; RUECKSPRUNG NACH BENUTZERPROGRAMM
; VEKSET - HILFSUNTERPROGRAMM FUER INTERRUPTVEKTOREN SETZEN
VEKSET: MOV     AX,CS  ; AX - CODESEGMENTREGISTER
        MOV     BP,SP  ; BP GREIFT AUF MONITORSTAPEL ZU
        MOV     BX,[BP]; BX - BEFEHLZAEHLER DES BEFEHLS JMP MON1
        ADD     BX,3   ; BX - OFFSET DER ADRESSE VXXH:
        XOR     DI,DI  ; DI - 0000 - ANFANG VEKTORTABELLE
        MOV     CX,256 ; 256 VEKTOREN BESETZEN
VEKSE1: MOV     [DI],BX; BX - OFFSET DES BEFEHLS VXXH:
        MOV     [DI+2],AX ; AX - SEGMENT DER ADRESSE VXXH:
        ADD     DI,4   ; NAECHSTER VEKTOR
        LOOP    VEKSE1 ; ALLE 256 VEKTOREN VORBESETZEN
        ADD     BX,2   ; BX - OFFSET DER ADRESSE V11H:
        MOV     DI,44H ; DI - VEKTORADRESSE DES BEFEHLS INT 11H
        MOV     [DI],BX; OFFSET VON V11H: LADEN
        MOV     [DI+2],AX  ; SEGMENT V11H: LADEN
        ADD     BX,4   ; BX - OFFSET DER ADRESSE V17H:
        MOV     DI,5CH ; DI - VEKTORADRESSE DES BEFEHLS INT 17H
        MOV     [DI],BX; OFFSET VON V17H: LADEN
        MOV     [DI+2],AX  ; SEGMENT V17H: LADEN
        ADD     BX,4   ; BX - OFFSET DER ADRESSE 21H:
        MOV     DI,84H ; DI - VEKTORADRESSE DES BEFEHLS INT 21H
        MOV     [DI],BX; OFFSET VON V21H: LADEN
        MOV     [DI+2],AX  ; SEGMENT V21H: LADEN
        RET            ;
; MSDOS - BENUTZER-INTERRUPTS INT 21H AEHNLICH MS-DOS
MSDOS:  CMP     AH,8   ; FUNKTION AH - 8: ZEICHEN NACH AL LESEN
        JNE     MSDOS1 ; NEIN: WEITER
        CALL    EINZ   ; JA: ZEICHEN NACH AL LESEN OHNE ECHO
        RET            ;
MSDOS1: CMP     AH,6   ; FUNKTION AH - 6: EMPFAENGER TESTEN
        JNE     MSDOS2 ; NEIN: WEITER
        CALL    EINTE  ; JA: EMPFAEGER TESTEN ZEICHEN LESEN
        RET            ;
MSDOS2: CMP     AH,1   ; FUNKTION AH - 1: ZEICHEN MIT ECHO LESEN
        JNE     MSDOS3 ; NEIN: WEITER
        CALL    EINZE  ; JA: ZEICHEN NACH AL LESEN MIT ECHO
        RET            ;
```

```
MSDOS3: CMP    AH,2     ; FUNKTION AH = 2: ZEICHEN AUS DL AUSGEBEN
        JNE    MSDOS4   ; NEIN: WEITER
        PUSH   AX       ; AX RETTEN
        MOV    AL,DL    ; ZEICHEN NACH AL AUS DL
        CALL   AUSZ     ; ZEICHEN AUS AL AUSGEBEN
        POP    AX       ; AX ZURUECKLADEN
MSDOS4: RET             ; RUECKSPRUNG
;    BENUTZER-HILFSSPEICHER (REGISTER) VORBESETZEN
BEGIN1: MOV    CX,64    ; ZAEHLER FUER 64 WOERTER
        CLD             ; DI AUFWAERTS ZAEHLEN
        MOV    DI,SI    ; ANFANGSADRESSE BENUTZER-DATEN
        XOR    AX,AX    ; WERT 0000 IN ALLE WOERTER
REP     STOSW           ; BENUTZER-DATEN UND STAPEL LOESCHEN
        MOV    AX,0100H     ; MIT 0100H VORBESETZEN
        MOV    [SI+34],AX   ; BENUTZER-STAPELZEIGER
        MOV    AX,0040H     ; MIT 0040H VORBESETZEN
        MOV    [SI+00],AX   ; HALTEPUNKT - SEGMENT
        MOV    [SI+14],AX   ; BENUTZER-CODESEGMENTREGISTER
        MOV    [SI+32],AX   ; BENUTZER-STAPELSEGMENTREGISTER
        MOV    [SI+38],AX   ; BENUTZER-DATENSEGMENTREGISTER
        MOV    [SI+40],AX   ; BENUTZER-EXTRADATENSEGMENTREG.
        JMP    MON1         ; MONITOR - HAUPTSCHLEIFE
```

Bild 5.3-4: Monitor-Startprogramm

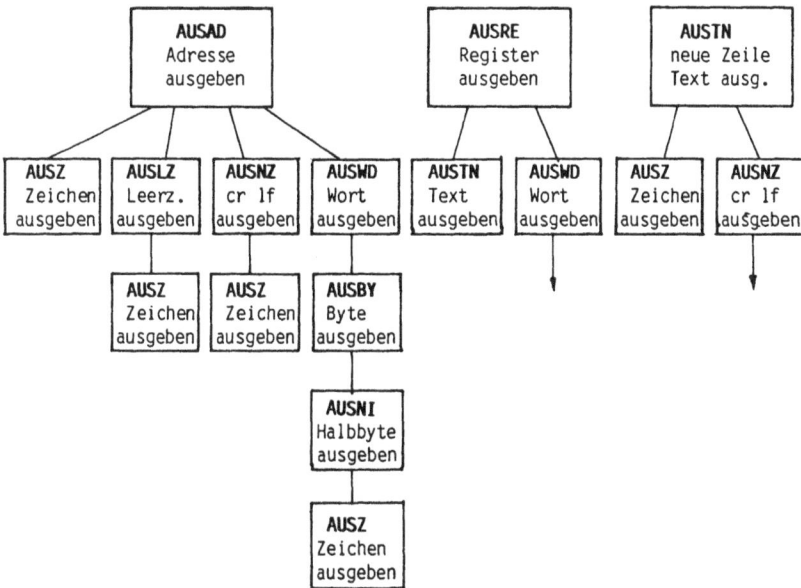

Bild 5.3-5: Die Struktur der Ausgabe-Unterprogramme

sind die Unterprogramme zum Lesen und Ausgeben von Zeichen auch für den Benutzer verfügbar, der sie wie bereits in den Beispielen des Kapitels 4 gezeigt mit den INT-Befehlen aufruft. Dieses Verfahren läßt sich auf weitere Unterprogramme ausdehnen. **Bild 5.3-5** zeigt die Struktur der Ausgabe-Unterprogramme; **Bild 5.3-6** zeigt die Programmliste.

```
; BILD 5.3-6   AUSGABE - UNTERPROGRAMME
; AUSZ - ZEICHEN AUS AL AUSGEBEN
AUSZ:    PUSH    AX        ; AX RETTEN
AUSZ1:   IN      AL,STEU   ; STATUSREGISTER 8251A LESEN
         TEST    AL,01H    ; MASKE 0000 0001 SENDER FREI?
         JZ      AUSZ1     ; NEIN: WARTEN
         POP     AX        ; JA: ZEICHEN ZURUECK
         OUT     DATR,AL   ; ZEICHEN NACH SENDER
         RET               ;
; AUSLZ - LEERZEICHEN LZ - 20H AUSGEBEN
AUSLZ:   PUSH    AX        ; AX RETTEN
         MOV     AL,20H    ; LEERZEICHEN LADEN
         CALL    AUSZ      ; UND AUSGEBEN
         POP     AX        ; AX ZURUECKLADEN
         RET               ;
; AUSNZ - NEUE ZEILE CR UND LF AUSGEBEN
AUSNZ:   PUSH    AX        ; AX RETTEN
         MOV     AL,0DH    ; CODE CR WAGENRUECKLAUF
         CALL    AUSZ      ; UND AUSGEBEN
         MOV     AL,0AH    ; CODE LF ZEILENVORSCHUB
         CALL    AUSZ      ; UND AUSGEBEN
         POP     AX        ; AX ZURUECKLADEN
         RET               ;
; AUSTN - TEXT HINTER CALL UND JMP BIS $ AUF NEUER ZEILE AUSGEBEN
AUSTN:   CALL    AUSNZ     ; NEUE ZEILE
         PUSH    AX        ; AX RETTEN
         PUSH    BX        ; BX RETTEN
         PUSH    BP        ; BASISZEIGER RETTEN
         MOV     BP,SP     ; BASISZEIGER MIT STAPELZEIGER LADEN
         ADD     BP,6      ; UM 3 PUSH-BEFEHLE ZURUECKSETZEN
         MOV     BX,[BP]   ; BX - BEFEHLSZAEHLER JMP-BEFEHL
         POP     BP        ; BASISZEIGER ZURUECKLADEN
         ADD     BX,3      ; BX - ANFANGSADRESSE DES TEXTES
AUSTN1:  MOV     AL,CS:[BX] ; TEXTZEICHEN LADEN AUS CODESEGMENT
         CMP     AL,'$'    ; ENDEMARKE $ ?
         JE      AUSTN2    ; JA: FERTIG
         CALL    AUSZ      ; NEIN: ZEICHEN AUSGEBEN
         INC     BX        ; ADRESSE NAECHSTES ZEICHEN
         JMP     AUSTN1    ; AUSGABESCHLEIFE
AUSTN2:  POP     BX        ; BX ZURUECKLADEN
         POP     AX        ; AX ZURUECKLADEN
         RET               ;
; AUSNI - RECHTES HALBBYTE VON AL UMWANDELN UND AUSGEBEN
AUSNI:   PUSH    AX        ; AX RETTEN
         AND     AL,0FH    ; MASKE 0000 1111 LINKES HALBBYTE AUSBLENDEN
         ADD     AL,30H    ; NACH ASCII-ZIFFER KODIEREN
         CMP     AL,39H    ; ZIFFER 0 BIS 9 ?
         JBE     AUSNI1    ; JA: FERTIG
         ADD     AL,7      ; NEIN: BUCHSTABE A BIS F
AUSNI1:  CALL    AUSZ      ; HEXAZIFFER AUSGEBEN
         POP     AX        ; AX ZURUECKLADEN
         RET               ;
; AUSBY - AL UMWANDELN UND IN 2 HEXAZIFFERN AUSGEBEN
AUSBY:   PUSH    CX        ; CX RETTEN
         MOV     CL,4      ; VERSCHIEBEZAEHLER
         ROR     AL,CL     ; HIGH-TEIL NACH RECHTS
         CALL    AUSNI     ; UND ALS HEXAZIFFER AUSGEBEN
         ROL     AL,CL     ; LOW-TEIL ZURUECK
         CALL    AUSNI     ; UND ALS HEXAZIFFER AUSGEBEN
         POP     CX        ; CX ZURUECKLADEN
         RET               ;
; AUSWD - BX UMWANDELN UND IN 4 HEXAZIFFERN AUSGEBEN
AUSWD:   PUSH    AX        ; AX RETTEN
         MOV     AL,BH     ; HIGH-BYTE LADEN
         CALL    AUSBY     ; UND IN 2 HEXAZIFFERN AUSGEBEN
         MOV     AL,BL     ; LOW-BYTE LADEN
         CALL    AUSBY     ; UND IN 2 HEXAZIFFERN AUSGEBEN
         POP     AX        ; AX ZURUECKLADEN
         RET               ;
```

```
; AUSAD - NEUE ZEILE UND ADRESSE AUS DS:BX AUSGEBEN
AUSAD:  CALL    AUSNZ   ; NEUE ZEILE
        PUSH    BX      ; BX RETTEN
        MOV     BX,DS   ; SEGMENT AUS DS
        CALL    AUSWD   ; AUSGEBEN
        PUSH    AX      ; AX RETTEN
        MOV     AL,':'  ; DOPPELPUNKT  :  LADEN
        CALL    AUSZ    ; UND AUSGEBEN
        POP     AX      ; AX ZURUECKLADEN
        POP     BX      ; BX ZURUECKLADEN
        CALL    AUSWD   ; OFFSET AUS BX AUSGEBEN
        CALL    AUSLZ   ; LEERZEICHEN ANHAENGEN
        RET             ;
```

Bild 5.3-6: Die Ausgabe-Unterprogramme

Die Unterprogramme zur Ausgabe von Zeichen, Steuerzeichen und Hexadezimal-zahlen retten alle von ihnen verwendeten Register in den Stapel. Alle auszuge-benden Werte werden in bestimmten Registern übergeben. Eine Ausnahme ist das Unterprogramm AUSTN, das einen beliebig langen Text bis zur Endemarke "$" ausgibt. Dieses Unterprogramm übernimmt den Text aus dem Befehlsbe-reich hinter den Befehlen CALL und JMP, der den Text überspringt. Dies ge-schieht mit Hilfe des Befehlszählers, der aus dem Stapel entnommen wird. Das Unterprogramm AUSRE zur Ausgabe der Register des Benutzers wurde erst später entwickelt und befindet sich am Ende der Eingabe-Unterprogramme, die in **Bild 5.3-7** und **Bild 5.3-8** dargestellt sind.

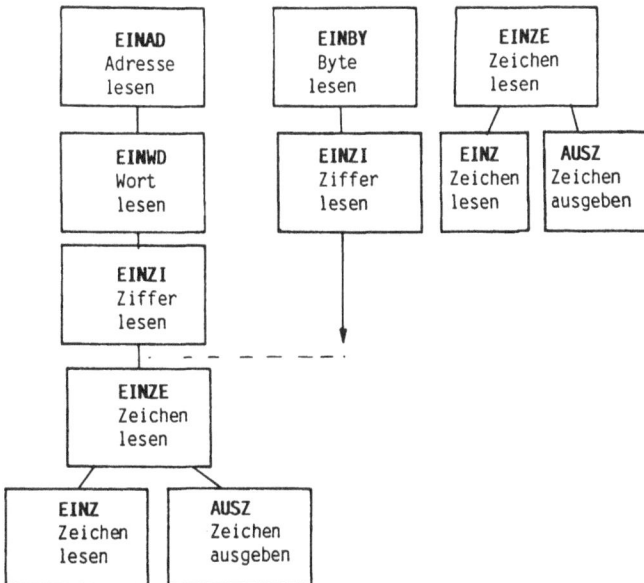

Bild 5.3-7: Die Struktur der Eingabe-Unterprogramme

```
; BILD 5.3-8  EINGABE - UNTERPROGRAMME
; EINZ - ZEICHEN NACH AL LESEN OHNE ECHO
EINZ:    IN      AL,STEU ; STATUSREGISTER 8251A LADEN
         TEST    AL,02H  ; MASKE 0000 0010 ZEICHEN DA ?
         JZ      EINZ    ; NEIN: WEITER TESTEN
         IN      AL,DATR ; JA: ZEICHEN LESEN
         RET             ;
; EINZE - ZEICHEN NACH AL LESEN MIT ECHO
EINZE:   CALL    EINZ    ; ZEICHEN LESEN
         CALL    AUSZ    ; UND IM ECHO AUSGEBEN
         RET             ;
; EINTE - EMPFAENGER TESTEN C=0:KEIN ZEICHEN AL=00  C=1: AL=ZEICHEN
EINTE:   IN      AL,STEU ; STATUSREGISTER 8251A LESEN
         TEST    AL,02H  ; MASKE 0000 0010 ZEICHEN DA ?
         JZ      EINTE1  ; NEIN: RUECKSPRUNG
         IN      AL,DATR ; JA: ZEICHEN LADEN
         STC             ; CY=1: ZEICHEN GELADEN NACH AL
         RET             ;
EINTE1:  CLC             ; CY=0: KEIN ZEICHEN  AL=00
         RET             ;
; EINZI - HEXAZIFFER NACH AL LESEN, TESTEN, UMWANDELN
; CY=0: AL=4-BIT-WERT  CY=1: KEIN HEXAZEICHEN AL=ZEICHEN
EINZI:   CALL    EINZE   ; ZEICHEN NACH AL MIT ECHO LESEN
         CMP     AL,'A'  ; BUCHSTABENBEREICH A-F TESTEN
         JB      EINZI2  ; NEIN: ZIFFERNBEREICH TESTEN
         CMP     AL,'F'  ;
         JA      EINZI1  ; NEIN: KLEINE BUCHSTABEN TESTEN
         SUB     AL,37H  ; JA: DEKODIEREN
         JMP     EINZI3  ; FERTIG
EINZI1:  CMP     AL,'a'  ; BUCHSTABENBEREICH a-f TESTEN
         JB      EINZI4  ; KLEINER: FEHLER
         CMP     AL,'f'  ;
         JA      EINZI4  ; GROESSER: FEHLER
         SUB     AL,57H  ; JA: DEKODIEREN
         JMP     EINZI3  ; FERTIG
EINZI2:  CMP     AL,'0'  ; ZIFFERNBEREICH 0 BIS 9 TESTEN
         JB      EINZI4  ; KLEINER: FEHLER
         CMP     AL,'9'  ;
         JA      EINZI4  ; GROESSER: FEHLER
         SUB     AL,30H  ; JA: DEKODIEREN
EINZI3:  CLC             ; CY = 0:  AL = DEKODIERTE HEXAZIFFER
         RET             ;
EINZI4:  STC             ; CY=1: AL = NICHT-HEXAZEICHEN
         RET             ;
; EINBY - BYTE AUS 2 ZEICHEN NACH AL  CY=1: 1. ZEICHEN NICHT-HEXA
EINBY:   CALL    EINZI   ; 1. HEXAZIFFER LESEN
         JC      EINBY3  ; KEIN HEXAZEICHEN: RUECKSPRUNG
         PUSH    CX      ; CX RETTEN
         MOV     CH,AL   ; 1. ZEICHEN NACH CH RETTEN
         MOV     CL,4    ; CL = VERSCHIEBEZAEHLER
EINBY1:  CALL    EINZI   ; 2. HEXAZIFFER LESEN
         JNC     EINBY2  ; WAR HEXAZEICHEN: GUT!!!
         MOV     AL,7    ; KEIN HEXAZEICHEN: FEHLER
         CALL    AUSZ    ; HUPE
         JMP     EINBY1  ; NEUER VERSUCH BIS HEXAZEICHEN !!!
EINBY2:  SHL     CH,CL   ; 1. ZEICHEN 4 BIT NACH LINKS
         OR      AL,CH   ; 2. ZEICHEN DAZU
         POP     CX      ; CX ZURUECKLADEN
         CLC             ; CY = 0: BYTE NACH AL GELESEN
EINBY3:  RET             ;
```

```
; EINWD - WORT BIS ENDEZEICHEN NACH BX LESEN  AL - ENDEZEICHEN
EINWD:  XOR    BX,BX    ; BX LOESCHEN
EINWD1: CALL   EINZI    ; HEXAZEICHEN LESEN UND TESTEN
        JC     EINWD2   ; WAR KEIN HEXAZEICHEN: ENDE DER EINGABE
        SHL    BX,1     ; BX UM 4 BIT NACH LINKS SCHIEBEN
        SHL    BX,1     ;
        SHL    BX,1     ;
        SHL    BX,1     ;
        OR     BL,AL    ; NEUE 4-BIT-GRUPPE RECHTS EINFUEGEN
        JMP    EINWD1   ; SCHLEIFE BIS NICHT-HEXZEICHEN
EINWD2: RET             ;
; EINAD - SEGMENT:OFFSET NACH DS:BX  ODER OFFSET NACH BX
EINAD:  MOV    AL,'-'   ; - ZEICHEN ALS PROMPT
        CALL   AUSZ     ; AUSGEBEN
        CALL   EINWD    ; WORT BIS ENDEZEICHEN LESEN
        CMP    AL,':'   ; ENDEMARKE FUER SEGMENT?
        JNE    EINAD1   ; NEIN:
        MOV    DS,BX    ; BENUTZER-DATENSEGMENT LADEN
        CALL   EINWD    ; OFFSET LESEN
EINAD1: CMP    AL,20H   ; LEERZEICHEN ODER STEUERZEICHEN ?
        JBE    EINAD2   ; JA: KORREKTER ABSCHLUSS
        STC             ; NEIN: FEHLERMARKE  CY - 1
        RET             ;
EINAD2: CLC             ; JA: CY-0
        RET             ;
; AUSRE - REGISTER DES BENUTZERS AUSGEBEN
AUSRE:  CALL   AUSTN    ; NEUE ZEILE
        JMP    AUSRE1   ; TEXT UEBERSPRINGEN
        DB  '_CS_ _PC_ CODE _AX_ _BX_ _CX_ _DX_ _SI_ '
        DB  '_DI_ _SS_ _SP_ _BP_ _DS_ _ES_ STAT$'
AUSRE1: PUSH   SI       ; SI RETTEN
        PUSH   BX       ; BX RETTEN
        PUSH   DS       ; DS RETTEN
        MOV    DS,ES:[SI+14] ; BENUTZER-CODESEGMENT
        MOV    BX,ES:[SI+16] ; BENUTZER-BEFEHLSZAEHLER
        MOV    AX,[BX]  ; LADE CODE MIT CS:PC
        XCHG   AH,AL    ; HIGH UND LOW VERTAUSCHEN
        MOV    ES:[SI+18],AX ; NACH BENUTZERDATEN ABLEGEN
        POP    DS       ; DS ZURUECKLADEN
        CALL   AUSNZ    ; NEUE ZEILE CR UND LF
        MOV    CX,15    ; ZAEHLER FUER 15 WOERTER
AUSRE2: MOV    BX,ES:[SI+14] ; ANFANG REGISTERSPEICHER
        INC    SI       ; ADRESSE + 2
        INC    SI       ;
        CALL   AUSWD    ; WORT AUSGEBEN
        CALL   AUSLZ    ; LEERZEICHEN AUSGEBEN
        LOOP   AUSRE2   ; 15 REGISTER AUSGEBEN
        POP    BX       ; BX ZURUECKLADEN
        POP    SI       ; SI ZURUECKLADEN
        RET             ;
```

Bild 5.3-8: Die Eingabe-Unterprogramme

Irren ist menschlich, und diese Unzulänglichkeit muß bei den Eingabeprogrammen berücksichtigt werden. Das Unterprogramm EINZI liest ein Zeichen vom Terminal, gibt es im Echo aus und testet, ob es ein Hexadezimalzeichen ist. Dies wird im Carrybit dem aufrufenden Programm zurückgeliefert. Mit dem S-Kommando ist es möglich, sehr schnell Speicherinhalte neu einzugeben. Dazu wird das Unterprogramm EINBY verwendet, das folgende Fälle unterscheidet:

- Ist das erste Zeichen keine Hexadezimalziffer, so erfolgt der Rücksprung in das aufrufende Programm, das das im AL-Register übergebene Zeichen untersucht, ob es ein Unterkommando ist.

- Ist das erste Zeichen eine Hexadezimalziffer, so wird sie dekodiert, und es wird ein zweites Zeichen gelesen. Ist dies keine Hexadezimalziffer, so handelt es sich um einen Eingabefehler. Mit einem Hupsignal wird eine zweite gültige Hexadezimalziffer angefordert. Nach der Eingabe einer ersten Hexadezimalziffer kann also das Unterprogramm nur verlassen werden, wenn eine zweite gültige Eingabe erfolgt.

Bei der Eingabe von hexadezimalen Adressen (Segment bzw. Offset) durch das Unterprogramm EINWD wird eine andere Eingabetechnik verwendet. Das Ergebnisregister BX wird vor der Eingabe des ersten Zeichens gelöscht und ist damit mit der Adresse 0000 vorbesetzt. Das erste Nicht-Hexadezimalzeichen bricht die Eingabe ab. Alle Hexadezimalzeichen werden dekodiert und als 4-Bit-Wert rechtsbündig in ein 16-Bit-Schieberegister eingefügt; die links herausgeschobene 4-Bit-Gruppe geht verloren. Bis zum Abbruch durch ein Nicht-Hexadezimalzeichen werden also immer nur die vier letzten Hexadezimalziffern berücksichtigt. Dieses Verfahren ergibt folgende Eingaberegeln:

- Die Eingabe wird durch ein Nicht-Hexadezimalzeichen beendet.
- Wird nur ein Endezeichen eingegeben, so ist der eingegebene Wert Null.
- Führende Nullen können entfallen.
- Es sind nur die letzten vier Hexadezimalstellen gültig.

Das Unterprogramm EINWD entscheidet anhand des Endezeichens ":", ob es sich um die Eingabe eines Segmentes oder eines Offsets handelt.

```
; BILD 5.3-9  MONITOR - HAUPTSCHLEIFE
MON1:   XOR     AX,AX     ; MONITOR-DATENSEGMENT 0000H
        MOV     ES,AX     ; EXTRADATENSEGMENTREGISTER
        MOV     SS,AX     ; STAPELSEGMENTREGISTER
        MOV     SP,STOP   ; MONITOR-STAPELZEIGER
        MOV     SI,SP     ; ANFANG DATENBEREICH (REGISTER) BENUTZER
        MOV     DS,ES:[SI+14]  ; LAUFENDES BENUTZER-CODESEGMENT
        CALL    AUSTN     ; NEUE ZEILE UND MELDUNG
        JMP     MON2      ; TEXT UEBERSPRINGEN
        DB      'MONITOR 1.0$'
; EINSPRUNG GRUNDSTELLUNG
MON2:   MOV     ES:[SI+14],DS  ; BENUTZER-CODESEGMENT
        CALL    AUSTN     ; NEUE ZEILE UND PROMPT
        JMP     MON3      ; TEXT UEBERSPRINGEN
        DB      '*>$'
MON3:   CALL    EINZE     ; KOMMANDOZEICHEN LESEN MIT ECHO
        AND     AL,0DFH   ; MASKE 1101 1111 KLEIN NACH GROSS
        CMP     AL,'S'    ; S FUER SPEICHERBYTE ?
        JNE     MON4      ; NEIN: WEITER TESTEN
```

Bild 5.3-9: Monitor-Hauptschleife

Die in **Bild** 5.3-9 dargestellte Hauptschleife des Monitors enthält zwei Einsprungpunkte. Der Einsprung MON1 lädt die Register des Monitors neu und gibt die Meldung "MONITOR 1.0" auf dem Bildschirm aus. Beim Einsprung an die Stelle MON2 wird nur die Meldung "*>*" auf dem Bildschirm ausgegeben. Anschließend erwartet der Monitor die Eingabe eines Buchstabens zur Auswahl des Kommandos. Die Abfrage geschieht durch eine Kette von Vergleichsbefehlen. Wurde der Buchstabe erkannt, so wird das Kommando ausgeführt, anderenfalls wird der Bereich bis zur nächsten Abfrage übersprungen. Durch die Aneinanderreihung der Kommandos war es möglich, die Teilprogramme unabhängig voneinander zu entwickeln und zu testen. **Bild** 5.3-10 zeigt das S-Kommando. S bedeutet Substitute oder Speicher ändern.

```
; BILD 5.3-10  SPEICHERBYTES ANZEIGEN, EINGEBEN, AENDERN
SFUN:   CALL    EINAD    ; ADRESSE DES BYTES LESEN
        JNC     SFUN1    ; KORREKTE EINGABE
        JMP     MONC     ; FEHLERMELDUNG
SFUN1:  CALL    AUSAD    ; NEUE ZEILE DS:BX AUSGEBEN
        MOV     AL,[BX]  ; DATENBYTE LADEN
        CALL    AUSBY    ; UND AUSGEBEN
        MOV     AL,'-'   ; - LADEN
        CALL    AUSZ     ; UND AUSGEBEN
SFUN2:  CALL    EINBY    ; BYTE LESEN
        JC      SFUN4    ; STEUERZEICHEN UNTERSUCHEN
        MOV     [BX],AL  ; BYTE SPEICHERN
        CMP     [BX],AL  ; VERGLEICHEN OB RICHTIG GELADEN
        JNE     SFUN3    ; UNGLEICH: SPEICHERFEHLER
        INC     BX       ; GLEICH: NAECHSTES BYTE
        JMP     SFUN1    ;
SFUN3:  MOV     AL,'.'   ; FEHLERMARKE .
        CALL    AUSZ     ; AUSGEBEN
        CALL    AUSZ     ;
        MOV     AL,7     ; HUPE
        CALL    AUSZ     ;
        JMP     SFUN1    ;
; KOMMANDOZEICHEN AUSWERTEN
SFUN4:  CMP     AL,20H   ; LEERZEICHEN ?
        JNE     SFUN5    ; NEIN: WEITER
        INC     BX       ; JA: ADRESSE + 1
        JMP     SFUN1    ;
SFUN5:  CMP     AL,'+'   ; PLUSZEICHEN ?
        JNE     SFUN6    ; NEIN: WEITER
        INC     BX       ; JA: ADRESSE + 1
        JMP     SFUN1    ;
SFUN6:  CMP     AL,'-'   ; MINUSZEICHEN ?
        JNE     SFUN7    ; NEIN: WEITER
        DEC     BX       ; JA: ADRESSE - 1
        JMP     SFUN1    ;
SFUN7:  CMP     AL,0DH   ; CR WAGENRUECKLAUF ?
        JNE     SFUN8    ; NEIN: WEITER
        JMP     MON2     ; GRUNDSTELLUNG
SFUN8:  JMP     MONC     ; FEHLERMELDUNG
;
```

Bild 5.3-10: Das S-Kommando zum Ändern von Speicherbytes

Nach der Eingabe der Adresse des Speicherbytes werden auf einer neuen Zeile die laufende Adresse (Segment:Offset) und der augenblickliche Inhalt hexadezimal ausgegeben. Der Benutzer kann nun diesen Inhalt ändern oder mit einem Unterkommando die laufende Adresse erhöhen bzw. vermindern. Bei der Speicherung eines neuen Wertes wird geprüft, ob die Änderung der Speicherstelle tatsächlich auch erfolgt ist. Da nach jeder Eingabe eines neuen Bytes durch zwei Hexadzimalziffern die Adresse automatisch erhöht wird, können auf diese Weise sehr schnell Testprogramme eingegeben werden. **Bild 5.3-11** zeigt das A-Kommando für den Start eines Programms ohne Testhilfen. A bedeutet Ausführen.

```
; BILD 5.3-11   PROGRAMM AUSFUEHREN OHNE TESTHILFEN
MON4:   CMP     AL,'A'  ; KOMMANDO A FUER AUSFUEHREN ?
        JNE     MON5    ; NEIN: WEITER TESTEN
AFUN:   CALL    EINAD   ; STARTADRESSE LESEN
        JNC     AFUN1   ; KORREKTE EINGABE
        JMP     MONC    ; FEHLERMELDUNG
AFUN1:  XOR     AX,AX   ; STATUSREGISTER 0000H
        PUSH    AX      ; NACH STAPEL
        PUSH    DS      ; START-SEGMENT NACH STAPEL
        PUSH    BX      ; START-OFFSET NACH STAPEL
        IRET            ; START !!!!!!!!!!!!!!!!!!!!!
```

Bild 5.3-11: Das A-Kommando zum Ausführen eines Programms

Nach der Eingabe der Startadresse werden das mit Nullen vorbesetzte Status-register sowie das Segment und der Offset der Startadresse auf den Monitor-Stapel gebracht. Das Programm wird mit dem Befehl IRET gestartet, das diese drei Wörter vom Stapel holt und in die entsprechenden Register lädt. Da der Interrupt-Einsprung für die STOP-Taste nicht vorbesetzt wird, kann das Programm nur mit einem Reset abgebrochen werden. Im Gegensatz dazu liefern die Kommandos Go und Trace Testhilfen für eine Untersuchung des Programmablaufs. Für die Untersuchung von Peripherieregistern kann das in **Bild 5.3-12** dargestellte P-Kommando verwendet werden. P bedeutet Peripherietest.

```
; BILD 5.3-12   PERIPHERIEREGISTER LESEN UND AUSGEBEN
MON5:   CMP     AL,'P'  ; KOMMANDOZEICHEN P ?
        JNE     MON6    ; NEIN: WEITER TESTEN
PFUN:   CALL    EINAD   ; PORTADRESSE LESEN NACH BX
PFUN1:  CALL    AUSNZ   ; NEUE ZEILE
        CALL    AUSWD   ; PORTADRESSE AUSGEBEN
        CALL    AUSLZ   ; LEERZEICHEN AUSGEBEN
        MOV     DX,BX   ; PORTADRESSE NACH DX
        IN      AL,DX   ; BYTE VON PORT LESEN
        CALL    AUSBY   ; UND AUSGEBEN
        MOV     AL,'-'  ; - ALS MARKE
        CALL    AUSZ    ; AUSGEBEN
PFUN2:  CALL    EINBY   ; NEUES BYTE ODER KOMMANDO LESEN
        JC      PFUN3   ; KOMMANDO UNTERSUCHEN
        OUT     DX,AL   ; BYTE AUF PORT AUSGEBEN
        JMP     PFUN1   ; ADRESSE BLEIBT
; KOMMANDOZEICHEN AUSWERTEN
PFUN3:  CMP     AL,20H  ; LEERZEICHEN ?
        JE      PFUN1   ; JA: ADRESSE BLEIBT
        CMP     AL,'+'  ; + ZEICHEN ?
        JNE     PFUN4   ; NEIN: WEITER TESTEN
        INC     BX      ; PORTADRESSE + 1
        JMP     PFUN1   ; NEUE EINGABE
```

```
PFUN4:  CMP     AL,'-'    ; - ZEICHEN ?
        JNE     PFUN5     ; NEIN: WEITER TESTEN
        DEC     BX        ; PORTADRESSE - 1
        JMP     PFUN1     ; NEUE EINGABE
PFUN5:  CMP     AL,0DH    ; CR ALS ENDEZEICHEN ?
        JNE     PFUN6     ; NEIN: FEHLER
        JMP     MON2      ; JA: ENDE DER FUNKTION
PFUN6:  JMP     MONC      ; FEHLERMELDUNG
        ;
```

Bild 5.3-12: Das P-Kommando zum Peripherietest

Im Gegensatz zum S-Kommando bleibt beim P-Kommando die Adresse des Peripherieports unverändert, weil die Eingabe von einem bestimmten Register oder die Ausgabe auf einem bestimmten Register untersucht werden sollen. Die Adresse des gerade zu untersuchenden Peripherieports kann jedoch mit den Unterkommandos "+" und "-" erhöht bzw. vermindert werden. Die in ein Register eingeschriebenen Werte werden nicht durch Zurücklesen kontrolliert. Das in **Bild 5.3-13** dargestellte D-Kommando dient zur Ausgabe eines Speicherbereiches von 256 Bytes. **D** bedeutet Dump gleich Speicherauszug.

```
; BILD 5.3-13  SPEICHERBLOCK AUSGEBEN
MON6:   CMP     AL,'D'    ; KOMMANDOZEICHEN D ?
        JE      DFUN      ; KOMMANDO D AUSFUEHREN
        JMP     MON7      ; NEIN: WEITER TESTEN
DFUN:   CALL    EINAD     ; ADRESSE DS:BX ODER NUR BX LESEN
        JNC     DFUN0     ; KORREKTE EINGABE
        JMP     MONC      ; FEHLERMELDUNG
DFUN0:  AND     BL,0F0H   ; MASKE 1111 0000 16-BYTE-GRENZE
DFUN1:  MOV     AH,16     ; ZAEHLER 16 ZEILEN
        CALL    AUSTN     ; TEXT AUSGEBEN
        JMP     DFUN2     ; TEXT UEBERSPRINGEN
        DB 'SEG. OFF. _0 _1 _2 _3 _4 _5 _6 _7 _8 _9 _A '
        DB '_B _C _D _E _F 0123456789ABCDEF$'
DFUN2:  CALL    AUSAD     ; SEGMENT:OFFSET AUSGEBEN
        PUSH    BX        ; LAUFENDE ADRESSE RETTEN
        MOV     CX,16     ; ZAEHLER FUER 16 BYTES
DFUN3:  MOV     AL,[BX]   ; BYTE LADEN
        INC     BX        ; ADRESSE + 1
        CALL    AUSBY     ; BYTE AUSGEBEN
        CALL    AUSLZ     ; LEERZEICHEN AUSGEBEN
        LOOP    DFUN3     ; BIS 16 BYTES AUSGEGEBEN
        POP     BX        ; LAUFENDE ANFANGSADRESSE ZURUECK
        MOV     CX,16     ; ZAEHLER FUER 16 ZEICHEN
DFUN4:  MOV     AL,[BX]   ; ZEICHEN LADEN
        INC     BX        ; ADRESSE + 1
        CMP     AL,20H    ; STEUERZEICHEN < 20H ?
        JB      DFUN4A    ; JA: DURCH  .  ERSETZEN
        CMP     AL,80H    ; ASCII-ZEICHEN < 80H ?
        JB      DFUN5     ; JA: ALS ASCII-ZEICHEN AUSGEBEN
DFUN4A: MOV     AL,'.'    ; BYTES < 20H ODER > 7FH DURCH . ERSETZEN
DFUN5:  CALL    AUSZ      ; ZEICHEN AUSGEBEN
        LOOP    DFUN4     ; BIS 16 ZEICHEN AUSGEGEBEN
        DEC     AH        ; ZEILENZAEHLER - 1
        JNZ     DFUN2     ; BIS 16 ZEILEN AUSGEGEBEN
        CALL    AUSTN     ; TEXT AUSGEBEN
        JMP     DFUN6     ; TEXT UEBERSPRINGEN
        DB '*D-$'
DFUN6:  CALL    EINZ      ; ANTWORTZEICHEN LESEN
        CMP     AL,0DH    ; CR WAGENRUECKLAUF ?
        JNE     DFUN7     ; NEIN: WEITER TESTEN
        JMP     MON2      ; JA: ENDE DER FUNKTION
```

```
DFUN7:  CMP     AL,20H  ; LEERZEICHEN ?
        JNE     DFUN8   ; NEIN: WEITER TESTEN
        JMP     DFUN1   ; JA: NAECHSTEN BLOCK
DFUN8:  CMP     AL,'+'  ; + ZEICHEN ?
        JNE     DFUN9   ; NEIN: WEITER TESTEN
        JMP     DFUN1   ; JA: NAECHSTEN BLOCK
DFUN9:  CMP     AL,'-'  ; - ZEICHEN ?
        JNE     DFUNA   ; NEIN: WEITER TESTEN
        SUB     BX,512  ; JA: VORHERGEHENDEN BLOCK
        JMP     DFUN1   ;
DFUNA:  JMP     MONC    ; FEHLERMELDUNG
```

Bild 5.3-13: Das D-Kommando zur Ausgabe von Speicherbereichen

Auf einer Zeile erscheinen die Adresse (Segment:Offset) des ersten Bytes sowie 16 Bytes einmal hexadezimal und dann als ASCII-Zeichen, um Texte leichter erkennen zu können. Alle Steuerzeichen kleiner 20H und größer 7FH werden
dabei durch einen Punkt ersetzt. Es wird immer ein Block von 256 Bytes auf
16 Zeilen ausgegeben. Mit Unterkommandos können der nächste bzw. der vor-
hergehende Speicherblock angefordert werden. **Bild 5.3-14** zeigt die Ausgabe
der Benutzerregister mit dem R-Kommando und das Setzen eines Haltepunktes
mit dem H-Kommando.

```
; BILD 5.3-14   REGISTER AUSGEBEN UND HALTEPUNKT SETZEN
MON7:   CMP     AL,'R'  ; KOMMANDOZEICHEN R ?
        JNE     MON8    ; NEIN: WEITER TESTEN
RFUN:   CALL    AUSRE   ; REGISTER AUSGEBEN
        JMP     MON2    ; NEUES KOMMANDO ERWARTEN
;   HALTEPUNKT SETZEN
MON8:   CMP     AL,'H'  ; KOMMANDOZEICHEN H ?
        JNE     MON9    ; NEIN: WEITER TESTEN
HFUN:   CALL    EINAD   ; HALTEPUNKTADRESSE DS:BX LESEN
        JNC     HFUN1   ; KORREKTE EINGABE
        JMP     MONC    ; FEHLERMELDUNG
HFUN1:  MOV     ES:[SI+00],DS  ; HALTEPUNKT - SEGMENT
        MOV     ES:[SI+02],BX  ; HALTEPUNKT - OFFSET
        JMP     MON2    ; NEUES KOMMANDO ERWARTEN
```

Bild 5.3-14: Die Kommandos R (Registerausgabe) und H (Haltepunkt)

Das R-Kommando gibt die im RAM-Bereich vom Monitor verwalteten Register
des Benutzers aus. Das CS-Register am linken Rand zeigt das gerade adressierte
Segment an. Die Register werden beim Start des Monitors mit Werten (meist
Null) vorbesetzt. Die Segmentregister zeigen auf das Segment 0040. Der Stapelzeiger wird auf den Offset 0100 im Segment 0040 gesetzt. Darüber kann der
Benutzer seinen Befehlsbereich mit der Assembleranweisung "ORG 0100H" anlegen. In dieser einfachen Version des Monitors kann der Benutzer den Inhalt
seiner Register nur anzeigen, aber nicht direkt mit Hilfe des Monitors verändern. Dies kann nur mit Hilfe des S-Kommandos im RAM-Bereich durchgeführt werden. Bild 5.3-21 zeigt die Adressen der Register. Man beachte, daß
im Speicher zuerst das LOW-Byte und dann das HIGH-Byte eines Wortes angeordnet sind. Ein Haltepunkt **muß** auf das erste Byte eines Befehls gesetzt wer-

den. Dieses Byte wird später vor dem Start des Programms mit dem G-Kommando durch den Code 0CCH ersetzt, der einen Interrupt INT 3 auslöst und auf diese Weise in den Monitor zurückspringt. Beim Erreichen eines Haltepunktes wird also das Benutzerprogramm abgebrochen. Ein Haltepunkt kann **nicht** auf die Adresse 0040:0000 gesetzt werden, da dies als Marke dafür verwendet wird, daß kein Haltepunkt gesetzt ist. Beim Abbruch eines Programms wird der Haltepunkt automatisch wieder gelöscht. **Bild 5.3-15** zeigt den Start eines Programms mit Testhilfen durch die Kommandos **G** für Go gleich Gehe und **T** für Trace gleich Programmverfolgung im Einzelschritt.

```
; BILD 5.3-15   PROGRAMMSTART MIT T-TRACE UND G-GO
MON9:   CMP     AL,'T'  ; KOMMANDOZEICHEN T ?
        JNE     MONA    ; NEIN: WEITER TESTEN
TFUN:   CALL    EINAD   ; STARTADRESSE DX:BX LESEN
        JNC     TFUN1   ; KORREKTE EINGABE
        JMP     MONC    ; FEHLERMELDUNG
TFUN1:  MOV     ES:[SI+14],DS  ; CODESEGMENT STARTADRESSE
        MOV     ES:[SI+16],BX  ; OFFSET STARTADRESSE
        OR BYTE PTR ES:[SI+43],01H ; 0000 0001   T = 1
        JMP     GFUN3          ; KEIN HALTEPUNKT BEI TRACE
;    PROGRAMMSTART MIT G = GO
MONA:   CMP     AL,'G'  ; KOMMANDOZEICHEN G ?
        JE      GFUN    ; KOMMANDO G AUSFUEHREN
        JMP     MONB    ; NEIN: WEITER TESTEN
GFUN:   CALL    EINAD   ; STARTADRESSE NACH DS:BX LESEN
        JNC     GFUN1   ; KORREKTE EINGABE
        JMP     MONC    ; FEHLERMELDUNG
GFUN1:  MOV     ES:[SI+14],DS   ; CODESEGMENT STARTADRESSE
        MOV     ES:[SI+16],BX   ; OFFSET STARTADRESSE
        MOV     AX,ES:[SI+00]   ; HALTEPUNKT SEGMENT
        MOV     BX,ES:[SI+02]   ; HALTEPUNKT OFFSET
        CMP     AX,0040H        ; WIE BEI MONITORSTART ?
        JNE     GFUN2           ; NEIN: ALSO HALTEPUNKT
        CMP     BX,0000H        ; WIE BEI MONITORSTART ?
        JE      GFUN3           ; JA: KEIN HALTEPUNKT
; HALTEPUNKT SETZEN
GFUN2:  MOV     DS,AX   ; HALTEPUNKT SEGMENT
        MOV     AL,[BX] ; CODE BEI HALTEPUNKT LADEN
        MOV     AH,AL   ; CODE AUCH NACH AH
        MOV     ES:[SI+04],AX   ; CODE NACH SPEICHER RETTEN
        MOV     AL,0CCH ; CODE DES BEFEHLS   INT 3
        MOV     [BX],AL ; NACH HALTEPUNKT ANSTELLE CODE
;   KEIN HALTEPUNKT: INTERRUPTVEKTOREN UND REGISTER LADEN
GFUN3:  CALL    INTSET  ; INTERRUPTVEKTOREN SETZEN
        JMP     GFUN4   ; WEITER NACH REGISTER LADEN
V00H:   JMP     I00H    ; DIVISIONSFEHLER
V01H:   JMP     I01H    ; TRACE-EINSPRUNG
V02H:   JMP     I02H    ; NMI-STOP-TASTE
V03H:   JMP     I03H    ; INT3-BEFEHL HALTEPUNKT
V04H:   JMP     I04H    ; OVERFLOWFEHLER
INTSET: MOV     AX,CS   ; CODESEGMENTREGISTER
        MOV     BP,SP   ; BP = STAPELZEIGER
        MOV     BX,[BP] ; BX = BEFEHLSZAEHLER "JMP GFUN4"
        ADD     BX,3    ; BX = OFFSET VON "V00H:"
        XOR     DI,DI   ; DI = 0000 OFFSET VEKTORTABELLE
        MOV     DS,DI   ; DS = SEGMENT VEKTORTABELLE
        MOV     CX,5    ; ZAEHLER FUER 5 VEKTOREN
INTSE1: MOV     [DI],BX ; OFFSET VEKTOR LADEN
        MOV     [DI+2],AX ; SEGMENT VEKTOR LADEN
        ADD     DI,4    ; NAECHSTER VEKTOR
        ADD     BX,3    ; NAECHSTER JMP-BEFEHL
        LOOP    INTSE1  ; SCHLEIFE BIS CX = 0
        RET             ; RUECKSPRUNG
```

```
GFUN4:  MOV     SS,[SI+32]   ; STAPEL-SEGMENTREGISTER
        MOV     SP,[SI+34]   ; STAPELZEIGER
        MOV     BP,[SI+36]   ; BASISZEIGER
        MOV     ES,[SI+40]   ; EXTRADATEN-SEGMENTREGISTER
        MOV     DI,[SI+30]   ; DESTINATION-INDEXREGISTER
        MOV     DX,[SI+26]   ; DX-REGISTER
        MOV     CX,[SI+24]   ; CX-REGISTER
        MOV     BX,[SI+22]   ; BX-REGISTER
        PUSH    [SI+42]      ; STATUSREGISTER
        PUSH    [SI+14]      ; CODE-SEGMENTREGISTER
        PUSH    [SI+16]      ; BEFEHLSZAEHLER
        PUSH    [SI+38]      ; DATEN-SEGMENTREGISTER
        MOV     AX,[SI+20]   ; AX-REGISTER
        MOV     SI,[SI+28]   ; SOURCE-INDEXREGISTER
        POP     DS           ; DATEN-SEGMENTREGISTER AUS STAPEL
        IRET                 ; PC CS UND STATUS AUS STAPEL  START!!!!
```

Bild 5.3-15: Die Kommandos G (Go) und T (Trace) mit Testhilfen

Eine Testhilfe ermöglicht es dem Benutzer, die Wirkung seiner Befehle durch Anzeige der Registerinhalte zu kontrollieren, das Programm beim Erreichen eines bestimmten Befehls durch Setzen eines Haltepunktes anzuhalten oder das Programm Befehl für Befehl im Einzelschritt zu verfolgen. Der Benutzer muß dann sein Programm fortsetzen können. Dabei dürfen die Registerinhalte des Benutzers in keiner Weise verändert werden. Vor dem Start werden die Interruptvektoren für die Programmabbrüche Divisionsfehler, Einzelschritt, NMI-Interrupt (STOP-Taste), Haltepunkt und Overflow gesetzt. Bei einem T-Kommando wird das T-Bit des Statusregisters auf 1 gesetzt, der Haltepunkt wird nicht geladen. Der Start erfolgt mit dem Befehl IRET über den Benutzerstapel, der das Statusregister, den Befehlszähler und den Offset der Startadresse aufnimmt. **Bild 5.3-16** zeigt den Abbruch eines Benutzerprogramms durch einen Interrupt-Einsprung in den Monitor.

```
; BILD 5.3-16  INTERRUPT - EINSPRUENGE
I00H:   PUSH    SI           ; SI NACH BENUTZERSTAPEL
        MOV     SI,4430H     ; KENNUNG DO
        JMP     RSAVE        ; REGISTER RETTEN
I01H:   PUSH    SI           ; SI NACH BENUTZERSTAPEL
        MOV     SI,5452H     ; KENNUNG TR
        JMP     RSAVE        ; REGISTER RETTEN
I02H:   PUSH    SI           ; SI NACH BENUTZERSTAPEL
        MOV     SI,5354H     ; KENNUNG ST
        JMP     RSAVE        ; REGISTER RETTEN
I03H:   PUSH    SI           ; SI NACH BENUTZERSTAPEL
        MOV     SI,4850H     ; KENNUNG HP
        JMP     RSAVE        ; REGISTER RETTEN
I04H:   PUSH    SI           ; SI NACH BENUTZERSTAPEL
        MOV     SI,4F56H     ; KENNUNG OV
RSAVE:  PUSH    SI           ; KENNUNG NACH BENUTZERSTAPEL
        PUSH    DS           ; DS NACH BENUTZERSTAPEL
        XOR     SI,SI        ; SEGMENT 0000
        MOV     DS,SI        ; NACH DATEN-SEGMENTREGISTER
        MOV     SI,STOP      ; DATENBEREICH BENUTZERWERTE
        MOV     [SI+20],AX   ; AX RETTEN
        MOV     [SI+22],BX   ; BX RETTEN
        MOV     [SI+24],CX   ; CX RETTEN
        MOV     [SI+26],DX   ; DX RETTEN
```

```
                MOV     [SI+30],DI  ; DI RETTEN
                MOV     [SI+32],SS  ; SS RETTEN
                MOV     [SI+36],BP  ; BP RETTEN
                MOV     [SI+40],ES  ; ES RETTEN
                POP     [SI+38]     ; DS RETTEN
                POP     DX          ; KENNUNG VOM BENUTZERSTAPEL
                POP     [SI+28]     ; SI RETTEN
                POP     [SI+16]     ; PC RETTEN
                POP     [SI+14]     ; CS RETTEN
                POP     [SI+42]     ; STATUSREGISTER VOM BENUTZERSTAPEL
                AND BYTE PTR [SI+43],0FEH  ; MASKE 1111 1110  T - 0
                MOV     [SI+34],SP  ; SP RETTEN
                MOV     AX,[SI+00]  ; HALTEPUNKT SEGMENT LADEN
                MOV     BX,[SI+02]  ; HALTEPUNKT OFFSET LADEN
                CMP     AX,0040H    ; HALTEPUNKT GESETZT ?
                JNE     RSAVE1      ; JA: ZURUECKLADEN
                CMP     BX,0000H    ; HALTEPUNKT GESETZT ?
                JE      RSAVE2      ; NEIN: NICHT ZURUECKLADEN
RSAVE1:         MOV     ES,AX       ; ES - HALTEPUNKT SEGMENT
                MOV     AH,[SI+04]  ; ALTER CODE
                MOV     AL,ES:[BX]  ; CODE VON HALTEPUNKT HOLEN
                CMP     AL,0CCH     ; CODE DES BEFEHLS "INT 3" ?
                JNE     RSAVE2      ; WAR NICHT GESETZT  WARUM ????
                MOV     ES:[BX],AH  ; ALTEN CODE ZURUECK AN HALTEPUNKT
                DEC WORD PTR [SI+16]  ; BEFEHLSZAEHLER - 1 BEI HALTEPUNKT
RSAVE2:         MOV     AX,0040H    ; HALTEPUNKT IMMER LOESCHEN
                MOV     [SI+00],AX  ; SEGMENT 0040H - KEIN HALTEPUNKT
                XOR     AX,AX       ; OFFSET 0000H
                MOV     [SI+02],AX  ; OFFSET 0000 - KEIN HALTEPUNKT
                MOV     [SI+04],AX  ; CODERETTUNG GELOESCHT
;
;       MONITOR-REGISTER LADEN UND FORTSETZUNGSSCHLEIFE
                MOV     ES,AX       ; EXTRADATEN-SEGMENT
                MOV     SS,AX       ; STAPEL-SEGMENT
                MOV     SP,STOP     ; STAPELZEIGER
                CALL    AUSRE       ; REGISTER AUSGEBEN
                CALL    AUSNZ       ; NEUE ZEILE
                MOV     AL,'*'      ; * FUER FORTSETZUNGSSCHLEIFE
                CALL    AUSZ        ; AUSGEBEN
                MOV     AL,DH       ; 1. ZEICHEN
                CALL    AUSZ        ; AUSGEBEN
                MOV     AL,DL       ; 2. ZEICHEN
                CALL    AUSZ        ; AUSGEBEN
                MOV     AL,'-'      ; - ALS PROMPT
                CALL    AUSZ        ; AUSGEBEN
                CALL    EINZ        ; ANTWORT LESEN
                CMP     AL,'T'      ; T - TRACE ?
                JNE     RSAVE3      ; NEIN: WEITER TESTEN
                OR BYTE PTR ES:[SI+43],01H  ; 0000 0001  T - 1
                JMP     GFUN4       ; NEUER EINZELSCHRITT
RSAVE3:         CMP     AL,'G'      ; G - GO ?
                JNE     RSAVE4      ; NEIN: WEITER TESTEN
                JMP     GFUN4       ; JA: PROGRAMM STARTEN OHNE HALTEPUNKT
RSAVE4:         JMP     MON1        ; ABBRUCH UND NACH HAUPTSCHLEIFE
```

Bild 5.3-16: Interrupteinsprünge in den Monitor

Jeder Interrupteinsprung bedeutet, daß das Statusregister, der Befehlszähler
und das Codesegmentregister auf den augenblicklich zugeordneten Stapel, in
diesem Fall den Benutzerstapel, gelegt werden. Nach dem Retten des SI-Regi-
sters wird der Einsprungpunkt durch eine Kennung festgehalten, die zunächst im
Stapel abgelegt wird. Denn werden alle Register des Benutzers in den RAM-
Bereich gerettet. Dabei werden insgesamt 6 Wörter aus dem Benutzerstapel

gezogen. Der Benutzer-Stapelzeiger hat damit den gleichen Inhalt wie vor dem Interrupt. Die im Stapel liegenden Daten des Benutzers bleiben unberührt. Die darunter liegenden, also z.B. bereits freigegebenen Teile des Stapels sind jedoch von den 6 Wörtern überschrieben worden. Nach einer Meldung des Einsprungpunktes durch die Kennung hat der Benutzer die Möglichkeit, das Programm mit den Unterkommandos G oder T fortzusetzen. Jeder andere Kennbuchstabe führt zurück in die Hauptschleife des Monitors. **Bild 5.3-17** zeigt das Laden von Daten (z.B. Programmen) über eine Parallelschnittstelle sowie die Antwort auf eine fehlerhafte Eingabe.

```
; BILD 5.3-17   DATEN VON PARALLELSCHNITTSTELLE LADEN UND FEHLERMELDUNG
MONB:    CMP     AL,'E'    ; KOMMANDOBUCHSTABE E ?
         JNE     MONC      ; NEIN: WEITER TESTEN
EFUN:    CALL    EINAD     ; LADEADRESSE DS:BX LESEN
         MOV     DX,BX     ; OFFSET NACH DX RETTEN
         JNC     EFUN1     ; GUELTIGE EINGABE
         JMP     MONC      ; FEHLERMELDUNG
EFUN1:   CALL    AUSTN     ; TEXT AUF NEUER ZEILE AUSGEBEN
         JMP     EFUN2     ; TEXT UEBERSPRINGEN
         DB      'B-PORT >$'
EFUN2:   CALL    EINWD     ; PORTADRESSE EINGEBEN NACH BX
         CMP     AL,20H    ; ABBRUCHZEICHEN ?
         JBE     EFUN3     ; LEERZEICHEN ODER STEUERZEICHEN
         JMP     MONC      ; FEHLERMELDUNG
EFUN3:   XCHG    DX,BX     ; DX-PORTADRESSE  BX-OFFSET
         ADD     DX,4      ; DX-ADRESSE STEUERREGISTER
         MOV     AL,93H    ; A-EIN B-EIN CH-AUS CL-EIN
         OUT     DX,AL     ; NACH STEUERREGISTER 8255
         SUB     DX,2      ; DX-ADRESSE C-PORT STEUERLEITUNGEN
EFUN4:   MOV     AL,00H    ; 0000 0000  BUSY - LOW
         OUT     DX,AL     ; EMPFAENGER BEREIT
EFUN5:   IN      AL,DX     ; DATA STROBE DS TESTEN
         TEST    AL,02H    ; MASKE 0000 0010  DS - ?
         JNZ     EFUN5     ; KEINE DATEN DA
         SUB     DX,2      ; DX- ADRESSE B-PORT
         IN      AL,DX     ; DATEN LESEN
         MOV     [BX],AL   ; DATEN SPEICHERN
         ADD     DX,2      ; DX-ADRESSE C-PORT
         MOV     AL,0FFH   ; 1111 1111  BUSY - ACK - HIGH
         OUT     DX,AL     ; MELDUNG DATEN UEBERNOMMEN
         INC     BX        ; SPEICHERADRESSE + 1
EFUN6:   IN      AL,DX     ; DATA STROBE DS TESTEN
         TEST    AL,02H    ; MASKE 0000 0010 DS - ?
         JZ      EFUN6     ; ALTE DATEN STEHEN NOCH AN
         CMP     BX,0FFFFH ; ENDE DES SPEICHERSEGMENTES ?
         JNE     EFUN4     ; NEIN: WEITER EMPFANGEN UND SPEICHERN
         JMP     BEGIN     ; MONITOR NEUSTART
;    EINGABEFEHLER: UNBEKANNTER KOMMANDOBUCHSTABE
MONC:    MOV     AL,'?'    ; FEHLERMELDUNG
         CALL    AUS2      ;
         MOV     AL,7      ; HUPE
         CALL    AUS2      ;
         JMP     MON1      ; NEUE SCHLEIFE
```

Bild 5.3-17: Das E-Kommando (Empfang von Daten) und Fehlermeldung

```
; BILD 5.3-18  RESET - STARTADRESSE
        ORG     0BF0H   ; NUR FUER UEBERSETZUNG
        DB      90H     ; CODE NOP-BEFEHL
        DB      0EAH    ; CODE JMP INTERSEGMENT
        DW      0800H   ; BEFEHLSZAEHLER SPRUNGZIEL (2 KBYTE)
        DW      0FF00H  ; CODESEGMENT SPRUNGZIEL
        DB      'MONI4.86K2' ; KENNUNG DER VERSION
PROG    ENDS            ; ENDE DES SEGMENTES
        END     START   ; STARTADRESSE
```

Bild 5.3-18: Bestimmung der Startadresse des Monitors

Der am Ende des EPROM-Bereiches auf der physikalischen Speicheradresse F FFF0 liegende Befehl JMP bestimmt die Lage des Monitorprogramms, das bis auf diesen einen Befehl lageunabhängig ist. Es wurde mit der Anweisung "ORG 0100H" relativ zum Adreßzähler 0100 übersetzt, läuft aber ohne Änderungen (Umadressierung) ab Adresse 0800 (JMP 0FF00H:0800H). Damit liegt es auf den obersten 2 KByte des Adreßbereiches von der physikalischen Speicheradresse F F800 bis F FFFF. Bei einem 8-Bit-System mit dem Prozessor 8088 kann es in einen 2-KByte-Baustein geladen werden. Bei einem 16-Bit-System ist es jeweils in die beiden obersten 1-KByte der parallel geschalteten Bausteine zu bringen. Der Bereich zwischen dem Programm und den Befehlen NOP und JMP am Ende wurde durch die Bytes FF ausgefüllt. Durch Änderung der Sprungadresse des JMP-Befehls kann das Monitorprogramm auf jedem Speicherplatz ablaufen.

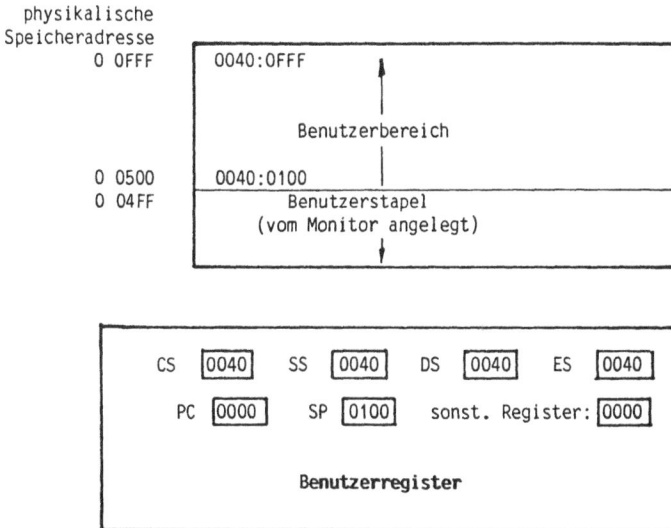

```
physikalische
Speicheradresse
     0 0FFF    0040:0FFF        ↑
                                |
                         Benutzerbereich
                                |
     0 0500    0040:0100        |
     0 04FF         Benutzerstapel
                  (vom Monitor angelegt)
                                ↕
```

```
   CS [0040]  SS [0040]  DS [0040]  ES [0040]

   PC [0000]  SP [0100]  sonst. Register: [0000]

             Benutzerregister
```

Bild 5.3-19: Vorbesetzte Benutzerregister und der Benutzerbereich

Bild 5.3-19 zeigt die vorbesetzten Benutzerregister und den Benutzerbereich des Schreib/Lesespeichers, der aus mindestens einem 2-KByte-RAM bestehen sollte. Die Register sind so vorbesetzt, daß der Benutzer sein Programm ab der Offset-Adresse 0100 laden kann. Darunter ist der Benutzer-Stapel angelegt. Der Benutzer hat natürlich die Freiheit, sowohl mit den Monitorkommandos als auch in seinem Programm jede physikalische Speicheradresse anzusprechen und auch die Vektortabelle zu verändern. Bei jedem Neustart des Monitors werden zunächst alle Interruptvektoren mit Monitoreinsprüngen vorbesetzt. Vor jedem Programmstart mit den Kommandos G und T werden zusätzlich die Interruptvektoren INT 0 bis INT 4 mit Monitoradressen geladen. Ist dies unerwünscht, so kann ein Benutzerprogramm auch mit dem A-Kommando ohne Testhilfen gestartet werden. **Bild 5.3-20** zeigt die dem Benutzer verfügbaren Interrupteinsprünge mit dem Aufruf von Unterprogrammen für die Eingabe und Ausgabe von Zeichen von und zum Bedienungsterminal.

Befehl	Register	Wirkung
INT 00H	beliebig	Registerausgabe *DO- (Divisionsfehler)
INT 01H	beliebig	Registerausgabe *TR- (Einzelschritt)
INT 02H	beliebig	Registerausgabe *ST- (STOP-Taste)
INT 03H	beliebig	Registerausgabe *HP- (Haltepunkt)
INT 04H	beliebig	*OV- (Overflow)
INT 10H	beliebig	Rückkehr in den Monitor
INT 11H	AL=xx	Zeichen nach AL lesen ohne Echo
INT 17H	AL=Zeichen	Zeichen aus AL ausgeben
INT 20H	beliebig	Rückkehr in den Monitor
INT 21H	AH=1 AL=xx	Zeichen nach AL lesen mit Echo
INT 21H	AH=2 DL=Z.	Zeichen aus DL ausgeben
INT 21H	AH=6 AL=xx	Empfänger testen
		CY = 0: AL = 00 kein Zeichen
		CY = 1: AL = Zeichen nach AL gelesen
INT 21H	AH=8 AL=xx	Zeichen nach AL lesen ohne Echo
sonst.	beliebig	wie INT 10H und INT 20H Rückkehr Monitor

Bild 5.3-20: Für den Benutzer verfügbare Interruptvektoren

Der Benutzer kann seine in den RAM-Bereich geretteten Registerinhalte nicht direkt, sondern nur mit Hilfe des S-Kommandos im Speicher ändern. **Bild 5.3-21** zeigt die Adressen der Benutzerregister. Dabei ist zu beachten, daß bei Wörtern im Speicher zuerst das LOW-Byte und dann das HIGH-Byte angeordnet ist. Der Befehlszähler wird **immer** durch die Kommandos A, G und T neu geladen.

Für die Übersetzung von kleinen Testprogrammen enthält der Anhang hexadezimale Befehlslisten für die wichtigsten Befehle. Größere Programme können auf einem Personal Computer mit Hilfe des Betriebssystems entwickelt und über die parallele Druckerschnittstelle geladen werden. **Bild 5.3-22** zeigt ein Testprogramm, das ähnlich wie das einführende Beispiel des Kapitels 4 Zeichen vom

physikalische Speicheradr.	dez.		Register/Wort	vorbesetzt
0 04AA	+42		Statusregister	0000
0 04A8	+40	ES	Extrasegmentr.	0040
0 04A6	+38	DS	Datensegmentr.	0040
0 04A4	+36	BP	Basiszeiger	0000
0 04A2	+34	SP	Stapelzeiger	0100
0 04A0	+32	SS	Stapelsegmentr.	0040
0 049E	+30	DI	Destinationind.	0000
0 049C	+28	SI	Sourceindexreg.	0000
0 049A	+26	DX	DX-Register	0000
0 0498	+24	CX	CX-Register	0000
0 0496	+22	BX	BX-Register	0000
0 0494	+20	AX	AX-Register	0000
0 0492	+18		frei	0000
0 0490	+16	PC	Befehlszähler	0000
0 048E	+14	CS	Codesegmentreg.	0040
0 048C	+12		frei	0000
0 048A	+10		frei	0000
0 0488	+8		frei	0000
0 0486	+6		frei	0000
0 0484	+4		Haltepunkt Code	0000
0 0482	+2		Haltepunkt Befehlsz.	0000
0 0480	+0		Haltepunkt Segment	0040

Bild 5.3-21: Anordnung der Benutzerregister im Speicher

Aufgabe: _Bild 5.3 -22 Testprogramm_   Seite:

Zeile	Adresse	Inhalt			Name	Befehl	Operand	Bemerkung
0					; Bild	5.3 -22		
1						ORG	100H	
2	0 100	B0	2A		START:	MOV	AL,2AH	* laden
3	0 102	CD	17		LOOP:	INT	17H	ausgeben
4	0 104	CD	11			INT	11H	lesen
5	0 106	3C	2A			CMP	AL,2AH	* vergleichen
6	0 108	75	F8	-8		JNE	LOOP	ungleich
7	0 10A	CD	10			INT	10H	gleich : MONITOR
3						END		

Bild 5.3-22: Testprogramm für die Eingabe und Ausgabe von Zeichen

Terminal liest und wieder ausgibt. Als Eingabemarke wird ein Stern ausgegeben. Bei der Eingabe der Endemarke Stern kehrt das Programm zurück in den Monitor. Man beachte, daß das Sprungziel LOOP in der hexadezimalen Übersetzung als Abstand vom nächsten Befehl zum Sprungziel einzusetzen ist. Dazu enthält der Anhang eine Zahlentabelle, aus der der vorzeichenbehaftete relative Abstand abzulesen ist.

```
MONITOR 1.0
*>S=100
0040:0100 AA-B0
0040:0101 AA-2A
0040:0102 AA-CD
0040:0103 AA-17
0040:0104 AA-CD
0040:0105 AA-11
0040:0106 AA-3C
0040:0107 AA-2A
0040:0108 AA-75
0040:0109 AA-F8
0040:010A AA-CD
0040:010B AA-10
0040:010C AA-
*>H=10A
*>G=100    DAS IST EIN TESTLAUF  *
 CS   PC  CODE  AX   BX   CX   DX   SI   DI   SS   SP   BP   DS   ES  STAT
0040 010A CD10 002A 0000 0000 0000 0000 0000 0040 0100 0000 0040 0040 F046
*HP- G
MONITOR 1.0
*>
```

Bild 5.3-23: Eingabe und Start des Ein/Ausgabe-Testprogramms

Bild 5.3-23 zeigt die Eingabe des Programms aus der hexadezimalen Übersetzungsliste, das Setzen eines Haltepunktes auf die Adresse 10A (Befehl INT
10H) und den Start des Programms ab Adresse 100. Nach der Eingabe der Endemarke "*" wurde der Haltepunkt erreicht. Das Programm wurde mit dem Unterkommando "G" fortgesetzt und kehrte zurück in den Monitor. **Bild 5.3-24** zeigt
ein Testprogramm mit vier Zählern in den Registern AX, BX, CX und DX. Um
die Berechnung des relativen Sprunges zu umgehen, wurde ein berechneter
Sprung über ein sonst unbenutztes Register verwendet. Dabei wird das DI-Register durch den Befehl "MOV DI,START" mit dem Offset des Sprungziels geladen. Der Befehl "JMP DI" springt dann zu dem im DI-Register enthaltenen
Abstand. **Bild 5.3-25** zeigt das Eingeben des Programms und die Verfolgung
im Einzelschritt mit dem T-Kommando. Mit dem Unterkommando G wird das
Programm frei gestartet, mit der STOP-Taste durch einen NMI-Interrupt abgebrochen und dann im Einzelschritt weiterverfolgt.

Aufgabe:　　Bild 5.3-24　Test　　　　Seite:

Zeile	Adresse	Inhalt				Name	Befehl	Operand	Bemerkung
0						; Bild	5.3-24		
1							ORG	100H	
2	0100	40				START:	INC	AX	
3	0101	43					INC	BX	
4	0102	41					INC	CX	
5	0103	42					INC	DX	
6	0104	BF	00	01			MOV	DI, START	
7	0107	FF	E7				JMP	DI	
8							END		

Bild 5.3-24: Testprogramm mit Zählern und berechnetem Sprung

```
*>S=100
0040:0100 AA-40
0040:0101 AA-43
0040:0102 AA-41
0040:0103 AA-42
0040:0104 AA-BF
0040:0105 AA-00
0040:0106 AA-01
0040:0107 AA-FF
0040:0108 AA-E7
0040:0109 AA-
*>T=100
CS   PC  CODE AX   BX   CX   DX   SI   DI   SS   SP   BP   DS   ES   STAT
0040 0101 4341 0001 0000 0000 0000 0000 0000 0040 0100 0000 0040 0040 F002
*TR-T
CS   PC  CODE AX   BX   CX   DX   SI   DI   SS   SP   BP   DS   ES   STAT
0040 0102 4142 0001 0001 0000 0000 0000 0000 0040 0100 0000 0040 0040 F002
*TR-T
CS   PC  CODE AX   BX   CX   DX   SI   DI   SS   SP   BP   DS   ES   STAT
0040 0103 42BF 0001 0001 0001 0000 0000 0000 0040 0100 0000 0040 0040 F002
*TR-T
CS   PC  CODE AX   BX   CX   DX   SI   DI   SS   SP   BP   DS   ES   STAT
0040 0104 BF00 0001 0001 0001 0001 0000 0000 0040 0100 0000 0040 0040 F002
*TR-T
CS   PC  CODE AX   BX   CX   DX   SI   DI   SS   SP   BP   DS   ES   STAT
0040 0107 FFE7 0001 0001 0001 0001 0000 0100 0040 0100 0000 0040 0040 F002
*TR-T
CS   PC  CODE AX   BX   CX   DX   SI   DI   SS   SP   BP   DS   ES   STAT
0040 0100 4043 0001 0001 0001 0001 0000 0100 0040 0100 0000 0040 0040 F002
*TR-T
CS   PC  CODE AX   BX   CX   DX   SI   DI   SS   SP   BP   DS   ES   STAT
0040 0101 4341 0002 0001 0001 0001 0000 0100 0040 0100 0000 0040 0040 F002
*TR-G  STOP
CS   PC  CODE AX   BX   CX   DX   SI   DI   SS   SP   BP   DS   ES   STAT
0040 0101 4341 3091 3090 3090 3090 0000 0100 0040 0100 0000 0040 0040 F002
*ST-T
CS   PC  CODE AX   BX   CX   DX   SI   DI   SS   SP   BP   DS   ES   STAT
0040 0102 4142 3091 3091 3090 3090 0000 0100 0040 0100 0000 0040 0040 F002
*TR-T
CS   PC  CODE AX   BX   CX   DX   SI   DI   SS   SP   BP   DS   ES   STAT
0040 0103 42BF 3091 3091 3091 3090 0000 0100 0040 0100 0000 0040 0040 F002
*TR-T
CS   PC  CODE AX   BX   CX   DX   SI   DI   SS   SP   BP   DS   ES   STAT
0040 0104 BF00 3091 3091 3091 3091 0000 0100 0040 0100 0000 0040 0040 F002
*TR- ∞
MONITOR 1.0
*>
```

Bild 5.3-25: Eingabe und Einzelschrittverfolgung des Zählerprogramms

5.4 Analogperipherie

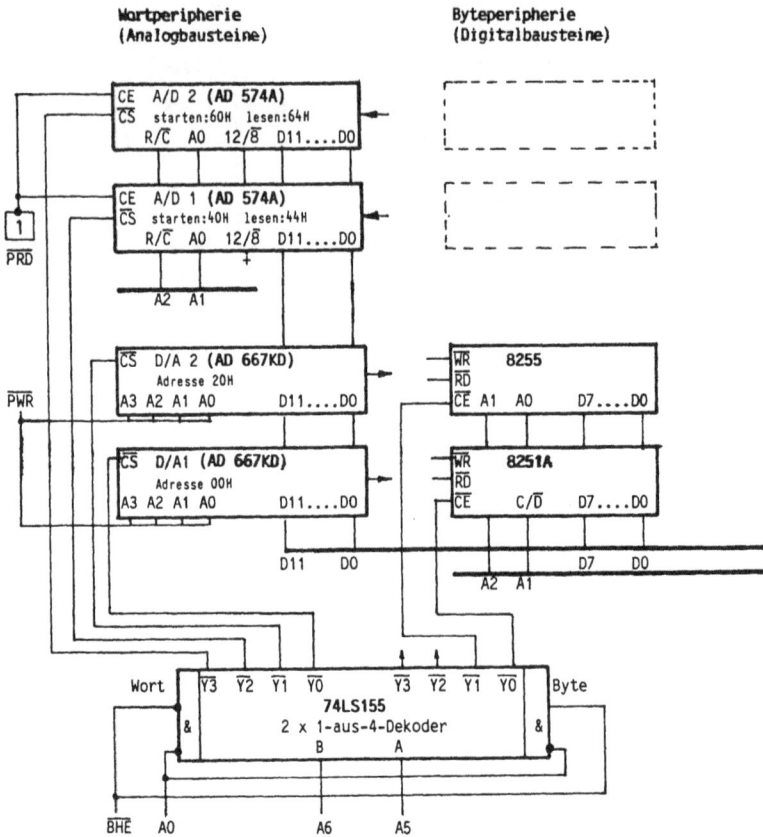

Bild 5.4-1: Die Schaltung der Analogperipherie

Das in Kapitel 3 beschriebene Versuchssystem mit dem Prozessor 8086 enthält zwei Analog/Digitalwandler vom Typ AD574 und zwei Digital/Analogwandler vom Typ AD667. **Bild 5.4-1** zeigt die Schaltung mit den Adressen der Bausteine, die sich aus dem Anschluß an den Peripheriedekoder ergeben. Die Bausteine sind 12-Bit-Wandler und liegen am Datenbus an den Datenleitungen D0 bis D11. Sie werden mit Wort-Peripheriebefehlen IN und OUT angesprochen, bei denen das AX-Register den Operanden enthält. Die obersten 4 Bitpositionen der Daten werden zwar über den Bus übertragen, von den Wandlern aber nicht verarbeitet, weil die entsprechenden Datenanschlüsse fehlen.

```
                ; BILD 5.4-2  DIGITAL/ANALOGWANDLER SAEGEZAHNAUSGABE
0000            PROG    SEGMENT         ; PROGRAMMSEGMENT
                        ASSUME  CS:PROG,DS:PROG,ES:PROG,SS:PROG
= 0000          DIA1    EQU     00H     ; DIGITAL/ANALOGWANDLER 1
= 0020          DIA2    EQU     20H     ; DIGITAL/ANALOGWANDLER 2
0100                    ORG     100H    ; BEFEHLSBEREICH
0100  E7 00     START:  OUT     DIA1,AX ; AUSGABE D/A-WANDLER 1
0102  E7 20             OUT     DIA2,AX ; AUSGABE D/A-WANDLER 2
0104  40                INC     AX      ; DIGITALWERT ERHOEHEN
0105  EB F9             JMP     START   ; AUSGABESCHLEIFE
0107            PROG    ENDS            ; ENDE DES SEGMENTES
                        END     START   ; ENDE DES PROGRAMMS
```

Bild 5.4-2: Sägezahnausgabe mit einem Digital/Analogwandler

Die Digital/Analogwandler enthalten wie die Ausgaberegister der Parallel-schnittstellen Speicher, die den eingeschriebenen Wert bis zum nächsten Ausgabebefehl festhalten. Die Wandlungsgeschwindigkeit ist abhängig von der Beschaltung der analogen Ausgangsseite und beträgt ca. 2 µs. Das in **Bild 5.4-2** dargestellte Testprogramm gibt eine Sägezahnfunktion aus. Dazu wird ein im AX-Register laufender 16-Bit-Zähler von 0000H bis FFFFH auf beiden Digital/Analogwandlern ausgegeben; jedoch werden nur die untersten 12 Bit umgewandelt. 12 Bit bedeuten 4096 Stufungen und damit 4096 Durchläufe der Schleife, um eine Periode der Funktion auszugeben. Die Periodendauer ist abhängig von der Taktfrequenz des Mikrocomputers. Bei einem Quarz von 10 MHz (Systemtakt 3,33 MHz) wurde eine Periodendauer des Sägezahns von ca. 50 ms gemessen. Für eine Untersuchung des Einschwingverhaltens der Wandler wurde mit dem in **Bild 5.4-3** dargestellten Testprogramm eine Rechteckfunktion ausgegeben.

```
                ; BILD 5.4-3  DIGITAL/ANALOGWANDLER RECHTECKAUSGABE
0000            PROG    SEGMENT         ; PROGRAMMSEGMENT
                        ASSUME  CS:PROG,DS:PROG,ES:PROG,SS:PROG
= 0000          DIA1    EQU     00H     ; DIGITAL/ANALOGWANDLER 1
= 0020          DIA2    EQU     20H     ; DIGITAL/ANALOGWANDLER 2
0100                    ORG     100H    ; BEFEHLSBEREICH
0100  33 C0     START:  XOR     AX,AX   ; DIGITALWERT LOESCHEN 0000H
0102  E7 00     LOOP:   OUT     DIA1,AX ; AUSGABE D/A-WANDLER 1
0104  E7 20             OUT     DIA2,AX ; AUSGABE D/A-WANDLER 2
0106  F7 D0             NOT     AX      ; DIGITALWERT KOMPLEMENTIEREN
0108  EB F8             JMP     LOOP    ; AUSGABESCHLEIFE
010A            PROG    ENDS            ; ENDE DES SEGMENTES
                        END     START   ; ENDE DES PROGRAMMS
```

Bild 5.4-3: Rechteckfunktion mit einem Digital/Analogwandler

Zur Erzeugung der Rechteckfunktion werden abwechselnd die binären Werte 0000 0000 0000 und 1111 1111 1111 auf den Digital/Analogwandlern ausgegeben. Dies wird durch dauerndes Komplementieren mit dem NOT-Befehl erreicht. **Bild 5.4-4** zeigt die mit den beiden Testprogrammen ausgegebenen analogen Spannungen. Die Wandler waren für bipolaren Betrieb zwischen - 5 Volt (0000 0000 0000) und + 5 Volt (1111 1111 1111) geschaltet und nur mit einem Oszilloskop belastet. Die Taktfrequenz des Prozessors betrug 3,333 MHz bei einem 10-MHz-Quarz.

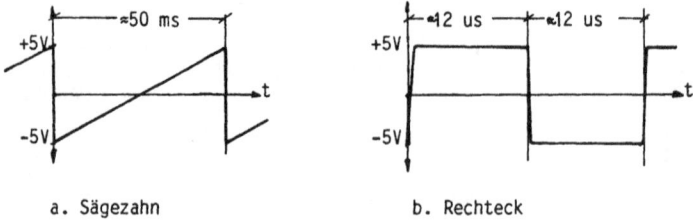

a. Sägezahn   b. Rechteck

Bild 5.4-4: Analoge Ausgangssignale der beiden D/A-Testprogramme

Die beiden Analog/Digitalwandler AD574 arbeiten nach dem Verfahren der schrittweisen Näherung (Sukzessive Approximation) oder Wägeverfahren in 12 Schritten. Der Eingang R/$\overline{\text{C}}$ unterscheidet zwischen einem Anstoßen der Umwandlung und einem Lesen der gewandelten Werte. Legt man den Eingang an eine Adreßleitung, so ergeben sich für den Wandler zwei verschiedene Adressen, eine Startadresse für die Umwandlung und eine Adresse zum Lesen der Daten. Die Wandlungszeit beträgt bei einer Auflösung von 12 Bit zwischen 15 und 35 µs. Der Baustein legt den Ausgang STS (Status) während der Umwandlungszeit auf HIGH. Damit ist es möglich, durch die fallende Flanke einen Interrupt auszulösen und damit die gewandelten Werte auszulesen. Der Umwandlungstakt wird von einem bausteininternen Taktgeber erzeugt und ist damit unabhängig vom Takt des Mikroprozessors. Bei den beiden zur Verfügung stehenden Wandlern wurden am Statusausgang unterschiedliche Wandlungszeiten gemessen. Der eine zeigte eine Wandlungszeit von ca. 28 µs, der andere eine von ca. 34 µs. **Bild 5.4-5** zeigt eine einfache Testschaltung für die Wandlerbausteine.

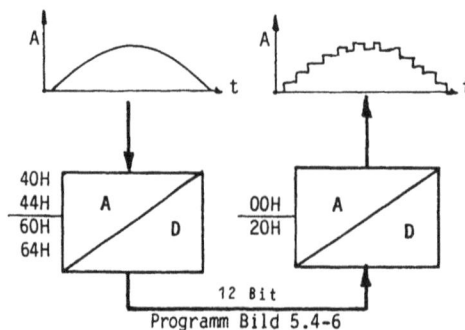

Bild 5.4-5: Testschaltung für die analoge Ein/Ausgabe

An den Eingang eines Analog/Digitalwandlers wird ein periodisches Signal gelegt. Der gewandelte digitale Wert wird auf dem Digital/Analogwandler wieder
ausgegeben. Als Meßsignal kann z.B. ein Kalibrierausgang des Oszilloskops dienen, der auf den Eingang des A/D-Wandlers gelegt wird. Das analoge Ausgangs-
signal des D/A-Wandlers wird mit dem analogen Eingangssignal des A/D-Wand-
lers verglichen. **Bild 5.4-6** zeigt das entsprechende Testprogramm.

```
                    ; BILD 5.4-6  ANALOGPERIPHERIE EIN/AUSGABE-SCHLEIFE
 0000               PROG    SEGMENT          ; PROGRAMMSEGMENT
                            ASSUME  CS:PROG,DS:PROG,ES:PROG,SS:PROG
 = 0000             DIA1    EQU     00H      ; DIGITAL/ANALOGWANDLER 1
 = 0040             AD1S    EQU     40H      ; ANALOG/DIGITALWANDLER 1 START
 = 0044             AD1L    EQU     44H      ; ANALOG/DIGITALWANDLER 1 LESEN
 0100                       ORG     100H     ; BEFEHLSBEREICH
 0100    E5 40      START:  IN      AX,AD1S  ; START DES A/D-WANDLERS
 0102    B1 20              MOV     CL,32    ; WARTEZEIT 32 EINHEITEN
 0104    D2 C1              ROL     CL,CL    ; SCHIEBEN BIS ENDE WARTEZEIT
 0106    E5 44              IN      AX,AD1L  ; LESEN DES A/D-WANDLERS
 0108    E7 00              OUT     DIA1,AX  ; WERT WIEDER ANALOG AUSGEBEN
 010A    EB F4              JMP     START    ; AUSGABESCHLEIFE
 010C               PROG    ENDS             ; ENDE DES SEGMENTES
                            END     START    ; ENDE DES PROGRAMMS
```

Bild 5.4-6: Testprogramm für eine einfache Ein/Ausgabeschleife

Das Programm arbeitet ohne Interrupt durch den Statusausgang und überbrückt
die Wandlungszeit durch eine Warteschleife. Dazu wird des CL-Register mit einem Verschiebezähler geladen, der die Zahl der Verschiebungen in einem Schieberegister und damit die Wartezeit bestimmt. Da durch das Schieben der Schiebezähler selbst nicht verändert wird, kann das CL-Register auch gleichzeitig
als Schieberegister dienen. Der Verschiebewert 32 wurde durch Versuche ermittelt. Er ist abhängig von der Wandlungszeit des Wandlerbausteins und von dem
Takt des Mikroprozessors. Steht keine Meßspannung zur Verfügung, so kann sie
durch das Testprogramm entsprechend **Bild 5.4-7** selbst erzeugt werden.

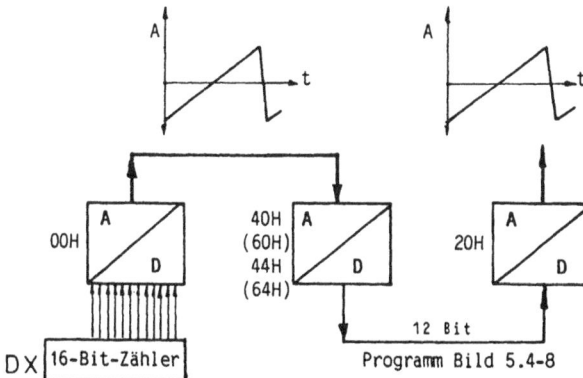

Bild 5.4-7: Erzeugung der Meßspannung durch einen D/A-Wandler

Mit einem 16-Bit-Zähler wird ein Sägezahn auf einem Digital/Analogwandler ausgegeben, dessen Analogausgang mit dem Eingang eines Analog/Digitalwandlers verbunden ist. Der Analogwert wird nun wieder digitalisiert und dann auf einem zweiten Digital/Analogwandler ausgegeben. **Bild 5.4-8** zeigt das Testprogramm.

```
           ; BILD 5.4-8  ANALOGPERIPHERIE SAEGEZAHN AUS-EIN-AUS
0000            PROG    SEGMENT     ; PROGRAMMSEGMENT
                ASSUME  CS:PROG,DS:PROG,ES:PROG,SS:PROG
= 0000          DIA1    EQU     00H ; DIGITAL/ANALOGWANDLER 1
= 0020          DIA2    EQU     20H ; DIGITAL/ANALOGWANDLER 2
= 0040          AD1S    EQU     40H ; ANALOG/DIGITALWANDLER 1 START
= 0044          AD1L    EQU     44H ; ANALOG/DIGITALWANDLER 1 LESEN
0100            ORG     100H        ; BEFEHLSBEREICH
0100  33 D2     START:  XOR     DX,DX   ; AUSGABEZAEHLER LOESCHEN
0102  8B C2     LOOP:   MOV     AX,DX   ; ZAEHLER NACH AX
0104  E7 00             OUT     DIA1,AX ; SAEGEZAHN WANDLER 1 AUSGEBEN
0106  E5 40             IN      AX,AD1S ; ANALOG/DIGITALWANDLER START
0108  B1 20             MOV     CL,32   ; WARTEZEIT 32 EINHEITEN
010A  D2 C1             ROL     CL,CL   ; SCHIEBEN BIS ENDE WARTEZEIT
010C  E5 44             IN      AX,AD1L ; ANALOG/DIGITALWANDLER LESEN
010E  E7 20             OUT     DIA2,AX ; GEWANDELTEN WERT WANDLER 2 AUSGEBEN
0110  42                INC     DX      ; ZAEHLER UM 1 ERHOEHEN
0111  EB EF             JMP     LOOP    ; SCHLEIFE
0113            PROG    ENDS            ; ENDE DES SEGMENTES
                END     START           ; ENDE DES PROGRAMMS
```

Bild 5.4-8: Programm zur Erzeugung und Umwandlung einer Testspannung

Das Programm läßt im DX-Register einen 16-Bit-Zähler laufen. Die 12 wertniedrigsten Bitpositionen werden mit dem ersten Digital/Analogwandler als Sägezahn ausgegeben. Diese Meßspannung wird einem Analog/Digitalwandler zugeführt. Nach dem Anstoßen der Wandlung läuft ein Wartezähler in einem Schieberegister. Der gewandelte Wert wird gelesen und auf dem zweiten Digital/Analogwandler wieder ausgegeben. Durch einen Vergleich der beiden Sägezahnkurven lassen sich die Eigenschaften der Wandlerbausteine überprüfen.

```
           ; BILD 5.4-9  ABTASTEN UND SPEICHERN EINES ANALOGSIGNALS
           ; ABTASTRATE CA. 60 US  BEI 1024 WERTEN CA. 60 MS PRO DURCHLAUF
0000            PROG    SEGMENT     ; PROGRAMMSEGMENT
                ASSUME  CS:PROG,DS:PROG,ES:PROG,SS:PROG
= 0040          AD1S    EQU     40H ; ANALOG/DIGITALWANDLER 1 START
= 0044          AD1L    EQU     44H ; ANALOG/DIGITALWANDLER 1 LESEN
0100            ORG     100H        ; BEFEHLSBEREICH
0100  8D 1E 0200 R  START:  LEA     BX,TAB  ; ANFANGSADRESSE DER TABELLE
0104  BA 0400           MOV     DX,1024 ; ZAHL DER WOERTER DER TABELLE
0107  E5 40     LOOP:   IN      AX,AD1S ; START DES ANALOG/DIGITALWANDLERS
0109  B1 20             MOV     CL,32   ; WARTEZEIT 32 EINHEITEN
010B  D2 C1             ROL     CL,CL   ; WARTEN
010D  E5 44             IN      AX,AD1L ; LESEN DES GEWANDELTEN WERTES
010F  89 07             MOV     [BX],AX ; WERT SPEICHERN
0111  43                INC     BX      ; ADRESSE + 2
0112  43                INC     BX      ;
0113  4A                DEC     DX      ; DURCHLAUFZAEHLER - 1
0114  75 F1             JNZ     LOOP    ; BIS ZAEHLER NULL SPEICHERN
0116  EB E8             JMP     START   ; SPEICHER ZYKLISCH NEU BESCHREIBEN
                ; SPEICHER FUER DIE GEWANDELTEN SIGNALE
0200            ORG     200H        ; VARIABLENBEREICH
0200  0400 [    TAB     DW 1024 DUP(?) ; 1024 WOERTER
      ????
           ]

0A00            PROG    ENDS            ; ENDE DES SEGMENTES
                END     START           ; ENDE DES PROGRAMMS
```

Bild 5.4-9: Abtasten und Speichern eines Analogsignals

Mit dem in **Bild 5.4-9** dargestellten Programm wird ein analoges Eingangssignal mit einem Analog/Digitalwandler digitalisiert und fortlaufend in einem Speicherbereich abgelegt. Die Abtastrate beträgt ca. 60 µs. Als Speicher stehen 2 KByte oder 1024 Wörter für 1024 Abtastwerte zur Verfügung, die zyklisch beschrieben werden. Ist das Ende des Speicherbereiches erreicht, so beginnt die Speicherung wieder mit dem ersten Wort, bis die Schleife durch einen Interrupt beendet wird. **Bild 5.4-10** zeigt die Ausgabe des gespeicherten Signals durch ein Ausgabeprogramm mit einem Digital/Analogwandler.

```
                    ; BILD 5.4-10  AUSGABE DES GESPEICHERTEN SIGNALS
                    ; AUSGABE DER 1024 WOERTER IN CA 16 MS
0000                PROG    SEGMENT         ; PROGRAMMSEGMENT
                            ASSUME  CS:PROG,DS:PROG,ES:PROG,SS:PROG
- 0000              DIA1    EQU     00H     ; DIGITAL/ANALOGWANDLER 1
0100                        ORG     100H    ; BEFEHLSBEREICH
0100  8D 1E 0200 R  START:  LEA     BX,TAB  ; ANFANGSADRESSE DER TABELLE
0104  B9 0400               MOV     CX,1024 ; ZAHL DER WOERTER DER TABELLE
0107  8B 07         LOOP:   MOV     AX,[BX] ; WERT AUS TABELLE HOLEN
0109  E7 00                 OUT     DIA1,AX ; UND ANALOG AUSGEBEN
010B  43                    INC     BX      ; ADRESSE + 2
010C  43                    INC     BX      ;
010D  E2 F8                 LOOP    LOOP    ; BIS ZAEHLER NULL AUSGEBEN
010F  EB EF                 JMP     START   ; SPEICHER ZYKLISCH AUSGEBEN
                    ; SPEICHER DER GEWANDELTEN SIGNALE
0200                        ORG     200H    ; VARIABLENBEREICH
0200  0400 [        TAB     DW 1024 DUP(?)  ; 1024 WOERTER
         ????
              ]

0A00                PROG    ENDS            ; ENDE DES SEGMENTES
                            END     START   ; ENDE DES PROGRAMMS
```

Bild 5.4-10: Ausgabe des gespeicherten Analogsignals

Das gespeicherte Signal wird in einem anderen Zeitmaßstab ausgegeben als das ursprüngliche Signal, da beim Digitalisieren die Wandlungszeit des A/D-Wandlers (ca. 35 µs) verzögernd wirkt, während die beiden Schleifenteile zum Speichern und Lesen der Speicherwörter annähernd die gleichen Ausführungszeiten haben.

5.5   Die Eingabe und Ausgabe von Dezimalzahlen

Für das Rechnen mit Zahlen stehen die problemorientierten Programmiersprachen wie z.B. BASIC, FORTRAN und PASCAL zur Verfügung. Die Assemblersprache wird vorzugsweise für die Systemprogrammierung sowie für Bitoperationen und die Verarbeitung von Steuersignalen verwendet. Dieser Abschnitt zeigt die Arbeit mit Dezimalzahlen im Assembler, wie sie z.B. für die analoge Datenverarbeitung oder für schnelle Rechenverfahren zusammen mit einem Arithmetikprozessor nötig sein kann. Zahlen werden grundsätzlich dezimal über die Konsole eingegeben und ausgegeben. Daher zeigt dieser Abschnitt auch Umwandlungsverfahren zwischen der externen dezimalen und der internen dualen Zahlendarstellung des Rechners.

5.5.1 Zahlendarstellungen im Rechner

Die Darstellung der Zahlen im Rechner richtet sich grundsätzlich nach der Arbeitsweise des Rechenwerkes (Arithmetisch-Logische Einheit), das dual arbeitet. Da die Befehle, die auf Speicherwörter zugreifen, den LOW-Teil des Registers mit dem adressierten Speicherbyte und den HIGH-Teil mit dem folgenden Speicherbyte verknüpfen, legt man Zahlen grundsätzlich mit der wertniedrigsten Stelle beginnend im Speicher ab nach der Regel: LOW-Adresse - LOW-Byte und HIGH-Adresse - HIGH-Byte. Bei der Wahl des Datenformates ist es zweckmäßig, nach Möglichkeit eine der Zahlendarstellungen des Arithmetikprozessors 8087 zu verwenden.

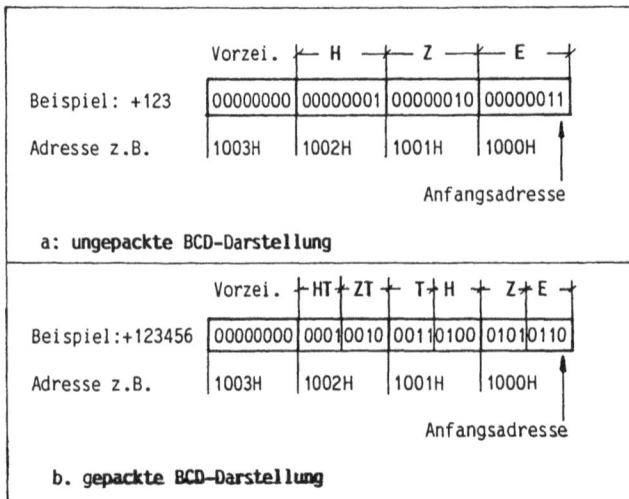

Bild 5.5-1: Darstellung von BCD-Zahlen

Da die ALU dual arbeitet, müssen die Zahlen im Rechner auch als Dualzahlen gespeichert werden. Wie im Abschnitt 4.8.4 gezeigt ist es mit Hilfe von Korrekturbefehlen möglich, mit einem dualen Rechenwerk auch BCD-kodierte Dezimalziffern zu verarbeiten. **Bild 5.5-1** zeigt die beiden Darstellungsarten für BCD-Zahlen.

In der ungepackten Darstellung befindet sich eine Dezimalstelle in einem Byte. Es stehen Korrekturbefehle für alle vier Grundrechenarten zur Verfügung. Sie wirken nur auf eine BCD-Stelle, die sich im AL-Register befinden muß. In der gepackten Darstellung befinden sich zwei Dezimalstellen in einem Byte. Die beiden Korrekturbefehle der gepackten BCD-Darstellung ermöglichen eine Addition und Subtraktion von jeweils zwei BCD-Stellen im AL-Register. Das Vorzeichen der BCD-Zahl wird üblicherweise im werthöchsten Bit eines Vorzeichenbytes abgelegt. Dieses befindet sich vor der werthöchsten Stelle der BCD-Zahl, also auf der höchsten Adresse. Eine 1 (80H) bedeutet ein negatives Vorzeichen, eine 0 (00H) bedeutet ein positives Vorzeichen. Da in der BCD-Zahlendarstellung das dezimale Zahlensystem erhalten bleibt, beschränkt sich das Umwandlungsverfahren zwischen der Darstellung auf der Konsole und der Darstellung im Speicher des Rechners auf eine Dekodierung bzw. Kodierung von ASCII-Zeichen. Aus der ASCII-Kodierung 35H der Ziffer "5" wird die BCD-Stelle 05H durch Subtraktion von 30H. Die Verarbeitung von BCD-Zahlen ist langsam, da jede Stelle einzeln berechnet und korrigiert werden muß.

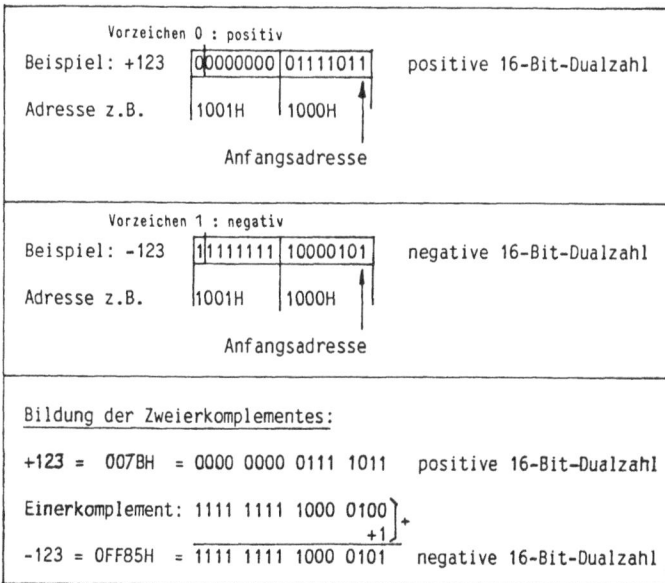

Bild 5.5-2: Darstellung von vorzeichenbehafteten Dualzahlen

Bei der dualen Zahlendarstellung unterscheidet man vorzeichenlose Dualzahlen z.B. für Adressen und Zähler sowie Dualzahlen mit Vorzeichen (**Bild 5.5-2**), die in den höheren Programmiersprachen auch als Zahlen vom Typ INTEGER bezeichnet werden. Die duale Zahlendarstellung erfordert einen höheren Aufwand bei der Zahlenumwandlung, ist aber bei der Ausführung der Rechenoperationen schneller als die BCD-Darstellung, da bei Wortoperationen 16 Dualstellen parallel verarbeitet werden. Dies entspricht etwa fünf Dezimalstellen.

Bei vorzeichenbehafteten Dualzahlen ist die ganz links stehende Bitposition nicht mehr die werthöchste Dualstelle, sondern das Vorzeichenbit. Positive INTEGER-Zahlen werden als reine Dualzahl mit einer 0 im Vorzeichenbit gespeichert; negative INTEGER-Zahlen werden im Zweierkomplement dargestellt. Durch die Komplementbildung wird das Vorzeichenbit 1. Das Zweierkomplement entsteht aus dem Einerkomplement (NICHT-Funktion) durch die Addition einer 1. Das Rechenwerk führt intern den Subtraktionsbefehl als Addition im Addierwerk durch. Dazu wird der Subtrahend bitweise durch NICHT-Schaltungen negiert; die 1 wird über den Carry-Eingang addiert. Die Komplementdarstellung geht entsprechend **Bild 5.5-3** auf die Addition eines Verschiebewertes zurück.

```
      Verschiebewert 1111 1111⎤        Verschiebewert 1 0000 0000⎤
 + negativer Zahlenwert xxxx xxxx⎦  + negativer Zahlenwert   xxxx xxxx⎦
      = Einerkomplement x̄x̄x̄x̄ x̄x̄x̄x̄       = Zweierkomplement   x̄x̄x̄x̄ x̄x̄x̄x̄ + 1

 Addition einer negativen Zahl: a + (-b) = a - (+b)
 Rechenregel der dualen Subtraktion: 1 - 0 = 1  und  1 - 1 = 0
```

Bild 5.5-3: Komplementdarstellung durch Addition eines Verschiebewertes

Eine achtstellige negative Dualzahl kann durch Addition der größten achtstelligen Dualzahl 1111 1111 positiv gemacht werden. Nach den Regeln der dualen Subtraktion (1 - 0 = 1 und 1 - 1 = 0) ergibt sich dabei das Einerkomplement der ursprünglichen negativen Dualzahl. Wählt man als Verschiebewert die um 1 größere neunstellige Dualzahl 1 0000 0000 = 1111 1111 + 1, so muß zu dem Einerkomplement eine 1 addiert werden. Es entsteht das Zweierkomplement, das sich leichter durch Weglassen der neunten Stelle (Carry) korrigieren läßt. Da der Verschiebewert um 1 größer ist als die größte darstellbare Zahl, wird er bei den Rechenoperationen nicht berücksichtigt, da er die Stellenzahl des Rechenwerkes überschreitet. Er muß jedoch bei der Bewertung von negativen Ergebnissen wieder abgezogen werden. Dies geschieht durch erneute Komplementierung wieder im Zweierkomplement.

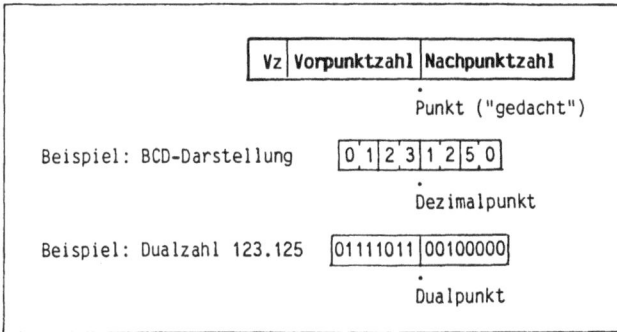

Bild 5.5-4: Festpunktzahlen mit "gedachtem" Dezimalpunkt

Bei der Verarbeitung von reellen Zahlen können Stellen hinter dem Komma, in der neudeutschen Fachsprache Punkt, auftreten. Entsprechend **Bild 5.5-4** kann man die Stellen hinter dem Punkt genauso wie die Stellen vor dem Punkt als Dezimal- oder Dualzahl speichern. Zwischen den Vorpunkt- und den Nachpunktstellen steht der "gedachte" Dezimal- bzw. Dualpunkt. Auf diese reellen Zahlen lassen sich alle Rechenoperationen wie auf ganze Zahlen anwenden, ohne Rücksicht darauf, ob sich die Operanden vor oder hinter dem Punkt befinden. Lediglich bei der Umwandlung vom dezimalen in das duale Zahlensystem sind die beiden Anteile unterschiedlich zu behandeln. Bei sehr großen und sehr kleinen Zahlen geht man über auf die in **Bild 5.5-5** dargestellte Gleitpunkt- oder REAL-Zahlendarstellung.

Bei technischen Berechnungen arbeitet man oft in der dezimalen Mantisse-Exponent-Darstellung. Die Mantisse besteht aus einer Dezimalzahl mit einer Stelle vor dem Dezimalkomma und mehreren Stellen nach dem Komma (entsprechend der Genauigkeit). Sie ist zu multiplizieren mit einem Faktor, der einen Exponenten zur Basis 10 enthält. Bei Zahlen, die nur Nachkommastellen enthalten, ist der Exponent negativ. **Bild 5.5-5** zeigt, daß sich diese Zahlendarstellung auch auf Dualzahlen anwenden läßt. Die Mantisse wird "normalisiert" und enthält immer eine "1" vor dem Dualpunkt. Der Exponent wird zur Basis 2 dargestellt. Um das Vorzeichen des Exponenten zu beseitigen, wird dieser mit einem Verschiebewert (Bias) addiert, der in der Mitte des Zahlenbereiches für den Exponenten liegt. Bei einem vierstelligen dualen Exponenten könnte z.B. der Verschiebewert 0111 verwendet werden. Der mit dem Verschiebewert addierte und damit vorzeichenlose Exponent heißt Charakteristik oder "biased exponent". Bei den höheren Programmiersprachen wird diese Zahlendarstellung als REAL bezeichnet. Für sie gelten besondere Rechenregeln. Für eine Addition und Subtraktion müssen die Charakteristiken der Operanden gleich sein. Bei einer Multiplikation und Division werden die Mantissen multipliziert bzw. dividiert, die Charakteristiken aber addiert bzw. subtrahiert. Nach jeder Rechenoperation muß das Ergebnis wieder normalisiert werden. Da sich der Befehlssatz der 8086-Prozessoren auf die reine INTEGER-Arithmetik beschränkt,

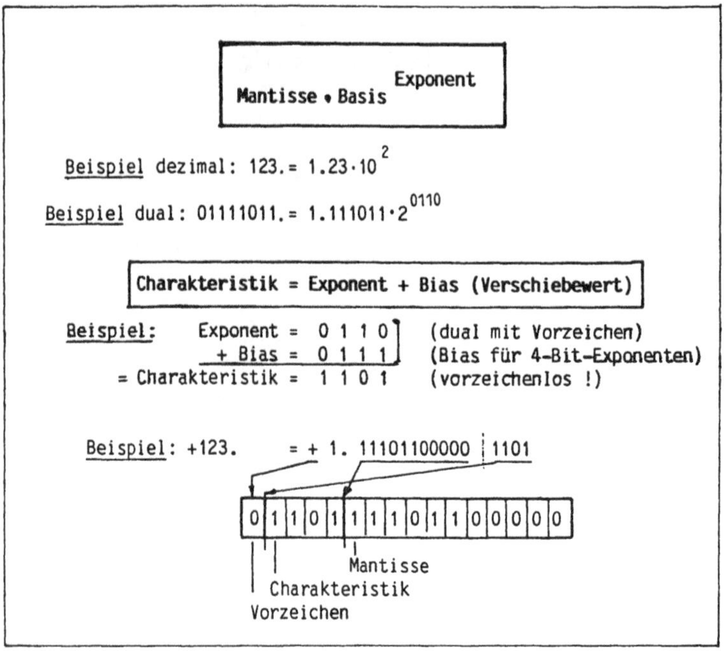

$$\boxed{\text{Mantisse} \bullet \text{Basis}^{\text{Exponent}}}$$

<u>Beispiel</u> dezimal: $123. = 1.23 \cdot 10^2$

<u>Beispiel</u> dual: $01111011. = 1.111011 \cdot 2^{0110}$

$$\boxed{\text{Charakteristik} = \text{Exponent} + \text{Bias (Verschiebewert)}}$$

<u>Beispiel:</u>

Exponent =	0 1 1 0	(dual mit Vorzeichen)
+ Bias =	0 1 1 1	(Bias für 4-Bit-Exponenten)
= Charakteristik =	1 1 0 1	(vorzeichenlos !)

<u>Beispiel:</u> +123.   = + 1. 11101100000 ⋮ 1101

0	1	1	0	1	1	1	1	0	1	1	0	0	0	0	0

                     Mantisse
          Charakteristik
     Vorzeichen

Bild 5.5-5: Gleitpunkt- oder REAL-Zahlendarstellung

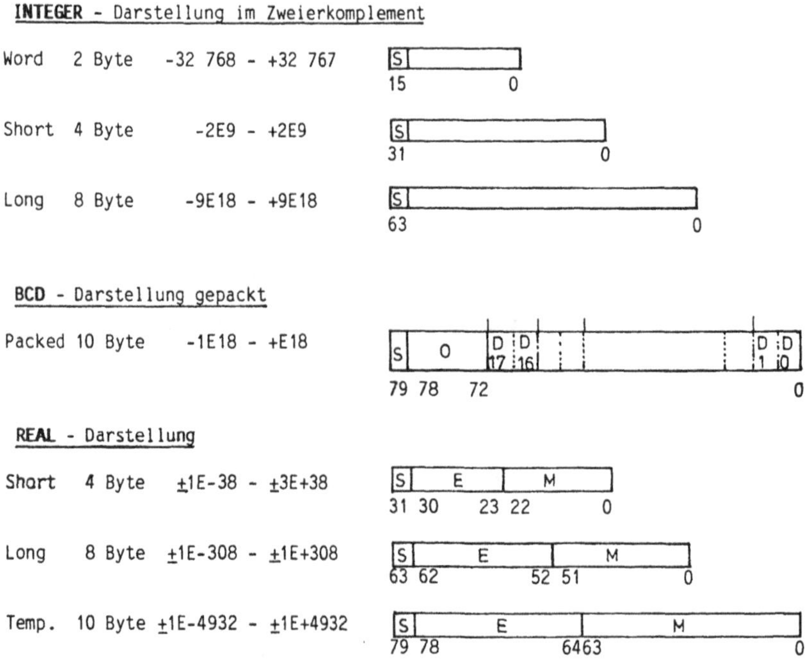

INTEGER - Darstellung im Zweierkomplement

Word   2 Byte   -32 768 - +32 767

S	
15	0

Short 4 Byte   -2E9 - +2E9

S	
31	0

Long   8 Byte   -9E18 - +9E18

S	
63	0

BCD - Darstellung gepackt

Packed 10 Byte -1E18 - +E18

S	0	D ⋮ D 17 ⋮ 16		D ⋮ D 1 ⋮ 0
79 78	72			0

REAL - Darstellung

Short   4 Byte ±1E-38 - ±3E+38

S	E	M
31 30	23 22	0

Long   8 Byte ±1E-308 - ±1E+308

S	E	M
63 62	52 51	0

Temp. 10 Byte ±1E-4932 - ±1E+4932

S	E	M
79 78	6463	0

Bild 5.5-6: Die Zahlenformate des Arithmetikprozessors 80x87

müssen die REAL-Operationen softwaremäßig bereitgestellt werden. Bei Verwendung des arithmetischen Coprozessors 80x87 stehen die vier Grundrechenarten als Befehle für alle in **Bild 5.5-6** zusammengestellten Zahlenformate zur Verfügung. Zusätzlich gibt es eine Reihe von mathematischen Operationen wie z.B. Wurzelziehen sowie logarithmische und trigonometrische Funktionen.

5.5.2 Verfahren zur Zahlenumwandlung

Dieser Abschnitt zeigt einige Verfahren zur Umwandlung von Zahlen am Beispiel von fünfstelligen Dezimalzahlen bzw. 16-Bit-Dualzahlen. Die Verfahren lassen sich auf weitere Stellen ausdehnen. Auf die Behandlung von Vorzeichen und eine Fehlerprüfung mußte aus Platzgründen verzichtet werden. Der Anhang enthält eine Sammlung von Unterprogrammen für die Behandlung von 18-stelligen Dezimalzahlen sowie von INTEGER- und REAL-Zahlen von 64 Bit Länge. Zunächst einige grundsätzliche Bemerkungen:

Ein Zahlenwert kann auf der Konsole (Tastatur bzw. Bildschirm) als Dezimalzahl oder als Hexadezimalzahl erscheinen. Dabei ist die hexadezimale Darstellung als eine Zusammenfassung von vier Dualstellen anzusehen.

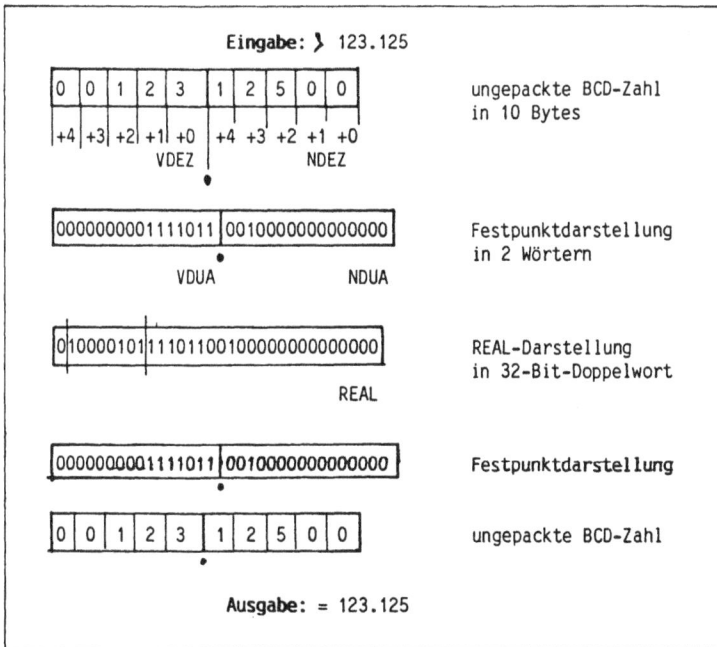

Bild 5.5-7: Eingabe, Umwandlung und Ausgabe von Dezimalzahlen

Ein Zahlenwert kann im Rechner als Dezimalzahl oder als Dualzahl gespeichert werden. Für die Rechnung mit Dualzahlen stehen alle vier Grundrechenarten für 8 bzw. 16 Dualstellen zur Verfügung. Größere Dualzahlen müssen in Gruppen zu je einem Wort bearbeitet werden. Für die Rechnung mit Dezimalzahlen stehen die vier Grundrechenarten für jeweils nur eine Dezimalstelle zur Verfügung. Mehrstellige Dezimalzahlen werden in Schleifen stellenweise berechnet.

Bei der Umwandlung von Zahlen von einem Zahlensystem (z.B. dezimal) in ein anderes Zahlensystem (z.B. dual) muß die umzuwandelnde Zahl in einzelne Stellen zerlegt werden. Durch eine Multiplikation mit der Basis des Zahlensystems (10 oder 2) läßt sich werthöchste Stelle abspalten, durch eine Division durch die Basis des Zahlensystems ergibt sich jeweils die niedrigste Stelle. Jede Stelle hat entsprechend ihrer Stellung in der Zahl eine Wertigkeit. Sie besteht aus einem Exponenten zur Basis des Zahlensystems. Die mit der Wertigkeit multiplizierten Stellen sind zu addieren.

Bild 5.5-7 gibt einen Überblick über die in diesem Abschnitt gezeigten einfachen Zahlenumwandlungen und Zahlendarstellungen. Es sind maximal 5 Dezimalstellen vor dem Dezimalpunkt und 5 Stellen nach dem Dezimalpunkt möglich. In den Bildern 5.5-8 bis 5.5-18 folgt nun ein vollständiges Programmbeispiel mit folgenden Umwandlungen:

Lesen von maximal 5 Dezimalstellen vor dem Dezimalpunkt und abspeichern als ungepackte BCD-Zahl.
Lesen von maximal 5 Dezimalstellen nach dem Dezimalpunkt und abspeichern als ungepackte BCD-Zahl.
Umwandeln der Stellen vor dem Punkt in eine 16-Bit-Dualzahl (Word Integer).
Umwandeln der Stellen nach dem Punkt in eine 16-Bit-Dualzahl.
Umwandeln der 32-Bit Festpunktzahl in eine 32-Bit-Gleitpunktzahl (Short Real).
Umwandeln der 32-Bit-REAL-Zahl in eine 32-Bit-Festpunktzahl.
Umwandeln des 16-Bit-Vorpunktteils in fünf BCD-Vorpunktstellen.
Umwandeln des 16-Bit-Nachpunktteils in fünf BCD-Nachpunktstellen.
Ausgabe der BCD-Vorpunktstellen mit Unterdrückung führender Nullen.
Ausgabe der BCD-Nachpunktstellen mit Aufrundung der letzten Stelle.

Bild 5.5-8 zeigt die Speicherplatzreservierung für die verschiedenen Zahlendarstellungen und den Beginn der Verarbeitungsschleife, in der vor der Eingabe einer neuen Zahl ein Wagenrücklauf, ein Zeilenvorschub und eine Eingabemarke ausgegeben werden. **Bild 5.5-9** zeigt das Lesen der Stellen vor dem Dezimalpunkt. Dabei wird nicht geprüft, ob die maximal zulässige Anzahl von 5 Stellen vor dem Dezimalpunkt und 5 Stellen nach dem Dezimalpunkt bzw. die Zahl 65 535 für die INTEGER-Wortdarstellung auch tatsächlich eingehalten werden!

```
; BILD 5.5-8  ZAHLENUMWANDLUNGEN OHNE VORZEICHEN UND FEHLERPRUEFUNG
PROG    SEGMENT          ; PROGRAMMSEGMENT
        ASSUME  CS:PROG,DS:PROG,ES:PROG,SS:PROG
        ORG     1000H    ; DATENBEREICH
VDEZ    DB 5 DUP (?)     ; VORPUNKTDEZIMALSTELLEN
NDEZ    DB 5 DUP (?)     ; NACHPUNKTDEZIMALSTELLEN
VDUA    DW      ?        ; VORPUNKTDUALZAHL
NDUA    DW      ?        ; NACHPUNKTDUALZAHL
RES     DW      ?        ; RESERVE
REAL    DW  2 DUP (?)    ; REAL-GLEITPUNKT-DARSTELLUNG
        ORG     100H     ; PROGRAMMBEREICH
START:  MOV     AL,0AH   ; ZEILENVORSCHUB
        CALL    AUSZ     ; AUSGEBEN
        MOV     AL,0DH   ; WAGENRUECKLAUF
        CALL    AUSZ     ; AUSGEBEN
        MOV     AL,'>'   ; MARKE >
        CALL    AUSZ     ; AUSGEBEN
```

Bild 5.5-8: Speicherreservierung und Ausgabe der Lesemarke

```
;
; BILD 5.5-9  LESEN UND UMWANDELN VON MAX. 5 VORPUNKTSTELLEN
; LOESCHEN DER DEZIMALZAHL
        MOV     CX,5     ; 5 DEZIMALSTELLEN
        LEA     BX,VDEZ  ; ADRESSE DEZIMALSTELLEN
MARK1:  MOV BYTE PTR [BX],0  ; LOESCHEN DER STELLEN
        INC     BX       ; NAECHSTE STELLE
        LOOP    MARK1    ; SCHLEIFE
; LESEN UND DEKODIEREN DER DEZIMALSTELLEN BIS NICHT-ZIFFER
        XOR     CX,CX    ; STELLENZAEHLER LOESCHEN
MARK2:  CALL    EINZE    ; ZEICHEN LESEN
        CMP     AL,'0'   ; KLEINER ZIFFER 0 ?
        JB      MARK3    ; JA: ENDE DER EINGABE
        CMP     AL,'9'   ; GROESSER ZIFFER 9 ?
        JA      MARK3    ; JA: ENDE DER EINGABE
        SUB     AL,30H   ; ZIFFER DEKODIEREN
        PUSH    AX       ; DEZIMALSTELLE AUF STAPEL LEGEN
        INC     CX       ; STELLE ZAEHLEN
        JMP     MARK2    ; BIS NICHT-ZIFFER
MARK3:  LEA     BX,VDEZ  ; ADRESSE DER NIEDRIGSTEN DEZIMALSTELLE
        JCXZ    MARK5    ; ZAEHLER NULL: KEINE STELLE EINGEGEBEN
MARK4:  POP     AX       ; STELLE VOM STAPEL HOLEN
        MOV     [BX],AL  ; NACH BCD-ZAHL
        INC     BX       ; NAECHSTE STELLE
        LOOP    MARK4    ; BIS ALLE STELLEN VERARBEITET
```

Bild 5.5-9: Lesen und Umwandeln der Stellen vor dem Dezimalpunkt

Vor dem Lesen der ersten Stelle wird die Zahl gelöscht. Daher können bei der Eingabe führende Nullen entfallen. Die Vorpunktstellen müssen rechtsbündig abgelegt werden. Da die höherwertigen Stellen zuerst erscheinen, werden alle Ziffern dekodiert und auf den Stapel gelegt, bis ein Abbruchzeichen erscheint. Dies ist das erste Zeichen, das keine Ziffer ist. Die Stellen werden nun in umgekehrter Reihenfolge mit der wertniedrigsten Stelle zuerst aus dem Stapel geholt und damit rechtsbündig abgespeichert.

```
;
; BILD 5.5-10 LESEN UND UMWANDELN VON MAX. 5 NACHPUNKTSTELLEN
; LOESCHEN DER DEZIMALZAHL
MARK5:  MOV      CX,5     ; 5 DEZIMALSTELLEN
        LEA      BX,NDEZ  ; ADRESSE DEZIMALSTELLEN
MARK6:  MOV BYTE PTR [BX],0  ; LOESCHEN
        INC      BX       ; NAECHSTE STELLE
        LOOP     MARK6    ; SCHLEIFE
; LESEN UND DEKODIEREN DER DEZIMALSTELLEN BIS NICHT-ZIFFER
        LEA      BX,NDEZ+4 ; ADRESSE HOECHSTE STELLE
MARK7:  CALL     EINZE    ; ZEICHEN LESEN
        CMP      AL,'0'   ; KLEINER ZIFFER 0 ?
        JB       MARK8    ; JA: ENDE DER EINGABE
        CMP      AL,'9'   ; GROESSER ZIFFER 9 ?
        JA       MARK8    ; JA: ENDE DER EINGABE
        SUB      AL,30H   ; ZIFFER DEKODIEREN
        MOV      [BX],AL  ; STELLE ABLEGEN
        DEC      BX       ; NAECHSTE STELLE
        JMP      MARK7    ; BIS NICHT-ZIFFER
```

Bild 5.5-10: Lesen und Umwandeln der Stellen nach dem Dezimalpunkt

Da die Stellen nach dem Dezimalpunkt linksbündig abgelegt werden, können sie in der Reihenfolge gespeichert werden, in der sie eingegeben werden. Da vorher die Stellen gelöscht werden, können Nullen hinter der letzten Stelle entfallen. Das erste Zeichen, das keine Ziffer ist, bricht die Eingabe ab. Damit stehen maximal 5 Stellen vor dem Punkt und 5 Stellen nach dem Punkt als ungepackte BCD-Zahlen für die weitere Verarbeitung zur Verfügung, die z.B. mit der BCD-Arithmetik erfolgen könnte. Für die Umwandlung der Dezimalzahl in eine Dualzahl werden die Dezimalstellen einzeln aus je einem Byte geholt.

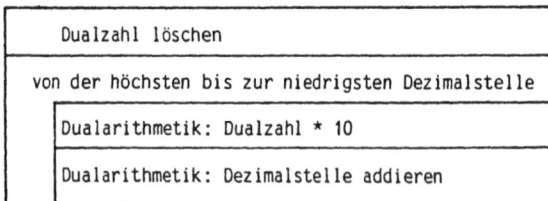

```
┌─────────────────────────────────────────────────────────┐
│  Dualzahl löschen                                        │
├─────────────────────────────────────────────────────────┤
│  von der höchsten bis zur niedrigsten Dezimalstelle      │
│  ┌────────────────────────────────────────────────────┐ │
│  │ Dualarithmetik: Dualzahl * 10                      │ │
│  ├────────────────────────────────────────────────────┤ │
│  │ Dualarithmetik: Dezimalstelle addieren             │ │
│  └────────────────────────────────────────────────────┘ │
└─────────────────────────────────────────────────────────┘
```

```
;
; BILD 5.5-11 UMWANDELN DER BCD-VORPUNKTSTELLEN IN EIN DUALWORT
MARK8:  LEA      BX,VDEZ+4 ; ADRESSE HOECHSTE DEZIMALSTELLE
        XOR      AX,AX    ; DUALZAHL LOESCHEN
        MOV      CX,5     ; ZAEHLER 5 DEZIMALSTELLEN
MARK9:  MOV      DX,10    ; FAKTOR 10 DEZIMAL
        MUL      DX       ; DX:AX <- AX * DX (=10)
        ADD      AL,[BX]  ; DEZIMALSTELLE DAZU ADDIEREN
        ADC      AH,0     ; UEBERTRAG AUF HIGH-BYTE
        DEC      BX       ; NAECHSTE STELLE
        LOOP     MARK9    ; SCHLEIFE BIS ALLE DEZIMALSTELLEN
        MOV      VDUA,AX  ; DUALWORT SPEICHERN
```

Bild 5.5-11: Umwandeln der BCD-Vorpunktstellen in ein Dualwort

Für die Umwandlung einer ganzen Dezimalzahl in eine ganze Dualzahl wird bei der dezimalen Handrechnung das Divisionsrestverfahren verwendet. Das in **Bild 5.5-11** dargestellte Multiplikationsverfahren mit dem Faktor 10 ist jedoch schneller und einfacher. In einer Schleife mit der Anzahl der Dezimalstellen als Zähler wird die entstehende Dualzahl zuerst mit 10 multipliziert; dann wird eine Dezimalstelle addiert. Da das Verfahren mit der höchsten Dezimalstelle beginnt, wird diese entsprechend ihrer dezimalen Stellenwertigkeit mehrmals mit 10 multipliziert; die wertniedrigste Dezimalstelle wird nur addiert. Da die Rechnung in der Dualarithmetik erfolgt, entsteht eine Dualzahl. Ein Umwandlungsfehler kann nur dann entstehen, wenn die Dezimalzahl größer ist als die maximal darstellbare Dualzahl. Dies müßte besonders geprüft werden.

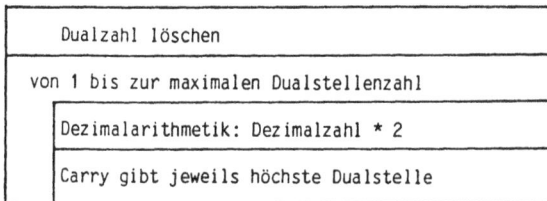

```
┌─────────────────────────────────────────────────────────┐
│ Dualzahl löschen                                         │
├─────────────────────────────────────────────────────────┤
│  von 1 bis zur maximalen Dualstellenzahl                 │
│  ┌────────────────────────────────────────────────────┐ │
│  │ Dezimalarithmetik: Dezimalzahl * 2                 │ │
│  ├────────────────────────────────────────────────────┤ │
│  │ Carry gibt jeweils höchste Dualstelle              │ │
│  └────────────────────────────────────────────────────┘ │
└─────────────────────────────────────────────────────────┘
```

```
;
; BILD 5.5-12 UMWANDELN DER BCD-NACHPUNKTSTELLEN IN EIN DUALWORT
        MOV     CH,16   ; ZAEHLER 16 DUALSTELLEN
        XOR     DX,DX   ; DUALZAHL LOESCHEN
; 5-STELLIGE BCD-ADDITION STATT MAL 2
MARK10: LEA     BX,NDEZ ; ADRESSE DEZIMALE NACHPUNKTSTELLEN
        MOV     CL,5    ; ZAEHLER 5 DEZIMALSTELLEN
        CLC             ; CARRY FUER ERSTE STELLE GELOESCHT
MARK11: MOV     AL,[BX] ; DEZIMALSTELLE LADEN
        ADC     AL,[BX] ; DEZIMALSTELLE ADDIEREN STATT * 2
        AAA             ; DEZIMALKORREKTUR UNGEPACKT
        MOV     [BX],AL ; SUMME WIEDER SPEICHERN
        INC     BX      ; NAECHSTE STELLE
        DEC     CL      ; BCD-STELLENZAEHLER - 1
        JNZ     MARK11  ; BCD-ADDITIONSSCHLEIFE
; CARRY ALS DUALSTELLE SPEICHERN UND DURCH VERSCHIEBEN RETTEN
        RCL     DX,1    ; CARRY NACH DX UND ROTIEREN
        DEC     CH      ; DUAL-STELLENZAEHLER - 1
        JNZ     MARK10  ; BIS 16 DUALSTELLEN UMGEWANDELT
        MOV     NDUA,DX ; DUALE NACHPUNKTSTELLEN NACH SPEICHER
```

Bild 5.5-12: Umwandeln der BCD-Nachpunktstellen in ein Dualwort

Für die Umwandlung einer gebrochenen Dezimalzahl (Stellen hinter dem Punkt) in eine gebrochene Dualzahl entsprechend **Bild 5.5-12** wird das auch bei der dezimalen Handrechnung gebräuchliche Multiplikationsverfahren mit dem Faktor 2 verwendet. Dabei werden die dezimalen Nachpunktstellen fortlaufend mit 2 multipliziert. Die Stellen vor dem Dezimalpunkt ergeben die Dualstellen. Entsteht eine 1 vor dem Punkt, so ist sie bei der nächsten Multiplikation wegzulassen. Das Verfahren endet, wenn entweder das Produkt Null wird oder die maximale duale Stellenzahl erreicht ist. Das Beispielprogramm führt die Multiplikation der Dezimalzahl mit dem Faktor 2 auf eine Addition der Zahl mit sich selbst zurück, die als fünfstellige BCD-Addition mit Korrektur durch den Befehl AAA ausgeführt wird. Das Carrybit ist die entstehende Dualstelle und wird durch Schieben gerettet. Das Verfahren ist relativ langsam, da für jede der 16 Dualstellen eine fünfstellige BCD-Addition durchgeführt werden muß. Muß das Verfahren beim Erreichen der maximalen dualen Stellenzahl (16) abgebrochen werden, so entsteht ein Umwandlungsfehler. Dies ist z.B. bei der Umwandlung der Dezimalzahl 0.1 der Fall, die den unendlichen periodischen Dualbruch 0.00011.... ergibt.

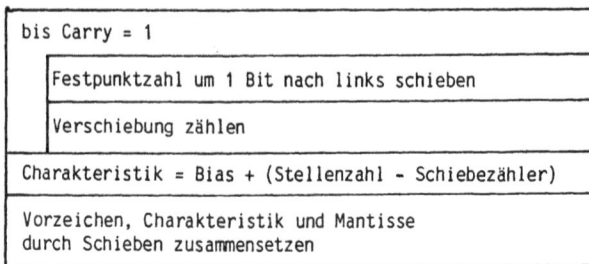

```
bis Carry = 1

    Festpunktzahl um 1 Bit nach links schieben

    Verschiebung zählen

Charakteristik = Bias + (Stellenzahl - Schiebezähler)

Vorzeichen, Charakteristik und Mantisse
durch Schieben zusammensetzen
```

```
;
; BILD 5.5-13   UMWANDELN FESTPUNKT DUAL NACH GLEITPUNKT REAL
        MOV     AX,VDUA ; VORPUNKTDUALSTELLEN
        MOV     BX,NDUA ; NACHPUNKTDUALSTELLEN
        XOR     DX,DX   ; SCHIEBEZAEHLER LOESCHEN
MARK12: SHL     BX,1    ; SCHIEBE LOW-WORT
        RCL     AX,1    ; SCHIEBE HIGH-WORT
        INC     DX      ; SCHIEBEZAEHLER + 1
        JC      MARK13  ; 1 NACH CARRY GESCHOBEN: FERTIG
        CMP     DX,32   ; MAXIMAL 32 STELLEN ?
        JNZ     MARK12  ; NEIN: WEITER
        JMP     MARK15  ; JA: FERTIG DA ZAHL NULL
MARK13: NEG     DX      ; SCHIEBEZAEHLER NEGIEREN STATT SUB-BEFEHL
        ADD     DX,16   ; VORPUNKTSTELLENZAHL ADDIEREN
        ADD     DX,7FH  ; BIAS (VERSCHIEBEWERT) ADDIEREN
        XCHG    DH,DL   ; CHARAKTERISTIK NACH DH
        SHR     DX,1    ; CHARAKTERISTIK RICHTIG IN DX
        MOV     CX,9    ; SCHIEBEZAEHLER MANTISSE
MARK14: SHR     AX,1    ; MANTISSE HIGH NACH RECHTS
        RCR     BX,1    ; MANTISSE LOW NACH RECHTS
        LOOP    MARK14  ; SCHLEIFE 9 VERSCHIEBUNGEN
        OR      AX,DX   ; VORZEICHEN,CHARAKTERISTIK UND MANTISSE MISCHEN
MARK15: MOV     REAL,BX ; LOW-MANTISSE SPEICHERN
        MOV     REAL+2,AX ; HIGH-TEIL MIT CHARAKTERISTIK SPEICHERN
```

Bild 5.5-13: Umwandeln einer reellen Dualzahl in die REAL-Darstellung

Eine reelle Dualzahl mit 16 Vorpunktstellen und 16 Nachpunktstellen wird in die REAL-Zahlendarstellung bestehend aus Vorzeichen (positiv), Charakteristik (Exponent + Bias) und normalisierter Mantisse umgewandelt (**Bild 5.5-13**). Für das Normalisieren ist ein 32-Bit-Schieberegister erforderlich, das so lange nach links geschoben wird, bis das werhöchste Einerbit im Carry erscheint. Das 32-Bit-Register wird gebildet aus dem AX-Register (HIGH-Teil mit den Vorpunktstellen) und dem BX-Register (LOW-Teil mit den Nachpunktstellen). Die beiden Register werden einzeln mit dem Carrybit als Zwischenspeicher verschoben. Der Exponent ergibt sich aus der Länge des Vorpunkt-Schieberegisters abzüglich der Anzahl der Verschiebungen. Das in das Carrybit geschobene werthöchste Einerbit der Mantisse wird bei der REAL-Zahlendarstellung nicht gespeichert. Anschließend wird die REAL-Zahl mit den Anteilen Vorzeichen (0), Charakteristik und Mantisse durch Schiebebefehle und die ODER-Funktion auf das REAL-Format gebracht. Es entsteht eine 23 bit lange Mantisse, während die ursprüngliche Dualzahl aus maximal 32 Stellen bestehen konnte. Das nicht gespeicherte werthöchste Einerbit wird bei der Rückwandlung wieder hinzugefügt. Es können also bei der Umwandlung bis zu 8 Dualstellen verloren gehen.

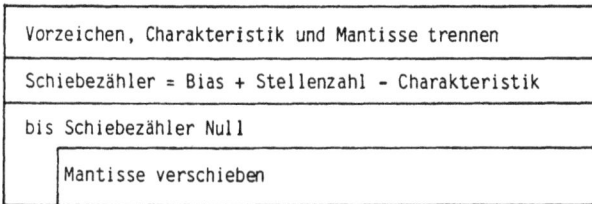

```
┌─────────────────────────────────────────────────────────┐
│ Vorzeichen, Charakteristik und Mantisse trennen          │
├─────────────────────────────────────────────────────────┤
│ Schiebezähler = Bias + Stellenzahl - Charakteristik      │
├─────────────────────────────────────────────────────────┤
│ bis Schiebezähler Null                                   │
│  ┌──────────────────────────────────────────────────────┤
│  │ Mantisse verschieben                                  │
└──┴──────────────────────────────────────────────────────┘
```

```
;
; BILD 5.5-14   UMWANDELN GLEITPUNKT REAL NACH FESTPUNKT DUAL
          MOV     BX,REAL   ; LADEN LOW-MANTISSE
          MOV     AX,REAL+2 ; LADEN HIGH-TEIL MIT CHARAKTERISTIK
          SHL     BX,1      ; VORZEICHEN UND
          RCL     AX,1      ; CHARAKTERISTIK
          MOV     DL,AH     ; NACH DL BRINGEN
          CMP     DL,0      ; CHARAKTERISTIK NULL ?
          JZ      MARK18    ; JA: ZAHL NULL: FERTIG
          MOV     CX,8      ; MANTISSE LINKSBUENDIG SCHIEBEN
MARK16:   SHL     BX,1      ; SCHIEBE BX LINKS
          RCL     AX,1      ; SCHIEBE AX LINKS
          LOOP    MARK16    ; BIS MANTISSE LINKSBUENDIG
          XOR     DH,DH     ; HIGH-TEIL LOESCHEN
          NEG     DX        ; CHARAKTERISTIK NEGIEREN STATT SUB-BEFEHL
          ADD     DX,16     ; STELLENZAHL VORPUNKT
          ADD     DX,7FH    ; BIAS ADDIEREN
          JLE     MARK18    ; ZAEHLER NULL ODER NEGATIV: ZAHL NULL SETZEN
          MOV     CX,DX     ; SCHIEBEZAEHLER FUER PUNKT
          STC               ; CARRY = 1 WIEDER HINZUFUEGEN
MARK17:   RCR     AX,1      ; HIGH-TEIL MANTISSE NACH RECHTS
          RCR     BX,1      ; LOW-TEIL MANTISSE NACH RECHTS
          CLC               ; CARRY FUER ALLE WEITEREN SCHIEBUNGEN 0
          LOOP    MARK17    ; SCHLEIFE
MARK18:   MOV     NDUA,BX   ; DUALE NACHPUNKTSTELLEN
          MOV     VDUA,AX   ; DUALE VORPUNKTSTELLEN
```

Bild 5.5-14: Umwandeln einer REAL-Zahl in eine reelle Dualzahl

Soll eine REAL-Zahl entsprechend **Bild 5.5-14** in eine reelle Dualzahl verwandelt werden, so sind zunächt die Anteile Vorzeichen (positiv), Charakteristik und Mantisse zu trennen. Dies geschieht in einem 32-Bit-Schieberegister, das aus den 16-Bit-Registern AX und BX gebildet wird. Ist die Charakteristik Null, so wird in Übereinstimmung mit der Zahlendarstellung des Arithmetikprozessors die reelle Dualzahl Null gesetzt. Der Schiebezähler zum Trennen der

Vorpunkt- und Nachpunktstellen in je ein 16-Bit-Wort ergibt sich aus dem Verschiebewert (Bias) + Zahl der Vorpunktstellen - Charakteristik. Der Zahlenumfang der REAL-Darstellung mit 127 Stellen vor bzw. nach dem Dualpunkt ist größer ist als der Umfang der entstehenden Dualzahl mit je 16 Stellen vor bzw. nach dem Punkt. Paßt die ursprüngliche Zahl nicht in das neue Format, so wird die entstehende reelle Dualzahl **ohne** eine Fehlermeldung Null gesetzt. Es entsteht also ein Umwandlungsfehler, wenn die REAL-Zahl zu groß oder zu klein ist. Das bei der Umwandlung in die REAL-Darstellung weggelassene werthöchste Einerbit wird nun wieder hinzugefügt. Aus einer 24-Bit-Mantisse entsteht damit eine 32-Bit-Dualzahl. Es werden 8 Stellen mit binären Nullen hinzugefügt.

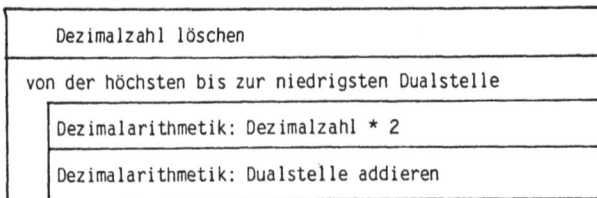

```
┌─────────────────────────────────────────────────────────┐
│  Dezimalzahl löschen                                    │
├─────────────────────────────────────────────────────────┤
│  von der höchsten bis zur niedrigsten Dualstelle        │
│  ┌───────────────────────────────────────────────────┐  │
│  │  Dezimalarithmetik: Dezimalzahl * 2               │  │
│  ├───────────────────────────────────────────────────┤  │
│  │  Dezimalarithmetik: Dualstelle addieren           │  │
│  └───────────────────────────────────────────────────┘  │
└─────────────────────────────────────────────────────────┘
```

```
;
; BILD 5.5-15  UMWANDELN DER DUALEN VORPUNKTSTELLEN NACH BCD
; 5-STELLIGE BCD-ZAHL LOESCHEN
        LEA     BX,VDEZ ; ADRESSE DEZIMALE VORPUNKTSTELLEN
        MOV     CX,5    ; 5 DEZIMALSTELLEN
MARK19: MOV BYTE PTR [BX],0  ; STELLE LOESCHEN
        INC     BX      ; NAECHSTE STELLE
        LOOP    MARK19  ; BIS ALLE STELLEN GELOESCHT
; SCHLEIFE FUER 16 DUALSTELLEN
        MOV     DX,VDUA ; VORPUNKTDUALZAHL LADEN
        MOV     CH,16   ; ZAEHLER FUER 16 DUALSTELLEN
MARK20: LEA     BX,VDEZ ; ADRESSE BCD-ZAHL NIEDRIGSTE STELLE
        MOV     CL,5    ; ZAEHLER FUER 5 DEZIMALSTELLEN
        SHL     DX,1    ; CARRY = HOECHSTE DUALSTELLE
; SCHLEIFE FUER DIE ADDITION VON 5-STELLIGEN BCD-ZAHLEN = * 2
MARK21: MOV     AL,[BX] ; BCD-STELLE LADEN
        ADC     AL,[BX] ; BCD-STELLE UND CARRY ADDIEREN
        AAA             ; DEZIMALKORREKTUR UNGEPACKT
        MOV     [BX],AL ; BCD-STELLE SPEICHERN
        INC     BX      ; NAECHSTE STELLE
        DEC     CL      ; BCD-STELLENZAEHLER - 1
        JNZ     MARK21  ; BIS ALLE BCD-STELLEN ADDIERT
        DEC     CH      ; DUAL-STELLENZAEHLER - 1
        JNZ     MARK20  ; BIS ALLE DUALSTELLEN ADDIERT
```

Bild 5.5-15: Umwandeln der dualen Vorpunktstellen in eine BCD-Zahl

Für die Umwandlung einer Dualzahl in eine Dezimalzahl gibt es mehrere Verfahren, die sich auch einfach programmieren lassen.

Dividiert man die Dualzahl und die entstehenden Quotienten fortlaufend durch die Dezimalzahl 10, so ergeben sich als Divisionsreste nacheinander die Einerstelle, die Zehnerstelle, die Hunderterstelle, die Tausenderstelle usw. Die Divisionen werden dual durchgeführt.

Das in **Bild 5.5-15** dargestellte Programm arbeitet analog zum Verfahren der Dezimal-Dualumwandlung (Bild 5.5-11). Dabei wird jede Dualstelle mit ihrer Wertigkeit (Potenz zur Basis 2) multipliziert; die Teilprodukte werden addiert. Die jeweils werthöchste Dualstelle wird durch Linksschieben in das Carrybit gebracht und zur entstehenden Dezimalzahl addiert. Die Multiplikation mit der Stellenwertigkeit 2 wird auf eine Addition der Dezimalzahl mit sich selbst zurückgeführt. Das Verfahren arbeitet nur mit Schiebe- und Additionsbefehlen, ist aber recht langsam, da für jede der 16 Dualstellen eine fünfstellige BCD-Addition durchgeführt werden muß. Da jede Dualstelle berücksichtigt wird, tritt kein Umwandlungsfehler auf.

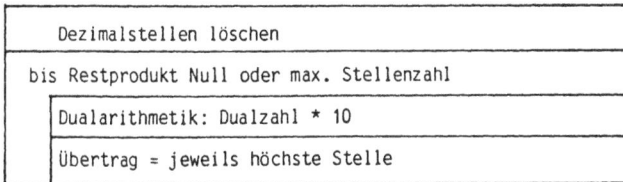

```
┌─────────────────────────────────────────────────┐
│  Dezimalstellen löschen                         │
├─────────────────────────────────────────────────┤
│ bis Restprodukt Null oder max. Stellenzahl      │
│  ┌────────────────────────────────────────────┐ │
│  │ Dualarithmetik: Dualzahl * 10              │ │
│  ├────────────────────────────────────────────┤ │
│  │ Übertrag = jeweils höchste Stelle          │ │
│  └────────────────────────────────────────────┘ │
└─────────────────────────────────────────────────┘
```

```
;
; BILD 5.5-16    UMWANDELN DER DUALEN NACHPUNKTSTELLEN NACH BCD
          MOV     AX,NDUA ; DUALE NACHPUNKTSTELLEN LADEN
          MOV     CX,5    ; 5 BCD-STELLEN
          LEA     BX,NDEZ+4 ; ADRESSE HOECHSTE BCD-STELLE
MARK22:   MOV     DX,10   ; FAKTOR 10
          MUL     DX      ; DX:AX <= AX * DX (=10)
          MOV     [BX],DL ; DEZIMALSTELLE ALS UEBERTRAG IN DL
          DEC     BX      ; NAECHSTE STELLE
          LOOP    MARK22  ; BIS ALLE DEZIMALSTELLEN
```

Bild 5.5-16: Umwandeln der dualen Nachpunktstellen in eine BCD-Zahl

```
;
; BILD 5.5-17    AUSGABE DER BCD-VORPUNKTSTELLEN MIT NULLENUNTERDRUECKEN
          MOV     AL,'=' ; AUSGABEMARKE
          CALL    AUSZ    ; AUSGEBEN
          LEA     BX,VDEZ+4  ; ADRESSE HOECHSTE BCD-STELLE
          XOR     AH,AH   ; NULLMARKE LOESCHEN
          MOV     CX,4    ; WEGEN NULLENUNTERDRUECKUNG 1 STELLE WENIGER
MARK23:   MOV     AL,[BX] ; STELLE LADEN
          DEC     BX      ; NAECHSTE STELLE
          ADD     AL,30H  ; NACH ASCII KODIEREN
          CMP     AL,'0'  ; ZIFFER NULL ?
          JNE     MARK24  ; NEIN: IMMER AUSGEBEN
          CMP     AH,0    ; NULLMARKE ?
          JZ      MARK25  ; IST FUEHRENDE NULL: UNTERDRUECKEN
MARK24:   CALL    AUSZ    ; ZIFFER AUSGEBEN
          MOV     AH,OFFH ; NULLMARKE LOESCHEN: FOLGENDE NULLEN AUSGEBEN
MARK25:   LOOP    MARK23  ; SCHLEIFE FUER 4 STELLEN
          MOV     AL,[BX] ; LETZTE STELLE
          ADD     AL,30H  ; IMMER AUSGEBEN
          CALL    AUSZ    ; WEGEN DER NULL
```

Bild 5.5-17: Ausgabe von BCD-Vorpunktstellen mit Nullenunterdrückung

Das in **Bild 5.5-16** dargestellte Verfahren wandelt die dualen Nachpunktstellen um. Die Dualzahl steht linksbündig in einem 16-Bit-Register. Multipliziert man sie fortlaufend mit der Dezimalzahl 10, so erhält man nacheinander im vierstelligen Übertrag die Dezimalstellen. Das Restprodukt müßte so lange weiter mit der Dezimalzahl 10 multipliziert werden, bis es Null wird. Jede Multiplikation mit 10 fügt rechts ein Nullerbit ein. Die Position des wertniedrigsten Einerbits bestimmt die Anzahl der möglichen Dezimalstellen. Steht das letzte Einerbit z.B. an der dritten Stelle hinter dem Dualpunkt, so können durch drei Multiplikationen auch drei Dezimalstellen entstehen. Wird das Verfahren vorher bei einer vorgegebenen dezimalen Stellenzahl abgebrochen, so entsteht ein Umwandlungsfehler, wenn noch unberücksichtigte Dualstellen vorhanden sind.

```
;
; BILD 5.5-18    AUSGABE DER BCD-NACHPUNKTSTELLEN MIT KORREKTUR
          MOV       AL,'.'   ; DEZIMALPUNKT
          CALL      AUSZ     ; AUSGEBEN
          CMP BYTE PTR NDEZ,9 ; LETZTE BCD-STELLE 9 ?
          JNZ       MARK27   ; NEIN: NICHT KORRIGIEREN
          LEA       BX,NDEZ  ; JA: AUFRUNDEN WEGEN ABSCHNEIDEN
          MOV       CX,5     ; ZAEHLER 5 STELLEN
          STC                ; LETZTE STELLE 1 ADDIEREN
MARK26:   MOV       AL,[BX]  ; STELLE LADEN
          ADC       AL,0     ; CARRY ADDIEREN
          AAA                ; DEZIMALKOREKTUR UNGEPACKT
          MOV       [BX],AL  ; STELLE SPEICHERN
          INC       BX       ; NAECHSTE STELLE
          LOOP      MARK26   ; SCHLEIFE
; BCD-ZAHL KODIEREN UND AUSGEBEN
MARK27:   LEA       BX,NDEZ+4 ; ADRESSE HOECHSTE STELLE
          MOV       CX,5     ; ZAEHLER BCD-STELLEN
MARK28:   MOV       AL,[BX]  ; BCD-STELLE LADEN
          DEC       BX       ; NAECHSTE STELLE
          ADD       AL,30H   ; NACH ASCII KODIEREN
          CALL      AUSZ     ; UND AUSGEBEN
          LOOP      MARK28   ; SCHLEIFE
          JMP       START    ; TESTSCHLEIFE


;
; SYSTEMUNTERPROGRAMME
AUSZ:     PUSH      AX       ; AX RETTEN
          PUSH      DX       ; DX RETTEN
          MOV       AH,2     ; FUNKTION AUSGEBEN
          MOV       DL,AL    ; ZEICHEN
          INT       21H      ; MS-DOS
          POP       DX       ;
          POP       AX       ;
          RET                ;
EINZE:    PUSH      DX       ; DX RETTEN
          PUSH      AX       ; AX RETTEN
          MOV       AH,8     ; FUNKTION LESEN
          INT       21H      ; ZEICHEN IN AL
          MOV       DL,AL    ; AL = ZEICHEN
          MOV       AH,2     ; ECHO
          INT       21H      ;
          POP       AX       ; AX ZURUECK
          MOV       AL,DL    ; AL = ZEICHEN  AH BLEIBT
          POP       DX       ;
          RET                ;
PROG      ENDS               ; ENDE DES SEGMENTES
          END       START    ; ENDE DES PROGRAMMS
```

Bild 5.5-18: Ausgabe von BCD-Nachpunktstellen mit Aufrundung

Bild 5.5-17 zeigt die Umwandlung und Ausgabe von BCD-kodierten Dezimalzahlen als Dezimalzahlen auf der Konsole. Dabei werden führende Nullen unterdrückt. Bei der Ausgabe der Stellen nach dem Dezimalpunkt entsprechend **Bild 5.5-18** wird die letzte Stelle um 1 aufgerundet, wenn es die Ziffer 9 ist, um Umwandlungsfehler auszugleichen.

Die in **Bild 5.5-19** dargestellten Testzahlen wurden an der Konsole eingegeben, in mehreren Schritten umgewandelt und wieder ausgegeben. Wegen der fehlenden Fehlerprüfung wurden ganze Zahlen größer 65 535 falsch gespeichert. Bei den Nachpunktstellen traten Umwandlungsfehler zu Tage, die auch durch die Aufrundung bei der Ausgabe der Nachpunktstellen nicht korrigiert werden konnten. Die Anzahl der auszugebenden Stellen müßte sich an der Mantisse (24 Bit) der REAL-Zahlendarstellung orientieren, da dies die Darstellung mit der kleinsten Genauigkeit ist. Das Bild zeigt weiter die verschiedenen Darstellungen der Zahl 123.125 im Arbeitsspeicher. Bei der Auswertung ist zu beachten, daß das wertniedrigste Byte auf der niedrigsten Byteadresse liegt.

```
>123.125 =123.12500
>1.1 =1.10000
>1.99999 =1.99998
>65535.0 =65535.00000
>65535.99999 =65535.99610
>99999.99999 =34463.99610
>0.0 =0.00000

>123.125
     VDEZ              NDEZ              VDUA   NDUA
1000 |03 02 01 00 00||00 00 05 02 01||78 00||00 20|00 00
1010 |00 40 F6 42|
     REAL
```

Bild 5.5-19: Testlauf und Darstellung einer Zahl im Speicher

5.6   Einführung in den Arithmetikprozessor 8087

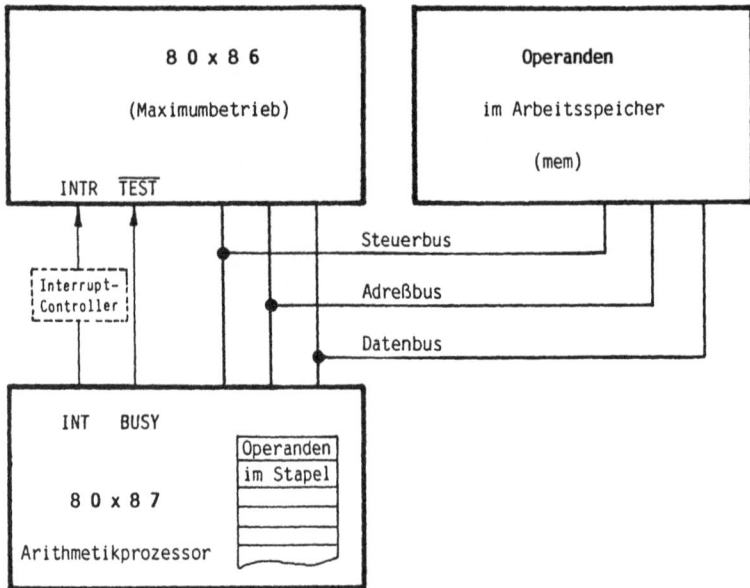

Bild 5.6-1: Zusammenarbeit Prozessor-Arithmetikprozessor-Speicher

Die Arithmetikprozessoren 8087 und 80287 sind Erweiterungen der Prozessoren 8086 und 8088 bzw. des Prozessors 80286. Sie werden entsprechend **Bild 5.6-1** mit dem Mikroprozessor an dem gemeinsamen Bus betrieben und führen die für sie bestimmten arithmetischen Befehle aus. Dies sind die ESC-Befehle mit den hexadezimalen Kodierungen D8 bis DF und einem weiteren Byte als Kodeerweiterung. Die Berechnung und die Ausgabe von Datenadressen übernimmt der Mikroprozessor. Da beide Prozessoren zeitlich parallel arbeiten können, werden sie durch den Befehl WAIT (Warte) synchronisiert. Während der Ausführung eines Befehls setzt der Arithmetikprozessor seinen BUSY-Ausgang auf HIGH. Dieser Ausgang wird mit dem Eingang $\overline{\text{TEST}}$ des Mikroprozessors verbunden. Bei der Ausführung eines WAIT-Befehls wartet der Mikroprozessor, so lange der $\overline{\text{TEST}}$-Eingang LOW ist. Der Assembler stellt jedem für den Arithmetikprozessor bestimmten Befehl einen WAIT-Befehl voran, der sicherstellt, daß der folgende Befehl nur ausgeführt wird, wenn ein vorangegangener Arithmetikprozessorbefehl vollständig ausgeführt worden ist. Beispiel:

```
(WAIT)   FLD    KON        Lade Konstante aus Speicher
(WAIT)   FSQRT             Ziehe die Quadratwurzel
(WAIT)   FSTP   ERG        Speichere Ergebnis in den Speicher
         WAIT              Zusaetzlicher WAIT-Befehl im Programm
         MOV    AX,ERG     Lade das Ergebnis nach AX
```

Die drei in Klammern gesetzten WAIT-Befehle (Code 9BH) werden vom Assembler automatisch vor jeden Arithmetikprozessorbefehl gesetzt. Der zusätzliche WAIT-Befehl ist erforderlich, um sicherzustellen, daß das Ergebnis erst dann weiterverarbeitet wird, wenn der Speicherbefehl FSTP des Arithmetikprozessors vollständig ausgeführt worden ist und das Ergebnis im Arbeitsspeicher angekommen ist. Treten bei der Berechnung unzulässige Ergebnisse auf (Division durch Null, Überlauf, Unterlauf), so kann der Arithmetikprozessor so programmiert werden (Steuerregister), daß im Mikroprozessor ein Interrupt ausgelöst wird. Die Verbindung zum INTR-Interrupt geschieht über einen Interrupt-Steuerbaustein (8259), da der Arithmetikprozessor selbst keine Kennzahl liefern kann.

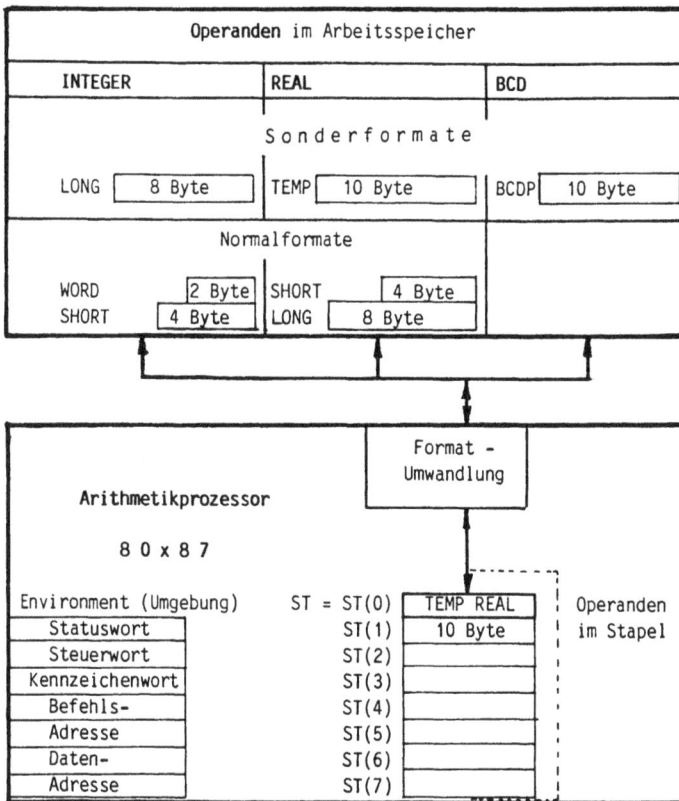

Bild 5.6-2: Speicheroperanden und Stapelregister des Arithmetikprozessors

Die vom Arithmetikprozessor zu verarbeitenden Zahlen stehen entweder im Arbeitsspeicher oder in Stapelregistern des Arithmetikprozessors, eine Verbindung zwischen den Registern der beiden Prozessoren kann nur über den Arbeitsspeicher hergestellt werden. Bei den Speicheroperanden unterscheidet man die vier

Normalformate, auf die alle Befehle angewendet werden können, und drei Sonderformate, die nur geladen und gespeichert werden können. Bei Speicheroperanden sind alle Adressierungsarten zulässig, die auch für die Arbeit mit den Befehlen des Mikroprozessors verwendet werden können. Beispiele:

```
KONST   DQ    4.Ø            Datendefinition REAL-LONG Vierfachwort

        FLD   KONST          direkte Adresse
        FLD   QWORD PTR [BX]  indirekte Adresse
        FLD   QWORD PTR [BX+4] indirekte Adresse + Konstante
```

Das Laden von Konstanten aus dem Befehl (unmittelbare Adressierung) ist nicht vorgesehen. Der Arithmetikprozessor arbeitet in einem einheitlichen 80-Bit-Datenformat, das dem Sonderformat TEMPORARY REAL entspricht. Dies besteht aus einer 64-Bit-Mantisse, einer 15-Bit-Charakteristik und einem Vorzeichenbit. Alle arithmetischen Operationen werden intern in diesem Format durchgeführt, bei der Übertragung von Operanden von und zum Arbeitsspeicher findet eine Formatumwandlung statt. Der Arithmetikprozessor enthält acht Operandenregister, die einen Stapel bilden, der von einem 3-Bit-Stapelzeiger im Statusregister adressiert wird. Sie haben die Adressen ST(0) bis ST(7). Das oberste Operandenregister ST(0) = ST (Stack Top) nimmt eine Sonderstellung ein. Alle Lade- und Speicheroperationen von und zum Arbeitsspeicher führen **nur** über dieses Register, bei allen arithmetischen Befehlen **muß** sich ein Operand in diesem Register befinden.

Die für die Steuerung und Anzeige von Betriebszuständen bestimmten Register des Arithmetikprozessors werden als Environment (Umgebung) bezeichnet. Sie können mit Befehlen in den Arbeitsspeicher geladen und untersucht werden. Das Statuswort hat folgenden Aufbau:

```
┌─┬──┬────────┬──┬──┬──┬──┬─┬──┬──┬──┬──┬──┐
│B│C3│ Stapelz.│C2│C1│C0│IR│ │PE│UE│OZ│ZE│DE│IE│
└─┴──┴────────┴──┴──┴──┴──┴─┴──┴──┴──┴──┴──┘
                                       │  │  │  │  │  └ ungültiger Befehl
                                       │  │  │  │  └ nichtnormalisierter Operand
                                       │  │  │  └ Division durch Null
                                       │  │  └ Überlauf
                                       │  └ Unterlauf
                                       └ Genauigkeitsverlust durch Rundung
                                    Interrupt-Anforderung
                              Bedingungsbit je nach Befehl (z.B. Übertrag)
                          Bedingungsbit je nach Befehl
                       Bedingungsbit je nach Befehl
                  Stapelzeiger für die acht Stapelregister
        Bedingungsbit je nach Befehl (z.B. Null)
  BUSY-Zustand des Arithmetikprozessors
```

Aufbau des Statuswortes

Das Steuerwort dient zur Programmierung der numerischen Eigenschaften des Arithmetikprozessors. Es kann mit entsprechenden Steuergrößen aus dem Arbeitsspeicher geladen werden. Es hat folgenden Aufbau:

```
┌─┬─┬─┬──┬──┬────┬────┬────┬──┬──┬──┬──┬──┐
│ │ │ │IC│RC│ PC │IEM │ PM │UM│OM│ZM│DM│IM│
└─┴─┴─┴──┴──┴────┴────┴────┴──┴──┴──┴──┴──┘
                                        │  │  │  │  │  └─ Maske (ungültiger Befehl)
                                        │  │  │  │  └──── Maske (nichtnormalisierter Oper.)
                                        │  │  │  └─────── Maske (Division durch Null)
                                        │  │  └────────── Maske (Überlauf)
                                        │  └───────────── Maske (Unterlauf)
                                        └──────────────── Maske (Genauigkeitsverlust)
            Maske für Interrupt-Freigabe
            Steuerbits für Genauigkeit (eingestellt 64 Bit-Mantisse)
      Steuerbits für Rundung
      0 0 = Runden auf den nächstkleineren Wert (eingestellt)
      0 1 = Abrunden nach neg. Werten
      1 0 = Aufrunden nach pos. Werten
      1 1 = Abschneiden des gebrochenen Teils (REAL nach INTEGER)
   Darstellung von Unendlich
   0 = - Unendlich  gleich  + Unendlich
   1 = - Unendlich ungleich + Unendlich
```

Aufbau des Steuerwortes

Mit den Maskenbits wird festgelegt, ob im Fehlerfall ein Interrupt ausgelöst werden soll. Das Kennzeichenwort enthält für jedes Stapeloperandenregister ein aus zwei Bit bestehendes Kennzeichen (Tag). 0 0 bedeutet gültig, 0 1 bedeutet wahre Null, 1 0 bedeutet Fehlerfall (NAN oder DENORMAL) und 1 1 bedeutet leer. Ein Register, das aus dem Stapel geholt wird (POP), wird als leer gekennzeichnet. Ein freigegebenes (leeres) Register kann nicht mehr gelesen, sondern nur neu beschrieben werden. Damit soll verhindert werden, daß noch nicht beschriebene oder bereits freigegebene Operanden verarbeitet werden. Die 8 Stapelregister bilden einen "Ring". Bei einem Befehl, der mit einem "PUSH" verbunden ist, rückt das unterste Register an die oberste Stelle und wird überschrieben. Bei einem "POP"-Befehl rückt das oberste Register an die unterste Stelle und wird als "leer" gekennzeichnet. Die Befehls- und Operandenadressen in den beiden restlichen Doppelwortregistern sind physikalische Speicheradressen des zuletzt ausgeführten Befehls. Im Befehlsteil ist der Funktionscode enthalten. Er besteht aus den vier niederen Bits des ESC-Befehls und dem Code des Erweiterungsbytes.

```
        .8087               ; BEFEHLE FUER 8087-ARITHMETIKPROZESSOR
; BILD 5.6-3  TESTPROGRAMM QUADRAT UND WURZEL
PROG    SEGMENT             ; PROGRAMMSEGMENT
        ASSUME   CS:PROG,DS:PROG,ES:PROG,SS:PROG
        EXTRN    EINREAL:NEAR,AUSREAL:NEAR  ; EIN/AUSGABE-UNTERPROGRAMME
        ORG      0080H      ; VARIABLENBEREICH
AKKU    DW    8  DUP (?) ; 128-BIT-HILFSAKKU
PUFF    DB   16  DUP (?) ; EIN/AUSGABEPUFFER
REAL    DQ       (?)     ; LONG-REAL-ZAHL
REALQ   DQ       (?)     ; QUADRAT
REALW   DQ       (?)     ; WURZEL
;
```

```
            ORG      100H    ; BEFEHLSBEREICH
START:  ┌── FLDPI            ; PUSH UND KONSTANTE  PI  LADEN
        │   FSTP     REAL    ; ZAHL SPEICHERN UND POP
        │   WAIT             ; WARTEN BIS OPERATION BEEENDET
        └───────────────────────────────────────────────
            LEA      AX,AKKU ; ADRESSE 128-BIT-AKKU
            LEA      BX,PUFF ; ADRESSE AUSGABEPUFFER
            LEA      SI,REAL ; ADRESSE LONG-REAL-ZAHL
            CALL     AUSREAL ; UMWANDELN UND AUSGEBEN
LOOP:       LEA      BX,T1   ; NEUE ZEILE UND  >
            CALL     AUST    ; AUSGEBEN
            LEA      AX,AKKU ; ADRESSE 128-BIT-AKKU
            LEA      BX,PUFF ; ADRESSE EINGABEPUFFER
            LEA      DI,REAL ; ADRESSE LONG-REAL-ZAHL
            CALL     EINREAL ; ZAHL LESEN UND SPEICHERN
            JC       ERROR   ; CY = 1: FEHLER
        ┌── FLD      REAL    ; PUSH UND ZAHL LADEN
        │   FST      ST(1)   ; ZAHL IN DEN STAPEL KOPIEREN
        │   FMUL     ST,ST(1) ; QUADRIEREN
        │   FSTP     REALQ   ; QUADRAT SPEICHERN UND POP
        │   FABS             ; ABSOLUTWERT BILDEN
        │   FSQRT            ; WURZEL ZIEHEN
        │   FST      REALW   ; WURZEL SPEICHERN
        └── WAIT             ; WARTEN AUF ENDE DES BEFEHLS
            LEA      BX,T2   ; LZ  UND  Q=
            CALL     AUST    ; AUSGEBEN
            LEA      AX,AKKU ; ADRESSE 128-BIT-AKKU
            LEA      BX,PUFF ; ADRESSE AUSGABEPUFFER
            LEA      SI,REALQ ; ADRESSE QUADRATZAHL
            CALL     AUSREAL ;
            LEA      BX,T3   ; LZ  UND  W=
            CALL     AUST    ; AUSGEBEN
            LEA      AX,AKKU ; ADRESSE 128-BIT-AKKU
            LEA      BX,PUFF ; ADRESSE AUSGABEPUFFER
            LEA      SI,REALW ; ADRESSE WURZEL
            CALL     AUSREAL ; ZAHL UMWANDELN UND AUSGEBEN
            JMP      LOOP    ; TESTSCHLEIFE
ERROR:      LEA      BX,T4   ; HUPE LZ UND ?
            CALL     AUST    ; AUSGEBEN
            JMP      LOOP    ; TESTSCHLEIFE
;
T1          DB       0AH,0DH,'>','$'
T2          DB       20H,'Q','=','$'
T3          DB       20H,'W','=','$'
T4          DB       20H,7,'?','$'
;
; AUST - TEXT AUS [BX] BIS ENDEMARKE $ AUSGEBEN
AUST:       PUSH     AX      ; AX RETTEN
AUST1:      MOV      AL,[BX] ;
            CMP      AL,'$'  ; ENDEMARKE ?
            JE       AUST2   ; JA: FERTIG
            CALL     AUSZ    ; NEIN: ZEICHEN AUSGEBEN
            INC      BX      ; NAECHSTES ZEICHEN
            JMP      AUST1   ; SCHLEIFE BIS ENDEMARKE
AUST2:      POP      AX      ; AX ZURUECK
            RET              ;
;
; SYSTEM-UNTERPROGRAMME
EINZE:      INT      11H     ; EINGABE NACH AL
            INT      17H     ; AUSGABE AUS AL
            RET              ;
;
AUSZ:       INT      17H     ; AUSGABE AUS AL
            RET              ;
;
            ORG      200H    ; KONSTANTENBEREICH
KONST       DQ       123.125 ;
PROG        ENDS             ; ENDE DES SEGMENTES
            END      START   ;
```

Bild 5.6-3: Testprogramm zur Berechnung von Quadrat und Wurzel

```
*>GO
Startadresse:    Offset>100

 3.14159265358979
>1_  Q= 1.00000000000000 W= 1.00000000000000
>2_  Q= 4.00000000000000 W= 1.41421356237310
>3_  Q= 9.00000000000000 W= 1.73205080756888
>4_  Q= 16.0000000000000 W= 2.00000000000000
>0_  Q=0 W=0
>1000000.0_  Q= 1000000000000.00 W= 1000.00000000000
>10000000._  Q= 100000000000000. W= 3162.27766016838
>100000000_  Q= *************** W= 10000.0000000000
>0.0000010_  Q= 0.00000000000100 W= 0.00100000000000
>0.0000001_  Q= 0.00000000000001 W= 0.00031622776602
>0.0000000001_  Q=*************** W= 0.00001000000000
>0.0_  Q=0 W=0
>16.0_  Q= 256.000000000000 W= 4.00000000000000
>-16._  Q= 256.000000000000 W= 4.00000000000000
>0.16_  Q= 0.02560000000000 W= 0.40000000000000
>-.16_  Q= 0.02560000000000 W= 0.40000000000000
>123.125_  Q= 15159.7656250000 W= 11.0961705105861
>9999999999999999.9999999999999999_  Q=*************** W= 100000000.0000000
>
```

Bild 5.6-4: Ergebnisse des Testprogramms

Bei der Untersuchung des Arithmetikprozessors durch Testprogramme ist es nötig, Dezimalzahlen über die Konsole ein- und auszugeben. Dies geschieht in dem in **Bild 5.6-3** dargestellten Programm durch die beiden Unterprogramme EINREAL und AUSREAL, die als externe Unterprogramme aufgerufen werden. Die vollständige Programmliste dieser beiden Unterprogramme befindet sich im Anhang. Sie benötigen zwei Hilfsspeicher (AKKU = 8 Wörter und PUFF = 16 Bytes), deren Adressen in den Registern AX und BX zu übergeben sind. Das Unterprogramm EINREAL speichert die auf der Konsole eingegebene Zahl in einem Vierfachwort als LONG-REAL-Zahl, die Adresse ist im DI-Register zu übergeben. Das Unterprogramm AUSREAL gibt eine LONG-REAL-Zahl mit 15 Dezimalstellen auf der Konsole aus; die Adresse ist im SI-Register zu übergeben. **Bild 5.6-4** zeigt einen Testlauf. Läßt sich die Zahl nicht in 15 Dezimalstellen darstellen, so erscheinen Sterne als Fehlermeldung. Die im Bild 5.6-3 eingerahmt dargestellten Befehle sind Befehle für den Arithmetikprozessor, sie beginnen mit dem Kennbuchstaben "F".

Der Befehl FLDPI lädt die Konstante PI in das oberste Stapelregister. Der folgende Befehl FSTP REAL speichert den Inhalt des obersten Stapelregisters in den Arbeitsspeicher (Adresse REAL) und gibt das Register wieder frei. Der Befehl FLDPI wirkt wie ein PUSH-Befehl, der Befehl FSTP wirkt wie ein POP-Befehl. Bei der Arbeit mit den Stapelregistern des Arithmetikprozessors ist darauf zu achten, daß die Anzahl der PUSH-Operationen gleich der Anzahl der POP-Operationen ist, sonst würde der Stapel "überlaufen".

Anweisung	Operand	Wirkung
DW	zahl oder ?	lege Wort (2 Byte) im Speicher an
DD	zahl oder ?	lege Doppelwort (4 Byte) im Speicher an
DQ	zahl oder ?	lege Vierfachwort (8 Byte) im Speicher an
DT	zahl oder ?	lege Zehnfachwort (10 Byte) im Speicher an

```
2                                    ; BILD 5.6-5  VEREINBARUNG VON KONSTANTEN UND VARIABLEN
3                                           .8087          ; BEFEHLE ARITHMETIKPROZESSOR
4        0000                         PROG   SEGMENT        ; PROGRAMMSEGMENT
5                                            ASSUME  CS:PROG,DS:PROG,ES:PROG,DS:PROG
6        0200                                ORG    200H    ; KONSTANTENBEREICH
7        0200 0001                    WINT   DW     1       ; WORT-INTEGER
8        0202 01 00 00 00             SINT   DD     1       ; SHORT-INTEGER
9        0206 01 00 00 00 00 00 00    LINT   DQ     1       ; LONG-INTEGER
10            00 00
11       020E 00 00 80 3F             SREA   DD     1.0     ; SHORT-REAL
12       0212 00 00 00 00 00 00       LREA   DQ     1.0     ; LONG-REAL
13            F0 3F
14       021A 00 00 00 00 00 00       TREA   DT     1.0     ; TEMP-REAL
15            00 80 FF 3F
16       0224 01 00 00 00 00 00       BCDP   DT     1       ; BCD-GEPACKT
17            00 00 00 00
18       0300                                ORG    300H    ; VARIABLENBEREICH
19       0300 ????                    VWINT  DW     ?       ; WORT-INTEGER
20       0302 ????????                VSINT  DD     ?       ; SHORT-INTEGER
21       0306 ????????????????        VLINT  DQ     ?       ; LONG-INTEGER
22       030E ????????                VSREA  DD     ?       ; SHORT-REAL
23       0312 ????????????????        VLREA  DQ     ?       ; LONG-REAL
24       031A ????????????????????    VTREA  DT     ?       ; TEMP-REAL
25            ??
26       0324 ????????????????????    VBCDP  DT     ?       ; BCD-GEPACKT
27            ??
28       0100                                ORG    100H    ; BEFEHLSBEREICH
29       0100 9B DF 06 0200 R         START: FILD   WINT    ; PUSH UND LADE WORT-INTEGER-KONSTANTE
30       0105 9B DF 3E 0306 R                FISTP  VLINT   ; SPEICHERE NACH LONG-INTEGER UND POP
31       010A 9B D9 06 020E R                FLD    SREA    ; PUSH UND LADE SHORT-REAL-KONSTANTE
32       010F 9B DB 3E 031A R                FSTP   VTREA   ; SPEICHERE NACH TEMP-REAL UND POP
33       0114 9B DF 26 0224 R                FBLD   BCDP    ; PUSH UND LADE BCD-GEPACKT
34       0119 9B DF 36 0324 R                FBSTP  VBCDP   ; SPEICHERE NACH BCD-GEPACKT UND POP
35       011E EB 01 90                        JMP    EXIT    ; RUECKSPRUNG NACH SYSTEM
36                                    ; SYSTEMAUFRUF
37       0121 CD 10                   EXIT:  INT    10H     ; RUECKSPRUNG NACH SYSTEM
38       0123                         PROG   ENDS
39                                            END    START
```

```
DUMP:   Anfangsadresse:   Offset 0200
        Endadresse:       Offset 022F

              0  1  2  3  4  5  6  7  8  9  A  B  C  D  E  F
0080:0200    01 00 01 00 00 00 01 00 00 00 00 00 00 00 00 00
0080:0210    80 3F 00 00 00 00 00 00 F0 3F 00 00 00 00 00 00
0080:0220    00 80 FF 3F 01 00 00 00 00 00 00 00 00 00 00 00
```

```
DUMP:   Anfangsadresse:   Offset 0300
        Endadresse:       Offset 032F

              0  1  2  3  4  5  6  7  8  9  A  B  C  D  E  F
0080:0300    00 00 00 00 00 00 01 00 00 00 00 00 00 00 00 00
0080:0310    00 00 00 00 00 00 00 00 00 00 00 00 00 00 00 00
0080:0320    00 80 FF 3F 01 00 00 00 00 00 00 00 00 00 90 90
```

Bild 5.6-5: Vereinbarung von Konstanten und Variablen im Arbeitsspeicher

Die Vereinbarung von Konstanten und Variablen im Arbeitsspeicher entsprechend **Bild 5.6-5** erfolgt mit Hilfe des Assemblers. Dabei können folgende Zahlendarstellungen verwendet werden:

Typ	Darstellung	Vereinbarung	indir. adr.
INTEGER WORD	16-Bit dual mit Vorzeichen	DW	WORD PTR
INTEGER SHORT	32-Bit dual mit Vorzeichen	DD	DWORD PTR
INTEGER LONG	64-bit dual mit Vorzeichen	DQ	QWORD PTR
REAL SHORT	VZ 8-bit-Char. 23-bit-Mant.	DD	DWORD PTR
REAL LONG	VZ 11-bit-Cha. 52-bit-Mant.	DQ	QWORD PTR
REAL TEMP	VZ 15-bit-Cha. 64-bit-Mant.	DT	TBYTE PTR
BCD PACKED	VZ-Byte 18 Dezimalstellen	DT	TBYTE PTR

Konstanten von Typ INTEGER und BCD werden ohne Punkt, Konstanten vom Typ REAL werden mit einem Punkt eingegeben. Weitere Einzelheiten sind den Unterlagen des verwendeten Assemblers zu entnehmen. Alle Zahlen werden grundsätzlich mit dem wertniedrigsten Byte beginnend im Speicher abgelegt nach der Regel:

LOW-Byte - LOW-Adresse und HIGH-Byte - HIGH-Adresse

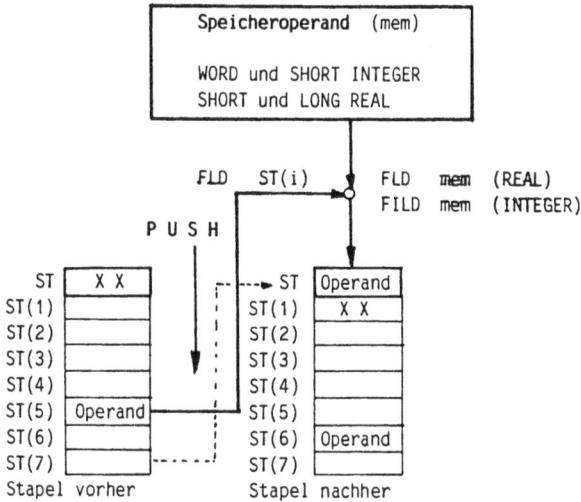

Befehl	Operand	Wirkung
FLD	mem	PUSH und lade Stapelspitze ST mit REAL-Speicheroperand
FILD	mem	PUSH und lade Stapelspitze ST mit INTEGER-Speicheroper.
FLD	ST(i)	PUSH und lade Stapelspitze ST mit Stapeloperand i

Bild 5.6-6: Befehle zum Laden von Operanden im Normalformat

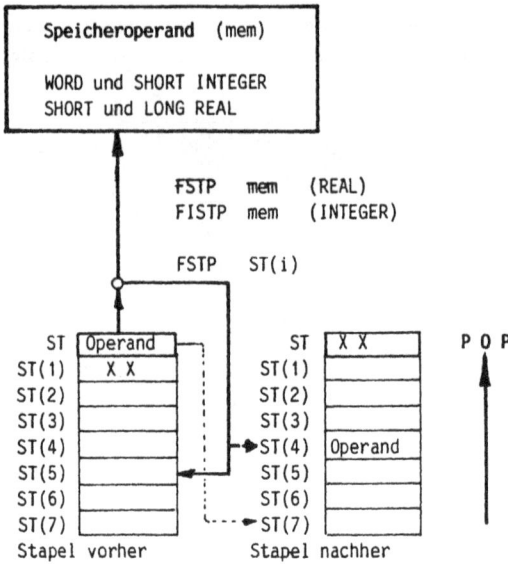

```
        Speicheroperand   (mem)

        WORD und SHORT INTEGER
        SHORT und LONG REAL


                    FSTP   mem   (REAL)
                    FISTP  mem   (INTEGER)


                    FSTP   ST(i)


        ST  Operand             ST  X X        P O P
      ST(1)   X X             ST(1)
      ST(2)                   ST(2)
      ST(3)                   ST(3)
      ST(4)                 ➤ST(4)  Operand
      ST(5)                   ST(5)
      ST(6)                   ST(6)
      ST(7)                 ➤ST(7)
    Stapel vorher           Stapel nachher
```

Befehl	Operand	Wirkung
FSTP	mem	Speichere Stapelspitze nach REAL-Speicheroperand und **POP**
FISTP	mem	Speichere Stapelspitze nach INTEGER-Speicherop. und **POP**
FSTP	ST(i)	Speichere Stapelspitze nach Stapeloperand i und **POP**

Bild 5.6-7: Befehle zum Speichern von Operanden mit POP

In der Übersetzungsliste des verwendeten Assemblers wurde das Speicherwort WINT mit dem höherwertigen Byte zuerst dargestellt. Der Speicherauszug zeigt jedoch, daß die Konstante richtig geladen wurde. Da jede Übertragung von Operanden zwischen dem Arithmetikprozessor und dem Arbeitsspeicher mit einer Zahlenumwandlung verbunden ist, muß der Assembler für jeden Operandentyp einen anderen Kode erzeugen und ist daher auf die Datendefinitionen angewiesen. Befehle, die auf INTEGER- und BCD-Operanden zugreifen, erhalten in den symbolischen Befehlsbezeichnungen den Zusatz "I" bzw. "B". Bei der indirekten Adressierung durch ein Wortregister muß der Operandentyp durch die PTR-Anweisung gekennzeichnet werden.

Bei der Übertragung von Operanden innerhalb des Registersatzes des Arithmetikprozessors entfallen alle Typangaben, da der Prozessor alle Daten intern in einem einheitlichen Format darstellt.

Laden bedeutet entsprechend **Bild 5.6-6** , einen Operanden in das oberste Stapelregister ST(0) = ST zu bringen. Dabei wird zunächst der Stapelzeiger um 1 vermindert, so daß das oben auf dem Stapel liegende Register um eine Position nach unten rückt. Das unterste Register wird nun an die Stapelspitze ST gebracht und mit dem Operanden überschrieben. Alle anderen Register rücken um eine Position nach unten. Ist der Operand ein Stapelregister (z.B.ST(5)), so wird seine Adresse nach Ausführung des Befehls um 1 erhöht; z.B. aus ST(5) wird ST(6). Jeder Ladebefehl ist mit einer PUSH-Operation verbunden. Für das Speichern gibt es zwei verschiedene Befehle.

Speichern mit **POP** entsprechend **Bild 5.6-7** bedeutet, daß das oberste Stapelregister ST(0) = ST ausgelesen und anschließend freigegeben wird. Dabei rücken alle nachfolgenden Register um eine Position nach oben. Das bisher oberste Register gelangt an die unterste Stelle, wird als "leer" gekennzeichnet und kann nun nicht mehr gelesen werden. Ist der Zieloperand ein Stapelregister z.B. ST(5), so wird seine Adresse nach Ausführung des Befehls um 1 vermindert; z.B. aus ST(5) wird ST(4).

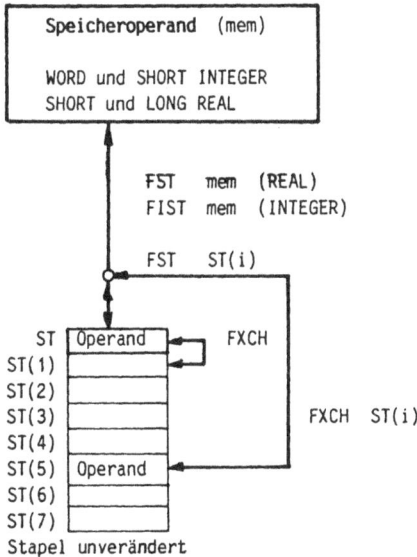

Befehl	Operand	Wirkung
FST	mem	Speichere Stapelspitze ST nach REAL-Speicheroperand
FIST	mem	Speichere Stapelspitze ST nach INTEGER-Speicheroperand
FST	ST(i)	Speichere Stapelspitze ST nach Stapeloperand i
FXCH	ST(i)	Vertausche Stapelspitze ST mit Stapeloperand i
FXCH		Vertausche Stapelspitze ST mit Stapeloperand ST(1)

Bild 5.6-8: Befehle zum Speichern von Operanden ohne POP

Speichern allein bedeutet entsprechend **Bild 5.6-8** , daß das oberste Stapelregister gelesen, aber nicht freigegeben wird. Alle Stapelregister behalten

ihre Positionen. Der Befehl FXCH für eXCHange gleich umspeichern vertauscht
den Inhalt des obersten Stapelregisters ST = ST(0) mit einem anderen Stapelregister. Auch hier bleiben die Positionen der Register unverändert. Die in
Bild 5.6-9 dargestellten Befehle zum Laden und Speichern der Sonderformate
sind immer mit einem PUSH bzw. einem POP verbunden.

Befehl	Operand	Wirkung
FLD	mem	**PUSH** und lade Stapelspitze mit REAL-TEMP-Speicheroperand
FILD	mem	**PUSH** und lade Stapelspitze mit INTEGER-LONG-Speicherop.
FBLD	mem	**PUSH** und lade Stapelspitze mit BCD-PACKED-Speicheroperand
FSTP	mem	Speichere Stapelspitze nach REAL-TEMP-Operand und **POP**
FISTP	mem	Speichere Stapelspitze nach INTEGER LONG-Operand und **POP**
FBSTP	mem	Speichere Stapelspitze nach BCD-PACKED-Operand und **POP**

Bild 5.6-9: Laden und Speichern der Speicher-Sonderformate

Die Speicher-Sonderformate REAL TEMP (Temporary = vorübergehend, zeitwei-
lig), INTEGER LONG (Long = lang) und BCD PACKED (gepackte BCD-kodierte
Dezimalzahl) müssen entsprechend ihrem Typ durch Datendefinitionen vereinbart werden. Beispiele:

```
TREAL    DT    (?)    REAL TEMP in 10 Bytes
LINT     DQ    (?)    INTEGER LONG in 8 Bytes
DEZI     DT    (?)    BCD PACKED in 10 Bytes
```

Die arithmetischen Befehle können nur auf die vier Normalformate (INTEGER
WORD und SHORT sowie REAL SHORT und LONG) sowie auf Operanden in
den Stapelregistern angewendet werden. **Bild 5.6-10** zeigt den Aufbau der
symbolischen Befehlsbezeichnungen.

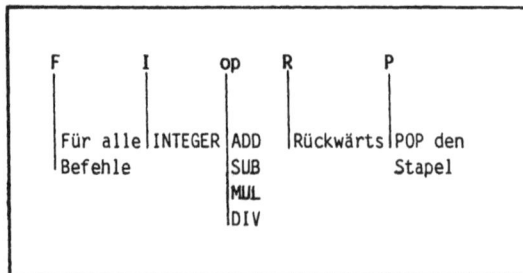

Bild 5.6-10: Allgemeiner Aufbau der arithmetischen Befehle

Der Kennbuchstabe **F** kennzeichnet die für den Arithmetikprozessor bestimmten
Befehle. Alle Befehle mit INTEGER-Operanden im Arbeitsspeicher werden

durch den Kennbuchstaben **I** gekennzeichnet. Bei den Operationen Subtrahieren (SUB) und Dividieren (DIV) zeigt der Buchstabe **R** , daß die Reihenfolge der beiden Operanden zu vertauschen ist. **P** für POP kennzeichnet eine Operation, bei der der Stapelzeiger im 1 erhöht wird; damit geht das oberste Stapelregister ST = ST(0) verloren. Die Wirkung der arithmetischen Befehle wird in den folgenden Bildern erklärt.

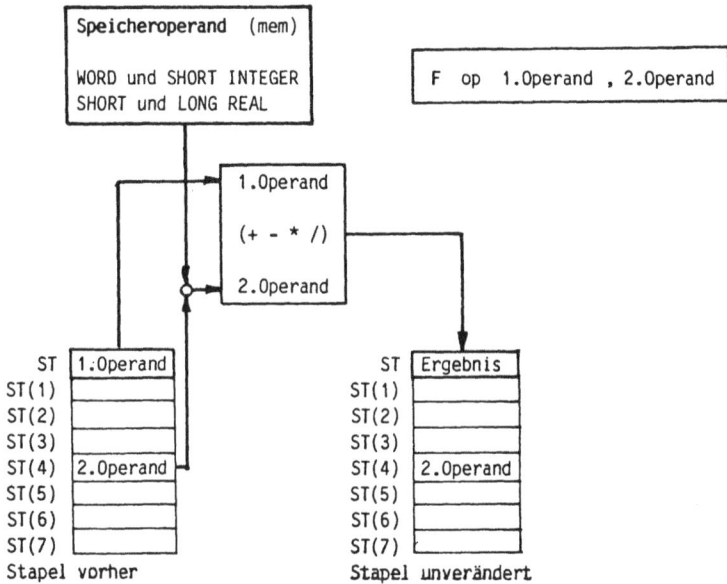

```
┌─────────────────────────────┐
│ Speicheroperand  (mem)      │         ┌──────────────────────────────┐
│                             │         │ F  op  1.Operand , 2.Operand │
│ WORD und SHORT INTEGER      │         └──────────────────────────────┘
│ SHORT und LONG REAL         │
└─────────────────────────────┘
            ┌───────────────┐
            │  1.Operand    │
            │               │
            │  (+ - * /)    │
            │               │
            │  2.Operand    │
            └───────────────┘

      ST │1.Operand│          ST │Ergebnis │
    ST(1)│         │        ST(1)│         │
    ST(2)│         │        ST(2)│         │
    ST(3)│         │        ST(3)│         │
    ST(4)│2.Operand│        ST(4)│2.Operand│
    ST(5)│         │        ST(5)│         │
    ST(6)│         │        ST(6)│         │
    ST(7)│         │        ST(7)│         │
    Stapel vorher            Stapel unverändert
```

Bild 5.6-11: Arithmetische Befehle in "natürlicher" Reihenfolge

Alle nicht besonders gekennzeichneten arithmetischen Befehle werden entsprechend **Bild 5.6-11** in der Reihenfolge:

1.Operand Funktion 2.Operand

ausgeführt. Das Ergebnis erscheint im 1. Operanden und überschreibt diesen. Der Stapel bleibt unverändert. Einer der beiden Operanden **muß** sich im obersten Stapelregister ST = ST(0) befinden. Der andere Operand kann eine Speicherstelle oder ein anderes Stapelregister sein. Beispiel:

FSUB   ST,ST(1)   ST = ST - ST(1)

```
┌──────────────────────────┐
│ Speicheroperand  (mem)   │
│                          │              ┌─────────────────────────────┐
│ WORD und SHORT INTEGER   │              │ F  op  R  1.Operand , 2.Operand │
│ SHORT und LONG REAL      │              └─────────────────────────────┘
└──────────────────────────┘
```

Bild 5.6-12 diagram with:
- 2.Operand
- (- /)
- 1.Operand

ST	1.Operand		ST	Ergebnis
ST(1)			ST(1)	
ST(2)			ST(2)	
ST(3)			ST(3)	
ST(4)	2.Operand		ST(4)	2.Operand
ST(5)			ST(5)	
ST(6)			ST(6)	
ST(7)			ST(7)	

Stapel vorher   Stapel unverändert

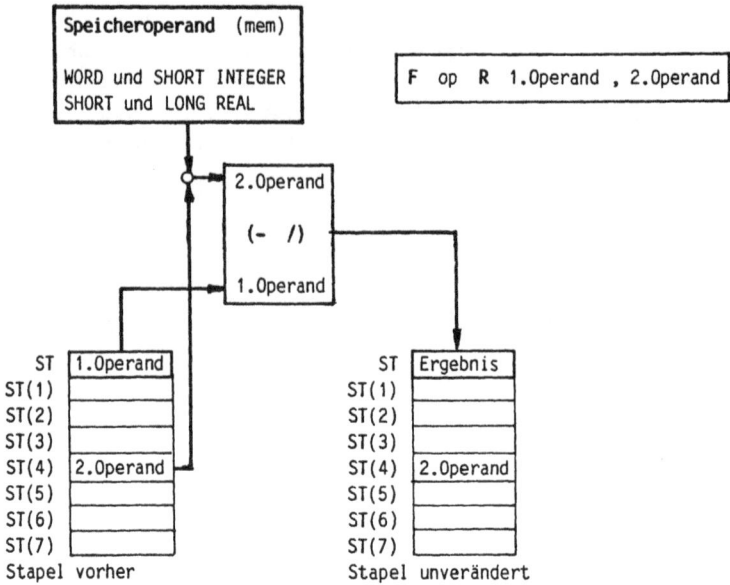

Bild 5.6-12: Arithmetische Befehle mit "vertauschten" Operanden

Durch den Buchstaben **R** gekennzeichnete Befehle werden entsprechend **Bild 5.6-12** in der umgekehrten Reihenfolge

> 2.Operand   Funktion   1. Operand

ausgeführt. Diese Befehle gibt es nur für die Operationen Subtrahieren (SUB) und Dividieren (DIV), da bei der Addition (ADD) und der Multiplikation (MUL) die beiden Operanden von sich aus vertauschbar sind. Das Ergebnis erscheint im 1. Operanden und überschreibt diesen. Der Stapel bleibt unverändert. Beispiel:

> FSUBR   ST,ST(1)   ST = ST(1) - ST

Wird ein arithmetischer Befehl durch den Buchstaben **P** gekennzeichnet, so wird entsprechend **Bild 5.6-13** nach der Ausführung der Operation der Stapelzeiger erhöht. Da damit das oberste Stapelregister ST = ST(0) verschwindet, darf es nicht als Zielregister angegeben werden, da sonst das Ergebnis verloren gehen würde.

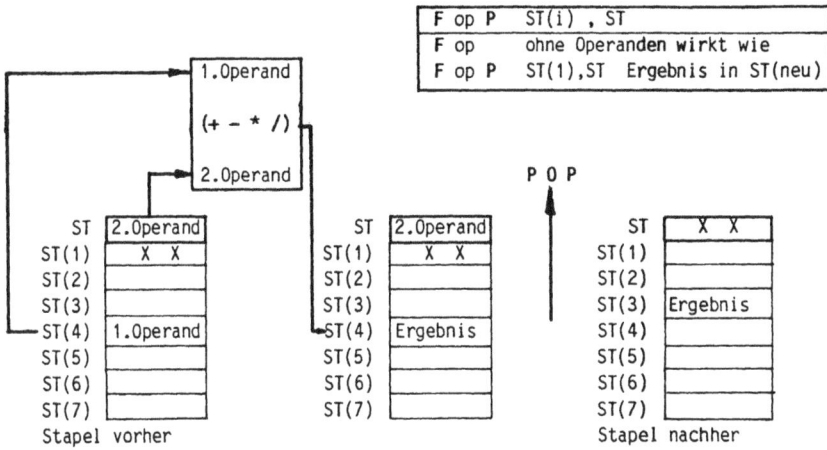

F op P	ST(i) , ST
F op	ohne Operanden wirkt wie
F op P	ST(1),ST Ergebnis in ST(neu)

Bild 5.6-13: Arithmetische Befehle mit Stapeloperanden und POP

Befehl	Operand	Wirkung
FADD	mem	ST = ST + Speicheroperand (SHORT oder LONG REAL)
FIADD	mem	ST = ST + Speicheroperand (WORD oder SHORT INTEGER)
FADD	ST,ST(i)	ST = ST + Stapeloperand i
FADD	ST(i),ST	ST(i) = ST(i) + Stapelspitze ST
FADDP	ST(i),ST	ST(i) = ST(i) + Stapelspitze ST und **POP**: ST(alt) verloren
FADD		ST(1) = ST(1) + Stapelspitze ST und **POP**: Ergebnis ST(neu)

Bild 5.6-14: Die Additionsbefehle

Befehl	Operand	Wirkung
FSUB	mem	ST = ST - Speicheroperand (SHORT oder LONG REAL)
FISUB	mem	ST = ST - Speicheroperand (WORD oder SHORT INTEGER)
FSUB	ST,ST(i)	ST = ST - Stapeloperand i
FSUB	ST(i),ST	ST(i) = ST(i) - Stapelspitze ST
FSUBP	ST(i),ST	ST(i) = ST(i) - Stapelspitze ST und **POP**: ST(alt) verloren
FSUB		ST(1) = ST(1) - Stapelspitze ST und **POP**: Ergebnis ST(neu)
FSUBR	mem	ST = Speicheroperand (SHORT oder LONG REAL) - ST
FISUBR	mem	ST = Speicheroperend (WORD oder SHORT INTEGER) - ST
FSUBR	ST,ST(i)	ST = Stapeloperand i - Stapelspitze ST
FSUBR	ST(i),ST	ST(i) = Stapelspitze ST - Stapeloperand ST(i)
FSUBRP	ST(i),ST	ST(i) = Stapelspitze ST - ST(i) und **POP**: ST(alt) verloren
FSUBR		ST(1) = Stapelspitze ST - ST(1) und **POP**: Ergebnis ST(neu)

Bild 5.6-15: Die Subtraktionsbefehle

Die in **Bild 5.6-14** dargestellten Additionsbefehle addieren die beiden Operanden und bringen die Summe in den ersten Operanden. Bei der Addition einer Speicherstelle ist immer das oberste Stapelregister ST = ST(0) das Zielregister, das die Summe aufnimmt. Der Zusatz **P** für POP erhöht den Stapelzeiger um 1. Der Befehl FADD ohne Operanden wirkt wie der Befehl FADDP ST(1),ST . Er addiert die beiden obersten Operanden des Stapels, bringt das Ergebnis nach ST(1) und führt anschließend eine POP-Operation durch. Dadurch erscheint die Summe im obersten Stapelregister ST = ST(0).

Die in **Bild 5.6-15** dargestellten Subtraktionsbefehle subtrahieren die beiden Operanden und bringen die Differenz in den ersten Operanden. Bei der Subtraktion einer Speicherstelle ist immer das oberste Stapelregister ST = ST(0) das Zielregister, das die Differenz aufnimmt. Die Reihenfolge der Operanden kann durch den Zusatz **R** vertauscht werden, das Ergebnis wird in den ersten Operanden übernommen. Der Zusatz **P** erhöht den Stapelzeiger um 1 und gibt dann anschließend die Stapelspitze frei. Die beiden Befehle FSUB und FSUBR ohne Operanden arbeiten mit den Operanden ST(1),ST und führen anschließend eine POP-Operation durch. Dadurch erscheint die Differenz im obersten Stapelregister ST = ST(0).

Befehl	Operand	Wirkung
FMUL	mem	ST = ST * Speicheroperand (SHORT oder LONG REAL)
FIMUL	mem	ST = ST * Speicheroperand (WORD oder SHORT INTEGER)
FMUL	ST,ST(i)	ST = ST * Stapeloperand i
FMUL	ST(i),ST	ST(i) = ST(i) * Stapelspitze ST
FMULP	ST(i),ST	ST(i) = ST(i) * Stapelspitze ST und **POP**: ST(alt) verloren
FMUL		ST(1) = ST(1) * Stapelspitze ST und **POP**: Ergebnis ST(neu)

Bild 5.6-16: Die Multiplikationsbefehle

Die in **Bild 5.6-16** dargestellten Multiplikationsbefehle multiplizieren die beiden Operanden und bringen das Produkt in den ersten Operanden. Bei der Multiplikation einer Speicherstelle ist immer das oberste Stapelregister ST = ST(0) das Zielregister, das das Produkt aufnimmt. Der Zusatz **P** für POP erhöht den Stapelzeiger um 1. Der Befehl FMUL ohne Operanden wirkt wie der Befehl FMUL ST(1),ST . Er multipliziert die beiden obersten Operanden des Stapels, bringt das Ergebnis nach ST(1) und führt anschließend eine POP-Operation durch. Dadurch erscheint das Produkt im obersten Stapelregister ST = ST(0).

Die dualen Divisionsbefehle DIV und IDIV des Mikroprozessors arbeiten mit ganzen Zahlen und ergeben einen Quotienten sowie einen Divisionsrest. Die Gleitpunkt-Divisionsbefehle FDIV arbeiten in der Mantisse-Exponent-Darstellung und liefern einen Quotienten in der gleichen Zahlendarstellung. Dabei sind Reste als Stellen hinter dem Dualpunkt enthalten. Der Divisionsrest kann mit

Befehl	Operand	Wirkung
FDIV	mem	ST = ST / Speicheroperand (SHORT oder LONG REAL)
FIDIV	mem	ST = ST / Speicheroperand (WORD oder SHORT INTEGER)
FDIV	ST,ST(i)	ST = ST / Stapeloperand i
FDIV	ST(i),ST	ST(i) = ST(i) / Stapelspitze ST
FDIVP	ST(i),ST	ST(i) = ST(i) / Stapelspitze ST und **POP**: ST(alt) verloren
FDIV		ST(1) = ST(1) / Stapelspitze ST und **POP**: Ergebnis ST(neu)
FDIVR	mem	ST = Speicheroperand (SHORT oder LONG REAL) / ST
FIDIVR	mem	ST = Speicheroperand (WORD oder SHORT INTEGER) / ST
FDIVR	ST,ST(i)	ST = Stapeloperand i / Stapelspitze ST
FDIVR	ST(i),ST	ST(i) = Stapelspitze ST / Stapeloperand ST(i)
FDIVRP	ST(i),ST	ST(i) = Stapelspitze ST / ST(i) und **POP**: ST(alt) verloren
FDIVR		ST(1) = Stapelspitze ST / ST(1) und **POP**: Ergebnis ST(neu)

Bild 5.6-17: Die Divisionsbefehle

der Funktion FRNDINT ermittelt werden. Der Quotient erscheint immer im ersten Operanden, auch wenn die Reihenfolge der Operanden durch den Zusatz **R** vertauscht wird. Der Zusatz **P** erhöht den Stapelzeiger um 1 und gibt anschließend die Stapelspitze frei. Die beiden Befehle FDIV und FDIVR ohne Operanden arbeiten mit den Operanden ST(1),ST und führen anschließend eine POP-Operation durch. Dadurch erscheint der Quotient im obersten Stapelregister ST = ST(0).

Befehl	Operand	Wirkung
FCOM	mem	Differenz ST - Speicheroperand (SHORT oder LONG REAL)
FICOM	mem	Differenz ST - Speicheroperand (WORD oder SHORT INTEGER)
FCOM	ST(i)	Differenz ST - Stapeloperand i
FCOM		Differenz ST - Stapeloperand ST(1)
FCOMP	mem	Differenz ST - Speicheroperand (wie FCOM) und **POP**
FICOMP	mem	Differenz ST - Speicheroperand (wie FICOM) und **POP**
FCOMP	ST(i)	Differenz ST - Stapeloperand i und **POP** ST(alt) verloren
FCOMP		Differenz ST - Stapeloperand ST(1) und **POP** ST(alt) verl.
FCOMPP		Differenz ST - ST(1) und **POP** und **POP** beide Op. verloren
FTST		Differenz ST - 0.0: verändere Bedingungsbits C3 und C0
FXAM		Untersuche Operanden in Stapelspitze ST (C3, C2, C1, C0)

Bild 5.6-18: Die Vergleichsbefehle

Die in **Bild 5.6-18** dargestellten Vergleichsbefehle bilden die Differenz zwischen dem obersten Stapelregister ST = ST(0) und einer Speicherstelle bzw. einem anderen Stapelregister. Die beiden Operanden bleiben unverändert. Die Differenz verändert die beiden Bedingungsbits C3 und C0 des Statusregisters. Da der Arithmetikprozessor keine eigenen bedingten Sprungbefehle hat, müssen die Bedingungsbits im Umweg über den Speicher in das Bedingungsregister des Mikroprozessors gebracht und dort durch bedingte Sprünge ausgewertet werden. Dazu ist im Arbeitsspeicher ein Hilfsspeicherwort erforderlich. Beispiel:

```
STATUS    DW       (?)            Hilfsspeicherwort im Arbeitsspeicher

          FCOMxx   op             beliebiger Vergleichsbefehl
          FSTSW    STATUS         Statusregister in den Arbeitsspeicher
          FWAIT                   warten bis Operation beendet
          PUSH     AX             falls erforderlich AX retten
          MOV      AX,STATUS      AX mit dem Statusregister laden
          SAHF                    speichere den HIGH-Teil in die Bedingungsb.
          POP      AX             falls gerettet AX wieder zurueckholen
          Jxx      ziel           bedingter Sprung entsprechend Bild 5.6-19
```

Befehl	Operand	Wirkung
JA	Adresse	Springe wenn Stapelspitze ST größer Operand
JAE	Adresse	Springe wenn Stapelspitze ST größer/gleich Operand
JE	Adresse	Springe wenn Stapelspitze ST gleich Operand
JNE	Adresse	Springe wenn Stapelspitze ST ungleich Operand
JBE	Adresse	Springe wenn Stapelspitze ST kleiner/gleich Operand
JB	Adresse	Springe wenn Stapelspitze ST kleiner Operand

Bild 5.6-19: Bedingte Sprünge nach Vergleichsbefehlen

Die Bedingungsbits C3 und C0 des Statusregisters werden in die Bedingungsbits Z und C des Statusregisters im Mikroprozessor kopiert und können mit den in **Bild 5.6-19** zusammengestellten bedingten Sprungbefehlen ausgewertet werden. Das in Bild 5.6-26 dargestellte Testprogramm zeigt dazu Beispiele.

Befehl	Operand	Wirkung
FSQRT		ST = Quadratwurzel (ST) Radikand muß positiv sein !
FSCALE		ST = ST * 2 hoch ST(1) ST(1) ganzzahlig (WORD INTEGER)
FPREM		ST = ST - ST(1) bildet teilweise ST = ST MOD ST(1)
		C2 = 0: Rest in ST kleiner oder gleich Modulus in ST(1)
		C2 = 1: Rest in ST größer als Modulus in ST(1): nochmal !
FRNDINT		mache ST ganzzahlig (INTEGER): runden bzw. abschneiden
FXTRACT		zerlege ST und PUSH neu: ST=Mantisse ST(1)=Exponent
FABS		ST = |ST| bilde den Absolutwert von ST
FCHS		ST = - ST wandle das Vorzeichen von ST um

Bild 5.6-20: Arithmetische Sonderbefehle

Die arithmetischen Befehle des **Bildes 5.6-20** können nur auf das oberste Stapelregister ST = ST(0) angewendet werden. Die Funktion FSCALE multipliziert die Stapelspitze ST = ST(0) mit einer Potenz zur Basis 2 und dem Exponenten in ST(1). Die Funktion FPREM führt eine Modulo-Division zwischen einem Dividenden im obersten Stapelregister ST = ST(0) und einem Modulus im folgenden Stapelregister ST(1) durch. Dies geschieht durch eine mehrmalige Subtraktion ST = St - ST(1) bis der Rest in ST kleiner als der Modulus in ST(1) ist. Ist die ursprüngliche Differenz größer als 2 hoch 64, so wird der Befehl vorzeitig beendet. Dieser Sonderfall kann mit dem Bedingungsbit C2 untersucht werden. Der Befehl FXTRACT zerlegt den in ST = ST(0) stehenden Operanden in eine Mantissse und einen Exponenten.

Befehl	Operand	Wirkung
FLDZ		PUSH und lade Stapelspitze ST mit 0.0
FLD1		PUSH und lade Stapelspitze ST mit 1.0
FLDPI		PUSH und lade Stapelspitze ST mit PI
FLDL2T		PUSH und lade Stapelspitze ST mit $\log_2 10$ (Basis 2)
FLDL2E		PUSH und lade Stapelspitze ST mit $\log_2 e$ (Basis 2)
FLDLG2		PUSH und lade Stapelspitze ST mit $\log_{10} 2$ (Basis 10)
FLDLN2		PUSH und lade Stapelspitze ST mit ln 2 (Basis e)

Bild 5.6-21: Das Laden von Konstanten

Die in **Bild 5.6-21** zusammengestellten Befehle laden Konstanten in das oberste Stapelregister ST = ST(0) und führen dabei eine PUSH-Operation durch. Diese Konstanten werden für die in **Bild 5.6-22** zusammengestellten mathematischen Funktionen verwendet.

Befehl	Operand	Wirkung
FPTAN	$(0 < \Im \leq \frac{\pi}{4})$	PUSH und bilde tan(ST)=Y/X: Stapel(neu): ST=X ST(1)=Y
FPATAN	$(0 < r < x \to \infty)$	bilde atan (ST(1)/ST) und POP Stapel(neu): ST= atan(r/x)
F2XM1	$(0 \leq x \leq 0.5)$	ST = 2ST - 1 Funktion z = 2^x - 1
FYL2X	$(0 < x < \infty)$	ST = ST(1)*$\log_2$(ST) und POP Stapel(neu): ST= $y \cdot \log_2 x$
FYL2XP1	$(0<|x|<(1-\frac{\sqrt{2}}{2}))$	ST = ST(1)*$\log_2$(ST+1) u. POP Stapel(neu): ST= $y \cdot \log_2(x+1)$

Bild 5.6-22: Die mathematischen Funktionen

Die mathematischen Funktionen werden auf das oberste Stapelregister ST = ST(0) und bei zwei Operanden auch auf das folgende Stapelregister ST(1) angewendet. Der Operandenteil der Befehle ist leer. In der Tabelle steht an dieser Stelle der Wertebereich der Operanden. Es stehen nur die trigonometrischen Funktionen Tangens und Arcustangens zur Verfügung, aus denen die anderen Funktionen abgeleitet werden müssen. Aus den logarithmischen Funktionen zur Basis 2 lassen sich die Logarithmen zur Basis 10 und e berechnen. Der Anhang enthält dafür geeignete Formeln.

Befehl	Operand	Wirkung
FINIT		(FNINIT) Arithmetikprozessor in Grundstellung bringen
FDISI		(FNDISI) verhindere Interrupts durch Arithmetikprozessor
FENI		(FNENI) erlaube Interrupts durch Arithmetikprozessor
FLDCW	mem	lade Steuerwort mit Inhalt von Speicherwort (mem)
FSTCW	mem	(FNSTCW) speichere Steuerwort nach Speicherwort (mem)
FSTSW	mem	(FNSTSW) speichere Statuswort nach Speicherwort (mem)
FCLEX		(FNCLEX) lösche Ausnahme-,IR- und BUSY-Bits im Statuswort
FSTENV	mem	(FNSTENV) speichere Environment-Register nach 14 Bytes
FLDENV	mem	lade Environment-Register mit 14 Bytes (mem)
FSAVE	mem	(FNSAVE) speichere Environment und Stapel nach 94 Bytes
FRSTOR	mem	lade Environment-Register und Stapel mit 94 Bytes (mem)
FINCSTP		erhöhe Stapelzeiger um 1 (ähnlich POP) keine Freigabe !
FDECSTP		vermindere Stapelzeiger um 1 (ähnlich PUSH)
FFREE	ST(i)	kennzeichne Stapeloperand i als leer (empty)
FNOP		warte 13 Takte (lade ST mit ST = tu nix)
FWAIT		wie 8086-Befehl WAIT = warte bis TEST-Eingang LOW

Bild 5.6-23: Prozessor-Steuerbefehle

Die in **Bild 5.6-23** zusammengestellten Befehle dienen zur Programmierung des Steuerregisters und zum Speichern der Register des Arithmetikprozessors in den Arbeitsspeicher. Das Testprogramm des Bildes 5.6-26 zeigt eine Anwendung des Befehls FSAVE, mit dem alle Register des Arithmetikprozessors zunächst in den Speicher und dann als Testhilfe auf der Konsole ausgegeben werden.

Das in **Bild 5.6-24** dargestellte Testprogramm zeigt die Berechnung der vier trigonometrischen Funktionen im Definitionsbereich der FPTAN-Funktion von 0 bis PI/4. Zur Eingabe und Ausgabe der Zahlen werden zwei Unterprogramme EINREAL und AUSREAL verwendet, mit denen Dezimalzahlen mit maximal 15 Stellen vor dem Dezimalpunkt und 15 Stellen nach dem Dezimalpunkt auf der Konsole ein- und ausgegeben werden können. Die vollständige Programmliste dieser beiden Unterprogramme befindet sich im Anhang. Ist das Argument größer als PI/4, so muß es mit der FPREM-Funktion auf den zulässigen Bereich reduziert werden. Diese Funktion liefert zusätzlich die drei wertniedrigsten Bits des Quotienten und speichert sie in die Bedingungsbits. Daraus kann die Lage des ursprünglichen Winkels im Einheitskreis und die anzuwendende Formel bestimmt werden. **Bild 5.6-25** zeigt als Beispiel die Berechnung des Sinus.

```
; BILD 5.6-24 TESTPROGRAMM WINKELFUNKTIONEN 0-45 GRD  0-PI/4
        .8087               ; BEFEHLE FUER 8087-ARITHMETIKPROZESSOR
PROG    SEGMENT             ; PROGRAMMSEGMENT
        ASSUME  CS:PROG,DS:PROG,ES:PROG,SS:PROG
        EXTRN   EINREAL:NEAR,AUSREAL:NEAR ; EIN/AUSGABE-UNTERPROGRAMME
        ORG     0080H       ; VARIABLENBEREICH
AKKU    DW    8 DUP (?) ; 128-BIT-HILFSAKKU
PUFF    DB   16 DUP (?) ; EIN/AUSGABEPUFFER
REALE   DQ      (?)     ; EINGABEWINKEL
REALA   DQ      (?)     ; AUSGABEFUNKTIONSWERT
PI180   DQ      (?)     ; HILFSWERT PI/180
PI4     DQ      (?)     ; HILFSWERT PI/4
;
        ORG     100H        ; BEFEHLSBEREICH
START:  FLDPI               ; :   PI  :                      PUSH
        FIDIV   K4          ; :  PI/4  :
        FST     PI4         ; :  PI/4  :
        FIDIV   K45         ; : PI/180 :
        FSTP    PI180       ;                                POP
; VERARBEITUNGSSCHLEIFE WINKEL LESEN UND PRUEFEN
LOOP:   LEA     BX,T1       ; CR LF WINK>
        CALL    AUST        ; AUSGEBEN
        LEA     AX,AKKU ; ADRESSE 128-BIT-AKKU
        LEA     BX,PUFF ; ADRESSE EINGABEPUFFER
        LEA     DI,REALE ; ADRESSE EINGABEWINKEL
        CALL    EINREAL ; LESEN UND UMWANDELN
        JNC     NEXT    ; CY = 0: WEITER
        JMP     ERROR   ; CY = 1: FEHLER
; TANGENS BERECHNEN UND AUSGEBEN
NEXT:   FLD     REALE   ; : WINKEL :                     PUSH
        CALL    WTAN    ; :   TAN  :
        FSTP    REALA   ;                                POP
        LEA     BX,T2       ; CR  LF  TAN =
        CALL    AUST        ; AUSGEBEN
        LEA     AX,AKKU ; ADRESSE 128-BIT-AKKU
        LEA     BX,PUFF ; ADRESSE AUSGABEPUFFER
        LEA     SI,REALA  ; ADRESSE AUSGABEFUNKTIONSWERT
        CALL    AUSREAL ;
; COTANGENS BERECHNEN UND AUSGEBEN
        FLD     REALE   ; : WINKEL :                     PUSH
        CALL    WCOT    ; :   COT  :
        FSTP    REALA   ;                                POP
        LEA     BX,T3       ; CR  LF  COT =
        CALL    AUST        ; AUSGEBEN
        LEA     AX,AKKU ; ADRESSE 128-BIT-AKKU
        LEA     BX,PUFF ; ADRESSE AUSGABEPUFFER
        LEA     SI,REALA  ; ADRESSE AUSGABEFUNKTIONSWERT
        CALL    AUSREAL ;
; SINUS BERECHNEN UND AUSGEBEN
        FLD     REALE   ; : WINKEL :                     PUSH
        CALL    WSIN    ; :   SIN  :
        FSTP    REALA   ;                                POP
        LEA     BX,T4       ; CR  LF  SIN =
        CALL    AUST        ; AUSGEBEN
        LEA     AX,AKKU ; ADRESSE 128-BIT-AKKU
        LEA     BX,PUFF ; ADRESSE AUSGABEPUFFER
        LEA     SI,REALA  ; ADRESSE AUSGABEFUNKTIONSWERT
        CALL    AUSREAL ;
; COSINUS BERECHNEN UND AUSGEBEN
        FLD     REALE   ; : WINKEL :                     PUSH
        CALL    WCOS    ; :   COS  :
        FSTP    REALA   ;                                POP
        LEA     BX,T5       ; CR  LF  COS =
        CALL    AUST        ; AUSGEBEN
        LEA     AX,AKKU ; ADRESSE 128-BIT-AKKU
        LEA     BX,PUFF ; ADRESSE AUSGABEPUFFER
        LEA     SI,REALA  ; ADRESSE AUSGABEFUNKTIONSWERT
        CALL    AUSREAL ;
        JMP     LOOP    ; TESTSCHLEIFE
```

```
ERROR:  LEA     BX,TE     ; KUPE LZ UND ?
        CALL    AUST      ; AUSGEBEN
        JMP     LOOP      ; TESTSCHLEIFE
;
K4      DW      4         ; KONSTANTE 4
K45     DW      45        ; KONSTANTE 45
;
T1      DB      OAH,ODH,'WINK>$'
T2      DB      OAH,ODH,'TAN =$'
T3      DB      OAH,ODH,'COT =$'
T4      DB      OAH,ODH,'SIN =$'
T5      DB      OAH,ODH,'COS =$'
TE      DB      2OH,7,'?','$'
;
; AUST = TEXT AUS [BX] BIS ENDEMARKE $ AUSGEBEN
AUST:   PUSH    AX        ; AX RETTEN
AUST1:  MOV     AL,[BX]   ;
        CMP     AL,'$'    ; ENDEMARKE ?
        JE      AUST2     ; JA: FERTIG
        CALL    AUSZ      ; NEIN: ZEICHEN AUSGEBEN
        INC     BX        ; NAECHSTES ZEICHEN
        JMP     AUST1     ; SCHLEIFE BIS ENDEMARKE
AUST2:  POP     AX        ; AX ZURUECK
        RET               ;
;
; WTAN = WINKELTANGENS 0 BIS 45 GRAD  BTAN = BOGENTANGENS 0 BIS PI/4
WTAN:   FMUL    PI180     ; : BOGEN  :
BTAN:   FPTAN             ; :   X    :   Y    :                   PUSH
        FDIU              ; :  Y/X   :                            POP
        RET               ; :  TAN   :
; WCOT = WINKELCOTANGENS 0 - 45 GRD  BCOT = BOGENCOSINUS 0 - PI/4
WCOT:   FMUL    PI180     ; : BOGEN  :
        FPTAN             ; :   X    :   Y    :                   PUSH
        FDIUR             ; :  X/Y   :                            POP
        RET               ; :  COT   :
; WSIN = WINKELSINUS 0 - 45 GRD  BSIN = BOGENSINUS 0 - PI/4
WSIN:   FMUL    PI180     ; : BOGEN  :
BSIN:   FPTAN             ; :   X    :   Y    :                   PUSH
XSIN:   FLD     ST(1)     ; :   Y    :   X    :   Y    :          PUSH
        FMUL    ST,ST     ; :   YQ   :   X    :   Y    :
        FXCH              ; :   X    :   YQ   :   Y    :
        FMUL    ST,ST     ; :   XQ   :   YQ   :   Y    :
        FADD              ; : XQ+YQ  :   Y    :                   POP
        FSQRT             ; : WURZEL :   Y    :
        FDIU              ; : Y/WURZ :                            POP
        RET               ; :  SIN   : ODER :   COS    :
; WCOS = WINKELCOSINUS 0 - 45 GRD  BCOS = BOGENCOSINUS 0 - PI/4
WCOS:   FMUL    PI180     ; : BOGEN  :
BCOS:   FPTAN             ; :   X    :   Y    :                   PUSH
        FXCH              ; :   Y    :   X    :
        JMP     XSIN      ; WEITER WIE SINUSFUNKTION
;
; SYSTEM-UNTERPROGRAMME
EINZE:  INT     11H       ; EINGABE NACH AL
        INT     17H       ; AUSGABE AUS AL
        RET               ;
;
AUSZ:   INT     17H       ; AUSGABE AUS AL
        RET               ;
;
PROG    ENDS              ; ENDE DES SEGMENTES
        END     START     ;
```

Bild 5.6-24: Testprogramm der Winkelfunktionen von 0 bis 45 Grad

```
; BILD 5.6-25 TESTPROGRAMM SINUS IM VOLLBOGEN
        .8087            ; BEFEHLE FUER 8087-ARITHMETIKPROZESSOR
PROG    SEGMENT          ; PROGRAMMSEGMENT
        ASSUME  CS:PROG,DS:PROG,ES:PROG,SS:PROG
        EXTRN   EINREAL:NEAR,AUSREAL:NEAR ; EIN/AUSGABE-UNTERPROGRAMME
        ORG     0080H    ; VARIABLENBEREICH
AKKU    DW    8 DUP (?) ; 128-BIT-HILFSAKKU
PUFF    DB   16 DUP (?) ; EIN/AUSGABEPUFFER
REALE   DQ     (?)      ; EINGABEWINKEL
REALA   DQ     (?)      ; AUSGABEFUNKTIONSWERT
PI180   DQ     (?)      ; HILFSWERT PI/180
PI4     DQ     (?)      ; HILFSWERT PI/4
STATUS  DW     (?)      ; STATUSWORT
;
        ORG     100H     ; BEFEHLSBEREICH
START:  FLDPI            ; :   PI   :                   PUSH
        FIDIV   K4       ; :  PI/4  :
        FST     PI4      ; :  PI/4  :
        FIDIV   K45      ; : PI/180 :
        FSTP    PI180    ;                              POP
; VERARBEITUNGSSCHLEIFE WINKEL LESEN UND PRUEFEN
LOOP:   LEA     BX,T1    ; CR LF WINK>
        CALL    AUST     ; AUSGEBEN
        LEA     AX,AKKU  ; ADRESSE 128-BIT-AKKU
        LEA     BX,PUFF  ; ADRESSE EINGABEPUFFER
        LEA     DI,REALE ; ADRESSE EINGABEWINKEL
        CALL    EINREAL  ; LESEN UND UMWANDELN
        JC      ERROR    ; CY = 1: FEHLER
; SINUS BERECHNEN UND AUSGEBEN
        FLD     REALE    ; : WINKEL :                   PUSH
        CALL    VSINW    ; : SINUS  :
        FSTP    REALA    ;                              POP
        LEA     BX,T2    ; CR  LF  SIN =
        CALL    AUST     ; AUSGEBEN
        LEA     AX,AKKU  ; ADRESSE 128-BIT-AKKU
        LEA     BX,PUFF  ; ADRESSE AUSGABEPUFFER
        LEA     SI,REALA ; ADRESSE AUSGABEFUNKTIONSWERT
        CALL    AUSREAL  ;
        JMP     LOOP     ; TESTSCHLEIFE
ERROR:  LEA     BX,TE    ; HUPE LZ UND ?
        CALL    AUST     ; AUSGEBEN
        JMP     LOOP     ; TESTSCHLEIFE
;
K4      DW      4        ; KONSTANTE 4
K45     DW      45       ; KONSTANTE 45
;
T1      DB      0AH,0DH,'WINK>$'
T2      DB      0AH,0DH,'SIN =$'
TE      DB      20H,7,'?','$'
;
; AUST = TEXT AUS [BX] BIS ENDEMARKE $ AUSGEBEN
AUST:   PUSH    AX       ; AX RETTEN
AUST1:  MOV     AL,[BX]  ;
        CMP     AL,'$'   ; ENDEMARKE ?
        JE      AUST2    ; JA: FERTIG
        CALL    AUSZ     ; NEIN: ZEICHEN AUSGEBEN
        INC     BX       ; NAECHSTES ZEICHEN
        JMP     AUST1    ; SCHLEIFE BIS ENDEMARKE
AUST2:  POP     AX       ; AX ZURUECK
        RET              ;
```

```
;
; VSINW - WINKELSINUS    VSINB - BOGENSINUS
VSINW:  FMUL    PI180     ; : BOGEN   :
VSINB:  FLD     PI4       ; : PI/4   :    BOGEN  :              PUSH
        FXCH              ; :  BOGEN  :   PI/4   :
        FPREM             ; :  R     :    PI/4   :
        FSTSW   STATUS    ; STATUSWORT IN DEN SPEICHER
        FWAIT             ; WARTEN BIS ANGEKOMMEN
        MOV     AX,STATUS ; AX = STATUSWORT
        TEST    AH,02H    ; 0000 0010    C1 = ?
        JZ      VSIN1     ; C1 = 0: ARGUMENT BLEIBT
        FSUBR   ST,ST(1)  ; : PI/4-R   :   PI/4   :
VSIN1:  FSTP    ST(1)     ; :  BOGEN  :                        POP
        FPTAN             ; :   X    :    Y    :               PUSH
        TEST    AH,42H    ; 0100 0010  C3 UND C1 TESTEN
        JPE     VSIN2     ; 0 0 BZW.  1 1  GEBEN SINUS
        FXCH              ; COSINUS DURCH VERTAUSCHEN VON X UND Y
VSIN2:  FLD     ST(1)     ; :   Y   :    X   :    Y   :        PUSH
        FMUL    ST,ST     ; :   YQ  :    X   :    Y   :
        FXCH              ; :   X   :    YQ  :    Y   :
        FMUL    ST,ST     ; :   XQ  :    YQ  :    Y   :
        FADD              ; :  XQ+YQ :   Y   :                 POP
        FSQRT             ; : .WURZEL :  Y    :
        FDIV              ; : Y/WURZ  :                        POP
        TEST    AH,01H    ; 0000 0001  CO TESTEN
        JZ      VSIN3     ; CO = 0: VORZEICHEN BLEIBT
        FCHS              ; CO = 1: VORZEICHEN WECHSELN
VSIN3:  RET               ; :  SIN   :
;
; SYSTEM-UNTERPROGRAMME
EINZE:  INT     11H       ; EINGABE NACH AL
        INT     17H       ; AUSGABE AUS AL
        RET               ;
;
AUSZ:   INT     17H       ; AUSGABE AUS AL
        RET               ;
;
PROG    ENDS              ; ENDE DES SEGMENTES
        END     START     ;
```

Bild 5.6-25: Berechnung des Sinus im Vollbogen

Da die dem Verfasser zur Verfügung stehende Version des Testhilfeprogramms DEBUG des MS-DOS-Betriebssystems keine Einzelschrittverfolgung der Befehle des Arithmetikprozessors erlaubte, wurde ein in **Bild 5.6-26** dargestelltes Unterprogramm AUSRE geschaffen, das alle Register des Arithmetikprozessors auf der Konsole ausgibt. Dieses Unterprogramm benötigt zusätzlich die Unterprogramme AUSREAL, AUSNH und AUSNB, die im Anhang abgebildet sind. **Bild 5.6-27** zeigt das Ergebnis eines Testlaufs.

```
; BILD 5.6-26 ZAHLENVERGLEICH MIT REGISTERAUSGABE
            .8087           ; BEFEHLE FUER 8087-ARITHMETIKPROZESSOR
PROG     SEGMENT           ; PROGRAMMSEGMENT
         ASSUME   CS:PROG,DS:PROG,ES:PROG,SS:PROG
         EXTRN    EINREAL:NEAR,AUSREAL:NEAR ; EIN/AUSGABE-UNTERPROGRAMME
         EXTRN    AUSNH:NEAR,AUSNB:NEAR     ; AUSGABE HEXA UND BINAER
         ORG      0070H    ; VARIABLENBEREICH 144 BYTES
AKKU     DW    8  DUP (?)  ; 128-BIT-HILFSAKKU
PUFF     DB    16 DUP (?)  ; EIN/AUSGABEPUFFER
RLONG    DQ       (?)      ; LONG-REAL-ZAHL
Z1       DW       (?)      ; 1. ZAHL INTEGER
Z2       DW       (?)      ; 2. ZAHL INTEGER
RES      DW       (?)      ;
STATUS   DW       (?)      ; STATUSWORT 8087
REGIS    DB    94 DUP (?)  ; ALLE REGISTER DES 8087
;
         ORG      100H     ; BEFEHLSBEREICH
START:   MOV      Z1,1     ; 1. ZAHL VORGEBEN
         FINIT             ; GRUNDSTELLUNG 8087
LOOP:    CALL     AUSNZ    ; NEUE ZEILE
         MOV      AX,Z1    ; 1. ZAHL LADEN
         ADD      AL,30H   ; ASCII KODIEREN
         CALL     AUSZ     ; UND AUSGEBEN
         MOV      AL,':'   ; TRENNZEICHEN
         CALL     AUSZ     ; AUSGEBEN
         CALL     EINZE    ; 2. ZAHL IM ECHO LESEN
         SUB      AL,30H   ; DEKODIEREN
         MOV      Z2,AX    ; UND SPEICHERN
         FILD     Z2       ;    Z2   : PUSH
         CALL     AUSRE    ; T E S T REGISTER 8087 AUSGEBEN
         FILD     Z1       ;    Z1   :   Z2   : PUSH
         CALL     AUSRE    ; T E S T REGISTER 8087 AUSGEBEN
         FCOMPP            ; DIFFERENZ (Z1 - Z2)    POP   POP
         CALL     AUSRE    ; T E S T REGISTER 8087 AUSGEBEN
         FSTSW    STATUS   ; STATUSREGISTER NACH SPEICHER
         FWAIT             ; WARTEN BIS FERTIG
         PUSH     AX       ; AX RETTEN
         MOV      AX,STATUS ; STATUS NACH AX
         SAHF              ; AH NACH FLAGREGISTER 8086
         POP      AX       ; AX ZURUECK
         JE       GLEI     ; SPRINGE BEI GLEICH
         JA       GROE     ; SPRINGE BEI Z1 > Z2
; 1. ZAHL < 2. ZAHL
         MOV      AL,'<'   ; ZEICHEN LADEN
         CALL     AUSZ     ; UND AUSGEBEN
         JMP      NEXT     ;
; 1. ZAHL = 2. ZAHL
GLEI:    MOV      AL,'='   ; ZEICHEN LADEN
         CALL     AUSZ     ; UND AUSGEBEN
         JMP      NEXT     ;
; 1. ZAHL > 2. ZAHL
GROE:    MOV      AL,'>'   ; ZEICHEN LADEN
         CALL     AUSZ     ; UND AUSGEBEN
; EINSPRUNG FUER ALLE ZWEIGE
NEXT:    MOV      AX,Z2    ; NEUE 2. ZAHL
         MOV      Z1,AX    ; WIRD 1. ZAHL
         JMP      LOOP     ; TESTSCHLEIFE
```

```
;
; AUSRE - ALLE REGISTER DES 8087 AUSGEBEN
AUSRE   PROC    NEAR    ;
        PUSHF           ; FLAGREGISTER RETTEN
        PUSH    AX      ; AX RETTEN
        PUSH    BX      ; BX RETTEN
        PUSH    CX      ; CX RETTEN
        PUSH    DX      ; DX RETTEN
        PUSH    BP      ; BP RETTEN
        PUSH    SI      ; SI RETTEN
        CALL    AUSNZ   ; NEUE ZEILE
        MOV     CX,42   ; ZAEHLER
        MOV     AL,'-'  ; ZEICHEN -
AUSREO: CALL    AUSZ    ; LINIE ZIEHEN
        LOOP    AUSREO  ; MIT 42 ZEICHEN --------   -------
        CALL    AUSNZ   ; NEUE ZEILE
        MOV     BP,SP   ; BP = STAPELZEIGER
        MOV     BX,[BP+14] ; LADE PC = RUECKSPRUNGADRESSE
        SUB     BX,3    ; ZEIGER AUF CALL-BEFEHL BEIM AUFRUF
        MOV WORD PTR RLONG,BX ; PC NACH SPEICHER
        LEA     BX,RLONG ; ADRESSE PC
        MOV     CX,2    ; LAENGE 2 BYTES
        CALL    AUSNH   ; PC HEXADEZIMAL AUSGEBEN
        FSAVE   REGIS   ; ALLE 8087-REGISTER NACH SPEICHER
; STEUERWORT STATUSWORT TAGREGISTER AUSGEBEN
        LEA     BX,REGIS ; ANFANGSADRESSE LOW-BYTE
        MOV     CX,2    ; ZAEHLER 2 BYTES
        MOV     DH,3    ; ZAEHLER 3 WOERTER
        CALL    AUSNZ   ; NEUE ZEILE
AUSRE1: CALL    AUSNZ   ; NEUE ZEILE
        CALL    AUSNH   ; WORT HEXEDEZIMAL AUSGEBEN
        CALL    AUSNB   ; WORT BINAER AUSGEBEN
        ADD     BX,2    ; ADRESSE NAECHSTES WORT
        DEC     DH      ; WORTZAEHLER - 1
        JNZ     AUSRE1  ; SCHLEIFE FUER DIE 3 WOERTER
; BEFEHLS- UND DATENZEIGER AUSGEBEN
        MOV     CX,4    ; ZAEHLER 4 BYTES
        MOV     DH,2    ; ZAEHLER 2 DOPPELWOERTER
        CALL    AUSNZ   ; NEUE ZEILE
AUSRE2: CALL    AUSNZ   ; NEUE ZEILE
        CALL    AUSNH   ; DOPPELWORT HEXADEZIMAL AUSGEBEN
        CALL    AUSNB   ; DOPPELWORT BINAER AUSGEBEN
        ADD     BX,4    ; ADRESSE NAECHSTES DOPPELWORT
        DEC     DH      ; DOPPELWORTZAEHLER - 1
        JNZ     AUSRE2  ; SCHLEIFE FUER DIE 2 DOPPELWOERTER
; 8 STAPELREGISTER AUSGEBEN HEXADEZIMAL UND ALS ZAHL
        MOV     CX,10   ; ZAEHLER 10 BYTES
        MOV     DH,8    ; ZAEHLER 8 ZEHNFACHWOERTER
        CALL    AUSNZ   ; NEUE ZEILE
AUSRE3: CALL    AUSNZ   ; NEUE ZEILE
        CALL    AUSNH   ; ZEHNFACHWORT HEXADEZIMAL AUSGEBEN
        FLD TBYTE PTR [BX] ; TEMP ;   PUSH
        FSTP    RLONG   ; ALS LONG-REAL ZURUECK  UND POP
        PUSH    BX      ; BX RETTEN
        MOV     AL,'='  ; TRENNNUNG ZUR ZAHLENAUSGABE
        CALL    AUSZ    ;
        LEA     AX,AKKU ; ADRESSE HILFSAKKU
        LEA     BX,PUFF ; ADRESSE PUFFERSPEICHER
        LEA     SI,RLONG ; ADRESSE LONG-REAL-WERT
        CALL    AUSREAL ; UMWANDELN UND AUSGEBEN
        POP     BX      ; BX ZURUECK
        ADD     BX,10   ; ADRESSE NAECHSTES REGISTER
        DEC     DH      ; ZEHNFACHWORTZAEHLER - 1
        JNZ     AUSRE3  ; SCHLEIFE FUER 8 ZEHNFACHWOERTER
        FRSTOR  REGIS   ; 8087-REGISTER WIEDER ZURUECK
        CALL    AUSNZ   ; NEUE ZEILE
        MOV     CX,42   ; ZAEHLER
        MOV     AL,'-'  ; BEGRENZUNG
```

```
AUSRE4:  CALL     AUSZ      ; AUSGEBEN
         LOOP     AUSRE4    ; SCHLEIFE FUER 42 ZEICHEN ---------
         CALL     AUSNZ     ; NOCH EINE NEUE ZEILE
         POP      SI        ; SI ZUREUCK
         POP      BP        ; BP ZURUECK
         POP      DX        ; DX ZURUECK
         POP      CX        ; CX ZURUECK
         POP      BX        ; BX ZURUECK
         POP      AX        ; AX ZURUECK
         POPF               ; STATUSREGISTER ZURUECK
         RET                ;
AUSRE    ENDP               ;
;
; AUSNZ - NEUE ZEILE CR UND LF
AUSNZ:   PUSH     AX        ; AX RETTEN
         MOV      AL,0AH    ; LF
         CALL     AUSZ      ;
         MOV      AL,0DH    ; CR
         CALL     AUSZ      ;
         POP      AX        ;
         RET                ;
;
; SYSTEM-UNTERPROGRAMME
EINZE:   INT      11H       ; EINGABE NACH AL
         INT      17H       ; AUSGABE AUS AL
         RET                ;
;
AUSZ:    INT      17H       ; AUSGABE AUS AL
         RET                ;
;
PROG     ENDS               ; ENDE DES SEGMENTES
         END      START     ;
```

Bild 5.6-26: Zahlenvergleich mit Ausgabe der Register als Testhilfe

```
1
---------------------------------------
0125                                    Befehlszähler nach  FILD  Z2

03FF 0000001111111111                   Steuerwort
3800 0011100000000000                   Statuswort
3FFF 0011111111111111                   Kennzeichenwort
 CODE    ADR
07060921 00000111000001100000100100100001   Befehlsadresse und Code
0000089A 00000000000000000000100010011010   Operandenadresse
 ADR
3FFF8000000000000000= 1.00000000000000   ST(0) = ST
F7FFF9F2D2E784B8C0C6=****************     ST(1)
0925DE153FBF1844A773=0                   ST(2)
C4705F483D7460DFF244=****************     ST(3)
554F4F04507C5D11D574=****************     ST(4)
1580DD45FDADC9AB2A6D=0                   ST(5)
593633BFC4B9AD4D7312=****************     ST(6)
4001A000000000000000= 5.00000000000000   ST(7)
---------------------------------------


---------------------------------------
012D                                    Befehlszähler nach  FILD  Z1

03FF 0000001111111111
3000 0011000000000000
0FFF 0000111111111111

07060929 00000111000001100000100100101001
00000898 00000000000000000000100010011000

3FFF8000000000000000= 1.00000000000000
3FFF8000000000000000= 1.00000000000000
F7FFF9F2D2E784B8C0C6=****************
0925DE153FBF1844A773=0
C4705F483D7460DFF244=****************
554F4F04507C5D11D574=****************
1580DD45FDADC9AB2A6D=0
593633BFC4B9AD4D7312=****************
---------------------------------------


---------------------------------------
0133                                    Befehlszähler nach  FCOMPP

03FF 0000001111111111
4000 0100000000000000
FFFF 1111111111111111

06D90931 00000110110110010000100100110001
00000898 00000000000000000000100010011000

F7FFF9F2D2E784B8C0C6=****************
0925DE153FBF1844A773=0
C4705F483D7460DFF244=****************
554F4F04507C5D11D574=****************
1580DD45FDADC9AB2A6D=0
593633BFC4B9AD4D7312=****************
3FFF8000000000000000= 1.00000000000000
3FFF8000000000000000= 1.00000000000000
---------------------------------------
=
1:
```

Bild 5.6-27: Ein Schleifendurchlauf mit Ausgabe der Register

6 Lösungen der Übungsaufgaben

Abschnitt 4.4.5 Datenübertragung

```
; LOESUNG 4.4.5  AUFGABE 1
BAS      EQU      0080H   ; SYMBOL BAS = WERT 0080H
PROG     SEGMENT          ; PROGRAMMSEGMENT
         ASSUME   CS:PROG,DS:PROG,ES:PROG,SS:PROG
         ORG      200H    ; KONSTANTENBEREICH
DOLLAR   DB       '$'     ; DOLLARZEICHEN ABGELEGT
         ORG      100H    ; BEFEHLSBEREICH
START:   MOV      AX,BAS  ; BASIS = 0080H LADEN
         MOV      DS,AX   ; DATENSEGMENTREGISTER
         MOV      SS,AX   ; STAPELSEGMENTREGISTER
         MOV      SP,2000H; STAPELZEIGER LADEN
         MOV      AX,CS   ; AX MIT CODESEGMENT LADEN
         MOV      ES,AX   ; ES MIT CODESEGMENT LADEN
         MOV      AL,DOLLAR ; DOLLARZEICHEN LADEN
LOOP:    CALL     AUSZ    ; ZEICHEN AUSGEBEN
         JMP      LOOP    ; AUSGABESCHLEIFE
; SYSTEMPROGRAMME
AUSZ:    INT      17H     ; ZEICHEN AUS AL AUSGEBEN
         RET              ; RUECKSPRUNG
PROG     ENDS             ; ENDE DES SEGMENTES
         END      START   ; ENDE DES PROGRAMMS
```

1.Aufgabe:

```
; LOESUNG 4.4.5 AUFGABE 2
PROG     SEGMENT          ; PROGRAMMSEGMENT
         ASSUME   CS:PROG,DS:PROG,ES:PROG,SS:PROG
         ORG      200H    ; KONSTANTENBEREICH
TEXT     DB       'ESEL'  ; TEXTKONSTANTE 4 BYTES
         ORG      100H    ; BEFEHLSBEREICH
START:   MOV      AL,TEXT ; 1. ZEICHEN
         CALL     AUSZ    ; AUSGEBEN
         MOV      AL,TEXT+1 ; 2. ZEICHEN
         CALL     AUSZ    ; AUSGEBEN
         MOV      AL,TEXT+2 ; 3. ZEICHEN
         CALL     AUSZ    ; AUSGEBEN
         MOV      AL,TEXT+3 ; 4. ZEICHEN
         CALL     AUSZ    ; AUSGEBEN
         JMP      EXIT    ; RUECKSPRUNG MONITOR
; SYSTEMPROGRAMME
AUSZ:    INT      17H     ; ZEICHEN AUS AL AUSGEBEN
         RET              ; RUECKSPRUNG
EXIT:    INT      10H     ; RUECKKEHR MONITOR
PROG     ENDS             ; ENDE DES SEGMENTES
         END      START   ; ENDE DES PROGRAMMS
```

2.Aufgabe:

```
; LOESUNG 4.4.5   AUFGABE 3
PROG     SEGMENT             ; PROGRAMMSEGMENT
         ASSUME   CS:PROG,DS:PROG,ES:PROG,SS:PROG
         ORG      200H       ; VARIABLENBEREICH
TEXT     DB       4 DUP (?)  ; 4 BYTES RESERVIERT
         ORG      100H       ; BEFEHLSBEREICH
START:   MOV      AL,'-'     ; ZEICHEN -
         CALL     AUSZ       ; AUSGEBEN
         CALL     EINZ       ; 1. ZEICHEN LESEN
         MOV      TEXT,AL    ; UND SPEICHERN
         CALL     EINZ       ; 2. ZEICHEN LESEN
         MOV      TEXT+1,AL  ; UND SPEICHERN
         CALL     EINZ       ; 3. ZEICHEN LESEN
         MOV      TEXT+2,AL  ; UND SPEICHERN
         CALL     EINZ       ; 4. ZEICHEN LESEN
         MOV      TEXT+3,AL  ; UND SPEICHERN
         JMP      EXIT       ; RUECKSPRUNG MONITOR
; SYSTEMPROGRAMME
EINZ:    INT      11H        ; ZEICHEN NACH AL LESEN
         RET                 ; RUECKSPRUNG
AUSZ:    INT      17H        ;  ZEICHEN AUS AL AUSGEBEN
         RET                 ; RUECKSPRUNG
EXIT:    INT      10H        ; RUECKKEHR MONITOR
PROG     ENDS                ; ENDE DES SEGMENTES
         END      START      ; ENDE DES PROGRAMMS
```

3.Aufgabe:

Abschnitt 4.6.3 Verzweigungen und Schleifen

```
; LOESUNG 4.6.3   AUFGABE 2
PROG     SEGMENT             ; PROGRAMMSEGMENT
         ASSUME   CS:PROG,DS:PROG,ES:PROG,SS:PROG
START:   CALL     EINZ       ; ZEICHEN NACH AL LESEN
         CMP      AL,'$'     ; ENDEMARKE $ ?
         JE       EXIT       ; JA: FERTIG
         CMP      AL,0DH     ; CR WAGENRUECKLAUF ?
         JNE      NEXT       ; NEIN: WEITER
         CALL     AUSZ       ; JA: AUSGEBEN
         MOV      AL,0AH     ; LF ZEILENVORSCHUB LADEN
NEXT:    CMP      AL,'a'     ; UNTERE GRENZE KLEINBUCHSTABEN ?
         JB       AUS        ; KLEINER: AUSGEBEN
         CMP      AL,'z'     ; OBERE GRENZE KLEINBUCHSTABEN
         JA       AUS        ; GROESSER: AUSGEBEN
         AND      AL,0DFH    ; MASKE 1101 1111 UMWANDELN NACH GROSS
AUS:     CALL     AUSZ       ; ZEICHEN AUSGEBEN
         JMP      START      ; SCHLEIFE
; SYSTEMPROGRAMME
EINZ:    INT      11H        ; ZEICHEN NACH AL LESEN
         RET                 ; RUECKSPRUNG
AUSZ:    INT      17H        ; ZEICHEN AUS AL AUSGEBEN
         RET                 ; RUECKSPRUNG
EXIT:    INT      10H        ; RUECKSPRUNG MONITOR
PROG     ENDS                ; ENDE DES SEGMENTES
         END      START      ; ENDE DES PROGRAMMS
```

2.Aufgabe:

```
; LOESUNG 4.6.3   AUFGABE 1
PROG    SEGMENT              ; PROGRAMMSEGMENT
        ASSUME  CS:PROG,DS:PROG,ES:PROG,SS:PROG
        ORG     100H         ; BEFEHLSBEREICH
START:  MOV     CX,5         ; ZEICHENZAEHLER
        CALL    NEUZ         ; NEUE ZEILE CR LF AUSGEBEN
LOOP:   CALL    EINZ         ; ZEICHEN NACH AL LESEN
        CMP     AL,'$'       ; ENDEZEICHEN $ ?
        JE      EXIT         ; JA: FERTIG
        CMP     AL,20H       ; STEUERZEICHEN ?
        JB      NEXT         ; JA: NICHT QUITTIEREN
        CALL    AUSZ         ; NEIN: AUSGEBEN
NEXT:   LOOP    LOOP         ; BIS CX = 0
        JMP     START        ; DANN NEUE ZEILE
; UNTERPROGRAMME
EINZ:   IN      AL,02H       ; STATUS SCHNITTSTELLE LESEN
        TEST    AL,02H       ; MASKE 0000 0010
        JZ      EINZ         ; BIS ZEICHEN EMPFANGEN
        IN      AL,00H       ; ZEICHEN LESEN
        RET                  ; RUECKSPRUNG
AUSZ:   PUSH    AX           ; ZEICHEN RETTEN
AUSZ1:  IN      AL,02H       ; STATUS SCHNITTSTELLE LESEN
        TEST    AL,01H       ; MASKE 0000 0001
        JZ      AUSZ1        ; BIS SENDER FREI
        POP     AX           ; ZEICHEN ZURUECK
        OUT     00H,AL       ; ZEICHEN NACH SENDER
        RET                  ; RUECKSPRUNG
NEUZ:   MOV     AL,0DH       ; CR WAGENRUECKLAUF
        CALL    AUSZ         ; AUSGEBEN
        MOV     AL,0AH       ; LF ZEILENVORSCHUB
        CALL    AUSZ         ; AUSGEBEN
        RET                  ; RUECKSPRUNG
; SYSTEMPROGRAMME
EXIT:   INT     10H          ; RUECKSPRUNG MONITOR
PROG    ENDS                 ; ENDE DES SEGMENTES
        END     START        ; ENDE DES PROGRAMMS
```

1.Aufgabe:

```
; LOESUNG 4.6.3   AUFGABE 3
PROG    SEGMENT              ; PROGRAMMSEGMENT
        ASSUME  CS:PROG,DS:PROG,ES:PROG,SS:PROG
START:  MOV     CX,25        ; ZEILENZAEHLER
LOOP1:  MOV     AL,0DH       ; CR WAGENRUECKLAUF
        CALL    AUSZ         ; AUSGEBEN
        MOV     AL,0AH       ; LF ZEILENVORSCHUB
        CALL    AUSZ         ; AUSGEBEN
        MOV     AH,80        ; ZEICHENZAEHLER
        MOV     AL,'*'       ; AUSGABEZEICHEN *
LOOP2:  CALL    AUSZ         ; ZEICHEN AUSGEBEN
        DEC     AH           ; ZEICHENZAEHLER - 1
        JNZ     LOOP2        ; BIS AH = 0
        LOOP    LOOP1        ; BIS ZEILENZAEHLER = 0
        JMP     EXIT         ; FERTIG
; SYSTEMPROGRAMME
AUSZ:   INT     17H          ; ZEICHEN AUS AL AUSGEBEN
        RET                  ; RUECKSPRUNG
EXIT:   INT     10H          ; RUECKSPRUNG MONITOR
PROG    ENDS                 ; ENDE DES SEGMENTES
        END     START        ; ENDE DES PROGRAMMS
```

3.Aufgabe:

Abschnitt 4.7.5 Bereichsadressierung

```
; LOESUNG 4.7.5  AUFGABE 1
PROG    SEGMENT             ; PROGRAMMSEGMENT
        ASSUME  CS:PROG,DS:PROG,ES:PROG,SS:PROG
        ORG     200H    ; VARIABLENBEREICH
TEXT    DB      1024 DUP (?)  ; 1 KBYTE RESERVIERT
        ORG     100H    ; BEFEHLSBEREICH
;. TEXT LESEN UND SPEICHERN
START:  LEA     BX,TEXT ; ANFANGSADRESSE
LOOP:   CALL    EINZ    ; ZEICHEN LESEN
LOOP1:  CALL    AUSZ    ; IM ECHO AUSGEBEN
        MOV     [BX],AL ; UND SPEICHERN
        INC     BX      ; NAECHSTE ADRESSE VORBEREITEN
        CMP     AL,0DH  ; WAGENRUECKLAUF
        JNE     NEXT    ; NEIN: WEITER
        MOV     AL,0AH  ; JA: ZEILENVORSCHUB DAZU
        JMP     LOOP1   ; AUSGEBEN UND SPEICHERN
NEXT:   CMP     AL,'$'  ; ENDEMARKE ?
        JNE     LOOP    ; NEIN: NEUES ZEICHEN LESEN
; GESPEICHERTEN TEXT AUSGEBEN
        LEA     BX,TEXT ; ANFANGSADRESSE
LOOP2:  MOV     AL,[BX] ; ZEICHEN LADEN
        INC     BX      ; NAECHSTE ADRESSE VORBEREITEN
        CMP     AL,'$'  ; ENDEMARKE ?
        JE      EXIT    ; JA: FERTIG
        CALL    AUSZ    ; NEIN: AUSGEBEN
        JMP     LOOP2   ; WEITER IN SCHLEIFE
; SYSTEMPROGRAMME
AUSZ:   INT     17H     ; ZEICHEN AUS AL AUSGEBEN
        RET             ; RUECKSPRUNG
EINZ:   INT     11H     ; ZEICHEN NACH AL LESEN
        RET             ; RUECKSPRUNG
EXIT:   INT     10H     ; RUECKKEHR MONITOR
PROG    ENDS            ; ENDE DES SEGMENTES
        END     START   ; ENDE DES PROGRAMMS
```

1.Aufgabe:

```
; LOESUNG 4.7.5  AUFGABE 3
PROG    SEGMENT             ; PROGRAMMSEGMENT
        ASSUME  CS:PROG,DS:PROG,ES:PROG,SS:PROG
        ORG     200H    ; VARIABLENBEREICH
TAB     DB      256 DUP (?)  ; 256 BYTES RESERVIERT
        ORG     100H    ; BEFEHLSBEREICH
;. TABELLE MIT WERTEN AUFSTELLEN
START:  MOV     CX,256  ; DURCHLAUFZAEHLER
        LEA     DI,TAB  ; TABELLENADRESSE
        MOV     AL,0FFH ; ANFANGSWERT 1111 1111
MARK:   MOV     [DI],AL ; WERT INDIREKT SPEICHERN
        DEC     AL      ; WERT - 1
        INC     DI      ; ADRESSE + 1
        LOOP    MARK    ; BIS ZAEHLER - 0
; TABELLENZUGRIFF
        MOV     DX,300H ; PORTADRESSE BINAERE EINGABE UND AUSGABE
        LEA     BX,TAB  ; TABELLENADRESSE
LOOP:   IN      AL,DX   ; EINGABEWERT LESEN
        XLAT            ; UMCODIEREN
        OUT     DX,AL   ; AUSGEBEN
        JMP     LOOP    ; SCHLEIFE
PROG    ENDS            ; ENDE DES SEGMENTES
        END     START   ; ENDE DES PROGRAMMS
```

3.Aufgabe:

```
; LOESUNG 4.7.5   AUFGABE 2
PROG    SEGMENT             ; PROGRAMMSEGMENT
        ASSUME  CS:PROG,DS:PROG,ES:PROG,SS:PROG
        ORG     200H        ; VARIABLENBEREICH
ANFA    DW      ?           ; ANFANGSADRESSE HIGH-LOW ABLEGEN
ENDA    DW      ?           ; ENDADRESSE HIGH-LOW ABLEGEN
ERRA    DW      ?           ; FEHLERADRESSE VOM PROGRAMM
        ORG     300H        ; KONSTANTENBEREICH
TEXT    DB      'SPEICHERFEHLER ADRESSE IN 204H$'
        ORG     100H        ; BEFEHLSBEREICH
START:  MOV     BX,ANFA     ; ANFANGSADRESSE LADEN
        XCHG    BH,BL       ; HIGH - LOW VERTAUSCHEN
        MOV     CX,ENDA     ; ENDADRESSE LADEN
        XCHG    CH,CL       ; HIGH - LOW VERTAUSCHEN
LOOP:   CMP     BX,CX       ; LAUFENDE ADRESSE - ENDADRESSE
        JA      START       ; GROESSER: NEUER DURCHLAUF
        MOV     AH,[BX]     ; SPEICHERWERT RETTEN
        MOV BYTE PTR [BX],55H   ; TESTWERT NACH BYTE LADEN
        CMP BYTE PTR [BX],55H   ; SPEICHERBYTE PRUEFEN
        JNE     FEHL        ; BEI UNGLEICH: FEHLER
        MOV     [BX],AH     ; GERETTETEN WERT ZURUECK
        INC     BX          ; NAECHSTE SPEICHERADRESSE
        JMP     LOOP        ; NEUE ADRESSE TESTEN
; FEHLERAUSGANG MIT FEHLERMELDUNG
FEHL:   XCHG    BH,BL       ; FEHLERADRESSE HIGH-LOW VERTAUSCHEN
        MOV     ERRA,BX     ; UND SPEICHERN
        MOV     [BX],AL     ; GERETTETEN WERT ZURUECK
        LEA     BX,TEXT     ; TEXTADRESSE FEHLERMELDUNG
FEHL1:  MOV     AL,[BX]     ; AUSGABEZEICHEN LADEN
        CMP     AL,'$'      ; ENDEMARKE ?
        JE      EXIT        ; JA: FERTIG
        CALL    AUSZ        ; NEIN: ZEICHEN AUSGEBEN
        INC     BX          ; NAECHSTES ZEICHEN ADRESSIEREN
        JMP     FEHL1       ; SCHLEIFE
; SYSTEMPROGRAMME
AUSZ:   INT     17H         ; ZEICHEN AUS AL AUSGEBEN
        RET                 ; RUECKSPRUNG
EXIT:   INT     10H         ; RUECKKEHR MONITOR
PROG    ENDS                ; ENDE DES SEGMENTES
        END     START       ; ENDE DES PROGRAMMS
```

2.Aufgabe:

Abschnitt 4.8.6 Datenverarbeitung

```
; LOESUNG 4.8.6  AUFGABE 1
PROG     SEGMENT              ; PROGRAMMSEGMENT
         ASSUME   CS:PROG,DS:PROG,ES:PROG,SS:PROG
         ORG      100H        ; PROGRAMMBEREICH
START:   CALL     AUSNZ       ; NEUE ZEILE CR UND LF
         CALL     EINZ        ; ZEICHEN NACH AL LESEN
         CMP      AL,20H      ; STEUERZEICHEN ?
         JB       NEXT        ; JA: NICHT WIEDER AUSGEBEN
         CALL     AUSZ        ; NEIN: IM ECHO AUSGEBEN
NEXT:    CALL     AUSLE       ; LEERZEICHEN AUSGEBEN
         CALL     AUSBY       ; ZEICHEN HEXADEZIMAL AUSGEBEN
         CALL     AUSLE       ; LEERZEICHEN AUSGEBEN
         CALL     AUSBI       ; AL BINAER AUSGEBEN
         JMP      START       ; EINGABESCHLEIFE OHNE ENDE
; AUSNR - RECHTES HALBBYTE VON AL UMWANDELN UND AUSGEBEN
AUSNR:   PUSH     AX          ; AX RETTEN
         AND      AL,0FH      ; MASKE 0000 1111 LINKES HALBBYTE 0
         ADD      AL,30H      ; NACH ASCII CODIEREN
         CMP      AL,'9'      ; ZIFFERNBEREICH VON 0 BIS 9 ?
         JBE      AUSN1       ; JA: FERTIG
         ADD      AL,07H      ; NEIN: BUCHSTABENBEREICH
AUSN1:   CALL     AUSZ        ; ZEICHEN AUSGEBEN
         POP      AX          ; AX ZURUECK
         RET                  ; RUECKSPRUNG
; AUSNL - LINKES HALBBYTE VON AL UMWANDELN UND AUSGEBEN
AUSNL:   PUSH     AX          ; AX RETTEN
         SHR      AL,1        ; LINKES HALBBYTE NACH RECHTEM HALBBYTE
         SHR      AL,1        ;
         SHR      AL,1        ;
         SHR      AL,1        ;
         CALL     AUSNR       ; RECHTES HALBBYTE AUSGEBEN
         POP      AX          ; AX ZURUECK
         RET                  ; RUECKSPRUNG
; AUSBY - BYTE AUS AL UMWANDELN UND MIT 2 ZEICHEN AUSGEBEN
AUSBY:   CALL     AUSNL       ; LINKES HALBBYTE UMWANDELN UND AUSGEBEN
         CALL     AUSNR       ; RECHTES HALBBYTE UMWANDELN UND AUSGEBEN
         RET                  ; RUECKSPRUNG
; AUSNZ - NEUE ZEILE MIT WAGENRUECKLAUF UND ZEILENVORSCHUB
AUSNZ:   PUSH     AX          ; AX RETTEN
         MOV      AL,0DH      ; WAGENRUECKLAUF
         CALL     AUSZ        ; AUSGEBEN
         MOV      AL,0AH      ; ZEILENVORSCHUB
         CALL     AUSZ        ; AUSGEBEN
         POP      AX          ; AX ZURUECK
         RET                  ; RUECKSPRUNG
; AUSLE - LEERZEICHEN AUSGEBEN
AUSLE:   PUSH     AX          ; AX RETTEN
         MOV      AL,20H      ; LEERZEICHEN LADEN
         CALL     AUSZ        ; UND AUSGEBEN
         POP      AX          ; AX ZURUECK
         RET                  ; RUECKSPRUNG
; AUSBI - AL BINAER AUSGEBEN
AUSBI:   PUSH     AX          ; AX RETTEN
         PUSH     CX          ; CX RETTEN
         MOV      CX,8        ; ZAEHLER FUER 8 BIT
         MOV      AH,AL       ; BYTE NACH AH
AUSBI1:  ROL      AX,1        ; B15 NACH B0 SCHIEBEN
         AND      AL,01H      ; MASKE 0000 0001
         ADD      AL,30H      ; NACH ZIFFER 0 ODER 1 CODIEREN
         CALL     AUSZ        ; ZIFFER AUSGEBEN
         LOOP     AUSBI1      ; BIS ZAEHLER NULL
         POP      CX          ; CX ZURUECK
```

```
                POP     AX      ; AX ZURUECK
                RET             ; RUECKSPRUNG
        ; SYSTEMPROGRAMME
        EINZ:   INT     11H     ; ZEICHEN NACH AL LESEN
                RET             ; RUECKSPRUNG
        AUSZ:   INT     17H     ; ZEICHEN AUS AL AUSGEBEN
                RET             ; RUECKSPRUNG
        EXIT:   INT     10H     ; RUECKKEHR MONITOR
        PROG    ENDS            ; ENDE DES SEGMENTES
                END     START   ; ENDE DES PROGRAMMS
```

1.Aufgabe:

```
        ; LOESUNG 4.8.6  AUFGABE 3
        PROG    SEGMENT             ; PROGRAMMSEGMENT
                ASSUME  CS:PROG,DS:PROG,ES:PROG,SS:PROG
                ORG     100H        ; PROGRAMMBEREICH
        START:  MOV     AL,0DH      ; WAGENRUECKLAUF CR
                CALL    AUSZ        ; AUSGEBEN
                MOV     AL,0AH      ; ZEILENVORSCHUB LF
                CALL    AUSZ        ; AUSGEBEN
                CALL    EINZ        ; ZAHL LESEN
                CMP     AL,'0'      ; ZIFFER 0 ?
                JB      ERROR       ; KLEINER: FEHLER
                CMP     AL,'9'      ; ZIFFER 9 ?
                JA      ERROR       ; GROESSER: FEHLER
                SUB     AL,30H      ; ZIFFER DEKODIEREN
                MOV     CH,0        ; ZAEHLER HIGH LOESCHEN
                MOV     CL,AL       ; ZAEHLER LOW LADEN
                MOV     AL,'*'      ; AUSGABEZEICHEN LADEN
                JCXZ    START       ; NULL EINGEGEBEN: KEIN STERN
        MARK:   CALL    AUSZ        ; ZEICHEN AUSGEBEN
                LOOP    MARK        ; SCHLEIFE BIS CX = NULL
                JMP     START       ; NEUE EINGABE
        ERROR:  CMP     AL,'*'      ; ENDEMARKE ?
                JE      EXIT        ; JA: FERTIG
                MOV     AL,7        ; CODE FUER HUPE
                CALL    AUSZ        ; HUPEN
                JMP     START       ; NEUE ZIFFER
        ; SYSTEMPROGRAMME
        EINZ:   INT     11H         ; ZEICHEN NACH AL LESEN
                RET                 ; RUECKSPRUNG
        AUSZ:   INT     17H         ; ZEICHEN AUS AL AUSGEBEN
                RET                 ; RUECKSPRUNG
        EXIT:   INT     10H         ; RUECKKEHR MONITOR
        PROG    ENDS                ; ENDE DES SEGMENTES
                END     START       ; ENDE DES PROGRAMMS
```

3.Aufgabe:

```
; LOESUNG 4.8.6  AUFGABE 2
PROG    SEGMENT             ; PROGRAMMSEGMENT
        ASSUME   CS:PROG,DS:PROG,ES:PROG,SS:PROG
        ORG      100H       ; PROGRAMMBEREICH
START:  MOV      CX,24      ; ZAEHLER FUER 24 ZEILEN
        MOV      AL,01H     ; ANFANGSWERT
MARK:   CALL     AUSNZ      ; NEUE ZEILE CR LF
        CALL     AUSBY      ; AL HEXADEZIMAL AUSGEBEN
        ADD      AL,1       ; ZEILENNUMMER + 1
        DAA                 ; DEZIMALKORREKTUR
        LOOP     MARK       ; BIS CX = NULL
        JMP      EXIT       ; FERTIG
; UNTERPROGRAMME
; AUSNR - RECHTES HALBBYTE VON AL UMWANDELN UND AUSGEBEN
AUSNR:  PUSH     AX         ; AX RETTEN
        AND      AL,0FH     ; MASKE 0000 1111 LINKES HALBBYTE 0
        ADD      AL,30H     ; NACH ASCII CODIEREN
        CMP      AL,'9'     ; ZIFFERNBEREICH VON 0 BIS 9 ?
        JBE      AUSN1      ; JA: FERTIG
        ADD      AL,07H     ; NEIN: BUCHSTABENBEREICH
AUSN1:  CALL     AUSZ       ; ZEICHEN AUSGEBEN
        POP      AX         ; AX ZURUECK
        RET                 ; RUECKSPRUNG
; AUSNL - LINKES HALBBYTE VON AL UMWANDELN UND AUSGEBEN
AUSNL:  PUSH     AX         ; AX RETTEN
        SHR      AL,1       ; LINKES HALBBYTE NACH RECHTEM HALBBYTE
        SHR      AL,1       ;
        SHR      AL,1       ;
        SHR      AL,1       ;
        CALL     AUSNR      ; RECHTES HALBBYTE AUSGEBEN
        POP      AX         ; AX ZURUECK
        RET                 ; RUECKSPRUNG
; AUSBY - BYTE AUS AL UMWANDELN UND MIT 2 ZEICHEN AUSGEBEN
AUSBY:  CALL     AUSNL      ; LINKES HALBBYTE UMWANDELN UND AUSGEBEN
        CALL     AUSNR      ; RECHTES HALBBYTE UMWANDELN UND AUSGEBEN
        RET                 ; RUECKSPRUNG
; AUSNZ - NEUE ZEILE MIT WAGENRUECKLAUF UND ZEILENVORSCHUB
AUSNZ:  PUSH     AX         ; AX RETTEN
        MOV      AL,0DH     ; WAGENRUECKLAUF
        CALL     AUSZ       ; AUSGEBEN
        MOV      AL,0AH     ; ZEILENVORSCHUB
        CALL     AUSZ       ; AUSGEBEN
        POP      AX         ; AX ZURUECK
        RET                 ; RUECKSPRUNG
; SYSTEMPROGRAMME
EINZ:   INT      11H        ; ZEICHEN NACH AL LESEN
        RET                 ; RUECKSPRUNG
AUSZ:   INT      17H        ; ZEICHEN AUS AL AUSGEBEN
        RET                 ; RUECKSPRUNG
EXIT:   INT      10H        ; RUECKKEHR MONITOR
PROG    ENDS                ; ENDE DES SEGMENTES
        END      START      ; ENDE DES PROGRAMMS
```

2.Aufgabe:

7 Befehlslisten

Die Befehle der 8086-Prozessoren

Abkürzungen: Bedingungsregister: O D I T S Z A P C

```
X = Bit wird gesetzt bzw. gelöscht                    C = Carry = Übertrag
0 = Bit wird immer gelöscht                          P = Parität
1 = Bit wird immer gesetzt                          A = Auxiliary Carry = Hilfsüber.
? = Bit ist undefiniert                            Z = Zero = Null
                                                  S = Sign = Vorzeichen
                                                T = Trace = Einzelschrittsteuerung
                                              I = Interruptsperre
                                            D = Direction = auf/abwärts zählen
                                          O = Overflow
```

w = 0: Bytezugriff
w = 1: Wortzugriff

xxxxxxdw	mdregr/m	lllllll	hhhhhhhh	kkkkkkkk	jjjjjjjj

d = 0: lade Ergebnis oder Daten nach r/m (Register oder Speicher)
d = 1: lade Ergebnis oder Daten nach reg (Register)

r/m	md = 00	md = 01	md = 10	md=11 w=0	md=11 w=1
000	(BX)+(SI)	(BX)+(SI)+8Bit	(BX)+(SI)+16Bit	AL	AX
001	(BX)+(DI)	(BX)+(DI)+8Bit	(BX)+(DI)+16Bit	CL	CX
010	(BP)+(SI)	(BP)+(SI)+8Bit	(BP)+(SI)+16Bit	DL	DX
011	(BP)+(DI)	(BP)+(DI)+8Bit	(BP)+(DI)+16Bit	BL	BX
100	(SI)	(SI)+8Bit	(SI)+16Bit	AH	SP
101	(DI)	(DI)+8Bit	(DI)+16Bit	CH	BP
110	dir.Adr.	(BP)+8Bit	(BP)+16Bit	DH	SI
111	(BX)	(BX)+8Bit	(BX)+16Bit	BH	DI

hhhhhhhh = HIGH-Byte einer Adresse (Abstand)
lllllll = LOW-Byte einer Adresse (Abstand)

jjjjjjjj = HIGH-Byte einer Konstanten
kkkkkkkk = LOW-Byte einer Konstanten

reg	w = 0	w = 1
000	AL	AX
001	CL	CX
010	DL	DX
011	BL	BX
100	AH	SP
101	CL	BP
110	DH	SI
111	BH	DI

rr	Register
00	ES-Register
01	CS-Register
10	SS-Register
11	DS-Register

AAA

ASCCI Adjust AL After Addition
ASCII-Korrektur des AL-Registers nach einer Addition

Bedingungen: O D I T S Z A P C
             ?   ? ? X ? X

Code: 00110111 = 37H
Nach einer Addition enthält das AL-Register eine ungepackte BCD-Ziffer, die
korrigiert wird. Liegt das untere Halbbyte im BCD-Bereich von 0000 bis 1001 und
ist das A-Bit = 0, so wird nur das obere Halbbyte gelöscht. Liegt das untere
Halbbyte im Bereich der Pseudotetraden von 1010 bis 1111 oder ist das A-Bit = 1
so wird 0110 addiert, das obere Halbbyte wird gelöscht, das AH-Register wird um
1 erhöht und das A- und C-Bit werden auf 1 gesetzt.

AAD

ASCII Adjust AX Before Division
ASCII-Korrektur des AX-Registers vor einer Division

Bedingungen: O D I T S Z A P C
           ?   X X ? X ?

Code: 11010101 00001010 = D50AH
Im AX-Register stehen zwei ungepackte BCD-Ziffern, die bereits decodiert sein
müssen (z.B. 0604H). Zum AL-Register wird der mit 10 dezimal multiplizierte
Inhalt des AH-Registers addiert; das AH-Register wird gelöscht. Der Befehl wandelt die zweistellige BCD-Zahl in ungepackter Darstellung um in die entsprechende Dualzahl. Ein nachfolgenden DIV-Befehl findet eine vorzeichenlose Dualzahl vor. ASCII-Ziffern (z.B. 3634H) müssen vorher dekodiert werden. S-, Z- und
P-Bit werden entsprechend dem AL-Register gesetzt.

AAM

ASCII Adjust AX After Multiply
ASCII-Korrektur des AX-Registers nach einer Multiplikation

Bedingungen: O D I T S Z A P C
           ?   X X ? X ?

Code: 11010100 00001010 = D40AH
Nach einer Multiplikation zweier ungepackter BCD-Ziffern wird das im AL-Register stehende Produkt in zwei ungepackte BCD-Ziffern verwandelt. Dazu wird das
AL-Register durch 10 dezimal dividiert. Der Quotient erscheint im AH-Register,
der Rest im AL-Register. Der Befehl verwandelt eine Dualzahl kleiner als 100
dezimal in eine zweistellige ungepackte BCD-Zahl. Die Bedingungsbits werden
entsprechend dem AL-Register gesetzt.

AAS

ASCII Adjust AL After Subtraction
ASCII-Korrektur des AL-Registers nach einer Subtraktion

Bedingungen: O D I T S Z A P C
           ?   ? ? X ? X

Code: 00111111 = 3FH
Nach einer Subtraktion enthält das AL-Register eine ungepackte BCD-Ziffer, die
korrigiert wird. Liegt das untere Halbbyte im BCD-Bereich von 0000 bis 1001 und
ist das A-Bit = 0, so wird nur das obere Halbbyte gelöscht. Liegt das untere
Halbbyte im Bereich der Pseudotetraden (1010 bis 1111) oder ist das A-Bit = 1,
so wird 0110 subtrahiert, das obere Halbbyte wird gelöscht, das AH-Register
wird um 1 vermindert und das A- und das C-Bit werden auf 1 gesetzt.

ADC

Add with Carry
Addiere zwei Operanden und das Carrybit

Bedingungen: O D I T S Z A P C
           X   X X X X

Addiere zum Akkumulator eine Konstante und das Carrybit
Code: 0001010w kkkkkkkk jjjjjjjj

Addiere zu einem Register oder einer Speicherstelle eine Konstante und das
Carrybit
Code: 100000dw md010r/m 11111111 hhhhhhhh kkkkkkkk jjjjjjjj

Addiere zu einem Register oder einer Speicherstelle den Inhalt eines anderen
Registers oder anderen Speicherstelle und das Carrybit
Code: 000100dw mdregr/m 11111111 hhhhhhhh

ADD

Add
Addiere zwei Operanden ohne das Carrybit

Bedingungen: O D I T S Z A P C
           X   X X X X X

Addiere zum Akkumulator eine Konstante
Code: 0000010w kkkkkkkk jjjjjjjj

Addiere zu einem Register oder einer Speicherstelle eine Konstante
Code: 100000dw md000r/m 11111111 hhhhhhhh kkkkkkkk jjjjjjjj

Addiere zu einem Register oder einer Speicherstelle den Inhalt eines anderen
Registers oder einer anderen Speicherstelle
Code: 000000dw mdregr/m 11111111 hhhhhhhh

AND

Logical AND
Bilde bitweise das logische UND zweier Operanden

Bedingungen: O D I T S Z A P C
           0   X X ? X 0

Bilde das logische UND des Akkumulators mit einer Konstanten
Code: 0010010w kkkkkkkk jjjjjjjj

Bilde das logische UND eines Registers oder einer Speicherstelle mit einer
Konstanten
Code: 1000000w md100r/m 11111111 hhhhhhhh kkkkkkkk jjjjjjjj

Bilde das logische UND eines Registers oder einer Speicherstelle mit einem anderen Register oder einer anderen Speicherstelle
Code: 001000dw mdregr/m 11111111 hhhhhhhh

ARPL   nur 80286

Adjust RPL Field of Selector
Korrigiere das RPL-Feld eines Selektors

Code: 01100011 mdregr/m 11111111 hhhhhhhh

Bedingungen: O D I T S Z A P C
                   X

Der Befehl dient dazu, den Selector-Parameter beim Aufruf eines Unterprogramms
mit dem Selector-Wort des Benutzers zu vergleichen.
1.Operand: Selector-Wort des Benutzers im Speicher oder Wortregister
2.Operand: Selector-Wort mit dem CS-Selector bei einem CALL-Befehl
Sind die beiden obersten Bits (RPL-Feld) beider Selector-Wörter gleich, so
bleibt der erste Operand unverändert, und das Z-Bit wird 0 gesetzt.
Ist das oberste Bit (RPL-Feld) des ersten Operanden kleiner als die beiden
ersten Bits (RPL-Feld) des zweiten Operanden, so wird das RPL-Feld des ersten
Operanden erhöht und gleich dem RPL-Feld des zweiten Operanden gemacht; das Z-
Bit wird 1 gesetzt. Der Befehl wirkt nicht im Real-Address-Mode.

BOUND   nur 80186 und 80286

Check Array Index Against Bounds
Prüfe einen Feld-Index auf seine Grenzen

Bedingungen: O D I T S Z A P C

Code: 01100010 mdregr/m 11111111 hhhhhhhh
Der Befehl vergleicht den Inhalt eines Wortregisters mit dem Inhalt von zwei
Speicherwörtern, die Anfangs- und Endadresse eines Feldes enthalten. Der Inhalt
des Registers, die Adresse eines Feldelementes, muß größer oder gleich dem Inhalt des ersten adressierten Speicherwortes und kleiner oder gleich dem Inhalt
des zweiten Speicherwortes sein. Liegt der Inhalt des Registers nicht innerhalb
dieser Grenzen, so wird ein Interrupt 5 erzeugt. Die beiden Wörter mit den
Grenzen des Feldes werden normalerweise vor dem Feld angelegt.

CALL   alle 8086-Versionen

Call Procedure
Rufe eine Prozedur auf - Verzweige in ein Unterprogramm

Bedingungen: O D I T S Z A P C

Rufe ein Unterprogramm innerhalb des Code-Segmentes mit relativem Abstand zum
Befehlszähler (direkt intrasegment)
Code: 11101000 jjjjjjjj kkkkkkkk = E8H AbstL AbstH

Rufe ein Unterprogramm innerhalb des Code-Segmentes; die Sprungadresse befindet sich in einem Wortregister oder Speicherwort (indirekt intrasegment)
Code: 11111111 md010r/m

Rufe ein Unterprogramm in einem anderen Code-Segment mit direkter Adresse im
Befehl (direkt intersegment)
Code: 10011010 11111111 hhhhhhhh tttttttt ssssssss

CBW
Convert Byte into Word
Umwandlung eines Bytes in ein Wort mit Vorzeichenausdehnung

Bedingungen: O D I T S Z A P C

Code: 10011000 = 98H
Bitposition 7, das Vorzeichenbit, des AL-Registers wird in alle Bitpositionen
des AH-Registers kopiert. Der Befehl CBW wird vor dem Multiplikationsbefehl
IMUL und vor dem Divisionsbefehl IDIV verwendet, um eine vorzeichenbehaftete
Dualzahl von 8 Bit Länge auf 16 Bit zu erweitern.

CLC

Clear Carry Flag
Lösche das Carrybit

Bedingungen: O D I T S Z A P C
                              0

Code: 11111000 = F8H
Das Carrybit des Bedingungsregisters wird auf 0 gesetzt. Der Befehl wird dazu
verwendet, vor einer Additionsschleife mehrstelliger Zahlen das Carrybit zu
löschen, damit der erste Additionsbefehl ADC mit dem Übertrag 0 beginnt.

CLD

Clear Direction Flag
Lösche das Richtungsbit

Bedingungen: O D I T S Z A P C
            0

Code: 11111100 = FCH
Das D-Bit des Bedingungsregisters wird auf 0 gesetzt. Die folgenden Stringbefehle, die das DI- bzw. SI-Register benutzen, erhöhen diese beiden Register.

CLI

Clear Interrupt Flag
Lösche das Interrupt-Bit - INTR-Interrupts sind gesperrt

Bedingungen: O D I T S Z A P C
             0

Code: 11111010 = FAH
Das Interrupt-Bit des Bedingungsregisters wird gelöscht, alle auf der INTR-
Leitung ankommenden Interrupts sind damit gesperrt.

CLTS   nur 80286

Clear Task Switched Flag
Lösche das Task-Schalter-Bit

Bedingungen: NT IOPL O D I T S Z A P C
              0

Code: 00001111 00000110 = 0F06H
Das Task-Schalter-Bit des Statusregisters wird gelöscht.

CMC

Complement Carry Flag
Komplementiere das Carry-Bit

Bedingungen: O D I T S Z A P C
                      $\overline{C}$

Code: 11110101 = F5H
Das Carry-Bit des Statusregisters wird komplementiert. Aus 0 mach 1 und aus 1
mach 0.

CMP

Compare Two Operands
Vergleiche zwei Operanden - Testsubtraktion

Bedingungen: O D I T S Z A P C
           X   X X X X

Es wird die Differenz **1.Operand - 2.Operand** gebildet
Alle Register- und Speicherinhalte bleiben erhalten.
Der Befehl verändert die Bedingungsbits für einen folgenden bedingten Sprung
Vergleiche den Akkumulator mit einer unmittelbar folgenden Konstanten
Code: 011110w kkkkkkkk jjjjjjjj

Vergleiche ein Register bzw. eine Speicherstelle mit der unmittelbar folgenden Konstanten
Code: 100000dw md111r/m 111111111 hhhhhhhh kkkkkkkk jjjjjjjj

Vergleiche ein Register bzw. Speicherstelle mit einem anderen Register bzw. Speicherstelle
Code: 001110dw mdregr/m 11111111 hhhhhhhh

CMPS CMPSB CMPSW

Compare String Operands
Vergleiche String-Operanden (Byte bzw. Wort)

Bedingungen: O D I T S Z A P C '
           X   X X X X X

Code: 1010011w
Der Befehl CMPSB (w=0: Code A6) subtrahiert von dem durch (SI) adressierten Byte das durch (DI) adressierte Byte und verändert die Bedingungsbits. Nach dem Vergleich werden die Indexregister SI und DI je nach D-Bit um 1 erhöht (D=0) oder um 1 vermindert (D=1).

Der Befehl CMPSW (W=1: Code A7) subtrahiert von dem durch (SI) adressierten Wort das durch (DI) adressierte Wort und verändert die Bedingungsbits. Nach dem Vergleich werden die Indexregister SI und DI je nach D-Bit um 2 erhöht (D=0) oder um 2 vermindert (D=1).

$$(DS:SI) - (ES:DI)$$

Mit den REP-Vorsätzen können Schleifen aufgebaut werden, die Zahl der Durchläufe wird mit dem CX-Register kontrolliert. Die Operanden im Speicher bleiben unverändert; es werden nur die Bedingungsbits verändert, die mit den Vorsätzen REPE bzw. REPNE ausgewertet werden.

CWD

Convert Word to Doubleword
Umwandlung eines Wortes in ein Doppelwort (32 Bit) mit Vorzeichenausdehnung

Bedingungen: O D I T S Z A P C

Code: 10011001 = 99H
Bitposition 15, das Vorzeichenbit, des AX-Register wird in alle Bitpositionen des DX-Registers kopiert. Der Befehl CWD wird vor dem IDIV-Befehl verwendet, um eine vorzeichenbehaftete 16-Bit-Dualzahl im AX-Register in eine vorzeichenbehaftete 32-Bit-Dualzahl in den Registern DX und AX zu verwandeln.

DAA

Decimal Adjust AL After Addition
BCD-Korrektur des AL-Registers nach einer Addition

Bedingungen: O D I T S Z A P C
           ?   X X X X X

Code: 00100111 = 27H
Das AL-Register enthält zwei gepackte Dezimalziffern. Nach einer Addition wird durch den DAA-Befehl das AL-Register so korrigiert, daß wieder zwei gepackte Dezimalziffern entstehen. Ist das untere Halbbyte des AL-Registers größer als 9 oder ist das A-Bit gesetzt, so wird eine 6 zum AL-Register addiert und das A-Bit wird gesetzt. Ist das obere Halbbyte des AL-Registers größer als 9 oder ist das das C-Bit gesetzt, so wird die Zahl 60H zum AL-Register addiert und das C-Bit wird gesetzt.

DAS

Decimal Adjust AL After Subtraction
BCD-Korrektur des AL-Registers nach einer Subtraktion

Bedingungen: O D I T S Z A P C
            ?   X X X X

Code: 00101111 = 2FH
Das AL-Register enthält zwei gepackte Dezimalziffern. Nach einer Subtraktion
wird das AL-Register so korrigiert, daß wieder zwei gepackte Dezimalziffern
entstehen. Ist das untere Halbbyte des AL-Registers größer als 9 oder ist das
A-Bit gesetzt, so wird das untere Halbbyte des AL-Registers um 6 vermindert und
das A-Bit wird gesetzt. Ist das obere Halbbyte des AL-Registers größer als 9
oder ist das C-Bit gesetzt, so wird das AL-Register um 60H vermindert und das
C-Bit wird gesetzt.

DEC

Decrement by 1
Vermindere um 1

Bedingungen: O D I T S Z A P C
            X   X X X X

Vermindere ein 16-Bit-Register um 1
Code: 01001reg

Vermindere ein Register oder eine Speicherstelle um 1
Code: 1111111w md001r/m 11111111 hhhhhhhh

Die Segmentregister können nicht vermindert werden. Das Carrybit wird **nicht**
verändert. Dies geschieht durch den Subtraktionsbefehl mit der Konstanten 1.

DIV

Unsigned Divide
Division vorzeichenloser Dualzahlen

Bedingungen: O D I T S Z A P C
            ?   ? ? ? ? ?

Code: 1111011w md110r/m 11111111 hhhhhhhh
Bei der **Byte-Division** (w = 0) wird der Inhalt des AX-Registers (16-Bit-Divi-
dend) durch ein Byte (8-Bit-Divisor) dividiert, das sich in einem anderen
Register oder im Speicher befindet. Der 8-Bit-Quotient steht im AL-Register,
der 8-Bit-Rest erscheint im AH-Register. Bei einem Quotienten größer als 255
(OFFH) bzw. bei einer Division durch 0 erfolgt ein Interrupt 0. Dies kann durch
einen vorangehenden Vergleichsbefehl abgefangen werden. Bei einem 8-Bit-Divi-
denden im AL-Register muß das AH-Register vorher gelöscht werden.

Bei der **Wort-Division** (w = 1) bilden das DX- (HIGH-Teil) und das AX-Register
(LOW-Teil) ein 32-Bit-Register mit dem Dividenden; der 16-Bit-Divisor steht in
einem anderen Register bzw. im Speicher. Der 16-Bit-Quotient erscheint im AX-
Register, der 16-Bit-Rest im DX-Register. Bei einem Quotienten größer 65 535
(OFFFFH) bzw. bei einer Division durch Null erfolgt ein Interrupt 0. Dies kann
durch einen vorangehenden Vergleichsbefehl abgefangen werden. Bei einem 16-Bit-
Dividenden im AX-Register muß das DX-Register vorher gelöscht werden.

Bei einem Überlauf wird ein Interrupt 0 ausgelöst:
Statusregister, Code-Segmentregister und Befehlszähler werden in dieser Reihenfolge in den Stapel gerettet.
8086/8088: PC zeigt auf folgenden Befehl.
80286: PC zeigt auf DIV-Befehl.
Das I-Bit und das T-Bit des Statusregisters werden gelöscht. Das Code-Segmentregister wird mit dem Inhalt der Speicherstellen 0 0002 und 0 0003 geladen. Der
Befehlszähler wird mit dem Inhalt der Speicherstellen 0 0000 und 0 0001 geladen

ENTER   nur 80186 und 80286

Make Stack Frame for Procedure Parameters
Reserviere einen Stapelbereich für Prozedurparameter

Bedingungen: O D I T S Z A P C

Code: 11001000 jjjjjjjj kkkkkkkk llllllll
Bei höheren blockorientierten Programmiersprachen liegen lokale Variablen als
Prozedurparameter im Stapel. Der Befehl ENTER reserviert dafür einen Bereich
im Stapel unter Berücksichtigung des Schachtelungsgrades.
Zahl der Bytes im Stapel: Wort jjjjjjjj kkkkkkkk
Schachtelungsgrad der Prozedur: Byte llllllll

ESC

Escape
Code und Speicheradressierung für Coprozessor

Bedingungen: O D I T S Z A P C

Code: 11011xxx mdxxxr/m llllllll hhhhhhhh
Der ESC-Befehl liefert den Funktionscode und die Daten für Coprozessoren wie
z.B. den Arithmetikprozessor 8087 und den Ein/Ausgabeprozessor 8089. Der Prozessor 8086 behandelt die ESC-Befehle wie NOP-Befehle. Der Funktionscode ist in
den Bitpositionen xxx des 1.Bytes und xxx des 2.Bytes verschlüsselt. Mit den
restlichen Bitpositionen des 2. Bytes kann eine Speicherstelle adressiert
werden. Weitere Einzelheiten siehe Befehle des 8087 Arithmetikprozessors.

HLT

Halt
Anhalten bis Interrupt

Bedingungen: O D I T S Z A P C

Code: 11110100 = F4H
Der HLT-Befehl bringt den Prozessor in einen Wartezustand, der nur verlassen
werden kann durch Reset oder NMI-Interrupt oder freigegebenen INTR-Interrupt.
Bei einem Interrupt werden das Code-Segmentregister und der Befehlszähler auf
den Stapel gerettet; der Befehlszähler zeigt auf den Befehl, der auf den HLT-
Befehl folgt.

IDIV

Integer Divide
Division vorzeichenbehafteter Dualzahlen

Bedingungen: O D I T S Z A P C
             ?   ? ? ? ? ?

Code: 1111011w md111r/m llllllll hhhhhhhh
Die Operanden sind vorzeichenbehaftete Dualzahlen. Sie werden unter Beachtung
ihrer Vorzeichen dividiert. Der Rest erhält das gleiche Vorzeichen wie der
Quotient. Bei einem Zahlenüberlauf oder Zahlenunterlauf des Quotienten z.B.
bei einer Division durch Null wird ein Interrupt 0 ausgelöst.

Bei einer **Byte-Division** (w = 0) wird der Inhalt des AX-Registers durch ein
Byte dividiert, das sich in einem anderen Register oder im Speicher befindet.
Der Quotient erscheint im AL-Registerim Bereich von +127 (7FH) bis -127 (81H),
der Rest im AH-Register. Bei einem 8-Bit-Dividenden im AL-Register muß das
Vorzeichen des AL-Registers durch den Befehl CBW auf das AH-Register ausgedehnt
werden. Beim 80286 ist der Quotient -128 (80H) zulässig.

Bei einer **Wort-Division** (w = 1) bilden das DX-Register (HIGH-Teil) und das AX-Register (LOW-Teil) ein 32-Bit-Register mit dem vorzeichenbehafteten Dividenden. Der vorzeichenbehaftete Divisor steht in einem anderen Register bzw. im Speicher. Der Quotient erscheint im AX-Register im Bereich von +32 767 (7FFFH) bis -32 767 (8001H); der Rest erscheint im DX-Register. Bei einem 16-Bit-Dividenden im AX-Register muß das Vorzeichen des AX-Registers durch den Befehl CWD auf das DX-Register ausgedehnt werden. Beim 80286 ist der Quotient -32 768 (8000H) zul.

Bei einem Überlauf oder Unterlauf wird ein Interrupt 0 ausgelöst: Statusregister, Code-Segmentregister und Befehlszähler werden in dieser Reihenfolge in den Stapel gerettet.
8086/8088: PC zeigt auf nächsten Befehl.
80286: PC zeigt auf IDIV-Befehl.
Das I-Bit und das T-Bit des Statusregisters werden gelöscht. Das Code-Segmentregister wird mit dem Inhalt der Speicherstellen 0 0002 und 0 0003 geladen. Der Befehlszähler wird mit dem Inhalt der Speicherstellen 0 0000 und 0 0001 geladen

IMUL

Integer Multiply
Multiplikation vorzeichenbehafteter Dualzahlen

Bedingungen: O D I T S Z A P C
          X   ? ? ? ? X

Für **alle** 8086-Prozessoren gilt:

Code: 1111011w md101r/m 11111111 hhhhhhhh
Bei der **Byte-Multiplikation** (w = 0) wird der Inhalt des AL-Registers mit dem Inhalt eines anderen Registers oder Speicherbytes multipliziert; das 16-Bit-Produkt erscheint im AX-Register. Liegt das Produkt im Bereich von +127 bis -128 im AL-Register, so wird das AH-Register mit Vorzeichen ausgedehnt (00 oder FF); das O-Bit und das C-Bit werden = 0 gesetzt. Enthält das AH-Register signifikante Dualstellen, so werden das O-Bit und das C-Bit auf 1 gesetzt.

Bei der **Wort-Multiplikation** (w = 1) wird der Inhalt des AX-Registers mit dem Inhalt eines anderen Wortregisters oder Speicherwortes multipliziert; das 32-Bit-Produkt erscheint Im DX-Register (HIGH-Teil) und AX-Register (LOW-Teil). Liegt das Produkt im Bereich von +32 767 und -32 768, so wird das DX-Register mit Vorzeichen ausgedehnt (0000 oder FFFF); das O-Bit und das C-Bit werden = 0 gesetzt. Enthält das DX-Register signifikante Dualstellen, so werden das O-Bit und das C-Bit auf 1 gesetzt.

Für die Prozessoren 80186 und 80286 gilt:
Der Befehl IMUL kann mit unmittelbar folgenden Konstanten in folgender Form aufgerufen werden:

       IMUL   wortregister,bytekonstante   (s=1)
       IMUL   wortregister,wortadresse,bytekonstante (s=1)
       IMUL   wortregister,wortadresse,wortkonstante (s=0)

Code: 011010s1 mdregr/m 11111111 hhhhhhhh kkkkkkkk jjjjjjjj
Enthält der IMUL-Befehl 3 Operanden, so wird der zweite Operand (wortadresse) mit dem dritten Operanden (konstante) multipliziert. Das 16-Bit-Produkt gelangt in den ersten Operanden (wortregister). Liegt es außerhalb des zulässigen Bereiches vorzeichenbehafteter Dualzahlen von +32 767 bis - 32 768, so werden das O-Bit und das C-Bit auf 1 gesetzt. Liegt es innerhalb des zulässigen Bereiches, so werden das O-Bit und das C-Bit gelöscht.

IN

Input from Port
Eingabe von einem Peripherieport

Bedingungen: O D I T S Z A P C

Konstante 8-Bit-Portadresse im 2. Byte des Befehls:
Code: 1110010w kkkkkkkk

Variable 16-Bit-Portadresse im DX-Register
Code: 1110110w

INC

Increment by 1
Erhöhe um 1

Bedingungen: O D I T S Z A P C
           X   X X X X

Erhöhe ein 16-Bit-Register um 1
Code: 01000reg

Erhöhe ein Register oder eine Speicherstelle um 1
Code: 1111111w md000r/m 11111111 hhhhhhhh

Die Segmentregister können nicht erhöht werden. Das Carrybit wird nicht verändert. Dies geschieht durch den Additionsbefehl mit der Konstanten 1.

INS INSB INSW   nur 80186 und 80286

Input from Port to String
Eingabe eines Strings über einen Eingabeport

Bedingungen: O D I T S Z A P C

Code: 0110110w
Der Befehl INSB (w=0: Code 6CH) liest ein Byte von dem Eingabeport, dessen Adresse im DX-Register steht, und bringt es in das durch (DI) adressierte Speicherbyte. Als Segmentregister wird das ES-Segmentregister verwendet. Nach der Übertragung wird das DI-Indexregister je nach D-Bit um 1 erhöht (D=0) oder um 1 vermindert (D=1).

Der Befehl INSW (w=1: Code 6DH) liest ein Wort von dem Eingabeport, dessen Adresse im DX-Register steht, und bringt es in das durch (DI) adressierte Speicherwort. Als Segmentregister wird das ES-Segmentregister verwendet. Nach der Übertragung wird das DI-Indexregister je nach D-Bit um 2 erhöht (D=0) oder um 1 vermindert (D=1).

Mit dem REP-Vorsatz kann eine Schleife aufgebaut werden, deren Zahl der Durchläufe mit dem CX-Register kontrolliert wird. Der Eingabeport muß der Übertragungsgeschwindigkeit der Schleife angepaßt sein.

INT INTO

Call to Interrupt Procedure
Aufruf eines Interruptprogramms

Bedingungen: O D I T S Z A P C
8086/8088:   0 0
Beim 80286 werden I und T nicht verändert!

Statusregister, Code-Segmentregister und Befehlszähler werden in dieser Reihen-
folge in Stapel gerettet.
Das I-Bit und das T-Bit des Statusregisters werden gelöscht (8086/8088)
Die Vektornummer wird mit 4 multipliziert und ergibt eine Speicheradresse
im Bereich von 0 0000 bis 0 03FF mit dem Startvektor des Interruptprogramms in
der Reihenfolge Befehlszähler LOW, Befehlszähler HIGH, Code-Segmentregister LOW
Code-Segmentregister HIGH. Der Startvektor des Befehls INT 3 liegt ab 0 000CH.
Er wird zum Setzen von Haltepunkten verwendet.
Code: 11001100 = CCH

Die Startvektoren der Befehle INT byte werden durch Multiplikation der Byte-
Konstanten im Operandenteil mit 4 errechnet.
Code: 11001101 kkkkkkkk = CDxxH

Der Interruptbefehl INTO wird nur dann ausgeführt, wenn das O-Bit = 1 ist
und damit einen Überlauf in der vorzeichenbehafteten Arithmetik anzeigt. Der
Interruptvektor liegt ab 0 0012H.
Code: 11001110 = CEH

Für den Prozessor 80286 gibt es besondere Befehle und Bedingungen.

IRET

Interrupt Return
Rückkehr von einer Programmunterbrechung

Bedingungen: O D I T S Z A P C
vom Stapel: X X X X X X X X

Code: 11001111 = CFH
Der Befehl IRET steht am Ende eines Interruptprogramms und holt nacheinander
den Befehlszähler, das Code-Segmentregister und das Statusregier vom Stapel
und setzt das unterbrochene Programm fort. Dabei gibt es keinen Unterschied
zwischen einem Hardware- und einem Software-Interrupt.

Für den Prozessor 80286 gelten besondere Bedingungen.

J bed

Jump Short If Condition Met
Springe relativ kurz wenn die Bedingung erfüllt ist

Bedingungen: O D I T S Z A P C

Code: 0111xxxx dddddddd
Das untere Halbbyte xxxx enthält die Sprungbedingung. Das zweite Byte des Befehls enthält den Abstand zum Sprungziel. Die vorzeichenbehaftete Dualzahl von
+127 bis -128 wird zum Befehlszähler addiert und ergibt die Adresse des Sprungziels. Der Befehlszähler zeigt bereits auf das erste Byte des nächsten Befehls.

Code	Befehl	Bedingung	Beschreibung
77H	JA	Above	Springe bei größer (C=0 & Z=0)
73H	JAE	Above/Equal	Springe bei größer/gleich (C=0)
72H	JB	Below	Springe bei kleiner (C=1)
76H	JBE	Below/Equal	Springe bei kleiner/gleich (C=1 + Z=1)
72H	JC	Carry set	Springe wenn Carrybit gesetzt (C = 1)
74H	JE	Equal	Springe bei gleich (Z = 1)
7FH	JG	Greater	Springe bei größer (Z=0 & SF=OF)
7DH	JGE	Greater/Equal	Springe bei größer/gleich (SF=OF)
7CH	JL	Less	Springe bei kleiner (SF/=OF)
7EH	JLE	Less/Equal	Springe bei kleiner/gleich (Z=1 + SF/=OF)
76H	JNA	Not Above	Springe bei nicht größer (C=1 + Z=1)
72H	JNAE	Not Above/Equal	Springe bei nicht größer/gleich (C=1)
73H	JNB	Not Below	Springe bei nicht kleiner (C=0)
77H	JNBE	Not Below/Equal	Springe bei nicht kleiner/gleich (wie JA)
73H	JNC	No Carry set	Springe wenn Carrybit gelöscht (C=0)
75H	JNE	Not Equal	Springe bei nicht gleich (Z=0)
7EH	JNG	Not Greater	Springe bei nicht größer (Z=1 + SF7=OF)
7CH	JNGE	Not Greater/Equ	Springe bei nicht größer/gleich (SF/=OF)
7DH	JNL	Not Less	Springe bei nicht kleiner (SF=OF)
7FH	JNLE	Not Less/Equal	Springe bei nicht kleiner/gleich (wie JG)
71H	JNO	Not Overflow	Springe wenn kein Überlauf (OF=0)
7BH	JNP	Not Parity	Springe wenn keine Parität (P=0)
79H	JNS	Not Sign	Springe wenn Vorzeichen positiv (S=0)
75H	JNZ	Not Zero	Springe bei nicht Null (Z=0)
70H	JO	Overflow	Springe wenn Überlauf (OF=1)
7AH	JP	Parity	Springe wenn Parität (P=1)
7AH	JPE	Parity Even	Springe bei gerader Parität (P=1)
7BH	JPO	Parity Odd	Springe bei ungerader Parität (P=0)
78H	JS	Sign	Springe wenn Vorzeichen negativ (S=1)
74H	JZ	Zero	Springe bei Null (Z=1)

JCXZ

Jump if CX-Register Zero
Springe relativ kurz, wenn das CX-Register Null ist

Bedingungen: O D I T S Z A P C

Code: 11100011 dddddddd = E3xxH
Im Gegensatz zu den anderen bedingten Sprüngen prüft der Befehl JCXZ den Inhalt
des CX-Registers ohne Berücksichtigung des Z-Bits im Statusregister. Das CX-
Register wird bei den REP- und LOOP-Befehlen zur Kontrolle der Schleifendurchläufe benutzt. Bei einem variablen Schleifenzähler kann der JCXZ-Befehl dazu
benutzt werden, das CX-Register vor dem Eintritt in die Schleife auf Null zu
prüfen. Bei bedingten REP- und LOOP-Schleifen kann der JCXZ-Befehl dazu verwendet werden, beim Verlassen der Schleife zu unterscheiden, ob der Schleifenzähler im CX-Register Null ist oder ob die Abbruchbedingung des Schleifenbe-
fehls die Schleife beendet hat.

JMP

Jump
Springe immer

Bedingungen: O D I T S Z A P C

Springe innerhalb des Code-Segmentes mit relativ kurzem Abstand zum Befehlszähler. Der Abstand im 2.Byte im Bereich von +127 bis -128 wird zum Befehlszähler addiert (Intrasegment direkt kurz).
Code: 11101011 kkkkkkkk = EBxxH = code   abst

Springe innerhalb des Code-Segmentes mit relativ langem Abstand zum Befehls-
zähler. Der Abstand von +32 767 bis -32 768 wird zum Befehlszähler addiert
(Intrasegment direkt lang).
Code: 11101001 kkkkkkkk jjjjjjjj = E9yyxxH = Code   Abst-LOW   Abst-HIGH

Springe innerhalb des Code-Segmentes indirekt. Die Sprungadresse = neuer Inhalt
des Befehlszählers steht in einem Wort oder Wortreg. (Intrasegment indirekt).
Code: 11111111 md100r/m = FFxxH 11111111 hhhhhhhh

Springe in ein neues Code-Segment mit direkter Adresse in den folgenden Bytes
(Intersegment direkt)
Code: 11101010 11111111 hhhhhhhh tttttttt ssssssss
      EAH   PC-LOW   PC-HIGH   CS-LOW   CS-HIGH

Springe in ein neues Code-Segment; Befehlszähler und CS-Segmentregister befin-
den sich in zwei **Speicherwörtern** (PC-LOW, PC-HIGH, CS-LOW, CS-HIGH). Dieser
Sprung ist Intersegment indirekt.
Code: 11111111 md101r/m 11111111 hhhhhhhh   Adreßmodus md=11 unzulässig !!!

LAHF

Load Flags into AH Register
Lade das AH-Register mit den Bedingungsbits

Bedingungen: O D I T S Z A P C

Code: 10011111 = 9FH
Kopiere die Bedingungsbits (LOW-Teil des Statusregisters) in das AH-Register.
Reihenfolge: [S│Z│x│A│x│P│x│C]   x = bel.

LAR   nur 80286

Load Access Rights Byte
Lade Zugriffberechtigungsbyte

Bedingungen: O D I T S Z A P C
                         X

Code: 00001111 00000010 mdregr/m 11111111 hhhhhhhh
Das HIGH-Byte des im Befehl genannten Wortregisters reg wird mit dem Zugriffs-
berechtigungsbyte des im Operandenteil adressierten Descriptors geladen. Das
LOW-Byte des Wortregisters wird gelöscht. Das Z-Bit wird gesetzt.
Kann der Befehl nicht ausgeführt werden, so wird das Z-Bit gelöscht.

LDS

Load Doubleword Pointer to Register and DS Register
Lade Register und DS-Register mit einem Doppelwortzeiger

Bedingungen: O D I T S Z A P C

Code: 11000101 mdregr/m 11111111 hhhhhhhh   Adreßmodus md = 11 unzulässig !!!
Das durch den 2.Operanden adressierte Speicherwort wird in das durch den
1. Operanden adressierte Wortregister übertragen. Das folgende Speicherwort
wird in das Daten-Segmentregister übertragen.

Die zu ladenden Adressen müssen im Speicher stehen. Reihenfolge: Register-LOW,
Register-HIGH, DS-Register-LOW, DS-Register HIGH

LEA

Load Effective Address
Lade ein Register mit der effektiven Adresse

Bedingungen: O D I T S Z A P C

Code: 10001101 mdregr/m 11111111 hhhhhhhh   Adreßmodus md = 11 unzulässig !!!
Lade ein Wortregister (reg) mit dem Ergebnis einer Adreßrechnung. Der zweite
Operand muß die Adresse einer Speicherstelle sein.

LEAVE   nur 80186 und 80286

High Level Procedure Exit
Verlasse eine Prozedur höheren Grades

Bedingungen: O D I T S Z A P C

Code: 11001001 = C9H
Der Befehl LEAVE hebt die Wirkung des Befehls ENTER auf. Der Stapelzeiger wird
wieder mit dem Basiszeiger geladen; der Basiszeiger wird vom Stapel geholt. Der
folgende RET-Befehl kehrt in das aufrufende Programm zurück. Mit dem Befehl
RET   zahl kann der alte Stapelzeiger wiederhergestellt werden.

LES

Load Doubleword Pointer to Register und ES Register
Lade Register und ES-Register mit einem Doppelwortzeiger

Bedingungen: O D I T S Z A P C

Code: 11000100 mdregr/m 11111111 hhhhhhhh   Adreßmodus md = 11 unzulässig !!!
Das durch den zweiten Operanden adressierte Speicherwort wird in das durch den
1. Operanden adressierte Wortregister übertragen. Das folgende Speicherwort
wird in das Extrasegmentregister übertragen.

Die zu ladenden Adressen müssen im Speicher stehen. Reihenfolge: Register-LOW,
Register-HIGH, ES-Register-LOW, ES-Register HIGH

LGDT   nur 80286

Load Global Descriptor Table Register
Lade das globale Descriptor-Tabellen-Register

Bedingungen: O D I T S Z A P C

Code: 00001111 00000001 md010r/m 11111111 hhhhhhhh
Das globale Decriptor-Tabellen-Register wird mit 6 Bytes aus dem Speicher
geladen. Anwendung in Betriebssystemen und nicht in Benutzerprogrammen.

LIDT   nur 80286

Load Interrupt Decriptor Table Register
Lade das Interrupt-Descriptor-Tabellen-Register

Bedingungen: O D I T S Z A P C

Code: 00001111 00000001 md011r/m 11111111 hhhhhhhh
Das Interrupt-Descriptor-Tabellen-Register wird mit 6 Bytes aus dem Speicher
geladen. Anwendung in Betriebssystemen und nicht in Benutzerprogrammen.

LLDT   nur 80286

Load Local Descriptor Table Register
Lade das lokale Descriptor-Tabellen-Register

Bedingungen: O D I T S Z A P C

Code: 00001111 00000000 md010r/m 11111111 hhhhhhhh
Das lokale Descriptor-Tabellen-Register wird geladen. Anwendung nur in Betriebssystemen und nicht in Benutzerprogrammen.

LMSW   nur 80286

Load Machine Status Word
Lade das Maschinen-Status-Wort

Bedingungen: O D I T S Z A P C

Code: 00001111 00000001 md110r/m 11111111 hhhhhhhh
Das Maschinen-Status-Wort wird geladen. Anwendung nur in Betriebssystemen und
nicht in Benutzerprogrammen.

LOCK

Assert Bus Lock Signal
Lock-Bussignal ausgeben

Bedingungen: O D I T S Z A P C

Code: 11110000 = F0H
Während der Abarbeitung des folgenden Befehls wird der Ausgang BUS LOCK des
Prozessors auf LOW gelegt. Damit ist es möglich, den Zugriff auf bestimmte
Speicherstellen (Semaphore) während dieser Zeit für andere Benutzer zu sperren.

Für den Prozessor 80286 gelten Sonderbedingungen!

LODS LODSB LODSW

Load String Operand
Lade String-Operanden (Byte bzw. Wort)

Bedingungen: O D I T S Z A P C

Code: 1010110w
Der Befehl LODSB (w=0: Code ACH) lädt das AL-Register mit dem durch (SI) adres-
sierten Byte im Speicher. Nach der Übertragung wird das SI-Register je nach
D-Bit um 1 erhöht (D=0) oder um 1 vermindert (D=1).

Der Befehl LODSW (w=1: Code ADH) lädt das AX-Register mit dem durch (SI) adressierten Wort im Speicher. Nach der Übertragung wird das SI-Register je nach
D-Bit um 2 erhöht (D=0) oder um 2 vermindert (D=1).

LOOP LOOPE LOOPNE LOOPZ LOOPNZ

Loop Control with CX Counter
Schleifensteuerung mit CX-Register als Durchlaufzähler

Bedingungen: O D I T S Z A P C

Der Befehl LOOP vermindert das CX-Register um 1 und springt relativ kurz, wenn
das CX-Register **nach** dem Herabzählen ungleich Null ist. Das Z-Bit wird **nicht**
verändert.
Code: 11100010 dddddddd = E2xxH

Die Befehle LOOPE bzw. LOOPZ vermindern das CX-Register um 1 und springen relativ kurz, wenn das CX-Register ungleich Null ist **UND** wenn das Z-Bit als Ergebnis einer vorhergehenden Operation gleich 1 ist, das Ergebnis also Null war.
Die Schleife wird verlassen für CX=0 oder für ein Ergebnis ungleich Null.

Code: 11100001 dddddddd = E1xxH

Die Befehle LOOPNE bzw. LOOPNZ vermindern das CX-Register um 1 und springen
relativ kurz, wenn das CX-Register ungleich Null ist **UND** wenn das Z-Bit als
Ergebnis einer vorhergehenden Operation gleich 0 ist, das Ergebnis also nicht
Null war. Die Schleife wird verlassen für CX=0 oder für ein Ergebnis gleich
Null.
Code: 11100000 dddddddd = E0xxH

LSL   nur 80286

Load Segment Limit
Lade Segmentgrenze

Bedingungen: O D I T S Z A P C
                            X

Code: 00001111 00000011 mdregr/m 11111111 hhhhhhhh
Ein Wortregister wird mit der Segmentgrenze geladen.

LTR   nur 80286

Load Task Register
Lade Task-Register

Bedingungen: O D I T S Z A P C

Code: 00001111 00000000 md011r/m 11111111 hhhhhhhh
Das Task-Register wird aus einem Wortregister oder einem Speicherwort geladen.
Dieser Befehl wird nur in Betriebssystemen und nicht in Benutzerprogrammen
verwendet.

MOV

Move Data = Übertrage (kopiere) Daten

Bedingungen: O D I T S Z A P C

Lade ein Register mit der unmittelbar folgenden Konstanten:
Code: 1011wreg kkkkkkkk jjjjjjjj

Lade ein Register oder eine Speicherstelle mit der unmittelbar folgenden Konst:
Code: 1100011w md000r/m 11111111 hhhhhhhh kkkkkkkk jjjjjjjj

Lade den Akkumulator mit dem Inhalt einer Speicherstelle:
Code: 1010000w 11111111 hhhhhhhh

Lade eine Speicherstelle mit dem Inhalt des Akkumulators:
Code: 1010001w 11111111 hhhhhhhh

Lade ein Register mit dem Inhalt eines Registers oder einer Speicherstelle:
Code: 1000101w mdregr/m 11111111 hhhhhhhh

Lade ein Register oder eine Speicherstelle mit dem Inhalt eines Registers:
Code: 1000100w mdregr/m 11111111 hhhhhhhh

Lade Segmentreg. mit Reg/Speicher: 10001110 md0rgr/m 11111111 hhhhhhhh

Lade Reg/Speicher mit Segmentreg.:   10001100 md0rgr/m 11111111 hhhhhhhh

MOVS MOVSB MOVSW

Move Data from String to String
Übertrage Stringdaten

Bedingungen: O D I T S Z A P C

Code: 1010010w
Der Befehl MOVSB (w=0: Code A4H) kopiert das durch (SI) adressierte Byte in das
durch (DI) adressierte Byte. Nach der Übertragung werden die Indexregister SI
und DI je nach D-Bit um 1 erhöht (D=0) oder um 1 vermindert (D=1).

Der Befehl MOVSW (W=1: Code A5H) kopiert das durch (SI) adressierte Wort in das
durch (DI) adressierte Wort. Nach der Übertragung werden die Indexregister SI
und DI je nach D-Bit um 2 erhöht (D=0) oder um 2 vermindert (D=1).

Mit dem REP-Vorsatz können Schleifen aufgebaut werden, die Zahl der Durchläufe
wird mit dem CX-Register kontrolliert.

MUL

Unsigned Multiplikation of AL or AX
Multiplikation vorzeichenloser Dualzahlen

Bedingungen: O D I T S Z A P C
             X   ? ? ? ? X

Code: 1111011w md100r/m 11111111 hhhhhhhh
Bei der **Byte-Multiplikation** (w=0) wird der Inhalt des AL-Registers mit dem
Inhalt eines anderen Byteregisters oder Speicherbytes multipliziert. Das
16-Bit-Produkt erscheint als vorzeichenlose Dualzahl im AX-Register. Sind die
acht höherwertigen Bit im AH-Register gleich Null, so werden das O-Bit und das
C-Bit auf 0 gesetzt. Sind die acht höherwertigen Bit im AH-Register ungleich
Null, so werden das O-Bit und das C-Bit auf 1 gesetzt.

Bei der **Wort-Multiplikation** (w=1) wird der Inhalt des AX-Registers mit dem Inhalt eines anderen Wortregisters oder Speicherwortes multipliziert. Das 32-Bit-Produkt erscheint als vorzeichenlose Dualzahl im DX-Register (HIGH-Teil) und im AX-Register (LOW-Teil). Sind die 16 höherwertigen Bit im DX-Register gleich Null, so werden das O-Bit und das C-Bit auf 0 gesetzt. Sind die 16 höherwertigen Bit im DX-Register ungleich Null, so werden das O-Bit und das C-Bit auf 1 gesetzt. Besteht der Multiplikand aus einem Byte im AL-Register, so muß das AH-Register vorher gelöscht werden (führende Nullen).

NEG

Two's Complement Negation
Bilde das Zweierkomplement des Operanden

Bedingungen: O D I T S Z A P C
            X   X X X X

Code: 1111011w md011r/m 11111111 hhhhhhhh
Es wird durch Subtraktion des alten Operanden von Null das Zweierkomplement gebildet. Es entsteht aus dem Einerkomplement durch Addition einer 1.

NOP

No Operation
Tu Nix

Bedingungen: O D I T S Z A P C

Code: 10010000 = 90H
Der NOP-Befehl bewirkt keine Operation. Er hat den Code des Befehls XCHG AX,AX

NOT

One's Complement Negation
Bilde das Einerkomplement des Operanden

Bedingungen: O D I T S Z A P C

Code: 1111011w md010r/m 11111111 hhhhhhhh
Der Inhalt des adressierten Registers oder der adressierten Speicherstelle wird bitweise negiert. Aus 0 mach 1 und aus 1 mach 0.

OR

Logical Inclusive OR
Bilde bitweise das logische ODER zweier Operanden

Bedingungen: O D I T S Z A P C
           0   X X ? X 0

Bilde das logische ODER des Akkumulators mit einer Konstanten:
Code: 0000110w kkkkkkkk jjjjjjjj

Bilde das logische ODER eines Registers oder einer Speicherstelle mit einer Konstanten:
Code: 1000000w md001r/m 11111111 hhhhhhhh kkkkkkkk jjjjjjjj

Bilde das logische ODER eines Registers mit einem anderen Register oder Speicherstelle:
Code: 0000101w mdregr/m 11111111 hhhhhhhh

Bilde das logische ODER eines Registers oder einer Speicherstelle mit einem Register:
Code: 0000100w mdregr/m 11111111 hhhhhhhh

OUT

Output to Port
Ausgabe nach einem Peripherieport

Bedingungen: O D I T S Z A P C

Konstante 8-Bit-Portadresse im 2.Byte des Befehls:
Code: 1110011w kkkkkkkk

Variable 16-Bit-Portadresse im DX-Register:
Code: 1110111w

OUTS   OUTSB   OUTSW   nur 80186 und 80286

Output String to Port
Ausgabe eines Strings über einen Ausgabeport

Bedingungen: O D I T S Z A P C

Code: 0110111w
Der Befehl OUTSB (w=0: Code 6EH) bringt den Inhalt des durch das SI-Register
adressierten Speicherbytes in den Ausgabeport, dessen Adresse im DX-Register
steht. Nach der Übertragung wird das SI-Indexregister je nach D-Bit um 1 erhöht (D=0) oder um 1 vermindert (D=1).

Der Befehl OUTSW (w=1: Code 6FH) bringt den Inhalt des durch das SI-Register
adressierten Speicherwortes in den Ausgabeport, dessen Adresse im DX-Register
steht. Nach der Übertragung wird das SI-Indexregister je nach D-Bit um 2 erhöht (D=0) oder um 2 vermindert (D=1).

Mit dem REP-Vorsatz kann eine Schleife aufgebaut werden, deren Zahl der Durchläufe mit dem CX-Register kontrolliert wird. Der Ausgabeport muß der Übertragungsgeschwindigkeit der Schleife angepaßt sein.

POP

Pop a Word from the Stack
Hole ein Wort vom Stapel

Bedingungen: O D I T S Z A P C

Lade ein Wortregister mit dem obersten Wort des Stapels und erhöhe den Stapelzeiger um 2:
Code: 01011reg

Lade ein Segmentregister mit dem obersten Wort des Stapels und erhöhe den
Stapelzeiger um 2:
Code: 000ss111   Das CS-Segment kann nicht geladen werden !!!

Lade ein Speicherwort (oder Wortregister) mit dem obersten Wort des Stapels
und erhöhe den Stapelzeiger um 2:
Code: 10001111 md000r/m 11111111 hhhhhhhh

POPA   nur 80186 und 80286

Pop All General Registers
Hole alle Wortregister aus dem Stapel

Bedingungen: O D I T S Z A P C

Code: 01100001 = 61H
Die obersten 8 Wörter werden vom Stapel geholt und in der Reihenfolge DI SI BP
SP BX DX CX und AX in die Wortregister des Prozessors geladen. Der Stapelzeiger
wird **nicht** geladen; das entsprechende Wort wird übergangen. Der Stapelzeiger
wird durch den Befehl POPA um 16 erhöht. Der Befehl hebt die Wirkung des Befehls PUSHA auf.

POPF

Pop from Stack into the Flags Register
Lade das Statusregister mit dem obersten Wort des Stapels

Bedingungen: O D I T S Z A P C
             X X X X X X X X   vom Stapel !!!!

Code: 10011101 = 9DH
Das oberste vom Stapelzeiger adressierte Wort wird in das Bedingungsregister
geladen. Der Stapelzeiger wird um 2 erhöht.

PUSH

Push a Word onto the Stack
Bringe ein Wort auf den Stapel

Bedingungen: O D I T S Z A P C

Vor der Ausführung eines PUSH-Befehls zeigt der Stapelzeiger auf das zuletzt
eingeschriebene Wort im Stapel. Durch den PUSH-Befehl wird ein neues Wort auf
den Stapel gelegt. Der Stapelzeiger wird um 2 vermindert und zeigt nun auf das
Wort, das durch den PUSH-Befehl auf den Stapel gelegt wurde.

Lege ein Wortregister auf den Stapel und vermindere den Stapelzeiger um 2:
Code: 01010reg

8086: Der Befehl PUSH SP legt den neuen (um 2 verminderten) Inhalt des
Stapelzeigers auf den Stapel.

80286: Der Befehl PUSH SP legt den alten Inhalt des Stapelzeigers (vor Ausführung des Befehls) auf den Stapel.

Lege ein Segmentregister auf den Stapel und vermindere den Stapelzeiger um 2:
Code: 000ss110

Lege ein Speicherwort (oder Wortregister) auf den Stapel und vermindere den
Stapelzeiger um 2:
Code: 11111111 md110r/m 11111111 hhhhhhhh

Nur für den Prozessor 80286 gilt:
Lege eine Wortkonstante (w=1) bzw. eine vorzeichenausgedehnte Bytekonstante
(w=0) auf den Stapel und vermindere den Stapelzeiger um 2:
Code: 011010w0

PUSHA nur 80186 und 80286

Push All General Registers
Bringe alle Wortregister auf den Stapel

Bedingungen: O D I T S Z A P C

Code: 01100000 = 60H
Die Wortregister des Prozessor werden in folgender Reihenfolge auf den Stapel
gelegt: AX CX DX BX SP(alt) BP SI DI

Es wird der alte Stapelzeiger (Wert vor Ausführung des Befehls) im Stapel abgelegt. Der Stapelzeiger wird durch den Befehl PUSHA um 16 erhöht. Der Befehl
POPA lädt die Register mit Ausnahme des Stapelzeigers wieder zurück.

PUSHF

Push Flags Register onto the Stack
Bringe das Statusregister auf den Stapel

Bedingungen: O D I T S Z A P C

Code: 10011100 = 9CH
Das Statusregister wird auf den Stapel gelegt. Der Stapelzeiger wird um 2 vermindert.

RCL

Rotate Through Carry Left
Schiebe zyklisch links durch das Carrybit

Bedingungen: O D I T S Z A P C
             X   X

Bei einer Byteoperation bilden die adressierten 8 Bits und das Carry-Bit ein
9-Bit-Schieberegister, das zyklisch links geschoben wird.
Bei einer Wortoperation bilden die adressierten 16 Bits und das Carry-Bit ein
17-Bit-Schieberegister, das zyklisch links geschoben wird.
Die werthöchste Bitposition gelangt in das Carrybit, das alte Carrybit gelangt
in die wertniedrigste Bitposition.
Ist nach dem Verschieben das Carrybit gleich der werthöchsten Bitposition,
so wird das O-Bit auf 0 gesetzt. Sind beide Bits ungleich, dann wird OF =1.
Bei einer Verschiebung um mehr als 1 Bitposition ist das O-Bit nicht definiert.

Verschiebe den adressierten Operanden und das Carrybit um 1 Bit zyklisch links:
Code: 1101000w md010r/m llllllll hhhhhhhh

Verschiebe den adressierten Operanden und das Carrybit um n Bit zyklisch links.
Das CL-Register enthält die Zahl der Verschiebungen.
8086: Es werden auch Verschiebungen größer 31 ausgeführt (Laufzeit!!!)
80286: Es werden nur die 5 wertniedrigsten Bitpositionen von CL berücksichtigt.
Code: 1101001w md010r/m llllllll hhhhhhhh

Nur für die Prozessoren 80186 und 80286:
Der 2.Operand enthält den Verschiebezähler als Konstante:
Code: 1100000w md010r/m llllllll hhhhhhhh kkkkkkkk

RCR

Rotate Through Carry Right
Schiebe zyklisch rechts durch das Carrybit

Bedingungen: O D I T S Z A P C
          X   X

Bei einer Byteoperation bilden die adressierten 8 Bits und das Carrybit ein
9-Bit-Schieberegister, das zyklisch rechts geschoben wird.
Bei einer Wortoperation bilden die adressierten 16 Bits und das Carrybit ein
17-Bit-Schieberegister, das zyklisch rechts geschoben wird.
Das Carrybit gelangt in die werthöchste Bitposition, die alte wertniedrigste
Bitposition wird in das Carrybit geschoben.
Ist vor dem Verschieben das Carrybit gleich der werthöchsten Bitposition,
so wird das O-Bit auf O gesetzt. Sind beide Bits ungleich, dann wird OF = 1.
Bei einer Verschiebung um mehr als 1 Bitposition ist das O-Bit nicht definiert.

Verschiebe den adressierten Operanden und das Carrybit um 1 Bit zyklisch rechts.
Code: 1101000w md011r/m 11111111 hhhhhhhh

Verschiebe den adressierten Operanden und das Carrybit um n Bit zyklisch rechts.
Das CL-Register enthält die Zahl der Verschiebungen.
8086: Es werden auch Verschiebungen größer 31 ausgeführt (Laufzeit!!!)
80286: Es werden nur die 5 wertniedrigsten Bitpositionen von CL berücksichtigt.
Code: 11010001w md011r/m 11111111 hhhhhhhh

Nur für die Prozessoren 80186 und 80286:
Der 2.Operand enthält den Verschiebezähler als Konstante:
Code: 1100000w md011r/m 11111111 hhhhhhhh kkkkkkkk

REP REPE REPZ REPNE REPNZ

Repeat Following String Operation
Wiederhole den folgenden Stringbefehl solange CX ungleich Null

Bedingungen: O D I T S Z A P C

Der REP-Vorsatz: Repeat
Wiederhole den folgenden Stringbefehl solange CX ungleich Null ist:
Code: 1111001x = F2H oder F3H

Der REPE- bzw. REPZ-Vorsatz: Repeat While Equal And Zero
Wiederhole solange CX ungleich Null und die Differenz gleich Null ist:
Code: 11110011 = F3H

Der REPNE- bzw. REPNZ-Vorsatz: Repeat While Not Equal and Not Zero
Wiederhole solange CX ungleich Null und die Differenz ungleich Null ist:
Code: 11110010 = F2H

RET

Return from Procedure
Rücksprung aus einem Unterprogramm

Bedingungen: O D I T S Z A P C

Rückkehr innerhalb des Code-Segmentes ohne Korrektur des Stapelzeigers. Der Stapelzeiger wird um 2 erhöht.
Code: 11000011 = C3H

Rückkehr innerhalb des Code-Segmentes mit Korrektur des Stapelzeigers. Der Stapelzeiger wird um 2 und um die Konstante im 2. und 3. Byte erhöht.
Code: 11000010 kkkkkkkk jjjjjjjj

Rückkehr in ein neues Code-Segment ohne Korrektur des Stapelzeigers. Der Stapelzeiger wird um 4 erhöht.
Code: 11001011 = CBH

Rückkehr in ein neues Code-Segment mit Korrektur des Stapelzeigers. Der Stapelzeiger wird um 4 und um die Konstante im 2. und 3. Byte erhöht.
Code: 11001010 kkkkkkkk jjjjjjjj

ROL

Rotate Left
Verschiebe zyklisch links

Bedingungen: O D I T S Z A P C
            X   X

Der adressierte Operand (Byte bzw. Wort) wird zyklisch nach links geschoben. Die werthöchste Bitposition wird sowohl in die wertniedrigste Bitposition als auch in das Carrybit gebracht. Der alte Inhalt des Carrybits geht verloren. Bei einer Verschiebung um 1 Bitposition wird das O-Bit verändert. Ist nach dem Verschieben das Carrybit gleich der werthöchsten Bitposition, so wird das O-Bit auf 0 gesetzt. Sind beide Bits ungleich, so wird das O-Bit gleich 1 gesetzt. Bei einer Verschiebung um mehr als 1 Bitposition ist das O-Bit nicht definiert.

Verschiebe den adressierten Operanden um 1 Bit zyklisch links:
Code: 1101000w md000r/m 11111111 hhhhhhhh

Verschiebe den adressierten Operanden um n Bit zyklisch links. Das CL-Register enthält den Verschiebezähler n.
8086: Es werden auch Verschiebungen größer 31 ausgeführt (Laufzeit !!!)
80286: Es werden nur die 5 wertniedrigsten Bitpositionen von CL berücksichtigt.
Code: 1101001w md000r/m 11111111 hhhhhhhh

Nur für die Prozessoren 80186 und 80286:
Der 2. Operand enthält den Verschiebezähler als Konstante:
Code: 1100000w md000r/m 11111111 hhhhhhhh kkkkkkkk

ROR

Rotate Right
Verschiebe zyklisch rechts

Bedingungen: O D I T S Z A P C
             X   X

Der adressierte Operand (Byte bzw. Wort) wird zyklisch nach rechts geschoben.
Die wertniedrigste Bitposition wird sowohl in die werthöchste Bitposition als
auch in das Carrybit gebracht. Der alte Inhalt des Carrybits geht verloren.
Bei einer Verschiebung um 1 Bitposition wird das O-Bit verändert. Ist nach dem
Verschieben das Carrybit gleich der werthöchsten Bitposition, so wird das O-Bit
auf 0 gesetzt. Sind beide Bits ungleich, so wird das O-Bit gleich 1 gesetzt.
Bei einer Verschiebung um mehr als 1 Bitposition ist das O-Bit nicht definiert.

Verschiebe den adressierten Operanden um 1 Bit zyklisch rechts:
Code: 1101000w md001r/m 11111111 hhhhhhhh

Verschiebe den adressierten Operanden um n Bit zyklisch rechts. Das CL-Register
enthält den Verschiebezähler n.
8086: Es werden auch Verschiebungen größer 31 ausgeführt (Laufzeit !)
80286: Es werden nur die 5 wertniedrigsten Bitpositionen von CL berücksichtigt.
Code: 1101001w md001r/m 11111111 hhhhhhhh

Nur für die Prozessoren 80186 und 80286:
Der 2. Operand enthält den Verschiebezähler als Konstante:
Code: 1100000w md001r/m 11111111 hhhhhhhh kkkkkkkk

SAHF

Store AH into Flags
Speichere das AH-Register in das Bedingungsregister

Bedingungen: O D I T S Z A P C
                     X X X X X   vom AH-Register

Code: 10011110 = 9EH
Der Inhalt des AH-Registers wird in das Bedingungsregister, den LOW-Teil des
Statusregisters, übertragen.

SAL / SHL

SAL = Shift Arithmetic Left
      Schiebe arithmetisch links
SHL = Shift Logical Left
      Schiebe logisch links

Die beiden Befehle SAL und SHL haben den gleichen Funktionscode.

Bedingungen: O D I T S Z A P C
             X   X X ? X X

Der adressierte Operand (Byte oder Wort) wird nach links geschoben. Die werthöchste Bitposition wird in das Carrybit geschoben; der alte Inhalt des Carrybits geht verloren. In die frei werdende wertniedrigste Bitposition wird eine
0 gebracht. Das O-Bit wird nur bei einer Verschiebung um 1 Bitposition verändert. Ist das werthöchste Bit des Ergebnisses gleich dem Carrybit, so wird
das O-Bit auf 0 gesetzt. Sind beide Bits ungleich, so wird das O-Bit auf 1 gesetzt.

Verschiebe den adressierten Operanden um 1 Bit links:
Code: 1101000w md100r/m 11111111 hhhhhhhh

Verschiebe den adressierten Operanden um n Bit links. Das CL-Register enthält
den Verschiebezähler n.
8086: Es werden auch Verschiebungen größer 31 ausgeführt (Laufzeit !)
80286: Es werden nur die 5 wertniedrigsten Bitpositionen von CL berücksichtigt.
Code: 1101001w md100r/m 11111111 hhhhhhhh

Nur für die Prozessoren 80186 und 80286:
Der 2. Operand enthält den Verschiebezähler als Konstante:
Code: 1100000w md100r/m 11111111 hhhhhhhh kkkkkkkk

SAR

Shift Arithmetic Right
Schiebe arithmetisch rechts

Bedingungen: O D I T S Z A P C
             X   X X ? X X

Der adressierte Operand (Byte bzw. Wort) wird nach rechts geschoben. Die wertniedrigste Bitposition gelangt in das Carrybit, der alte Inhalt des Carrybits
geht verloren. Die werthöchste Bitposition (das Vorzeichen) bleibt erhalten und
wird zusätzlich nach rechts geschoben. Das O-Bit wird nur beim Verschieben um
1 Bitposition auf 0 gesetzt, sonst bleibt es erhalten.

Verschiebe den adressierten Operanden um 1 Bit arithmetisch nach rechts:
Code: 1101000w md111r/m 11111111 hhhhhhhh

Verschiebe den adressierten Operanden um n Bit arithmetisch rechts. Das CL-
Register enthält den Verschiebezähler n.
8086: Es werden auch Verschiebungen größer 31 ausgeführt (Laufzeit!)
80286: Es werden nur die 5 wertniedrigsten Bitpositionen von CL berücksichtigt.
Code: 1101001w md111r/m 11111111 hhhhhhhh ˙

Nur für die Prozessoren 80186 und 80286:
Der 2. Operand enthält den Verschiebezähler als Konstante:
Code: 1100000w md111r/m 11111111 hhhhhhhh kkkkkkkk

SBB

Integer Subtraction with Borrow
Subtraktion mit Borgen

Bedingungen: O D I T S Z A P C
             X   X X X X X

Der zweite Operand und das Carrybit werden vom ersten Operanden subtrahiert.
Der erste Operand nimmt die Differenz auf.

Subtrahiere vom Akkumulator eine Konstante und das Carrybit:
Code: 0001110w kkkkkkkk jjjjjjjj

Subtrahiere von einem Register oder einer Speicherstelle eine Konstante und das
Carrybit:
Code: 100000dw md011r/m 11111111 hhhhhhhh kkkkkkkk jjjjjjjj

Subtrahiere von einem Register den Inhalt eines anderen Registers oder einer
Speicherstelle und das Carrybit:
Code: 0001101w mdregr/m 11111111 hhhhhhhh

Subtrahiere von einem Register oder einer Speicherstelle den Inhalt eines anderen Registers und das Carrybit:
Code: 0001100w mdregr/m 11111111 hhhhhhhh

SCAS SCASB SCASW

Scan String
Untersuche String (Byte bzw. Wort)

Bedingungen: O D I T S Z A P C
             X   X X X X

Code: 1010111w
Die Adresse des Operanden im Speicher wird durch den Inhalt des DI-Registers
und des ES-Segmentregisters bestimmt. Es ist nicht möglich, durch den SEG-
Vorsatz ein anderes Segmentregister zuzuordnen.

Der Befehl SCASB (w=0: Code AEH) subtrahiert vom AL-Register das durch (DI)
adressierte Speicherbyte und verändert die Bedingungsbits; die Operanden bleiben erhalten. Nach dem Vergleich wird das Indexregister DI je nach D-Bit um
1 erhöht (D=0) oder um 1 vermindert (D=1).

Der Befehl SCASW (w=1: Code AFH) subtrahiert vom AX-Register das durch (DI)
adressierte Speicherbyte und verändert die Bedingungsbits; die Operanden bleiben erhalten. Nach dem Vergleich wird das Indexregister DI je nach D-Bit um
2 erhöht (D=0) oder um 2 vermindert (D=1)

Mit den REP-Vorsätzen können Schleifen aufgebaut werden, die Zahl der Durchläufe wird mit dem CX-Register kontrolliert.

SEG

Segment Override
Anderes Segmentregister zuordnen

Bedingungen: O D I T S Z A P C

Code: 001ss110
Der SEG-Vorsatz bewirkt, daß der nachfolgende Befehl das im Operandenteil ge-
nannte Segmentregister und nicht das zugeordnete Segmentregister bei der Bildung der physikalischen Speicheradresse verwendet.   Beim MASM-Assembler
(MSDOS) ist ein Vorsatz (CS: ES: DS: SS:) vor die Operandenadresse zu setzen.

SGDT   nur 80286

Store Global Descriptor Table Register
Speichere das globale Descriptor-Tabellen-Register

Bedingungen: O D I T S Z A P C

Code: 00001111 00000001 md000r/m 11111111 hhhhhhhh
Speichere das globale Descriptor-Tabellen-Register in 6 Speicherbytes. Anwendung in Betriebssystemen und nicht in Benutzerprogrammen.

SHR

Shift Logical Right
Schiebe logisch rechts

```
Bedingungen: O D I T S Z A P C
             X     X X ? X X
```

Der adressierte Operand (Byte bzw. Wort) wird nach rechts geschoben. Die wert-niedrigste Bitposition gelangt in das Carrybit, der alte Inhalt des Carrybits geht verloren. Die frei werdende werthöchste Bitposition wird immer mit einer 0 besetzt. Das O-Bit wird nur beim Verschieben um 1 Bitposition gleich dem werthöchsten Bit des alten Operanden gesetzt.

Verschiebe den adressierten Operanden um 1 Bit logisch rechts:
Code: 1101000w md101r/m 11111111 hhhhhhhh

Verschiebe den adressierten Operanden um n Bit logisch rechts. Das CL-Register enthält den Verschiebezähler n.
8086: Es werden auch Verschiebungen größer 31 ausgeführt (Laufzeit!)
80286: Es werden nur die 5 wertniedrigsten Bitpositionen von CL berücksichtigt.

Code: 1101001w md101r/m 11111111 hhhhhhhh

Nur für die Prozessoren 80186 und 80286:
Der 2. Operand enthält den Verschiebezähler als Konstante:
Code: 1100000w md101r/m 11111111 hhhhhhhh kkkkkkkk

SIDT   nur 80286

Store Interrupt Descriptor Table Register
Speichere das Interrupt-Descriptor-Tabellen-Register

```
Bedingungen: O D I T S Z A P C
```

Code: 00001111 00000001 md001r/m 11111111 hhhhhhhh
Speichere das Interrupt-Descriptor-Tabellen-Register in 6 Speicherbytes. Der Befehl wird nur vom Betriebssystem und nicht von Benutzerprogrammen verwendet.

SLDT   nur 80286

Store Local Descriptor Table Register
Speichere das lokale Descriptor-Tabellen-Register

```
Bedingungen: O D I T S Z A P C
```

Code: 00001111 00000000 md000r/m 11111111 hhhhhhhh
Speichere das lokale Descriptor-Tabellen-Register in ein Wortregister oder in ein Speicherwort. Der Befehl wird nur in Betriebssystemen und nicht in Benutzerprogrammen verwendet.

SMSW   nur 80286

Store Machine Status Word
Speichere das Maschinen-Status-Wort

```
Bedingungen: O D I T S Z A P C
```

Code: 00001111 00000001 md100r/m 11111111 hhhhhhhh
Das Maschinen-Status-Wort wird in ein Wortregister oder in ein Speicherwort gespeichert. Der Befehl wird nur in Betriebssystemen und nicht in Benutzer-programmen verwendet.

STC

Set Carry Flag
Setze das Carrybit

Bedingungen: O D I T S Z A P C
                             1

Code: 11111001 = F9H
Das Carrybit des Bedingungsregisters wird auf 1 gesetzt.

STD

Set Direction Flag
Setze das Richtungsbit

Bedingungen: O D I T S Z A P C
                 1

Code: 11111101 = FDH
Das D-Bit des Statusregisters wird auf 1 gesetzt. Die folgenden Stringbefehle,
die das DI- bzw. SI-Register benutzen, vermindern diese beiden Register.

STI

Set Interrupt Enable Flag
Setze das Interrupt-Freigabe-Bit = INTR-Interrupts sind freigegeben

Bedingungen: O D I T S Z A P C
                 1

Code: 11111011 = FBH
Nach Ablauf des **folgenden** Befehls sind INTR-Interrupts freigegeben. Steht der
Befehl vor dem IRET-Befehl eines Interruptprogramms, so werden neue Interrupts
erst nach dem Rücksprung in das unterbrochene Programm wieder zugelassen.

STOS   STOSB STOSW

Store String Data
Speichere String-Operanden (Byte bzw. Wort)

Bedingungen: O D I T S Z A P C

Code: 1010101w
Der Befehl speichert den Inhalt des AL- bzw. AX-Registers in ein Byte bzw.
Wort des Speichers, dessen Adresse durch den Inhalt des DI-Registers bestimmt
wird. Als Segmentregister wird **immer** das ES-Register verwendet, es ist **nicht**
möglich, z.B. durch den SEG-Vorsatz ein anderes Segmentregister zuzuordnen.

Der Befehl STOSB (w=0: Code AAH) speichert das AL-Register in das durch (DI)
und das ES-Register adressierte Byte im Speicher. Nach der Übertragung wird
das DI-Register je nach D-Bit um 1 erhöht (D=0) oder um 1 vermindert (D=1).

Der Befehl STOSW (w=1: Code ABH) speichert das AX-Register in das durch (DI)
und das ES-Register adressierte Wort im Speicher. Nach der Übertragung wird
das DI-Register je nach D-Bit um 2 erhöht (D=0) oder um 2 vermindert (D=1).

Mit dem REP-Vorsatz läßt sich eine Schleife aufbauen, die durch das CX-
Register kontrolliert wird.

STR   nur 80286

Store Task Register
Speichere Task-Register

Bedingungen: O D I T S Z A P C

Code: 00001111 00000000 md001r/m 11111111 hhhhhhhh
Das Task-Register wird in ein Wortregister bzw. Speicherwort gespeichert.

SUB

Integer Subtraction
Subtraktion ohne Borgen

Bedingungen: O D I T S Z A P C
          X   X X X X X

Der 2. Operand wird vom 1. Operanden subtrahiert. Der 1. Operand nimmt die
Differenz auf.

Subtrahiere vom Akkumulator eine Konstante:
Code: 0010110w kkkkkkk jjjjjjjj

Subtrahiere von einem Register oder einer Speicherstelle eine Konstante:
Für sw=01: Die 8-Bit-Konstante wird vor der Subtraktion vorzeichenausgedehnt
Code: 100000sw md101r/m 11111111 hhhhhhhh kkkkkkk jjjjjjjj

Subtrahiere von einem Register den Inhalt eines anderen Registers oder einer
Speicherstelle:
Code: 0010101w mdregr/m 11111111 hhhhhhhh

Subtrahiere von einem Register oder einer Speicherstelle den Inhalt eines
Registers:
Code: 0010100w mdregr/m 11111111 hhhhhhhh

TEST

Logical Compare
Bilde das logische UND zweier Operanden und verändere Bedingungsbits

Bedingungen: O D I T S Z A P C
          0   X X ? X 0

Die beiden adressierten Operanden werden bitweise durch das logische UND verknüpft. Es werden nur die Bedingungsbits verändert; die Operanden bleiben erhalten.

Teste den Akkumulator mit einer Konstanten:
Code: 1010100w kkkkkkk jjjjjjjj

Teste ein Register oder eine Speicherstelle mit einer Konstanten:
Code: 1111011w md000r/m kkkkkkk jjjjjjjj

Teste ein Register mit einem Register oder einer Speicherstelle:
Code: 1000010w mdregr/m 11111111 hhhhhhhh

VERR VERW   nur 80286

VERR = Verify a Segment for Reading
       Untersuche ein Segment auf Lesbarkeit
VERW = Verify a Segment for Writing
       Untersuche ein Segment auf Schreibbarkeit

Bedingungen: O D I T S Z A C
                         X

Die Befehle entnehmen dem adressierten Wortregister oder Speicherwort den Wert
eines Selektors und prüfen die Zugriffsberechtigung (Privilegierungsgrad) und
die Lesbarkeit bzw. Schreibbarkeit. Entsprechend wird das Z-Bit verändert.

VERR-Befehl: Code: 00001111 00000000 md100r/m
VERW-Befehl: Code: 00001111 00000000 md101r/m

WAIT

Wait until BUSY Pin Is Inaktive (HIGH)
Warte, solange der BUSY-Eingang HIGH ist

Bedingungen: O D I T S Z A P C

Code: 10011011 = 9BH
Der Prozessor geht so lange in einen Wartezustand, bis der BUSY-Eingang des
Prozessors LOW ist. An diesen Eingang kann der Arithmetikprozessor 8087 an-
geschlossen werden.

XCHG

Exchange Memory/Register with Register
Vertausche den Inhalt eines Speicherplatzes oder Registers mit einem Register

Bedingungen: O D I T S Z A P C

Die beiden adressierten Operanden werden ohne Änderung ihres Inhalts und ohne
Veränderung der Bedingungsbits vertauscht. Die Reihenfolge der Operanden ist
beliebig.

Vertausche den Inhalt des AX-Register mit einem Wortregister:
Code: 10010reg

Vertausche den Inhalt eines Registers mit einem anderen Register oder Speicher
Code: 1000011w mdregr/m 11111111 hhhhhhhh

XLAT

Table Look-up Translation
Adressierung eines Tabellenelementes

Bedingungen: O D I T S Z A P C

Code: 11010111 = D7H
Die Summe aus dem Inhalt des BX-Registers und dem Inhalt des AL-Registers
(vorzeichenlose Dualzahl) bildet die Adresse eines Speicherbyts, das in das
AL-Register geladen wird. Das BX-Register bleibt erhalten.

XOR

Logical Exclusive OR
Bilde bitweise das exklusive ODER (EODER) zweier Operanden

Bedingungen: O D I T S Z A P C
           0   X X ? X 0

Bilde das exklusive ODER des Akkumulators mit einer Konstanten:
Code: 0011010w kkkkkkkk jjjjjjjj

Bilde das exklusive ODER eines Registers oder einer Speicherstelle mit einer
Konstanten:
Code: 1000000w md110r/m kkkkkkkk jjjjjjjj

Bilde das exklusive ODER eines Registers mit einem anderen Register oder einer
Speicherstelle:
Code: 0011001w mdregr/m llllllll hhhhhhhh

Bilde das exklusive ODER eines Registers oder einer Speicherstelle mit einem
Register:
Code: 0011000w mdregr/m llllllll hhhhhhhh

Die Befehle des 8087-Arithmetikprozessors

Befehl	Operand	Wirkung
FCOM	mem	Differenz ST - Speicheroperand (SHORT oder LONG REAL)
FICOM	mem	Differenz ST - Speicheroperand (WORD oder SHORT INTEGER)
FCOM	ST(i)	Differenz ST - Stapeloperand i
FCOM		Differenz ST - Stapeloperand ST(1)
FCOMP	mem	Differenz ST - Speicheroperand (wie FCOM) und **POP**
FICOMP	mem	Differenz ST - Speicheroperand (wie FICOM) und **POP**
FCOMP	ST(i)	Differenz ST - Stapeloperand i und **POP** ST(alt) verloren
FCOMP		Differenz ST - Stapeloperand ST(1) und **POP** ST(alt) verl.
FCOMPP		Differenz ST - ST(1) und **POP** und **POP** beide Op. verloren
FTST		Differenz ST - 0.0: verändere Bedingungsbits C3 und C0
FXAM		Untersuche Operanden in Stapelspitze ST (C3, C2, C1, C0)
JA	Adresse	Springe wenn Stapelspitze ST größer Operand
JAE	Adresse	Springe wenn Stapelspitze ST größer/gleich Operand
JE	Adresse	Springe wenn Stapelspitze ST gleich Operand
JNE	Adresse	Springe wenn Stapelspitze ST ungleich Operand
JBE	Adresse	Springe wenn Stapelspitze ST kleiner/gleich Operand
JB	Adresse	Springe wenn Stapelspitze ST kleiner Operand
FSQRT		ST = Quadratwurzel (ST) Radikand **muß** positiv sein !
FSCALE	$(-2^{16} \leq x \leq +2^{16})$	ST = ST $*$ 2 hoch ST(1) ST(1) ganzzahlig (WORD INTEGER)
FPREM		ST = ST - ST(1) bildet teilweise ST = ST **MOD** ST(1)
		C2 = 0: Rest in ST kleiner oder gleich Modulus in ST(1)
		C2 = 1: Rest in ST größer als Modulus in ST(1): nochmal !
FRNDINT		mache ST ganzzahlig (INTEGER): runden bzw. abschneiden
FXTRACT		zerlege ST und **PUSH** neu: ST=Mantisse ST(1)=Exponent
FABS		ST = |ST| bilde den Absolutwert von ST
FCHS		ST = - ST wandle das Vorzeichen von ST um
FLDZ		**PUSH** und lade Stapelspitze ST mit 0.0
FLD1		**PUSH** und lade Stapelspitze ST mit 1.0
FLDPI		**PUSH** und lade Stapelspitze ST mit PI
FLDL2T		**PUSH** und lade Stapelspitze ST mit $\log_2 10$ (Basis 2)
FLDL2E		**PUSH** und lade Stapelspitze ST mit $\log_2 e$ (Basis 2)
FLDLG2		**PUSH** und lade Stapelspitze ST mit $\log_{10} 2$ (Basis 10)
FLDLN2		**PUSH** und lade Stapelspitze ST mit ln 2 (Basis e)
FPTAN	$(0 < z < \frac{\pi}{4})$	**PUSH** und bilde tan(ST)=Y/X: Stapel(neu): ST=X ST(1)=Y
FPATAN	$(0 < Y < x < +\infty)$	bilde atan (ST(1)/ST) und **POP** Stapel(neu): ST= atan
F2XM1	$(0 \leq x \leq 0.5)$	ST = 2ST - 1 Funktion z = 2^x - 1
FYL2X	$(0 < x < \infty)$	ST = ST(1)$*\log_2$(ST) und **POP** Stapel(neu): ST= y$\cdot\log_2$ x
FYL2XP1	$(0 < \|x\| < (1-\frac{\sqrt{2}}{2}))$	ST = ST(1)$*\log_2$(ST+1) u. **POP** Stapel(neu): ST= y$\cdot\log_2$(x+1
FINIT		(FNINIT) Arithmetikprozessor in Grundstellung bringen
FDISI		(FNDISI) verhindere Interrupts durch Arithmetikprozessor
FENI		(FNENI) erlaube Interrupts durch Arithmetikprozessor
FLDCW	mem	lade Steuerwort mit Inhalt von Speicherwort (mem)
FSTCW	mem	(FNSTCW) speichere Steuerwort nach Speicherwort (mem)
FSTSW	mem	(FNSTSW) speichere Statuswort nach Speicherwort (mem)
FCLEX		(FNCLEX) lösche Ausnahme-,IR- und BUSY-Bits im Statuswort
FSTENV	mem	(FNSTENV) speichere Environment-Register nach 14 Bytes
FLDENV	mem	lade Environment-Register mit 14 Bytes (mem)
FSAVE	mem	(FNSAVE) speichere Environment und Stapel nach 94 Bytes
FRSTOR	mem	lade Environment-Register und Stapel mit 94 Bytes (mem)
FINCSTP		erhöhe Stapelzeiger um 1 (ähnlich POP) keine Freigabe !
FDECSTP		vermindere Stapelzeiger um 1 (ähnlich PUSH)
FFREE	ST(i)	kennzeichne Stapeloperand i als leer (empty)
FNOP		warte 13 Takte (lade ST mit ST = tu nix)
FWAIT		wie 8086-Befehl WAIT = warte bis TEST-Eingang LOW

Anweisung	Operand	Wirkung
DW	zahl oder ?	lege Wort (2 Byte) im Speicher an
DD	zahl oder ?	lege Doppelwort (4 Byte) im Speicher an
DQ	zahl oder ?	lege Vierfachwort (8 Byte) im Speicher an
DT	zahl oder ?	lege Zehnfachwort (10 Byte) im Speicher an
Befehl	**Operand**	**Wirkung**
FLD	mem	PUSH und lade Stapelspitze ST mit REAL-Speicheroperand
FILD	mem	PUSH und lade Stapelspitze ST mit INTEGER-Speicheroper.
FLD	ST(i)	PUSH und lade Stapelspitze ST mit Stapeloperand i
FSTP	mem	Speichere Stapelspitze nach REAL-Speicheroperand und POP
FISTP	mem	Speichere Stapelspitze nach INTEGER-Speicherop. und POP
FSTP	ST(i)	Speichere Stapelspitze nach Stapeloperand i und POP
FST	mem	Speichere Stapelspitze ST nach REAL-Speicheroperand
FIST	mem	Speichere Stapelspitze ST nach INTEGER-Speicheroperand
FST	ST(i)	Speichere Stapelspitze ST nach Stapeloperand i
FXCH	ST(i)	Vertausche Stapelspitze ST mit Stapeloperand i
FXCH		Vertausche Stapelspitze ST mit Stapeloperand ST(1)
FLD	mem	PUSH und lade Stapelspitze mit REAL-TEMP-Speicheroperand
FILD	mem	PUSH und lade Stapelspitze mit INTEGER-LONG-Speicherop.
FBLD	mem	PUSH und lade Stapelspitze mit BCD-PACKED-Speicheroperand
FSTP	mem	Speichere Stapelspitze nach REAL-TEMP-Operand und POP
FISTP	mem	Speichere Stapelspitze nach INTEGER LONG-Operand und POP
FBSTP	mem	Speichere Stapelspitze nach BCD-PACKED-Operand und POP
FADD	mem	ST = ST + Speicheroperand (SHORT oder LONG REAL)
FIADD	mem	ST = ST + Speicheroperand (WORD oder SHORT INTEGER)
FADD	ST,ST(i)	ST = ST + Stapeloperand i
FADD	ST(i),ST	ST(i) = ST(i) + Stapelspitze ST
FADDP	ST(i),ST	ST(i) = ST(i) + Stapelspitze ST und POP: ST(alt) verloren
FADD		ST(1) = ST(1) + Stapelspitze ST und POP: Ergebnis ST(neu)
FSUB	mem	ST = ST - Speicheroperand (SHORT oder LONG REAL)
FISUB	mem	ST = ST - Speicheroperand (WORD oder SHORT INTEGER)
FSUB	ST,ST(i)	ST = ST - Stapeloperand i
FSUB	ST(i),ST	ST(i) = ST(i) - Stapelspitze ST
FSUBP	ST(i),ST	ST(i) = ST(i) - Stapelspitze ST und POP: ST(alt) verloren
FSUB		ST(1) = ST(1) - Stapelspitze ST und POP: Ergebnis ST(neu)
FSUBR	mem	ST = Speicheroperand (SHORT oder LONG REAL) - ST
FISUBR	mem	ST = Speicheroperend (WORD oder SHORT INTEGER) - ST
FSUBR	ST,ST(i)	ST = Stapeloperand i - Stapelspitze ST
FSUBR	ST(i),ST	ST(i) = Stapelspitze ST - Stapeloperand ST(i)
FSUBRP	ST(i),ST	ST(i) = Stapelspitze ST - ST(i) und POP: ST(alt) verloren
FSUBR		ST(1) = Stapelspitze ST - ST(1) und POP: Ergebnis ST(neu)
FMUL	mem	ST = ST * Speicheroperand (SHORT oder LONG REAL)
FIMUL	mem	ST = ST * Speicheroperand (WORD oder SHORT INTEGER)
FMUL	ST,ST(i)	ST = ST * Stapeloperand i
FMUL	ST(i),ST	ST(i) = ST(i) * Stapelspitze ST
FMULP	ST(i),ST	ST(i) = ST(i) * Stapelspitze ST und POP: ST(alt) verloren
FMUL		ST(1) = ST(1) * Stapelspitze ST und POP: Ergebnis ST(neu)
FDIV	mem	ST = ST / Speicheroperand (SHORT oder LONG REAL)
FIDIV	mem	ST = ST / Speicheroperand (WORD oder SHORT INTEGER)
FDIV	ST,ST(i)	ST = ST / Stapeloperand i
FDIV	ST(i),ST	ST(i) = ST(i) / Stapelspitze ST
FDIVP	ST(i),ST	ST(i) = ST(i) / Stapelspitze ST und POP: ST(alt) verloren
FDIV		ST(1) = ST(1) / Stapelspitze ST und POP: Ergebnis ST(neu)
FDIVR	mem	ST = Speicheroperand (SHORT oder LONG REAL) / ST
FIDIVR	mem	ST = Speicheroperand (WORD oder SHORT INTEGER) / ST
FDIVR	ST,ST(i)	ST = Stapeloperand i / Stapelspitze ST
FDIVR	ST(i),ST	ST(i) = Stapelspitze ST / Stapeloperand ST(i)
FDIVRP	ST(i),ST	ST(i) = Stapelspitze ST / ST(i) und POP: ST(alt) verloren
FDIVR		ST(1) = Stapelspitze ST / ST(1) und POP: Ergebnis ST(neu)

Mathematische Formeln zum 8087

Bogen zwischen 0 und PI/4:

		ST(0)	ST(1)	
		Bogen		
FPTAN		X	Y	**PUSH**

$$\tan = \frac{Y}{X} \qquad \cot = \frac{X}{Y} \qquad \sin = \frac{Y}{\sqrt{X^2+Y^2}} \qquad \cos = \frac{X}{\sqrt{X^2+Y^2}}$$

Bogen im Vollkreis reduzieren auf 0 bis PI/4:

		ST(0)	ST(1)
		Bogen	PI/4
FPREM		R	PI/4

ST(0) <= ST(0) mod ST(1) ausgeführt als
ST(0) <= ST(0) - ST(1) bis ST(0) < ST(1)
Differenz maximal 2^{64}
C2=0: ST(0) < ST(1) Reduzierung beendet
C2=1: ST(0) > ST(1) Funktion wiederholen
durch neuen FPREM-Befehl

Statusregister:

	C3				C2	C1	C0

CO C3 C1 enthalten die drei niedrigsten Bits des Quotienten

CO	C3	C1	Okt.	Winkel	Bogen	SIN =	COS =	TAN =	COT =
0	0	0	1.	0-45	$0 \div \frac{\pi}{4}$	sin(R)	cos(R)	tan(R)	cot(R)
0	0	1	2.	45-90	$\frac{\pi}{4} \div \frac{\pi}{2}$	$\cos(\frac{\pi}{4}-R)$	$\sin(\frac{\pi}{4}-R)$	$\cot(\frac{\pi}{4}-R)$	$\tan(\frac{\pi}{4}-R)$
0	1	0	3.	90-135	$\frac{\pi}{2} \div \frac{3\pi}{4}$	cos(R)	-sin(R)	-cot(R)	-tan(R)
0	1	1	4.	135-180	$\frac{3\pi}{4} \div \pi$	$\sin(\frac{\pi}{4}-R)$	$-\cos(\frac{\pi}{4}-R)$	$-\tan(\frac{\pi}{4}-R)$	$-\cot(\frac{\pi}{4}-R)$
1	0	0	5.	180-225	$\pi \div \frac{5\pi}{4}$	-sin(R)	-cos(R)	tan(R)	cot(R)
1	0	1	6.	225-270	$\frac{5\pi}{4} \div \frac{3\pi}{2}$	$-\cos(\frac{\pi}{4}-R)$	$-\sin(\frac{\pi}{4}-R)$	$\cot(\frac{\pi}{4}-R)$	$\tan(\frac{\pi}{4}-R)$
1	1	0	7.	270-315	$\frac{3\pi}{2} \div \frac{7\pi}{4}$	-cos(R)	sin(R)	-cot(R)	-tan(R)
1	1	1	8.	315-360	$\frac{7\pi}{4} \div 2\pi$	$-\sin(\frac{\pi}{4}-R)$	$\cos(\frac{\pi}{4}-R)$	$-\tan(\frac{\pi}{4}-R)$	$-\cot(\frac{\pi}{4}-R)$

$$\sin(-x) = -\sin(x) \quad \cos(-x) = +\cos(x) \quad \tan(-x) = -\tan(x) \quad \cot(-x) = -\cot(x)$$

$$\arcsin(x) = \arctan\frac{x}{\sqrt{1-x^2}}$$

$$\arccos(x) = \arctan\frac{\sqrt{1-x^2}}{x} \text{ für } x>0 \qquad \arccos(x) = \pi + \arctan\frac{\sqrt{1-x^2}}{x} \text{ für } x<0$$

$$\text{arccot}(x) = \arctan\frac{1}{x} \text{ für } x>0 \qquad \text{arccot}(x) = \pi + \arctan\frac{1}{x} \text{ für } x<0$$

$$10^x = 2^{x \cdot \log_2 10} \qquad e^x = 2^{x \cdot \log_2 e} \qquad y^x = 2^{x \cdot \log_2 y}$$

$$\log_n X = \log_n 2 \cdot \log_2 X \qquad \log_{10} X = \log_{10} 2 \cdot \log_2 X \qquad \ln X = \ln 2 \cdot \log_2 X$$

Hexadezimale Funktionscodes der 8086-Prozessoren

yteoperanden

Befehl	Wirkung	kk	AL	CL	DL	BL	AH	CH	DH	BH	mem hhll	(BX)
MOV AL,	AL <- byte	B0 kk	8A C0	8A C1	8A C2	8A C3	8A C4	8A C5	8A C6	8A C7	A0 11 hh	8A 07
MOV CL,	CL <- byte	B1 kk	8A C8	8A C9	8A CA	8A CB	8A CC	8A CD	8A CE	8A CF	8A 0E 11 hh	8A 0F
MOV DL,	DL <- byte	B2 kk	8A D0	8A D1	8A D2	8A D3	8A D4	8A D5	8A D6	8A D7	8A 16 11 hh	8A 17
MOV BL,	BL <- byte	B3 kk	8A D8	8A D9	8A DA	8A DB	8A DC	8A DD	8A DE	8A DF	8A 1E 11 hh	8A 1F
MOV AH,	AH <- byte	B4 kk	8A E0	8A E1	8A E2	8A E3	8A E4	8A E5	8A E6	8A E7	8A 26 11 hh	8A 27
MOV CH,	CH <- byte	B5 kk	8A E8	8A E9	8A EA	8A EB	8A EC	8A ED	8A EE	8A EF	8A 2E 11 hh	8A 2F
MOV DH,	DH <- byte	B6 kk	8A F0	8A F1	8A F2	8A F3	8A F4	8A F5	8A F6	8A F7	8A 36 11 hh	8A 37
MOV BH,	BH <- byte	B7 kk	8A F8	8A F9	8A FA	8A FB	8A FC	8A FD	8A FE	8A FF	8A 3E 11 hh	8A 3F
MOV mem,	mem<- byte Adr: hhll	C6 06 11 hh kk	A2 11 hh	88 0E 11 hh	88 16 11 hh	88 1E 11 hh	88 26 11 hh	88 2E 11 hh	88 36 11 hh	88 3E 11 hh		
MOV (BX),	mem<- byte	C6 07 kk	88 07	88 0F	88 17	88 1F	88 27	88 2F	88 37	88 3F		
XCHG AL,	AL<-> byte		86 C0	86 C1	86 C2	86 C3	86 C4	86 C5	86 C6	86 C7	86 06 11 hh	86 07
XCHG AH,	AH<-> byte		86 E0	86 E1	86 E2	86 E3	86 E4	86 E5	86 E6	86 E7	86 26 11 hh	86 27

ortoperanden

Befehl	Wirkung	jjkk	AX	CX	DX	BX	SP	BP	SI	DI	mem hh 11	(BX)
MOV AX,	AX <- wort	B8 kk jj	8B C0	8B C1	8B C2	8B C3	8B C4	8B C5	8B C6	8B C7	A1 11 hh	8B 07
MOV CX,	CX <- wort	B9 kk jj	8B C8	8B C9	8B CA	8B CB	8B CC	8B CD	8B CE	8B CF	8B 0E 11 hh	8B 0F
MOV DX,	DX <- wort	BA kk jj	8B D0	8B D1	8B D2	8B D3	8B D4	8B D5	8B D6	8B D7	8B 16 11 hh	8B 17
MOV BX,	BX <- wort	BB kk jj	8B D8	8B D9	8B DA	8B DB	8B DC	8B DD	8B DE	8B DF	8B 1E 11 hh	8B 1F
MOV SP,	SP <- wort	BC kk jj	8B E0	8B E1	8B E2	8B E3	8B E4	8B E5	8B E6	8B E7	8B 26 11 hh	8B 27
MOV BP,	BP <- wort	BD kk jj	8B E8	8B E9	8B EA	8B EB	8B EC	8B ED	8B EE	8B EF	8B 2E 11 hh	8B 2F
MOV SI,	SI <- wort	BE kk jj	8B F0	8B F1	8B F2	8B F3	8B F4	8B F5	8B F6	8B F7	8B 36 11 hh	8B 37
MOV DI,	DI <- wort	BF kk jj	8B F8	8B F9	8B FA	8B FB	8B FC	8B FD	8B FE	8B FF	8B 3E 11 hh	8B 3F
MOV mem,	mem<- wort Adr: hhll ,	C7 06 11 hh kk jj	A3 11 hh	89 0E 11 hh	89 16 11 hh	89 1E 11 hh	89 26 11 hh	89 2E 11 hh	89 36 11 hh	89 3E 11 hh		
MOV (BX),	mem<- wort	C7 07 kk jj	89 07	89 0F	89 17	89 1F	89 27	89 2F	89 37	89 3F		
XCHG AX,	AX<-> wort		90	91	92	93	94	95	96	97	87 06 11 hh	87 07
MOV ES,	ES <- wort		8E C0	8E C1	8E C2	8E C3	8E C4	8E C5	8E C6	8E C7	8E 06 11 hh	8E 07
MOV SS,	SS <- wort		8E D0	8E D1	8E D2	8E D3	8E D4	8E D5	8E D6	8E D7	8E 16 11 hh	8E 17
MOV DS,	DS <- wort		8E D8	8E D9	8E DA	8E DB	8E DC	8E DD	8E DE	8E DF	8E 1E 11 hh	8E 1F
LEA reg,ad	reg <= adr		8D 06 11 dd	8D 0E 11 dd	8D 16 11 dd	8D 1E 11 dd	8D 26 11 dd	8D 2E 11 dd	8D 36 11 hh	8D 3E 11 hh		
PUSH reg	-> Stapel		50	51	52	53	54	55	56	57		
POP reg	<- Stapel		58	59	5A	5B	5C	5D	5E	5F		
INC reg	r <= r + 1		40	41	42	43	44	45	46	47		
DEC reg	r <= r - 1		48	49	4A	4B	4C	4D	4E	4F		
JMP reg	spr. indiz.		FF E0	FF E1	FF E2	FF E3	FF E4	FF E5	FF E6	FF E7		

Befehl	Operand	1.Byte	2.Byte	Wirkung
CLC		F8		CF <- 0 : Lösche Carry-Flag
CMC		F5		CF <= C̄F̄: Komplementiere Carryflag
STC		F9		CF <- 1 : Setze Carry-Flag
CLD		FC		DF <- 0 : DI,SI bei Stringbef. +1 bzw. +2
STD		FD		DF <- 1 : DI,SI bei Stringbef. -1 bzw. -2
CLI		FA		IF <- 0 : Sperre Interrupts
STI		FB		IF <- 1 : Interrupts frei nach näch. Bef.
INT	3	CC		Interruptvektor bei 0 000C
INT	zz	CD	zz	Interruptvektor bei 4 * zz
INTO		CE		wenn OF = 1: Interruptvektor bei 0 0010
IRET		CF		Rücksprung von Interrupt
HLT		F4		Anhalten bis Interrupt
WAIT		9B		Anhalten bis TEST-Eingang LOW
ESC	zz,r/m	D8-DF	r/m	Speicherzugriff mit Code zz für Coproz.
LDS	reg,r/m	C5	r/m	Lade Register reg und DS-Register
LES	reg,r/m	C4	r/m	Lade Register reg und ES-Register
LOCK		F0	Bef.	Vorsatz: LOCK = LOW für nächsten Befehl
	ES:	26	Bef.	Vorsatz: ES-Segment für nächsten Befehl
	CS:	2E	Bef.	Vorsatz: CS-Segment für nächsten Befehl
	SS:	36	Bef.	Vorsatz: SS-Segment für nächsten Befehl
	DS:	3E	Bef.	Vorsatz: DS-Segment für nächsten Befehl
NOP		90		Tu Nix (XCHG AX,AX)
LAHF		9F		AH <- Flagregister-LOW (S Z - A - P - C)
SAHF		9E		Flagregister-LOW (S Z - A -P -C) <- AH
PUSHF		9C		bringe Statusregister nach Stapel
POPF		9D		lade Statusregister vom Stapel

Befehl	Operand	1.Byte	2.Byte	Wirkung
IN	AL,port	E4	pp	Lade AL mit byte von Eingabeport
IN	AX,port	E5	pp	Lade AX mit wort von Eingabeport
IN	AL,DX	EC		Lade AL mit byte Portadresse in DX
IN	AX,DX	ED		Lade AX mit wort Portadresse in DX
OUT	port,AL	E6	pp	Speichere byte aus AL nach Ausg.port
OUT	port,AX	E7	pp	Speichere wort aus AX nach Ausg.port
OUT	DX,AL	EE		Speichere byte aus AL Portadresse in DX
OUT	DX,AX	EF		Speichere wort aus AX Portadresse in DX
XLAT		D7		AL <- (AL + BX) Adresse ist Summe AL + BX
CBW		98		Vorzeichen von AL nach AH ausdehnen
CWD		99		Vorzeichen von AX nach DX ausdehnen
DAA		27		BCD-Korrektur in AL nach ADD oder ADC
DAS		2F		BCD-Korrektur in AL nach SUB oder SBB
AAA		37		ASCII-Korrektur in AX nach ADD oder ADC
AAS		3F		ASCII-Korrektur in AX nach SUB oder SBB
AAM		D4	0A	ASCII-Korrektur in AX nach MUL
AAD		D5	0A	ASCII-Korrektur in AX vor DIV
REP		F2	Str.Bef.	Wied. MOVS LODS STOS für CX≠0 CX<=CX-1
REPE	(REPZ)	F3	Str.Bef.	Wied. CMPS SCAS für ZF=1 & CX≠0 CX<=CX-1
REPNE	(REPNZ)	F2	Str.Bef.	Wied. CMPS SCAS für ZF=0 & CX≠0 CX<=CX-1
MOVS	BYTE	A4		(DI) <- (SI) DF=0: DI,SI+1 DF=1: DI,SI-1
MOVS	WORD	A5		(DI) <- (SI) DF=0: DI,SI+2 DF=1: DI,SI-2
LODS	BYTE	AC		AL <- (SI) DF=0: SI + 1 DF=1: SI - 1
LODS	WORD	AD		AX <- (SI) DF=0: SI + 2 DF=1: SI - 2
STOS	BYTE	AA		(DI) <- AL DF=0: DI + 1 DF=1: DI - 1
STOS	WORD	AB		(DI) <= AX DF=0: DI + 2 DF=1: DI - 2
CMPS	BYTE	A6		(SI) - (DI) DF=0: DI,SI+1 DF=1: DI,SI-1
CMPS	WORD	A7		(SI) - (DI) DF=0: DI,SI+2 DF=1: DI,SI-2
SCAS	BYTE	AE		AL - (DI) DF=0: DI + 1 DF=1: DI - 1
SCAS	WORD	AF		AX - (DI) DF=0: DI + 2 DF=1: DI - 2

Befehl	Wirkung	1.Byte	2.Byte	3.Byte	4.Byte	5.Byte	
JMP adr.	spr. rel. kurz	EB	abst.				
JMP adr.	spr. rel. lang	E9	ab.LOW	ab.HIG			
JMP adr.	spr. indir.	FF	m100rm				
JMP adr.	spr. neues Seg	EA	PC-LOW	PC-HIG	CS-LOW	CS-HIGH	
CALL name	ruf. rel. lang	E8	ab.LOW	ab.HIG			
CALL name	ruf. indir.	FF	m010rm				
CALL name	ruf. neues Seg	9A	PC-LOW	PC-HIG	CS-LOW	CS-HIGH	
RET	im Segment	C3					
RET jjkk	SP <= SP + jjkk	C2	kk	jj			
RET	neues Segment	CB					
RET jjkk	SP <= SP + jjkk	CA	kk	jj			
IRET	von Interrupt	CF					

Bedingung	Befehl	1.Byte	2.Byte	Wirkung
keine	JMP	EB	abst	springe immer
ZF = 1	JZ (JE)	74	abst	springe bei Null bzw. gleich (Zero)
ZF = 0	JNZ (JNE)	75	abst	springe bei ungleich Null bzw. ungleich
SF = 1	JS	78	abst	springe bei negativ (Zahl mit Vorz.)
SF = 0	JNS	79	abst	springe bei positiv (Zahl mit Vorz.)
CF = 1	JC (JNAE)	72	abst	springe bei kleiner (below)(ohne Vorz.)
CF = 0	JNC (JAE)	73	abst	springe bei größer oder gleich (o.Vz.)
OF = 1	JO	70	abst	springe bei Überlauf (Zahl mit Vorz.)
OF = 0	JNO	71	abst	springe bei Nicht Überlauf (Zahl o. Vz)
PF = 1	JP (JPE)	7A	abst	springe bei P = 1 (Parität)
PF = 0	JNP (JPO)	7B	abst	springe bei P = 0
CX = 0	JCXZ	E3	abst	springe wenn CX-Register gleich Null
CX ≠ 0	LOOP	E2	abst	springe wenn CX ≠ 0 (CX <= CX - 1)
CX≠0&ZF=1	LOOPZ (E)	E1	abst	spr. wenn CX≠0 UND Ergebn.=0 (CX<=CX-1)
CX≠0&ZF=0	LOOPNZ (NE)	E0	abst	spr. wenn CX≠0 UND Ergebn.≠0 (CX<=CX-1)

Vergleich			Zahl ohne Vorzeichen			Zahl mit Vorzeichen			
=	.EQ.	gleich	ZF = 1	JE	74	abst	ZF = 1	JE	74	abst
≠	.NE.	ungleich	ZF = 0	JNE	75	abst	ZF = 0	JNE	75	abst
>	.GT.	größer	CF=0 & ZF=0	JA	77	abst	SF≠0F & ZF=0	JG	7F	abst
≥	.GE.	gr./gleich	CF = 0	JAE	73	abst	SF = 0	JGE	7D	abst
<	.LT.	kleiner	CF = 1	JB	72	abst	SF ≠ OF	JL	7C	abst
≤	.LE.	kl./gleich	CF=1 + ZF=1	JBE	76	abst	SF≠OF + ZF=1	JLE	7E	abst

A = Above   G = Greater   B = Below   L = Less   E = Equal

Byteoperanden

Befehl	Wirkung	kk	AL	CL	DL	BL	mem hh11	(BX)	O	S	Z	A	P	C
INC r/m	by <= by + 1		FE C0	FE C1	FE C2	FE C3	FE 06 11 hh	FE 07	x	x	x	x	x	
DEC r/m	by <= by - 1		FE C8	FE C9	FE CA	FE CB	FE 0E 11 hh	FE 0F	x	x	x	x	x	
CMP AL,	AL - byte	3C kk	3A C0	3A C1	3A C2	3A C3	3A 06 11 hh	3A 07	x	x	x	x	x	x
ADD AL,	AL<=AL+ byte	04 kk	02 C0	02 C1	02 C2	02 C3	02 06 11 hh	02 07	x	x	x	x	x	x
ADC AL,	AL<=AL+CF+by	14 kk	12 C0	12 C1	12 C2	12 C3	12 06 11 hh	12 07	x	x	x	x	x	x
SUB AL,	AL<=AL- byte	2C kk	2A C0	2A C1	2A C2	2A C3	2A 06 11 hh	2A 07	x	x	x	x	x	x
SBB AL,	AL<=AL-CF-by	1C kk	1A C0	1A C1	1A C2	1A C3	1A 06 11 hh	2A 07	x	x	x	x	x	x
NEG r/m	2er-Komplem.		F6 D8	F6 D9	F6 DA	F6 DB	F6 1E 11 hh	F6 1F	x	x	x	x	x	x
MUL r/m	AX <=AL*byte		F6 E0	F6 E1	F6 E2	F6 E3	F6 26 11 hh	F6 27	x	?	?	?	?	x
IMUL r/m	AX <=AL*byte		F6 E8	F6 E9	F6 EA	F6 EB	F6 2E 11 hh	F6 2F	x	?	?	?	?	x
DIV r/m	AX/byte:		F6 F0	F6 F1	F6 F2	F6 F3	F6 36 11 hh	F6 37	?	?	?	?	?	?
IDIV r/m	AL<=Qu AH<=R		F6 F8	F6 F9	F6 FA	F6 FB	F6 3E 11 hh	F6 3F	?	?	?	?	?	?
NOT r/m	byte <= byte		F6 D0	F6 D1	F6 D2	F6 D3	F6 16 11 hh	F6 17						
AND AL,	AL<=AL UND b	24 kk	22 C0	22 C1	22 C2	22 C3	22 06 11 hh	22 07	0	x	x	?	x	0
TEST AL,	AL UND byte	A8 kk	84 C0	84 C1	84 C2	84 C3	84 06 11 hh	84 07	0	x	x	?	x	0
OR AL,	AL<=AL ODR b	0C kk	0A C0	0A C1	0A C2	0A C3	0A 06 11 hh	0A 07	0	x	x	?	x	0
XOR AL,	AL<=AL EOR b	34 kk	32 C0	32 C1	32 C2	32 C3	32 06 11 hh	32 07	0	x	x	?	x	0
ROL re,1			D0 C0	D0 C1	D0 C2	D0 C3	D0 06 11 hh	D0 07	x					x
ROL re,CL			D2 C0	D2 C1	D2 C2	D2 C3	D2 06 11 hh	D2 07	x					x
ROR re,1			D0 C8	D0 C9	D0 CA	D0 CB	D0 0E 11 hh	D0 0F	x					x
ROR re,CL			D2 C8	D2 C9	D2 CA	D2 CB	D2 0E 11 hh	D2 0F	x					x
RCL re,1			D0 D0	D0 D1	D0 D2	D0 D3	D0 16 11 hh	D0 17	x					x
RCL re,CL			D2 D0	D2 D1	D2 D2	D2 D3	D2 16 11 hh	D2 17	x					x
RCR re,1			D0 D8	D0 D9	D0 DA	D0 DB	D0 1E 11 hh	D0 1F	x					x
RCR re,CL			D2 D8	D2 D9	D2 DA	D2 DB	D2 1E 11 hh	D2 1F	x					x
SHL re,1			D0 E0	D0 E1	D0 E2	D0 E3	D0 26 11 hh	D0 27	x	x	x	?	x	x
SHL re,CL			D2 E0	D2 E1	D2 E2	D2 E3	D2 26 11 hh	D2 27	x	x	x	?	x	x
SHR re,1			D0 E8	D0 E9	D0 EA	D0 EB	D0 2E 11 hh	D0 2F	x	x	x	?	x	x
SHR re,CL			D2 E8	D2 E9	D2 EA	D2 EB	D2 2E 11 hh	D2 2F	x	x	x	?	x	x
SAL re,1			D0 E0	D0 E1	D0 E2	D0 E3	D0 26 11 hh	D0 27	x	x	x	?	x	x
SAL re,CL			D2 E0	D2 E1	D2 E2	D2 E3	D2 26 11 hh	D2 27	x	x	x	?	x	x
SAR re,1			D0 F8	D0 F9	D0 FA	D0 FB	D0 3E 11 hh	D0 3F	x	x	x	?	x	x
SAR re,CL			D2 F8	D2 F9	D2 FA	D2 FB	D2 3E 11 hh	D2 3F	x	x	x	?	x	x

Wortoperanden

Befehl	Wirkung	jjkk	AX	CX	DX	BX	mem hhll	(BX)	O	S	Z	A	P	C
INC r/m	wo <= wo + 1		40	41	42	43	FF 06 11 hh	FF 07	x	x	x	x	x	
DEC r/m	wo <= wo - 1		48	49	4A	4B	FF 0E 11 hh	FF 0F	x	x	x	x	x	
CMP AX,	AX - wort	3D kk jj	3B C0	3B C1	3B C2	3B C3	3B 06 11 hh	3B 07	x	x	x	x	x	x
ADD AX,	AX<=AX+ wort	05 kk jj	03 C0	03 C1	03 C2	03 C3	03 06 11 hh	03 07	x	x	x	x	x	x
ADC AX,	AX<=AX+CF+wo	15 kk jj	13 C0	13 C1	13 C2	13 C3	13 06 11 hh	13 07	x	x	x	x	x	x
SUB AX,	AX<=AX- wort	2D kk jj	2B C0	2B C1	2B C2	2B C3	2B 06 11 hh	2B 07	x	x	x	x	x	x
SBB AX,	AX<=AX-CF-wo	1D kk jj	1B C0	1B C1	1B C2	1B C3	1B 06 11 hh	1B 07	x	x	x	x	x	x
NEG r/m	2er-Komplem.		F7 D8	F7 D9	F7 DA	F7 DB	F7 1E 11 hh	F7 1F	x	x	x	x	x	x
MUL r/m	DX+AX<=AX*wo		F7 E0	F7 E1	F7 E2	F7 E3	F7 26 11 hh	F7 27	x	?	?	?	?	x
IMUL r/m	DX+AX<=AX*wo		F7 E8	F7 E9	F7 EA	F7 EB	F7 2E 11 hh	F7 2F	x	?	?	?	?	x
DIV r/m	DX+AX/wort:		F7 F0	F7 F1	F7 F2	F7 F3	F7 36 11 hh	F7 37	?	?	?	?	?	?
IDIV r/m	AX=Qu DX=Re		F7 F8	F7 F9	F7 FA	F7 FB	F7 3E 11 hh	F7 3F	?	?	?	?	?	?
NOT r/m	wort <= wort		F7 D0	F7 D1	F7 D2	F7 D3	F7 16 11 hh	F7 17						
AND AX,	AX<=AX UND w	25 kk jj	23 C0	23 C1	23 C2	23 C3	23 06 11 hh	23 07	0	x	x	?	x	0
TEST AX,	AX UND wort	A9 kk jj	85 C0	85 C1	85 C2	85 C3	85 06 11 hh	85 07	0	x	x	?	x	0
OR AX,	AX<=AX ODR w	0D kk jj	0B C0	0B C1	0B C2	0B C3	0B 06 11 hh	0B 07	0	x	x	?	x	0
XOR AX,	AX<=AX EOR w	35 kk jj	33 C0	33 C1	33 C2	33 C3	33 06 11 hh	33 07	0	x	x	?	x	0
ROL re,1			D1 C0	D1 C1	D1 C2	D1 C3	D1 06 11 hh	D1 07	x					x
ROL re,CL			D3 C0	D3 C1	D3 C2	D3 C3	D3 06 11 hh	D3 07	x					x
ROR re,1			D1 C8	D1 C9	D1 CA	D1 CB	D1 0E 11 hh	D1 0F	x					x
ROR re,CL			D3 C8	D3 C9	D3 CA	D3 CB	D3 0E 11 hh	D3 0F	x					x
RCL re,1			D1 D0	D1 D1	D1 D2	D1 D3	D1 16 11 hh	D1 17	x					x
RCL re,CL			D3 D0	D3 D1	D3 D2	D3 D3	D3 16 11 hh	D3 17	x					x
RCR re,1			D1 D8	D1 D9	D1 DA	D1 DB	D1 1E 11 hh	D1 1F	x					x
RCR re,CL			D3 D8	D3 D9	D3 DA	D3 DB	D3 1E 11 hh	D3 1F	x					x
SHL re,1			D1 E0	D1 E1	D1 E2	D1 E3	D1 26 11 hh	D1 27	x	x	x	?	x	x
SHL re,CL			D3 E0	D3 E1	D3 E2	D3 E3	D3 26 11 hh	D3 27	x	x	x	?	x	x
SHR re,1			D1 E8	D1 E9	D1 EA	D1 EB	D1 2E 11 hh	D1 2F	x	x	x	?	x	x
SHR re,CL			D3 E8	D3 E9	D3 EA	D3 EB	D3 2E 11 hh	D3 2F	x	x	x	?	x	x
SAL re,1			D1 E0	D1 E1	D1 E2	D1 E3	D1 26 11 hh	D1 27	x	x	x	?	x	x
SAL re,CL			D3 E0	D3 E1	D3 E2	D3 E3	D3 26 11 hh	D3 27	x	x	x	?	x	x
SAR re,1			D1 F8	D1 F9	D1 FA	D1 FB	D1 3E 11 hh	D1 3F	x	x	x	?	x	x
SAR re,CL			D3 F8	D3 F9	D3 FA	D3 FB	D3 3E 11 hh	D3 3F	x	x	x	?	x	x

Hexadezimale Funktionscodes des 8087-Arithmetikprozessors

Befehl	Operand	Code	Wirkung
FXCH		D9 C9	ST(1) <= ST(0)
FADD		DE C1	ST(1) <= ST(1) + ST(0) dann POP
FSUB		DE E9	ST(1) <= ST(1) - ST(0) dann POP
FSUBR		DE E1	ST(1) <= ST(0) - ST(1) dann POP
FMUL		DE C9	ST(1) <= ST(1) * ST(0) dann POP
FDIV		DE F9	ST(1) <= ST(1) / ST(0) dann POP
FDIVR		DE F1	ST(1) <= ST(0) / ST(1) dann POP
FCOM		D8 D1	ST(0) - ST(1)
FCOMP		D8 D9	ST(0) - ST(1) dann POP
FCOMPP		DE D9	ST(0) - ST(1) dann zweimal POP
FTST		D9 E4	ST(0) - 0.0
FXAM		D9 E5	untersuche ST(0)
FSQRT		D9 FA	ST(0) <= SQRT (ST(0)) x pos.
FSCALE		D9 FD	ST(0) <= ST(0) * 2 hoch ST(1) $2^{-15} \leq x \leq 2^{15}$
FPREM		D9 F8	ST(0) <= ST(0) mod ST(1)
FRNDINT		D9 FC	ST(0) <= ST(0) ganzzahlig
FXTRACT		D9 F4	PUSH ST(0) <= signf. ST(1) <= exp
FABS		D9 E1	ST(0) <= abs (ST(0))
FCHS		D9 E0	ST(0) <= - ST(0)
FLDZ		D9 EE	PUSH ST(0) <= 0.0
FLD1		D9 E8	PUSH ST(0) <= 1.0
FLDPI		D9 EB	PUSH ST(0) <= PI
FLDL2T		D9 E9	PUSH ST(0) <= log 10 basis 2 $\log_2 10$
FLDL2E		D9 EA	PUSH ST(0) <= log e basis 2 $\log_2 e$
FLDLG2		D9 EC	PUSH ST(0) <= log 2 basis 10 $\log_{10} 2$
FLDLN2		D9 ED	PUSH ST(0) <= ln 2 basis e $\ln e$
FPTAN		D9 F2	PUSH ST(0) <= X ST(1) <= Y tan(ST)=Y/X $0 \leq x \leq \frac{\pi}{4}$
FPATAN		D9 F3	ST(0) <= atan (ST(1)/ST(0)) POP $0 < x < \infty$
F2XM1		D9 F0	ST(0) <= 2 hoch ST(0) - 1 $2^x - 1$ $0 \leq x \leq 0.5$
FYL2X		D9 F1	ST(0) <= ST(1)*log2(ST(0)) POP $0 < x < \infty$
FYL2XP1		D9 F9	ST(0) <= ST(1)*log2(ST(0)+1) POP $0 < |x| < (1-\frac{\sqrt{2}}{2})$
FINIT		DB E3	Grundstellung 80x87
FDISI		DB E1	sperre Interrupts durch 80x87
FENI		DB E0	erlaube Interrupts durch 80x87
FCLEX		DB E2	lösche Bits im Statuswort
FINCSTP		D9 F7	erhöhe Stapelzeiger um 1
FDECSTP		D9 F6	vermindere Stapelzeiger um 1
FNOP		D9 D0	warte 13 Takte und tu nix
FWAIT		9B	warte bis TEST-Eingang LOW
FLDCW	wort	D9 2E 11 hh	lade Steuerwort vom Speicher
FSTCW	wort	D9 3E 11 hh	speichere Steuerwort nach Speicher
FSTSW	wort	DD 3E 11 hh	speichere Statuswort nach Speicher
FSTENV	bytes	D9 36 11 hh	speichere Environment nach Speicher
FLDENV	bytes	D9 26 11 hh	lade Environment vom Speicher
FSAVE	bytes	DD 36 11 hh	speichere alle Register nach Speicher
FRSTOR	bytes	DD 26 11 hh	lade alle Register vom Speicher

	DWORD adres	QWORD adres	DWORD [BX]	QWORD [BX]
FLD	D9 06 11 hh	DD 06 11 hh	D9 07	DD 07
FSTP	D9 1E 11 hh	DD 1E 11 hh	D9 1F	DD 1F
FST	D9 16 11 hh	DD 16 11 hh	D9 17	DD 17
FADD	D8 06 11 hh	DC 06 11 hh	D8 07	DC 07
FSUB	D8 26 11 hh	DC 26 11 hh	D8 27	DC 27
FSUBR	D8 2E 11 hh	DC 2E 11 hh	D8 2F	DC 2F
FMUL	D8 0E 11 hh	DC 0E 11 hh	D8 0F	DC 0F
FDIV	D8 36 11 hh	DC 36 11 hh	D8 37	DC 37
FDIVR	D8 3E 11 hh	DC 3E 11 hh	D8 3F	DC 3F
FCOM	D8 16 11 hh	DC 16 11 hh	D8 17	DC 17
FCOMP	D8 1E 11 hh	DC 1E 11 hh	D8 1F	DC 1F

	WORD adres	DWORD adres	WORD [BX]	DWORD [BX]
FILD	DF 06 11 hh	DB 06 11 hh	DF 07	DB 07
FISTP	DF 1E 11 hh	DB 1E 11 hh	DF 1F	DB 1F
FIST	DF 16 11 hh	DB 16 11 hh	DF 17	DB 17
FIADD	DE 06 11 hh	DA 06 11 hh	DE 07	DA 07
FISUB	DE 26 11 hh	DA 26 11 hh	DE 27	DA 27
FISUBR	DE 2E 11 hh	DA 2E 11 hh	DE 2F	DA 2F
FIMUL	DE 0E 11 hh	DA 0E 11 hh	DE 0F	DA 0F
FIDIV	DE 36 11 hh	DA 36 11 hh	DE 37	DA 37
FIDIVR	DE 3E 11 hh	DA 3E 11 hh	DE 3F	DA 3F
FICOM	DE 16 11 hh	DA 16 11 hh	DE 17	DA 17
FICOMP	DE 1E 11 hh	DA 1E 11 hh	DE 1F	DA 1F

	Typ	adresse	[BX]	Vereinb.
FLD	REAL TEMP	DB 2E 11 hh	DB 2F	DT
FSTP	REAL TEMP	DB 3E 11 hh	DB 3F	DT
FILD	INTEGER LONG	DF 2E 11 hh	DF 2F	DQ
FISTP	INTEGER LONG	DF 3E 11 hh	DF 3F	DQ
FBLD	BCD PACKED	DF 26 11 hh	DF 27	DT
FBSTP	BCD PACKED	DF 36 11 hh	DF 37	DT

	ST,ST(0)	ST,ST(1)	ST,ST(2)	ST,ST(3)	ST,ST(4)	ST,ST(5)	ST,ST(6)	ST,ST(7)
FADD	D8 C0	D8 C1	D8 C2	D8 C3	D8 C4	D8 C5	D8 C6	D8 C7
FSUB	D8 E0	D8 E1	D8 E2	D8 E3	D8 E4	D8 E5	D8 E6	D8 E7
FSUBR	D8 E8	D8 E9	D8 EA	D8 EB	D8 EC	D8 ED	D8 EE	D8 EF
FMUL	D8 C8	D8 C9	D8 CA	D8 CB	D8 CC	D8 CD	D8 CE	D8 CF
FDIV	D8 F0	D8 F1	D8 F2	D8 F3	D8 F4	D8 F5	D8 F6	D8 F7
FDIVR	D8 F8	D8 F9	D8 FA	D8 FB	D8 FC	D8 FD	D8 FE	D8 FF

	ST(0),ST	ST(1),ST	ST(2),ST	ST(3),ST	ST(4),ST	ST(5),ST	ST(6),ST	ST(7),ST
FADD	D8 C0	DC C1	DC C2	DC C3	DC C4	DC C5	DC C6	DC C7
FADDP	DE C0	DE C1	DE C2	DE C3	DE C4	DE C5	DE C6	DE C7
FSUB	D8 E0	DC E9	DC EA	DC EB	DC EC	DC ED	DC EE	DC EF
FSUBP	DE E8	DE E9	DE EA	DE EB	DE EC	DE ED	DE EE	DE EF
FSUBR	D8 E8	DC E1	DC E2	DC E3	DC E4	DC E5	DC E6	DC E7
FSUBRP	DE E0	DE E1	DE E2	DE E3	DE E4	DE E5	DE E6	DE E7
FMUL	D8 C8	DC C9	DC CA	DC CB	DC CC	DC CD	DC CE	DC CF
FMULP	DE C8	DE C9	DE CA	DE CB	DE CC	DE CD	DE CE	DE CF
FDIV	D8 F0	DC F9	DC FA	DC FB	DC FC	DC FD	DC FE	DC FF
FDIVP	DE F8	DE F9	DE FA	DE FB	DE FC	DE FD	DE FE	DE FF
FDIVR	D8 F8	DC F1	DC F2	DC F3	DC F4	DC F5	DC F6	DC F7
FDIVRP	DE F0	DE F1	DE F2	DE F3	DE F4	DE F5	DE F6	DE F7

	ST(0)	ST(1)	ST(2)	ST(3)	ST(4)	ST(5)	ST(6)	ST(7)
FLD	D9 C0	D9 C1	D9 C2	D9 C3	D9 C4	D9 C5	D9 C6	D9 C7
FSTP	DD D8	DD D9	DD DA	DD DB	DD DC	DD DD	DD DE	DD DF
FST	DD D0	DD D1	DD D2	DD D3	DD D4	DD D5	DD D6	DD D7
FXCH	D9 C8	D9 C9	D9 CA	D9 CB	D9 CC	D9 CD	D9 CE	D9 CF
FCOM	D8 D0	D8 D1	D8 D2	D8 D3	D8 D4	D8 D5	D8 D6	D8 D7
FCOMP	D8 D8	D8 D9	D8 DA	D8 DB	D8 DC	D8 DD	D8 DE	D8 DF
FFREE	DD C0	DD C1	DD C2	DD C3	DD C4	DD C5	DD C6	DD C7

8 Ergänzende und weiterführende Literatur

Zu Kapitel 1: Grundlagen

Schmitt, Günter
Mikrocomputertechnik mit dem Prozessor 8085A
R. Oldenbourg Verlag München, 6.Auflage 1994

Texas Instruments
TTL – Data Book
Firmenschrift Texas Instruments

Müller, R., Piotrowski, A.
Einführung in die Elektrotechnik und Elektronik
Teil 2: Halbleiterbauelemente usw.
Oldenbourg Verlag, München 3.Auflage 1991

Zu Kapitel 2: Bausteine

Intel
Microprocessor and Peripheral Handbook
Volume I – Microprocessor
Volume II – Peripheral
Firmenschrift Intel

Siemens
Mikrocomputer Bausteine
Band 3: Peripherie
Firmenschrift Siemens München

National Semiconductor Corporation
Series 32000 Databook
S.255: NS 8250 ACE Datenblatt
Firmenschrift National Semiconductor Corporation

c't Magazin für Computertechnik
Hefte 1 bis 12 des Jahrgangs 1988
Aufsatzreihe PC – Bausteine
Verlag H. Heise Hannover

Zu Kapitel 3: Schaltungen

Bähring, H.
Mikrorechner-Systeme
Springer Verlag Berlin 1991

Blank, H.-J., Bernstein, H.
PC-Schaltungstechnik in der Praxis
Markt&Technik Verlag, Haar bei München 1989

Messmer, H.-P.
PC - Hardwarebuch
Addison-Wesley Verlag, Bonn 2.Auflage 1993

Zu Kapitel 4: Programmierung

Dieterich, E.-W.
Turbo Assembler
Oldenbourg Verlag München 2.Auflage 1993

Rector, R., Alexy, G.
Das 8086/8088 Buch
Sybex Verlag Düsseldorf

Becker/Wohak
8086/8088 Assembler
IWT Verlag

Coffron, J.W.
Programmierung des 8086/8088
Sybex Verlag

Bradley, D.J.
Programmieren in Assembler für den IBM-PC
Hanser Verlag, München 1985

Brumm, P., Brumm, D.
80386 - Handbuch
Markt&Technik Verlag, Haar bei München 1989

Intel
808386 - Systemprogrammierung
Markt&Technik Verlag, Haar bei München 1989

Zu Kapitel 5: Anwendungen

Wratil, P., Schmidt, R.
PC/XT/AT Messen-Steuern-Regeln
Markt&Technik Verlag, Haar bei München 1987

Preuß, L., Musa, H.
Computerschnittstellen
Carl Hanser Verlag München 1989

Lobjinski, M.
Meßtechnik mit Mikrocomputern
Oldenbourg Verlag München, 2. Auflage 1990

Schmitt, Günter
Pascal-Kurs technisch orientiert
Band 2: Anwendungen
R. Oldenbourg Verlag München 1991

Schmitt, Günter
C-Kurs technisch orientiert
R. Oldenbourg Verlag München 1993

Tischer, M.
PC intern - Systemprogrammierung
Data Becker Verlag Düsseldorf 1989

Althaus, M.
Das PC Profibuch
Sybex Verlag Düsseldorf 1989

9 Anhang

Zahlentabellen

	0	1	2	3	4	5	6	7	8	9	A	B	C	D	E	F
00_	0000	0001	0002	0003	0004	0005	0006	0007	0008	0009	0010	0011	0012	0013	0014	0015
01_	0016	0017	0018	0019	0020	0021	0022	0023	0024	0025	0026	0027	0028	0029	0030	0031
02_	0032	0033	0034	0035	0036	0037	0038	0039	0040	0041	0042	0043	0044	0045	0046	0047
03_	0048	0049	0050	0051	0052	0053	0054	0055	0056	0057	0058	0059	0060	0061	0062	0063
04_	0064	0065	0066	0067	0068	0069	0070	0071	0072	0073	0074	0075	0076	0077	0078	0079
05_	0080	0081	0082	0083	0084	0085	0086	0087	0088	0089	0090	0091	0092	0093	0094	0095
06_	0096	0097	0098	0099	0100	0101	0102	0103	0104	0105	0106	0107	0108	0109	0110	0111
07_	0112	0113	0114	0115	0116	0117	0118	0119	0120	0121	0122	0123	0124	0125	0126	0127
08_	0128	0129	0130	0131	0132	0133	0134	0135	0136	0137	0138	0139	0140	0141	0142	0143
09_	0144	0145	0146	0147	0148	0149	0150	0151	0152	0153	0154	0155	0156	0157	0158	0159
0A_	0160	0161	0162	0163	0164	0165	0166	0167	0168	0169	0170	0171	0172	0173	0174	0175
0B_	0176	0177	0178	0179	0180	0181	0182	0183	0184	0185	0186	0187	0188	0189	0190	0191
0C_	0192	0193	0194	0195	0196	0197	0198	0199	0200	0201	0202	0203	0204	0205	0206	0207
0D_	0208	0209	0210	0211	0212	0213	0214	0215	0216	0217	0218	0219	0220	0221	0222	0223
0E_	0224	0225	0226	0227	0228	0229	0230	0231	0232	0233	0234	0235	0236	0237	0238	0239
0F_	0240	0241	0242	0243	0244	0245	0246	0247	0248	0249	0250	0251	0252	0253	0254	0255
10_	0256	0257	0258	0259	0260	0261	0262	0263	0264	0265	0266	0267	0268	0269	0270	0271
11_	0272	0273	0274	0275	0276	0277	0278	0279	0280	0281	0282	0283	0284	0285	0286	0287
12_	0288	0289	0290	0291	0292	0293	0294	0295	0296	0297	0298	0299	0300	0301	0302	0303
13_	0304	0305	0306	0307	0308	0309	0310	0311	0312	0313	0314	0315	0316	0317	0318	0319
14_	0320	0321	0322	0323	0324	0325	0326	0327	0328	0329	0330	0331	0332	0333	0334	0335
15_	0336	0337	0338	0339	0340	0341	0342	0343	0344	0345	0346	0347	0348	0349	0350	0351
16_	0352	0353	0354	0355	0356	0357	0358	0359	0360	0361	0362	0363	0364	0365	0366	0367
17_	0368	0369	0370	0371	0372	0373	0374	0375	0376	0377	0378	0379	0380	0381	0382	0383
18_	0384	0385	0386	0387	0388	0389	0390	0391	0392	0393	0394	0395	0396	0397	0398	0399
19_	0400	0401	0402	0403	0404	0405	0406	0407	0408	0409	0410	0411	0412	0413	0414	0415
1A_	0416	0417	0418	0419	0420	0421	0422	0423	0424	0425	0426	0427	0428	0429	0430	0431
1B_	0432	0433	0434	0435	0436	0437	0438	0439	0440	0441	0442	0443	0444	0445	0446	0447
1C_	0448	0449	0450	0451	0452	0453	0454	0455	0456	0457	0458	0459	0460	0461	0462	0463
1D_	0464	0465	0466	0467	0468	0469	0470	0471	0472	0473	0474	0475	0476	0477	0478	0479
1E_	0480	0481	0482	0483	0484	0485	0486	0487	0488	0489	0490	0491	0492	0493	0494	0495
1F_	0496	0497	0498	0499	0500	0501	0502	0503	0504	0505	0506	0507	0508	0509	0510	0511

	0	1	2	3	4	5	6	7	8	9	A	B	C	D	E	F
20_	0512	0513	0514	0515	0516	0517	0518	0519	0520	0521	0522	0523	0524	0525	0526	0527
21_	0528	0529	0530	0531	0532	0533	0534	0535	0536	0537	0538	0539	0540	0541	0542	0543
22_	0544	0545	0546	0547	0548	0549	0550	0551	0552	0553	0554	0555	0556	0557	0558	0559
23_	0560	0561	0562	0563	0564	0565	0566	0567	0568	0569	0570	0571	0572	0573	0574	0575
24_	0576	0577	0578	0579	0580	0581	0582	0583	0584	0585	0586	0587	0588	0589	0590	0591
25_	0592	0593	0594	0595	0596	0597	0598	0599	0600	0601	0602	0603	0604	0605	0606	0607
26_	0608	0609	0610	0611	0612	0613	0614	0615	0616	0617	0618	0619	0620	0621	0622	0623
27_	0624	0625	0626	0627	0628	0629	0630	0631	0632	0633	0634	0635	0636	0637	0638	0639
28_	0640	0641	0642	0643	0644	0645	0646	0647	0648	0649	0650	0651	0652	0653	0654	0655
29_	0656	0657	0658	0659	0660	0661	0662	0663	0664	0665	0666	0667	0668	0669	0670	0671
2A_	0672	0673	0674	0675	0676	0677	0678	0679	0680	0681	0682	0683	0684	0685	0686	0687
2B_	0688	0689	0690	0691	0692	0693	0694	0695	0696	0697	0698	0699	0700	0701	0702	0703
2C_	0704	0705	0706	0707	0708	0709	0710	0711	0712	0713	0714	0715	0716	0717	0718	0719
2D_	0720	0721	0722	0723	0724	0725	0726	0727	0728	0729	0730	0731	0732	0733	0734	0735
2E_	0736	0737	0738	0739	0740	0741	0742	0743	0744	0745	0746	0747	0748	0749	0750	0751
2F_	0752	0753	0754	0755	0756	0757	0758	0759	0760	0761	0762	0763	0764	0765	0766	0767
30_	0768	0769	0770	0771	0772	0773	0774	0775	0776	0777	0778	0779	0780	0781	0782	0783
31_	0784	0785	0786	0787	0788	0789	0790	0791	0792	0793	0794	0795	0796	0797	0798	0799
32_	0800	0801	0802	0803	0804	0805	0806	0807	0808	0809	0810	0811	0812	0813	0814	0815
33_	0816	0817	0818	0819	0820	0821	0822	0823	0824	0825	0826	0827	0828	0829	0830	0831
34_	0832	0833	0834	0835	0836	0837	0838	0839	0840	0841	0842	0843	0844	0845	0846	0847
35_	0848	0849	0850	0851	0852	0853	0854	0855	0856	0857	0858	0859	0860	0861	0862	0863
36_	0864	0865	0866	0867	0868	0869	0870	0871	0872	0873	0874	0875	0876	0877	0878	0879
37_	0880	0881	0882	0883	0884	0885	0886	0887	0888	0889	0890	0891	0892	0893	0894	0895
38_	0896	0897	0898	0899	0900	0901	0902	0903	0904	0905	0906	0907	0908	0909	0910	0911
39_	0912	0913	0914	0915	0917	0918	0919	0920	0921	0922	0923	0924	0925	0926	0927	
3A_	0928	0929	0930	0931	0932	0933	0934	0935	0936	0937	0938	0939	0940	0941	0942	0943
3B_	0944	0945	0946	0947	0948	0949	0950	0951	0952	0953	0954	0955	0956	0957	0958	0959
3C_	0960	0961	0962	0963	0964	0965	0966	0967	0968	0969	0970	0971	0972	0973	0974	0975
3D_	0976	0977	0978	0979	0980	0981	0982	0983	0984	0985	0986	0987	0988	0989	0990	0991
3E_	0992	0993	0994	0995	0996	0997	0998	0999	1000	1001	1002	1003	1004	1005	1006	1007
3F_	1008	1009	1010	1011	1012	1013	1014	1015	1016	1017	1018	1019	1020	1021	1022	1023

DEZ	HEX	KPL	DEZ	HEX	KPL	DEZ	HEX	KPL	DEZ	HEX	KPL
00	00	00	32	20	E0	64	40	C0	96	60	A0
01	01	FF	33	21	DF	65	41	BF	97	61	9F
02	02	FE	34	22	DE	66	42	BE	98	62	9E
03	03	FD	35	23	DD	67	43	BD	99	63	9D
04	04	FC	36	24	DC	68	44	BC	100	64	9C
05	05	FB	37	25	DB	69	45	BB	101	65	9B
06	06	FA	38	26	DA	70	46	BA	102	66	9A
07	07	F9	39	27	D9	71	47	B9	103	67	99
08	08	F8	40	28	D8	72	48	B8	104	68	98
09	09	F7	41	29	D7	73	49	B7	105	69	97
10	0A	F6	42	2A	D6	74	4A	B6	106	6A	96
11	0B	F5	43	2B	D5	75	4B	B5	107	6B	95
12	0C	F4	44	2C	D4	76	4C	B4	108	6C	94
13	0D	F3	45	2D	D3	77	4D	B3	109	6D	93
14	0E	F2	46	2E	D2	78	4E	B2	110	6E	92
15	0F	F1	47	2F	D1	79	4F	B1	111	6F	91
16	10	F0	48	30	D0	80	50	B0	112	70	90
17	11	EF	49	31	CF	81	51	AF	113	71	8F
18	12	EE	50	32	CE	82	52	AE	114	72	8E
19	13	ED	51	33	CD	83	53	AD	115	73	8D
20	14	EC	52	34	CC	84	54	AC	116	74	8C
21	15	EB	53	35	CB	85	55	AB	117	75	8B
22	16	EA	54	36	CA	86	56	AA	118	76	8A
23	17	E9	55	37	C9	87	57	A9	119	77	89
24	18	E8	56	38	C8	88	58	A8	120	78	88
25	19	E7	57	39	C7	89	59	A7	121	79	87
26	1A	E6	58	3A	C6	90	5A	A6	122	7A	86
27	1B	E5	59	3B	C5	91	5B	A5	123	7B	85
28	1C	E4	60	3C	C4	92	5C	A4	124	7C	84
29	1D	E3	61	3D	C3	93	5D	A3	125	7D	83
30	1E	E2	62	3E	C2	94	5E	A2	126	7E	82
31	1F	E1	63	3F	C1	95	5F	A1	127	7F	81
									128		80

ASCII-Zeichentabelle

HEX	ASCII	HEX	ASCII	HEX	ASCII	HEX	ASCII	HEX	ASCII	HEX	ASCII	HEX	ASCII	HEX	ASCII
00	NUL	10	DLE	20		30	0	40	@ $	50	P	60	\ `	70	p
01	SOH	11	DC1	21	!	31	1	41	A	51	Q	61	a	71	q
02	STX	12	DC2	22	"	32	2	42	B	52	R	62	b	72	r
03	ETX	13	DC3	23	#	33	3	43	C	53	S	63	c	73	s
04	EOT	14	DC4	24	$	34	4	44	D	54	T	64	d	74	t
05	ENQ	15	NAK	25	%	35	5	45	E	55	U	65	e	75	u
06	ACK	16	SYN	26	&	36	6	46	F	56	V	66	f	76	v
07	BEL	17	ETB	27	´	37	7	47	G	57	W	67	g	77	w
08	BS	18	CAN	28	(	38	8	48	H	58	X	68	h	78	x
09	HT	19	EM	29	)	39	9	49	I	59	Y	69	i	79	y
0A	LF	1A	SUB	2A	*	3A	:	4A	J	5A	Z	6A	j	7A	z
0B	VT	1B	ESC	2B	+	3B	;	4B	K	5B	[Ä	6B	k	7B	{ ä
0C	FF	1C	FS	2C	,	3C	<	4C	L	5C	\ Ö	6C	l	7C	| ö
0D	CR	1D	GS	2D	-	3D	=	4D	M	5D	] Ü	6D	m	7D	} ü
0E	SO	1E	RS	2E	.	3E	>	4E	N	5E	^ ´	6E	n	7E	~ ß
0F	SI	1F	US	2F	/	3F	?	4F	O	5F	_	6F	o	7F	DEL

Sinnbilder für Ablaufpläne und Struktogramme

	Anfang oder Ende des Programms		Vorbereitung einer Verzweigung
	allgemeine Operation		ja / nein Verzweigung
	Eingabe oder Ausgabe	A B C (nicht genormt)	Verzweigung mit mehreren Ausgängen
	Unterprogramm aufrufen		Zusammenführungen

Folge	Verzweigung	Fallunterscheidung
Block A	Bedingung ?	Fall ?
Block B	ja — nein	Fall a / Fall b / Fall c / Fehler-Fall
Block C	Block A — Block B	Block A / Block B / Block C / Block D
Schleife für Anfang	**Schleife bis Ende**	**Schleife mit Abbruch**
Anfangsbedingung — Block A	Block A — Endebedingung	Block A — Abbruchbedingung — Block B

Terminalprogramm für den PC (COM1)

```
PROGRAM pterm; (* Anhang:Terminalprogramm in Pascal für PC *)
USES  Crt, Dos, Printer;      (* Steuerkonstanten COM1 IRQ4  *)
CONST t = 24;                 (* 4800 Baud                   *)
      p = $07;                (* Ohne Par. 8 Daten 2 Stop    *)
      x = $03F8;              (* Adresse Schnittstelle COM1  *)
      irqena = $EF;           (* Maske PIC: IRQ4 freigeben   *)
      irqdis = $10;           (* Maske PIC: IRQ4 sperren     *)
      irqack = $64;           (* PIC: IRQ4 bestätigen        *)
      irqvec = $0C;           (* PIC: Vektor für IRQ4        *)
      np = 60000;             (* Länge Eingabepuffer         *)
      ende : BOOLEAN = FALSE;           (* Endemarke Prog *)
      druk : BOOLEAN = FALSE;           (* Druckermarke   *)
      emark : CHAR = '>';               (* Endemarke Empf *)
VAR   zpuf : ARRAY[1..np] OF BYTE;      (* Empfangspuffer *)
      ezeig, azeig : WORD;              (* Pufferzeiger   *)
      datei : FILE OF BYTE;             (* Typdatei BYTE  *)
      name : STRING[20];                (* Dateiname      *)
      z : CHAR;
      klein : BOOLEAN;                  (* Umwandlungsmarke *)
PROCEDURE init;               (* 8250 und PIC initialisieren *)
BEGIN
  Port[x+3] := $80;              (* 1000 0000 DLAB := 1  *)
  Port[x+1] := Hi(t); Port[x+0] := Lo(t);    (* Baudrate *)
  Port[x+3] := p;                (* 0xxx xxxx DLAB := 0 *)
  zpuf[1] := Port[x+0];          (* Empfangsdaten leeren *)
  Port[x+1] := $01;              (* 0000 0001 Empf.-Int. *)
  Port[x+4] := $08;              (* 0000 1000 Int. frei *)
  zpuf[1] := Port[x+2];          (* Interruptanz. lösch. *)
  Port[$21] := Port[$21] AND irqena;    (* PIC IRQ frei *)
END;
PROCEDURE send(z : BYTE);        (* Zeichen nach Sender  *)
BEGIN                            (* Sender frei? *)
  WHILE Port[x+5] AND $20 = $00 DO;      (* 0010 0000  *)
  Port[x+0] := z;                (* nach Sender *)
END;
PROCEDURE empf; INTERRUPT;        (* Zeichen von Empfänger*)
BEGIN
  zpuf[ezeig] := Port[x+0];            (* Empfänger lesen*)
  IF ezeig = np THEN ezeig := 1 ELSE Inc(ezeig);
  Port[$20] := irqack;          (* PIC Int. best. *)
END;
PROCEDURE bild;                   (* Bildschirm/Druckeraus*)
VAR   z : BYTE;
BEGIN
  z := zpuf[azeig];                     (* Puffer lesen  *)
  IF azeig = np THEN azeig := 1 ELSE Inc(azeig);
  CASE z OF                      (* Steuerzeichen  *)
  $08 : GotoXY(WhereX-1,WhereY);    (* Cursor links   *)
  $0C : GotoXY(WhereX+1,WhereY);    (* Cursor rechts  *)
  $0D : GotoXY(1,WhereY);           (* CR Wagenrückl  *)
  $00 : ;                           (* Füllzeichen    *)
  ELSE
    Write(CHAR(z));                 (* Datenzeichen   *)
    IF druk THEN                    (* Druckerausgabe *)
    BEGIN Write(LST,CHAR(z)); IF z=10 THEN Write(LST,#13) END;
  END;
END;
PROCEDURE speichern;         (* Zeichen von Gerät nach Datei *)
VAR   i : WORD; z : CHAR;
BEGIN
  TextColor(Yellow);
  WriteLn(#10,#13,'Abbruch mit Taste  Speichern bis ',emark);
  azeig := 1; ezeig := 1; send(13);      (* Startzeichen *)
```

```
REPEAT UNTIL (zpuf[ezeig-1] = BYTE(emark)) OR KeyPressed;
IF KeyPressed THEN z := ReadKey;
Write('Gespeicherte Daten anzeigen ? j -> ');
IF UpCase(ReadKey) = 'J' THEN
FOR i := azeig TO ezeig-2 DO Write(CHAR(zpuf[i]));
Write(#10,#13,'Daten nach Datei ? j -> ');
IF UpCase(ReadKey) = 'J' THEN
BEGIN
  Write('Dateiname -> '); ReadLn(name);
  Assign(datei, name); Rewrite(datei);
  FOR i := azeig TO ezeig-2 DO Write(datei,zpuf[i]);
  Close(datei); WriteLn('Daten gespeichert')
END;
Write(#10,#13,CHAR(zpuf[ezeig-1]));
azeig := 1; ezeig := 1; TextColor(White);
END;
PROCEDURE laden;              (* Zeichen von Datei nach Gerät *)
CONST   z : CHAR = ' ';
VAR     del : WORD;
        b : BYTE;
BEGIN
  Textcolor(Yellow);
  Write('Dateiname -> '); ReadLn(name);
  Assign(datei, name);  (*$I-*) Reset(datei) (*$I-*);
  IF IOResult <> 0 THEN WriteLn('Datei nicht vorhanden')
  ELSE
  BEGIN
    Write('Verzögerung [ms] -> '); ReadLn(del);
    WriteLn('Abbruch am PC mit Esc-Taste');
    REPEAT
      Read(datei, b);
      IF NOT klein THEN b := BYTE(UpCase(CHAR(b)));
      Delay(del); send(b);
      IF ezeig <> azeig THEN bild;
      IF KeyPressed THEN z := ReadKey;
    UNTIL Eof(datei) OR (z = #27);
    Close(datei); WriteLn('Datei >',name,'< übertragen');
    Textcolor(White);
  END;
END;
BEGIN     (**** H a u p t p r o g r a m m ****)
init;  ezeig := 1;  azeig := 1;       (* initialisieren *)
SetIntVec(irqvec,Addr(empf));          (* Interruptvektor*)
Write('Kleinschrift? j -> '); klein := UpCase(ReadKey) = 'J';
ClrScr; GotoXY(1,1); TextBackground(MAGENTA);  Write(
'F1:Ende  F2:Gerät -> Datei  F3:Datei -> Gerät  F4:ClrScr  F5:Drucker');
Window(1,2,80,25);  TextBackground(BLACK);  ClrScr;
REPEAT
  IF (ezeig <> azeig) THEN bild;   (* Puffersp. ausgeben *)
  IF Keypressed THEN                (* Wenn Taste betätigt *)
  BEGIN
    z := ReadKey; IF NOT klein THEN z := UpCase(z);
    IF z <> #0 THEN send(BYTE(z))   (* Zeichencode senden *)
    ELSE
    CASE ReadKey OF                 (* Funktionstasten      *)
      #75 : send($08);             (* Cursor links MVUS    *)
      #77 : send($0C);             (* Cursor rechts MVUS   *)
      #59 : ende := TRUE ;         (* F1: Ende des Progr.  *)
      #60 : speichern;             (* F2: Datei speichern  *)
      #61 : laden;                 (* F3: Daten senden     *)
      #62 : ClrScr;                (* F4: Schirm löschen   *)
      #63 : druk := NOT druk;      (* F5: Drucker ein/aus  *)
      ELSE  Write(#7)              (* Fehlermeldung Hupe   *)
    END
  END
UNTIL ende; Window(1,1,80,25); ClrScr;   (* Ende durch F1 *)
Port[$21] := Port[$21] OR irqdis;  (* PIC Inter. sperren *)
END.
```

TTL-Prozessor Gesamtschaltplan

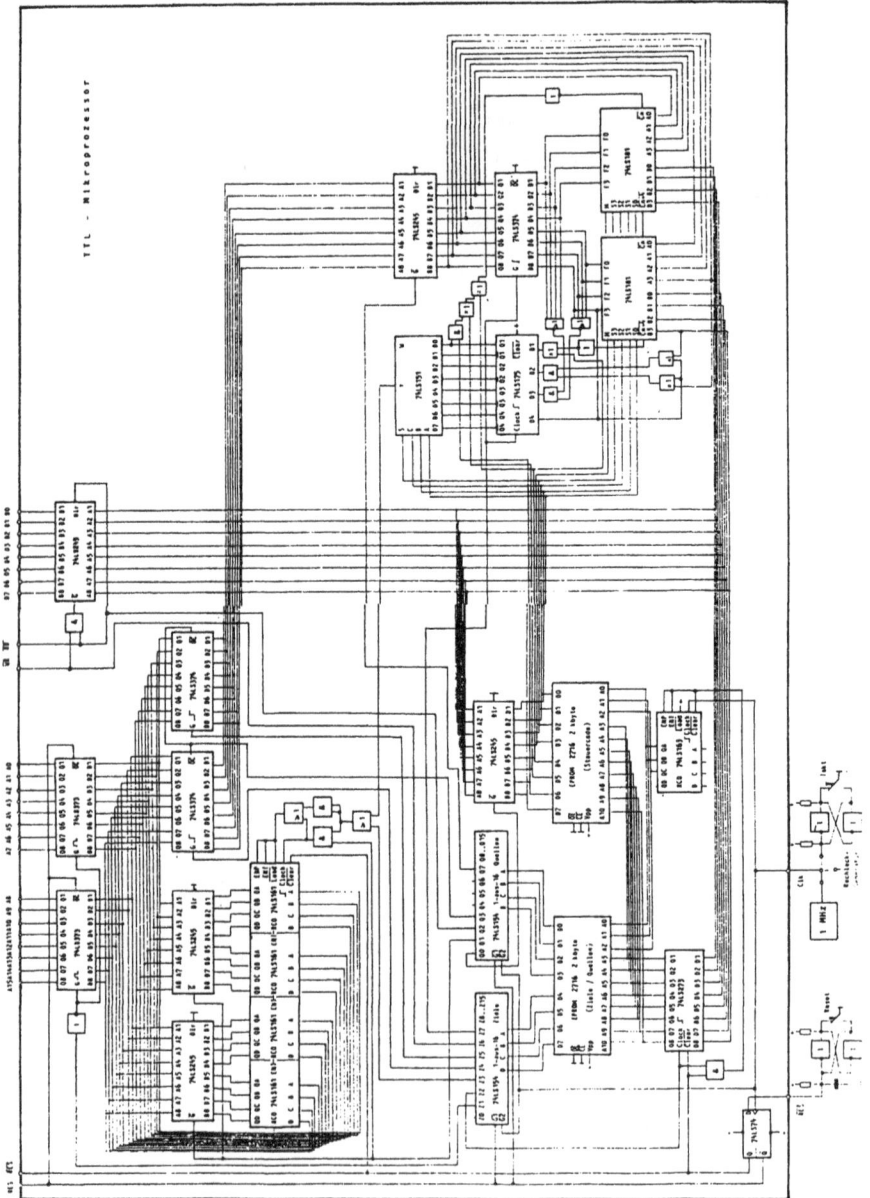

TTL-Prozessor Rechenwerk

TTL - Mikroprozessor

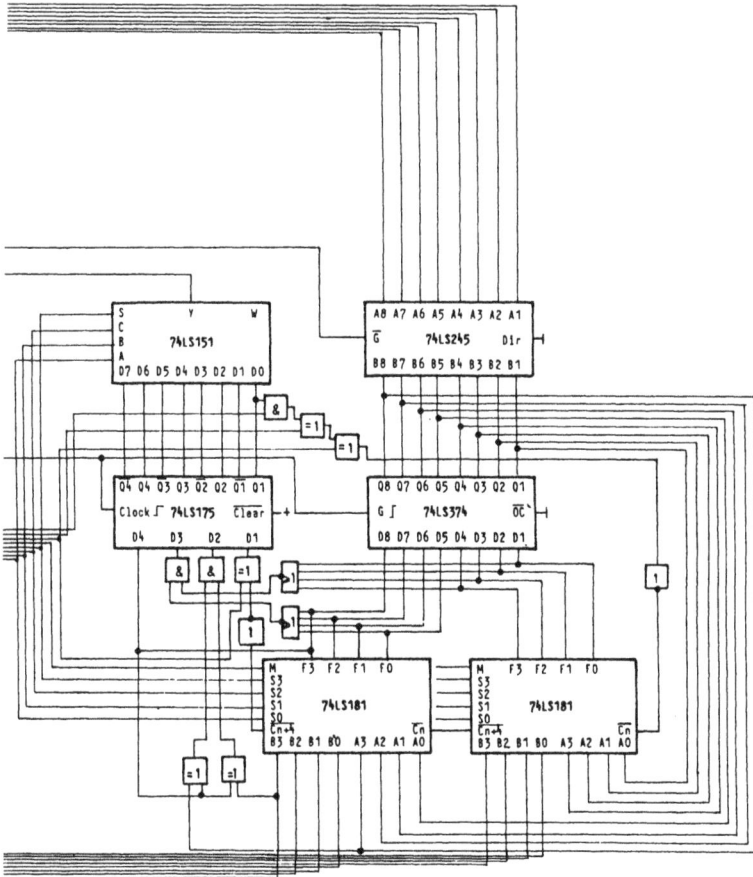

S C B A 74LS151 Y W D7 D6 D5 D4 D3 D2 D1 D0

A8 A7 A6 A5 A4 A3 A2 A1 Ḡ 74LS245 Dir B8 B7 B6 B5 B4 B3 B2 B1

& =1 =1

Q4 Q4 Q3 Q3 Q2 Q2 Q1 Q1 Clock 74LS175 Clear D4 D3 D2 D1

Q8 Q7 Q6 Q5 Q4 Q3 Q2 Q1 G 74LS374 ŌC̄ D8 D7 D6 D5 D4 D3 D2 D1

& & =1

1

1

M F3 F2 F1 F0 S3 S2 S1 74LS181 S0 Cn+4 Cn B3 B2 B1 B0 A3 A2 A1 A0

M F3 F2 F1 F0 S3 S2 S1 74LS181 S0 Cn+4 Cn B3 B2 B1 B0 A3 A2 A1 A0

=1 =1

TTL-Prozessor Bussteuerung

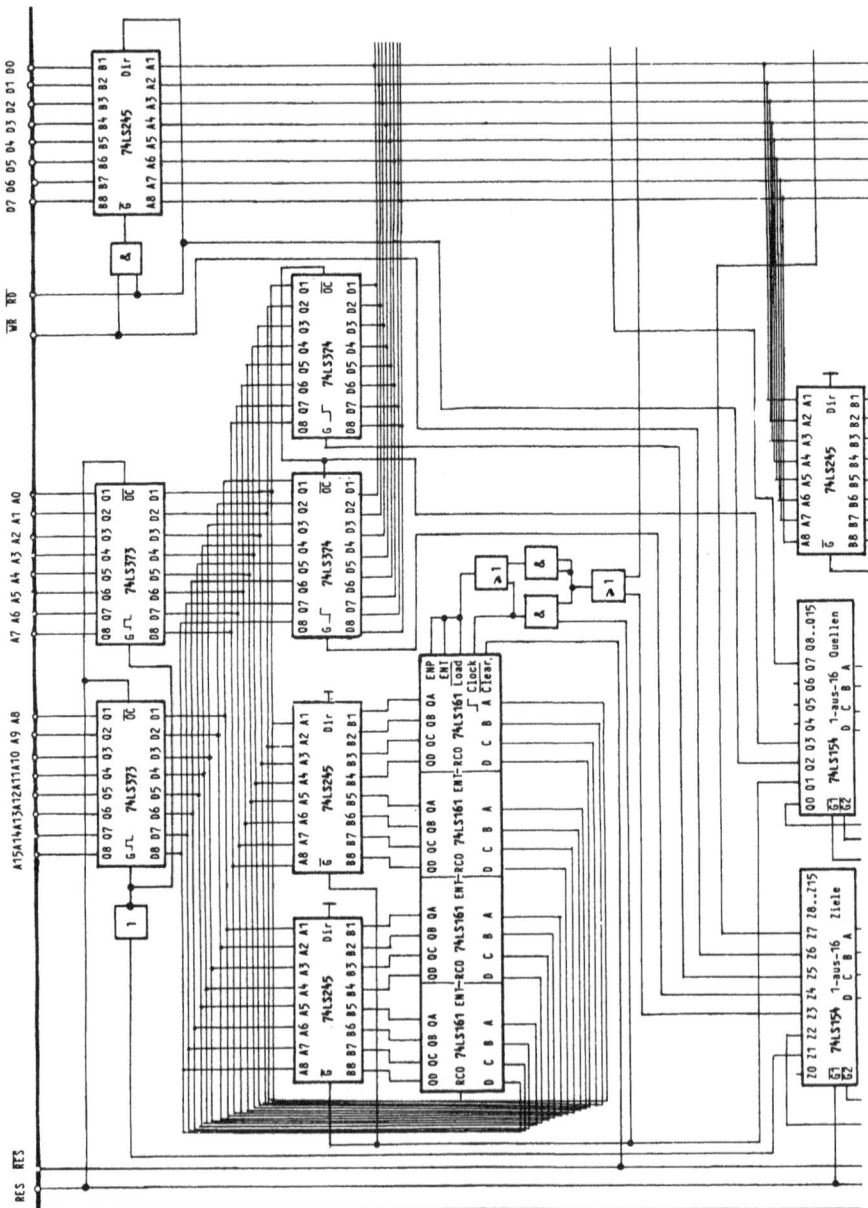

TTL-Prozessor Mikroprogrammsteuerwerk

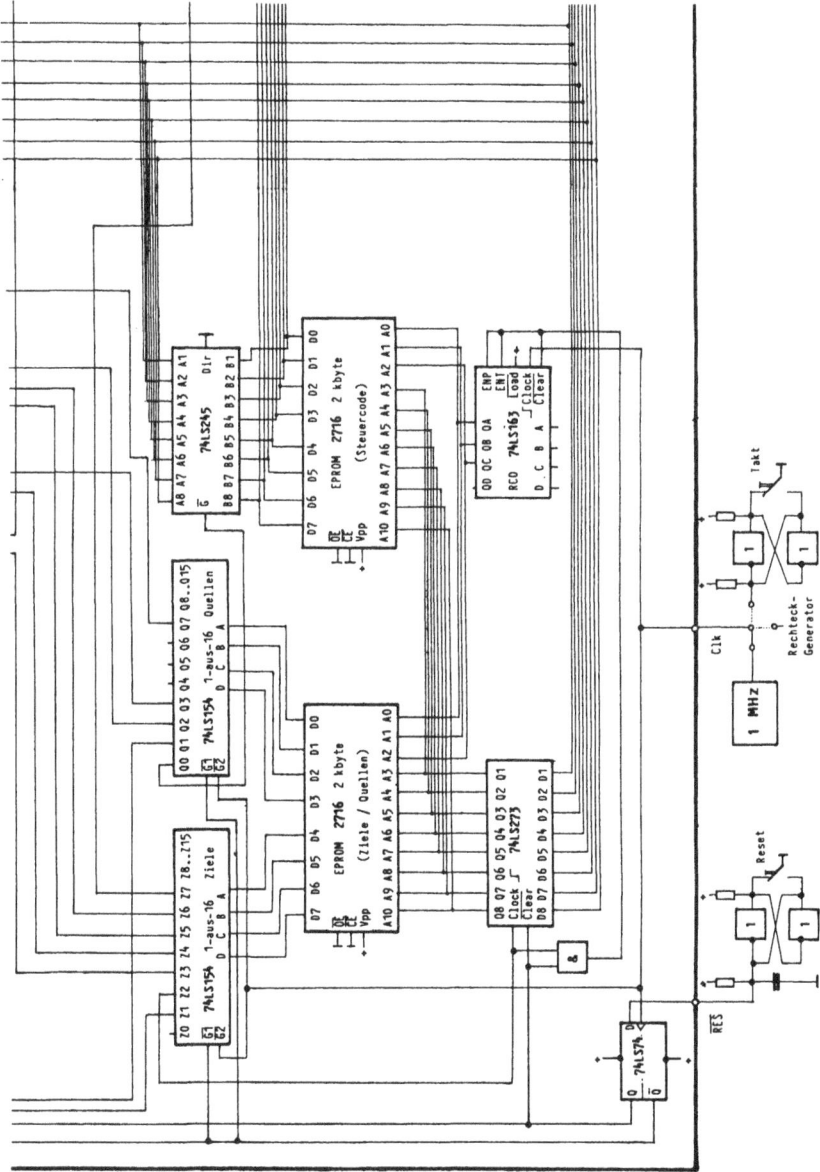

TTL-Prozessor Mikrocode Ziele/Quellen

Ziel/Quelle - Speicherbaustein

Befehl	Adresse	0/8	1/9	2/A	3/B	4/C	5/D	6/E	7/F	Bemerkung
NOP	000H	11H	22H	00H	00H	00H	00H	00H	00H	Coderegister = Datenbus
MVI	008H	11H	72H	20H	00H	00H	00H	00H	00H	Akku = Daten
LDA	010H	11H	42H	11H	52H	13H	72H	20H	00H	Adr. = Adresse Akku = Daten
LDAZ	018H	40H	50H	13H	52H	72H	20H	00H	00H	Adr. = Steuercode Akku = Daten
LDAU	020H	40H	50H	13H	52H	72H	20H	00H	00H	Adr. = Steuercode Akku = Daten
STA	028H	11H	42H	11H	52H	13H	67H	20H	00H	Adr. = Adresse Datenbus = Akku
STAZ	030H	40H	50H	13H	52H	72H	67H	20H	00H	Adr. = Steuercode Datenbus = Akku
STAU	038H	40H	50H	13H	52H	72H	67H	20H	00H	Adr. = Steuercode Datenbus = Akku
ADI	040H	11H	72H	20H	00H	00H	00H	00H	00H	Akku = Akku op Daten
SUI	048H	11H	72H	20H	00H	00H	00H	00H	00H	Akku = Akku op Daten
ANI	050H	11H	72H	20H	00H	00H	00H	00H	00H	Akku = Akku op Daten
ORI	058H	11H	72H	20H	00H	00H	00H	00H	00H	Akku = Akku op Daten
ADD	060H	11H	42H	11H	52H	72H	72H	20H	00H	Adr. = Adresse Akku = Akku op Daten
SUB	068H	11H	42H	11H	52H	72H	72H	20H	00H	Adr. = Adresse Akku = Akku op Daten
AND	070H	11H	42H	11H	52H	72H	72H	20H	00H	Adr. = Adresse Akku = Akku op Daten
OR	078H	11H	42H	11H	52H	72H	72H	20H	00H	Adr. = Adresse Akku = Akku op Daten
INR	080H	77H	20H	00H	00H	00H	00H	00H	00H	Akku = op Akku
DCR	088H	77H	20H	00H	00H	00H	00H	00H	00H	Akku = op Akku
CLR	090H	77H	20H	00H	00H	00H	00H	00H	00H	Akku = op Akku
NOT	098H	77H	20H	00H	00H	00H	00H	00H	00H	Akku = op Akku
SHL	0A0H	77H	20H	00H	00H	00H	00H	00H	00H	Akku = op Akku
RCL	0A8H	77H	20H	00H	00H	00H	00H	00H	00H	Akku = op Akku
RCL4	0B0H	77H	77H	77H	77H	20H	00H	00H	00H	4 * (Akku = op Akku)
RCL5	0B8H	77H	77H	77H	77H	77H	20H	00H	00H	5 * (Akku = op Akku)
JMP	0C0H	11H	42H	11H	52H	33H	20H	00H	00H	Adr. = Adresse, PC = Adreßregister
JZ	0C8H	11H	42H	11H	52H	33H	20H	00H	00H	Adr. = Adresse, PC = Adreßregister
JNZ	0D0H	11H	42H	11H	52H	33H	20H	00H	00H	Adr. = Adresse, PC = Adreßregister
JC	0D8H	11H	42H	11H	52H	33H	20H	00H	00H	Adr. = Adresse, PC = Adreßregister
JNC	0E0H	11H	42H	11H	52H	33H	20H	00H	00H	Adr. = Adresse, PC = Adreßregister
JP	0E8H	11H	42H	11H	52H	33H	20H	00H	00H	Adr. = Adresse, PC = Adreßregister
JM	0F0H	11H	42H	11H	52H	33H	20H	00H	00H	Adr. = Adresse, PC = Adreßregister
JV	0F8H	11H	42H	11H	52H	33H	20H	00H	00H	Adr. = Adresse, PC = Adreßregister

Mikroschritt

TTL-Prozessor Mikro-Steuercode

Befehl	Adresse	Steuercode – Speicherbaustein Mikroschritt								Bemerkung
		0/8	1/9	2/A	3/B	4/C	5/D	6/E	7/F	
NOP	000H	00H	00H	00H	00H	00H	00H	00H	00H	keine Funktion
MVI	008H	00H	1AH	00H	00H	00H	00H	00H	00H	ALU: F = B
LDA	010H	00H	00H	00H	00H	00H	00H	00H	00H	ALU: F = B
LDAZ	018H	20H	FFH	00H	00H	00H	1AH	00H	00H	Adreßreg. = 20FFH ALU: F = B
LDAÜ	020H	27H	FFH	00H	00H	00H	1AH	00H	00H	Adreßreg. = 27FFH ALU: F = B
STA	028H	00H	00H	00H	00H	00H	1AH	00H	00H	keine Funktion
STAZ	030H	20H	FFH	00H	00H	00H	00H	00H	00H	Adreßregister = 20FFH
STAÜ	038H	27H	FFH	00H	00H	00H	00H	00H	00H	Adreßregister = 27FFH
ADI	040H	00H	09H	00H	00H	00H	00H	00H	00H	ALU: F = A + B + 0
SUI	048H	00H	26H	00H	00H	00H	00H	00H	00H	ALU: F = A - B - 0
ANI	050H	00H	1BH	00H	00H	00H	00H	00H	00H	ALU: F = A UND B
ORI	058H	00H	1EH	00H	00H	00H	00H	00H	00H	ALU: F = A ODER B
ADD	060H	00H	00H	00H	00H	00H	09H	00H	00H	ALU: F = A + B + 0
SUB	068H	00H	00H	00H	00H	00H	26H	00H	00H	ALU: F = A - B - 0
AND	070H	00H	00H	00H	00H	00H	1BH	00H	00H	ALU: F = A UND B
OR	078H	00H	00H	00H	00H	00H	1EH	00H	00H	ALU: F = A ODER B
INR	080H	40H	00H	00H	00H	00H	00H	00H	00H	ALU: F = A + 1
DCR	088H	6FH	00H	00H	00H	00H	00H	00H	00H	ALU: F = A - 1
CLR	090H	13H	00H	00H	00H	00H	00H	00H	00H	ALU: F = 0
NOT	098H	10H	00H	00H	00H	00H	00H	00H	00H	ALU: F = NICHT A
SHL	0A0H	0CH	00H	00H	00H	00H	00H	00H	00H	ALU: F = A + A + 0
RCL	0A8H	8CH	00H	00H	00H	00H	00H	00H	00H	ALU: F = A + A + Carry
RCL4	0B0H	8CH	8CH	8CH	8CH	00H	00H	00H	00H	ALU: F = A + A + Carry
RCL5	0B8H	8CH	8CH	8CH	8CH	00H	00H	00H	00H	ALU: F = A + A + Carry
JMP	0C0H	00H	00H	00H	00H	00H	00H	00H	00H	Mux: S = 0: immer
JZ	0C8H	00H	00H	00H	0DH	00H	00H	00H	00H	Mux: S = 1: bedingt D5 Z
JNZ	0D0H	00H	00H	00H	0CH	00H	00H	00H	00H	Mux: S = 1: bedingt D4 Z
JC	0D8H	00H	00H	00H	09H	00H	00H	00H	00H	Mux: S = 1: bedingt D1 C
JNC	0E0H	00H	00H	00H	08H	00H	00H	00H	00H	Mux: S = 1: bedingt D0 C
JP	0E8H	00H	00H	00H	0EH	00H	00H	00H	00H	Mux: S = 1: bedingt D6 S
JM	0F0H	00H	00H	00H	0FH	00H	00H	00H	00H	Mux: S = 1: bedingt D7 S
JV	0F8H	00H	00H	00H	0BH	00H	00H	00H	00H	Mux: S = 1: bedingt D3 V

TTL-Prozessor Monitorprogramm

```
 1 0000          ; Anhang: TTL-Prozessor  Monitor für Test - System
 2 0000     send  equ   4000h    ; 8250 Sender
 3 0000     empf  equ   4000h    ; 8250 Empfänger
 4 0000     teilh equ   4001h    ; Teiler High
 5 0000     teill equ   4000h    ; Teiler Low
 6 0000     steu  equ   4003h    ; Steuerregister
 7 0000     stat  equ   4005h    ; Statusregister
 8 0000     kipp  equ   6000h    ; Kippschalter-Eingabe
 9 0000     led   equ   6000h    ; Leuchtdioden-Ausgabe
10 0000           org   0000h    ; Startadresse bei RESET
11 0000 00  start nop            ; tu nix
12 0001 01 80     mvi   80h      ; 1000 0000 DLAB = 1
13 0003 05 40 03  sta   steu     ; Steuerregister
14 0006 01 00     mvi   00h      ; 4800 Bd = 0024 = 0018h
15 0008 05 40 01  sta   teilh    ; Teiler High
16 000B 01 18     mvi   18h      ;
17 000D 05 40 00  sta   teill    ; Teiler Low
18 0010 01 07     mvi   07h      ; DLAB = 0  8 Daten 2 Stop
19 0012 05 40 03  sta   steu     ; Steuerregister
20 0015 02 40 00  lda   empf     ; Empfänger leeren
21 0018 01 00 loop mvi   00h      ; Indexregister X0
22 001A 05 20 FF  sta   X0       ; löschen: -> 20FFH
23 001D 02 40 05 11 lda  stat     ; Status lesen
24 0020 0A 20     ani   20h      ; Sender frei ?
25 0022 19 00 1D  jz    11       ; nein:
26 0025 01 0A     mvi   0ah      ; lf neue Zeile
27 0027 05 40 00  sta   send     ; senden
28 002A 02 40 05 12 lda  stat     ; Status lesen
29 002D 0A 20     ani   20h      ; Sender frei ?
30 002F 19 00 2A  jz    12       ; nein:
31 0032 01 0D     mvi   0dh      ; cr Wagenrücklauf
32 0034 05 40 00  sta   send     ; senden
33 0037 02 40 05 13 lda  stat     ; Status lesen
34 003A 0A 20     ani   20h      ; Sender frei ?
35 003C 19 00 37  jz    13       ; nein:
36 003F 01 32     mvi   '2'      ; High-Adresse 20xxh
37 0041 05 40 00  sta   send     ;
38 0044 02 40 05 14 lda  stat     ; Status lesen
39 0047 0A 20     ani   20h      ; Sender frei ?
40 0049 19 00 44  jz    14       ; nein:
41 004C 01 30     mvi   '0'      ;
42 004E 05 40 00  sta   send     ;
43 0051 02 20 FF  lda   X0       ; Index für Seite 0
44 0054 00        nop            ;
45 0055 00        nop            ;
46 0056 05 27 F3  sta   R3       ; über R3 übergeben
47 0059 01 00     mvi   00h      ; High - Rücksprungadresse
48 005B 05 27 F1  sta   R1       ; nach R1
49 005E 01 66     mvi   66h      ; Low - Rücksprungadresse
50 0060 05 27 F2  sta   R2       ; nach R2
51 0063 18 01 AF  jmp   aupro    ; wie CALL Ausgabe-Upro
52 0066 02 40 05 15 lda  stat     ; Status lesen
53 0069 0A 20     ani   20h      ; Sender frei ?
54 006B 19 00 66  jz    15       ; nein:
55 006E 01 3D     mvi   '='      ; Trennzeichen
56 0070 05 40 00  sta   send     ; senden
57 0073 03        ldaz           ; Adresse in X0
58 0074 00        nop            ;
59 0075 00        nop            ;
60 0076 05 27 F3  sta   R3       ; über R3 übergeben
```

```
 61 0079 01 00            mvi   00h      ; High - Rücksprungadresse
 62 007B 05 27 F1         sta   R1       ; nach R1
 63 007E 01 86            mvi   86h      ; Low - Rücksprungadresse
 64 0080 05 27 F2         sta   R2       ; nach R2
 65 0083 18 01 AF         jmp   aupro    ; wie CALL Ausgabe-Upro
 66 0086 02 40 05  16     lda   stat     ; Status lesen
 67 0089 0A 20            ani   20h      ; Sender frei ?
 68 008B 19 00 86         jz    16       ; nein:
 69 008E 01 2D            mvi   '-'      ; Trennzeichen
 70 0090 05 40 00         sta   send     ;
 71 0093 02 40 05  17     lda   stat     ; Status lesen
 72 0096 0A 01            ani   01h      ; Empfänger voll ?
 73 0098 19 00 93         jz    17       ; nein:
 74 009B 02 40 00         lda   empf     ;   ja: Zeichen abholen
 75 009E 05 27 F3         sta   R3       ;       und retten
 76 00A1 02 40 05  18     lda   stat     ; Status lesen
 77 00A4 0A 20            ani   20h      ; Sender frei ?
 78 00A6 19 00 A1         jz    18       ; nein
 79 00A9 02 27 F3         lda   R3       ; Zeichen im Echo
 80 00AC 05 40 00         sta   send     ; senden
 81 00AF 09 0D            sui   0dh      ; cr ?
 82 00B1 19 00 18         jz    loop     ; ja: neu bei 2000H
 83 00B4 02 27 F3         lda   R3       ; Zeichen
 84 00B7 0A DF            ani   0dfh     ; 1101 1111 klein -> groß
 85 00B9 09 47            sui   'G'      ; G für Go ? Start für
 86 00BB 19 20 00         jz    2000H    ; Benutzer ab 2000H
 87 00BE 02 27 F3         lda   R3       ; Zeichen
 88 00C1 09 2B            sui   '+'      ; Plus ?
 89 00C3 1A 00 D0         jnz   19       ; nein:
 90 00C6 02 20 FF         lda   X0       ; ja:
 91 00C9 10               inr            ; X0 := X0 + 1
 92 00CA 05 20 FF         sta   X0       ;
 93 00CD 18 00 1D         jmp   11       ; neue Ausgabezeile
 94 00D0 02 27 F3  19     lda   R3       ; Zeichen
 95 00D3 09 2D            sui   '-'      ; Minus ?
 96 00D5 1A 00 E2         jnz   110      ; nein
 97 00D8 02 20 FF         lda   X0       ; ja
 98 00DB 11               dcr            ; X0 := X0 - 1
 99 00DC 05 20 FF         sta   X0       ;
100 00DF 18 00 1D         jmp   11       ; neue Ausgabezeile
101 00E2 02 27 F3  110    lda   R3       ; Zeichen neu auswerten
102 00E5 0A DF            ani   0dfH     ; 1101 1111 klein -> groß
103 00E7 09 4C            sui   'L'      ; L für Lade Datei.bin
104 00E9 1A 01 0A         jnz   1101     ; nein:
105 00EC 01 00            mvi   00h      ; ja: Indexregister X0
106 00EE 05 20 FF         sta   X0       ; löschen
107 00F1 02 40 05  1100   lda   stat     ; Status lesen
108 00F4 0A 01            ani   01h      ; Empfänger voll ?
109 00F6 19 00 F1         jz    1100     ; nein: warten
110 00F9 02 40 00         lda   empf     ; ja: Zeichen abholen
111 00FC 05 60 00         sta   led      ; Leuchtdiodenausgabe
112 00FF 06               staz           ; nach Speicher indirekt
113 0100 02 20 FF         lda   X0       ; Adresse
114 0103 10               inr            ; X0 := X0 + 1
115 0104 05 20 FF         sta   X0       ;
116 0107 18 00 F1         jmp   1100     ; neue Eingabe:
117 010A 02 27 F3  1101   lda   R3       ; Hexazeichen ?
118 010D 09 30            sui   '0'      ; kleiner Ziffer 0 ?
119 010F 1B 01 9F         jc    error    ; ja: Eingabefehler
```

```
120 0112 02 27 F3          lda   R3      ; Hexazeichen ?
121 0115 09 3A             sui   ':'     ; Ziffer 0 .. 9 ?
122 0117 1C 01 22          jnc   111     : nein:
123 011A 02 27 F3          lda   R3      ; ja: Zeichen
124 011D 09 30             sui   '0'     ; decodieren
125 011F 18 01 3C          jmp   112     ; weiter
126 0122 02 27 F3   111    lda   R3      ; Zeichen
127 0125 0A DF             ani   0dfh    ; 1101 1111 klein -> groß
128 0127 05 27 F4          sta   R4      ; retten
129 012A 09 41             sui   'A'     ; kleiner Buchstabe A ?
130 012C 1B 01 9F          jc    error   ; ja: Eingabefehler
131 012F 02 27 F4          lda   R4      ; Zeichen
132 0132 09 47             sui   'G'     ; größer Buchstabe F ?
133 0134 1C 01 9F          jnc   error   ; ja: Eingabefehler
134 0137 02 27 F4          lda   R4      ; Zeichen
135 013A 09 37             sui   37h     ; Buchstabe A..F decod.
136 013C 16         112    rcl4          ; 4 bit links
137 013D 0A F0             ani   0f0h    ; Maske 1111 0000
138 013F 05 27 F5          sta   R5      ; linkes Nibble retten
139 0142 02 40 05   113    lda   stat    ; Status lesen
140 0145 0A 01             ani   01h     ; Empfänger gefüllt ?
141 0147 19 01 42          jz    113     ; nein:
142 014A 02 40 00          lda   empf    ; 2. Hexazeichen laden
143 014D 05 27 F3          sta   R3      ; retten
144 0150 02 40 05   114    lda   stat    ; Status lesen
145 0153 0A 20             ani   20h     ; Sender frei ?
146 0155 19 01 50          jz    114     ; nein
147 0158 02 27 F3          lda   R3      ; ja: Zeichen
148 015B 05 40 00          sta   send    ; im Echo senden
149 015E 09 30             sui   '0'     ; kleiner Ziffer 0 ?
150 0160 1B 01 9F          jc    error   ; ja: Eingabefehler
151 0163 02 27 F3          lda   R3      ; Hexazeichen ?
152 0166 09 3A             sui   ':'     ; Ziffer 0 .. 9 ?
153 0168 1C 01 73          jnc   115     : nein: A .. F versuchen
154 016B 02 27 F3          lda   R3      ; ja: Zeichen
155 016E 09 30             sui   '0'     ; decodieren
156 0170 18 01 8D          jmp   116     ; weiter
157 0173 02 27 F3   115    lda   R3      ; Zeichen
158 0176 0A DF             ani   0dfh    ; 1101 1111 klein -> groß
159 0178 05 27 F4          sta   R4      ; retten
160 017B 09 41             sui   'A'     ; kleiner Buchstabe A ?
161 017D 1B 01 9F          jc    error   ; ja: Eingabefehler
162 0180 02 27 F4          lda   R4      ; Zeichen
163 0183 09 47             sui   'G'     ; größer Buchstabe F ?
164 0185 1C 01 9F          jnc   error   ; ja: Eingabefehler
165 0188 02 27 F4          lda   R4      ; Zeichen
166 018B 09 37             sui   37h     ; A..F decodieren
167 018D 0A 0F      116    ani   0fh     ; Maske 0000 1111
168 018F 0C 27 F5          add   R5      ; linkes Nibble dazu
169 0192 06                staz          ; indirekt mit X0 speich.
170 0193 00                nop           ;
171 0194 00                nop           ;
172 0195 02 20 FF          lda   X0      ; Indexregister
173 0198 10                inr           ; X0 := X0 + 1
174 0199 05 20 FF          sta   X0      ;
175 019C 18 00 1D          jmp   11      ;
176 019F 02 40 05   error  lda   stat    ; Status lesen
177 01A2 0A 20             ani   20h     ; Sender frei ?
178 01A4 19 01 9F          jz    error   ; nein
179 01A7 01 07             mvi   7       ; Code  Hupe
180 01A9 05 40 00          sta   send    ;
181 01AC 18 00 1D          jmp   11      ;
```

```
182 01AF                     ; Unterprogramm gibt Byte aus R3 hexadezimal aus
183 01AF 02 40 05   aupro  lda   stat    ; Status lesen
184 01B2 0A 20             ani   20h     ; Sender frei ?
185 01B4 19 01 AF          jz    aupro   ; nein
186 01B7 02 27 F3          lda   R3      ; laden: rechtes Nibble
187 01BA 17                rcl5          ; 5-1 = 4 bit rechts
188 01BB 0A 0F             ani   0fh     ; Maske 0000 1111
189 01BD 08 30             adi   '0'     ; codieren
190 01BF 05 27 F4          sta   R4      ; retten
191 01C2 09 3A             sui   ':'     ; Ziffer 0..9 ?
192 01C4 1B 01 CF          jc    au6     ; ja:
193 01C7 02 27 F4          lda   R4      ; Zeichen laden
194 01CA 08 07             adi   7       ; nach Buchstabe A..F
195 01CC 18 01 D2          jmp   au7     ;
196 01CF 02 27 F4   au6    lda   R4      ; Zeichen laden
197 01D2 05 40 00   au7    sta   send    ; und ausgeben
198 01D5 02 40 05   au8    lda   stat    ; Status lesen
199 01D8 0A 20             ani   20h     ; Sender frei ?
200 01DA 19 01 D5          jz    au8     ; nein:
201 01DD 02 27 F3          lda   R3      ; laden: linkes Nibble
202 01E0 0A 0F             ani   0fh     ; Maske 0000 1111
203 01E2 08 30             adi   '0'     ; codieren
204 01E4 05 27 F4          sta   R4      ; retten
205 01E7 09 3A             sui   ':'     ; Ziffer 0..9 ?
206 01E9 1B 01 F4          jc    au9     ; ja:
207 01EC 02 27 F4          lda   R4      ; Zeichen laden
208 01EF 08 07             adi   7       ; nach Buchstabe A..F
209 01F1 18 01 F7          jmp   au10    ;
210 01F4 02 27 F4   au9    lda   R4      ; Zeichen laden
211 01F7 05 40 00   au10   sta   send    ; und senden
212 01FA 01 18             mvi   18h     ; Code  JMP-Befehl
213 01FC 05 27 F0          sta   R0      ; für Rücksprung
214 01FF 18 27 F0          jmp   R0      ; Rücksprung nach Aufruf
215 0202           X0      equ   20ffh   ; Indexregister für 20xxh
216 27F0                   org   27f0h   ; Registerbereich
217 27F0           R0      ds    1       ; Hilfsregister R0
218 27F1           R1      ds    1       ; Hilfsregister R1
219 27F2           R2      ds    1       ; Hilfsregister R2
220 27F3           R3      ds    1       ; Hilfsregister R3
221 27F4           R4      ds    1       ; Hilfsregister R4
222 27F5           R5      ds    1       ; Hilfsregister R5
223 27F6                   END           ;
```

```
        Bedienungsanleitung Monitor TTL-Prozessor
        Alle Zahlen sind hexadezimal ohne Zeichen $ oder H !

Nach RESET erscheint die laufende Adresse 2000 mit dem Inhalt aa
2000=aa-      Hinter dem - sind folgende Eingaben möglich:

        +  : die laufende Adresse wird um 1 erhöht
        -  : die laufende Adresse wird um 1 vermindert
        cr : die laufende Adresse wird auf 2000 gesetzt
        nn : neues Byte hexadezimal eingeben, Adresse + 1
             n ist ein Hexazeichen 0..9 und A..F bzw. a..f
        G,g : Programmstart ab Adresse 2000
        L,l : alle folgenden Eingabezeichen werden ab
              Adresse 2000 fortlaufend gespeichert
```

```
Aufbau und Laden einer Binärdatei name.BIN:
- Textdatei  name.ASM  mit Programmtext aufbauen
- Crossassembler aufrufen:  CASM84
                 Dateiname ->   name
                 erzeugt  name.BIN mit Binärcode
- Terminalprogramm aufrufen:  PTERM
                 Kleinschrift? ->j
                 Monitormeldung:
                 2000=aa-L        Lade-Funktion

                 ┌─────────┐
                 │F3-Taste │
                 └─────────┘
                 Dateiname ->  name.BIN
                 Verzögerung [ms] -> 20
                 Abbruch mit Esc-Taste
                 Kontrollausgabe der Zeichen auf LED
- Abbruch mit RESET am Prozessor!!!
  Monitormeldung:
  2000=aa-G      Startfunktion
```

TTL-Prozessor Programmbeispiele

```
 1 0000              ; Anhang: TTL-Prozessor verzögerter Aufwärtszähler
 2 0000       moni    equ   0018h      ; Monitor-Hauptschleife
 3 0000       led     equ   6000h      ; Leuchtdioden
 4 0000       kipp    equ   6000h      ; Kippschalter
 5 2000               org   2000h      ; Lade- und Startadresse
 6 2000 12    start   clr              ; Akku löschen
 7 2001 05 27 F0      sta   R0         ; nach Ausgabezähler
 8 2004 02 27 F0 loop lda   R0         ; Ausgabezähler nach
 9 2007 05 60 00      sta   led        ; LED ausgeben
10 200A 10            inr              ; Akku + 1
11 200B 05 27 F0      sta   R0         ; nach Ausgabezähler
12 200E 12            clr              ; Akku löschen
13 200F 05 27 F1      sta   R1         ; nach Wartezähler
14 2012 02 27 F1 warte lda  R1         ; lade Akku mit Wartezähler
15 2015 11            dcr              ; Akku um 1 vermindern
16 2016 05 27 F1      sta   R1         ; nach Wartezähler
17 2019 1A 20 12      jnz   warte      ; bis Wartezähler = 0
18 201C 02 60 00      lda   kipp       ; Kippschalter lesen
19 201F 1E 00 18      jm    moni       ; B7 = 1: Abbruch
20 2022 18 20 04      jmp   loop       ; B7 = 0: weiter
21 27F0               org   27f0h      ; Hilfsregister
22 27F0       R0      ds    1          ; Ausgabezähler
23 27F1       R1      ds    1          ; Wartezähler
24 27F2       R2      ds    1          ; frei
25 27F3               end              ;
```

```
 1 0000                ; Anhang: TTL-Prozessor  Schnittstellentest 8250
 2 0000       send    equ    4000h    ; Sender
 3 0000       empf    equ    4000h    ; Empfänger
 4 0000       teilh   equ    4001h    ; Teiler High
 5 0000       teill   equ    4000h    ; Teiler Low
 6 0000       steu    equ    4003h    ; Steuerregister
 7 0000       stat    equ    4005h    ; Statusregister
 8 0000       kipp    equ    6000h    ; Kippschalter-Eingabe
 9 0000       led     equ    6000h    ; Leuchtdioden-Ausgabe
10 0000               org    0000h    ; Startadresse RESET
11 0000 00    start   nop             ; tu nix
12 0001 01 80         mvi    80h      ; 1000 0000 DLAB = 1
13 0003 05 40 03      sta    steu     ; Steuerregister
14 0006 01 00         mvi    00h      ; 4800 Bd = 0024 = 0018h
15 0008 05 40 01      sta    teilh    ; Teiler High
16 000B 01 18         mvi    18h      ;
17 000D 05 40 00      sta    teill    ; Teiler Low
18 0010 01 07         mvi    07h      ; DLAB=0, 8 Daten 2 Stop
19 0012 05 40 03      sta    steu     ; Steuerregister
20 0015 02 40 00      lda    empf     ; Empfänger leeren
21 0018 02 60 00      lda    kipp     ; Kippschalter lesen
22 001B 05 27 F3      sta    R3       ; nach R3 bringen
23 001E 02 40 05 loop lda    stat     ; Statusregister lesen
24 0021 0A 20         ani    20h      ; 0010 0000 Sender frei?
25 0023 19 00 1E      jz     loop     ; nein: warten
26 0026 02 27 F3      lda    R3       ;   ja: Zeichen laden
27 0029 05 40 00      sta    send     ;       und senden
28 002C 02 40 05 loop1 lda   stat     ; Statusregister lesen
29 002F 0A 01         ani    01h      ; 0000 0001 Empf. voll?
30 0031 19 00 2C      jz     loop1    ; nein: warten
31 0034 02 40 00      lda    empf     ;   ja: Zeichen abholen
32 0037 05 27 F3      sta    R3       ;       und retten
33 003A 05 60 00      sta    led      ; auf LED ausgeben
34 003D 18 00 1E      jmp    loop     ; Schleife
35 27F0               org    27f0h    ; Registerbereich
36 27F0       R0      ds     1        ; Hilfsregister R0
37 27F1       R1      ds     1        ; Hilfsregister R1
38 27F2       R2      ds     1        ; Hilfsregister R2
39 27F3       R3      ds     1        ; Hilfsregister R3
40 27F4               END             ;
```

Anschlußbilder der wichtigsten Bausteine

8086 (8088)

Pin	Signal		Pin	Signal
1	GND		40	+5V
2	<-> AD14		39	AD15 <->
3	<-> AD13		38	A16/S3 ->
4	<-> AD12		37	A17/S4 ->
5	<-> AD11		36	A18/S5 ->
6	<-> AD10		35	A19/S6 ->
7	<-> AD9		34	BHE/S7 -> (SSO)
8	<-> AD8		33	MN/MX <-
9	<-> AD7		32	RD ->
10	<-> AD6		31	RQ/GT0,HOLD <->
11	<-> AD5		30	RQ/GT1,HLDA <->
12	<-> AD4		29	LOCK,WR ->
13	<-> AD3		28	S2,M/IO ->
14	<-> AD2		27	S1,DT/R ->
15	<-> AD1		26	S0,DEN ->
16	<-> AD0		25	QS0,ALE ->
17	-> NMI		24	QS1,INTA ->
18	-> INTR		23	TEST <-
19	-> CLK		22	READY <-
20	GND		21	RESET <-

8087

Pin	Signal		Pin	Signal
1	GND		40	+5V
2	<-> AD14		39	AD15 <->
3	<-> AD13		38	A16/S3 <-
4	<-> AD12		37	A17/S4 <-
5	<-> AD11		36	A18/S5 <-
6	<-> AD10		35	A19/S6 <-
7	<-> AD9		34	BHE/S7 <-
8	<-> AD8		33	RQ/GT1 <->
9	<-> AD7		32	INT ->
10	<-> AD6		31	RQ/GT0 <->
11	<-> AD5		30	N.C.
12	<-> AD4		29	N.C.
13	<-> AD3		28	S2 <-
14	<-> AD2		27	S1 <-
15	<-> AD1		26	S0 <-
16	<-> AD0		25	QS0 <-
17	N.C.		24	QS1 <-
18	N.C.		23	BUSY ->
19	-> CLK		22	READY <-
20	GND		21	RESET <-

8255A

Pin	Signal		Pin	Signal
1	PA3		40	PA4
2	PA2		39	PA5
3	PA1		38	PA6
4	PA0		37	PA7
5	-> RD		36	WR <-
6	-> CS		35	RESET <-
7	GND		34	D0 <->
8	-> A1		33	D1 <->
9	-> A0		32	D2 <->
10	PC7		31	D3 <->
11	PC6		30	D4 <->
12	PC5		29	D5 <->
13	PC4		28	D6 <->
14	PC0		27	D7 <->
15	PC1		26	+5V
16	PC2		25	PB7
17	PC3		24	PB6
18	PB0		23	PB5
19	PB1		22	PB4
20	PB2		21	PB3

8251A

Pin	Signal		Pin	Signal
1	<-> D2		28	D1 <->
2	<-> D3		27	D0 <->
3	-> RxD		26	+5V
4	GND		25	RxC <-
5	<-> D4		24	DTR ->
6	<-> D5		23	RTS ->
7	<-> D6		22	DSR <-
8	<-> D7		21	RESET <-
9	-> TxC		20	CLK <-
10	-> WR		19	TxD ->
11	-> CS		18	TxEMPTY ->
12	-> C/D		17	CTS <-
13	-> RD		16	SYNDET/BD <->
14	<- RxRDY		15	TxRDY ->

8284

	Pin		Pin	
-> CYSNC	1	8284	18	+5V
<- PCLK	2		17	X1 <-
-> $\overline{AEN1}$	3		16	X2 <-
-> RDY1	4		15	TANK <-
<- READY	5		14	EFI <-
-> RDY2	6		13	F/$\overline{C}$ <-
-> $\overline{AEN2}$	7		12	OSC ->
<- CLK	8		11	$\overline{RES}$ <-
GND	9		10	RESET

8288

	Pin		Pin	
-> IOB	1	8288	20	+5V
-> CLK	2		19	$\overline{S0}$ <-
-> $\overline{S1}$	3		18	$\overline{S2}$ <-
<- DT/$\overline{R}$	4		17	MC/$\overline{PDEN}$ ->
<- ALE	5		16	DEN ->
-> AEN	6		15	CEN <-
<- $\overline{MRDC}$	7		14	$\overline{INTA}$ ->
<- $\overline{AMWC}$	8		13	$\overline{IORC}$ ->
<- $\overline{MWTC}$	9		12	$\overline{AIOWC}$ ->
GND	10		11	$\overline{IOWC}$ ->

AD574A

	Pin		Pin	
+5V	1	AD574A	28	STATUS ->
-> 12/$\overline{8}$	2		27	D11 ->
-> $\overline{CS}$	3		26	D10 ->
-> A0 (BA/SC)	4		25	D9 ->
-> R/$\overline{C}$	5		24	D8 ->
-> CE	6		23	D7 ->
+12/+15V Vcc	7		22	D6 ->
<- Vrefout	8		21	D5 ->
Analog GND	9		20	D4 ->
-> Vrefin	10		19	D3 ->
-12/-15V Vee	11		18	D2 ->
-> Bip Off	12		17	D1 ->
-> Ain 10V	13		16	D0 ->
-> Ain 20V	14		15	Digital GND

AD667

	Pin		Pin	
<- 20V SPAN	1	AD667	28	D11 <-
<- 10V SPAN	2		27	D10 <-
<- SUM JCT	3		26	D9 <-
<- Bip Off	4		25	D8 <-
Ref GND	5		24	D7 <-
<- Ref out	6		23	D6 <-
-> Ref in	7		22	D5 <-
+12/+15V Vcc	8		21	D4 <-
<- Vout	9		20	D3 <-
-12/-15V Vee	10		19	D2 <-
-> $\overline{CS}$	11		18	D1 <-
-> A3	12		17	D0 <-
-> A2	13		16	GND
-> A1	14		15	A0 <-

RAM xx256 (32 KByte)	EPROM 27256 (32 KByte)	EPROM 27128 (16 KByte)	RAM 6264 (8 KByte)	EPROM 2764 (8 KByte)	EPROM 2732 (4 KByte)	RAM 6116 (2 KByte)	EPROM 2716 (2 KByte)	Pin	(Pin)
A14	Vpp	Vpp		Vpp				1	
A12	A12	A12	A12	A12				2	
A7	A7	A7	A7	A7	A7	A7	A7	3	(1)
A6	A6	A6	A6	A6	A6	A6	A6	4	(2)
A5	A5	A5	A5	A5	A5	A5	A5	5	(3)
A4	A4	A4	A4	A4	A4	A4	A4	6	(4)
A3	A3	A3	A3	A3	A3	A3	A3	7	(5)
A2	A2	A2	A2	A2	A2	A2	A2	8	(6)
A1	A1	A1	A1	A1	A1	A1	A1	9	(7)
A0	A0	A0	A0	A0	A0	A0	A0	10	(8)
D0	D0	D0	D0	D0	D0	D0	D0	11	(9)
D1	D1	D1	D1	D1	D1	D1	D1	12	(10)
D2	D2	D2	D2	D2	D2	D2	D2	13	(11)
GND	GND	GND	GND	GND	GND	GND	GND	14	(12)

EPROM 2716 (2 KByte)	RAM 6116 (2 KByte)	EPROM 2732 (4 KByte)	EPROM 2764 (8 KByte)	RAM 6264 (8 KByte)	EPROM 27128 (16 KByte)	EPROM 27256 (32 KByte)	RAM xx256 (32 KByte)	(Pin)	Pin
			Vcc	Vcc	Vcc	Vcc	Vcc		28
			PGM	$\overline{WE}$	PGM	A14	$\overline{WE}$		27
Vcc	Vcc	Vcc		CE2	A13	A13	A13	(24)	26
A8	A8	A8	A8	A8	A8	A8	A8	(23)	25
A9	A9	A9	A9	A9	A9	A9	A9	(22)	24
Vpp	$\overline{WE}$	A11	A11	A11	A11	A11	A11	(21)	23
$\overline{OE}$	$\overline{OE}$	$\overline{OE}$/Vpp	$\overline{OE}$	$\overline{OE}$	$\overline{OE}$	$\overline{OE}$	$\overline{OE}$	(20)	22
A10	A10	A10	A10	A10	A10	A10	A10	(19)	21
$\overline{CE}$	$\overline{CE}$	$\overline{CE}$	$\overline{CE}$	$\overline{CE}$	$\overline{CE}$	$\overline{CE}$	$\overline{CE}$	(18)	20
D7	D7	D7	D7	D7	D7	D7	D7	(17)	19
D6	D6	D6	D6	D6	D6	D6	D6	(16)	18
D5	D5	D5	D5	D5	D5	D5	D5	(15)	17
D4	D4	D4	D4	D4	D4	D4	D4	(14)	16
D3	D3	D3	D3	D3	D3	D3	D3	(13)	15

8250 / 16450 ACE

Signal	Pin		Pin	Signal
<-> D0	1	8250	40	+5V
<-> D1	2	16450	39	$\overline{RI}$ <-
<-> D2	3		38	$\overline{DCD}$ <-
<-> D3	4	ACE	37	$\overline{DSR}$ <-
<-> D4	5		36	$\overline{CTS}$ <-
<-> D5	6		35	MR <-
<-> D6	7		34	$\overline{OUT1}$ ->
<-> D7	8		33	$\overline{DTR}$ ->
-> RCLK	9		32	$\overline{RTS}$ ->
—> SIN	10		31	$\overline{OUT2}$ ->
<— SOUT	11		30	INTRP ->
-> CS0	12		29	frei
-> CS1	13		28	A0 <-
-> $\overline{CS2}$	14		27	A1 <-
<- $\overline{BDOUT}$	15		26	A2 <-
-> XTAL1	16		25	$\overline{ADS}$ <-
<- XTAL2	17		24	CSOUT ->
-> $\overline{DOSTR}$	18		23	DDIS ->
-> DOSTR	19		22	DISTR <-
GND	20		21	$\overline{DISTR}$ <-

82C11 PAI

Signal	Pin		Pin	Signal
-> X1	1	82C11	40	+5V
-> X2	2		39	A1 <-
<- CLK	3	PAI	38	A0 <-
<- DCLK	4		37	P0 <->
-> RST	5		36	P1 <->
-> $\overline{IOW}$	6		35	P2 <->
-> $\overline{IOR}$	7		34	P3 <->
<- DIR	8		33	P4 <->
<-> D0	9		32	P5 <->
<-> D1	10		31	P6 <->
<-> D2	11		30	P7 <->
<-> D3	12		29	$\overline{ERROR}$ <-
<-> D4	13		28	SLCT <-
<-> D5	14		27	PE <-
<-> D6	15		26	$\overline{ACK}$ <-
<-> D7	16		25	BUSY <-
<- IRQ	17		24	$\overline{STROB}$ <->
-> $\overline{CS}$	18		23	$\overline{AUTO}$ <->
-> $\overline{POE}$	19		22	$\overline{INIT}$ <->
GND	20		21	$\overline{SLCT}$ <->

8253 Timer

Signal	Pin		Pin	Signal
<-> D7	1	8253	24	+5V
<-> D6	2		23	$\overline{WR}$ <-
<-> D5	3	Timer	22	$\overline{RD}$ <-
<-> D4	4		21	$\overline{CS}$ <-
<-> D3	5		20	A1 <-
<-> D2	6		19	A0 <-
<-> D1	7		18	CLK2 <-
<-> D0	8		17	OUT2 ->
-> CLK0	9		16	GATE2 <-
<- OUT0	10		15	CLK1 <-
-> GATE0	11		14	GATE1 <-
GND	12		13	OUT1 ->

8259 PIC

Signal	Pin		Pin	Signal
-> $\overline{CS}$	1	8259	28	+5V
-> $\overline{WR}$	2		27	A0 <-
-> $\overline{RD}$	3	PIC	26	$\overline{INTA}$ <-
<-> D7	4		25	IR7 <-
<-> D6	5		24	IR6 <-
<-> D5	6		23	IR5 <-
<-> D4	7		22	IR4 <-
<-> D3	8		21	IR3 <-
<-> D2	9		20	IR2 <-
<-> D1	10		19	IR1 <-
<-> D0	11		18	IR0 <-
<-> CAS0	12		17	INT ->
<-> CAS1	13		16	$\overline{SP/EN}$ <->
GND	14		15	CAS2 <->

8237A DMA

Signal	Pin		Pin	Signal
<-> $\overline{I/OR}$	1	8237A	40	A7 ->
<-> $\overline{I/OW}$	2		39	A6 ->
<- $\overline{MEMR}$	3	DMA	38	A5 ->
<- $\overline{MEMW}$	4		37	A4 ->
+5V	5		36	EOP <->
-> READY	6		35	A3 <->
-> HLDA	7		34	A2 <->
<- ADSTB	8		33	A1 <->
<- AEN	9		32	A0 <->
<- HRQ	10		31	+5V
-> $\overline{CS}$	11		30	D0 <->
-> CLK	12		29	D1 <->
-> RESET	13		28	D2 <->
<- $\overline{DACK2}$	14		27	D3 <->
<- $\overline{DACK3}$	15		26	D4 <->
-> DRQ3	16		25	$\overline{DACK0}$ ->
-> DRQ2	17		24	$\overline{DACK1}$ ->
-> DRQ1	18		23	D5 <->
-> DRQ0	19		22	D6 <->
GND	20		21	D7 <->

ZN427 A/D

Signal	Pin		Pin	Signal
<- EOC	1	ZN427	18	D0 ->
-> E	2		17	D1 ->
-> CLK	3	A/D	16	D2 ->
-> $\overline{SC}$	4		15	D3 ->
Rext	5		14	D4 ->
-> Ain	6		13	D5 ->
-> Vrin	7		12	D6 ->
<- Vrout	8		11	D7 ->
GND	9		10	+5V

ZN428 D/A

Signal	Pin		Pin	Signal
-> D1	1	ZN428	16	D2 <-
-> D0	2		15	D3 <-
frei	3	D/A	14	D4 <-
-> $\overline{EN}$	4		13	D5 <-
<- Aout	5		12	D6 <-
-> Vrin	6		11	D7 <-
<- Vrout	7		10	+5V
Anal GND	8		9	Digi GND

Stiftbelegung des PC/XT-Erweiterungssteckers

		B-Reihe	A-Reihe		
GND	B01		A01	I/O CHCK	
RESET	B02		A02	D7	Daten
+5V	B03		A03	D6	
IRQ2	B04		A04	D5	
-5V	B05		A05	D4	
DREQ2	B06		A06	D3	
-12V	B07		A07	D2	
frei	B08		A08	D1	
+12V	B09		A09	D0	
GND	B10		A10	I/O CHRDY	
MEMW	B11		A11	AEN	
MEMR	B12		A12	A19	Adressen
IOWC	B13		A13	A18	
IORC	B14		A14	A17	
DACK3	B15		A15	A16	
DREQ3	B16		A16	A15	
DACK1	B17		A17	A14	
DREQ1	B18		A18	A13	
DACK0	B19		A19	A12	
CLK	B20	4.77 MHz	A20	A11	
IRQ7	B21		A21	A10	
IRQ6	B22		A22	A9	
IRQ5	B23		A23	A8	
IRQ4	B24		A24	A7	
IRQ3	B25		A25	A6	
DACK2	B26		A26	A5	
T/C	B27		A27	A4	
ALE	B28		A28	A3	
+5V	B29		A29	A2	
OSC	B30	14.3 MHz	A30	A1	
GND	B31		A31	A0	

TTL-Schaltung der PC-Druckerschnittstelle

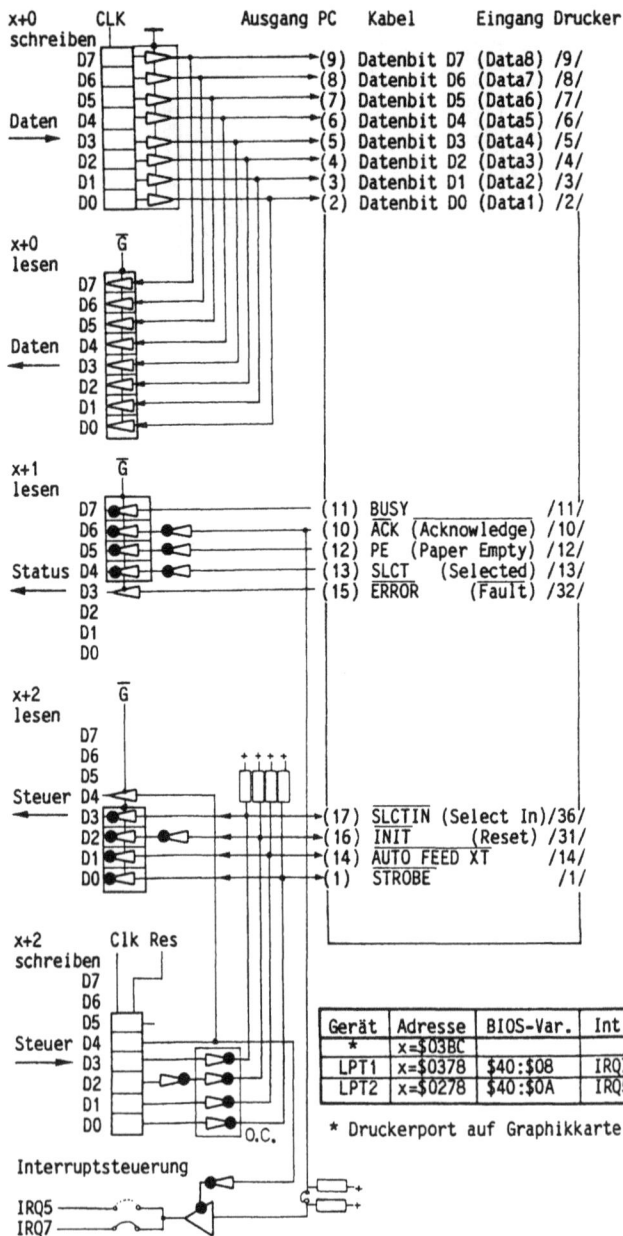

		Ausgang PC	Kabel	Eingang Drucker

x+0 schreiben — CLK

Daten →
- D7 → (9) Datenbit D7 (Data8) /9/
- D6 → (8) Datenbit D6 (Data7) /8/
- D5 → (7) Datenbit D5 (Data6) /7/
- D4 → (6) Datenbit D4 (Data5) /6/
- D3 → (5) Datenbit D3 (Data4) /5/
- D2 → (4) Datenbit D2 (Data3) /4/
- D1 → (3) Datenbit D1 (Data2) /3/
- D0 → (2) Datenbit D0 (Data1) /2/

x+0 lesen — $\overline{G}$

Daten ←
- D7
- D6
- D5
- D4
- D3
- D2
- D1
- D0

x+1 lesen — $\overline{G}$

Status ←
- D7 — (11) BUSY /11/
- D6 — (10) $\overline{ACK}$ (Acknowledge) /10/
- D5 — (12) PE (Paper Empty) /12/
- D4 — (13) SLCT (Selected) /13/
- D3 — (15) $\overline{ERROR}$ ($\overline{Fault}$) /32/
- D2
- D1
- D0

x+2 lesen — $\overline{G}$

Steuer ←
- D7
- D6
- D5
- D4
- D3 — (17) $\overline{SLCTIN}$ (Select In) /36/
- D2 — (16) $\overline{INIT}$ (Reset) /31/
- D1 — (14) $\overline{AUTO\ FEED\ XT}$ /14/
- D0 — (1) $\overline{STROBE}$ /1/

x+2 schreiben — Clk Res

Steuer →
- D7
- D6
- D5
- D4
- D3
- D2
- D1
- D0

O.C.

Gerät	Adresse	BIOS-Var.	Int.
*	x=$03BC		
LPT1	x=$0378	$40:$08	IRQ7
LPT2	x=$0278	$40:$0A	IRQ5

* Druckerport auf Graphikkarte

Interruptsteuerung

IRQ5 —
IRQ7 —

Anschlußbelegung der PC-Druckerschnittstelle

Druckerportausgang	Kabel	Druckereingang

```
    Druckerportausgang          Kabel          Druckereingang

    STROBE (1)                           STROBE /1/   /19/ GND
              (14) AUTO FEED      DO (Data1) /2/   /20/ GND
 DO (Data1)(2)                    D1 (Data2) /3/   /21/ GND
              (15) ERROR          D2 (Data3) /4/   /22/ GND
 D1 (Data2)(3)                    D3 (Data4) /5/   /23/ GND
              (16) INIT           D4 (Data5) /6/   /24/ GND
 D2 (Data3)(4)                    D5 (Data6) /7/   /25/ GND
              (17) SLCT IN        D6 (Data7) /8/   /26/ GND
 D3 (Data4)(5)                    D7 (Data8) /9/   /27/ GND
              (18) GND                   ACK /10/  /28/ GND
 D4 (Data5)(6)                          BUSY /11/  /29/ GND
              (19) GND                     PE /12/  /30/ GND
 D5 (Data6)(7)                           SLCT /13/  /31/ INIT
              (20) GND            AUTO FEED /14/  /32/ ERROR
 D6 (Data7)(8)                            /15/  /33/
              (21) GND                    /16/  /34/
 D7 (Data8)(9)                            /17/  /35/
              (22) GND                    /18/  /36/ SLCT IN
      ACK (10)
              (23) GND
     BUSY (11)
              (24) GND
       PE (12)
              (25) GND
     SLCT (13)
```

Anschlußbelegung der PC-Serienschnittstelle

```
   9poliger Portausgang       25poliger Portausgang

  DCD (1)                        (1)
            (6) DSR                    (14)
  RxD (2)                  TxD  (2)
            (7) RTS                    (15)
  TxD (3)                  RxD  (3)
            (8) CTS                    (16)
  DTR (4)                  RTS  (4)
            (9) RI                     (17)
  GND (5)                  CTS  (5)
                                       (18)
                           DSR  (6)
                                       (19)
                           GND  (7)
                                       (20) DTR
                           DCD  (8)
                                       (21)
                                (9)
                                       (22) RI
                                (10)
                                       (23)
                                (11)
                                       (24)
                                (12)
                                       (25)
                                (13)
```

V.24-Schnittstelle

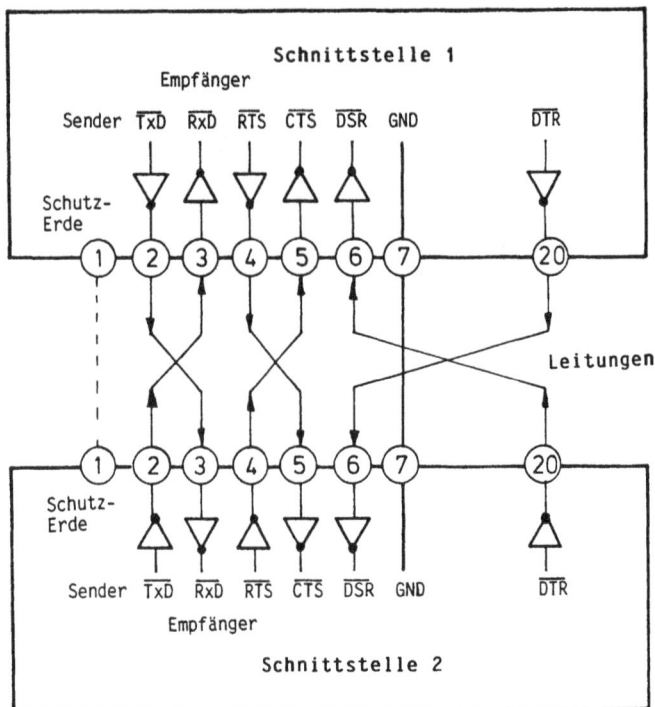

Schnittstelle 1

Empfänger

Sender T̄xD̄ R̄xD̄ R̄T̄S̄ C̄T̄S̄ D̄S̄R̄ GND   D̄T̄R̄

Schutz-
Erde

① ② ③ ④ ⑤ ⑥ ⑦   ⑳

Leitungen

① ② ③ ④ ⑤ ⑥ ⑦   ⑳

Schutz-
Erde

Sender T̄xD̄ R̄xD̄ R̄T̄S̄ C̄T̄S̄ D̄S̄R̄ GND   D̄T̄R̄

Empfänger

Schnittstelle 2

Unterprogramme für die Ein-/Ausgabe von Dezimalzahlen

Die folgenden Unterprogramme EINREAL, AUSREAL, AUSNH und AUSNB werden
für die Testprogramme zum Arithmetikprozessor 8087 im Kapitel 5.6 benötigt. Sie sind als externe Unterprogramme aufgebaut und können durch
den Linker (Binder) mit dem Hauptprogramm verbunden werden. Die Parameter werden in Registern übergeben. Sie können den Kommentaren zu den
einzelnen Unterprogrammen entnommen werden.

```
; ANHANG: UNTERPROGRAMME ZUR UMWANDLUNG VON LONG-REAL-ZAHLEN
PROG     SEGMENT          ; PROGRAMMSEGMENT
         ASSUME  CS:PROG
         PUBLIC  EINREAL,AUSREAL,AUSNH,AUSNB
; EINREAL - LESEN UND UMWANDELN EINER LONG-REAL-ZAHL
; AX - ADRESSE 8 WOERTER 128-BIT-HILFSAKKU IM SPEICHER
; BX - ADRESSE 16 BYTES PUFFERSPEICHER FUER EINGABE
; DI - ADRESSE 4 WOERTER DER LONG-REAL-ZAHL (DQ)
EINREAL PROC    NEAR     ; AUFRUF DURCH  CALL  NEAR  PTR  EINREAL
         PUSH    AX       ; AX RETTEN MIT ADRESSE 128-BIT-AKKU
         PUSH    BX       ; BX RETTEN MIT ADRESSE 16-BYTE-EINGABEPUFFER
         PUSH    CX       ; CX RETTEN
         PUSH    DX       ; DX RETTEN
         PUSH    BP       ; BP RETTEN
         PUSH    SI       ; SI RETTEN
         PUSH    DI       ; DI RETTEN MIT ADRESSE ERGEBNIS LONG-REAL
; 128-BIT-AKKU LOESCHEN
         MOV     CX,8     ; ZAEHLER FUER 8 WOERTER
         MOV     DI,AX    ; DI - ANFANGSADRESSE 128-BIT-AKKU
         CALL    NLOE     ; [DI] IN LAENGE CX LOESCHEN
; VORZEICHEN DER DEZIMALZAHL LESEN UND SPEICHERN
         MOV     CX,4     ; ZAEHLER FUER 4 WOERTER VORPUNKTSTELLEN
         ADD     DI,8     ; DI - ANFANGSADRESSE VORPUNKTSTELLEN
         XOR     DH,DH    ; DH - VORZEICHEN MIT + ANNEHMEN
         CALL    EINZE    ; 1. ZEICHEN LESEN
         CMP     AL,'+'   ; VORZEICHEN + ?
         JE      EINREA1  ; JA: VORZEICHEN + EINGEGEBEN
         CMP     AL,'-'   ; VORZEICHEN - ?
         JNE     EINREA2  ; NEIN: ZIFFER UNTERSUCHEN
         MOV     DH,80H   ; DH - 80H MARKE VORZEICHEN -
; VORPUNKTSTELLEN LESEN MAXIMAL 64 BIT
EINREA1:CALL    EINZE    ; ZEICHEN IM ECHO LESEN
EINREA2:CMP     AL,'0'   ; ZIFFER 0 ?
         JB      EINREA3  ; KLEINER: ENDE DER EINGABE
         CMP     AL,'9'   ; ZIFFER 9 ?
         JA      EINREA3  ; GROESSER: ENDE DER EINGABE
         SUB     AL,30H   ; ZIFFER DEKODIEREN
         MOV     DL,AL    ; DL - ZIFFER RETTEN
         MOV     AX,10    ; FAKTOR 10
         CALL    NMUL     ; [DI] IN LAENGE CX * AX  AX - UEBERTRAG
         CMP     AX,0     ; UEBERTRAG BEI MULTIPLIKATION ?
         JE      EINREAZ  ; NEIN: WEITER
         JMP     EINREAD  ; JA: FEHLERMELDUNG CY - 1 SETZEN
EINREAZ:MOV     AL,DL    ; AL - ZIFFER  AH - 0
         CALL    NADD     ; [DI] IN LAENGE CX  + AX  CY - UEBERTRAG
         JNC     EINREA1  ; KEIN CARRY : WEITER IN LESESCHLEIFE
         JMP     EINREAD  ; CARRY-1: UEBERTRAG BEI ADDITION FEHLER
EINREA3:SUB     DI,8     ; DI - ANFANGSADRESSE NACHPUNKTSTELLEN
         CMP     AL,'.'   ; DEZIMALPUNKT ?
         JNE     EINREAX  ; NEIN: ENDE DER ZAHL KEINE NACHPUNKTSTELLEN
; NACHPUNKTSTELLEN LESEN UND SPEICHERN
         XOR     DL,DL    ; DL - ZAEHLER NACHPUNKTSTELLEN
EINREA4:CALL    EINZE    ; ZEICHEN IM ECHO LESEN
         CMP     AL,'0'   ; ZIFFER 0 ?
         JB      EINREA5  ; KLEINER: ENDE DER EINGABE
         CMP     AL,'9'   ; ZIFFER 9 ?
         JA      EINREA5  ; GROESSER: ENDE DER EINGABE
         CMP     DL,16    ; SCHON 16 STELLEN GELESEN ?
         JE      EINREAD  ; JA: MEHR ALS 16 STELLEN FEHLER CY - 1
         SUB     AL,30H   ; NEIN: ZIFFER DEKODIEREN
         MOV     [BX],AL  ; BCD-ZIFFER SPEICHERN
         INC     BX       ; NAECHSTE STELLE
         INC     DL       ; STELLE ZAEHLEN
         JMP     EINREA4  ; LESESCHLEIFE NACHPUNKTSTELLEN
EINREA5:CMP     DL,0     ; STELLEN HINTER DEM PUNKT ?
         JE      EINREAX  ; KEINE NACHPUNKTSTELLEN: FERTIG
         DEC     BX       ; BX - LETZTE BCD-NACHPUNKTSTELLE
         MOV     BP,64    ; BP - ZAEHLER 64 DUALE NACHPUNKTSTELLEN
         PUSH    DX       ; DH MIT VORZEICHEN RETTEN
```

```
; NACHPUNKTSTELLEN VON BCD NACH DUAL UMWANDELN
EINREA6:MOV      DH,DL    ; DH = ZAEHLER BCD-STELLEN
        MOV      SI,BX    ; SI = ANFANGSADRESSE BCD-STELLEN
        CLC               ; CY = 0 FUER 1. ADDITION
EINREA7:MOV      AL,[SI]  ; BCD-STELLE LADEN
        ADC      AL,[SI]  ; BCD-STELLE ADDIEREN   WIE  * 2
        AAA               ; BCD-KORREKTUR
        MOV      [SI],AL  ; PRODUKTSTELLE WIEDER SPEICHERN
        DEC      SI       ; NAECHSTE BCD-STELLE
        DEC      DH       ; BCD-STELLENZAEHLER - 1
        JNZ      EINREA7  ; SCHLEIFE MULTIPLIZIERT BCD-ZAHL MIT 2
        CALL     NRCL     ; CY ALS DUALSTELLE SPEICHERN UND SCHIEBEN
        DEC      BP       ; DUALE SCHIEBEZAEHLER - 1
        JNZ      EINREA6  ; SCHIEBEZAEHLER FUER 64 DUALSTELLEN
        POP      DX       ; DH = VORZEICHEN
; VORPUNKT- UND NACHPUNKTSTELLEN STEHEN IM 128-BIT-AKKU
EINREAX:MOV      CX,8     ; ZAEHLER FUER 8 WOERTER = 128 DUALSTELLEN
        XOR      AX,AX    ; AX = SCHIEBEZAEHLER LOESCHEN
EINREA8:CALL     NSHL     ; DUALZAHL 1 BIT NACH LINKS SCHIEBEN
        INC      AX       ; SCHIEBEZAEHLER ERHOEHEN
        JC       EINREA9  ; WERTHOECHSTES BIT IN CY ANGEKOMMEN
        CMP      AX,128   ; MAXIMAL 128 DUALSTELLEN UNTERSUCHEN
        JNZ      EINREA8  ; NOCH NICHT ALLE 128 UNTERSUCHT
        JMP      EINREAB  ; DIE DUALZAHL IST IN NULL
EINREA9:NEG      AX       ; STELLENZAEHLER NEGIEREN STATT SUB-BEFEHL
        ADD      AX,64    ; VORPUNKTSTELLENZAHL ADDIEREN
        ADD      AX,3FFH  ; BIAS ADDIEREN
        SHL      AX,1     ; CHARAKTERISTIK 4 BIT LINKS
        SHL      AX,1     ;
        SHL      AX,1     ;
        SHL      AX,1     ;
        OR       AH,DH    ; VORZEICHEN EINBAUEN
        MOV      BL,12    ; BL = SCHIEBEZAEHLER
EINREAA:CALL     NSHR     ; MANTISSE NACH RECHTS SCHIEBEN
        DEC      BL       ; SCHIEBEZAEHLER
        JNZ      EINREAA  ; BIS MANTISSE RICHTIG GESCHOBEN
        OR       [DI+14],AX  ; CHARAKTERISTIK UND VORZEICHEN DAZU
; LONG-REAL-ZAHL STEHT FERTIG IN DER LINKEN HAELFTE
EINREAB:ADD      DI,8     ; [DI] = ADRESSE LINKE HAELFTE AKKU
        MOV      CX,4     ; LAENGE 4 WOERTER
        MOV      SI,DI    ; SI = ADRESSE FERTIGE LONG-REAL-ZAHL
        POP      DI       ; DI = ADRESSE EMPFANGENDE ZAHL
        CALL     NMOV     ; [SI] NACH [DI] IN LAENGE CX
        CLC               ; CY = 0: KEINE FEHLER
EINREAC:POP      SI       ; SI ZURUECK
        POP      BP       ; BP ZURUECK
        POP      DX       ; DX ZURUECK
        POP      CX       ; CX ZURUECK
        POP      BX       ; BX ZURUECK
        POP      AX       ; AX ZURUECK
        RET               ;
; FEHLERAUSGANG CY = 1 SETZEN
EINREAD:POP      DI       ; DI ZURUECK   ZAHL BLEIBT UNVERAENDERT
        STC               ; CY = 1 ALS FEHLERMARKE
        JMP      EINREAC  ; RUECKSPRUNG
EINREAL ENDP              ;
;
; AUSREAL = LONG-REAL-ZAHL DEZIMAL MIT 15 STELLEN UND PUNKT AUSGEBEN
; AX = ADRESSE 8 WOERTER 128-BIT-AKKU
; BX = ADRESSE 16 BYTE AUSGABEPUFFER
; SI = ADRESSE LONG-REAL-ZAHL 4 WOERTER 64 BIT (DQ)
AUSREAL PROC     NEAR     ; AUFRUF DURCH  CALL NEAR PTR AUSREAL
        PUSH     AX       ; AX RETTEN MIT ADRESSE 128-BIT-AKKU
        PUSH     BX       ; BX RETTEN MIT ADRESSE 16-BYTE-AUSGABEPUFFER
        PUSH     CX       ; CX RETTEN
        PUSH     DX       ; DX RETTEN
        PUSH     BP       ; BP RETTEN
        PUSH     SI       ; SI RETTEN MIT ADRESSE LONG-REAL-ZAHL
        PUSH     DI       ; DI RETTEN
```

```
; ZAHL LADEN  VORZEICHEN  EXPONENT  MANTISSE TRENNEN
         MOV      CX,8       ; CX - ZAEHLER 8 WOERTER 128-BIT-AKKU
         MOV      DI,AX      ; DI - ADRESSE 128-BIT-AKKU
         CALL     NLOE       ; 128-BIT-AKKU LOESCHEN
         MOV      CX,4       ; CX - ZAEHLER 4 WOERTER LINKE HAELFTE
         ADD      DI,8       ; DI - ADRESSE LINKE HAELFTE
         CALL     NMOV       ; REAL-ZAHL IN LINKEN TEIL DES AKKUS LADEN
         MOV      AX,[DI+6]  ; VORZEICHEN UND CHARAKTERISTIK LADEN
         MOV      DH,AX      ; DH - VORZEICHEN IN B7
         AND      AH,7FH     ; VORZEICHEN IN CHARAKTERISTIK ENTFERNEN
         SHR      AX,1       ; 4-BIT-ANFANG DER MANTISSE HERAUSSCHIEBEN
         SHR      AX,1       ;
         SHR      AX,1       ;
         SHR      AX,1       ;
         CMP      AX,0       ; CHARAKTERISTIK NULL ?
         JNZ      AUSREAZ    ; NEIN: WEITER
         JMP      AUSREAH    ; JA: ZWISCHEN NULL UND NAN UNTERSCHEIDEN
AUSREAZ: CMP      AX,7FFH    ; CHARAKTERISTIK CODE FUER NAN (FEHLER) ?
         JNE      AUSREAY    ; NEIN: WEITER
         JMP      AUSREAI    ; JA: FEHLERMARKE FUER NAN (KEINE ZAHL)
AUSREAY: NEG      AX         ; CHARAKTERISTIK NEGIEREN STATT SUB-BEFEHL
         ADD      AX,3FFH    ; BIAS ADDIEREN
         ADD      AX,64      ; VORPUNKT-STELLENZAHL ADDIEREN
         CMP      AX,1       ; AX - SCHIEBEZAEHLER MINDESTENS 1 ?
         JAE      AUSREAX    ; JA: WEITER
         JMP      AUSREAI    ; NEIN: ZAHL ZU GROSSE FEHLERMELDUNG
AUSREAX: CMP      AX,128     ; HOECHSTENS 128 SCHIEBUNGEN ?
         JBE      AUSREAW    ; JA: WEITER
         JMP      AUSREAI    ; NEIN: ZAHL ZU KLEIN FEHLERMELDUNG
; MANTISSE LINKSBUENDIG SCHIEBEN
AUSREAW: MOV      DL,11      ; SCHIEBEZAEHLER 11 BIT
AUSREA1: CALL     NSHL       ; SCHIEBE [DI] LAENGE CX UM 1 BIT LINKS
         DEC      DL         ;
         JNZ      AUSREA1    ; BIS MANTISSE LINKS
         OR BYTE PTR [DI+7],80H ; 1 EINBAUEN WEGEN 1.XXXXX
         MOV      CX,8       ; JETZT VOLLE LAENGE DES AKKUS VON 8 WOERTERN
         SUB      DI,8       ; [DI] AUF ANFANG 128-BIT-AKKU MIT MANTISSE
; MANTISSE STELLENRICHTIG ALS FESTPUNKTZAHL IM 128-BIT-AKKU SCHIEBEN
AUSREA2: DEC      AL         ; SCHIEBEZAEHLER - EXPONENT - 1
         JZ       AUSREA3    ; BIS SCHIEBEZAEHLER NULL
         CALL     NSHR       ; SCHIEBE [DI] LAENGE CX 1 BIT RECHTS
         JMP      AUSREA2    ;
; VORZEICHEN AUSGEBEN
AUSREA3: MOV      AL,20H     ; LEERZEICHEN FUER POSITIV ANGENOMMEN
         TEST     DH,80H     ; DH - VORZEICHEN IN B7
         JZ       AUSREA4    ; VORZEICHEN POSITIV: LEERZEICHEN
         MOV      AL,'-'     ; VORZEICHEN NEGATIV: - ZEICHEN
AUSREA4: CALL     AUSZ       ; VORZEICHEN AUSGEBEN
; VORPUNKTSTELLEN UMWANDELN UND NACH PUFFERSPEICHER BRINGEN
         MOV      CX,4       ; LAENGE VORPUNKTSTELLEN
         ADD      DI,8       ; ADRESSE VORPUNKTSTELLEN
         MOV      SI,BX      ; SI - ADRESSE AUSGABEPUFFER
         MOV      BP,BX      ; BP - ADRESSE AUSGABEPUFFER RETTEN
         MOV      DL,0       ; DL - ZAEHLER VORPUNKTSTELLEN
AUSREA5: MOV      AX,10      ; DUALZAHL DURCH 10 TEILEN
         CALL     NDIV       ; [DI] LAENGE CX / AX  REST IN AX  Z-BIT VERAE.
         MOV      [SI],AL    ; REST IST DEZIMALSTELLE
         JZ       AUSREA6    ; QUOTIENT NULL: FERTIG
         INC      SI         ; ADRESSE NAECHSTE DEZIMALSTELLE
         INC      DL         ; STELLENZAEHLER + 1
         CMP      DL,16      ; SCHON 16 STELLEN ERREICHT ?
         JNZ      AUSREA5    ; NEIN: WEITER DIVIDIEREN
         JMP      AUSREAI    ; JA: ZAHL GROESSER ALS 16 STELLEN: FEHLER
AUSREA6: INC      DL         ; DL - ZAHL DER VORPUNKTSTELLEN
         CMP      DL,16      ; GENAU 16 STELLEN ?
         JZ       AUSREAC    ; JA: NUR VORPUNKTSTELLEN AUSGEBEN
; VORPUNKTSTELLEN IM PUFFER LINKSBUENDIG RUECKEN UND PUNKT SETZEN
         ADD      BX,15      ; ENDE AUSGABEPUFFER
         MOV      DH,16      ; STELLENZAEHLER
```

```
AUSREA7:MOV     AL,[SI] ; HOECHSTE VORPUNKTSTELLE
        MOV     [BX],AL ; AN DEN LINKEN RAND RUECKEN
        DEC     SI      ;
        DEC     BX      ;
        DEC     DH      ; STELLENZAEHLER
        DEC     DL      ; SCHLEIFENZAEHLER
        JNZ     AUSREA7 ; BIS ALLE STELLEN VERSCHOBEN
        MOV BYTE PTR [BX],'.' ; DEZIMALPUNKT EINBAUEN
        DEC     BX      ; NAECHSTE FREIE STELLE IM AUSGABEPUFFER
        DEC     DH      ; STELLENZAEHLER IM PUFFERSPEICHER
        JZ      AUSREAC ; GENAU 15 STELLEN UND PUNKT: FERTIG
; NACHPUNKTSTELLEN UMWANDELN UND IN DEN PUFFERSPEICHER BRINGEN
        SUB     DI,8    ; DI = ADRESSE NACHPUNKTSTELLEN
AUSREA8:MOV     AX,10   ; FAKTOR 10
        CALL    NMUL    ; [DI] LAENGE CX * AX   UEBERTRAG IN AX
        MOV     [BX],AL ; DEZIMALSTELLE SPEICHERN
        DEC     BX      ; NAECHSTE STELLE
        DEC     DH      ; STELLENZAEHLER - 1
        JNZ     AUSREA8 ; BIS INSGESAMT 15 STELLEN UMGEWANDELT
        MOV     AX,10   ; NOCH EINE ZUSAETZLICHE STELLE
        CALL    NMUL    ; FUER RUNDUNG BERECHNEN
        ADD     AL,5    ; RUNDEN MIT 5
        AAA             ; DEZIMALKORREKTUR
; DIE DEZIMALZAHL DURCH RUNDEN KORRIGIEREN
        MOV     BX,BP   ; BX = LETZTE STELLE AUSGABEPUFFER
        MOV     CX,16   ; CX = STELLENZAEHLER
AUSREA9:MOV     AL,[BX] ; STELLE LADEN
        PUSHF           ; CY IN DEN STAPEL RETTEN
        CMP     AL,'.'  ; DEZIMALPUNKT ?
        JNE     AUSREAA ; NEIN: DEZIMALSTELLE
        POPF            ; JA: CY AUS STAPEL ZURUECK
        JMP     AUSREAB ; DEZIMALPUNKT BEI RUNDUNG UEBERGEHEN
AUSREAA:POPF            ; CY WIEDER AUS STAPEL
        ADC     AL,0    ; UEBERTRAG DER VORSTELLE ADDIEREN
        AAA             ; DEZIMALKORREKTUR
        MOV     [BX],AL ; KORRIGIERTE DEZIMALSTELLE SPEICHERN
AUSREAB:INC     BX      ; NAECHSTE STELLE
        LOOP    AUSREA9 ; SCHLEIFE FUER ALLE DEZIMALSTELLEN
        JNC     AUSREAC ; KEIN UEBERTRAG IN DER HOECHSTEN STELLE
        MOV     AL,'1'  ; RUNDUNGSUEBERTRAG DER HOECHSTEN STELLE
        CALL    AUSZ    ; ZUSAETZLICH AUSGEBEN
; DEZIMALSTELLEN UND PUNKT AUS DEM PUFFER AUF DER KONSOLE AUSGEBEN
AUSREAC:MOV     CX,16   ; ZAEHLER FUER 16 ZEICHEN
        MOV     BX,BP   ; ANFANGSADRESSE AUSGABEPUFFER
        ADD     BX,15   ; BX = ADRESSE DER HOECHSTEN STELLE
AUSREAD:MOV     AL,[BX] ; STELLE LESEN
        CMP     AL,'.'  ; DEZIMALPUNKT ?
        JE      AUSREAE ; JA: DEZIMALPUNKT NICHT KODIEREN !!!
        ADD     AL,30H  ; DEZIMALSTELLE ASCII KODIEREN
AUSREAE:CALL    AUSZ    ; ZEICHEN AUF DER KONSOLE AUSGEBEN
        DEC     BX      ; NAECHSTE STELLE
        LOOP    AUSREAD ; GESAMTEN PUFFERSPEICHER AUSGEBEN
; AUSGANG FUER GUELTIGE AUSGABE
AUSREAF:CLC             ; CY = 0 : AUSGABE GUELTIG
AUSREAG:POP     DI      ; DI ZURUECK
        POP     SI      ; SI ZURUECK
        POP     BP      ; BP ZURUECK
        POP     DX      ; DX ZURUECK
        POP     CX      ; CX ZURUECK
        POP     BX      ; BX ZURUECK
        POP     AX      ; AX ZURUECK
        RET             ; RUECKSPRUNG
; SONDERFAELLE UND FEHLERAUSGANG
AUSREAH:CALL    NNUL    ; [DI] LAENGE CX AUF NULL TESTEN
        JNZ     AUSREAI ; CHARAKTERISTIK NULL MANTISSE UNGLEICH NULL
        MOV     AL,'0'  ; BEIDE NULL: ZAHL IST NULL
        CALL    AUSZ    ; 0 AUSGEBEN
        JMP     AUSREAF ; RUECKSPRUNG MIT CY = 0 : GUT !!!
AUSREAI:MOV     CX,16   ; ZAEHLER FUER 16 STERNE ALS FEHLERMARKE
```

```
          MOV      AL,'*'    ; STERN ALS FEHLERMARKE
AUSREAJ:CALL       AUSZ      ; AUSGEBEN
          LOOP     AUSREAJ   ; SCHLEIFE
          STC                ; CY = 1: FEHLERMARKE FUER HAUPTPROGRAMM
          JMP      AUSREAG   ; RUECKSPRUNG
AUSREAL ENDP               ; ENDE DES UNTERPROGRAMMS
;
; AUSNH - AUSGABE VON CX=N BYTES HEXADEZIMAL AB HIGH-ADRESSE
AUSNH     PROC     NEAR      ;
          JCXZ     AUSNH2    ; ABWEISENDE SCHLEIFE FUER CX=O
          PUSH     AX        ; AX RETTEN
          PUSH     BX        ; BX RETTEN MIT ADRESSE LOW-BYTE
          PUSH     CX        ; CX RETTEN MIT ZAHL DER-BYTES
          ADD      BX,CX     ; ADRESSE HIGH-BYTE
          DEC      BX        ; BERECHNEN
          MOV      AL,20H    ; LEERZEICHEN
          CALL     AUSZ      ; AUSGEBEN
AUSNH1:   MOV      AL,[BX]   ; BYTE LADEN
          DEC      BX        ; NAECHSTE ADRESSE  ABWAERTS !
          MOV      AH,AL     ; BYTE RETTEN
          CALL     AUSNHL    ; LINKES HALBBYTE AUSGEBEN
          MOV      AL,AH     ; BYTE ZURUECK
          CALL     AUSNHR    ; RECHTES HALBBYTE AUSGEBEN
          LOOP     AUSNH1    ; SCHLEIFE FUER ALLE BYTES
          POP      CX        ; CX ZURUECK
          POP      BX        ; BX ZURUECK
          POP      AX        ; AX ZURUECK
AUSNH2:   RET                ;
AUSNHL:   SHR      AL,1      ; LINKES HALBBYTE NACH RECHTS
          SHR      AL,1      ;
          SHR      AL,1      ;
          SHR      AL,1      ;
AUSNHR:   AND      AL,OFH    ; MASKE 0000 1111
          CMP      AL,OAH    ; >=: CY = O  <=: CY = 1
          CMC                ; CY KOMPLEMENTIEREN
          ADC      AL,30H    ; KODIEREN MIT CARRY !!!
          DAA                ; KORREKTUR FUER BUCHSTABEN A-F
          CALL     AUSZ      ; ZIFFER AUSGEBEN
          RET                ;
AUSNH     ENDP               ;
;
; AUSNB - AUSGABE VON CX=N BYTES BINAER AB HIGH BYTE
AUSNB     PROC     NEAR      ;
          JCXZ     AUSNB3    ; ABWEISENDE SCHLEIFE FUER CX = O
          PUSH     AX        ; AX RETTEN
          PUSH     BX        ; BX RETTEN MIT ANFANGSADRESSE
          PUSH     CX        ; CX RETTEN MIT ZAHL DER BYTES
          ADD      BX,CX     ; BX AUF ADRESSE HIGH-BYTE
          DEC      BX        ; MIT HOECHSTEM WERT BEGINNEN
          MOV      AL,20H    ; LEERZEICHEN AUSGEBEN
          CALL     AUSZ      ;
AUSNB1:   MOV      AL,[BX]   ; BYTE LADEN
          DEC      BX        ; NAECHSTE ADRESSE VERMINDERN !!
          MOV      AH,AL     ; BYTE NACH AH
          PUSH     CX        ; CX RETTEN
          MOV      CX,8      ; BITZAEHLER
AUSNB2:   XOR      AL,AL     ; AL LOESCHEN
          ROL      AX,1      ; BIT NACH AL SCHIEBEN
          ADD      AL,30H    ; KODIEREN
          CALL     AUSZ      ; UND AUSGEBEN
          LOOP     AUSNB2    ; SCHLEIFE FUER 8 BIT
          POP      CX        ; BYTEZAEHLER ZURUECK
          LOOP     AUSNB1    ; SCHLEIFE FUER N BYTES
          POP      CX        ; CX ZURUECK
          POP      BX        ; BX ZURUECK
          POP      AX        ; AX ZURUECK
AUSNB3:   RET                ;
AUSNB     ENDP               ;
```

```
; UNTERPROGRAMME N-WORT-ARITHMETIK [DI] - ANFANGSADRESSE CX - WORTZAHL
; NMOV - KOPIERE CX-N WOERTER VON [SI] NACH [DI]
NMOV:   JCXZ    NMOV2   ; ABWEISENDE SCHLEIFE FUER N - 0
        PUSH    CX      ; CX RETTEN ZAHL DER WOERTER
        PUSH    SI      ; SI RETTEN HERADRESSE
        PUSH    DI      ; DI RETTEN ZIELADRESSE
        PUSH    AX      ; AX RETTEN
NMOV1:  MOV     AX,[SI] ; WORT LADEN
        MOV     [DI],AX ; WORT SPEICHERN
        INC     SI      ; HERADRESSE + 2
        INC     SI      ;
        INC     DI      ; ZIELADRESSE + 2
        INC     DI      ;
        LOOP    NMOV1   ; SCHLEIFE BIS CX - 0
        POP     AX      ; AX ZURUECK
        POP     DI      ; DI ZURUECK
        POP     SI      ; SI ZURUECK
        POP     CX      ; CX ZURUECK
NMOV2:  RET             ;
;
; NLOE - LOESCHE CX - N WOERTER [DI] - ANFANGSADRESSE
NLOE:   JCXZ    NLOE2   ; ABWEISENDE SCHLEIFE FUER N - 0
        PUSH    CX      ; CX RETTEN ZAHL DER WOERTER
        PUSH    DI      ; DI RETTEN ZIELADRESSE
NLOE1:  MOV WORD PTR [DI],0  ; WORT LOESCHEN
        INC     DI      ; ADRESSE + 2
        INC     DI      ;
        LOOP    NLOE1   ; SCHLEIFE BIS CX - 0
        POP     DI      ; DI ZURUECK
        POP     CX      ; CX ZURUECK
NLOE2:  RET             ;
;
; NSHL - SCHIEBE CX - N WOERTER [DI]- ANFANGADARESSE LOGISCH LINKS
NSHL:   CLC             ; CY - 0 SETZEN DANN WEITER MIT NRCL
;
; NRCL - SCHIEBE CX - N WOERTER [DI]-ADRESSE ZYKLISCH MIT CARRY LINKS
NRCL:   JCXZ    NRCL2   ; ABWEISENDE SCHLEIFE FUER CX - 0
        PUSH    CX      ; CX RETTEN ZAHL DER WOERTER
        PUSH    DI      ; DI RETTEN ANFANGSADRESSE
NRCL1:  RCL WORD PTR [DI],1  ; WORT MIT CARRY SCHIEBEN
        INC     DI      ; NAECHSTES WORT
        INC     DI      ;
        LOOP    NRCL1   ; DCHLEIFE BIS CX - 0
        POP     DI      ; DI ZURUECK
        POP     CX      ; CX ZURUECK
NRCL2:  RET             ;
;
; NSHR - SCHIEBE CX - N WOERTER [DI]-ANFANGSADRESSE LOGISCH RECHTS
NSHR:   CLC             ; CY - 0 SETZEN DANN WEITER MIT NRCR
;
; NRCR - SCHIEBE CX - N WOERTER [DI]-ANFANGSADRESSE MIT CARRY RECHTS
NRCR:   JCXZ    NRCR2   ; ABWEISENDE SCHLEIFE FUER CX - 0
        PUSH    CX      ; CX RETTEN ZAHL DER WOERTER
        PUSH    DI      ; DI RETTEN ANFANGSADRESSE
        PUSH    AX      ; AX RETTEN HILFSREGISTER
        MOV     AX,CX   ; ADRESSE HIGH-WORT BERECHNEN
        DEC     AX      ; (N-1)
        ADD     AX,AX   ; (N-1) * 2
        ADD     DI,AX   ; DI - ADRESSE HIGH-WORT
NRCR1:  RCR WORD PTR [DI],1  ; WORT MIT CARRY SCHIEBEN
        DEC     DI      ; WORTADRESSE - 2
        DEC     DI      ;
        LOOP    NRCR1   ; SCHLEIFE BIS CX - 0
        POP     AX      ; AX ZURUECK
        POP     DI      ; DI ZURUECK
        POP     CX      ; CX ZURUECK
NRCR2:  RET             ;
;
```

```
; NADD - ADDIERE CX - N WOERTER VON [DI] MIT AX  CY - UEBERTRAG ZURUECK
NADD:   JCXZ    NADD3   ; ABWEISENDE SCHLEIFE FUER CX - 0
        PUSH    CX      ; CX RETTEN ZAHL DER WOERTER
        PUSH    DI      ; DI RETTEN ANFANGSADRESSE
        ADD     [DI],AX ; ADDIERE AX ZUM NIEDRIGSTEN WORT
        INC     DI      ; WORTADRESSE + 2
        INC     DI      ;
        DEC     CX      ; WORTZAEHLER - 1
        JCXZ    NADD2   ; FERTIG: WAR NUR 1 WORT
NADD1:  ADC WORD PTR [DI],0  ; CARRY FORTLAUFEND WEITERADDIEREN
        INC     DI      ; WORTADRESSE + 2
        INC     DI      ;
        LOOP    NADD1   ; SCHLEIFE BIS CX - 0
NADD2:  POP     DI      ; DI ZURUECK
        POP     CX      ; CX ZURUECK
NADD3:  RET             ;
;
; NMUL - CX - N WOERTER AB [DI] * AX  UEBERL. IN AX  Z-BIT FUER PRODUKT
NMUL:   JCXZ    NMUL2   ; ABWEISENDE SCHLEIFE FUER CX - 0
        PUSH    CX      ; CX RETTEN ZAHL DER WOERTER
        PUSH    DI      ; DI RETTEN ANFANGSADRESSE
        PUSH    SI      ; SI RETTEN HILFSREGISTER NULLPRUEFUNG
        PUSH    DX      ; DX RETTEN HILFSREGISTER MULTIPLIKATION
        PUSH    BX      ; BX RETTEN HILFSREGISTER FAKTOR
        PUSH    BP      ; BP RETTEN HILFSREGISTER UEBERTRAG
        MOV     BX,AX   ; BX - FAKTOR
        XOR     SI,SI   ; SI - NULLMARKE LOESCHEN
        XOR     BP,BP   ; BP - UEBERTRAGSSPEICHER LOESCHEN
NMUL1:  MOV     AX,BX   ; FAKTOR LADEN
        MUL WORD PTR [DI] ; WORT MULTIPLIZIEREN
        ADD     AX,BP   ; ALTEN UEBERTRAG ZU PRODUKT ADDIEREN
        ADC     DX,0    ; CARRY DES ALTEN UEBERTRAGS ZUM HIGH-TEIL
        MOV     BP,DX   ; UEBERTRAGSSPEICHER NAECHSTES WORT
        MOV     [DI],AX ; PRODUKT - LOW SPEICHERN
        OR      SI,AX   ; NULLMARKE MIT PRODUKT VERODERN
        INC     DI      ; WORTADRESSE + 2
        INC     DI      ;
        LOOP    NMUL1   ; SCHLEIFE BIS CX - 0
        MOV     AX,BP   ; UEBERTRAG DER LETZTEN MULTIPLIKATION
        CMP     SI,0    ; NULLMARKE VERGLEICHEN
        POP     BP      ; BP ZURUECK
        POP     BX      ; BX ZURUECK
        POP     DX      ; DX ZURUECK
        POP     SI      ; SI ZURUECK
        POP     DI      ; DI ZURUECK
        POP     CX      ; CX ZURUECK
NMUL2:  RET             ;
;
; NDIV - DIVIDIERE CX=N WOERTER [DI] / AX  REST IN AX  Z-BIT WIE QUOT
NDIV:   JCXZ    NDIV2   ; ANWEISENDE SCHLEIFE FUER CX - 0
        PUSH    CX      ; CX RETTEN ZAHL DER WOERTER
        PUSH    DI      ; DI RETTEN ANFANGSADRESSE
        PUSH    BX      ; BX RETTEN HILFSREGISTER DIVISOR
        PUSH    DX      ; DX RETTEN HILFSREGISTER DIVIDEND-HIGH
        PUSH    BP      ; BP RETTEN HILFSREGISTER NULLMARKE
        MOV     BX,CX   ; ADRESSE HIGH-WORT BERECHNEN
        DEC     BX      ; (N-1)
        ADD     BX,BX   ; (N-1) * 2
        ADD     DI,BX   ; DI - ADRESSE HIGH-WORT
        XOR     DX,DX   ; DX - 0 HIGH-DIVISOR
        XOR     BP,BP   ; BP - 0  NULLMARKE LOESCHEN
        MOV     BX,AX   ; BX - DIVISOR
NDIV1:  MOV     AX,[DI] ; DIVIDEND-LOW LADEN
        DIV     BX      ; DX:AX / BX  AX-QUOT  DX-REST
        MOV     [DI],AX ; QUOTIENT ZURUECK
        OR      BP,AX   ; BP - NULLMARKE MIT QUOTIENT VERODERN
        DEC     DI      ; WORTADRESSE - 2
        DEC     DI      ;
        LOOP    NDIV1   ; SCHLEIFE BIS ALLE WORTER DIVIDIERT
```

```
          CMP     BP,O      ; NULLMARKE QUOTIENT VERGLEICHEN Z-BIT VERAEND.
          MOV     AX,DX     ; AX - REST DER GESAMTEN DIVISION
          POP     BP        ; BP ZURUECK
          POP     DX        ; DX ZURUECK
          POP     BX        ; BX ZURUECK
          POP     DI        ; DI ZURUECK
          POP     CX        ; CX ZURUECK
NDIV2:    RET               ;
;
; NNUL - UNTERSUCHE CX - N WOERTER AB ADRESSE [DI] AUF NULL
NNUL:     JCXZ    NNUL2     ; ABWEISENDE SCHLEIFE FUER CX - O
          PUSH    CX        ; CX RETTEN ZAHL DER WOERTER
          PUSH    DI        ; DI RETTEN ANFANGSADRESSE
          PUSH    AX        ; AX RETTEN HILFSREGISTER NULLMARKE
          XOR     AX,AX     ; AX LOESCHEN NULLMARKE
NNUL1:    OR      AX,[DI]   ; NULLMARKE MIT WORT VERODERN
          INC     DI        ; WORTADRESSE + 2
          INC     DI        ;
          LOOP    NNUL1     ; SCHLEIFE FUER ALLE WOERTER
          CMP     AX,O      ; NULLMARKE VERGLEICHEN Z-BIT VERAENDERT
          POP     AX        ; AX ZURUECK
          POP     DI        ; DI ZURUECK
          POP     CX        ; CX ZURUECK
NNUL2:    RET               ;
;
; SYSTEMUNTERPROGRAMME
EINZE:    INT     11H       ; LESEN NACH AL
          INT     17H       ; AUSGEBEN AUS AL
          RET               ;
AUSZ:     INT     17H       ; AUSGEBEN AUS AL
          RET               ;
PROG      ENDS              ; ENDE DES SEGMENTES
          END               ; ENDE DES PROGRAMMS
```

10 Register